全国高职高专护理类专业“十三五”规划教材

（供护理、助产专业用）

人体形态与结构

主　编　谭　毅　张义伟

副主编　李　锋　田志逢　贺　旭

编　者　（以姓氏笔画为序）

田　郡（江苏医药职业学院）

田志逢（漯河医学高等专科学校）

刘印明（宁夏医科大学）

李　锋（红河卫生职业学院）

张义伟（宁夏医科大学）

周　奕（长沙卫生职业学院）

赵会超（济南护理职业学院）

贺　旭（益阳医学高等专科学校）

秦　迎（山东医学高等专科学校）

谭　毅（山东医学高等专科学校）

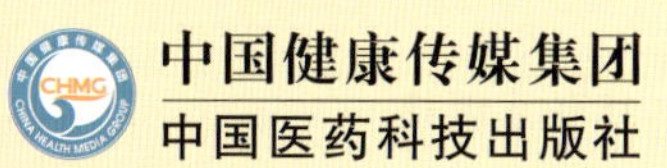

中国健康传媒集团

中国医药科技出版社

内容提要

本教材为“全国高职高专护理类专业‘十三五’规划教材”之一，系根据本套教材的编写指导思想和原则要求，结合护理专业培养目标和本课程的教学目标、内容与任务要求编写而成。本教材具有专业针对性强、紧密结合岗位知识和职业能力要求、理论与临床密切联系、对接护士执业资格考试要求、免费搭载与纸质教材配套的“医药学堂”在线学习平台等特点。本教材分两篇，第一篇为人体解剖学，以系统解剖学知识为主，适当介绍某些部位的局部解剖学内容；第二篇为组织胚胎学，组织学主要介绍基本组织、主要器官的微细结构；胚胎学根据专业需要，只介绍人体胚胎发育概要。

本教材为书网融合教材，即纸质教材有机融合电子教材、教学配套资源（PPT、微课、视频、图片等），题库系统，数字化教学服务（在线教学、在线作业、在线考试）。

本教材主要供高职高专护理、助产专业师生使用。

图书在版编目（CIP）数据

人体形态与结构 / 谭毅，张义伟主编. —北京：中国医药科技出版社，2018.8

全国高职高专护理类专业“十三五”规划教材

ISBN 978-7-5214-0140-0

Ⅰ. ①人…　Ⅱ. ①谭…　②张…　Ⅲ. ①人体形态学–高等职业教育–教材②人体结构–高等职业教育–教材　Ⅳ. ①R32②Q983

中国版本图书馆CIP数据核字（2018）第061474号

美术编辑　陈君杞
版式设计　南博文化

出版　**中国健康传媒集团** | 中国医药科技出版社
地址　北京市海淀区文慧园北路甲22号
邮编　100082
电话　发行：010-62227427　邮购：010-62236938
网址　www.cmstp.com
规格　889×1194mm $^{1}/_{16}$
印张　24 $^{3}/_{4}$
字数　524千字
版次　2018年8月第1版
印次　2022年8月第4次印刷
印刷　三河市万龙印装有限公司
经销　全国各地新华书店
书号　ISBN 978-7-5214-0140-0
定价　79.00元

数字化教材编委会

主　编　谭　毅　张义伟

副主编　李　锋　田志逢　贺　旭

编　者（以姓氏笔画为序）

田　郡（江苏医药职业学院）

田志逢（漯河医学高等专科学校）

刘印明（宁夏医科大学）

李　锋（红河卫生职业学院）

张义伟（宁夏医科大学）

周　奕（长沙卫生职业学院）

赵会超（济南护理职业学院）

贺　旭（益阳医学高等专科学校）

秦　迎（山东医学高等专科学校）

谭　毅（山东医学高等专科学校）

出版说明

为贯彻落实国务院办公厅《关于深化医教协同进一步推进医学教育改革与发展的意见》(〔2017〕63号)等有关文件精神，不断推动职业教育教学改革，推进信息技术与医学教育融合，加强医学人才培养，使职业教育切实对接岗位需求，教材内容与形式及呈现方式更加切合现代职业教育需求，培养具有整体护理观的护理人才，在教育部、国家卫生健康委员会、国家药品监督管理局的支持下，在本套教材建设指导委员会和评审委员会顾问、苏州卫生职业学院吕俊峰教授和主任委员、南方医科大学护理学院史瑞芬教授等专家的指导和顶层设计下，中国健康传媒集团·中国医药科技出版社组织全国100余所以高职高专院校及其附属医疗机构为主体的，近300名专家、教师历时近1年精心编撰了“全国高职高专护理类专业‘十三五’规划教材”，该套教材即将付梓出版。

本套教材先期出版包括护理类专业理论课程主干教材共计27门，主要供全国高职高专护理、助产专业教学使用。同时，针对当前老年护理教学实际需要，我社及时组织《老年护理与保健》《老年中医养生》《现代老年护理技术》三本教材的编写工作，预计年内出版，作为本套护理类专业教材的补充品种。

本套教材定位清晰、特色鲜明，主要体现在以下方面。

一、内容精练，专业特色鲜明

本套教材的编写，始终满足高职高专护理类专业的培养目标要求，即：公共基础课、医学基础课、临床护理课、人文社科课紧紧围绕专业培养目标要求，教材内容精练、针对性强，具有鲜明的专业特色和高职教育特色。

二、对接岗位，强化能力培养

本套教材强化以岗位需求为导向的理实教学，注重理论知识与护理岗位需求相结合，对接职业标准和岗位要求。在教材正文适当插入临床案例（如 “故事点睛”或“案例导入”），起到边读边想、边读边悟、边读边练，做到理论与临床护理岗位相结合，强化培养学生临床思维能力和护理操作能力。

同时注重护士人文关怀素养的养成，构建“双技能”并重的护理专业教材内容体系；注重吸收临床护理新技术、新方法、新材料，体现教材的先进性。

三、对接护考，满足考试需求

本套教材内容和结构设计，与护士执业资格考试紧密对接，在护士执业资格考试相关课程教材中插入护士执业资格考试“考点提示”，为学生学习和参加护士执业资格考试奠定基础，提升学习效率。

四、书网融合，学习便捷轻松

全套教材为书网融合教材，即纸质教材有机融合数字教材、配套教学资源、题库系统、数字化教学服务。通过“一书一码”的强关联，为读者提供全免费增值服务。按教材封底的提示激活教材后，读者可通过 PC、手机阅读电子教材和配套课程资源（PPT、微课、视频、动画、图片、文本等），并可在线进行同步练习，实时反馈答案和解析。同时，读者也可以直接扫描书中二维码，阅读与教材内容关联的课程资源（“扫码学一学”，轻松学习 PPT 课件；“扫码看一看”，即刻浏览微课、视频等教学资源；“扫码练一练”，随时做题检测学习效果），从而丰富学习体验，使学习更便捷。教师可通过 PC 在线创建课程，与学生互动，开展在线课程内容定制、布置和批改作业、在线组织考试、讨论与答疑等教学活动，学生通过 PC、手机均可实现在线作业、在线考试，提升学习效率，使教与学更轻松。此外，平台尚有数据分析、教学诊断等功能，可为教学研究与管理提供技术和数据支撑。

编写出版本套高质量教材，得到了全国知名专家的精心指导和各有关院校领导与编者的大力支持，在此一并表示衷心感谢。出版发行本套教材，希望受到广大师生欢迎，并在教学中积极使用本套教材和提出宝贵意见，以便修订完善。让我们共同打造精品教材，为促进我国高职高专护理类专业教育教学改革和人才培养做出积极贡献。

中国医药科技出版社

2018 年 5 月

全国高职高专护理类专业“十三五”规划教材

建设指导委员会

张义伟（宁夏医科大学）
张亚光（河南医学高等专科学校）
张向阳（济宁医学院）
张绍异（重庆医药高等专科学校）
张春强（长沙卫生职业学院）
易淑明（益阳医学高等专科学校）
罗仕蓉（遵义医药高等专科学校）
周良燕（雅安职业技术学院）
柳韦华［山东第一医科大学（山东省医学科学院）］
贾　平（益阳医学高等专科学校）
晏廷亮（曲靖医学高等专科学校）
高国丽（辽宁医药职业学院）
郭　宏（沈阳医学院）
郭梦安（益阳医学高等专科学校）
谈永进（安庆医药高等专科学校）
常陆林（广东江门中医药职业学院）
黄　萍（四川护理职业学院）
曹　旭（长沙卫生职业学院）
蒋　莉（重庆医药高等专科学校）
韩　慧（郑州大学）
傅学红（益阳医学高等专科学校）
蔡晓红（遵义医药高等专科学校）
谭　严（重庆三峡医药高等专科学校）
谭　毅（山东医学高等专科学校）

全国高职高专护理类专业“十三五”规划教材

评审委员会

前言

本教材是贯彻《现代职业教育体系建设规划（2014—2020）》《医药卫生中长期人才发展规划（2011—2020）》和《教育信息化十年发展规划（2011—2020）》文件的精神，落实教育部最新《高等职业学校专业教学标准（试行）》要求，根据高职高专护理类专业培养目标和课程标准，确定教材的课程目标、教学内容和体系、教学要求，确保高度契合；根据国务院新医改方案重点推进的“加强基层医疗卫生人才队伍建设，着力提高基层医疗卫生机构服务水平和质量”，将职业岗位所需能力渗透到编写内容之中，并贯穿教材始终，从而使学生具备在医疗卫生机构岗位上工作的核心能力。

本教材的编写紧扣高职高专的培养目标，力求体现鲜明的高职高专特色。注意教材的思想性、科学性、启发性，突出实用性、先进性。在编写内容的选择上，基本理论贯彻“实用为主，必需、够用和管用为度”的原则，强调基本技能，体现职业岗位所需能力，并与国家护士执业资格考试有效衔接，同时紧密联系临床护理实际，适当体现临床护理的新进展。

本教材分两篇，第一篇为人体解剖学，以系统解剖学知识为主，适当介绍某些部位的局部解剖学内容；第二篇为组织胚胎学，组织学主要介绍基本组织、主要器官的微细结构，胚胎学根据专业需要，只介绍人体胚胎发育概要。

教材中根据需要穿插了案例导入、知识拓展、考点提示等模块，与临床课程衔接的内容以下划线标出，增加了教材内容的实用性、趣味性，同时有助于提高学生运用知识分析问题、解决问题的能力和主动获取知识的能力。每章开篇展示学习目标，篇尾有本章小结、习题与之呼应，有助于学生对教材内容形成整体概念。本教材为书网融合教材，即纸质教材有机融合电子教材、教学配套资源（PPT、微课、视频、图片等），题库系统，数字化教学服务（在线教学、在线作业、在线考试）。

由于现代医学的迅速发展，疾病的治疗方法和应用的治疗技术可能有所变化，因此在学习本教材时要用发展的眼光看待书中的内容，灵活运用。

本教材在编写过程中，得到了各编者所在院校的大力支持，参考引用了一些相关书籍和文献，在此一并表示诚挚谢意。

我们希望提供一本适合老师教、学生学的切合教学实际的教材，但由于编者水平、能力和学识有限，在教材内容的取舍、编排等方面难免有疏漏之处，恳请使用本教材的老师和同学给予批评指正。

编　者

2018年3月

第一篇　人体解剖学

第二篇 组织胚胎学

| 第一篇 |

人体解剖学

绪　论

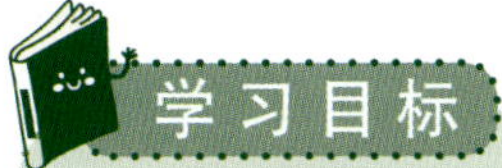

1. **掌握**　解剖学姿势、方位和术语。
2. **熟悉**　细胞、组织、器官和系统的概念。
3. **了解**　人体的组成和分部。

一、人体解剖学的定义和地位

人体解剖学是研究正常人体形态结构的科学，属生物科学中形态学的范畴，其基本任务是探索、阐明人体各器官的正常形态结构、位置与毗邻、生长发育规律及其基本功能，为学习其他基础医学和临床护理课程奠定坚实的基础。

“没有解剖学就没有医学”，人体解剖学是医学科学重要的基础课程，它与医学其他各学科关系极为密切。因此，只有在理解和掌握人体正常形态结构的基础上，才能正确理解生理现象和病理发展过程，判断人体的正常与异常，区别生理与病理的状态，从而对疾病进行正确的诊断、治疗和预防。据统计，医学名词中有大量的术语来源于人体解剖学，人体解剖学是学习医学各学科不可动摇的基石。

二、人体解剖学的分科

广义的解剖学包括解剖学、组织学和胚胎学。解剖学可分为系统解剖学和局部解剖学两大类。**系统解剖学**主要按照人体各系统来叙述各器官的形态结构。在系统解剖学的基础上，按自然分区（如头、颈、胸、腹、四肢等）叙述各器官结构的层次排列、毗邻关系的科学，称**局部解剖学**。

随着科学技术和研究方法的进步，解剖学也和其他学科一样与时俱进、不断发展。依照不同的研究方法和目的，人体解剖学又可分为若干门类。如应用X线研究人体形态结构的称X线解剖学；配合X线断层成像、超声或磁共振扫描等而研究各局部或器官断面形态结构的称断层解剖学；结合临床需要，以临床各科应用的目的研究人体有关结构的称临床解剖学；从外科手术应用的角度叙述人体结构的称外科解剖学；研究个体生长发育、年龄变化的称年龄解剖学；研究人体表面特点的称表面解剖学；结合体育运动研究人体形态结构的称运动解剖学；以研究人体外形轮廓和结构比例，为绘画、造型打基础的称艺术解剖学。

三、人体解剖学发展简史

人体解剖学是一门历史悠久的科学，与其他科学一样是在漫长的历史实践中逐渐发展起来的。西方医学对解剖学的记载，是从古希腊的名医希波克拉底（Hippocrates，公元前460—前377年）正确的确描述头骨开始的。古罗马的名医和解剖学家盖伦（Galen，130—200）写了许多医学著作，其中也有解剖学资料，但他的资料多以动物解剖为基础。

现代人体解剖的创始人，是文艺复兴时期比利时医生维扎里（Vesalius，1514—1564年），他亲自从事人的尸体解剖，进行详细的观察，在1543年完成和出版了他的经典著作《人体构造》这一划时代的解剖学巨著，全书共7册，较系统地记述了人体各器官的形态构造，从而奠定了现代解剖学的基础。

我国文化历史源远流长，传统医学中的解剖起源很早，远在春秋战国时代，《黄帝内经》中就已对解剖学内容作了记载。书中提到胃、心、肺、脾、肾等内脏的名称、大小、位置等，说明我们的祖先早就做过解剖学方面的研究。

王清任（1768—1831）是中国清代的一位注重实践的医学家，亲自解剖了30具尸体，精心观察人体的构造，在此基础上绘制成图，纠正了前人的错误，写成《医林改错》。

中国近代第一代西医黄宽（1828—1878），在英国留学归国后，在南华医学校承担解剖学、生理学教学期间，才第一次使用尸体进行人体解剖学教学，直至1893年，北洋医堂开设了《人体解剖学》课程，解剖学在我国才成为一门独立的学科。

随着科学技术的进步和方法的不断创新，一些新技术在解剖学研究中被广泛采用。“数字人”是将大量真实的人体断面数据信息在计算机里整合重建成人体的三维立体结构图像，是医学与信息技术、计算机技术相结合的成果。这些新技术的应用，使解剖学这个古老的学科焕发出青春的异彩。

四、人体的器官系统和分部

构成人体最基本的结构和功能单位是**细胞**。许多形态和功能相近的细胞和细胞间质共同构成**组织**。人体的基本组织包括上皮组织、结缔组织、肌组织和神经组织。几种不同的组织有机地结合，构成具有一定形态和功能的结构称**器官**，如心、肝、肺等。功能相似的多个器官构成**系统**。如口腔、咽、食管、胃、小肠、大肠和消化腺共同构成的消化系统。人体有运动系统、消化系统、呼吸系统、泌尿系统、生殖系统、脉管系统、感觉器、内分泌系统和神经系统。各系统在神经、体液的调节下，彼此联系，互相影响，构成一个完整的有机体，完成正常的生理功能活动。

按照人体的形态和部位，可将人体分为头、颈、躯干和四肢四部分。头分为颅部和面部。颈分为颈部和项部。躯干分为背部、胸部、腹部、盆部和会阴部。四肢分为上肢和下肢，上肢包括臂、前臂和手，下肢包括大腿、小腿和足。

五、学习人体解剖学的基本观点和方法

（一）形态与功能相互制约的观点

人体的每个器官都有其特定的功能，器官的形态结构是功能的物质基础，功能的变化会影响器官的形态结构，例如，坚持锻炼可使肌肉发达，长期卧床则导致肌萎缩。

（二）局部与整体相统一的观点

人体是一个统一的整体，由许多器官或局部所构成。每个器官或局部都是整体不可分割的一部分，局部和整体在结构和功能上既相互联系又相互影响。因此，在观察和学习过程中，既要从局部联想到整体，也要考虑从整体的角度来理解局部和器官，从而更深刻地了解局部与整体的关系，防止认识上的片面性。

（三）进化发展的观点

人类是物种进化的产物，是由灵长类的古猿进化而来的。现代人拥有劳动、语言、思维等功能，这是人与动物最根本的区别。但作为现代人，在形态结构上还保留着与脊椎动

物相类似的基本特征。说明了人体的形态经历了从低级到高级、从简单到复杂的演变过程。因此，在学习人体解剖学时，以进化发展的观点，联系种系发生和个体发育的知识，可以更好地认识人体。

（四）理论与实践相结合的观点

人体解剖学是一门实践性很强的学科，加强实物直观是学好人体解剖学的关键。因此，在学习过程中应该将理论知识与尸体标本、模型、挂图、活体观察及临床应用结合起来，以帮助记忆和加深印象，只有这样才能学到比较完整的人体解剖学知识。

六、人体解剖学的常用术语

为了准确地描述人体各器官的形态结构和位置关系，必须采用公认的统一标准和描述术语，这些标准和术语是我们学习解剖学必须遵循的基本原则。

考点提示

标准姿势、方位术语、轴和面。

（一）标准姿势

标准姿势也称**解剖学姿势**，是指身体直立，两眼平视正前方，上肢自然下垂于躯干的两侧，双足并拢，掌心和足尖朝前。不管被观察对象处于何种位置，或只是身体的一部分，均依此标准姿势进行描述（图1）。

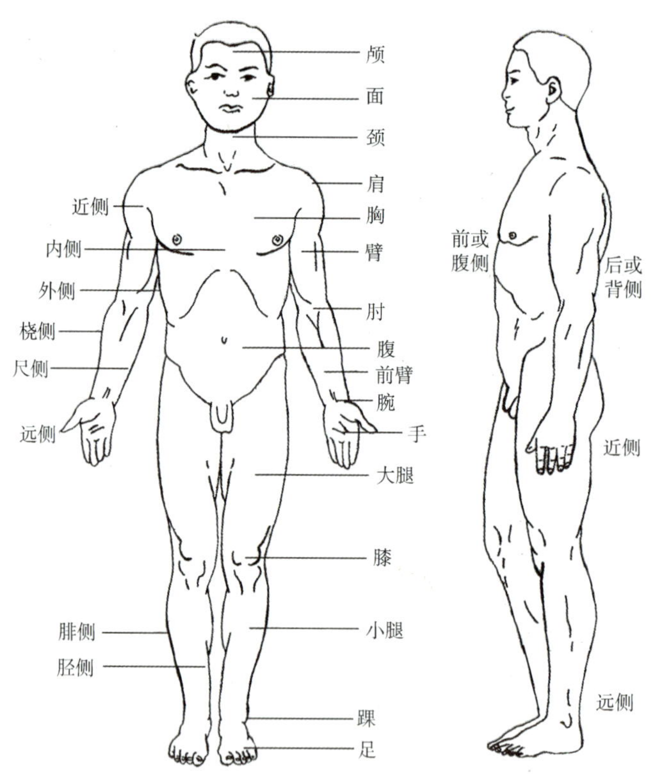

图1　标准姿势

（二）方位术语

以标准姿势为准，使用规定的方位术语，就能够正确地描述人体各器官或结构的相互位置关系。

1. **上和下**　近颅的为上，近足的为下。
2. **前和后**　近腹面的为前，又称腹侧；近背面的为后，又称背侧。
3. **内侧和外侧**　近正中面的为内侧，远离正中面的为外侧。

4. 内和外　用来描述空腔器官，近内腔者为内，远离内腔着为外。内、外与内侧和外侧是有显著区别的，初学者一定要注意。

5. 浅和深　近体表的为浅，远离体表的为深。

6. 近侧和远侧　在四肢，近躯干者为近侧，远离躯干者为远侧。

7. 尺侧和桡侧　即前臂的内侧和外侧。

8. 胫侧和腓侧　即小腿的内侧和外侧。

（三）轴和面

为了准确地表达和理解人体在标准姿势下关节运动及整体或局部的形态结构的位置，设定了相互垂直的三条轴及三个面（图2）。

1. 轴

（1）垂直轴　为上下方向垂直于地平面，与人体长轴平行的轴。

（2）矢状轴　为前后方向与水平面平行，与垂直轴和冠状轴相垂直的轴。

（3）冠状轴　为左右方向与水平面平行，与上述两个轴相垂直的轴。

2. 面

（1）矢状面　是按前后方向，将人体分为左、右两部分的切面。通过人体正中的矢状面，称为正中矢状面，它将人体分为左右对称的两半。

（2）冠状面　也称额状面，是按左右方向，将人体分为前、后两部分的切面。

（3）水平面　又称横切面，是与矢状面及冠状面相垂直，将人体分为上、下两部分的切面。

在描述器官切面时，常以器官的长轴为标准，与其长轴平行的切面称纵切面，与其长轴垂直的切面为横切面。

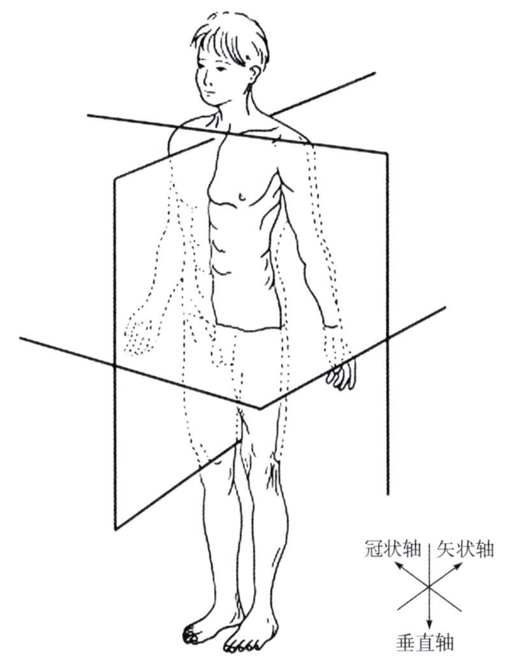

图2　人体的轴和面

知识拓展

变异和畸形

人体解剖学教科书里描述器官的形态、构造、位置、大小及其血液供应和神经分布均指正常状态，在统计学上占优势。但也有些人的某些结构与正常描述有所不同，甚至偏离了统计学所描述的正常范围，如某支动脉起点不同，但差别不显著，也未影响正常的功能，这种情况称为变异。但如超出一般变异范围，统计学上出现率极低，甚至影响生理功能和外观的称为畸形，如唇裂、缺肾、缺指（趾）、内脏反位等。

本章小结

人体解剖学是研究正常人体形态结构的科学，是医学科学重要的基础课程。为了准确地描述人体的形态结构和位置关系，必须遵循标准姿势、方位术语、轴和面。

一、选择题

1. 下列不属于躯干的是
   A. 胸部　B. 腹部　C. 盆部　D. 会阴　E. 颈部
2. 在躯体两点中，近正中面的一点为
   A. 内侧　B. 外侧　C. 近侧　D. 远侧　E. 内
3. 关于解剖学姿势的描述，错误的是
   A. 身体直立　B. 两眼平视正前方
   C. 上肢自然下垂于躯干的两侧　D. 掌心朝内
   E. 足尖朝前

二、思考题

1. 何谓解剖学姿势？
2. 简述人体的分部。

（谭　毅）

第一章　运动系统

学习目标

1. **掌握**　骨的形态、分类和构造；椎骨的一般形态、各部椎骨的特征性结构；颅的组成，各颅骨的分布与形态；重要的骨性标志；关节的基本结构及运动形式；椎骨的连结、脊柱的整体观；胸廓的组成和形态；颞下颌关节、肩关节、肘关节、髋关节、膝关节的组成、结构特点和运动；骨盆的组成，男、女性骨盆的特点；头颈部、躯干部、四肢部浅层主要肌肉的名称、位置和作用；膈肌的位置、形态和作用。

2. **熟悉**　颅底内面观、外面观，颅的侧面观、正面观；肩胛骨、锁骨、肱骨、桡骨的形态与结构；髋骨、股骨、胫骨的形态与结构；肋骨一般形态和结构；关节的辅助结构；桡腕关节和踝关节的组成、结构特点和运动；肌的分类、形态和结构；各肌群之间的位置关系。

3. **了解**　骨的化学成分和物理特性；骨的发生发育；腕骨、掌骨、指骨的形态与结构；髌骨、跗骨、跖骨、趾骨的形态与结构；关节的类型；颅骨的连结特点；手骨的连结及运动；足骨的连结及运动；足弓的组成及意义；肌的起止点、命名原则；肌的辅助装置。

4. 结合标本和模型说出骨、骨连结、骨骼肌的主要形态、结构。

运动系统由骨、骨连结和骨骼肌三部分组成，约占人体重量的60%。骨和骨连结构成人体的支架，称**骨骼**，骨骼肌附于骨骼之上，形成人体的基本轮廓，具有支持人体、保护体腔器官和运动等作用。运动是由骨骼肌收缩牵引骨骼而产生的，在运动中骨连结是枢纽，骨是杠杆，而骨骼肌则是运动的动力。

第一节　骨　学

扫码“学一学”

案例导入

患者，女性，72岁。因路滑不慎跌倒，伤及右侧大腿，右侧大腿疼痛、畸形、肿胀、功能障碍，X线片显示右侧股骨颈骨折，骨折线清晰，断端明显移位。诊断为右侧股骨颈骨折。

请问：

1．股骨上的结构有哪些?

2．下肢骨的组成。

骨是运动系统的一部分，构成人体的支架，可以支持体重，保护其内部结构。每一块骨都是一个器官，由骨细胞、胶原纤维和骨基质组成，都具有一定的形态和功能，有丰富的血管、淋巴管和神经，可不断地进行新陈代谢。

一、骨学概述

成人骨共206块（图1-1），其重量约占人体重的20%，分布在**颅**、**躯干**和**四肢**。

（一）骨的分类

骨按照分布的部位可分为**颅骨**、**躯干骨**和**四肢骨**，前两者称为**中轴骨**，四肢骨又称**附肢骨**。各部分骨的形态不尽相同，根据其形态可分为**长骨**、**短骨**、**扁骨**和**不规则骨**。

1. **长骨** 呈长管状，分一体两端，多分布于四肢。长骨中部细长部分称为**体**或**骨干**，体内的空腔称**骨髓腔**，腔内容纳骨髓。骨的两端膨大部分称**骺**，其表面有光滑的**关节面**。

2. **短骨** 呈立方形，短小，多成群排列，分布于手腕和脚踝处。

3. **扁骨** 呈板状，主要构成容纳重要器官的腔壁，起保护作用，如颅盖骨、胸骨等。

4. **不规则骨** 形状不规则，如椎骨。

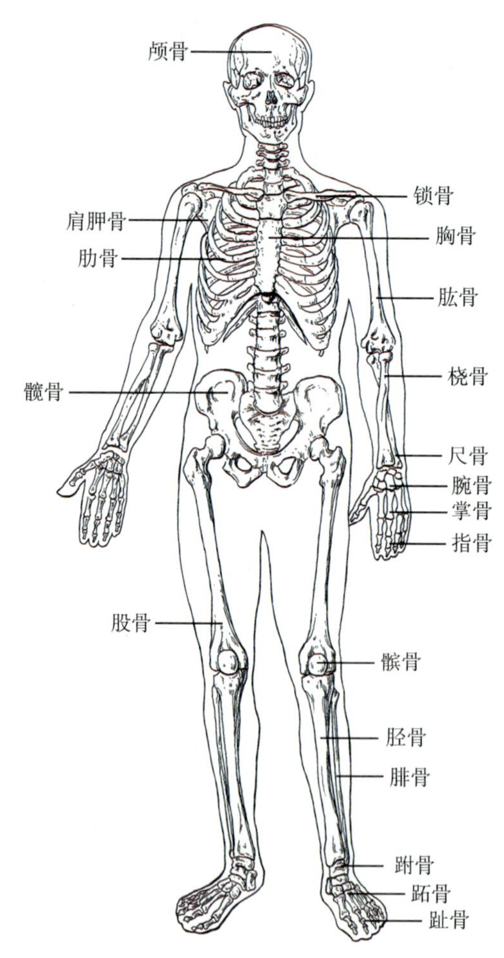

图1-1 全身骨骼

（二）骨的构造

骨主要由**骨膜**、**骨质**和**骨髓**三部分构成（图1-2），并有血管和神经分布。

1. **骨膜** 是一层薄而坚韧的结缔组织膜，呈淡红色，被覆在骨的表面（关节面除外）

和骨髓腔内面。骨膜中含有丰富的血管、神经、淋巴管和大量的成骨细胞，对骨有营养和保护作用，在骨生长发育和伤后修复重建过程中起重要作用。

2. **骨质**　分**骨密质**和**骨松质**。**骨密质**致密坚硬，分布于骨的表面。**骨松质**呈海绵状，位于骨的内部，由骨小梁构成，结构疏松。颅盖骨的骨密质构成内板和外板，中间夹的骨松质称为板障。

3. **骨髓**　充填于长骨的髓腔和骨松质的腔隙内，分**红骨髓**和**黄骨髓**两种。**红骨髓**有造血功能，含有大量不同发育阶段的红细胞和其他幼稚型的血细胞。胎儿和幼儿的骨内都是红骨髓。**黄骨髓**见于5岁以后的长骨骨干中，含大量脂肪组织，失去造血功能。成人红骨髓主要分布于长骨的两端、短骨、扁骨和不规则骨的骨松质内，如肋骨、胸骨和椎骨等处，这些地方的红骨髓可终生保持。大量失血时，黄骨髓还可能转变为红骨髓继续造血。临床上常在胸骨、髂骨等处穿刺取样检查骨髓。

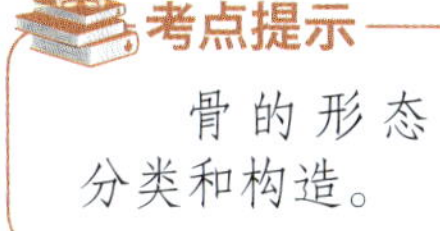

骨的形态分类和构造。

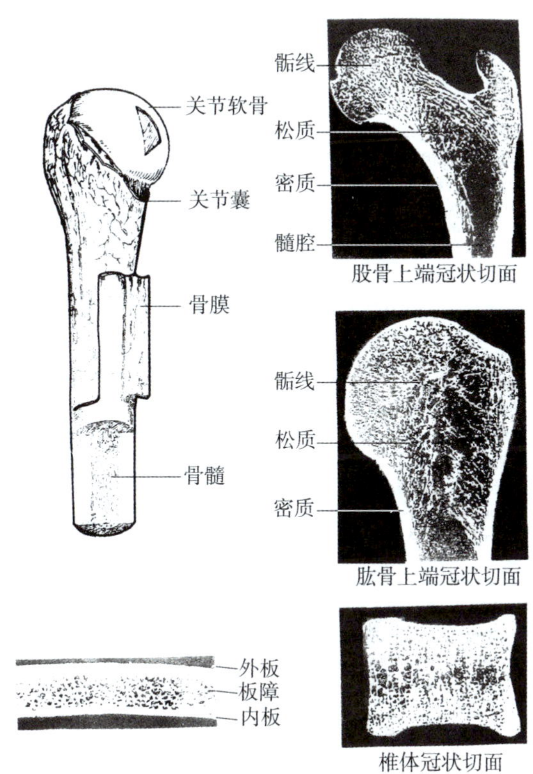

图 1-2　骨的构造

（三）骨的化学成分和物理特性

骨的化学成分包括有机质和无机质。有机质由胶原纤维和黏多糖蛋白组成，约占干骨重量的35%，使骨具有韧性和弹性。无机质主要是以碱性磷酸钙为主的钙盐，约占干骨重量的65%，使骨具有硬度和脆性。骨的无机质与有机质之间的比例随年龄的增长而不断变化，年幼者有机质的比例高，韧性大，易变形；年龄愈大，其无机质的比例愈高，脆性愈大，越容易骨折。临床上可检测骨密度判断骨质的健康情况。

知识拓展

青枝骨折

青枝骨折多见于儿童，由于儿童骨中有机质含量高，约占骨质的一半，加之其骨外膜又特别厚，因此在力学上就具有很好的弹性和韧性，不容易被折断，遭受暴力发生骨折就会出现与春天树木的青枝一样折而不断的情况，临床上就把这种特殊的骨折称之为青枝骨折。青枝骨折时，骨虽“折”却未“断”，一般都属于稳定型骨折，通常不需要手术治疗。

二、中轴骨

中轴骨包括**躯干骨**和**颅**。

（一）躯干骨

躯干骨共有51块，包括24块椎骨、1块骶骨、1块尾骨、1块胸骨和12对肋。

1. **椎骨**　成人有24块，包括7块**颈椎**、12块**胸椎**，5块**腰椎**。

（1）椎骨的一般形态　椎骨由**椎体**和**椎弓**两部分构成。前方的椎体呈圆柱状，后方的椎弓上有7个突起：向后方伸出1个**棘突**，左右各伸出1个**横突**，椎弓上下各有1对**上、下关节突**，相邻椎骨的上、下关节突相对，以关节面组成关节。椎弓与椎体相连的部分称**椎弓根**，上下各有一切迹，分别称为**椎上切迹**和**椎下切迹**，相邻两椎骨的椎上切迹和椎下切迹在椎弓根处围成的孔称**椎间孔**。椎弓的后部呈板状称**椎弓板**。椎体和椎弓共同围成**椎孔**，24块椎骨的椎孔连成贯穿脊柱的**椎管**以容纳保护脊髓（图1–3）。

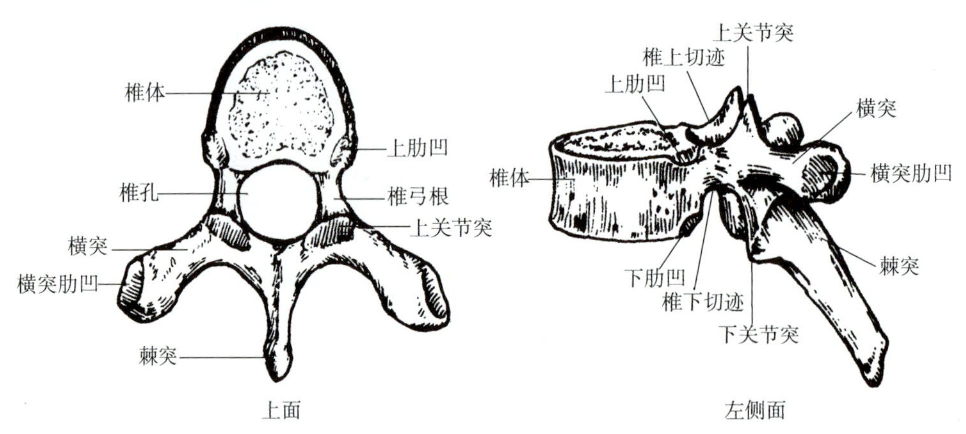

图1–3　椎骨的一般形态（胸椎）

（2）各部椎骨的主要特征　各部椎骨除了一般形态外，由于位置和功能不同，又各具特点。

颈椎　椎体较小，横突均有横突孔（图1–4），第2～6颈椎棘突末端分叉，第1颈椎无椎体和棘突，呈环形，由前弓、后弓和两个侧块构成，又称**寰椎**（图1–5）。第2颈椎又称为**枢椎**，椎体有向上突起的齿突（图1–6）。第3～7颈椎椎体上面外侧缘向上的微突，称为**钩突**，与上位椎体构成钩椎关节，增加颈椎之间的稳定性，但是颈椎骨质增生时往往会使椎间孔缩小，压迫脊神经，产生相应的症状。第7颈椎棘突较长，又称为**隆椎**，在体表容易摸到，临床上常作为计数椎骨的体表标志（图1–7）。

胸椎　椎体呈三角形，从上向下逐渐增大（图1–3）。椎体的后外侧上、下缘处有与肋骨头相接的半关节面叫肋凹。横突的前面有横突肋凹，与肋结节形成关节。棘突较长，呈叠瓦状排列。关节突明显，其关节面呈冠状方向。

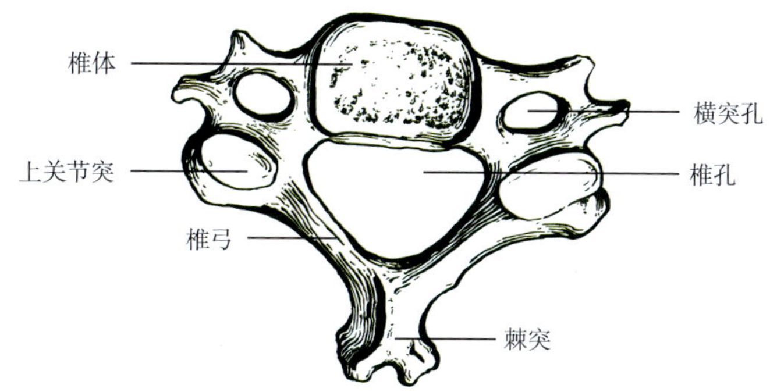

图 1-4 颈椎（上面观）

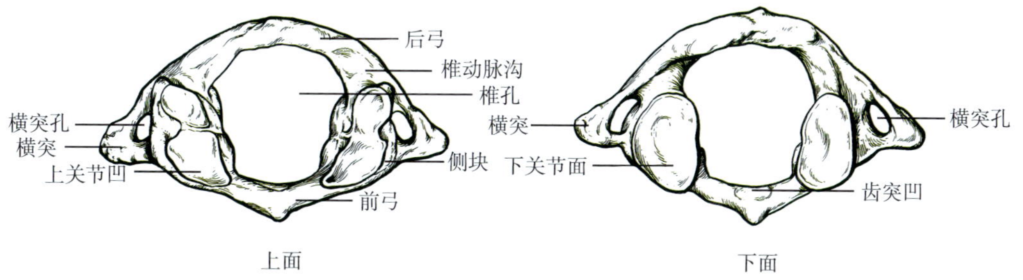

图 1-5 寰椎（上面观、下面观）

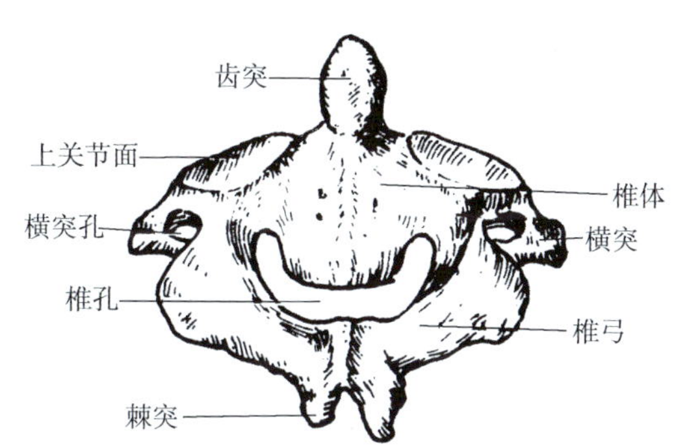

图 1-6 枢椎（上面观）

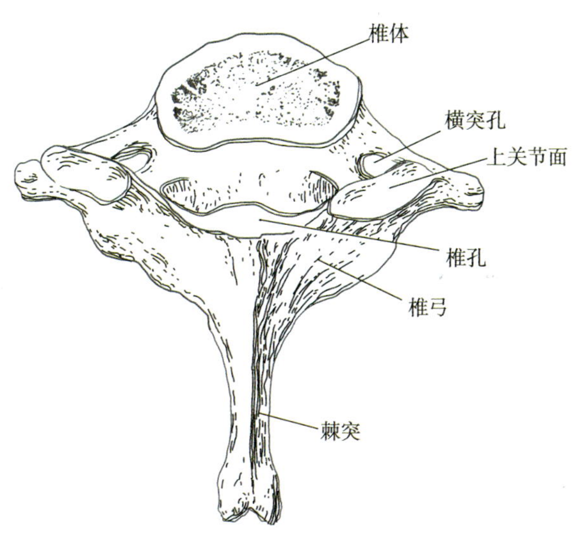

图 1-7 隆椎（上面观）

考点提示
各椎骨的特点。

腰椎 椎体粗大，约呈蚕豆形（图1-8）。椎孔大，呈三角形。棘突宽扁为板状，位于矢状方向水平后伸，各棘突之间的间隙较宽。上、下关节突的关节面几乎呈矢状方向。

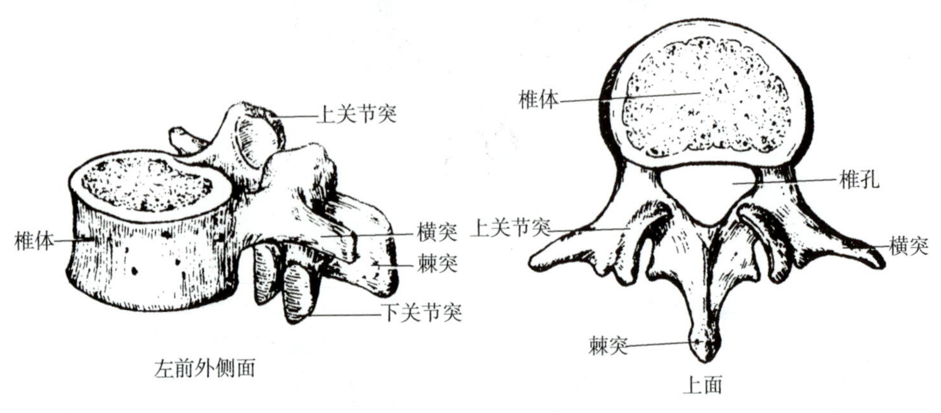

图1-8 腰椎

2. **骶骨** 由5块骶椎融合而成，呈三角形。上面为底，与第5腰椎体相连，骶骨体上前缘突出，称为**岬**。前面光滑微凹，有椎体融合遗留的4条横线，横线两端有4对骶前孔。后面椎板融合围成中空的骶管。骶骨背侧面粗糙凸隆，正中线上可见棘突痕迹称**骶正中嵴**，两侧有4对骶后孔。两侧有粗糙不平的骶骨粗隆及与髋骨连接的关节面，称为**耳状面**。骶管后下端敞开称**骶管裂孔**，其两侧有骶骨角简称骶角。临床上作骶管麻醉时，以骶角作为确定骶管裂孔的标志（图1-9）。

3. **尾骨** 由3～4块退化的尾椎融合而成，形体较小，上与骶骨尖相接，下端游离为**尾骨尖**（图1-9）。

4. **胸骨** 胸骨是位于胸前壁正中，自上而下分为**胸骨柄**、**胸骨体**和**剑突**。胸骨柄上缘中部微凹，称**颈静脉切迹**，外侧与锁骨连结处称**锁切迹**，胸骨柄侧缘接第1肋软骨。胸骨体扁而长，两侧有第2～7肋软骨相连接的肋切迹。胸骨柄和胸骨体相连接处微向前凸称**胸骨角**，从体表可以触及。胸骨角的两侧平对第2肋，是临床计数肋的标志。剑突形状多变，位居左右肋弓之间（图1-10）。

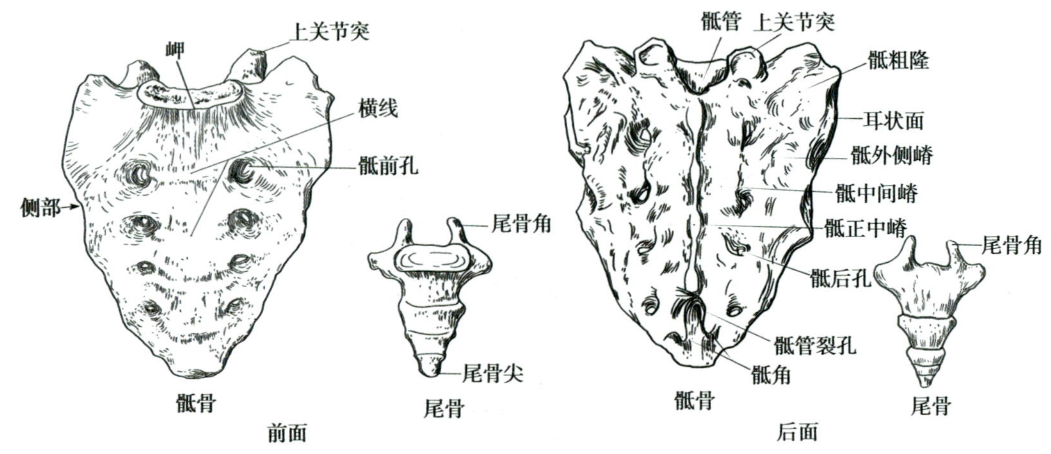

图1-9 骶骨和尾骨

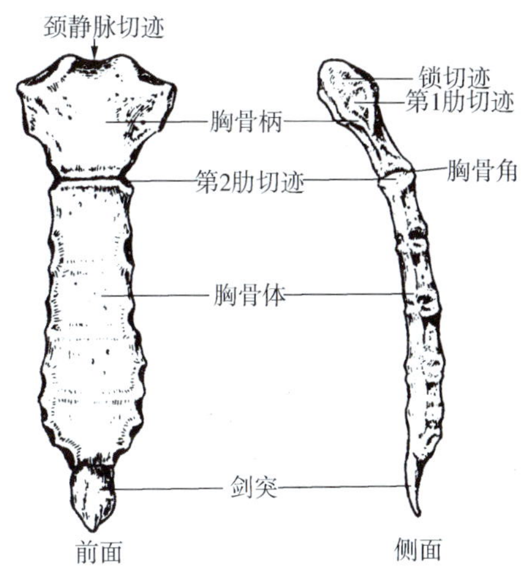

图 1–10　胸骨（前面观）

5. 肋　由肋骨和肋软骨组成，共12对，左右对称，后端与胸椎相关节，前端第1 ~ 7肋借软骨直接与胸骨相连接，称为**真肋**。第8 ~ 10肋借肋软骨与上一肋的软骨相连形成肋弓，称为**假肋**。第11、12肋前端游离，称**浮肋**。

肋骨　呈弓形，分前后两端，前端是肋软骨，后端膨大，称**肋头**，有关节面与胸椎体的肋凹形成关节，从肋头向后外变细，称**肋颈**，再向外变成肋体，颈与体结合处的后面突起称**肋结节**，有关节面与胸椎横突肋凹相关节。肋体向外转为向前的转弯处称**肋角**，肋体下缘内面有神经血管经过的**肋沟**（图1–11）。第1肋骨扁而宽短，近水平位。其上面中部的结节称**前斜角肌结节**。

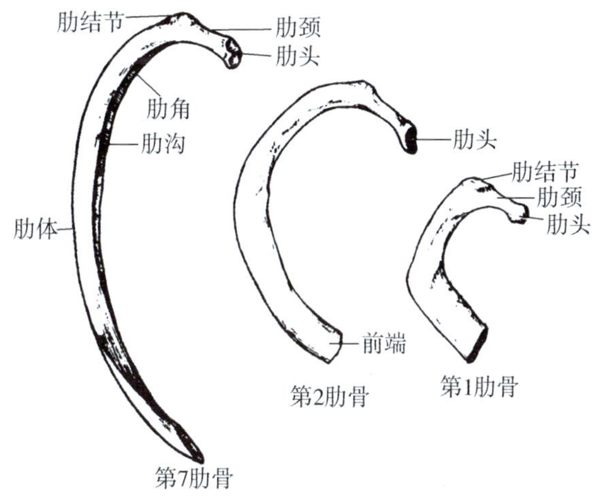

图 1–11　肋骨

（二）颅

颅由23块颅骨（不含听小骨）连结而成，均属扁骨和不规则骨，除**舌骨**、**下颌骨**外其余21块均借助缝或软骨连成一体形成腔，对头部器官起保护和支持作用。以经过眶上缘和外耳门上缘的连线为**界线**，将颅分为界线以上的**脑颅**和界线以下的**面颅**（图1–12）。

1. 脑颅骨　共8块，位于颅的后上方，组成颅盖和颅底。包括前方的**额骨**，后方的**枕骨**，颅顶部两侧成对的**顶骨**，两侧成对的**颞骨**，颅底中部的1块**蝶骨**和颅底前部中央的**筛骨**（图1–12、图1–13）。

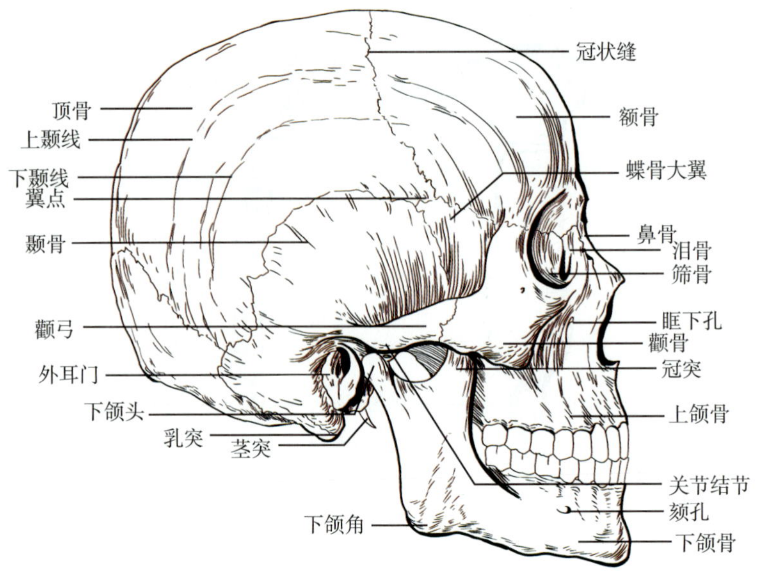

图 1-12　颅（侧面观）

2. **面颅骨**　共15块，位于颅的前下方，构成面部轮廓，包括成对的**上颌骨**、**鼻骨**、**泪骨**、**颧骨**、**腭骨**、**下鼻甲**和不成对的**下颌骨**、**犁骨**、**舌骨**。上颌骨位于口腔上方、鼻腔两侧，在它的内上方邻接两骨，内侧是鼻骨，后方是泪骨。上颌骨外上方是颧骨，后内方接腭骨。上颌骨内侧壁参与鼻腔外侧壁的构成，其下部有下鼻甲。下鼻甲内侧有犁骨。上颌骨的下方是下颌骨，下颌骨的后下方是舌骨（图1-14）。

下颌骨位于上颌骨下方，分一体两支。体和支相交处为**下颌角**，**下颌体**下缘称**下颌底**，上缘为牙槽弓，其上面称**牙槽**。体的前面有一对**颏孔**。**下颌支**向上有两个突起，前方称**冠突**，后方称**髁突**，髁突又分为上端膨大的**下颌头**及其下方缩细的**下颌颈**。下颌支内面中央有一个开口向后上方的下颌孔，向下经下颌管通颏孔（图1-15）。

3. **颅的整体观**

（1）顶面观　颅的上面称颅顶，由**顶骨**、**额骨**及部分**颞骨**和**枕骨**构成，各骨借缝互相连在一起。位于额骨与顶骨之间的称为**冠状缝**，位于两顶骨之间的称为**矢状缝**，顶骨与枕骨之间的称为**人字缝**（图1-13）。

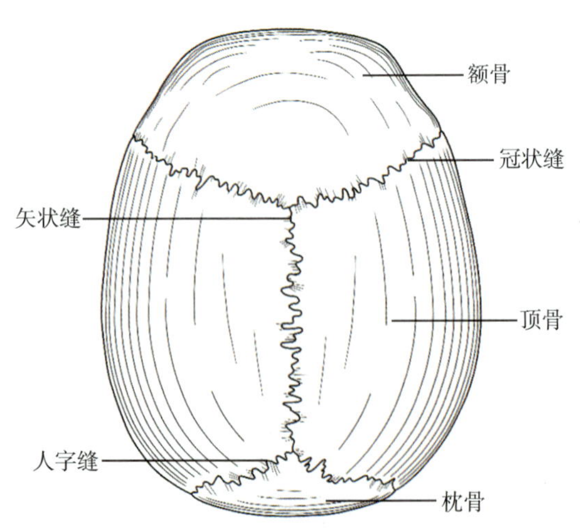

图 1-13　颅顶面观

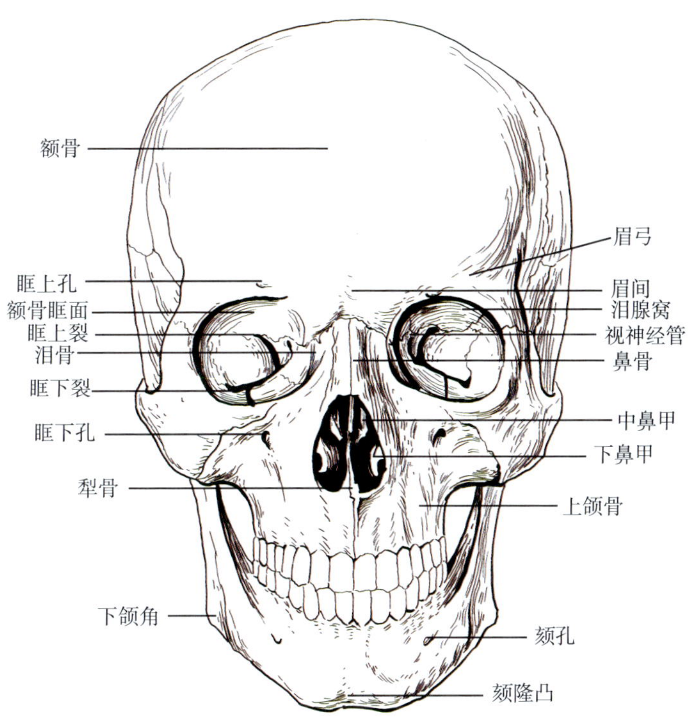

图 1-14 颅前面观

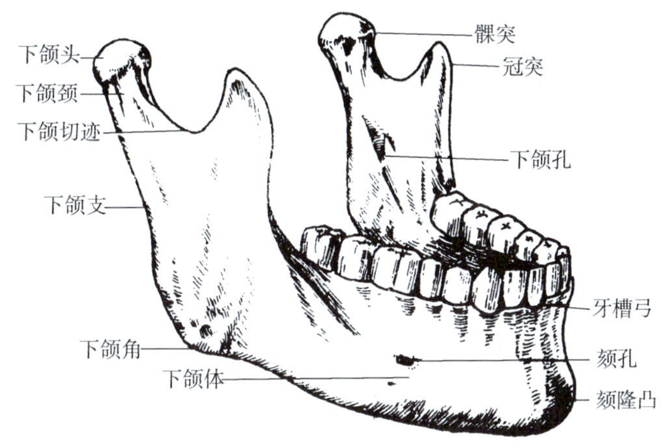

图 1-15 下颌骨

（2）侧面观 可见外耳门，由外耳门向内入外耳道。外耳门的前方连于颧弓，后下方为**乳突**。颧弓上方的凹陷为**颞窝**。在颞窝区，有额骨、顶骨、蝶骨、颞骨四骨的会合处，称为**翼点**（图 1-12）。翼点的骨质比较薄弱，其内面有脑膜中动脉前支通过，所以外伤导致骨折时，容易损伤该动脉，引起颅内血肿。

（3）颅底内面观 颅底内面凹凸不平，与脑下面的形态相适应，由前向后可见呈阶梯状排列的三个窝，即**颅前窝**、**颅中窝**和**颅后窝**（图 1-16）。

颅前窝由额骨、筛骨和蝶骨小翼组成。筛骨鸡冠位居正中线，两侧为筛板及筛孔。

颅中窝由蝶骨体及大翼、颞骨岩部和鳞部的一部分以及顶骨前下角组成。在窝的中部有蝶鞍，其中央为垂体窝，后方高起为鞍背。蝶鞍前方有视交叉沟，沟的两端通视神经管。颞骨岩部的尖和蝶骨体之间形成不规则的孔称为破裂孔。在蝶骨大翼的内侧部分，由前内向后外斜列着圆孔、卵圆孔和棘孔，蝶骨大翼和小翼之间有眶上裂。

颅后窝主要由枕骨和颞骨岩部后上面组成。窝的中央有枕骨大孔，在枕骨大孔前外侧缘处有舌下神经管内口。颅后窝后部中央有枕内隆凸，由此向下有枕内嵴。自枕内隆突向上有矢状沟，向两侧有横窦沟，横沟延伸到颞骨内面转而向下，再转向前称乙状窦沟，最后通颈静脉孔。在颈静脉孔上方，颞骨岩部后上面中央有内耳门。

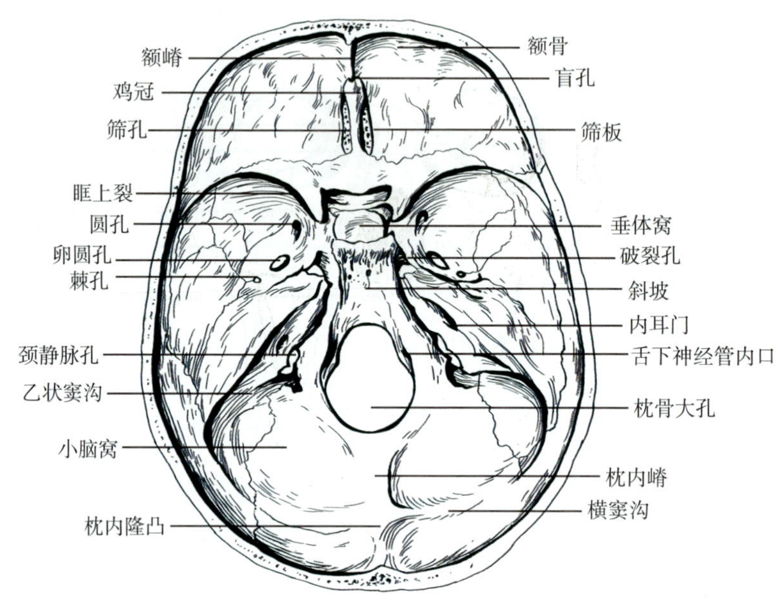

图 1-16 颅底内面观

（4）颅底外面观　前部为面颅骨所覆盖，后部与颈部相接，粗糙不平，中央可见到枕骨大孔及其两侧的枕髁，前方有舌下神经管外口。枕骨大孔前方正中有咽结节，两侧有颈静脉孔。颈静脉孔的前方有颈动脉管外口，再向内侧可见破裂孔，颈静脉孔的后外侧有茎突，其后有茎乳孔，孔的后方为乳突。外耳道在茎突前外侧，其前方有下颌窝和下颌结节，在枕骨大孔后方有枕外嵴、枕外隆凸及其两侧的上项线（图1-17）。

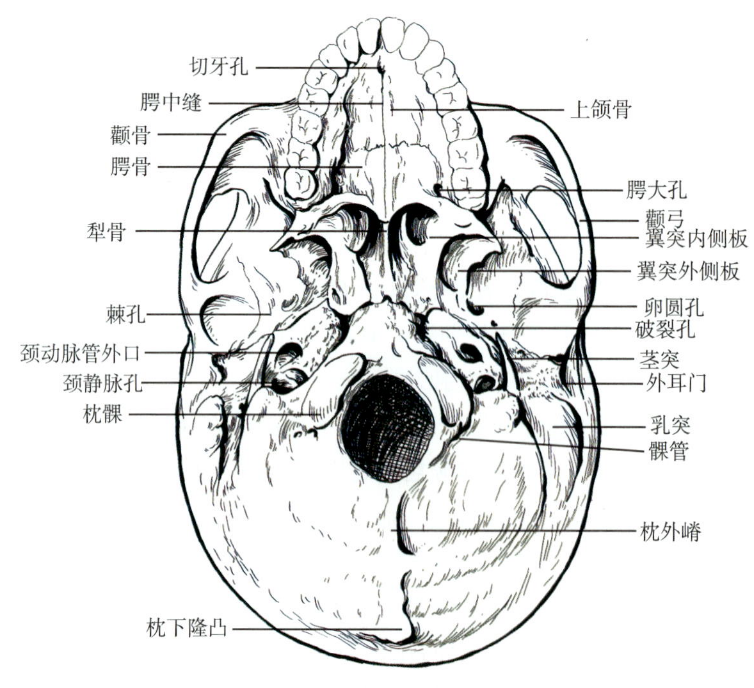

图 1-17 颅底外面观

知识拓展

熊猫眼

颅底部的骨质比较薄，特别是颅前窝，在受到强冲击力时容易发生骨折，由于颅前窝下邻眼眶，加上硬脑膜与颅底结合紧密，骨折时撕裂硬脑膜，颅内脑脊液渗入眼眶形成眼眶的瘀青，形似“熊猫眼”。

（5）前面观　可见眶、骨性鼻腔和骨性口腔。

眶　又称眼眶，容纳视器，呈四边锥体形，可分为眶尖、眶底和四壁（图1–18）。尖向后，有视神经管通颅腔。底向前，形成四边形眶缘，在眶上缘可见眶上切迹或眶上孔；眶下缘下方有眶下孔。上壁与颅前窝相邻，在上壁的前外侧部有泪腺窝。内侧壁最薄，上与筛骨迷路相邻，壁的前方有泪囊窝，向下经鼻泪管通鼻腔。下壁可见眶下沟，向后延续达眶下裂，向前经眶下管出眶下孔。外侧壁最厚，其后部和眶下壁之间有眶下裂通颞下窝和翼腭窝，与眶上壁之间有眶上裂通颅中窝。

骨性鼻腔位于面颅中央，前方的开口称梨状孔，后方的一对开口称为鼻后孔，鼻中隔将鼻腔分成两部分。鼻腔外侧壁上有上、中、下三个鼻甲。三个鼻甲下方通道分别叫上、中、下鼻道。在上鼻甲后上方有一浅窝，称蝶筛隐窝（图1–19）。

考点提示
各鼻旁窦的开口。

鼻旁窦是位于鼻腔周围的含气空腔，共有四对。额窦在额骨鳞部内，分别开口于左右侧鼻腔的中鼻道。筛窦分三群，前、中群开口于中鼻道，后群开口于上鼻道。蝶窦位于蝶骨体内，开口分别通向左右侧蝶筛隐窝。上颌窦在上颌骨体内，开口在中鼻道，窦口高于窦低，分泌物不易流出（图1–20）。

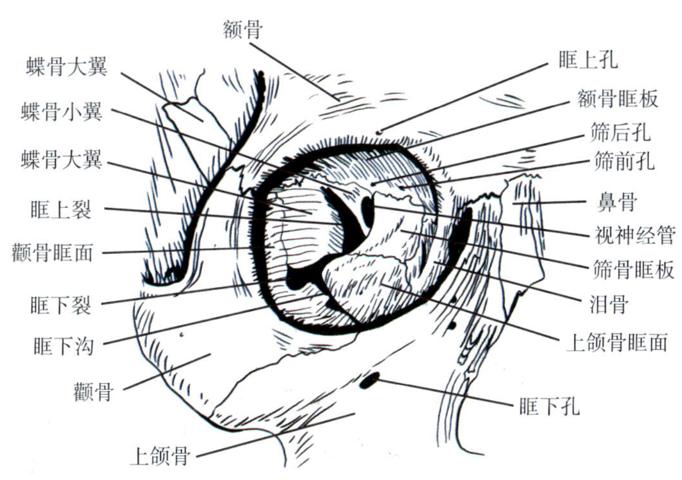

图 1–18　眼眶

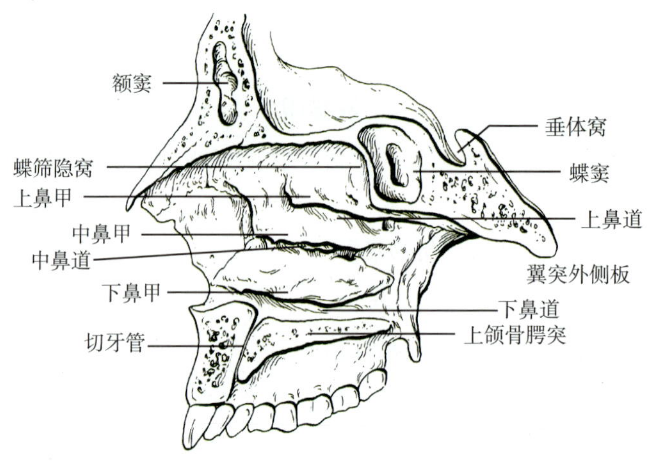

图 1-19 鼻腔外侧壁

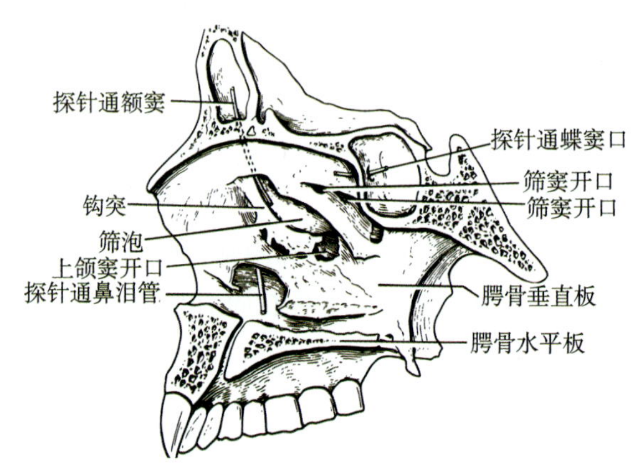

图 1-20 鼻旁窦开口

骨性口腔由上颌骨、腭骨和下颌骨围成，口腔顶由上颌骨腭突和腭骨的水平板构成，又称骨腭。前壁与外侧壁由上、下颌骨的牙槽突及牙齿围成。口腔后通咽。底缺失，由软组织封闭。

4. 新生儿颅的特征 新生儿脑颅较大，面颅较小，面颅仅占脑颅的1/8，成人约为1/4。新生儿有许多颅骨尚未发育，骨与骨之间间隙很大，被结缔组织膜所封闭称**囟**。在矢状缝前后分别有**前囟**和**后囟**（图1-21）。前囟在1 ~ 2岁时闭合，其余各囟在出生后不久闭合。前囟闭合的早晚可作为婴儿发育和颅内压力变化的标志。

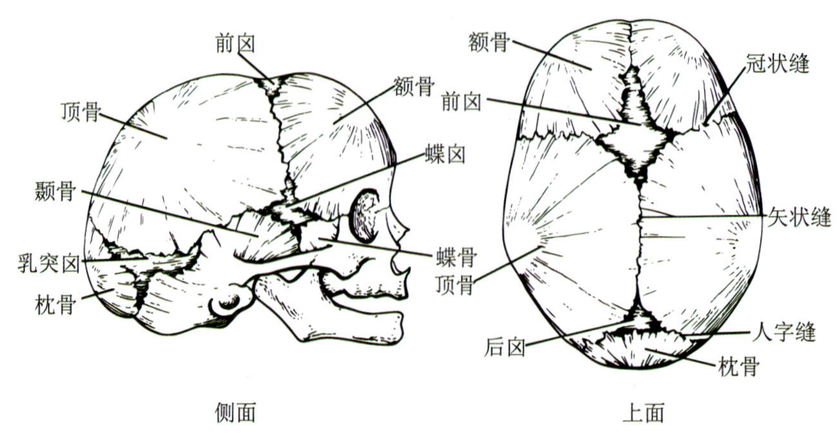

图 1-21 新生儿颅

三、附肢骨

附肢骨包括**上肢骨**和**下肢骨**两部分。

（一）上肢骨

上肢骨每侧有32块，又可分为与躯干直接相连的上肢带骨和自由上肢骨，由于进化和分工不同，上肢骨较下肢骨轻巧纤细，适于从事灵活的工作。

1. 上肢带骨 上肢带骨包括**锁骨**和**肩胛骨**。

（1）锁骨 位于胸廓上方前面，全长均可摸到，呈横卧的“S”形，内2/3凸向前，外1/3凸向后。可分为内侧、外侧两端和体3部分。内侧端膨大称为**胸骨端**，与胸骨的锁骨切迹相关节；外侧端为**肩峰端**，略扁，与肩胛骨的肩峰相关节。锁骨体较细而弯曲，位置表浅，受暴力时易发生骨折，一般多见于锁骨中、外1/3交界处（图1–22）。

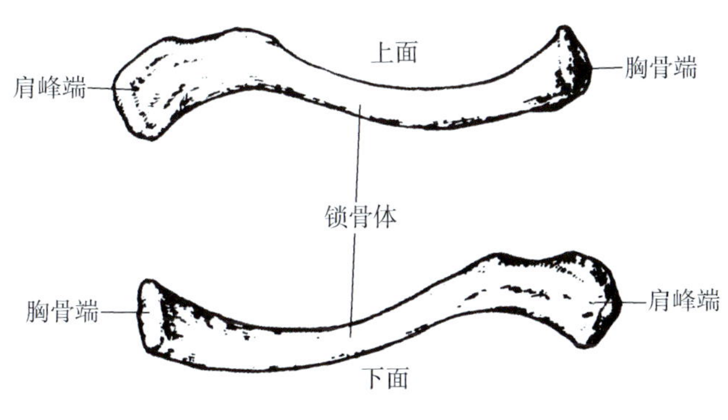

图1–22 锁骨

（2）肩胛骨 位于胸廓背面脊柱的两侧，介于第2 ~ 7肋骨之间，呈三角形。有三个角、三个缘和两个面。上角向内上方，平对第二肋。外上角膨大朝外上方，有一梨形光滑的关节面，称**关节盂**，与肱骨头构成肩关节。关节盂上下各有一隆起，称**盂上结节**和**盂下结节**。下角平对第7肋。内侧缘朝向脊柱，又称脊柱缘。外侧缘肥厚，对向腋窝又称腋缘。上缘短而薄，其外侧端有一切迹，称为肩胛切迹。切迹的外侧有一伸向上前外方的骨突，称**喙突**。肩胛骨的前面微凹称肩胛下窝。后面有一横行的骨嵴，称**肩胛冈**，冈的外侧端称**肩峰**，与锁骨肩峰端成关节。冈上下的浅窝，分别称为冈上窝和冈下窝（图1–23）。

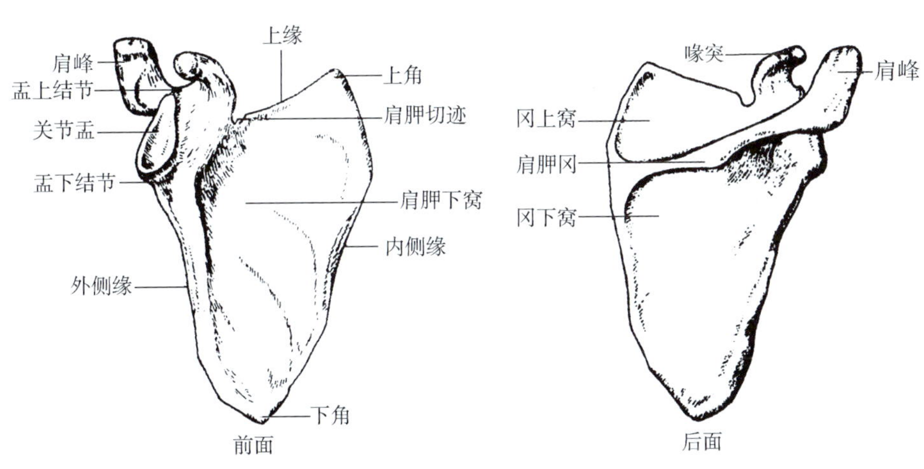

图1–23 肩胛骨

2. **自由上肢骨** 自由上肢骨包括**肱骨**、**尺骨**、**桡骨**和**手骨**。

（1）肱骨 位于上臂，可分为一体、两端。（图1–24）

肱骨上端膨大，有朝向内后上方的半球形关节面，称**肱骨头**，与肩胛骨的关节盂相关节。头的下方稍细称为**解剖颈**。解剖颈下方有向外侧突出的隆起，称**大结节**，大结节内前方的突起称**小结节**。两结节向下延续的骨嵴，分别称为**大结节嵴**与**小结节嵴**。大、小结节嵴之间的沟称**结节间沟**，内有肱二头肌长头腱通过。肱骨上端与体的移行处称外科颈，是骨折的好发部位。体的中部外侧面有一粗糙的隆起，有三角肌附着，称**三角肌粗隆**，体的后面中部有一条斜向外下的浅沟，称**桡神经沟**，有桡神经和肱深动脉通过，肱骨中段骨折时易损伤桡神经。

肱骨下端膨大、前后略扁。外侧有较小半球形的**肱骨小头**，与桡骨相关节。内侧呈滑车状的关节面，称**肱骨滑车**，与尺骨相关节。下端前面有一冠突窝，后面有一深窝称鹰嘴窝。下端的两侧面各有一结节样隆起，分别称为**内上髁**和**外上髁**。内上髁后面有一纵行浅沟，称**尺神经沟**，有尺神经通过。

考点提示

肱骨上段、中段、下段骨折容易伤及的血管和神经。

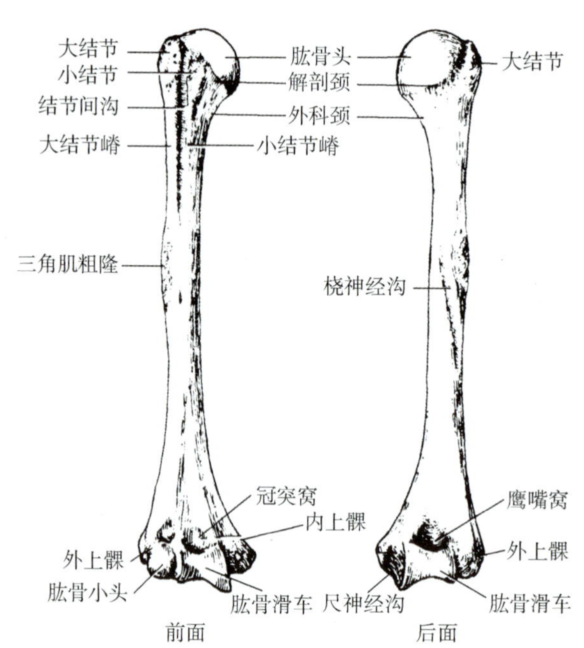

图1–24 肱骨

（2）桡骨 位于前臂外侧，有一体、两端（图1–25）。上端有圆柱形的**桡骨头**，上面有凹陷称**桡骨头凹**，与肱骨小头相关节。桡骨头周缘有**环状关节面**，与尺骨的桡切迹相关节。桡骨头下方为**桡骨颈**，颈的内下方有一粗糙的隆起名**桡骨粗隆**。桡骨体呈三棱形，其内侧缘锐利，与尺骨的骨间嵴相对。下端膨大，其内侧面有**尺切迹**，与尺骨头相关节；外侧面向下突出，称为**茎突**。

（3）尺骨 位于前臂内侧，有一体、两端（图1–25）。上端粗大，前方有半月形的关节面，称为**滑车切迹或半月切迹**，与肱骨滑车构成关节。切迹后上方的突起称为**鹰嘴**，前下方的突起为**冠突**。冠突的外侧面有一关节面，称为桡切迹，与桡骨头的环状关节面相关节。体稍细长弯曲，呈三棱柱状。下端有位于外侧呈球形的尺骨头和向下伸出的**茎突**。

（4）手骨 由**腕骨**、**掌骨**和**指骨**组成（图1-26）。

腕骨位于手腕部，均属短骨，共有8块，排成近侧、远侧两列，每列4块，以其形状命名。近侧列由桡侧向尺侧依次是手舟骨、月骨、三角骨和豌豆骨。远侧列为大多角骨、小多角骨、头状骨和钩骨。

掌骨为5块长骨，从桡侧向尺侧依次为第1～5掌骨。掌骨的近侧端为底，接腕骨。远侧端为头，接指骨。头底之间的部分为体。

指骨共14块，除拇指为2节外，其余4指均为3节。由近侧向远侧依次为近节指骨、中节指骨、远节指骨。近节和中节指骨近侧端为底，中部为体，远侧端为滑车，而远节指骨远侧端没有滑车而称为粗隆。

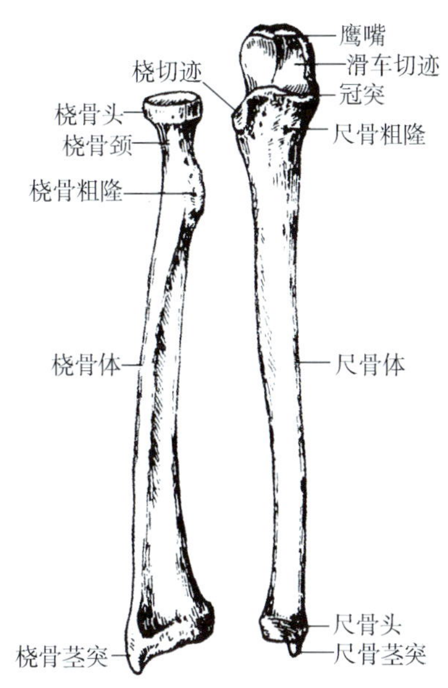

图1-25 桡骨与尺骨

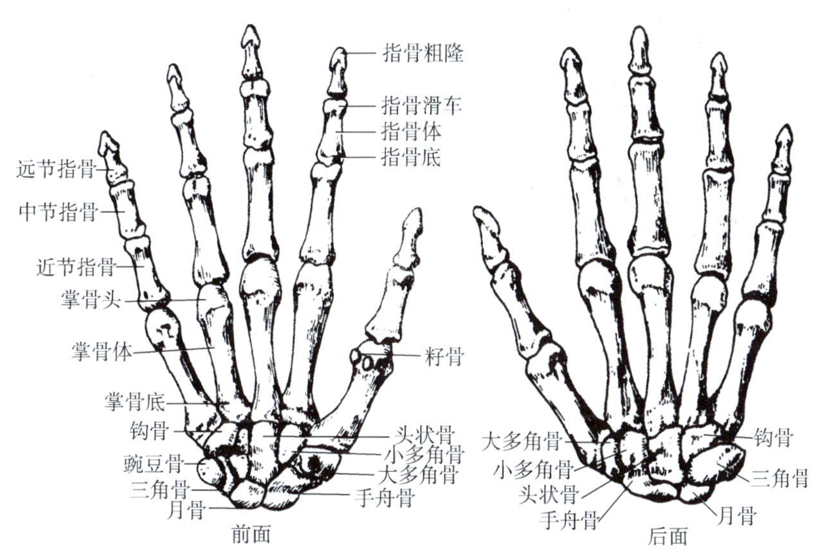

图1-26 手骨

（二）下肢骨

每侧有31块，又可分为**下肢带骨**和**自由下肢骨**，下肢骨较上肢骨粗壮。下肢带骨包括**髋骨**，自由下肢骨包括**股骨**、**髌骨**、**胫骨**、**腓骨**和**足骨**。

1. 下肢带骨

髋骨 由**髂骨**、**坐骨**和**耻骨**组成（图1-27），一般在16岁前三块骨之间以软骨连结，成年后软骨骨化，三块骨互相融合而成一大而深的窝称**髋臼**。窝的周围骨面光滑，附以关节软骨，称**月状面**。髋臼的前下部骨缘凹入，叫髋**臼切迹**。

（1）髂骨 位于髋骨的后上部，分为**髂骨体**和**髂骨翼**两部，髂骨体参与构成髋臼后上部。体向上方伸出的扇形骨板称为髂骨翼，翼的内面凹陷称**髂窝**，窝的下方以弓状线与髂骨体分界。其上缘称**髂嵴**，髂嵴的前后突起分别称**髂前上棘**和**髂后上棘**，它们下方各有一突起，分别称为**髂前下棘**和**髂后下棘**。两侧髂嵴最高点的连线约平齐第4腰椎棘突，是临床上计数椎骨的标志。髂嵴的前、中1/3交界处向外突出，称**髂结节**。临床上常选择髂结节作为骨髓穿刺点。

（2）坐骨 位于髋骨的后下部，下端肥厚粗糙，称为坐骨结节，坐骨结节后上方有一锐利突起，称为坐骨棘，棘的上方为坐骨大切迹，其下方为坐骨小切迹。

（3）耻骨 构成髋骨的前下部，可分为体和支两部分。耻骨体构成髋臼的前下部。由体向前下延伸为耻骨上支，继而转折向下外方称为耻骨下支。耻骨上、下支移行处的内侧面为一卵圆形粗糙面，称为耻骨联合面。耻骨上支的上缘有一锐利的骨嵴，称**耻骨梳**，其后端起于髂耻隆起，前端终于耻骨结节。耻骨结节内侧的骨嵴称**耻骨嵴**，由坐骨和耻骨围成的孔，称**闭孔**。

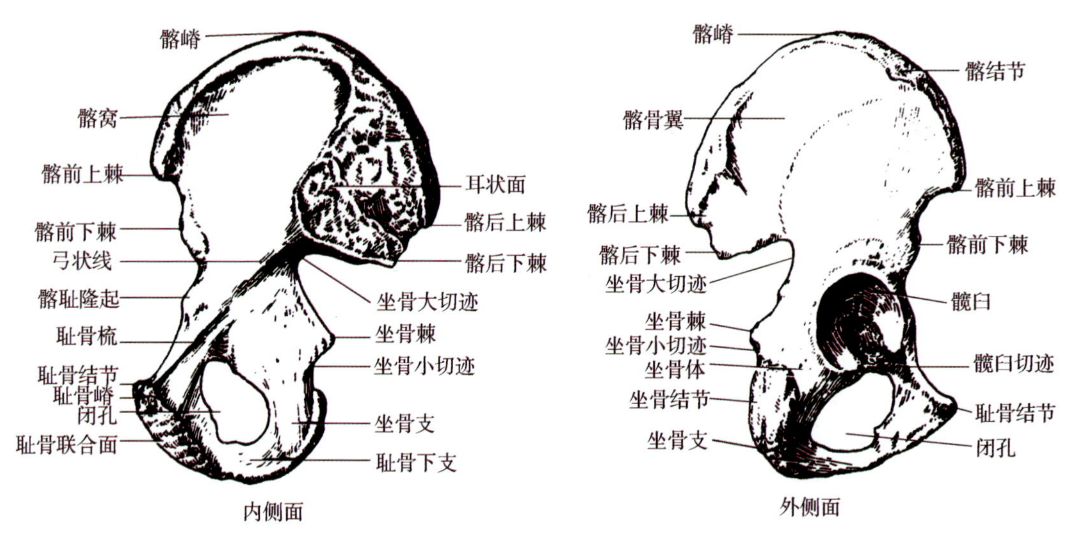

图1-27 髋骨

2. 自由下肢骨

（1）股骨 位于大腿，是人体最长的长骨，约占身高的1/4，可分为一体和两端（图1-28）。上端朝向内上方的球形关节面，称**股骨头**，其上有一小凹，称为股骨头凹，为股骨头韧带的附着处。头的下方缩细的部分称**股骨颈**。颈体交界处的外侧，有一向上的粗糙隆起称**大转子**，其内下方较小的隆起称为**小转子**。大、小转子间，前有转子间线，后有转子间嵴相连。股骨体粗壮，为圆柱形。前面光滑，后面有一纵行的骨嵴，称**粗线**。此线向上延续为粗糙的突起称**臀肌粗隆**。下端为两个膨大的隆起，向后方卷曲，分别称**内侧髁**和

外侧髁。两髁之间深凹陷，称**髁间窝**。内侧髁的内侧面和外侧髁的外侧面各有一粗糙隆起，分别称为内上髁和外上髁，体表可触及。

（2）髌骨　为三角形的扁骨，位于膝关节前面。底朝上，尖向下，是人体内最大的籽骨，包于股四头肌肌腱内（图1–29）。

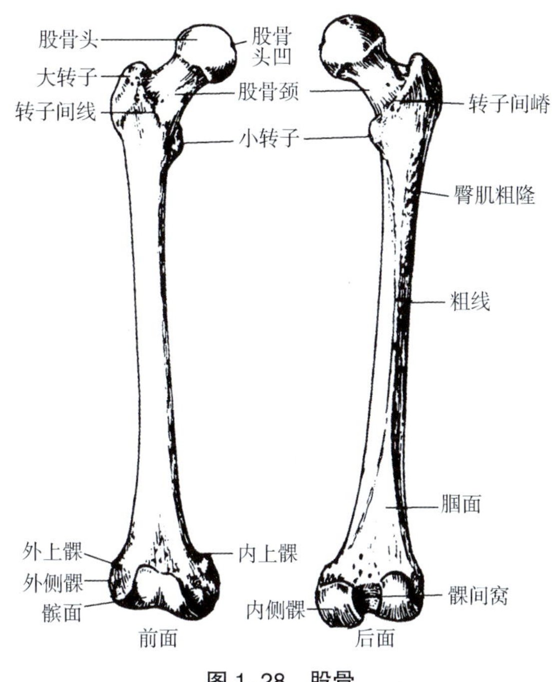

图 1–28　股骨

知识拓展

颈干角

颈干角为股骨颈的长轴与股骨干纵轴之间形成的夹角，又称内倾角。正常值在110° ~ 140°之间，男性平均132°，女性平均127°，儿童平均151°。颈干角随年龄增大而减小，颈干角可以增加下肢的运动范围。大于正常值为髋外翻，小于正常值为髋内翻。

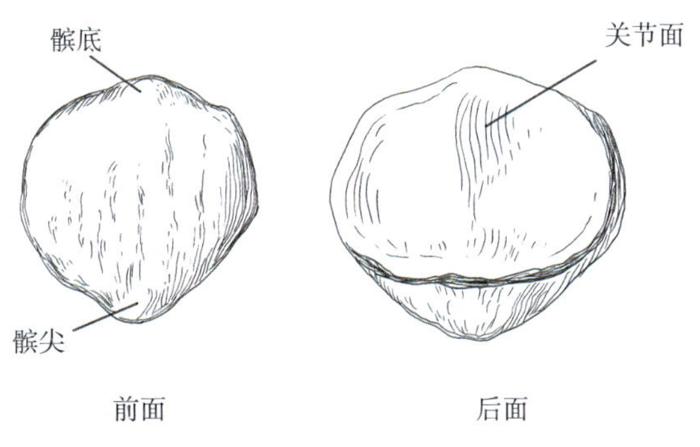

图 1–29　髌骨

（3）胫骨　位于小腿的内侧部，是三棱形粗大的长骨，分为一体和两端（图1–30）。上端粗大，形成与股骨相对应的**内侧髁**和**外侧髁**，两髁之间的向上隆凸称**髁间隆起**。上端的前面有一粗糙的隆起，称**胫骨粗隆**。外侧髁的后下面有一关节面，接**腓骨小头**，称**腓关节面**。体呈三棱柱形，前缘锐利，内侧面平坦。下端膨大，内侧有伸向下的骨突称**内踝**。外侧有与腓骨相接的三角形凹陷称**腓切迹**。

（4）腓骨　细长，位于小腿部的后外侧，分为一体和两端（图1-30）。上端膨大称**腓骨头**，下方缩细称**腓骨颈**。下端膨大稍扁称**外踝**。临床上常截取一段带血管的腓骨，作为自身移植的供骨。

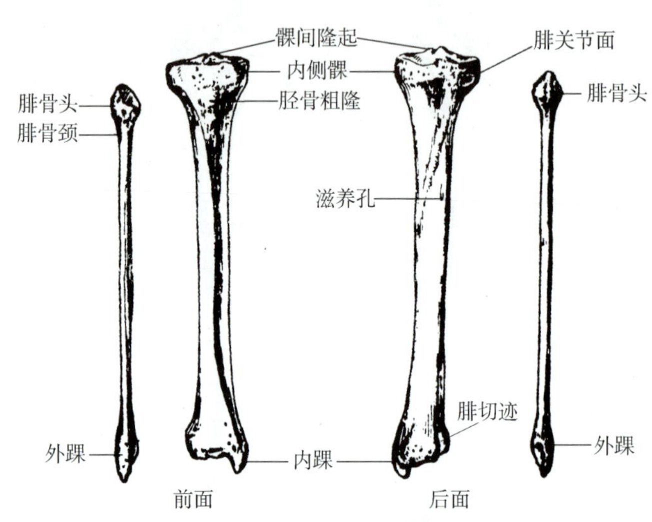

图 1-30　胫骨和腓骨

（5）足骨　由跗骨、跖骨、趾骨组成（图1-31）。

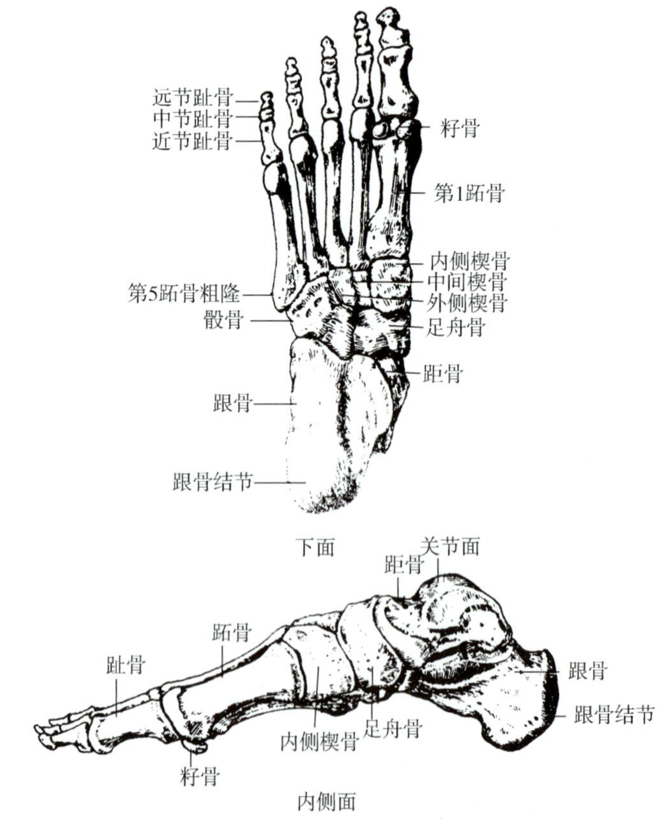

图 1-31　足骨

跗骨属于短骨，位于足的近侧部，相当于手的腕骨，共7块。可分为**近**、**中**、**远**三列，即近侧列的**距骨**和**跟骨**，中间列的**足舟骨**，远侧列的**内侧楔骨**、**中间楔骨**、**外侧楔骨**和**骰骨**。跟骨的后下方膨大为**跟骨结节**。

跖骨属于长骨，其形状大致与掌骨相当，但比掌骨长而粗壮，共5块，由内侧向外侧依次称第1至第5跖骨。

趾骨属于长骨，其形状大致与指骨相当。共14块，一般踇趾为2节，其余各趾为3节。临床常截取第2趾代替手的拇指再造。各节趾骨的名称和结构名称均与手指骨相同。

四、常用骨性标志

人体的骨一部分常在体表形成较明显的隆起或凹陷，临床上常作为定位应用，称为骨性标志。体表突出的骨性标志部位长期受压时，容易发生压疮，熟悉人体常用的骨性标志具有重要的临床意义。

（一）躯干部

1. **颈静脉切迹** 在胸骨柄的上缘，向后平对第2胸椎体，其上方为胸骨上窝。

2. **胸骨角** 胸骨柄与胸骨体连接处向前的横行突起，自颈静脉切迹向下约两横指处，是重要的骨性标志。胸骨角的两侧接第2肋软骨，是计数肋和肋间隙的重要标志。向后平对第4胸椎体下缘水平，也是气管杈、主动脉前后端、心脏上界、食管第二个狭窄和胸导管左移处的水平；胸骨角平面是上、下纵隔的分界线。

3. **肋弓** 由第7 ~ 10肋软骨依次相连而成，是触摸肝、脾的标志。

4. **剑突** 胸骨下方的突出，位于两侧肋弓之间，剑突与左侧肋弓的交点处是心包穿刺的常用部位。

5. **骶角、骶管裂孔** 沿骶正中嵴向下摸到骶管裂孔，在裂孔的两侧可摸到骶角，骶角为骶管麻醉定位的标志。

6. **第7颈椎棘突** 头前俯时在项下部正中最突出处，为确定椎骨棘突序数的标志之一。

7. **颈动脉结节** 第6颈椎横突前结节，位于胸锁乳突肌前缘深处，正对环状软骨平面。平环状软骨，在胸锁乳突肌前缘，以拇指向后压，可将颈总动脉压向颈动脉结节，阻断血流，达到止血的目的。

（二）颅部

1. **枕外隆突** 位于枕部向后最突出的隆起，其深面为窦汇。

2. **颞骨乳突** 耳郭后方，内部有乳突小房，其根部前缘的前内方有茎乳孔，面神经由此出颅。乳突深面的后半部为乙状窦沟。

3. **颧弓** 上缘后端即耳郭前方可触知颞浅动脉的搏动，中点上方约4cm处为翼点，内有脑膜中动脉通过，下方一横指处，有腮腺导管横过咬肌表面。

4. **眉弓** 眶上缘稍上方的弧形隆起，内部是额窦。

5. **下颌角** 为下颌支后缘与下颌底转折处，此处骨质较薄，容易骨折。

（三）上肢骨部

1. **肩峰** 肩胛冈的外侧端，高耸于肩关节的上方，为肩部的最高点，是测量上肢长度的定点。

2. **肩胛冈** 肩胛骨的背面横行的隆起。

3. **肩胛骨下角** 平对第7肋或第7肋间隙，是从后面计数肋骨及肋间隙的重要标志。

4. **肱骨下端的内上髁、外上髁、尺骨鹰嘴** 三者在伸肘时，同在一条直线上；而屈肘时，三者连线呈一等腰三角形。

5. **尺、桡骨茎突** 尺骨、桡骨的下端的骨性突起，桡骨茎突比尺骨茎突低1 ~ 1.5cm。

6. **豌豆骨** 位于小鱼际的根部，腕部远侧皮纹内侧的突起，其外侧有尺神经深支到达手掌。

（四）下肢骨部

1. **髂结节** 两侧髂嵴最高点连线经过第4腰椎棘突，腰椎穿刺据此定位。

2. **髂前上棘、髂后上棘** 骨盆测量的标志。

3. **坐骨结节、大转子** 测量骨盆之用，或以两者连线中点确定坐骨神经位置。

4. **胫骨粗隆** 位于髌骨下缘约两横指处，为股四头肌腱止点。胫骨内侧面检查水肿。

5. **腓骨头** 小腿上端外侧的隆起，稍下方是腓总神经通过之处。

6. **内踝、外踝** 踝部两侧的明显隆起，分别是内踝和外踝，外踝低于内踝。

扫码“学一学”

第二节 骨连结

案例导入

患儿，女，4岁。不慎跌倒时其母用力手拉手提起，患儿哭诉右肘部疼痛，随后患儿不肯用该手取物和活动右肘，并拒绝触碰右肘部。查右肘部无红肿，右肘略屈，前臂略旋前。伸右手取物及前臂旋后时疼痛加剧。右手腕活动自如。诊断为桡骨小头半脱位。给予复位处理，疼痛即消失，右肘部即可自由活动。

请问：

1. 小儿为什么易出现桡骨小头半脱位？
2. 简述肘关节的组成。

一、骨连结概述

骨和骨之间的连结装置称**骨连结**（图1–32）。根据骨连结方式的不同，可分为**直接连结**和**间接连结**。

（一）直接连结

骨与骨之间借纤维结缔组织连结，无间隙，活动范围很小或者不能活动称为直接连结，包括纤维连结、软骨连结和骨性结合。

（二）间接连结

骨和骨之间借膜性的结缔组织囊相连，在相对骨面之间有一定腔隙，这种连结称为间接连结，又称**关节**，一般活动性较大，是人体骨连结的主要形式。

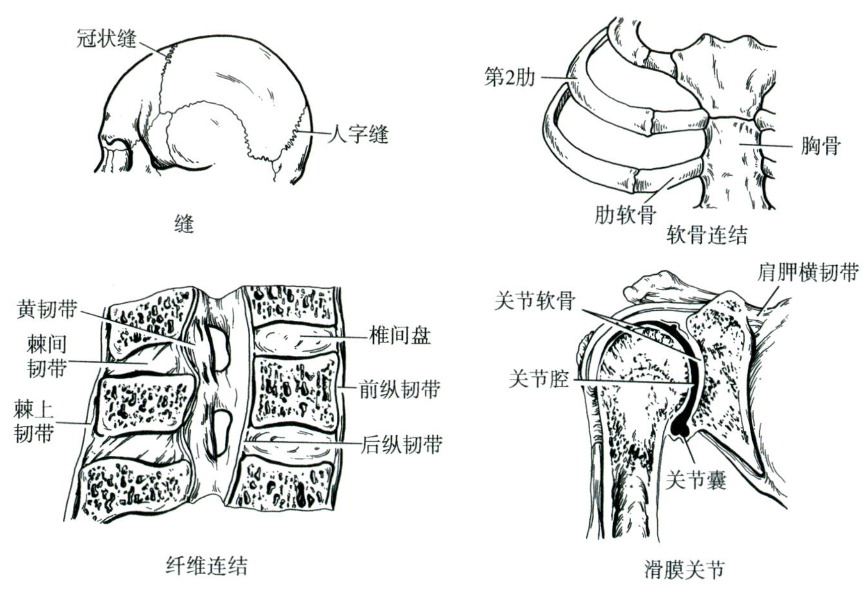

图 1-32 骨连结的类型

1. **关节的基本结构** 包括**关节面**、**关节囊**、**关节腔**（图1-33）。

（1）关节面 构成关节两个骨的相对面称为关节面，凸的一面称为关节头，凹的一面称为关节窝。关节面被关节软骨所被覆，表面光滑，有弹性，可减少运动时的摩擦，并有缓冲作用。

（2）关节囊 为结缔组织膜构成的囊，分内、外两层。外层为纤维膜，由致密结缔组织构成，两端厚而坚韧，附着于关节面的周缘及其附近的骨面上；内层为滑膜，薄而柔软，紧贴纤维膜内面，并附于关节软骨周缘，除关节软骨和关节盘外，滑膜被覆关节内一切结构。滑膜能分泌滑液，滑液有润滑关节作用，以减少关节运动时的摩擦。

（3）关节腔 是关节软骨与滑膜围成的密闭腔隙，内含有少量滑液，腔内为负压，有助于关节的稳定性。

关节除了基本结构之外，还有一些辅助结构，以增加关节的稳固性，如**韧带**、**关节盘**、**关节唇**等。**韧带**多由关节囊的纤维膜局部增厚而成，呈扁带状或圆束状，主要功能是限制关节的运动幅度，增强关节的稳固性。**关节盘**只见于少数关节，由纤维软骨构成，垫于两骨关节面之间，使两骨关节面更加互相适应，增加关节的稳固性和灵活性，并具有一定弹性和缓冲作用。**关节唇**附于关节窝周缘，一般呈环形，由纤维软骨构成，以加深关节窝，增加关节的稳固性。

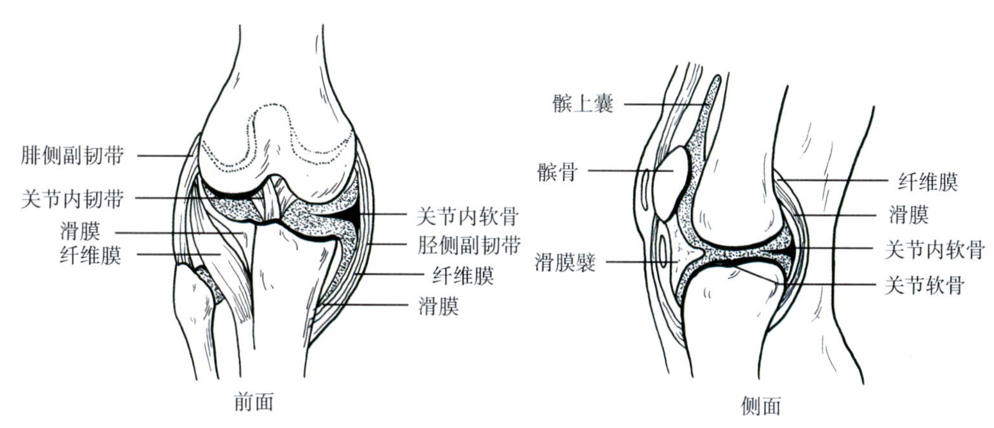

图 1-33 关节的基本结构

2. 关节的运动方式 关节一般都是围绕一定的轴而运动。围绕某一运动轴可产生两种方向相反的运动形式。根据运动轴的不同，其运动形式可分为**屈**和**伸**、**内收**和**外展**、**旋内**和**旋外**以及**环转**。

（1）屈和伸 围绕冠状轴进行的关节运动，一般两骨之间夹角变小为**屈**，反之为**伸**。

（2）内收和外展 围绕矢状轴进行的关节运动，骨向正中矢状面靠拢为**内收**，反之为**外展**。

（3）旋内和旋外 围绕垂直轴进行的关节运动，骨的前面转向内侧为**旋内**，反之为**旋外**。在前臂的运动又称旋前和旋后，手背转向前方为**旋前**，反之为**旋后**。

（4）环转 骨的近端在原位转动，远端作圆周运动，称为**环转**。

二、中轴骨的连结

中轴骨的连结包括躯干骨的连结和颅骨的连结。

（一）躯干骨的连结

躯干骨之间互相连结可构成脊柱和胸廓。脊柱由椎骨、骶骨和尾骨连结而成，上承托颅，下接下肢骨。胸廓由胸椎、胸骨和肋构成，与上肢骨相连。

1. 脊柱

（1）椎骨间的连结 各椎骨之间借韧带、软骨和关节相连，根据椎骨的结构可分为椎体间的连结和椎弓间的连结（图1–34）。

①椎体间的连结：**椎间盘**位于相邻两椎体之间，由**髓核**和**纤维环**两部分构成，是椎骨之间最主要的连结（图1–35）。**髓核**位于椎间盘中心，为柔软而富有弹性的胶状物质，周围是由多层同心圆排列的纤维软骨环称为**纤维环**。整个脊柱有23个椎间盘，各部椎间盘厚薄不一，腰部最厚，颈部次之，中胸部最薄，故脊柱腰部活动度最大。椎间盘有一定的弹性，可缓冲震动、允许脊柱做弯曲和旋转运动。**前纵韧带**位于椎骨前面，上连枕骨大孔前缘，下达骶骨前面，紧贴椎体和椎间盘前面，厚实而坚韧，包绕脊柱的前、外侧面，对脊柱稳定有重要作用（图1–34）。**后纵韧带**位于椎体后面，长度与前纵韧带相当，较前纵韧带细，可限制脊柱过分前屈及防止椎间盘向后脱出（图1–34）。

②椎弓间的连结：在棘突尖上还有一条上下连续的棘上韧带，在胸、腰、骶部紧贴棘突末端，至颈部则呈板片状，且由弹性结缔组织构成，称项韧带（图1–36）。

知识拓展

椎间盘脱出症

椎间盘脱出是指椎间盘的髓核及部分纤维环向周围组织突出，压迫相应脊髓或脊神经根所致的一种病理状态。它与椎间盘退行性变、损伤等因素有关。腰4/5，腰5/骶1是椎间盘突出最常见的部位，颈椎次之。椎间盘脱出有三种类型：**中央型**，是指位于中线者；**后侧型**，是指位于中线两侧椎管内者；**外侧型**，是指突出的椎间盘位于根管外者，此型脊神经根压迫症状重。

黄韧带位于相邻椎弓板之间，由黄色弹性结缔组织构成，限制脊柱的过度前屈。**棘间韧带**位于各棘突之间，前连黄韧带，后接棘上韧带。**横突间韧带**位于横突之间，限制脊柱过度侧屈。**关节**主要由相邻椎骨的上下关节突构成的**关节突关节**（图1-35）。寰椎与枢椎构成**寰枢关节**，寰椎与枕骨之间构成**寰枕关节**。

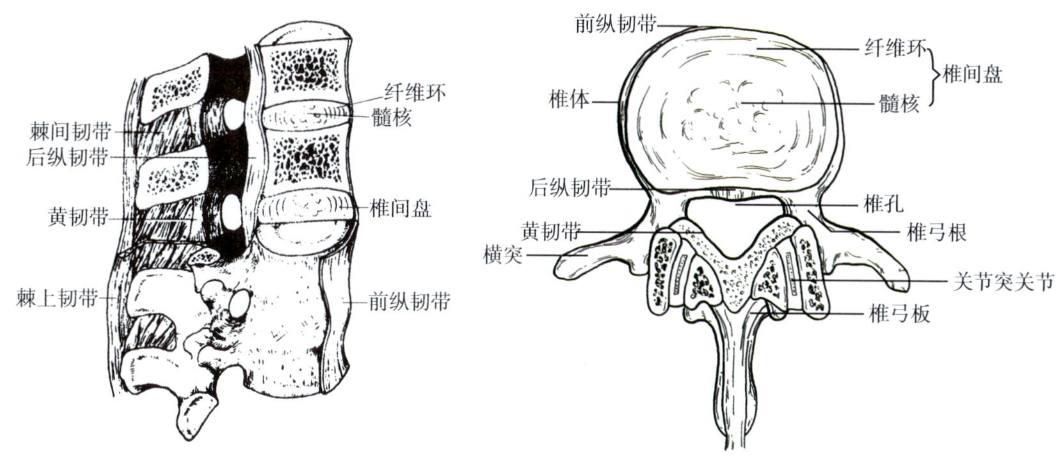

图1-34　椎骨间的连结

图1-35　椎间盘、关节突关节

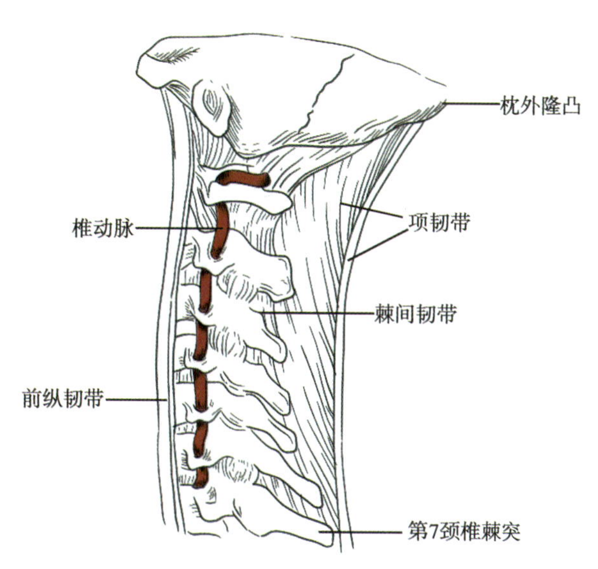

图1-36　项韧带

（2）脊柱的整体观　①前面观：椎体从上至下逐渐增大，骶骨上端最宽，以下又逐渐缩小。这与脊柱承重有关。②后面观：可见成排的棘突和横突，棘突的方向在颈、腰段较平，在胸部较斜。③侧面观：可见4个生理性弯曲。颈曲和腰曲凸向前，胸曲和骶曲凸向后。脊柱生理性弯曲增大了脊柱的弹性，有利于维持身体平衡及缓冲重力和反弹力（图1-37）。

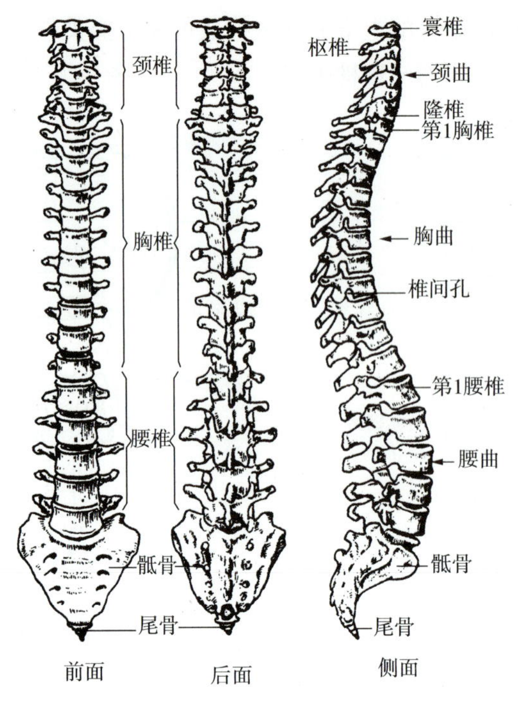

图 1-37　脊柱的整体观

（3）脊柱的功能和运动　脊柱除支持体重、传递重力、缓冲震动、保护脊髓和内脏等功能外，还有很大的运动性。虽然在相邻两椎骨间运动范围很小，但整个脊柱因叠加而活动范围较大，尤其是颈部和腰部运动幅度最大。其运动方式包括屈伸、侧屈、旋转和环转等。

2. 胸廓　由12块胸椎、12对肋和1块胸骨连结而成。胸廓具有一定的弹性和活动性，主要保护心、肺等重要器官，并参与呼吸运动。

（1）胸廓的连结　主要依靠肋椎关节和肋软骨与胸骨之间的连结构成。肋椎关节为肋骨后端与胸椎之间的连结方式，有两处关节。一个是肋头关节，由肋头与椎体肋凹组成；另一个是肋横突关节，由肋骨结节关节面与横突肋凹组成。

（2）胸廓的形态　成人胸廓为前后较扁，前壁短、后壁长的圆锥形（图1-38）。胸廓上口较小，为后高前低的斜面，由第1胸椎、第1肋和胸骨柄上缘围成。胸廓下口宽大，前高后低，由第12胸椎、第12、11肋及肋弓、剑突组成。两侧肋弓的夹角称为胸骨下角，角度大小因体形而异。相邻两肋之间的间隙为肋间隙，临床上常用来定位脏器位置。

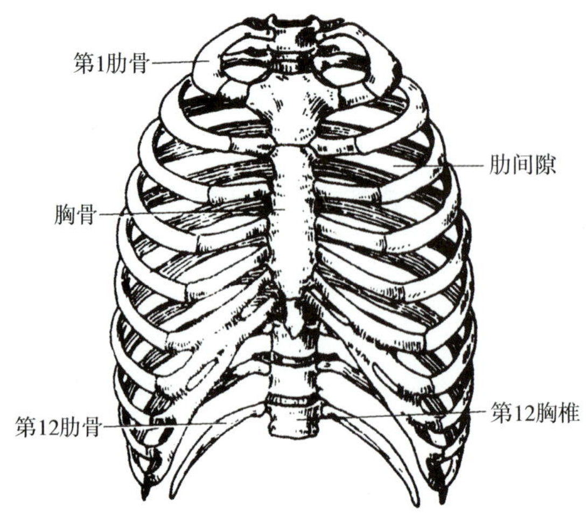

图 1-38　胸廓

（3）胸廓的功能　胸廓的运动主要表现为呼吸运动。肋上提时胸廓横径和前后径扩大，胸腔容积增加助吸气；肋下降时胸腔容积缩小助呼气。胸廓除了参与呼吸以外，还有保护胸腔内器官如心、肺等功能。

（二）颅骨的连结

颅骨连结主要是直接连结，只有下颌骨与颞骨之间以颞下颌关节相连。

颞下颌关节又称下颌关节，由下颌骨的下颌头与颞骨的下颌窝和关节结节构成。关节囊前部薄而松弛，囊内有关节盘，将关节腔分成上、下两部，所以下颌关节运动灵活，两侧联合运动，可使下颌骨上提、下降、向前和向后，主要为适应咀嚼运动的需要（图1-39）。活动幅度过大时关节容易向前脱位。

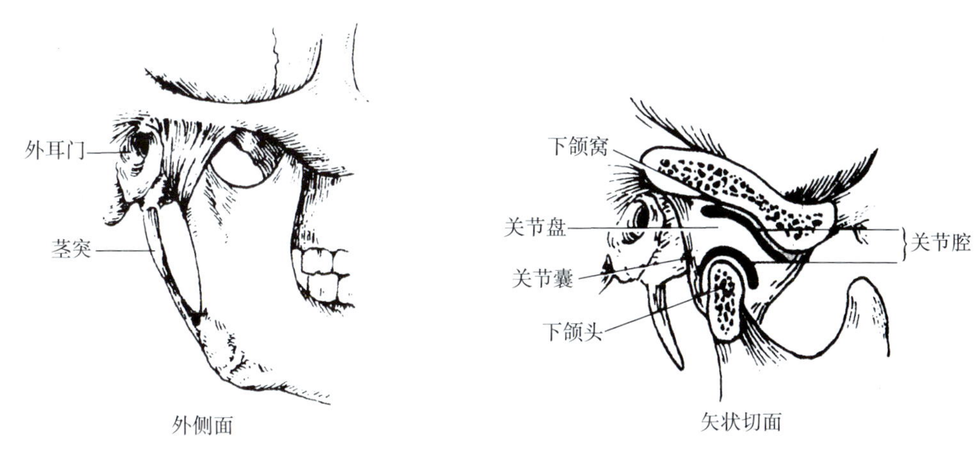

图 1-39　颞下颌关节

三、附肢骨的连结

附肢骨的连结包括**上肢骨连结**和**下肢骨连结**。

（一）上肢骨连结

1. 上肢带骨连结

（1）胸锁关节　由锁骨的胸骨端与胸骨的锁切迹构成，是上肢骨与躯干骨之间唯一的关节。其关节囊坚韧紧张，周围有韧带加强，囊内有关节盘。该关节可使锁骨外侧端做小幅度向上、下、前、后及轻微的旋转、环转运动（图1-40）。

（2）肩锁关节　由肩峰与锁骨肩峰端构成，属微动关节。

（3）喙肩韧带　肩胛骨的喙突与肩峰之间的韧带，防止肱骨头向上脱位。

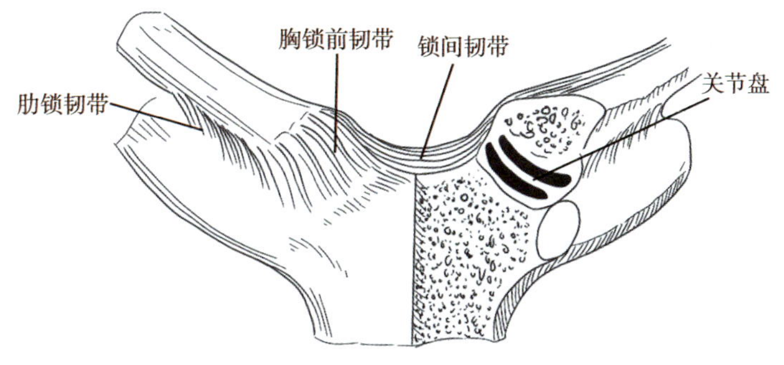

图 1-40　胸锁关节

2. 自由上肢骨连结

（1）肩关节 由肩胛骨的关节盂和肱骨头构成。该关节的特点是：肱骨头大、关节盂小而浅。周缘有纤维软骨环构成的盂唇，加深了关节窝。关节囊薄而松弛，囊内有肱二头肌长头腱通过。在关节囊外有韧带，以加强关节的稳固性。囊的下壁没有肌和韧带加强，最为薄弱，故肩关节脱位时，肱骨头常从下方脱出，发生前下方脱位。肩关节是人体活动范围最大、最灵活的关节，可作屈、伸、内收、外展、旋内、旋外和环转运动（图1-41）。

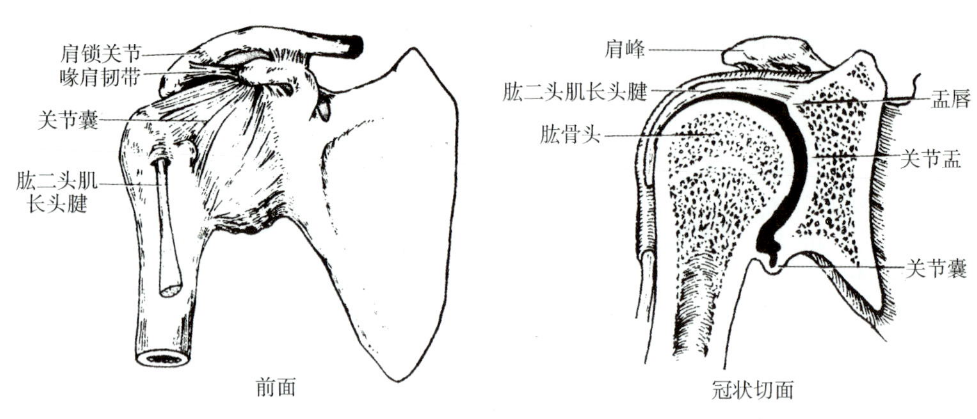

图 1-41 肩关节

（2）肘关节 由肱骨下端与桡、尺骨上端构成。包括**肱尺关节**、**肱桡关节**和**桡尺近侧关节**三个关节（图1-42）。肱骨滑车与尺骨滑车切迹构成肱尺关节，是肘关节的主体部分。肱骨小头与桡骨头凹构成肱桡关节。桡骨头环状关节面与尺骨的桡骨切迹构成桡尺近侧关节。三个关节共同包裹在一个关节囊内。关节囊前后松弛、薄弱，两侧紧张增厚形成侧副韧带。此外，在桡骨头周围有桡骨环状韧带，可防止桡骨头脱出。幼儿桡骨头发育不全，且环状韧带较松弛，故当肘关节伸直位牵拉前臂时，易发生桡骨头半脱位。

肘关节可做屈、伸运动。当肘关节伸直时，肱骨内、外上髁与尺骨鹰嘴尖三点位于一条直线上，屈肘时则形成以鹰嘴尖为顶角的等腰三角形，临床上常以此鉴别肘关节脱位或肱骨髁上骨折。

（3）前臂骨的连结 除上端的桡尺近侧关节参与构成肘关节的一部分外，还有连于桡、尺两骨相对缘间的骨间膜以及下端的桡尺远侧关节。桡尺近侧关节和远侧关节是联合关节，可使前臂旋前和旋后（图1-43）。

（4）手骨的连结 包括桡腕关节、腕骨间关节、腕掌关节、掌骨间关节、掌指关节及指骨间关节（图1-44）。

桡腕关节又称腕关节，桡骨腕关节面和关节盘形成关节窝，舟、月、三角骨的近侧关节面联合组成的关节头。关节囊薄而松弛，周围有韧带加强。桡腕关节可作屈、伸、收、展以及环转运动。

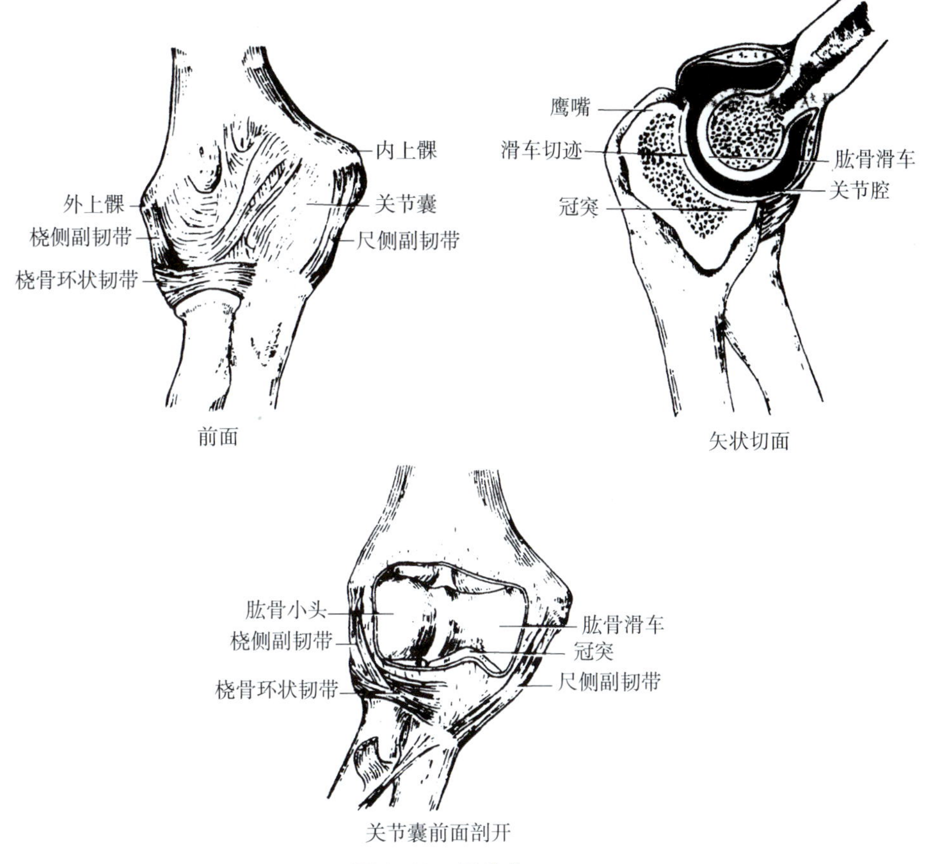

图 1–42　肘关节

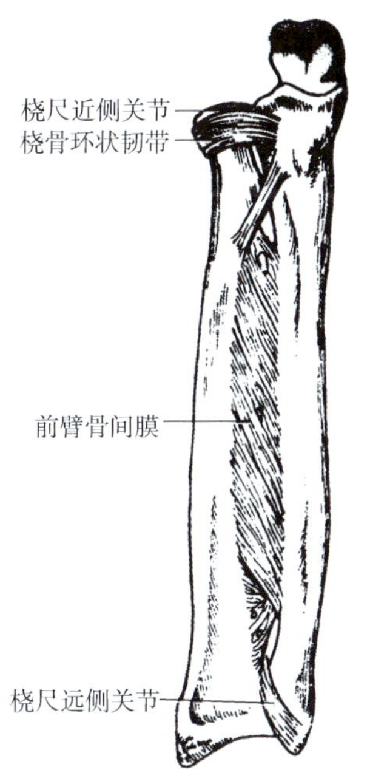

图 1–43　前臂骨连结

图 1–44　手关节

（二）下肢骨连结

下肢骨连结包括**下肢带骨连结**和**自由下肢骨连结**。

1. 下肢带骨连结　左右髋骨在后方借骶髂关节及韧带与骶骨相连，前方借耻骨联合相连（图1–45）。

（1）骶髂关节　由骶、髂两骨的耳状面构成，结合非常紧密，关节囊紧张，并有韧带加强，几乎无活动性，以支持体重和传导重力为主。

（2）髋骨与骶骨的韧带连结　髋骨与骶骨有很多韧带相连，其中，骶骨与坐骨之间有两条：一条称**骶结节韧带**，从骶骨、尾骨侧缘连至坐骨结节内侧缘，呈扇形；另一条称**骶棘韧带**，位于骶结节韧带前方，从骶骨、尾骨侧缘连至坐骨棘，呈三角形。这两条韧带与坐骨大、小切迹共同构成坐骨大孔和坐骨小孔。

（3）耻骨联合　由两侧耻骨联合面借纤维软骨连结而成，内有一条矢状位裂隙，女性分娩时稍分离有利于胎儿娩出。

（4）骨盆　由骶、尾、髋骨及骨连结共同构成，有保护骨盆内脏器和传导身体重力的作用（图1-46）。骨盆以界线分为大骨盆和小骨盆。界线是由骶骨岬向两侧经弓状线、耻骨梳、耻骨结节、耻骨联合上缘连接而成的线。小骨盆上口即界线。下口由尾骨尖、骶结节韧带、坐骨结节、坐骨支、耻骨下支和耻骨联合下缘围成。两侧耻骨下支夹角称为耻骨下角。骨盆腔是一短而稍弯曲的骨性管道，前壁短，侧壁和后壁稍长，是胎儿娩出的通道。

骨盆由于内分泌激素的作用，从青春期开始，逐渐出现明显的性别差异，女性骨盆外形宽而短，髂骨翼外展，且较平。骨盆上口呈圆形，耻骨下角为90°～100°，骶骨岬低平，小骨盆腔呈圆桶形，下口宽大。男性骨盆的特点是外形窄而长，上口呈心形，骶骨岬前突，耻骨下角70°～75°，骨盆腔呈漏斗形，下口窄小。

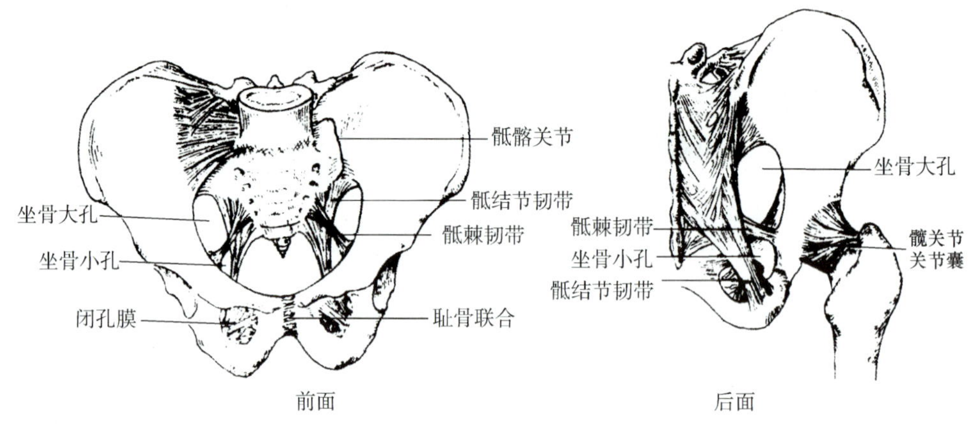

图1-45　骨盆的连结

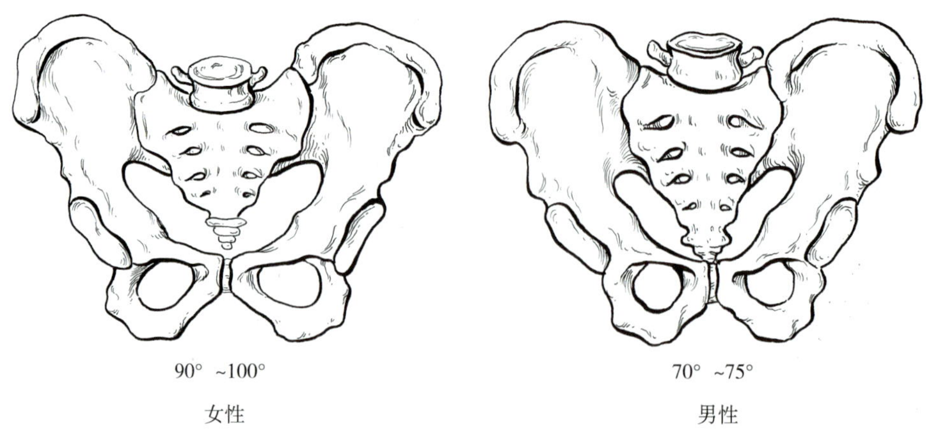

图1-46　男女性骨盆

2. 自由下肢骨连结

（1）髋关节 由髋臼与股骨头构成，髋臼深，在髋臼周缘有关节唇加深关节窝，使股骨头关节面几乎全部纳入髋臼内。关节囊紧张而坚韧，股骨颈除其后面的外侧部之外，都被包入囊内，故股骨颈骨折有囊内、囊外和混合性骨折三种。关节囊周围均有韧带加强，其中最坚韧的为位于关节囊前方的髂股韧带，该韧带可限制髋关节过伸，有利于维持人体直立姿势。关节囊后下方较薄弱，故髋关节脱位时，股骨头常从后下方脱出。囊内有股骨头韧带，内含营养股骨头的血管。髋关节可作屈、伸、收、展、旋转和环转运动，但不如肩关节灵活；然而其稳固性大，适于负重和行走（图1–47）。

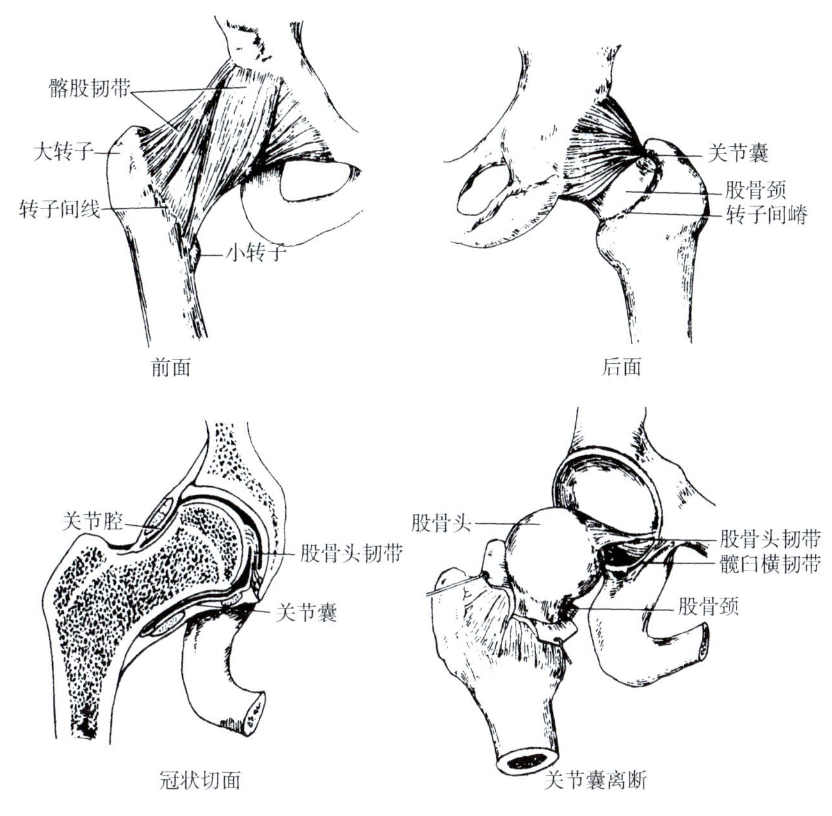

图 1–47 髋关节

（2）膝关节 是人体最大、最复杂的关节。由股骨内、外侧髁，胫骨内、外侧髁及髌骨构成。关节囊宽阔而松弛，其前壁有股四头肌腱、髌骨和髌韧带加强，内侧壁有胫侧副韧带加强，外侧壁有腓侧副韧带加强。关节囊内有前交叉韧带和后交叉韧带，可防止胫骨前、后移位。在股骨与胫骨两关节面之间，还有两个纤维软骨板，称半月板。内侧半月板较大，呈“C”形；外侧半月板较小，近似“O”形。两半月板周缘厚，内缘薄，下面较平，上面凹陷，可略加深关节窝，使两关节面相适应。半月板增加了膝关节的稳固性和运动的灵活性，并可减缓冲击。膝关节主要作屈、伸运动，在半屈膝位时，小腿还可作轻微的旋内、旋外运动（图1–48、图1–49）。

（3）小腿骨间的连结 胫、腓骨间的连结包括上端由胫骨外侧髁和腓骨头构成的胫腓关节，下端的韧带连结以及两骨干间的骨间膜。小腿骨间的连结稳固几乎不能运动。

（4）足骨的连结 包括距小腿关节、跗骨间关节、跗跖关节、跖趾关节及趾骨间关节（图1–50）。距小腿关节又称**踝关节**，由胫、腓骨下端与距骨构成。关节囊前、后壁薄而松弛，内、外侧均有韧带加强。踝关节可使足作屈（跖屈）和伸（背屈）运动，当踝关节高度跖屈时，还可作轻微的侧方运动。跗骨间关节主要包括距跟关节、距跟舟关节和跟骰关节。前两关节联合运动可使足作内翻和外翻运动；后两关节常合称跗横关节，关节腔呈横位的“S”形，临床上可经此关节进行足的离断术。

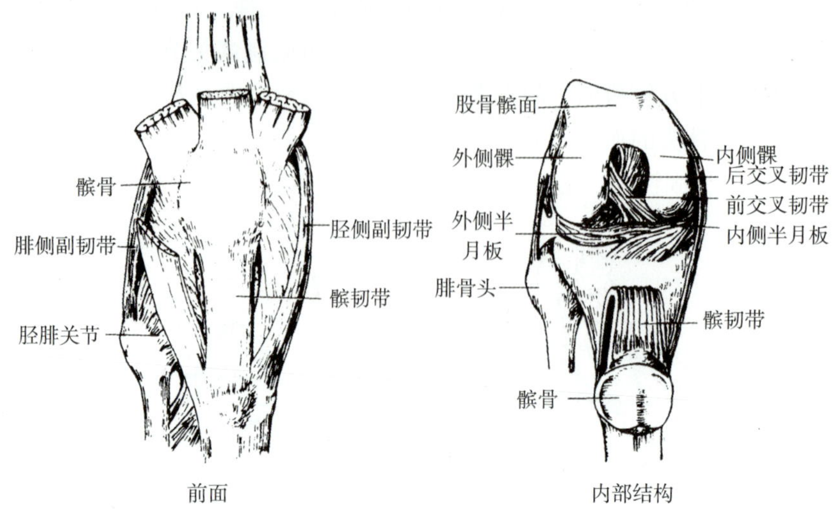

图 1-48　膝关节

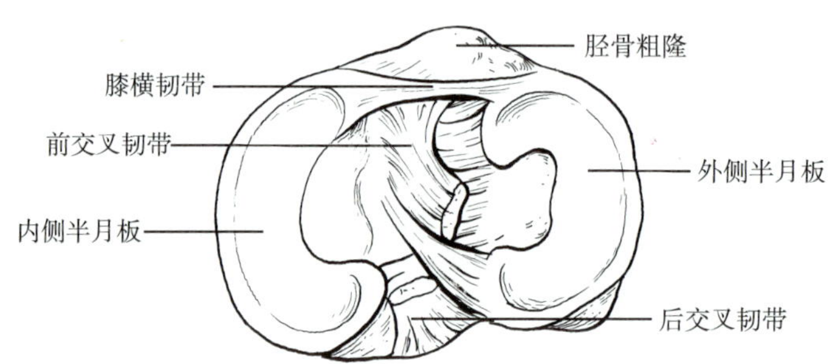

图 1-49　膝关节内部结构

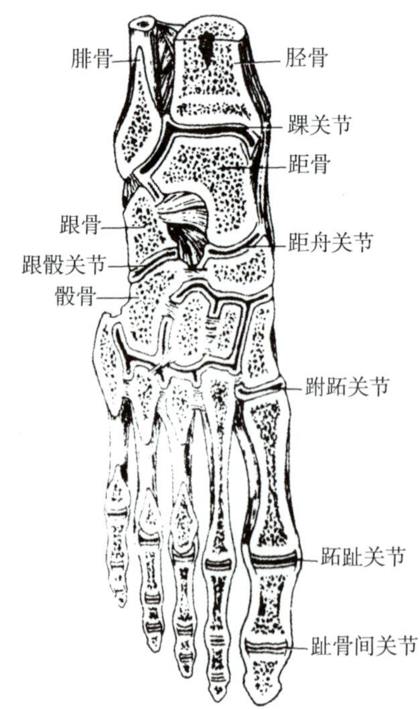

图 1-50　足关节

（5）足弓　跗骨和跖骨借韧带牢固地连结在一起，形成向上凸的足弓（图1–51）。足弓分前后方向的**足纵弓**和内外方向的**足横弓**。站立时，足以跟骨结节、第1和第5跖骨头着地，使身体稳立于地面，并有利于行走和跑跳，缓冲运动时产生的震荡，也能保护足底的血管、神经免受压迫。足弓的维持除靠骨连结的韧带外，足底短肌和小腿长肌腱的牵拉也起着重要的作用。

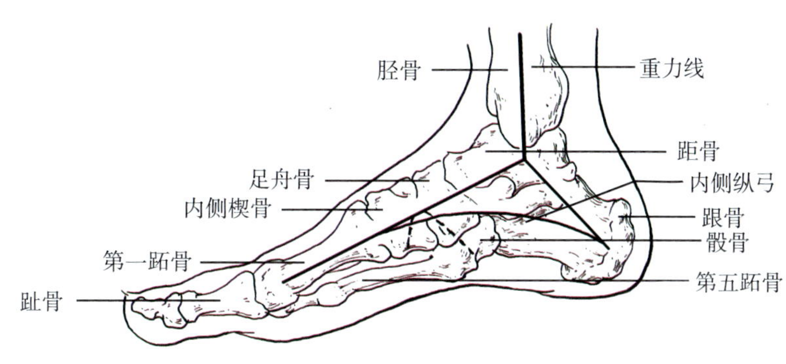

图1–51　足弓

知识拓展

关节置换术

随着科技的发展，采用金属、高分子聚乙烯、陶瓷等材料，根据人体关节的形态、构造及功能，利用科技手段（如3D打印技术）制成人工关节假体，通过外科技术植入人体内，代替患病关节功能，达到缓解关节疼痛，恢复关节功能的目的。

扫码“学一学”

第三节　肌　学

案例导入

患者，男，65岁。慢性支气管炎15年，因左侧腹股沟区可回纳性肿块3年入院。起初在长期站立、行走或咳嗽时，肿块向外突出，以后肿块逐渐增大并延伸进入阴囊，有下坠感。查体：站立时，左侧腹股沟区及阴囊可扪及肿块，无触痛，仰卧时，用手按压肿块即可回纳，在腹股沟韧带中点上方一横指处扪压深环，并令患者站立咳嗽，肿块不再突出。临床诊断：左侧腹股沟斜疝。

请问：

1. 这个可回纳性的肿块是什么？
2. 经什么途径突入阴囊内？

一、肌学概述

运动系统的肌均属骨骼肌，全身共有600余块，依其分布可分为躯干肌、头肌和四肢肌。人体骨骼肌约占人体重的40%。每块肌都是一个器官，都有一定的形态、构造和辅助结构，并有丰富的血管、淋巴管和神经分布，执行一定的功能。

（一）肌的构造与形态

1. 肌的构造 一块典型的肌肉，可分为中间部的**肌腹**和两端的**肌腱**。肌腹是肌的主体部分，由横纹肌纤维组成的肌束聚集构成，色红，柔软有收缩能力。肌腱呈索条或扁带状，由平行的胶原纤维束构成，色白，有光泽，但无收缩能力（图1–52）。

2. 肌的形态 根据肌的外形，可分为**长肌**、**短肌**、**扁（阔）肌**、**轮匝肌**等基本类型（图1–52）。长肌多见于四肢，跨越距离较长，收缩时可产生大幅度的运动；短肌短小，多见于手、足和椎骨间；扁肌呈薄片状，多分布于胸、腹壁即躯干浅层，其肌腱呈膜状，称为**腱膜**；轮匝肌呈环状，分布于眼、口等孔裂的周围，收缩时可关闭孔裂。

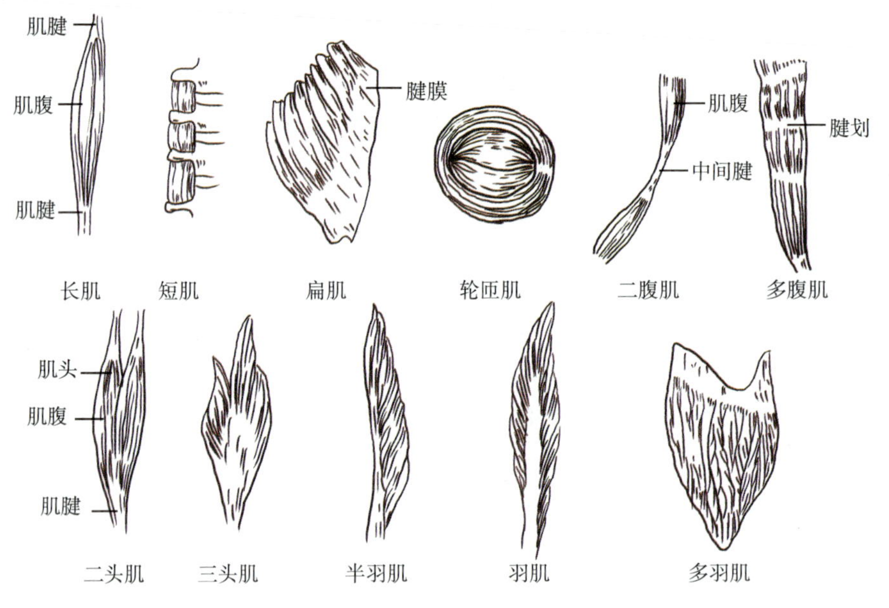

图1–52 肌的构造与形态

（二）肌的起止、配布和作用

1. 肌的起止 人体肌肉中，除部分止于皮肤的皮肌和止于关节囊的关节肌外，绝大部分肌肉均起于一骨，止于另一骨，中间跨过一个或几个关节。肌收缩时，使两骨彼此接近，从而使关节产生运动。一般来说，运动时两骨中总有一块骨的位置相对固定，另一块骨相对移动。肌在固定骨上的附着点称为起点，也称定点；而在移动骨上的附着点称为止点，也称动点。定点和动点可因肌作用的不同而互相转换。在一般情况下，肌收缩时止点向起点方向移动。全身肌的起止点的确定都有一定的规律：即躯干肌通常以其靠近正中矢状面的附着点为起点，远离正中矢状面的为止点；四肢肌的起点在四肢的近侧端或靠近躯干侧的部位，止点则在四肢的远侧端或远离躯干侧的部位（图1–53）。

2. 肌的配布 肌在关节周围配布的方式和多少与关节的运动类型密切相关。即每一个关节至少配布有两组作用完全相反的肌，互称为拮抗肌。而在一个运动轴同侧配布，并具有相同功能的两组或多组肌，称为协同肌。

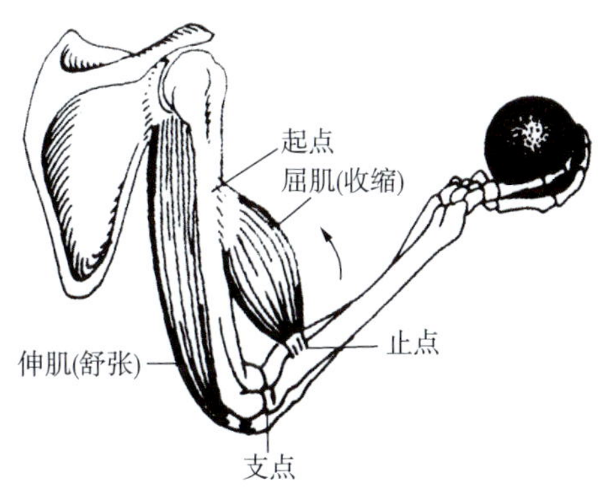

图 1-53 肌的起止

3. 肌的作用 肌有两种作用，一种是静力作用，肌具有一定的张力，使身体各部分之间保持一定的姿势，取得相对平衡，如站立，称为肌张力。另一种是动力作用，使身体完成各种动作，如伸手取物、行走和跑跳等，把肌在收缩时的力量称为肌力。

（三）肌的命名原则

为了更好地学习和理解骨骼肌，将骨骼肌的命名原则总结如下：按形状命名，如斜方肌、菱形肌、三角肌、梨状肌等；按位置和大小综合命名，如胸大肌、胸小肌、臀大肌等；按位置命名，如肩胛下肌、冈上肌、冈下肌、肱肌等；按起止点命名，如胸锁乳突肌、肩胛舌骨肌等；按纤维方向和部位综合命名，如腹外斜肌、肋间外肌等；按作用命名，如旋后肌、咬肌等。

（四）肌的辅助结构

肌的辅助结构包括筋膜、滑膜囊和腱鞘，他们都具有保护和辅助肌肉运动的作用。

1. 筋膜 分为浅筋膜和深筋膜两种。

（1）浅筋膜 又称皮下筋膜，分布于全身真皮下，由疏松结缔组织构成，内含脂肪、浅动脉、浅静脉、浅淋巴结和淋巴管、皮神经等。脂肪的多少因身体部位、性别和营养状况而有所不同。浅筋膜具有保护深部组织和维持体温等作用。

（2）深筋膜 又称固有筋膜，位于浅筋膜的深面，由致密结缔组织构成，遍布全身，包裹肌肉、血管神经束和内脏器官。在四肢固有筋膜特别发达，厚而坚韧，并向内伸入直抵骨膜，形成筋膜鞘，将作用不同的肌群分隔开，称肌间隔；在筋膜分层的部位，筋膜之间的间隙充以疏松结缔组织，称为筋膜间隙。正常情况下这种疏松的联系保证肌肉的运动。炎症时，筋膜间隙往往成为脓液的蓄积处，限制了炎症的扩散。

2. 滑膜囊 为结缔组织小囊，内含少量滑液。滑膜囊主要垫于肌腱和骨之间，可减少肌运动时的摩擦。有的滑膜囊在关节附近与关节腔相通。滑膜囊炎症，可影响肢体局部的运动功能。

3. 腱鞘 是套在长肌腱表面的套管，存在于活动性较大的部位，如腕部、踝部、手指与足趾等处。腱鞘由两层结构组成，外层是纤维层，由深筋膜增厚而成，其两侧附着于骨上，形成骨性纤维性管，肌腱在其中通过。内层是滑膜层，内含少量滑液，包裹在肌腱的表面。滑膜层的内层紧贴腱的表面称脏层，外层紧贴纤维层的内面，并与其融合在一起，称壁层。肌腱在滑膜层内可自由滑动。因此，腱鞘的作用是使肌腱固定于一定的位置，并在肌肉活动中减少肌腱与骨面之间的摩擦。

二、头颈肌

头颈肌包括**头肌**和**颈肌**。

（一）头肌

头肌可分为**面肌**和**咀嚼肌**两部分。

1. 面肌 起自颅骨，止于皮肤。主要分布在口裂、睑裂和鼻孔的周围。面肌收缩时，能牵动面部皮肤显示出各种表情，并参与语言活动（图1–54）。主要的面肌有口轮匝肌、眼轮匝肌和枕额肌。口轮匝肌位于口裂周围，收缩时可闭口；眼轮匝肌位于睑裂周围，收缩时可使睑裂闭合；枕额肌位于颅顶部，左右各1块，几乎覆盖颅顶的全部。每块枕额肌均由额腹、枕腹和两腹之间的帽状腱膜构成。枕腹收缩，可向后牵拉帽状腱膜；额腹收缩，可提眉，并使额部皮肤出现皱纹。

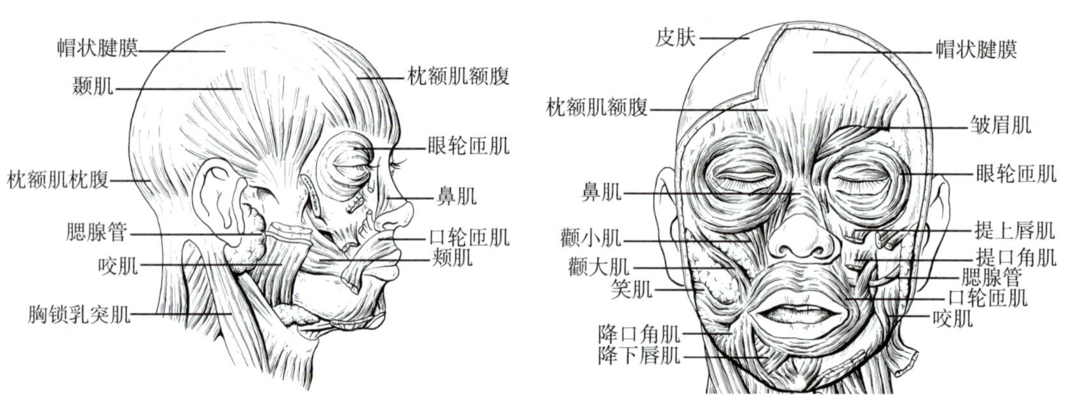

图 1–54 面肌

2. 咀嚼肌 位于颞下颌关节周围，参与咀嚼运动。主要有位于下颌支和下颌角外面的**咬肌**、位于颞窝内的**颞肌**、下颌支和翼窝之间的**翼内肌**和**翼外肌**。共同作用运动下颌骨（图1–54、图1–55）。

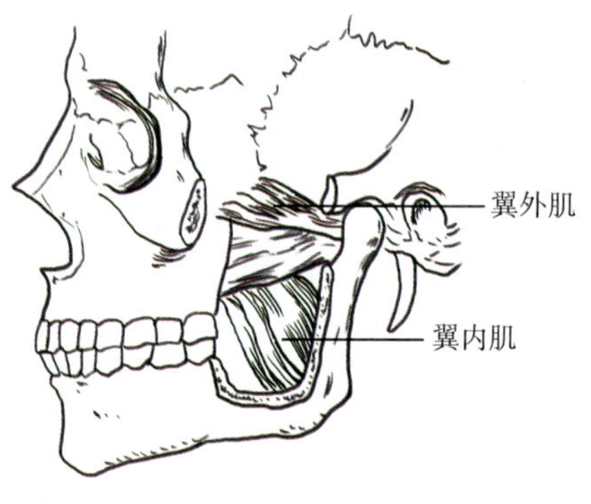

图 1–55 翼内肌和翼外肌

（二）颈肌

颈肌根据位置可分为**颈浅肌群，舌骨上、下肌群**和**颈深肌群**（图1–56、图1–57）。

1. 颈浅肌群

（1）颈阔肌 位于颈浅筋膜内，是一个薄而阔的皮肌，它覆盖于颈肌的前面。

（2）胸锁乳突肌 位于颈部两侧，是颈肌中最强大的肌。它起自胸骨柄的前面和锁骨的胸骨端，二头会合后斜向后上方，止于颞骨乳突。其作用是：一侧收缩使头向同侧倾斜，脸转向对侧；两侧同时收缩时使头后仰。

2. 舌骨上、下肌群

（1）舌骨上肌群 在舌骨与下颌骨及颅骨之间，每侧有4块，即二腹肌、茎突舌骨肌、下颌舌骨肌、颏舌骨肌。其主要作用是上提舌骨，协助吞咽。

（2）舌骨下肌群 在舌骨下方正中线两旁，甲状腺、喉、气管的前方。每侧由四块肌组成。分浅、深两层排列，浅层有胸骨舌骨肌、肩胛舌骨肌；深层有胸骨甲状肌、甲状舌骨肌。各肌的起止点与其名称相一致。其主要作用为下降舌骨和喉。

3. 颈深肌群　颈深肌群位于脊柱颈部的两侧和前方，主要有前斜角肌、中斜角肌和后斜角肌。各肌均起自颈椎横突，其中前、中斜角肌止于第1肋骨，后斜角肌止于第2肋骨。前、中斜角肌与第一肋之间形成一三角形间隙称为斜角肌间隙，内有臂丛和锁骨下动脉穿过。

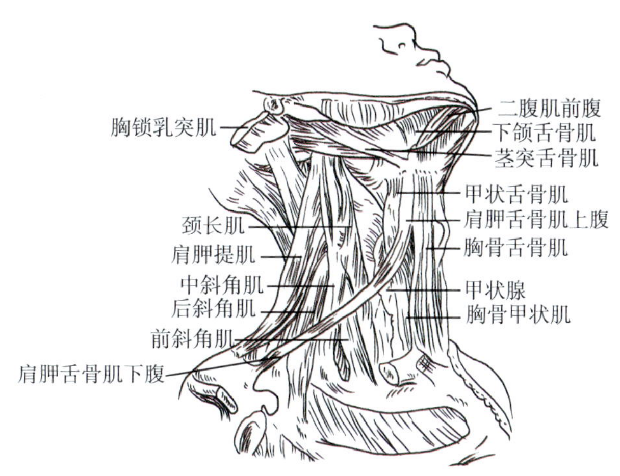

图 1–56　颈肌（侧面）

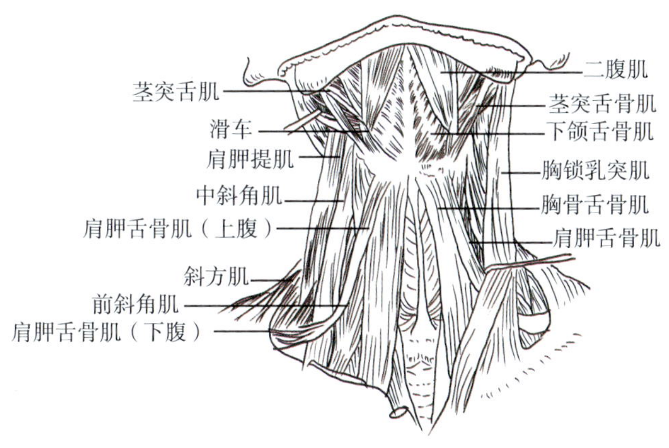

图 1–57　颈肌（前面）

三、躯干肌

躯干肌可分为**背肌**、**胸肌**、**膈**、**腹肌**、**会阴肌**。

（一）背肌

背肌是躯干后面的肌群，可分为浅、深两群。浅群主要是斜方肌和背阔肌；深群主要是竖脊肌，位于棘突两侧的沟内（图1–58）。

1. 浅群

（1）斜方肌　位于项部与背部的浅层，是一对呈三角形的阔肌，左右两侧合成斜方形。此肌上端起自枕外隆凸，下端至第12胸椎棘突的正中线上，全部肌纤维向外集中，止于锁骨外侧、肩峰和肩胛冈。肌纤维收缩，可使肩胛骨向脊柱靠近；上部肌束可上提肩胛骨；下部肌束可下降肩胛骨。如肩胛骨固定，一侧肌收缩使颈向同侧屈，脸转向对侧；两侧同时收缩时可使头后仰。

（2）背阔肌　位于腰部和胸的后外侧。此肌以腱膜起自第六胸椎棘突，下至骶中嵴与髂嵴后部，肌束向外上集中，以扁腱经肱骨上端的内侧止于肱骨小结节嵴。该肌使肱骨内收、内旋、后伸。当上肢上举被固定时，可引体向上。

2. **深群**

（1）竖脊肌　也称骶棘肌，位于脊柱两侧深面的沟内。起自骶骨背面和髂嵴后部，向上分出很多肌束，止于椎骨和肋骨后端，中间部的肌束可达颞骨乳突。此肌使脊柱后伸和仰头，对维持人体的直立姿势有重要意义。此肌的扭伤或劳损，临床上称为腰肌劳损，是腰痛的常见原因之一。

（2）夹肌　位于斜方肌和菱形肌的深面。起自项韧带下部，第7颈椎棘突和上部胸椎，向上外止于颞骨乳突和第1 ~ 3颈椎横突。一侧收缩，使头转向同侧，两侧收缩，头后仰。

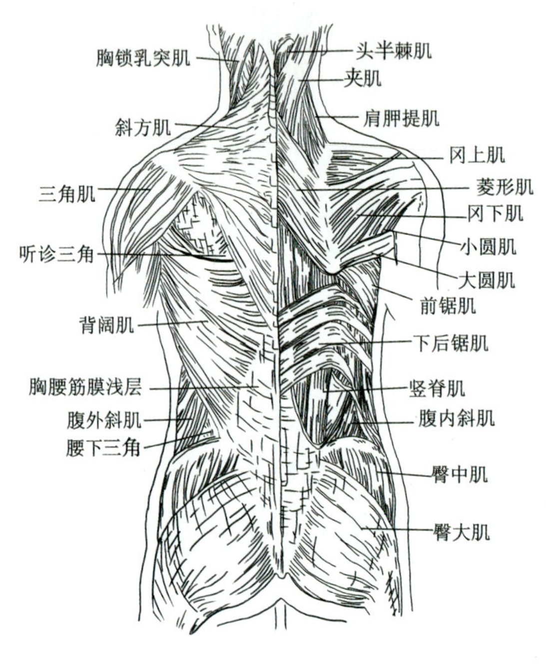

图 1-58　背肌

（二）胸肌

胸肌可分为**胸上肢肌**和**胸固有肌**两种（图1-59）。

1. **胸上肢肌**　均起自胸廓外面，止于上肢带骨或肱骨。

（1）胸大肌　覆盖胸廓前壁的大部分，呈扇形。起自锁骨内侧半、胸骨和腹直肌鞘等处，肌束向外聚合成扁腱，止于肱骨大结节嵴。作用：使肱骨内收、内旋。上肢上举固定时，还可做引体向上动作，也可提肋、助吸气。

（2）胸小肌　位于胸大肌的深面，呈三角形。起自第3 ~ 5肋骨的前面，止于肩胛骨的喙突。作用：收缩时，拉肩胛骨向前下方。肩胛骨固定时，可提肋、助吸气。

（3）前锯肌　位于胸大肌的深面，呈三角形。于胸廓侧壁，以8 ~ 9个肌齿起于上8 ~ 9肋，肌束向后上方，止于肩胛骨内侧缘和下角。作用：拉肩胛骨向前如做推车动作；下部肌束使肩胛骨下角旋外，助臂上举。当肩胛骨固定时，可提肋、助深吸气。

2. **胸固有肌**　参与构成胸壁，主要位于各肋间隙内。

（1）肋间外肌　位于浅层，起自上位肋骨下缘，肌纤维斜向前下，止于下位肋骨上缘。肋间隙前部无此肌，收缩时可提肋，以协助吸气。

（2）肋间内肌　位于肋间外肌的深面，起自下位肋骨上缘，肌纤维斜向后上，肌束与肋间外肌相反，止于上位肋骨下缘。收缩时可降肋，以协助呼气。

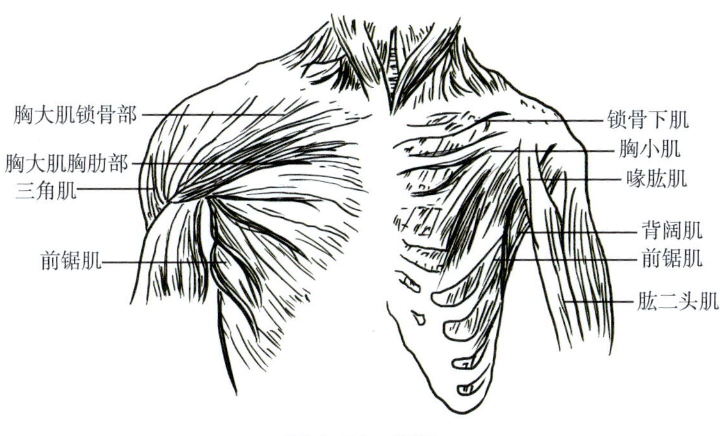

图 1–59 胸肌

（三）膈

膈是向上膨隆呈穹隆形的薄阔肌，位于胸、腹腔之间，构成胸腔的底和腹腔的顶。膈的肌束起于胸廓下口的周缘和腰椎前面，可分为三个部分：胸骨部起自剑突后面；肋部起自下六对肋；腰部以左右两个脚起自上2 ～ 3个腰椎，各部肌束都止于中央的膜性部，该部称为中心腱（图1–60）。

膈上有三个裂孔：在第12胸椎前方，左右膈脚与脊柱之间有**主动脉裂孔**；主动脉裂孔的左前方，约在第10胸椎水平处，有**食管裂孔**；在食管裂孔的右前方的中心腱内，约在第8胸椎水平处，有**腔静脉孔**。三个孔内分别通过同名结构。

膈是主要的呼吸肌，收缩时，穹隆下降，胸腔体积扩大，进行吸气；舒张时，穹隆恢复原位，进行呼气。膈与腹肌同时收缩，还能增加腹压，协助排便、呕吐和分娩。

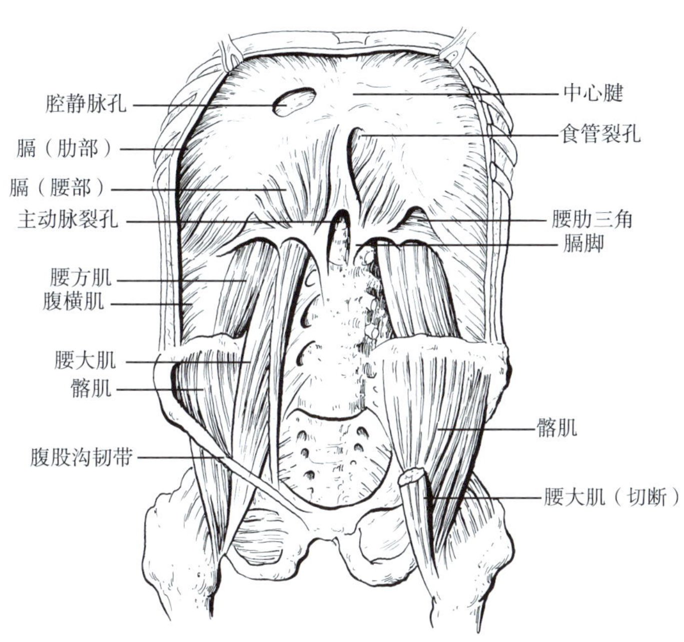

图 1–60 膈和腹后壁肌

（四）腹肌

腹肌位于胸腔下部与骨盆之间，参与构成腹腔的前外侧壁和后壁，包括位于腹前外侧壁的**腹外斜肌**、**腹内斜肌**、**腹横肌**和**腹直肌**，以及位于腹后壁的**腰方肌**、**腰大肌**等（图

1–61）。

1. 前外侧壁

（1）腹外斜肌　是位于腹前外侧壁浅层的阔肌，肌束由外上斜向前下方。在腹直肌外侧缘稍外的肌束移行为腱膜。此腱膜经腹直肌的浅面并参与构成腹直肌鞘前层，最后至腹前正中线止于白线。腹外斜肌腱膜的下缘卷曲增厚并连于髂前上棘与耻骨结节之间，称为**腹股沟韧带**。在耻骨结节的外上方，腹外斜肌腱膜形成一裂孔，称腹股沟管浅环。

（2）腹内斜肌　在腹外斜肌深面，肌束似扇形，向前上、内侧和前下最后变成腱膜，此腱膜也参加腹直肌鞘和白线的构成。腹内斜肌下缘有一些松散的肌束自该肌分出，包绕精索和睾丸，收缩时可上提睾丸，称为提睾肌。

（3）腹横肌　在腹内斜肌深面，肌束横行，由后向前延续为腱膜。腹横肌腱膜也参与腹直肌鞘和白线的构成。

（4）腹直肌　位于腹前壁正中线两侧，外包腹直肌鞘。肌的全长被3 ~ 4条横行的腱划分成多个肌腹。腱划与腹直肌鞘前层紧密结合，但与腹直肌鞘后层不愈合。

腹前外侧肌群具有保护腹腔脏器的作用，与膈协同收缩，可增加腹压；能降肋以助呼气；也能使脊柱前屈、侧屈和旋转。

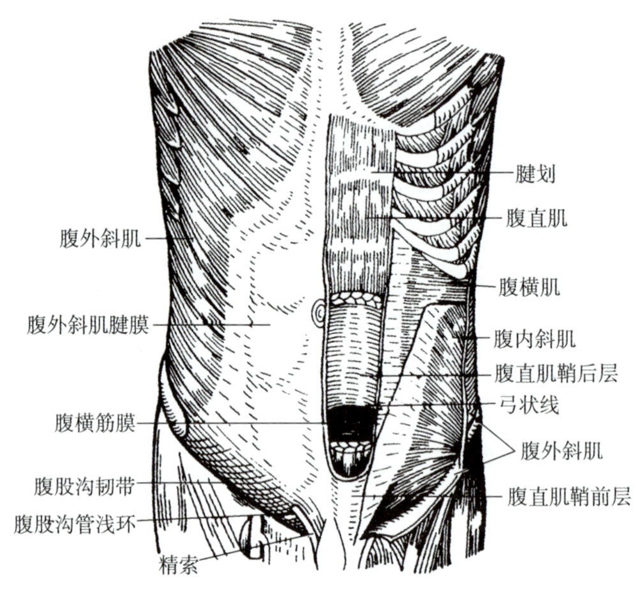

图 1–61　腹前外侧壁肌

2. 后群　有**腰大肌**和**腰方肌**。腰大肌将在下肢肌中介绍。

腰方肌　位于腹后壁，在脊柱两旁，腰大肌的外侧，其后方是竖脊肌。此肌起自髂嵴后部，向上止于第12肋和第1 ~ 4腰椎棘突。作用为固定第12肋，并使脊柱侧屈。

3. 腹肌的肌间结构

（1）腹直肌鞘　为包裹腹直肌的纤维性鞘。它由三层扁肌的腱膜构成。腹直肌鞘分前、后两层，前层完整，在脐下4 ~ 5cm以下；后层完全转至腹直肌的前面参与构成鞘的前层，该处形成的游离下缘为凸向上的弧形线称为弓状线（半环线）。此线以下的腹直肌后面直接与腹横筋膜相贴。

（2）白线　位于腹前壁正中线上，介于左右腹直肌鞘之间，由两侧三层腹直肌腱膜的纤维交织而成。上至剑突，下达耻骨联合。白线坚韧而缺乏血管，是临床腹部切口的常选部位。

（3）腹股沟管 位于腹股沟韧带内侧半的上方，是肌、筋膜和肌膜之间的潜在性斜行裂隙，长4 ~ 5cm，男性有精索、女性有子宫圆韧带通过。腹股沟管有内、外两口和前、后、上、下四壁。内口称为腹股沟管深（腹）环，位于腹股沟韧带中点上方约1.5cm处。外口即腹股沟管浅（皮下）环。腹股沟管的前壁为腹外斜肌腱膜和腹内斜肌，后壁为腹横筋膜和腹股沟镰，上壁为腹内斜肌和腹横肌的弓状下缘，下壁为腹股沟韧带。

四、上肢肌

上肢肌按其所在部位可分为**肩肌**、**臂肌**、**前臂肌**和**手肌**。

（一）肩肌

肩肌又称上肢带肌，分布在肩关节周围，均起自肩胛骨和锁骨，止于肱骨。能运动肩关节，又能增强关节的稳固性。肩肌主要有**三角肌**、**冈上肌**、**冈下肌**、**小圆肌**、**大圆肌**和**肩胛下肌**（图1–62）。

1. **三角肌** 位于肩部，呈三角形。起自锁骨外侧1/3、肩峰和肩胛冈，肌束向下集中，止于肱骨体外侧面的三角肌粗隆。肱骨上端由于此肌覆盖，使肩部向外隆凸成圆形。当肩关节脱位时，肩部则成“方形肩”。全部肌纤维同时收缩使臂外展。前、后部肌纤维单独收缩可使臂前屈、内旋或后伸、外旋。

2. **冈上肌** 位于冈上窝，肌束向外侧，经肩峰和喙肩韧带的下方、肩关节的上方，止于肱骨大结节，可使臂外展。

3. **冈下肌** 位于冈下窝内，肌束向外经肩关节后方，止于肱骨大结节，可使肩关节外旋。

4. **小圆肌** 位于冈下肌的下方，起自肩胛骨外侧缘背面，止于肱骨大结节，可使肩关节外旋。

5. **大圆肌** 位于小圆肌的下方，起自肩胛骨下角的背面，肌束向外上方，与背阔肌腱一同止于肱骨小结节嵴，可使肩关节内收、内旋、后伸。

6. **肩胛下肌** 起自肩胛下窝，肌束向上外经肩关节前面止于肱骨小结节，可使肩关节内收、内旋。

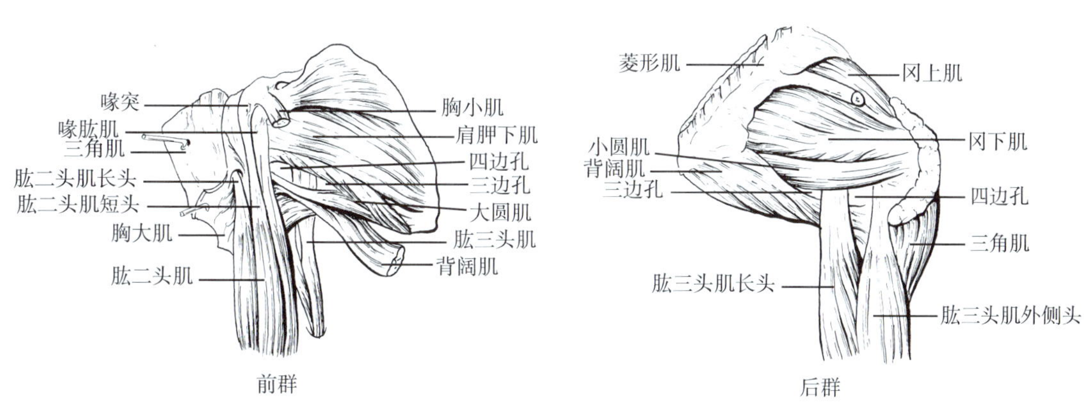

图1–62 肩肌

（二）臂肌

臂肌分前、后两群。前群是屈肌，后群是伸肌。

1. **前群** 包括浅层的肱二头肌和深层的肱肌与喙肱肌（图1–63）。

（1）肱二头肌 起端有长短二头。长头位于短头的外侧，它起于肩胛骨的盂上结节，通过肩关节囊内，经结节间沟下降；短头起自肩胛骨喙突。二头合成一个肌腹，并以肌腱止于桡骨粗隆。可屈臂、屈肘并使前臂旋后。

（2）肱肌　位于肱二头肌下半的深面，起自肱骨体下半的前面，止于尺骨粗隆。可屈肘关节。

（3）喙肱肌　在肱二头肌短头的后内方，起于喙突止于肱骨中部内侧。可使臂前屈和内收。

2. **后群**　只有一块肱三头肌（图1-64）。

肱三头肌　起端有三个头，长头以腱起自肩胛骨盂下结节，经大小圆肌之间下行；外侧头起自肱骨桡神经沟外上方的骨面；内侧头起自肱骨桡神经沟以下的骨面。此肌止于尺骨鹰嘴。可伸肘关节。

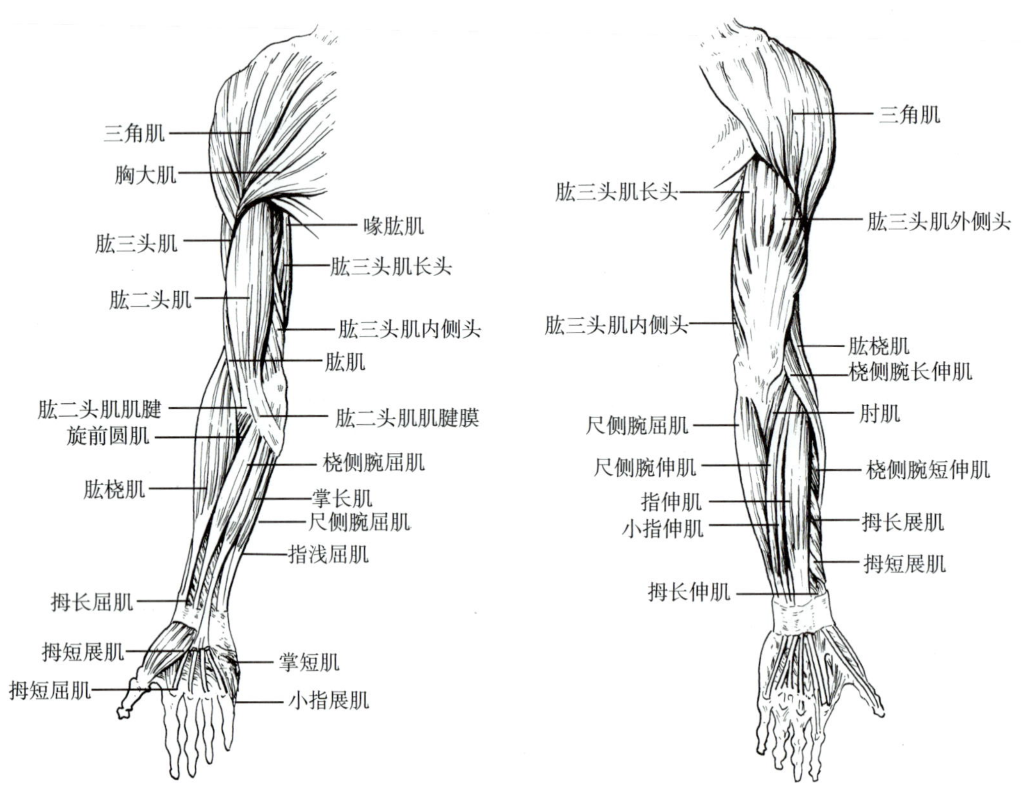

图1-63　上肢前群肌　　　**图1-64　上肢后群肌**

（三）前臂肌

前臂肌包绕桡骨、尺骨，分前群和后群。

1. **前群**　位于前臂的前面和内侧，共9块，由浅至深分4层。

（1）第1层　5块肌，由桡侧向尺侧依次为**肱桡肌**、**旋前圆肌**、**桡侧腕屈肌**、**掌长肌**和**尺侧腕屈肌**。除肱桡肌起于肱骨外上髁上方外，其余均起于肱骨内上髁，多以长腱下行，依次止于桡骨茎突、桡骨中部外侧面、掌骨、掌腱膜和腕骨。肱桡肌可屈肘；掌长肌能屈腕；另三块肌作用与名称相同（图1-63）。

（2）第2层　有1块，即**指浅屈肌**。起于肱骨内上髁及尺、桡骨前面，肌腹向下移行为4条肌腱，经腕管至手掌，分别止于第2～5中节指骨体的两侧。作用为屈肘、屈腕、屈第2～5指掌指关节及近侧手指骨间关节（图1-65）。

（3）第3层　有2块肌，位于尺侧半的是**指深屈肌**（图1-66），位于桡侧半的是**拇长屈**

肌，两肌均起于前臂骨面前和骨间膜，通过腕管，后者止于拇指远节指骨，作用为屈拇指；前者向下分为4个腱，分别止于第2 ~ 5指远节指骨，作用为屈第2 ~ 5指，并兼有屈腕和屈掌指关节的作用。

（4）第4层　有1块肌，即**旋前方肌**，位于尺、桡骨远段前面，起于尺骨止于桡骨，可使前臂旋前。

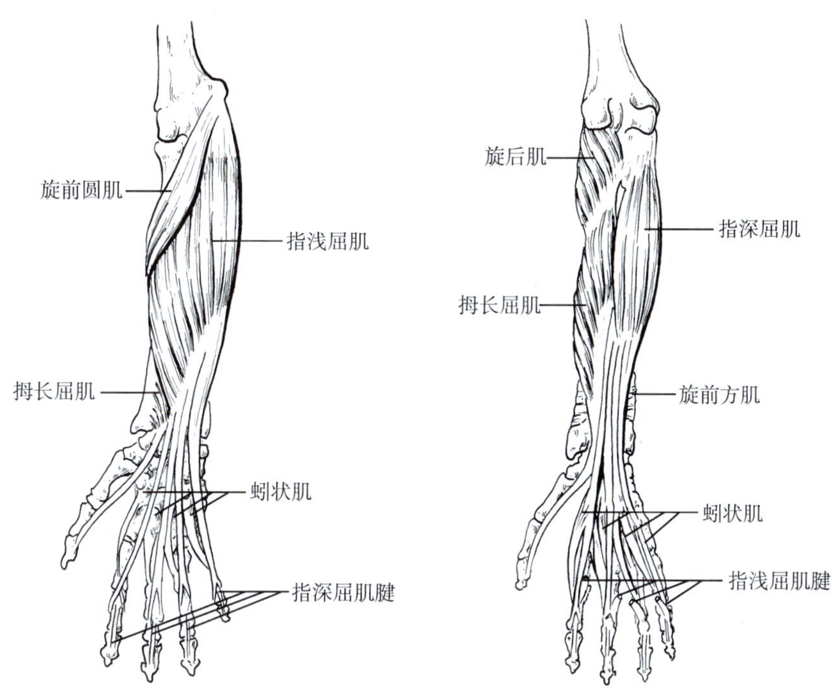

图1-65　指浅屈肌　　　图1-66　指深屈肌

2. **后群**　后群肌位于前臂后面及外侧，共10块肌，分浅、深两层（图1-64）。

（1）浅层　共5块肌，由桡侧向尺侧依次为**桡侧腕长伸肌**、**桡侧腕短伸肌**、**指伸肌**、**小指伸肌**和**尺侧腕伸肌**。共同起于肱骨外上髁，伸腕的3块肌止于掌骨，伸指肌向下移行为4条长腱，分别止于第2 ~ 5指的中节和远节指骨。各肌作用均与名称相同。

（2）深层　共5块肌，**旋后肌**位置较深，起于肱骨外上髁和尺骨背面，止于桡骨上段前面，作用为使臂旋后。其余4块肌均起自桡骨、尺骨后面及骨间膜，由桡侧向尺侧依次为：**拇长展肌**、**拇短伸肌**、**拇长伸肌**、**示指伸肌**。以上4肌止于拇指或示指，它们的作用与名称一致。

（四）手肌

是一些短小的肌，集中配布于手的掌面，主要运动手指，分为外侧、内侧和中间三群（图1-67）。

1. **外侧群**　在拇指侧形成一个隆起，称为鱼际，共4块肌，浅层外侧为拇短展肌，内侧为拇短屈肌；深层外侧为拇对掌肌，内侧为拇收肌。作用与名称相同。

2. **内侧群**　在小指侧也形成一个隆起，称为小鱼际，为3块小肌，浅层内侧为小指展肌，外侧为小指短屈肌；深层为小指对掌肌。作用与名称一致。

3. **中间群**　位于手掌中间部分，共11块小肌。蚓状肌4块，可屈第2 ~ 5掌指关节、伸指间关节；骨间掌侧肌3块，可使第2、4、5指内收；骨间背侧肌4块，可使第2、4指外展。

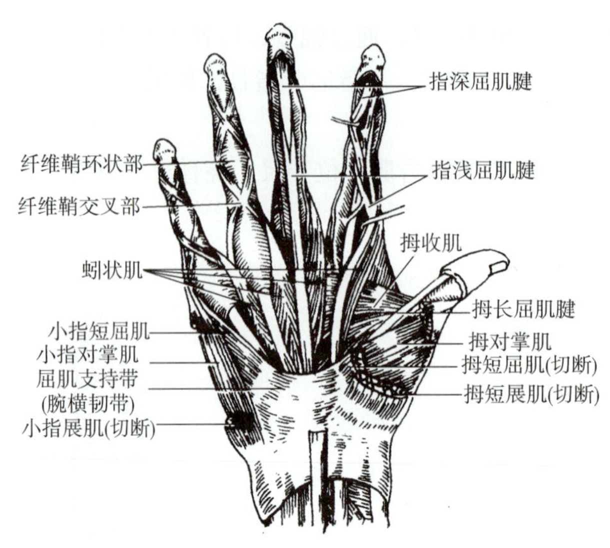

图 1–67　手肌

五、下肢肌

下肢肌可分为**髋肌**、**大腿肌**、**小腿肌**和**足肌**。

（一）髋肌

髋肌又称**下肢带肌**，主要位于骨盆的内面和外面，并跨越髋关节，止于股骨上部。分为前、后两群。

1. **前群**　有髂腰肌和阔筋膜张肌（图1–68）。

（1）髂腰肌　由腰大肌和髂肌组成。腰大肌起自腰椎体侧面和腰椎横突。髂肌位于腰大肌的外侧，起于髂窝。此二肌向下互相会合，经腹股沟韧带的深面和髋关节的前内侧，止于股骨小转子。腰大肌被一筋膜包裹，当患腰椎结核时，脓液可在此鞘内流到髂窝或大腿根部。作用：髋关节前屈、外旋。

（2）阔筋膜张肌　位于大腿上部的前外侧，下端连于髂胫束。收缩时可拉紧阔筋膜并屈髋关节。

2. **后群**　位于臀部，也叫臀肌，包括臀大肌、臀中肌、臀小肌等（图1–69）。

（1）臀大肌　位于臀部皮下，大而肥厚，使臀部隆起。它覆盖臀中肌的下部和其他小肌。此肌起于髂骨翼的外侧面和骶骨背面，肌束斜向下外，止于髂胫束和股骨的臀肌粗隆。作用：髋关节后伸、外旋。

（2）臀中肌　位于臀大肌上方和深面。

（3）臀小肌　位于臀中肌深面，和臀中肌一起呈扇形起自髂骨翼的外侧面，止于股骨大转子。此二肌收缩时使大腿外展，前部肌纤维收缩使大腿内旋，后部肌纤维收缩使大腿外旋。

（4）梨状肌　位于臀中肌、臀小肌的下方，起自骶骨前面，向外出坐骨大孔，止于股骨大转子。可使髋关节旋外。

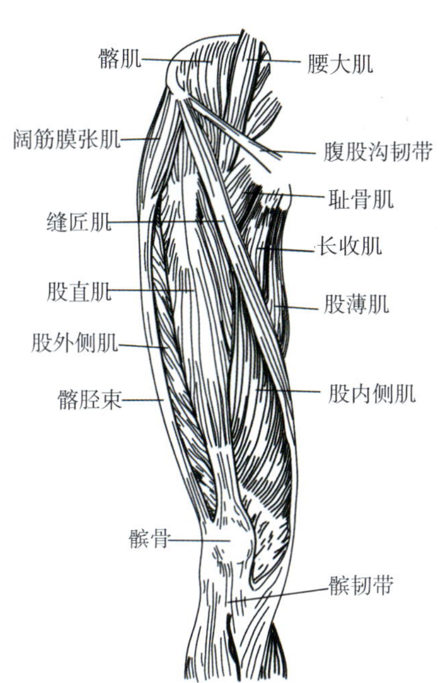

图 1-68 髋肌和大腿前群肌（浅层）

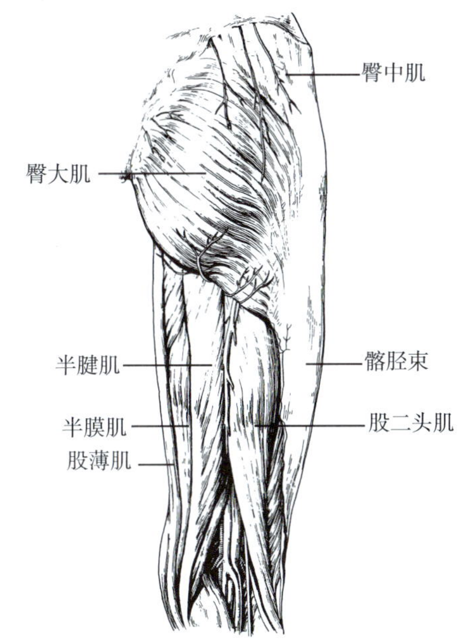

图 1-69 臀肌和大腿后群肌（浅层）

（二）大腿肌

大腿肌位于股骨周围，可分为前群、内侧群和后群。

1. 前群

（1）缝匠肌　是全身最长的带状肌，起于髂前上棘，经大腿前面，转向内下，止于胫骨上端的内侧面。可屈髋关节和膝关节并内旋膝关节。

（2）股四头肌　有四个头即股直肌在前，股内侧肌与股外侧肌分别在股直肌的内、外两侧，股中间肌在股直肌的深面。四个头起于髂骨与股骨，向下会合成一腱，包绕髌骨后，延续为髌韧带，止于胫骨粗隆。可伸膝关节，股直肌还能屈髋关节。

2. 内侧群　共有5块肌。位于大腿内侧，浅层有三块，由外侧向内侧依次为**耻骨肌**、**长收肌**和**股薄肌**。中间只有一块，在长收肌的深面是**短收肌**。最深层是一三角形宽而厚的**大收肌**，其腱止于股骨的大收肌结节，此腱与股骨之间有一个裂孔称为**收肌腱裂孔**，孔内有股动脉和股静脉通过。作用：可使髋关节内收（图1-70）。

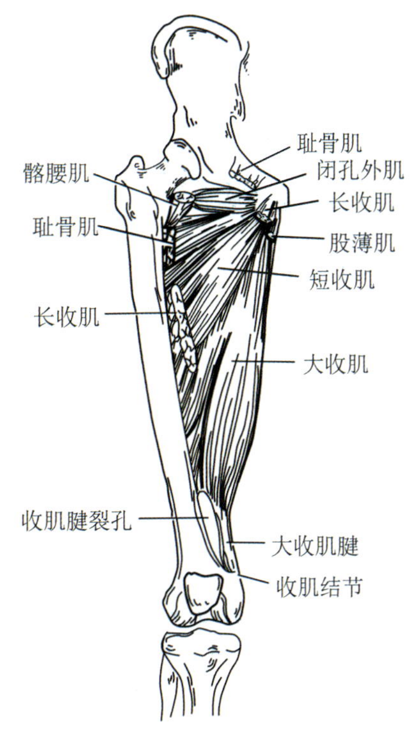

图 1-70 大腿内侧群肌

3. 后群　位于大腿后面，有3块肌，包括**股二头肌**、**半腱肌**、**半膜肌**（图1-69）。这三块肌都起自坐骨结节，股二头肌止于腓骨头；半腱肌止于胫骨上端的内侧；半膜肌止于胫骨内侧髁的后面。作用：可伸髋关节、屈膝关节。

（三）小腿肌

小腿肌比前臂肌数目少，但比较粗壮，参与维持人体的直立姿势和行走。小腿肌主要有10块，可分为三群，即前群、外侧群和后群。

1. 前群 在小腿骨间膜前面，有3块，由内侧向外侧依次为胫骨前肌、趾长伸肌、踇长伸肌（图1–71）。

（1）胫骨前肌 起于胫骨外侧面，肌腱向下经踝关节前方，至足的内侧缘，止于内侧楔骨和第1跖骨底。

（2）趾长伸肌 起于腓骨前面，向下至足背分为4腱，到第2 ~ 5趾背移行为趾背腱膜，止于各趾中节和远节趾骨底。

（3）踇长伸肌 位于前二肌之间，起于小腿骨间膜，腱经足背止于踇趾远节趾骨底。

三肌都能伸踝关节（背屈），胫骨前肌还能使足内翻，踇长伸肌与趾长伸肌还能伸趾。

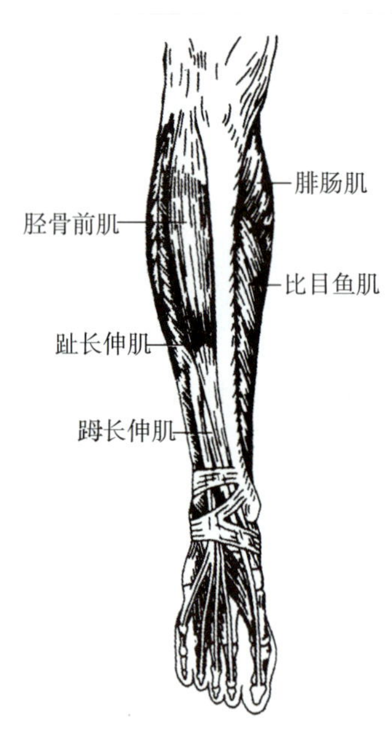

图1–71 小腿肌前群

2. 外侧群 在腓骨的外侧面，有二肌，腓骨长肌和腓骨短肌（图1–72）。长肌在浅层，短肌在深层，它们都起自腓骨外侧面，二腱经外踝后面转向前，短肌腱止于第5跖骨粗隆，长肌腱绕到足底，斜行向足内侧缘，止于内侧楔骨和第1跖骨底。作用：二肌使足外翻和跖屈。腓骨长肌腱还有维持足横弓的作用。

3. 后群 主要有5块肌，分浅、深两层（图1–73）。

（1）浅层 有强大的**小腿三头肌**，两个头位于浅层称**腓肠肌**，另一个头位于深面称**比目鱼肌**。腓肠肌的内、外侧头起于股骨内、外侧髁的后面，比目鱼肌则起于胫、腓骨后面。三头会合，在小腿的上部形成膨隆的小腿肚，向下延续为跟腱，止于跟结节。可使足跖屈。

（2）深层 主要有3块肌，自内侧向外侧依次为趾长屈肌、胫骨后肌和踇长屈肌，均起自胫骨、腓骨后面和骨间膜，向下移行为肌腱，经内踝后方转至足底。胫骨后肌止于足舟骨，可使足跖屈并内翻。趾长屈肌腱分成4条，分别止于第2 ~ 5趾，踇长屈肌止于踇趾。两肌的作用是屈趾，并可使足跖屈。

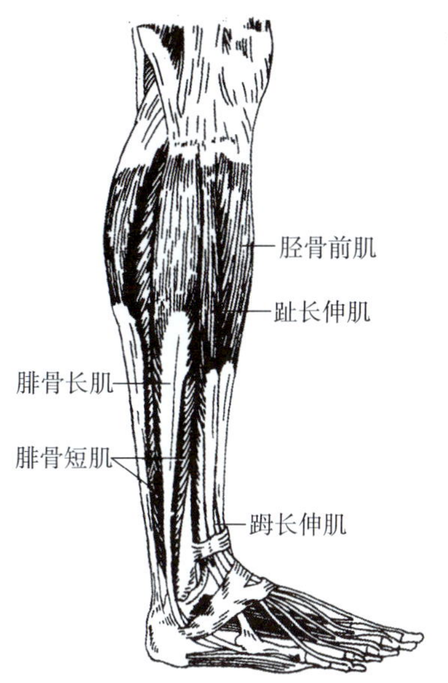

图 1–72 小腿肌外侧群

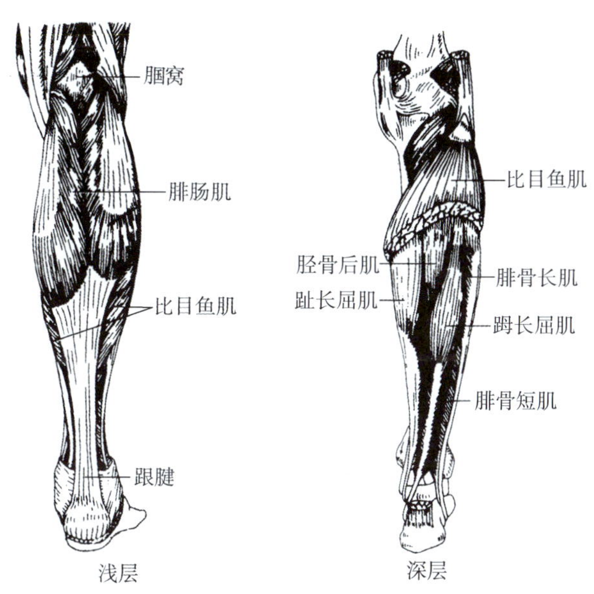

图 1–73 小腿肌后群

（四）足肌

足肌分为**足背肌**和**足底肌**。足背肌较弱小，足底肌的配布情况和作用与手肌相似。其主要作用是运动足趾和维持足弓（图1–74）。

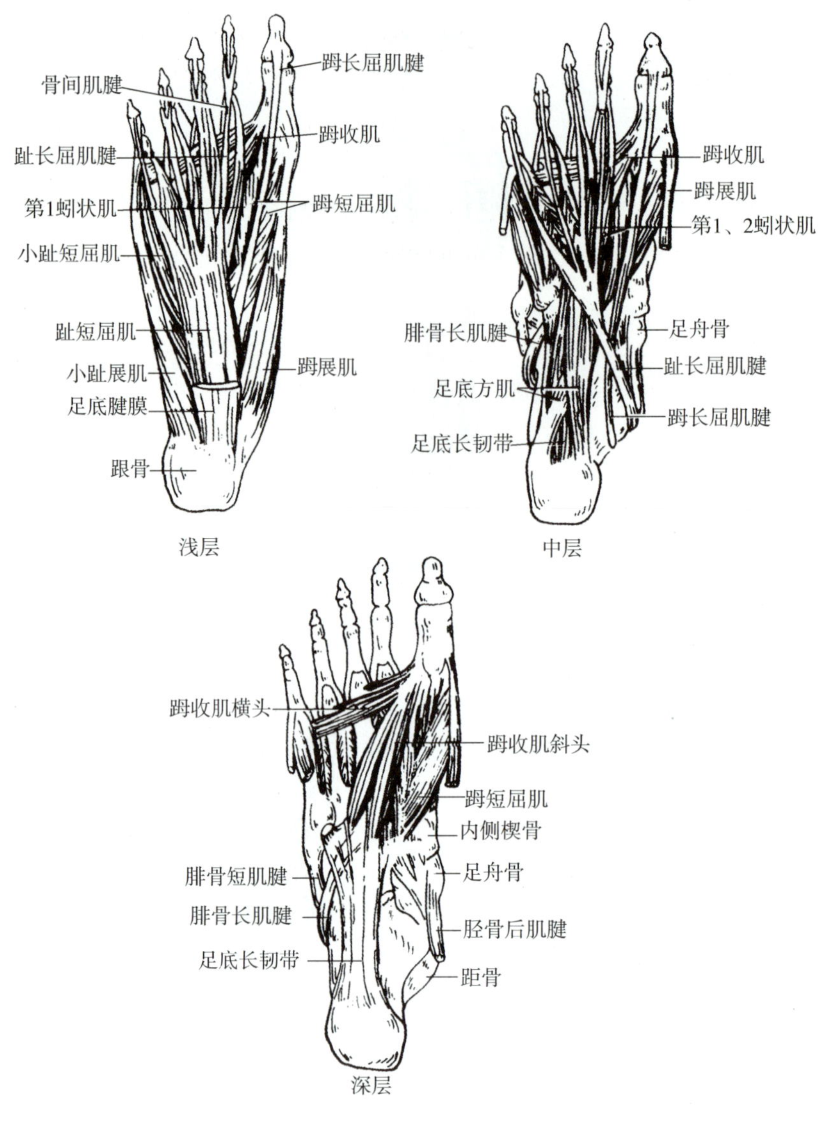

图 1–74　足肌

六、全身重要的肌性标志

（一）头颈部

1. **咬肌**　咬牙时，在下颌角的前上方，颧弓下方可摸到坚硬的条索状隆起。

2. **胸锁乳突肌**　当面部转向外侧时，可明显看到从前下方斜向后上方呈长条状隆起。

（二）躯干部

1. **斜方肌**　在项部和背上部，可见斜方肌外上缘的轮廓。

2. **背阔肌**　在背下部可见此肌的轮廓，其外下缘参与构成腋后壁。

3. **胸大肌**　胸前壁较膨隆的肌性隆起，其下缘构成腋前壁。

4. **腹直肌**　腹前正中线两侧的纵行隆起。

（三）上肢部

1. **三角肌**　在肩部形成圆隆的外形，其止点在上臂外侧中部呈现一小凹。

2. **肱二头肌**　当屈肘握拳旋后时，在上臂前面可见到明显膨隆的肌腹。在肘窝中央可扪到此肌的肌腱。

3. **肱三头肌**　在上臂的后面，三角肌后缘的下方可见到肱三头肌长头。

4. **肱桡肌**　当握拳用力屈肘时，在肘部可见到肱桡肌的膨隆肌腹。

5. **掌长肌**　当手用力半握拳屈腕时，在腕前面的中份、腕横纹的上方可明显见此肌的肌腱。

6. **桡侧腕屈肌**　握拳时，在掌长肌腱的桡侧可见此肌的肌腱。

7. **指伸肌腱**　在手背，伸直手指，可见此肌至第2 ~ 5指的肌腱。

（四）下肢部

1. **股四头肌**　在髋关节屈和内收时，可见股直肌在缝匠肌和阔筋膜张肌所组成的夹角内。股内侧肌和股外侧肌在大腿前面的下部，分别位于股直肌的内、外侧。

2. **臀大肌**　在臀部形成圆隆外形。

3. **股二头肌**　在腘窝的外上界，可扪到它的肌腱止于腓骨头。

4. **小腿三头肌**　在小腿后面可见到该肌明显膨隆的肌腱及跟腱。

本章小结

运动系统包括骨、骨连结和骨骼肌三部分内容。成人骨共206块，分布在颅、躯干和四肢，其形态各异，分为长骨、短骨、扁骨和不规则骨。虽然骨的形态各异，但是骨具有共同的基本构造，都有骨膜、骨质和骨髓三部分。全身骨借助骨连结连接成为一个整体，根据连结形式不同可以分直接连结和间接连结。间接连结活动度大，均由关节面、关节囊和关节腔三部分构成，在有些关节处还有关节囊外和囊内韧带加强其稳定性，为增强关节的灵活性在某些关节面之间还有关节盘。为了使关节运动起来，在关节周围配布以骨骼肌，全身骨骼肌约600余块，按其分布分为头肌、颈肌、躯干肌和四肢肌。按照肌的形态分为长肌、短肌、阔肌和轮匝肌等。其中长肌主要分布在四肢部，躯干部多是阔肌。

一、单项选择题

1. 下列骨中属于长骨的是

　A. 肋骨　B. 胸骨　C. 肩胛骨　D. 指骨　E. 下颌骨

2. 有关各部椎骨主要特征的叙述正确的是

　A. 胸椎体的横断面呈肾形　B. 颈椎体的横断面呈心形

　C. 腰椎棘突呈板状，水平伸向后方　D. 腰椎体的横断面呈椭圆形

　E. 胸椎横突有孔

3. 有关颈椎叙述正确的是

　A. 均有椎体和椎弓

　B. 1 ~ 2颈椎无横突孔

　C. 棘突末端都分叉

D．第6颈椎棘突末端膨大成颈动脉结节
E．第7颈椎又名隆椎

4．胸骨角
A．位于胸骨体和剑突的交界处
B．是两侧肋弓形成的夹角
C．两侧平对第2肋
D．两侧平对第2肋间隙
E．两侧平对第3肋

5．胸椎的特征是
A．椎体的横断面为椭圆形
B．棘突呈矢状位，宽而短
C．关节突的关节面呈水平位
D．横突上有横突孔
E．椎体侧缘后份近椎体上缘和下缘处各有一半圆形的肋凹

6．腰椎的特征是
A．椎体的横断面为心形
B．横突上有横突孔
C．棘突宽短呈板状
D．棘突呈叠瓦状斜向后下方
E．关节突呈冠状位

7．桡神经沟位于
A．尺骨　B．桡骨　C．肱骨　D．股骨　E．胫骨

8．下列属于脑颅骨的是
A．鼻骨　B．颧骨　C．下颌骨　D．舌骨　E．筛骨

9．滑膜关节的基本结构是
A．关节面、关节囊、关节内韧带
B．关节面、关节囊、关节内软骨
C．关节腔、关节囊、关节内软骨
D．关节面、关节囊、关节腔
E．关节面、关节腔、关节软骨

10．限制脊柱过度后伸的韧带是
A．项韧带　B．棘上韧带　C．棘间韧带　D．前纵韧带　E．后纵韧带

11．连接相邻椎弓板的韧带是
A．前纵韧带　B．后纵韧带　C．黄韧带　D．棘间韧带　E．项韧带

12．通过肩关节囊内的肌腱是
A．冈上肌腱
B．冈下肌腱
C．肱三头肌长头腱
D．肱二头肌长头腱
E．肱二头肌短头腱

13．下面哪个关节无关节盘
A．膝关节
B．胸锁关节
C．颞下颌关节
D．肩关节
E．桡腕关节

14．肩关节脱位常见的方位是
A．上方　B．后方　C．前上方　D．前下方　E．后上方

15．与肱骨滑车相关节的是
A．桡骨头
B．尺骨头
C．尺骨滑车切迹
D．桡切迹
E．桡骨环状关节面

16. 膈

A. 收缩时，膈穹下降，助呼气
B. 收缩时，膈穹下降，助吸气
C. 收缩时，膈穹上升，助吸气
D. 舒张时，膈穹上升，助吸气
E. 舒张时，膈穹下降，助呼气

17. 肱二头肌

A. 使已屈的前臂旋前
B. 使已伸的前臂旋前
C. 使已旋前的前臂旋后
D. 使已旋后的前臂旋前
E. 止于尺骨粗隆

18. 既屈膝关节又屈髋关节的肌是

A. 股薄肌
B. 缝匠肌
C. 股四头肌
D. 半膜肌
E. 髂腰肌

二、思考题

1. 说一说用什么方法可以确定肋骨、椎骨的序数。
2. 简述男、女骨盆的差异。

（田志逢）

扫码“练一练”

第二章　消化系统

学习目标

1. **掌握**　消化系统的组成；上、下消化道的概念；食管的三个狭窄；胃的位置、形态和分部；肝的位置；胆囊底的体表投影；阑尾根部的体表投影；小肠、大肠的分部；直肠的弯曲。

2. **熟悉**　腹部的分区；口腔的境界分部；小肠的位置、形态和组织结构特点；肝的形态；胆汁产生的部位和排出途径；胰的位置。

3. **了解**　胸部的标志线；牙的一般形态构造；舌的一般形态结构；三对大唾液腺的名称、位置、腺管开口部位；胰的形态结构。

4. 学会在标本和模型上辨认口腔、咽、食管、胃、小肠、大肠、肝和胰的主要结构。

内脏包括消化、呼吸、泌尿和生殖4个系统，其大部分器官主要位于胸腔、腹腔和盆腔内。研究内脏各器官形态、结构和位置的科学，称**内脏学**。

某幼儿，3岁，因误食一枚硬币，2天后在其大便中发现硬币。

请问：

1. 硬币经过了哪些消化管？
2. 硬币经过了消化管的哪些狭窄？

扫码“学一学”

第一节　概　述

一、内脏器官的一般结构

内脏各器官依其基本结构可分为中空性器官和实质性器官两大类。

（一）中空性器官

中空性器官呈管状或囊状，内部有空腔，如胃、肠、气管、膀胱、子宫等，管壁由数层组织构成，消化管壁由4层组织构成，呼吸、泌尿、生殖系统的中空性器官的壁由3层组织构成。

（二）实质性器官

实质性器官多属于腺体，表面包以结缔组织被膜，如肝、肺、肾、卵巢等。被膜深入器官实质内，将器官的实质分成若干小叶，如肝小叶、肺小叶等。分布于实质性器官的血管、神经、淋巴管以及该器官的导管等出入器官处称为该器官的门，常为一凹陷，如肝门，肺门。出入实质性器官的结构被结缔组织或浆膜包裹形成根或蒂。

二、胸部的标志线和腹部的分区

为便于描述胸、腹腔器官的位置及体表投影，通常在胸、腹部体表确定一些标志线和分区（图2-1）。

（一）胸部的标志线

1. **前正中线** 通过人体前面正中所做的垂线。
2. **胸骨线** 通过胸骨最宽处外侧缘所做的垂线。
3. **胸骨旁线** 通过胸骨线与锁骨中线之间的中点所做的垂线。
4. **锁骨中线** 通过锁骨中点所做的垂线。
5. **腋前线** 通过腋前襞所做的垂线。
6. **腋后线** 通过腋后襞所做的垂线。
7. **腋中线** 通过腋前、后线之间中点所做的垂线。
8. **肩胛线** 通过肩胛骨下角所做的垂线。
9. **后正中线** 通过人体后面正中所做的垂线。

（二）腹部的分区

1. **九分法** 在腹部前面，用两条横线和两条纵线将腹部分为九个区。上横线一般采用经过左、右肋弓最低点的连线；下横线多采用经过左、右髂结节的连线；两条纵线为经过两侧腹股沟韧带中点的垂线。以上四条线将腹部分为九个区：即左季肋区、腹上区、右季肋区；左腹外侧区、脐区、右腹外侧区；左腹股沟区（左髂区）、腹下区（耻区）、右腹股沟区（右髂区）。

2. **四分法** 临床上常通过脐作一横线和垂线将腹部分为四个区：左上腹、右上腹、左下腹、右下腹。

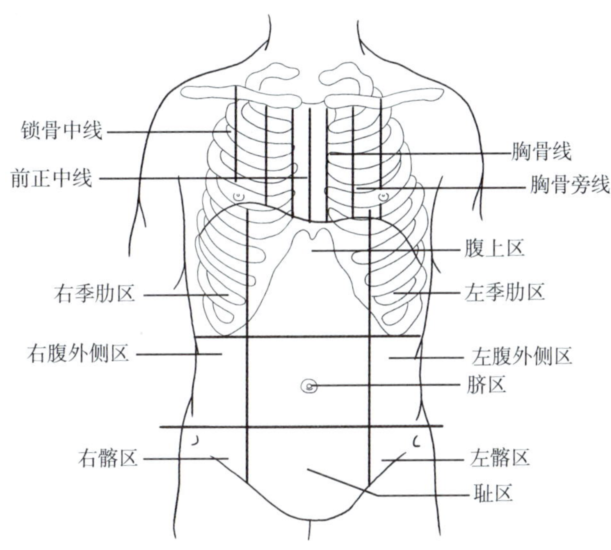

图2-1 胸部标志线与腹部分区

三、消化系统的组成和功能

消化系统由消化管和消化腺两部分组成（图2-2）。**消化管**包括口腔、咽、食管、胃、小肠（十二指肠、空肠、回肠）及大肠（盲肠、阑尾、结肠、直肠、肛管）。临床上常把十二指肠及其以上的消化管称**上消化道**；把空肠及其以下

考点提示

消化系统的组成；上、下消化道的概念。

的消化管称**下消化道**。**消化腺**包括大消化腺和小消化腺两种。大消化腺为独立的器官，包括唾液腺、肝、胰；小消化腺位于消化管壁内，如舌腺、胃腺和肠腺等。

消化系统的功能是消化食物，吸收营养物质和排出食物残渣。

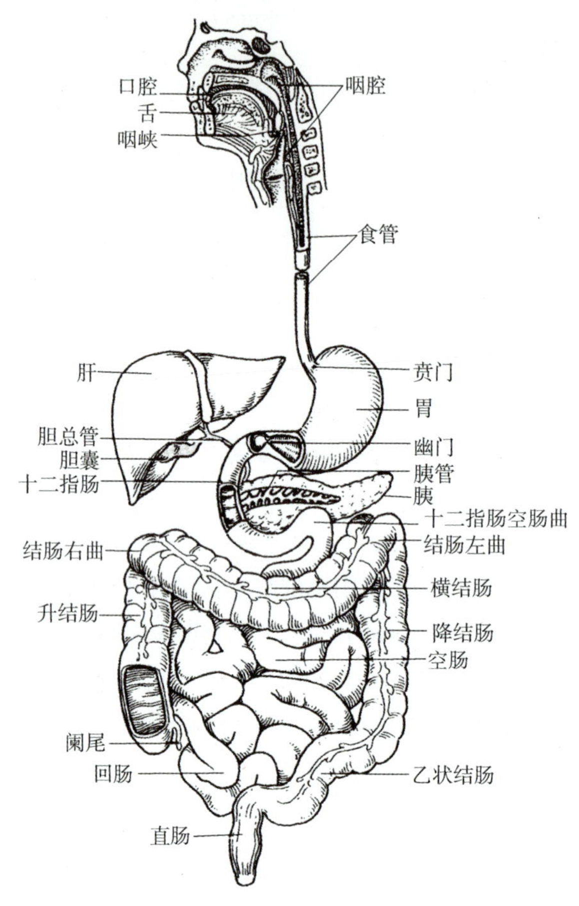

图 2-2 消化系统模式图

扫码“学一学”

第二节 消化管

一、口腔

口腔是消化管起始部，容纳舌和牙。口腔向前经口裂通向外界，向后经咽峡与咽相通。其前壁为上、下唇，侧壁为颊，上壁为腭，下壁为口腔底。

口腔借上、下牙弓和牙龈分为口腔前庭和固有口腔，当上、下颌牙咬合时，第三磨牙的后方有一间隙，使口腔前庭和固有口腔相通。临床上当患者牙关紧闭时，可经此处间隙进行插管，注入营养物质或药物。

（一）口唇

口唇分为上、下唇，上、下唇间的裂隙称口裂，两唇结合处称口角，上唇外面正中线处有一纵形浅沟称人中，急救昏迷患者时，常在人中处进行指压或针刺；两侧为颊，颊与上唇两侧之间各有一条浅沟称**鼻唇沟**，是颊和上唇的分界线。

（二）颊

颊为口腔的侧壁，在上颌第二磨牙相对的颊黏膜上有腮腺管乳头，是腮腺管的开口。

（三）腭

腭是口腔的上壁，即口腔顶，分隔口腔和鼻腔，腭的前2/3以骨为基础，表面覆以黏膜称硬腭，后1/3以肌肉和腱膜为基础，表面也覆以黏膜称软腭，软腭的前份呈水平位，后份斜向后下方称**腭帆**，腭帆后缘游离，其中央有垂向下方的乳头状突起称**腭垂**，其两侧向外下各形成一对黏膜皱襞，前方连于舌根称**腭舌弓**，后方连于咽侧壁称**腭咽弓**，腭垂、腭帆游离缘、两侧腭舌弓及舌根共同围成**咽峡**，是口腔和咽之间的狭窄处，也是口腔和咽的分界处。

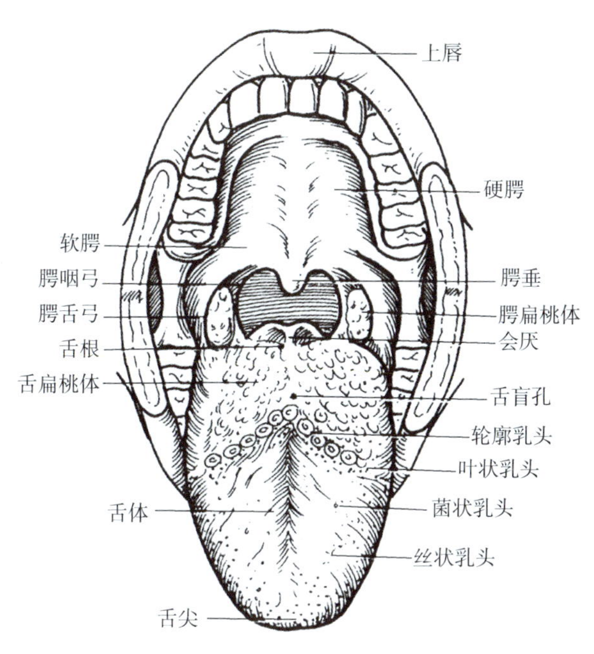

图 2-3 口腔及咽峡

（四）牙

牙是人体最坚硬的器官，嵌于上、下颌骨的牙槽内。牙有咀嚼食物、协助发音等功能。

1. 牙的种类和排列 人的一生中有两套牙，第一套牙称**乳牙**，一般在出生后6个月开始萌出，3岁左右出齐，共计20颗，分乳切牙、乳尖牙和乳磨牙（图2-4）。第二套牙称**恒牙**，6岁起乳牙陆续脱落，恒牙相继萌出，共计32颗，分为切牙、尖牙、前磨牙和磨牙（图2-5），14岁左右恒牙基本出齐，只有第3磨牙一般在成年后才长出或终身不萌发。临床上为了记录方便，常以患者的方位为准，用"+"记号将上、下颌牙弓划成四个区，表示左、右侧及上、下颌的牙位，并以罗马数字Ⅰ～Ⅴ表示乳牙，以阿拉伯数字1～8表示恒牙。

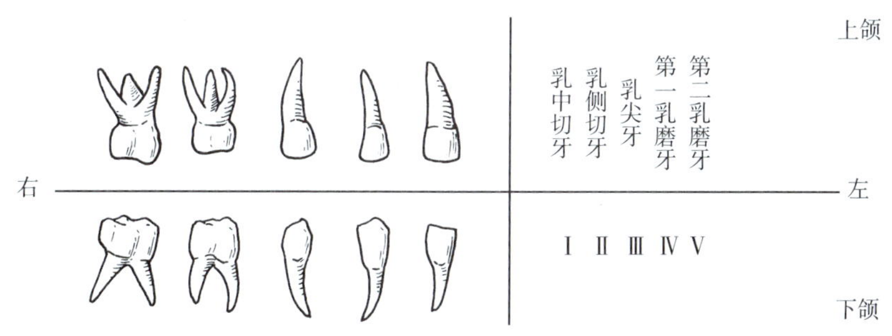

图 2-4 乳牙的名称及符号

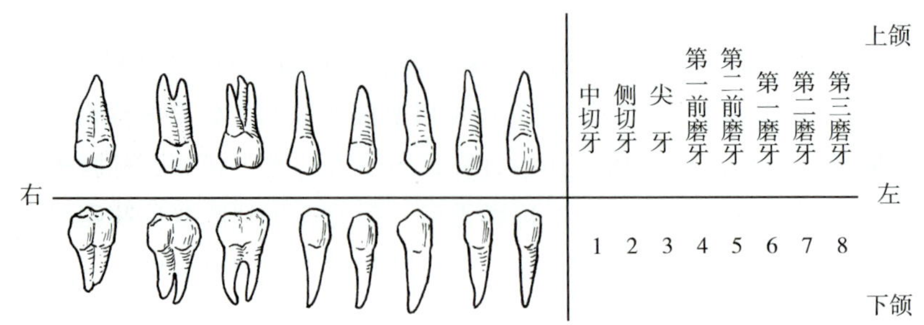

图 2-5　恒牙的名称及符号

2. 牙的形态　每个牙在外形上分为**牙冠**、**牙颈**和**牙根**三部分。暴露在牙龈外面的称牙冠，嵌入牙槽内的称牙根，牙冠和牙根交界部分称牙颈，被牙龈所包绕。牙根内的细管称为牙根管，此管开口于牙根尖端的孔称根尖孔，牙的血管和神经通过根尖孔和牙根管进入牙腔内。

3. 牙组织　牙由**牙本质**、**牙釉质**、**牙骨质**和**牙髓**构成。牙本质构成牙的主体；牙釉质覆盖于牙冠部牙本质表面，是牙最坚硬的部分；牙骨质包于牙颈和牙根部牙质表面；牙的内部有与外形相似的空腔称牙腔或髓腔，腔内含有牙髓，牙髓发炎时常引起剧烈疼痛。

4. 牙周组织　牙周组织包括牙槽骨、牙周膜和牙龈三部分，对牙起到保护、固定和支持的作用。牙周膜是连于牙根和牙槽骨间的致密结缔组织，有固定牙根的作用。牙龈是口腔黏膜的一部分，呈淡红色，坚韧富有弹性，紧贴在牙颈及邻近的牙槽骨上，直接与骨膜紧密相连，所以牙龈不能移动。如果牙周组织发炎，容易使牙齿松动。

（五）舌

舌临近口腔底，是肌性器官，表面覆以黏膜，舌具有感受味觉、搅拌食物、协助咀嚼和发音等功能。

1. 舌的形态　舌有上、下两面。舌的上面称舌背，其后部有“∧”形的界沟将舌分为后1/3的舌根和前2/3的舌体，舌体的前端称舌尖。

2. 舌黏膜　舌黏膜呈淡红色，舌背和舌侧缘的黏膜有许多小突起，称**舌乳头**，具有触觉和味觉等功能。舌乳头按形态可分为4种，丝状乳头数量最多，分布在舌体背面，呈细丝状；菌状乳头形体较大，分散于丝状乳头之间，以舌尖和舌侧缘较多，呈鲜红色；轮廓乳头体积最大，排列在界沟前方，有7～11个，乳头中央隆起，周围有环形沟；叶状乳头位于舌侧面的后部，人类已经退化。除丝状乳头外，其他舌乳头均含有味蕾，能感受酸、甜、苦、咸等味觉。舌下面的黏膜在正中线上有一舌系带，向下连于口腔底前部。舌系带根部两侧的黏膜隆起称**舌下阜**，是下颌下腺导管和舌下腺大管的共同开口处。由舌下阜向外侧延续形成的黏膜皱襞称**舌下襞**（图2-6）。

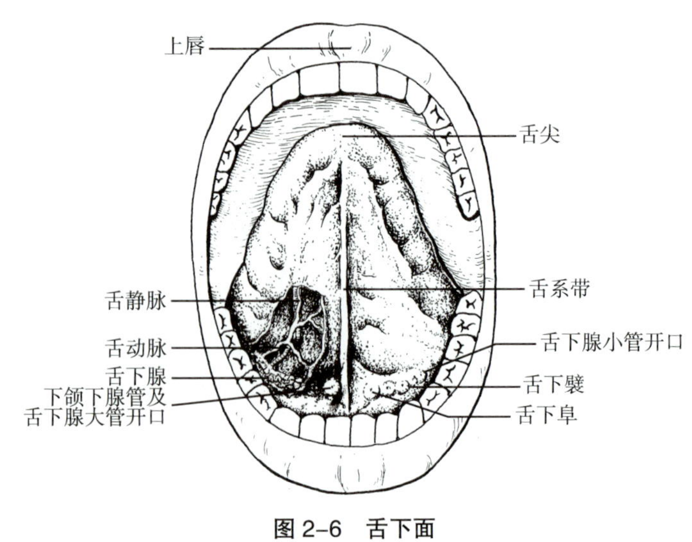

图 2-6　舌下面

3. **舌肌** 舌肌为骨骼肌，分舌内肌和舌外肌两部分。

二、咽

咽是呼吸道和消化道的共同通道，是一个上宽下窄、前后略扁的漏斗形肌性管道，位于第1～6颈椎的前方，上附于颅底，下至第6颈椎下缘水平移行为食管（图2-7）。咽的前壁不完整，分别与鼻腔、口腔、喉腔相通；后壁平坦；两侧壁与颈部大血管和甲状腺侧叶等结构相邻。

咽以软腭、会厌上缘平面为界，分为鼻咽、口咽和喉咽。

1. **鼻咽** 位于鼻腔的后方，颅底和软腭后缘之间，向前借鼻后孔与鼻腔相通，后壁上部黏膜下有丰富的淋巴组织称**咽扁桃体**，婴幼儿较发达，6～7岁开始萎缩，10岁后几乎完全退化，如果咽扁桃体过度增生，使鼻咽腔受阻，会影响呼吸道的通畅。鼻咽的外侧壁上有**咽鼓管咽口**，经此口与中耳鼓室相通。咽鼓管咽口的前、上、后方有明显的弧形隆起称**咽鼓管圆枕**，它是寻找咽鼓管咽口的标志。咽鼓管圆枕的后方有一纵行凹陷称**咽隐窝**，是鼻咽癌的好发部位。

2. **口咽** 位于口腔的后方，软腭后缘和会厌上缘之间，向前经咽峡通口腔，在其外侧壁上，腭舌弓与腭咽弓之间有一凹陷称扁桃体窝，容纳腭扁桃体。**腭扁桃体**是由淋巴组织和上皮构成的器官，其表面有许多内陷的小凹称扁桃体小窝，细菌易在此生长繁殖，引起扁桃体炎。腭扁桃体外侧面和前后两面均由结缔组织构成的扁桃体囊包绕，囊与咽壁连结疏松，所以在做扁桃体切除术时，易剥离。咽扁桃体、腭扁桃体和舌扁桃体共同形成咽淋巴环，是消化道和呼吸道起始端的重要防御结构。

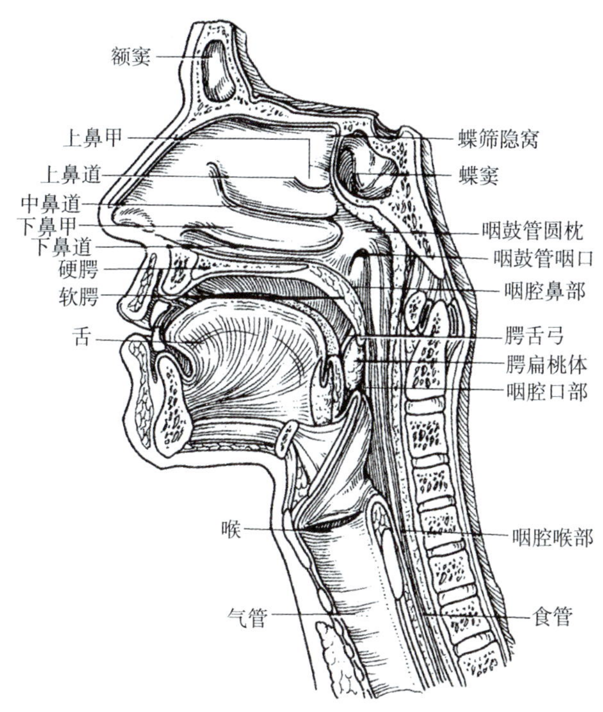

图2-7 头颈部正中矢状面

3. **喉咽** 位于喉的后方，会厌上缘和第6颈椎体下缘之间，向前经喉口通喉腔，向下与食管相连，喉咽是咽腔中最狭窄的部分，在

考点提示

咽的分部。

喉口两侧，各有一个深窝，称**梨状隐窝**，是异物易滞留处。

三、食管

（一）食管的位置和分部

食管是输送食物的肌性管道，上端在第6颈椎下缘与咽相接，下端在第11胸椎体左侧连于胃的贲门，全长约25cm（图2-8）。其按行程可分为颈部、胸部和腹部。颈部较短，长约5cm，为起始端至胸骨颈静脉切迹平面；胸部较长，长18 ~ 20cm，自颈静脉切迹平面至食管裂孔；腹部最短，长1 ~ 2cm，自膈的食管裂孔至胃的贲门。

（二）食管的狭窄

食管的三个生理性狭窄。

食管全长有三处生理性狭窄：第1处狭窄为食管的起始部，距中切牙约15cm；第2处狭窄为食管与左主支气管交叉处，距中切牙约25cm；第3处狭窄为食管通过膈的食管裂孔处，距中切牙约40cm。这些狭窄是异物容易滞留和食管癌的好发部位，在插胃管时要注意这些狭窄（图2-8）。

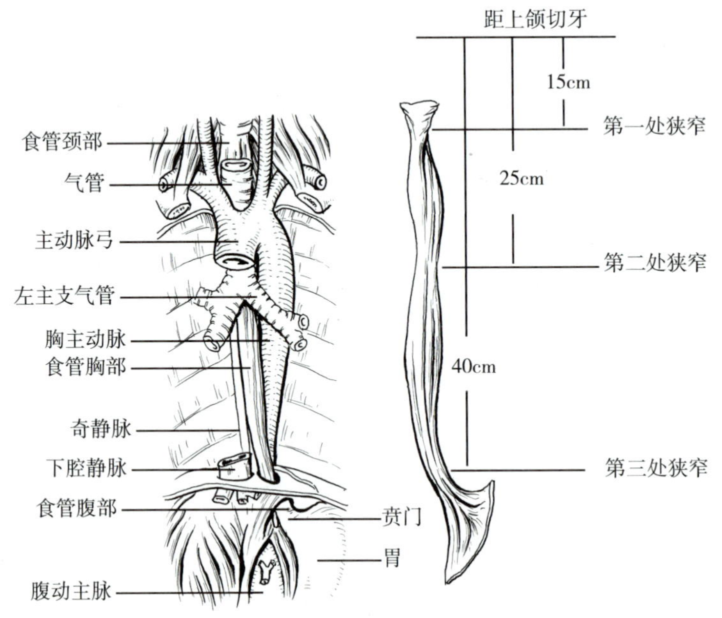

图2-8　食管的位置、狭窄

四、胃

胃是消化管中最膨大的部分，上接食管，下接小肠。胃有容纳食物、分泌胃液和初步消化食物的功能。成人胃的容量约为1500ml。

（一）胃的形态和分部

胃有入、出两口，大、小两弯和前、后两壁。胃的前壁隆凸，后壁平坦，入口称**贲门**，与食管相连；出口称**幽门**，与十二指肠相接。幽门前静脉一般横过幽门前方，是胃手术时确定幽门的标志。

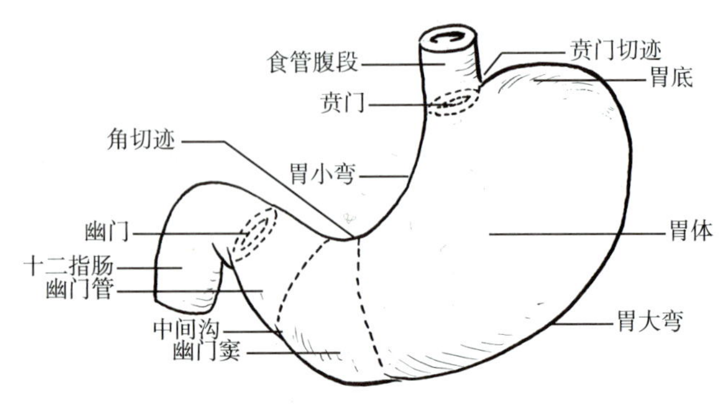

图2-9　胃的形态、分部

上缘称**胃小弯**，其最低处称**角切迹**，它是胃体与幽门部在胃小弯的分界；下缘称**胃大弯**（图2–9）。

胃可分为四部：即贲门部、胃底、胃体、幽门部。位于贲门附近的部分称**贲门部**（图2–9）；高出贲门平面的部分称**胃底**；胃底与角切迹之间的部分称**胃体**；角切迹与幽门之间的部分称**幽门部**，临床上常称为“胃窦”。幽门部在靠近角切迹呈膨大的**幽门窦**，靠近幽门呈缩细的幽门管，胃溃疡和胃癌多发生于幽门窦近胃小弯处。

> **考点提示**
> 胃的位置、形态及分部。

（二）胃的位置和毗邻

胃的位置常受体位、体型和充盈程度的影响而有较大变化。一般胃在中等充盈时，大部分位于左季肋区，小部分位于腹上区。胃前壁在右侧与肝左叶相邻，在左侧与膈相邻，被左肋弓覆盖。胃前壁的中间部分在剑突的下方直接与腹前壁相贴，该处是胃的触诊部位。胃后壁与胰腺、横结肠、左肾、左肾上腺、膈和脾脏相邻。

五、小肠

小肠是消化管中最长的一段，是食物进行消化、吸收的主要部位。小肠上接幽门，下接盲肠，成人全长5 ~ 7m，分为十二指肠、空肠和回肠。

（一）十二指肠

十二指肠长约25cm，位于胃和空肠之间，贴于腹后壁，呈“C”形包绕胰头，可分上部、降部、水平部和升部（图2–10）。

1. **上部** 起于幽门，斜向右上方，至肝门下方急转向下移行为降部。临床上将靠近幽门、长约2.5cm的一段肠管，其肠壁薄，管径大，黏膜光滑无环状襞，故临床上常称此段为**十二指肠球**，是十二指肠溃疡的好发部位。

2. **降部** 沿第1 ~ 3腰椎右侧下降，至第3腰椎水平向左续接水平部。降部后内侧壁有一纵行皱襞，其下端有一黏膜隆起，称**十二指肠大乳头**，是肝胰壶腹的开口处。

3. **水平部** 横行向左至第3腰椎体左前方移行为升部。

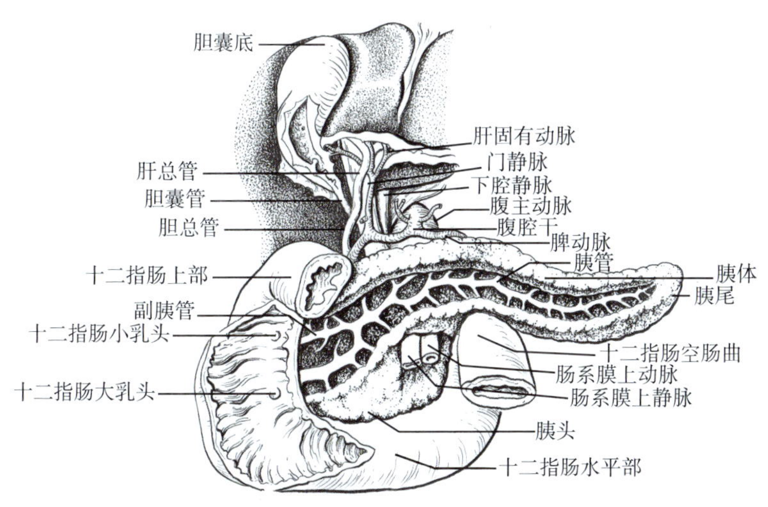

图2–10 十二指肠和胰

4. **升部** 自第3腰椎左侧斜向左上方，至第2腰椎左侧急转向前下方，续接空肠。转折处的弯曲称十二指肠空肠曲，此曲被**十二指肠悬肌**固定于腹后壁，十二指肠悬肌及其表面的腹膜皱襞共同构成十二指肠悬韧带，又称Treitz韧带，是手术中确认空肠起始的标志。

（二）空肠和回肠

空肠上端接十二指肠，**回肠**下端连盲肠。空、回肠之间没有明显的界限，近侧2/5为空肠，位于腹腔的左上部，管径较粗，管壁较厚，血管丰富，活体颜色较红，黏膜环状襞密高，为散在的孤立淋巴滤泡；远侧3/5为回肠，位于腹腔的右下部，管径较细，管壁较薄，血管较少，活体颜色较淡，黏膜环状襞稀低，除了有散在的孤立淋巴滤泡外，还有集合淋巴滤泡，常位于回肠下部。肠伤寒时，病变多发生在集合淋巴滤泡，可并发肠出血或肠穿孔。

> **考点提示**
> 小肠的位置、分部；十二指肠的分部。

六、大肠

大肠是从回肠末端至肛门的粗大肠管，长约1.5m，分为盲肠、阑尾、结肠、直肠和肛管五部分。大肠的功能是吸收水分、分泌黏液，将食物残渣形成粪便排出体外。

大肠管径较大，除阑尾、直肠和肛管外，盲肠和结肠在外形上有三种特征性结构，即结肠带、结肠袋和肠脂垂（图2–11）。**结肠带**有3条，是由肠壁的纵行平滑肌增厚而成的带状结构；**结肠袋**是由肠壁向外膨出而成的囊袋状结构；**肠脂垂**是附着在结肠带两侧的脂肪突起。这三个特征是盲肠和结肠区别于小肠的重要标志。

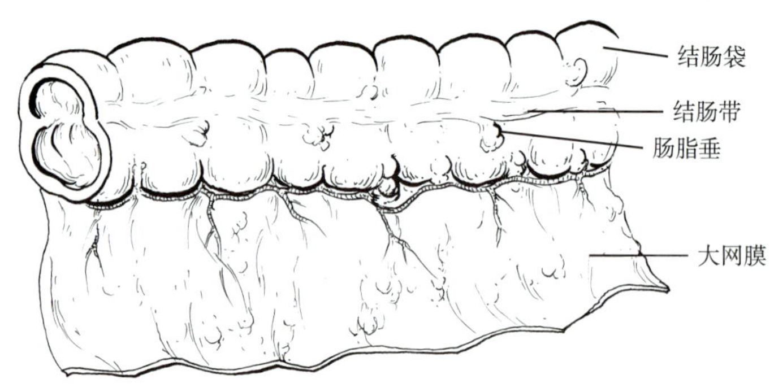

图2–11 结肠的特征性结构

（一）盲肠

盲肠是大肠的起始部，位于右髂窝内。下端呈盲囊状，左接回肠，向上延续为升结肠。在回肠末端盲肠的开口处，黏膜形成上、下二个皱襞，称**回盲瓣**，可控制小肠内容物进入盲肠的速度，让食物在小肠内充分消化吸收，又可阻止大肠内容物逆流到回肠（图2–12）。

（二）阑尾

阑尾位于右髂窝内，为一蚓状盲管，一般长6 ~ 8cm，其根部连通于盲肠后内侧壁，远端游离，位置变化大（图2–12）。阑尾有回肠下位、盲肠后位、盲肠下位、回肠前位和回肠后位等不同位置。一般以回肠下位和盲肠后位较多见。阑尾的位置变化较多，手术中寻找困难，由于3条结肠带汇聚在阑尾根部，手术中可沿结肠带向下追踪是寻找阑尾的可靠方法。阑尾根部位置恒定，其体表投影在脐与右髂前上棘连线的中、外1/3交点处，称**麦氏点**。急性阑尾炎时，麦氏点附近常有明显的压痛。

> **考点提示**
> 阑尾根部的体表投影。

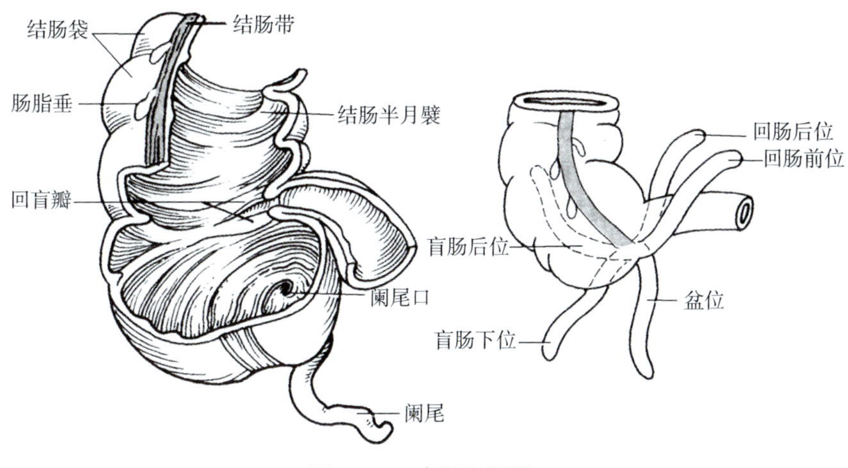

图 2-12　盲肠和阑尾

（三）结肠

结肠始于盲肠，止于直肠，围绕在小肠周围。分为升结肠、横结肠、降结肠和乙状结肠四部分（图2-13）。

1. **升结肠**　升结肠在右髂窝处，起自盲肠上端，沿右侧腹后壁上升至肝右叶的下方，转折向左前下方移行于横结肠，转折处的弯曲称结肠右曲或肝曲。

2. **横结肠**　横结肠起自结肠右曲，向左横行至脾的下方转折向下续于降结肠，转折处称结肠左曲或脾曲。横结肠由横结肠系膜连于腹后壁，活动度较大，其中间部分可下垂至脐或低于脐平面。

3. **降结肠**　降结肠起自结肠左曲，沿左肾外侧缘和左腰方肌下降，至左髂嵴处移行为乙状结肠。

4. **乙状结肠**　乙状结肠起自降结肠，沿左髂窝转入盆腔内，全长呈“乙”字形弯曲，向下至第3骶椎前方移行为直肠。乙状结肠由乙状结肠系膜连于盆腔左后壁，活动度较大，有时可造成乙状结肠扭转。

结肠的分部。

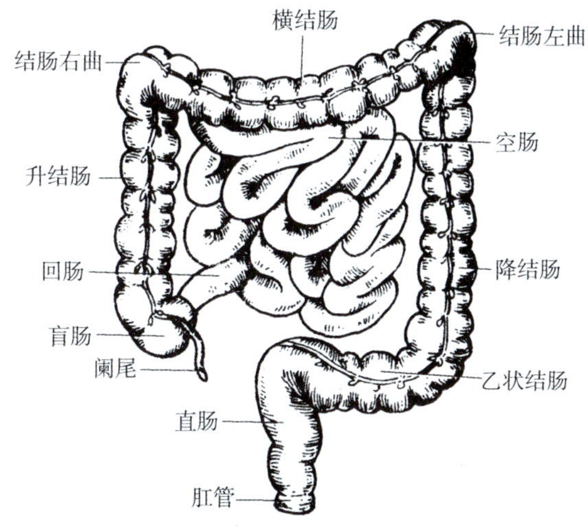

图 2-13　小肠和大肠

（四）直肠

直肠长10 ~ 14cm，位于盆腔的后部，骶、尾骨的前方，向下穿盆膈移行为肛管（图2-14）。直肠并不直，在矢状面上有两个弯曲，即骶曲和会阴曲。骶曲位于骶骨前面，凹向前；会阴曲绕过尾骨尖端，凹向后。直肠下部显著扩大，称**直肠壶腹**。直肠内面常有上、中、下三条半月形皱襞，称**直肠横襞**。其中第2条最为恒定，位于直肠前右侧壁，距肛门约7cm。临床上进行灌肠插管时，注意这些弯曲和皱襞，以免损伤肠管。男性直肠的前方有膀胱、前列腺和精囊；女性直肠的前方有子宫和阴道。直肠指诊可触及这些结构。

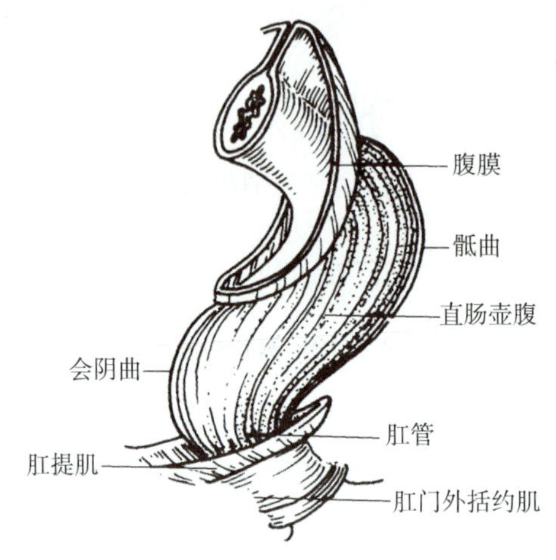

图 2-14　直肠和肛管

（五）肛管

肛管位于盆膈以下，长约4cm，上接直肠，下端终于肛门（图2-15）。其内面有6 ~ 10条纵行黏膜皱襞，称**肛柱**。相邻肛柱下端之间的半月形黏膜皱襞，称**肛瓣**。肛瓣与相邻肛柱下端围成的小窝，称**肛窦**，粪屑常存积此处，易发生感染。肛瓣与肛柱下端围成锯齿状线，称**齿状线**。齿状线以上为黏膜，以下为皮肤。在肛管黏膜下和皮下有丰富的静脉丛，病理状态下可形成静脉曲张，称痔。发生在齿状线以上的称内痔，齿状线以下的称外痔，跨越齿状线上、下的称混合痔。齿状线是黏膜与皮肤的分界线，又是区分内、外痔的标志。肛管部的环行平滑肌增厚，形成肛门内括约肌，有协助排便的作用；在肛门内括约肌的周围和下方，由骨骼肌构成肛门外括约肌，具有括约肛门和控制排便的作用。手术中应注意保护肛门外括约肌，以免损伤出现大便失禁。

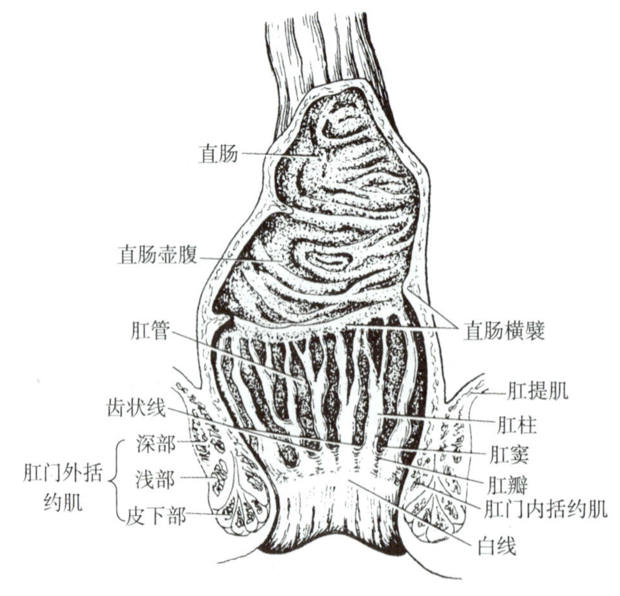

图 2-15　直肠和肛管（内面）

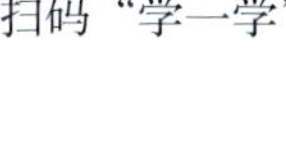

扫码"学一学"

第三节 消化腺

一、唾液腺

唾液腺位于口腔周围，分泌唾液，分大、小两类，小唾液腺位于口腔各部的黏膜内，如唇腺、舌腺、腭腺等。大唾液腺有3对，包括腮腺、下颌下腺、舌下腺（图2-16）。

1. **腮腺** 是最大的唾液腺，呈不规则的三角形，位于耳的前下方，上达颧弓，下至下颌角附近，其导管从腮腺前缘穿出，经过咬肌前面，穿颊肌，开口于平对上颌第2磨牙处的颊黏膜上。

2. **下颌下腺** 位于下颌体深面，导管开口于舌下阜。

3. **舌下腺** 位于舌下襞的深面，分大、小两种导管，大导管有1条，开口于舌下阜；小导管约10条，开口于舌下襞。

考点提示

3对大唾液腺的名称、导管开口位置。

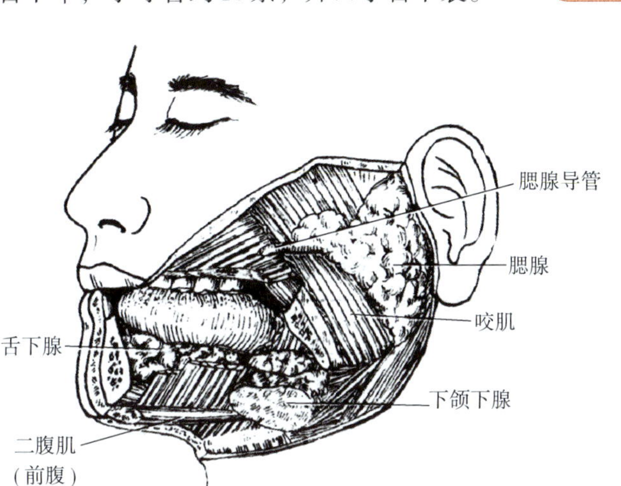

图2-16 大唾液腺

二、肝

肝是人体最大的腺体。呈红褐色，质软而脆，受暴力打击时易破裂出血。肝是机体新陈代谢最活跃的器官，不仅能分泌胆汁参与食物的消化，还具有物质代谢、解毒和防御等功能，胚胎时期还有造血功能。

（一）肝的形态

肝似不规则的楔形，分上、下两面，前、后两缘。肝的上面隆凸，与膈相贴，称膈面（图2-17），被**镰状韧带**分为左、右两叶，肝右叶大而厚，肝左叶小而薄。膈面后部没有腹膜被覆的部分称裸区。肝的下面与脏器相邻，凹凸不平，称脏面（图2-18）。脏面有两条纵沟和一条横沟，呈"H"形排列。横沟称**肝门**，是肝管、肝固有动脉、肝门静脉、神经和淋巴管出入肝的部位。左纵沟：前部容纳**肝圆韧带**，它是胎儿时期脐静脉闭锁后的遗迹；后部容纳**静脉韧带**，它是胎儿时期静脉导管闭锁后的遗迹。右纵沟：前部凹陷，称**胆囊窝**，容纳胆囊；后部称**腔静脉窝**，容纳下腔静脉。肝的脏面被上述3条沟分为4叶，左纵沟左侧为左叶，右纵沟右侧为右叶，左右纵沟之间，横沟前方为方叶，横沟后方为尾状叶。脏面的左叶与膈面的左叶一致，脏面的肝右叶、方叶和尾状叶相当于膈面的肝右叶。肝的前缘是膈面与脏面之间的交界线，薄而锐利。前缘右部有胆囊切迹，胆囊底常在此处突出肝前缘；肝的后缘钝圆，朝向脊柱。肝的右缘是肝右叶的右下缘，较钝圆厚实；肝的左缘是肝左叶的左缘，较薄锐。

> **考点提示**
> 肝的位置、形态。

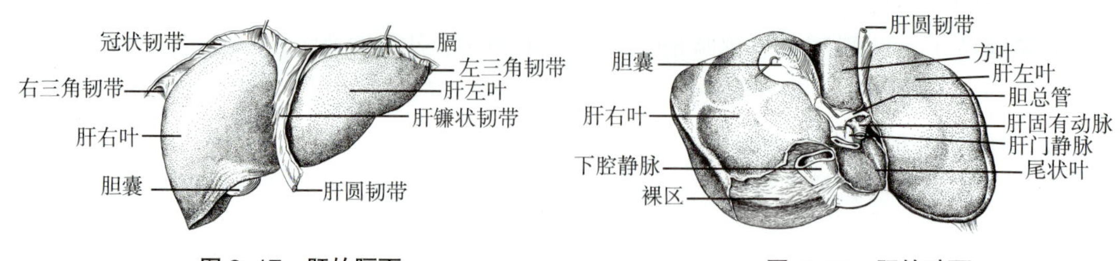

图 2-17　肝的膈面　　　　图 2-18　肝的脏面

（二）肝的位置和毗邻

肝大部分位于右季肋区和腹上区，小部分位于左季肋区。肝的前面大部分被肋遮盖，仅在腹上区左、右肋弓间与腹前壁相接触。当腹上区和右季肋区遭到冲击或肋骨骨折时，肝可能被损伤而破裂。肝上方为膈，膈上有右侧胸膜腔、右肺及心等。肝右叶下面从前向后分别邻接结肠右曲、十二指肠上曲、右肾上腺和右肾。肝左叶下面与胃前壁相邻，后上方邻接食管腹部。

肝的上界，在右锁骨中线平第5肋，左锁骨中线平第5肋间隙；肝的下界，在右侧与肋弓一致，在腹上区可达剑突下3 ~ 5cm。3岁以下的健康幼儿肝的体积相对较大，肝前缘常低于右肋弓下1.5 ~ 2.0cm。7岁以后，在右肋弓下不能触及，若能触及，则应考虑为病理性肿大。

三、肝外胆道系统

肝外胆道系统是指肝门以外的胆道系统，包括胆囊和输胆管道（肝左管、肝右管、肝总管和胆总管）（图2-19）。这些管道将肝分泌的胆汁输送到十二指肠腔。

（一）胆囊

胆囊位于肝下面的胆囊窝内，有贮存和浓缩胆汁的功能。胆囊呈梨形，可分为胆囊底、胆囊体、胆囊颈和胆囊管四部分。胆囊底是胆囊突向前下方的盲端，胆囊底的体表投影在右锁骨中线与右肋弓交点的稍下方，胆囊炎时，此处常有明显的压痛；中间部分为胆囊体；后端变细的部分为胆囊颈；胆囊颈弯曲向左下的部分为**胆囊管**。胆囊管、肝总管和肝的脏面围成的三角形区域称**胆囊三角**（Calot三角），常有胆囊动脉通过，是胆囊手术中寻找胆囊动脉的标志。

（二）输胆管道

输胆管道是将肝细胞分泌的胆汁输送到十二指肠的管道系统，简称**胆道**，分为肝内胆道和肝外胆道。肝内胆道包括胆小管和小叶间胆管；肝外胆道包括肝左管、肝右管、肝总管、胆囊和胆总管。胆小管汇合成小叶间胆管，小叶间胆管逐级汇合成肝左管和肝右管，两管出肝门后合成**肝总管**。肝总管下行与胆囊管汇合成**胆总管**。胆总管经十二指肠上部的后方，下行到胰头与十二指肠降部之间，其下端与胰管汇合斜穿十二指肠壁，

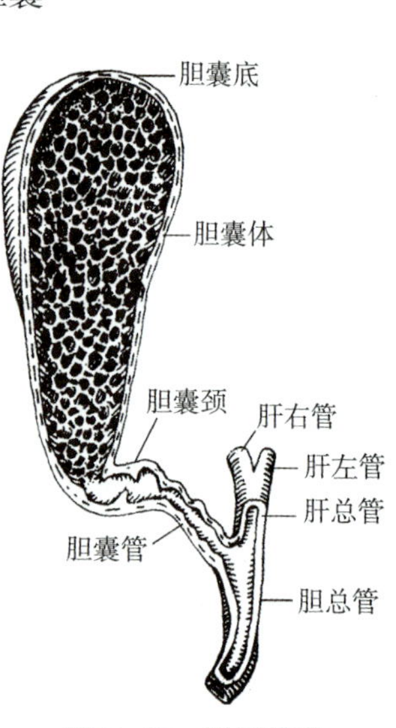

图 2-19　输胆管道

形成膨大的**肝胰壶腹**（Vater壶腹），开口于十二指肠大乳头。在肝胰壶腹周围有环行平滑肌，称**肝胰壶腹括约肌**（Oddi括约肌），它控制胆汁和胰液的排放。

（三）胆汁的产生和排出途径

空腹时，由于肝胰壶腹括约肌收缩，肝细胞分泌的胆汁经肝左管、肝右管、肝总管、胆囊管入胆囊贮存和浓缩；进食后，胆囊收缩，肝胰壶腹括约肌舒张，胆囊内的胆汁经胆囊管与肝细胞分泌的胆汁汇合于胆总管并排入十二指肠。

考点提示

胆汁的产生及排出途径。

四、胰

胰是人体第二大消化腺，由外分泌部和内分泌部组成。胰的内分泌部即胰岛，主要分泌胰岛素，调节血糖浓度；胰的外分泌部能分泌胰液，胰液内含有多种消化酶，如胰淀粉酶、胰蛋白酶和胰脂肪酶等，有分解和消化食物中的蛋白质、脂肪和糖类等作用。

（一）胰的形态

胰是一个狭长腺体，质地柔软，呈灰红色，分为胰头、胰体和胰尾三部分（图2-10）。**胰头**为胰的右侧膨大部分，被十二指肠包绕，胆总管在胰头后面与十二指肠之间经过，当胰头肿大时，可压迫胆总管引起阻塞性黄疸，若压迫肝门静脉，可出现腹水和脾肿大；胰体占胰的大部分，为胰头和胰尾之间的部分；胰尾较细，邻近脾门。胰管位于胰实质内，走行与胰的长轴一致，从胰尾至胰头，沿途接受许多小叶间导管，最后在十二指肠降部的壁内与胆总管汇合形成肝胰壶腹，开口于十二指肠大乳头。在胰头的上部有时可见一小管，位于胰管的上方，称为副胰管。

（二）胰的位置和毗邻

胰位于胃的后方，横贴于腹后壁，平第1 ~ 2腰椎体。胰的前面隔网膜囊与胃相邻，后方有下腔静脉、胆总管、肝门静脉及腹主动脉等重要结构。由于胰的位置较深，故胰发生病变时，在临床上不容易发现，增加了诊断的困难性。

知识拓展

灌肠术

灌肠术是为了刺激肠蠕动，软化或清除粪便，减轻腹胀或清洁肠道，为手术、检查、分娩做准备，或者是为了减轻中毒而实施的一项护理操作技术，是用导管把液体经肛门再经过直肠送达结肠，常用液体量成人为500 ~ 1000ml。灌肠时注意肛管齿状线周围的静脉血管，以免损伤黏膜，同时注意直肠的骶曲和会阴曲以及直肠的横襞，同时注意结肠左曲、右曲，特别是通过乙状结肠时不宜过快，以免损失肠黏膜。

插胃管术

插胃管术是一项护理常用的操作技术，用于洗胃、鼻饲、抽取胃液等。其插入途径是：胃管由口腔或鼻腔插入，经咽、食管进入胃内。经鼻腔插胃管时，应该注意鼻中隔前下部是易出血区，胃管插入14 ~ 16cm（咽喉部）时，嘱患者做吞咽动作，以使胃管易进入并通过食管；成人插管的长度约45 ~ 55cm，即由前额发际到胸骨剑突处，或由耳垂经鼻尖到胸骨剑突处的距离。

本章小结

消化系统由消化管和消化腺组成，消化管包括口腔、咽、食管、胃、小肠、大肠。通常将十二指肠及其以上的消化管称为上消化道，空肠及其以下的消化管称下消化道。口腔是消化管的起始部，口腔内的器官有牙和舌。牙有乳牙和恒牙，其形态可分为牙冠、牙根和牙颈3部分，牙由牙本质、牙釉质、牙骨质和牙髓构成。舌乳头可分为丝状乳头、菌状乳头、轮廓乳头和叶状乳头4种。咽可分为鼻咽、口咽和喉咽3部分。食管有3处生理性狭窄。胃是消化管中最膨大的部分，分为贲门部、胃底、胃体和幽门部4部分。小肠是消化管中最长的一部分，小肠分为十二指肠、空肠和回肠。大肠分为盲肠、阑尾、结肠、直肠和肛管。

消化腺包括3对大唾液腺、肝和胰腺以及消化管壁内的小腺体。大唾液腺包括腮腺、下颌下腺和舌下腺，通过导管开口于口腔。肝是最大的消化腺，功能是分泌胆汁。胆囊位于胆囊窝内，有储存和浓缩胆汁的功能。胰腺分为胰头、胰体和胰尾3部分。

一、选择题

1. 上消化道是
   A. 从口腔到食管
   B. 从口腔到胃
   C. 从口腔到十二指肠
   D. 口腔到空肠
   E. 从咽峡到十二指肠
2. 围成咽峡的结构是
   A. 两侧腭咽弓、腭帆后缘和舌根
   B. 腭垂、腭舌弓和腭咽弓
   C. 腭帆和舌根
   D. 腭垂、腭舌弓、舌根
   E. 腭垂、腭帆游离缘，两侧腭舌弓和舌根
3. 腮腺管开口于
   A. 舌下阜
   B. 舌下襞
   C. 平对上颌第2磨牙的颊黏膜处
   D. 平对下颌第3磨牙的颊黏膜处
   E. 舌系带根部
4. 咽鼓管咽口位于
   A. 鼻咽部侧壁上
   B. 口咽部侧壁上
   C. 咽峡两侧
   D. 鼻咽部后壁上
   E. 喉口两侧
5. 胃在中等充盈时，其位置为
   A. 大部在腹上区、小部在左季肋区
   B. 大部在左季肋区，小部在腹上区
   C. 贲门平对第10胸椎高度
   D. 幽门平对第12胸椎高度
   E. 前壁全被肝掩盖

6. 十二指肠大乳头位于
   A. 十二指肠上部　　B. 十二指肠降部
   C. 十二指肠水平部　　D. 十二指肠升部
   E. 十二指肠球部
7. 识别空肠起始的标志是
   A. 十二指肠大乳头　　B. 十二指肠空肠曲
   C. 十二指肠小乳头　　D. 十二指肠水平部
   E. 十二指肠悬韧带
8. 大肠不包括
   A. 回肠　　B. 盲肠　　C. 阑尾　　D. 直肠　　E. 结肠
9. 结肠带、结肠袋、肠脂垂存在于
   A. 肛管　　B. 直肠　　C. 阑尾　　D. 盲肠　　E. 回肠
10. 阑尾根部的体表投影位于
    A. 右髂前上棘与脐连线的中、外1/3交点处
    B. 左髂前上棘与脐连线的中、外1/3交点处
    C. 右髂前上棘与脐连线的中、内1/3点处
    D. 左髂前上棘与脐连线的中、内1/3点处
    E. 脐与耻骨联合中、下1/3点处
11. 手术时寻找阑尾的可靠方法是
    A. 阑尾较细　　B. 肠脂垂
    C. 结肠袋　　D. 3条结肠带汇集处
    E. 回肠末端
12. 人体最大的消化腺是
    A. 肝　　B. 胆囊　　C. 胰　　D. 腮腺　　E. 脾
13. 不经过肝门的结构是
    A. 肝固有动脉　　B. 肝静脉
    C. 肝门静脉　　D. 肝左、右管
    E. 肝的神经、淋巴管
14. 肝外胆道系统的结构包括
    A. 左、右肝管，胆囊和胆囊管，胆总管
    B. 左、右肝管，胆囊和胆囊管
    C. 左、右肝管，肝总管和胆囊，胆总管
    D. 左、右胆总管，肝总管，胆囊和胆囊管
    E. 左、右肝管，肝总管，胆囊和胆总管，肝脏
15. 肝胰壶腹开口于
    A. 十二指肠上部　　B. 十二指肠下部
    C. 十二指肠大乳头　　D. 十二指肠升部
    E. 幽门部
16. 胆囊底的体表投影在
    A. 右锁骨中线与第7肋交界处　　B. 右侧肋弓中点

C. 右锁骨中线与右肋弓相交处　　D. 肝的胆囊窝处
E. 肝前缘胆囊切迹处

17. 肝外胆道不包括
A. 肝左管　B. 肝右管　C. 肝总管　D. 胰管　E. 胆囊

18. 肝门位于
A. 肝脏面横沟内　　B. 肝脏面左侧纵沟前部
C. 肝脏面左侧纵沟后部　　D. 肝脏面右侧纵沟前部
E. 肝脏面右侧纵沟后部

扫码“练一练”

二、思考题

1. 试述胆汁的产生与排放途径。
2. 试述食管的狭窄。

（田　郡）

第三章　呼吸系统

学习目标

1. **掌握**　呼吸系统的组成、功能；呼吸道的组成；上、下呼吸道的概念；喉腔的分部；左、右主支气管的形态区别；肺的位置、形态；胸膜腔的特点。

2. **熟悉**　鼻旁窦的名称、位置；喉的位置、构成；气管的位置、形态；胸膜与肺的体表投影。

3. **了解**　鼻腔的分部；肺段的分布；喉肌的位置；纵隔的概念、分区。

4. 学会在标本和模型上辨认鼻、喉、气管和肺的主要结构。

呼吸系统由呼吸道和肺组成。呼吸道包括鼻、咽、喉、气管和支气管，肺由肺实质（肺内各级支气管及肺泡）和肺间质（结缔组织、血管、神经和淋巴）组成。临床上将鼻、咽、喉称**上呼吸道**，将气管及各级支气管称**下呼吸道**（图3–1）。呼吸系统的主要功能是进行机体与外界环境间的气体交换，吸入氧，排出二氧化碳，维持机体内环境中O_2和CO_2含量的相对稳定，确保新陈代谢正常进行；此外还有嗅觉、发音、内分泌等功能。呼吸道是传送气体的管道，肺是气体交换的器官。

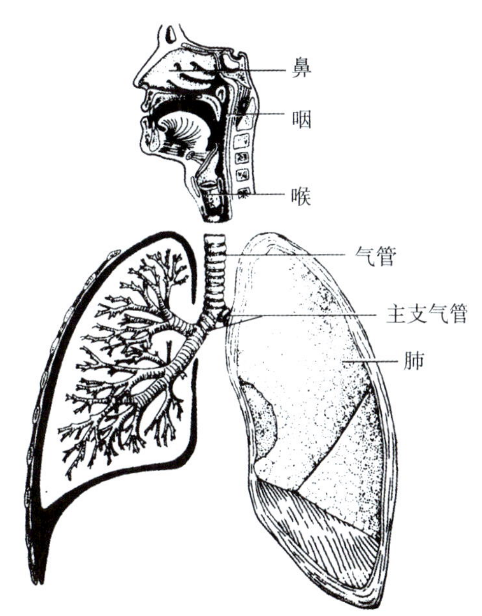

图 3–1　呼吸系统概况

案例导入

患者，男婴，12个月，因咳嗽2天，呼吸困难伴有喉鸣，来院急诊，婴儿呼吸很费力。伴鼻翼扇动，惊恐不安，口唇发绀，脉搏增快，体温38.9℃，时有哮吼样阵咳，咽喉红肿，胸部听诊有啰音（异常呼吸音）。诊断为上呼吸道急性炎症（包括气管和支气管），黏膜肿胀引起呼吸道部分梗阻，尽管采用吸氧等多种方法治疗，患者却更加烦躁不安，发绀加重，显得更加衰弱，经做气管造口术，症状缓解。

请问：

1. 气管切开在何处进行?
2. 气管切开，经过哪些层次?

扫码“学一学”

第一节　呼吸道

一、鼻

鼻是呼吸道的起始部，也是嗅觉器官，并辅助发音。鼻可分外鼻、鼻腔和鼻旁窦三部分。

（一）外鼻

外鼻位于面部中央，以骨和软骨为支架，外覆皮肤，呈三棱锥体形，两眼间的狭窄部分称鼻根，向下移行部分称鼻背，末端称鼻尖。鼻尖两侧膨隆部位称**鼻翼**，小儿在呼吸困难时，可出现鼻翼扇动。左右鼻翼围成的孔称鼻孔。鼻翼和鼻尖处的皮肤富含汗腺和皮脂腺，是痤疮、酒糟鼻和疖肿的好发部位。鼻翼向外下方到口角的浅沟称**鼻唇沟**，正常人两侧鼻唇沟的深度对称，面神经瘫痪时，瘫痪侧的鼻唇沟变浅或消失。

（二）鼻腔

鼻腔由骨和软骨为支架，内衬皮肤和黏膜构成，位于颅前窝下方、腭的上方，被**鼻中隔**分为左、右两腔，前以鼻孔与外界相通，后经鼻后孔通鼻咽。鼻中隔多不居中，常偏向一侧，以筛骨垂直板、犁骨和鼻中隔软骨为支架，外覆黏膜。鼻中隔前下部血管丰富，位置表浅，血管易破裂出血，称为易出血区，外伤或干燥空气刺激可引起出血，90%左右的鼻出血发生在此区。每侧鼻腔以鼻阈为界分为鼻前庭和固有鼻腔两部分，鼻阈是皮肤和黏膜的交界处（图3-2）。

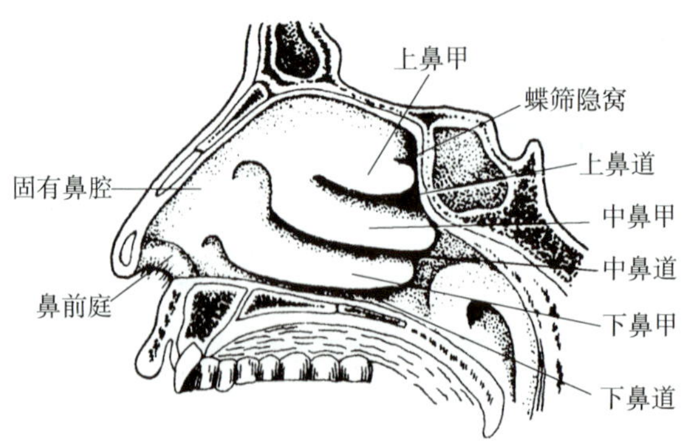

图3-2　鼻腔外侧壁

1. **鼻前庭**　由鼻翼围成，内衬皮肤，生有鼻毛，能过滤、净化吸入的空气。该处缺少皮下组织，皮肤和软骨膜直接相连，又富有皮脂腺和汗腺，发生疖肿时疼痛较剧烈。

2. 固有鼻腔 是鼻腔的主要部分，位于鼻腔后上部。

固有鼻腔的顶壁为颅前窝，当外伤导致颅前窝骨折时，脑脊液或血液可经鼻腔流出。内侧壁为鼻中隔，其外侧壁自上而下有上鼻甲、中鼻甲和下鼻甲以及各鼻甲下方相应的上鼻道、中鼻道和下鼻道。在上鼻甲的后上方有时可有最上鼻甲，上鼻甲或最上鼻甲后上方有蝶筛隐窝。下鼻道的前部有鼻泪管的开口。

固有鼻腔内衬黏膜，根据黏膜的结构和功能不同，可分为嗅区和呼吸区。**嗅区**是上鼻甲及相对的鼻中隔的黏膜，活体呈苍白色或浅黄色，内含嗅细胞，是嗅觉感受器，产生嗅觉；**呼吸区**是嗅区以外的鼻黏膜，呈浅红色，内含丰富的血管和鼻腺，可对吸入空气起到加温、加湿的作用。

（三）鼻旁窦

鼻旁窦又称**副鼻窦**，是鼻腔周围的颅骨内一些与鼻腔相通的含气空腔，内衬黏膜。鼻旁窦黏膜与鼻黏膜相延续，故鼻腔的炎症可蔓延至鼻旁窦，引起鼻窦炎。鼻旁窦共有4对（图3-3），分别是**额窦**、**上颌窦**、**筛窦**和**蝶窦**。额窦位于筛窦前上方，额骨体内，开口于中鼻道；筛窦位于鼻腔外侧壁上部与眶内侧壁上部之间，可分为前、中、后3群，前、中筛窦开口于中鼻道，后筛窦开口于上鼻道；蝶窦位于蝶骨体内，开口于蝶筛隐窝（上鼻道）；上颌窦是鼻旁窦中最大的一个，位于上颌骨体内，开口于中鼻道，由于上颌窦窦腔最大，窦口位置高于窦底，分泌物不易排出，发生炎症后易转为慢性。鼻旁窦均开口于鼻腔，可调节吸入空气的温度和湿度，并对发音起共鸣作用。

> **考点提示**
> 鼻旁窦的名称。

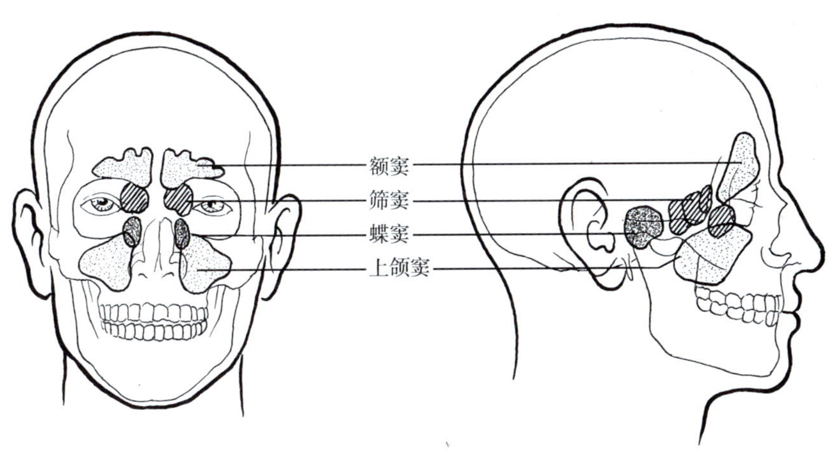

图3-3 鼻旁窦的投影

知识拓展

上颌窦炎

上颌窦位于上颌骨内，是鼻旁窦中最大的一对。上颌窦窦腔大，窦底邻近上颌磨牙牙根，此处骨质薄弱，牙根感染常波及上颌窦，引起牙源性上颌窦炎。临床上鼻旁窦的炎症以上颌窦炎多见。上颌窦的窦口高于窦底，上颌窦发炎化脓时，常引流不畅。

二、喉

喉既是呼吸道，又是发音器官。

（一）喉的位置

喉位于颈前部正中，上借甲状舌骨膜连于舌骨，下接气管，成人喉相当于第3～6颈椎高度，女性和小儿的位置较高。喉向上借喉口通咽腔，向下接气管，前面被皮肤、筋膜和舌骨下肌群覆盖，后邻喉咽，两侧有颈部大血管、神经和甲状腺侧叶。喉的活动性较大，可随吞咽或发音上下移动。

（二）喉的结构

喉由喉软骨、软骨间连结、喉肌和黏膜构成。

1. 喉软骨及其连结 **喉软骨**是喉的支架，包括不成对的甲状软骨、会厌软骨、环状软骨和成对的杓状软骨（图3–4）。喉的连结包括喉软骨之间及喉与舌骨、气管之间的连结。

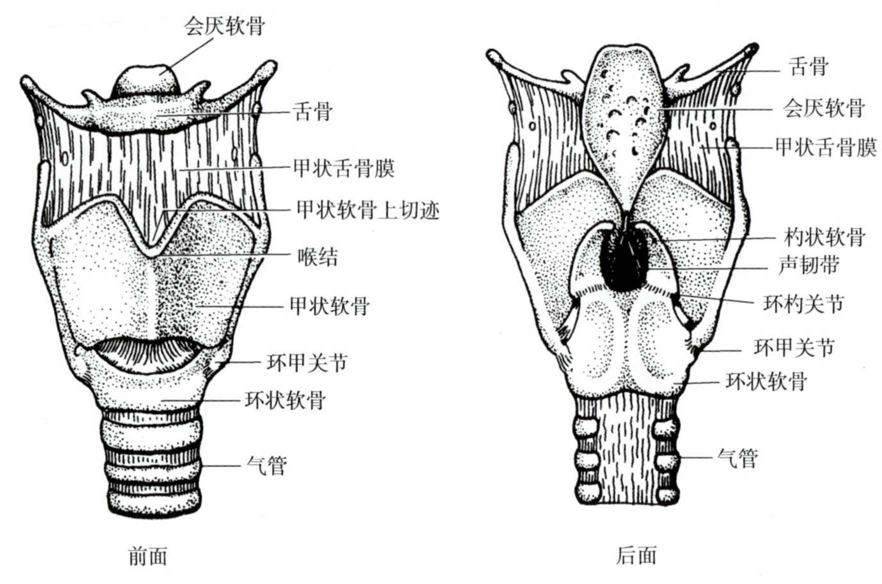

图3–4 喉软骨及连结

（1）甲状软骨　是喉软骨中最大的一块，位于舌骨下方，环状软骨的上方，组成喉的前外侧壁，由左右两块近似方形的软骨板在前方结合而成，结合处称前角，前角的上端向前突出称**喉结**，成年男子尤为明显，是颈部的重要标志。两板后缘游离，向上、下各伸出一对突起，上方的一对称为上角，上角较长，借韧带连于舌骨；下方的一对称为下角，下角较短，与环状软骨构成环甲关节。

（2）环状软骨　位于甲状软骨的下方，形似指环，前部窄低，称**环状软骨弓**，环状软骨弓平对第六颈椎高度，是颈部的重要标志之一，后部宽高，称**环状软骨板**，环状软骨是喉软骨中唯一完整的环形软骨，对保持呼吸道的通畅起着重要的作用。

（3）会厌软骨　位于甲状软骨后上方，形如树叶，上端宽而游离，下端借甲状会厌韧带附于甲状软骨前角内面，会厌软骨的前面稍凸，对向舌根，后面略凹，朝向喉前庭。会厌软骨的前、后面均由黏膜被覆构成**会厌**。会厌位于喉入口的前方，当吞咽时，喉上提，会厌盖住喉口，可防止食物进入喉腔。

（4）杓状软骨　左右各一，位于环状软骨后部的上方，呈三棱锥体形，尖向上，底朝下与环状软骨构成环杓关节。杓状软骨底向前方的突起有声韧带附着，称**声带突**，声韧带是发音的主要结构；向外侧较钝的突起有喉肌附着，称**肌突**。

（5）**喉软骨间连结** 喉的连结主要包括环甲关节、环杓关节、方形膜和弹性圆锥等。**环甲关节**由甲状软骨下角和环状软骨的关节面构成，在环甲肌的作用下，可使甲状软骨在冠状轴上做前倾和复位运动，前倾时使甲状软骨前角与杓状软骨间的距离加大，使声带紧张；复位时两者间的距离缩小，声带松弛。**环杓关节**由杓状软骨底与环状软骨上缘的关节面构成，杓状软骨在此关节上可沿垂直轴做旋转和左右滑行运动，使声带突向内、外侧移动，开大和缩小声门。**方形膜**呈斜方形，由会厌软骨的两侧缘和甲状软骨前角的后面向后附着于杓状软骨的前内侧缘，左右各一，方形膜的下缘游离，称前庭韧带，参与构成前庭襞。**弹性圆锥**位于环状软骨弓上缘、甲状软骨前角后面和杓状软骨声带突之间的膜状结构，近似圆锥形，主要由弹性纤维构成，又称环甲膜，此膜上缘游离，位于甲状软骨前角后面与杓状软骨声带突之间称声韧带，是发音的主要结构。弹性圆锥前份较厚，介于甲状软骨下缘和环状软骨弓上缘之间称环甲正中韧带，当急性喉阻塞时可切开此韧带或进行穿刺，以挽救患者的生命。

2. **喉肌** 是骨骼肌，按功能分为两组，一组作用于环甲关节，使声带紧张或松弛；另一组作用于环杓关节，使声门裂开大或缩小。

3. **喉腔** 即喉的内腔，由喉软骨为支架围成的腔隙，腔壁覆以黏膜，并与咽和气管的黏膜相连续。

喉的入口称**喉口**，为喉腔的上口。喉腔两侧壁的中部有上、下两对呈矢状位的黏膜皱襞（图3–5）。上方的一对称**前庭襞**，活体呈粉红色，自甲状软骨前角的中部连至杓状软骨声带突上方，两侧前庭襞之间的裂隙称**前庭裂**；下方的一对称**声襞**，在活体颜色较白，自甲状软骨前角的中部连至杓状软骨声带突，与深部的声韧带共同构成发音的重要结构，即声带。两侧声襞间的裂隙称**声门裂**。声门裂是喉腔最狭窄的部位，当气流通过时，振动声带而发出声音。

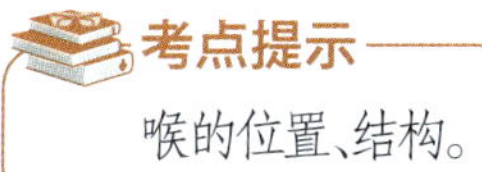

喉的位置、结构。

喉腔借前庭裂和声门裂分为上、中、下三部分。前庭裂平面以上的部分称**喉前庭**；前庭裂和声门裂之间的部分称**喉中间腔**，其向两侧突出的隐窝称**喉室**；声门裂平面以下的部分称**声门下腔**。声门下腔的黏膜下组织较疏松，炎症时容易发生水肿，影响发音。婴幼儿的喉腔狭小，喉水肿时容易引起喉阻塞，导致呼吸困难。

临床上常将喉腔三部分分别称声门上区、声门区和声门下区。

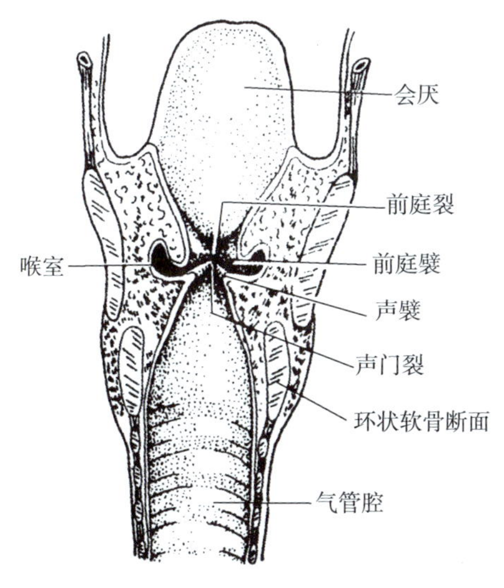

图 3–5 喉腔

三、气管与主支气管

气管和主支气管是连结喉和肺的管道（图3–6）。

（一）气管

气管位于食管前方，由14 ~ 16个“C”形的软骨环以及连结于各环之间的结缔组织、平滑肌构成；上端于第6颈椎下缘处接环状软骨，经颈部正中下行，至胸骨角平面分为左、右主支气管，其分叉处称**气管杈**。在气管杈内面有一向上凸的半月状嵴，称**气管隆嵴**，常略偏向左侧，是支气管镜检查的定位标志。

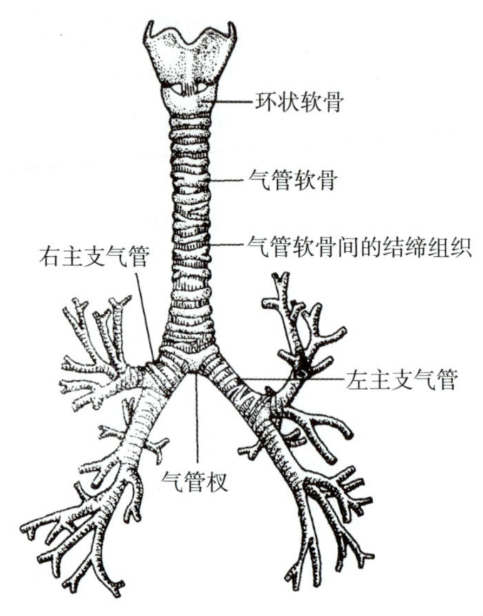

图3–6　气管与主支气管

根据气管的行程和位置可分为颈、胸两段。气管颈部位置较表浅，在颈静脉切迹上方可摸到。前面除舌骨下肌群外，在第2 ~ 4气管软骨环的前方有甲状腺峡部，两侧有颈部大血管和甲状腺侧叶，后方是食管。临床上常在第3 ~ 5气管软骨环处行气管切开术，急救喉阻塞而致呼吸困难的患者。

（二）主支气管

主支气管由气管在胸骨角平面分出后，行向下外，左、右各一，经肺门入肺。

1. **右主支气管**　粗短，长2 ~ 3cm，走行较陡直，与气管中线的延长线形成22° ~ 25°的角。此外，气管隆嵴常偏向左侧，右肺通气量较大。临床上气管坠入的异物多进入右主支气管。

2. **左主支气管**　细长，长4 ~ 5cm，走行较倾斜，与气管中线的延长线的夹角为35° ~ 36°。

考点提示

左、右主支气管的形态特点。

扫码“学一学”

第二节　肺

一、肺的位置与形态

肺位于胸腔内，纵隔的两侧，膈的上方，左、右各一（图3–7）。由于膈的右侧下方因肝的影响而位置较高，故右肺宽短，左肺因心脏位置偏左，故左肺窄长。幼儿的肺呈淡红色，随着年龄的增长，由于吸入空气中尘埃沉积增多，肺的颜色逐渐变深或呈蓝黑色。肺质地柔软，富有弹性，呈海绵状，可悬浮在水中，而未经呼吸的肺，入水则下沉。法医学常借此鉴别生前死亡或生后死亡的胎儿。

肺形似圆锥，有一尖、一底、二面和三缘。肺的上端圆钝为**肺尖**，经胸廓上口突入颈根部，高出锁骨内侧1/3 2～3cm，因此在锁骨上方进针时，要避免刺伤肺尖而造成气胸。下端为**肺底**，稍向上方凹，位于膈上面，又称膈面。肺外侧面圆凸而广阔，邻肋和肋间隙称**肋面**；内侧面朝向纵隔，称**纵隔面**。纵隔面的中部凹陷称**肺门**（图3-8），是主支气管、肺血管、淋巴管和神经出入肺的部位。出入肺门的诸结构被结缔组织包绕，称**肺根**。肺根内的结构排列自前向后依次为肺静脉、肺动脉、主支气管。左肺根内结构自上而下的排列为肺动脉、主支气管、肺静脉；右肺根内结构自上而下的排列为主支气管、肺动脉、肺静脉。肺的后缘钝圆，位于脊柱两侧；前缘和下缘锐薄。左肺前缘下部有**心切迹**。

考点提示

肺的位置、形态。

肺表面被覆脏胸膜，左肺被由后上方斜向前下方的**斜裂**分为上、下二叶。右肺除有斜裂外，还有一近水平位的**水平裂**，将右肺分为上、中、下三叶。

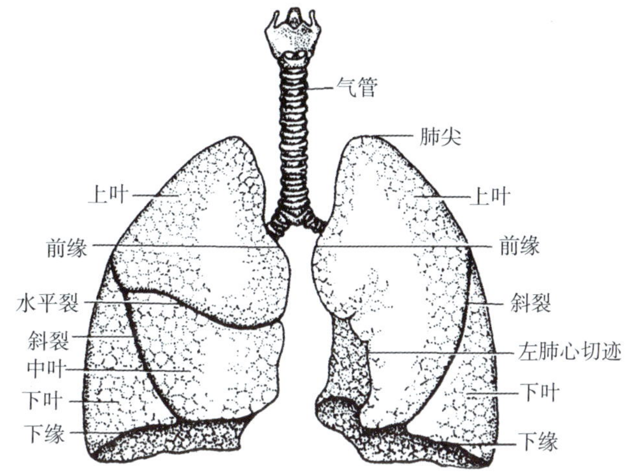

图 3-7　气管、支气管和肺

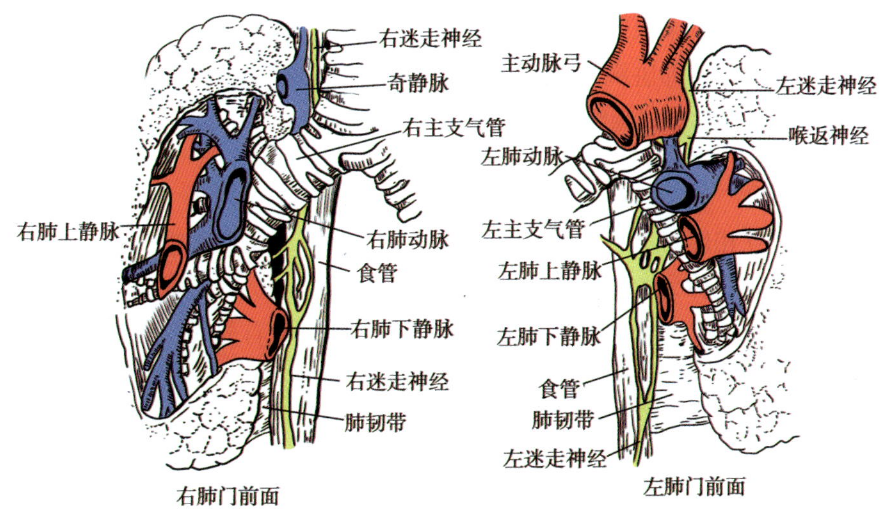

图 3-8　肺内侧面

二、肺内支气管和支气管肺段

（一）肺内支气管

左、右主支气管在肺门处分出肺叶支气管，入肺后再分为肺段支气管，每个肺段支气管又反复分支，越分越细，呈树枝状，故称为**支气管树**。支气管分支总共可达23～25级，最后连于肺泡。

（二）支气管肺段

每一肺段支气管及其分支和它所属的肺组织共同构成一个支气管肺段，简称**肺段**。肺动脉分支与支气管的分支相伴行进入肺段，肺静脉的属支则位于两肺段之间。相邻的肺段之间还有少许疏松结缔组织相分隔。各肺段略呈圆锥形，尖端朝向肺门，底部在肺表面，当肺段支气管阻塞时，此段的空气出入被阻，以上说明肺段的结构和功能有相对独立性。根据这些特点，临床可以肺段为单位进行定位诊断，如确定病变仅局限在某肺段之内，就可仅作该肺段的切除，使手术局限化。

扫码“学一学”

第三节　胸　膜

胸膜为胸壁内面、纵隔两侧和膈上面以及肺表面的浆膜，分壁层和脏层。被覆于胸壁内面、纵隔两侧及膈上面的称**壁胸膜**，覆盖于肺表面的称**脏胸膜**。**胸膜腔**是由壁、脏胸膜在肺根处互相移行所形成的密闭的潜在腔隙，左、右各一，互不相通。胸膜腔呈负压，内有少量的浆液，可减少呼吸时胸膜之间的摩擦。**胸腔**由胸壁与膈围成，上界经胸廓上口与颈部相连；下界借膈与腹腔分隔。胸腔被分为三部分：左、右两侧为胸膜腔和肺，中间为纵隔。

一、壁胸膜

壁胸膜按其所衬覆的部位可分为4部分，覆盖在胸壁内面的部分为肋胸膜；覆盖膈上面的部分为膈胸膜；位于纵隔两侧的部分称为纵隔胸膜；纵隔胸膜与肋胸膜向上延伸突入颈部，覆盖在肺尖表面为胸膜顶。

二、脏胸膜

脏胸膜在个体发生中来源于内脏间充质，由于肺的生长，包绕并贴附肺表面的间充质演变为肺表面的浆膜层，即脏胸膜。脏胸膜伸入到肺叶间裂内，并相互移行转折，因其与肺实质连接紧密，故又称为肺胸膜。

三、胸膜隐窝

在每侧壁胸膜互相转折处，胸膜腔会存在一定间隙，即使在深吸气时，肺的边缘也不能伸入其间，这些部位称为胸膜隐窝。由肋胸膜与膈胸膜返折处形成的半环形间隙称**肋膈隐窝**（肋膈角、肋膈窦），是胸膜腔最低的部位，胸膜腔积液首先积存于肋膈隐窝。

四、胸膜和肺的体表投影

（一）胸膜的体表投影

胸膜的体表投影是指壁胸膜各部分之间互相移行形成的反折线在体表的投影位置，标志着胸膜腔的范围（图3-9）。

胸膜的前界为肋胸膜与纵隔胸膜的反折线，胸膜的下界为肋胸膜与膈胸膜的反折线，下界在右侧起自第6胸肋关节后方，左侧起自第6肋软骨后方，两侧均行向下外方。在锁骨中线与第8肋相交，在腋中线与第10肋相交并转向后内侧，肩胛线与第11肋相交，最后在椎体外侧终于第12胸椎棘突平面。在右侧由于受肝的影响，膈的位置较高，所以右侧胸膜下界常略高于左侧。

（二）肺的体表投影

两肺下缘的体表投影大致相同，在锁骨中线处与第6肋相交，在腋中线与第8肋相交，最后在脊柱侧方终止于第10胸椎棘突平面（图3－9）。

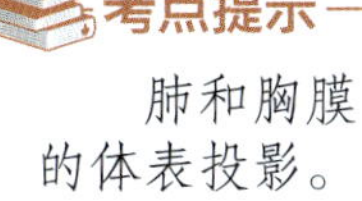

肺和胸膜的体表投影。

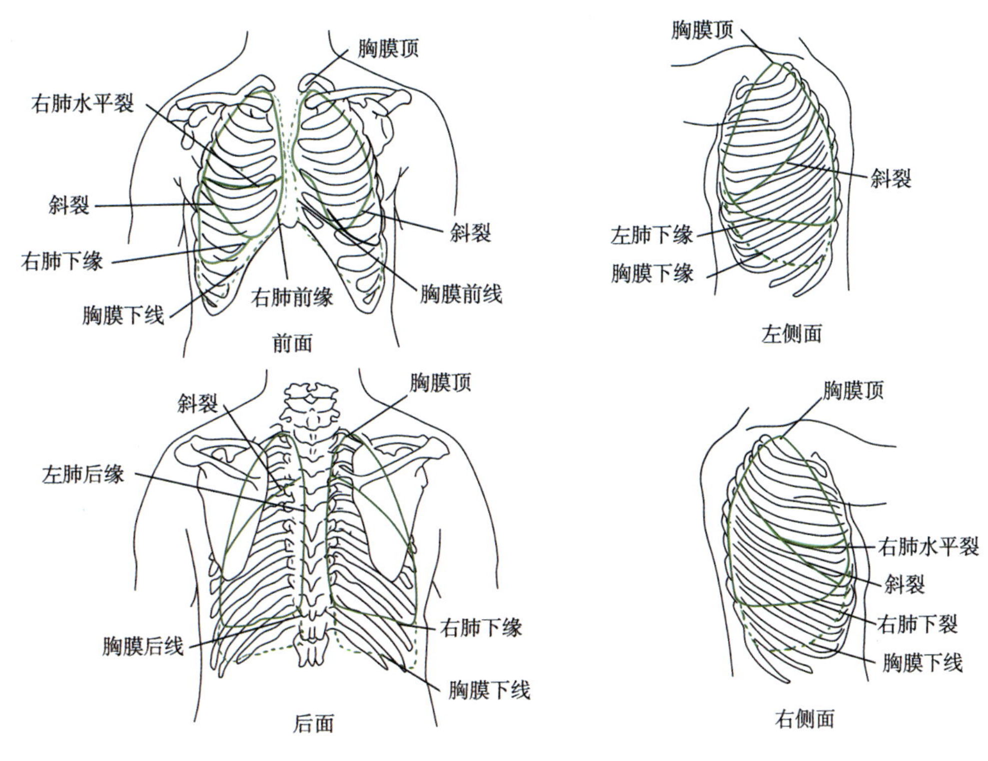

图3-9 胸膜和肺的体表投影

第四节 纵 隔

纵隔是两侧纵隔胸膜之间全部器官、组织的总称。其前界为胸骨，后界为脊柱胸段，两侧界为纵隔胸膜，上界是胸廓上口，下界是膈。通常以胸骨角平面为界，将纵隔分为上纵隔和下纵隔。下纵隔又以心包为界分为前纵隔、中纵隔、后纵隔（图3-10）。

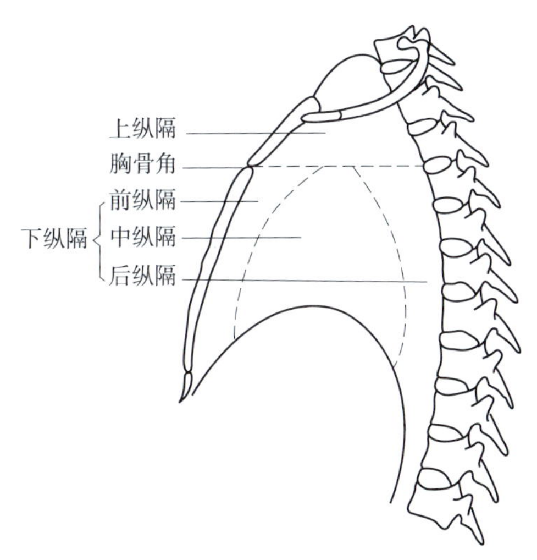

图3-10 纵隔的分区

一、上纵隔

上纵隔上界是胸廓上口，下界为胸骨角至第四胸椎体下缘的平面，前方为胸骨柄，后方为第1～4胸椎体。主要内容包括胸腺，左、右头臂静脉，上腔静脉，左、右膈神经，迷走神经，主动脉弓及其分支，食管，气管，胸导管及淋巴结。

二、下纵隔

下纵隔上界为上纵隔的下界，下界是膈，两侧为纵隔胸膜，分为以下三部分。

1. **前纵隔** 位于胸骨与心包之间，内有纵隔前淋巴结及疏松结缔组织等。

2. **中纵隔** 位于前、后纵隔之间，内含心包、心、出入心的大血管、主支气管起始处、膈神经及淋巴结等。

3. **后纵隔** 位于心包与脊柱之间，内含主支气管、食管、胸主动脉、胸导管、奇静脉、半奇静脉、迷走神经、胸交感干和淋巴结等。

考点提示

纵隔的分区。

知识拓展

吸烟与肿瘤

吸烟与呼吸系统肿瘤的发生有着密切的关系。长期吸烟使气管和支气管反复受有害气体的刺激，导致黏膜发生慢性炎症病变，如纤毛运动减弱，杯状细胞增多，腺体增生、分泌旺盛，成分也发生变化。以致呼吸道净化空气的功能减弱，免疫性防御功能受损，严重者可发生呼吸系统肿瘤。吸烟者的肺癌发病率是非吸烟者的25倍。此外，吸烟后，致癌物质可经肺吸收，促进口腔癌、食管癌、胰腺癌、膀胱癌等的发生。

本章小结

呼吸系统由呼吸道和肺两部分组成，主要是进行气体交换，并兼有嗅觉和发音的功能。呼吸道包括鼻、咽、喉、气管及各级支气管。鼻可分为外鼻、鼻腔和鼻旁窦3部分，鼻腔被鼻中隔分为左、右两腔。每侧鼻腔又可分为鼻前庭和固有鼻腔；鼻旁窦共4对，即上颌窦、额窦、筛窦和蝶窦。喉位于颈前正中，上通喉咽，下接气管。喉由软骨及连结、喉肌和黏膜组成，喉腔分喉前庭、喉中间腔和声门下腔。气管至胸骨角平面分为左、右主支气管，左主支气管细长，走行倾斜；右主支气管短粗，走行陡直。肺位于胸腔内，左右各一，近似圆锥形，有肺尖、肺底、肋面和内侧面、前缘、后缘和下缘。肺内侧面有肺门，是主支气管、肺动脉、肺静脉、淋巴管和神经出入肺的部位。胸膜为贴附于肺表面、胸壁内面、膈上面和纵隔两侧的一层薄而光滑的浆膜。脏胸膜与壁胸膜在肺根处互相移行，在两肺周围分别形成密闭的浆膜腔隙为胸膜腔；肋胸膜和膈胸膜转折处形成肋膈隐窝，是胸膜腔的最低处。两侧纵隔胸膜之间所有的器官、结构和结缔组织合称为纵隔，可分为上纵隔、前纵隔、中纵隔和后纵隔。

一、选择题

1. 喉软骨中唯一的一块完整的环形软骨是

A. 甲状软骨
B. 环状软骨
C. 会厌软骨
D. 杓状软骨
E. 以上都不对

2. 喉腔最狭窄的部位是
A. 前庭裂
B. 声门裂
C. 喉口
D. 喉中间腔
E. 以上都不对

3. 肺尖的位置是
A. 高出锁骨内侧1cm
B. 高出锁骨内侧1 ~ 2cm
C. 高出锁骨内侧2cm
D. 高出锁骨内侧2 ~ 3cm
E. 以上都不对

4. 肺下界在肩胛线上位于
A. 第6肋　B. 第8肋　C. 第10肋　D. 第12肋　E. 第13肋

5. 左主支气管的特点是
A. 细而短　B. 粗而短　C. 细而长　D. 粗而长　E. 以上都不对

6. 上呼吸道包括
A. 鼻
B. 鼻和咽
C. 鼻、咽和喉
D. 鼻、咽、喉和气管
E. 气管和支气管

7. 鼻出血的好发部位是
A. 鼻腔顶部
B. 鼻腔外侧壁上部
C. 鼻腔外侧壁下部
D. 鼻中隔上部
E. 鼻中隔前下部

8. 鼻旁窦中容积最大的一对是
A. 上颌窦
B. 蝶窦
C. 额窦
D. 筛窦前、中群
E. 筛窦后群

9. 直立时不能借助于重力引流，易患慢性化脓性鼻旁窦炎的是
A. 额窦
B. 蝶窦
C. 上颌窦
D. 筛窦前、中群
E. 筛窦后群

10. 成年人喉的位置平对
A. 第2 ~ 4颈椎体
B. 第3 ~ 5颈椎体
C. 第3 ~ 6颈椎体
D. 第5 ~ 6颈椎体
E. 第5 ~ 7颈椎体

11. 婴幼儿炎症时易引起喉水肿，容易引起喉阻塞的部位为
A. 声带
B. 喉前庭
C. 喉中间腔
D. 声门下腔
E. 喉口

12. 左、右主支气管

A．右主支气管较长　　B．左主支气管较粗

C．左主支气管较陡直　　D．右主支气管后方有食管下行

E．气管异物易坠右主支气管

13．支气管镜检查的重要标志是

A．气管杈　　B．气管隆嵴

C．嵴下角　　D．气管膜壁

E．气管环

14．肺的下界在锁骨中线位于

A．第6肋　B．第8肋　C．第10肋　D．第11肋　E．第12肋

15．在人直立或坐位时，胸膜腔的最低处是

A．肺下界　　B．膈穹窿

C．肋纵隔隐窝　　D．肋膈隐窝

E．膈纵隔隐窝

16．不属于壁胸膜的是

A．肋胸膜　　B．肺胸膜

C．膈胸膜　　D．纵隔胸膜

E．胸膜顶

17．胸膜和胸膜腔

A．壁胸膜为衬贴于胸壁内面的浆膜

B．覆盖胸腔各器官表面的浆膜称为脏胸膜

C．胸膜腔左、右各一，分别容纳两肺

D．脏、壁胸膜共同围成胸膜腔

E．胸膜隐窝为胸膜腔的最低部位

18．纵隔

A．通常以胸骨角平面分为上、下两部　　B．下纵隔又分为前、后两部

C．下纵隔的前部有心脏　　D．下纵隔后部有气管

E．上纵隔内有胸主动脉

19．肺

A．右肺狭长　　B．左肺宽短

C．右肺前缘下部有心切迹　　D．左肺有斜裂和水平裂

E．纵隔面有肺门

扫码“练一练”

二、思考题

气管腔内的异物易坠入哪侧主支气管？为什么？

（田　郡）

扫码“学一学”

第四章 泌尿系统

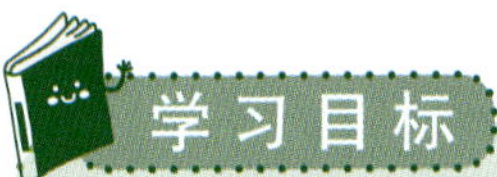

1. **掌握** 肾的位置、形态和结构；输尿管的走行及3处狭窄；膀胱三角的位置；女性尿道的结构特点。
2. **熟悉** 膀胱的位置和形态。
3. **了解** 肾的被膜；肾段的概念。
4. 具有辨认泌尿系统各器官结构的能力。
5. 具有利用解剖知识初步分析临床问题的能力。

泌尿系统由肾、输尿管、膀胱和尿道组成（图4–1）。它的主要功能是形成和排出尿液，保持内环境平衡和稳定。肾产生的尿液，由输尿管输送至膀胱内储存，最终经尿道排出体外。

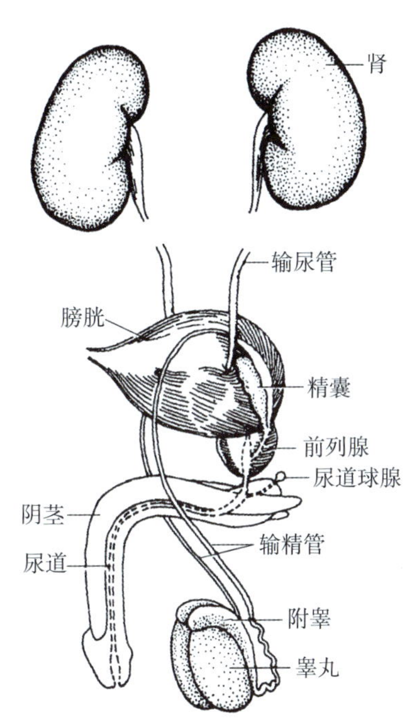

图4–1 泌尿生殖系统概观（男性）

第一节 肾

一、肾的形态

肾是成对的实质性器官，形似蚕豆，左、右各一。新鲜肾呈红褐色，质地柔软，表面光滑，平均重量为134 ~ 148g，一般女性的肾略小于男性。肾可分为前、后两面，上、下两端和内、外侧两缘。前面较凸，后面较平。上端宽而薄，下端厚而窄。外侧缘隆凸，内侧缘中部凹陷，是肾的血管、神经、淋巴管和肾盂出入的部位，称**肾门**。出入肾门的结构被结缔组织包裹，称**肾蒂**，因下腔静脉位于中线右侧，故右侧肾蒂较左侧肾蒂略短，在肾手术时可造成一定的困难。肾门向肾内延伸为一个较大的空腔，称**肾窦**，由周围的肾实质包围，内含肾小盏、肾大盏、肾盂、肾动脉、深静脉的主要分支和属支以及脂肪组织等。

二、肾的位置和毗邻

（一）肾的位置

正常成人的肾位于腹膜后隙内，脊柱的两侧，贴靠腹后壁的上部，属腹膜外位器官（图4-2）。肾的长轴向外下倾斜，两肾上端相距较近。左肾上端平第12胸椎体上缘，下端平第3腰椎体上缘；右肾上端平第12胸椎体下缘，下端平第3腰椎体下缘。第12肋分别斜过左肾后面的中部和右肾后面的上部。肾门约平第1腰椎平面，距正中线约5cm。肾在腰背部的体表投影位于竖脊肌外侧缘与第12肋之间的夹角处，称**肾区**，肾脏疾患时，此区可有叩击痛（肾区叩痛）（图4-3）。

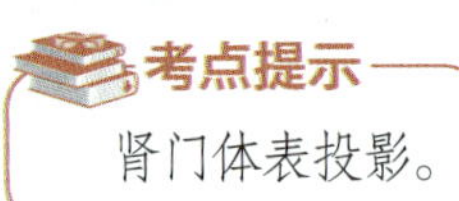

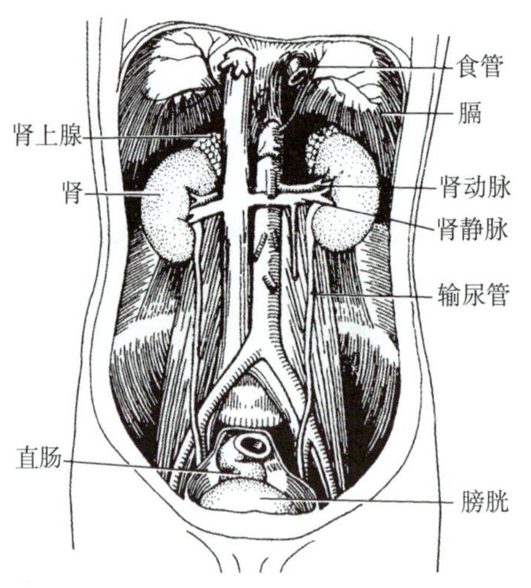

图4-2 肾及输尿管的位置

（二）肾的毗邻

两肾的上内方均有肾上腺覆盖。左肾前面的上面与胃后壁和脾相邻，下部邻空肠袢和结肠脾曲，中间有胰尾横过肾门。右肾前上部邻肝右叶，前下部与结肠肝曲相邻，内侧份近肾门处与十二指肠降部紧贴，而无腹膜相隔。肾后面与膈、腰方肌及腰大肌外侧缘相邻（图4-3）。

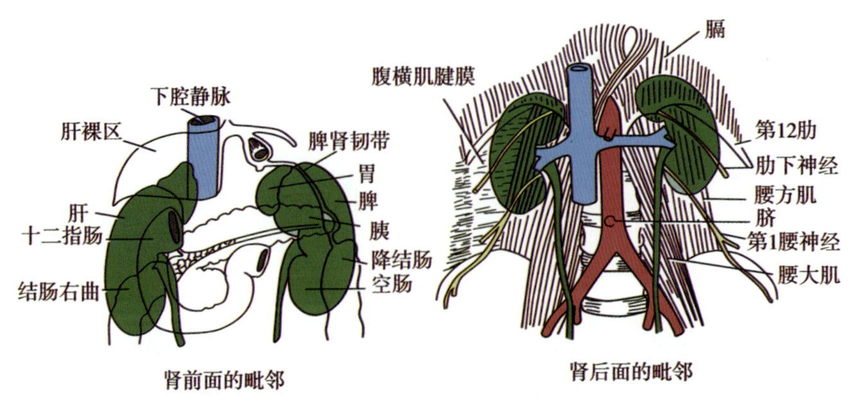

图4-3 肾的位置和毗邻

三、肾的被膜

肾表面由内向外覆盖有3层被膜，分别为纤维囊、脂肪囊和肾筋膜（图4–4、图4–5）。

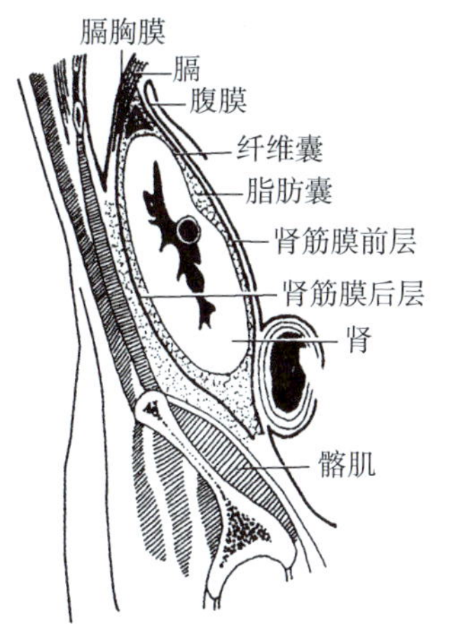

图 4–4　肾的被膜（矢状切面）

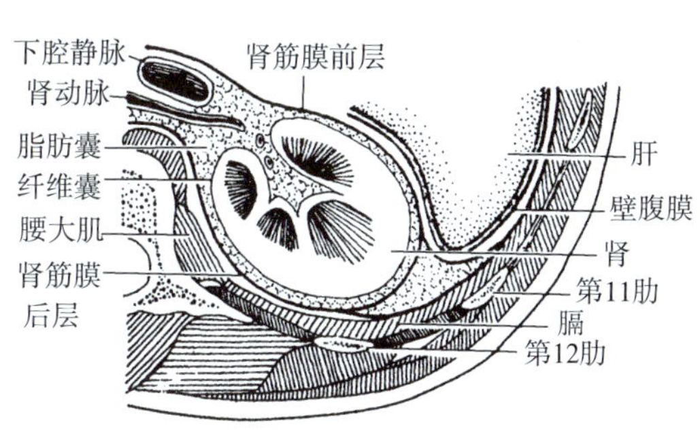

图 4–5　肾的被膜（横切面）

（一）纤维囊

纤维囊为贴附于肾实质表面的致密、坚韧的薄层结缔组织膜，内含少量弹性纤维。正常情况下，纤维囊与肾连接疏松，易于剥离；病理情况下，则与肾实质发生粘连，不易剥离。肾手术时需缝合此膜。

（二）脂肪囊

脂肪囊为纤维囊外周的脂肪组织，在肾的边缘处脂肪较多，并经肾门与肾窦内的脂肪组织相连续。脂肪囊对肾起弹性垫的保护作用。临床上作肾囊封闭，就是将药物经腹后壁注入肾脂肪囊内。

（三）肾筋膜

肾筋膜位于脂肪囊外面，包绕肾上腺和肾的周围，由它发出的一些结缔组织小梁穿脂肪囊与纤维囊相连，是固定肾脏的主要结构。肾筋膜分为前、后两层，在肾的上方和外侧，两层互相融合，在肾的下方两层分离，其间有输尿管通过。在肾的内侧，前层延续至腹主动脉与下腔静脉的前方，与对侧肾筋膜前层相连续，后层经肾血管和输尿管后方，与腰大肌筋膜融合。

> **考点提示**
> 肾的被膜。

四、肾的结构

在肾的冠状切面上，可见肾实质分为浅层的**肾皮质**和深层的**肾髓质**。肾皮质富含血管，新鲜标本为红褐色。肾髓质色淡红，约占肾实质厚度的2/3，可见15 ~ 20个呈圆锥形的**肾锥体**；伸入相邻肾锥体之间的肾皮质，称**肾柱**；肾锥体尖突入肾窦内形成**肾乳头**，顶端有孔，称**乳头孔**，尿液经乳头孔排入肾小盏。在肾窦内，**肾小盏**呈漏斗状包绕肾乳头，共有7 ~ 8个，承接排出的尿液。相邻2 ~ 3个肾小盏合成1个**肾大盏**，2 ~ 3个肾大盏汇合成**肾盂**。肾盂在肾门处逐渐变细移行为输尿管（图4–6）。

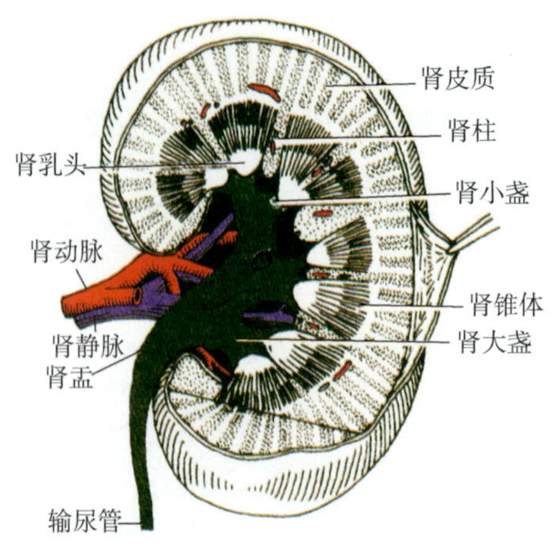

图 4-6 肾的剖面结构

五、肾段

肾动脉在肾实质的分支是按一定节段分布的，一般在肾门附近，分为前支和后支。前支较粗，供血区较大。由前、后支再分出5支肾段动脉，每一肾段动脉分布区的肾实质为一个**肾段**。每侧肾有五个肾段，即上前段、下前段、上段、下段和后段。各肾段由同名动脉供血，各段动脉之间一般无吻合。各肾段间有少血管的段间组织分隔，称乏血管带。若某一肾段动脉的血流受阻，所供应的肾段即可发生坏死。因此了解肾段的概念，临床上肾血管造影对肾疾病的定位和肾部分切除术具有实用意义。

第二节 输 尿 管

一、输尿管的分部

输尿管位于后腹膜壁层的后方，为一对富有弹性的肌性管道，上起肾盂末端，长20 ~ 30cm，末端终于膀胱。全长按位置分为输尿管腹部、输尿管盆部和输尿管壁内部（图4-7）。

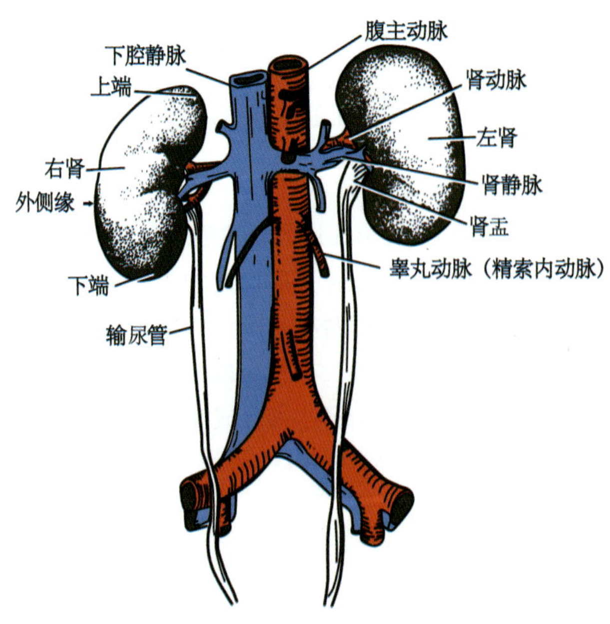

图 4-7 肾与输尿管（前面）

输尿管腹段起自肾盂下端，经腰大肌前面下行至小骨盆上口处。在此处，左输尿管越过左髂总动脉末端前方，右输尿管越过右髂外动脉起始部前方而进入盆腔。

输尿管盆段自小骨盆上口处，经盆腔侧壁下行至坐骨棘水平。男性输尿管走向前内下，在到达膀胱底外上角之前，其前上方有输精管由外侧向内侧跨过，然后经输精管腹壶与精囊之间进入膀胱底。女性输尿管经子宫颈外侧约2.0cm处，从子宫动脉后下方绕过，行向内下至膀胱底斜穿膀胱壁。

输尿管膀胱壁内段为输尿管在膀胱底外上角向内下斜穿膀胱壁的部分，长约1.5cm，是输尿管最狭窄的部位，亦是输尿管结石常见的滞留之处。

二、输尿管的狭窄

考点提示
输尿管狭窄。

输尿管全长有三处狭窄：①上狭窄，位于肾盂与输尿管移行处；②中狭窄，位于骨盆上口，输尿管跨过髂血管处；③下狭窄，输尿管壁内部，位于斜穿膀胱壁处，为输尿管的最狭窄处。输尿管结石易嵌顿于这些狭窄处。

第三节 膀 胱

膀胱是储存尿液的囊状肌性器官，其大小、形状、位置和壁的厚度均随尿液充盈程度、年龄、性别不同而异。正常成人的膀胱容量为350 ~ 500ml，最大容量为800ml；新生儿膀胱容量约为成人的1/10；老年人因膀胱肌张力降低而容量增大；女性膀胱容量小于男性。

一、膀胱的形态

膀胱充盈时呈卵圆形，空虚时呈三棱锥体形，分膀胱尖、膀胱体、膀胱底和膀胱颈。膀胱尖朝向前上方；膀胱底朝向后下方，略呈三角形；膀胱尖与膀胱底之间的部分为膀胱体；膀胱的最下部称膀胱颈（图4–8）。

二、膀胱的内面结构

考点提示
膀胱三角。

切开膀胱前壁观察膀胱内面时，可见膀胱壁在空虚时有平滑肌收缩形成的皱襞，充盈时皱襞消失。在膀胱底内面可见两输尿管口和尿道内口之间形成的一尖朝下的三角区，由于缺少黏膜下层，黏膜与肌层紧密相连，无论在膀胱充盈或空虚状态下都保持平滑状态，此区称**膀胱三角**，是肿瘤、结核和炎症的好发部位。两输尿管口之间的横行皱襞称**输尿管间襞**。膀胱镜检时，可见这一皱襞呈苍白色，是寻找输尿管口的标志（图4–9）。

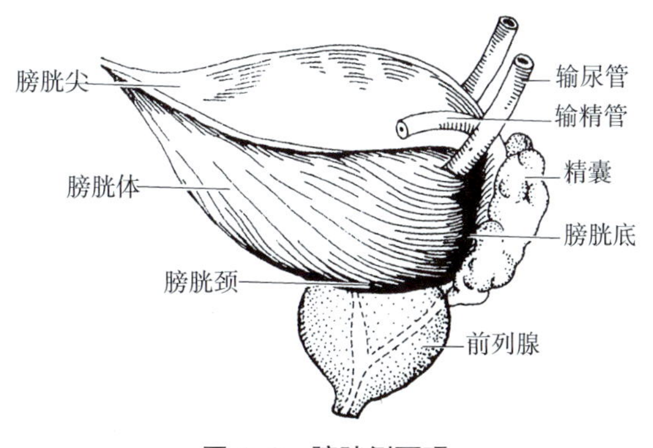

图 4–8 膀胱侧面观

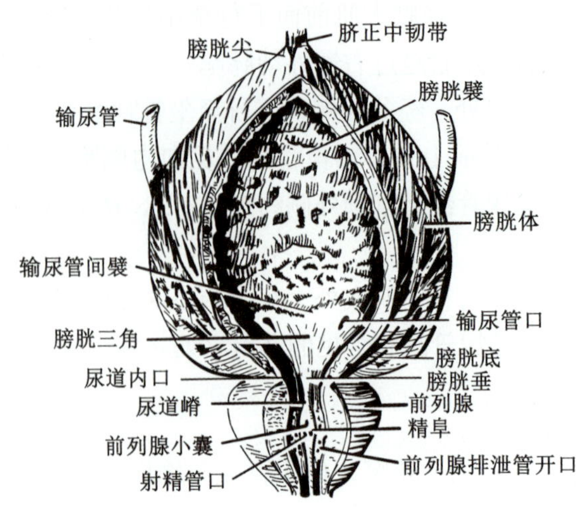

图 4-9 膀胱壁内面结构

三、膀胱的位置与毗邻

膀胱空虚时位于耻骨联合的后方，膀胱尖一般不超过耻骨联合上缘。充盈时膀胱向上隆凸，腹前壁折向膀胱的腹膜返折线可移至耻骨联合上方，此时可在耻骨联合上方行膀胱穿刺术，不会损伤腹膜。在男性，膀胱后面与精囊、输精管壶腹和直肠相邻，下面与前列腺底相接；在女性，膀胱后面邻子宫和阴道，下面邻接尿生殖膈。

第四节 尿 道

男性尿道兼具排尿和排精功能，见男性生殖系统。

女性尿道仅有排尿功能，长3 ~ 5cm，直径约0.6cm，起始于膀胱的尿道内口，向前下穿尿生殖膈，终于阴道前庭的尿道外口。女性尿道较男性短、宽而直，故易引起泌尿系逆行性感染。

本章小结

泌尿系统是由肾、输尿管、膀胱、尿道4个部分组成。肾的外形有两端、两面、两缘。右肾略比左肾低。肾的表面有三层被膜。输尿管是输送尿液的肌性管道，有三个生理性狭窄。膀胱是储存尿液的肌性囊状器官，分4部分，内部有膀胱三角。女性尿道特点宽、短、直。

一、选择题

1. 肾的内侧缘中央凹陷处称

A. 肾盂　　B. 肾门　　C. 肾蒂　　D. 肾窦　　E. 肾区

2. 关于肾位置、结构描述正确的是
   A. 肾位于脊柱的两侧
   B. 右肾较左肾高
   C. 右侧肾蒂长
   D. 肾门约平第2腰椎
   E. 肾属于腹膜间位器官
3. 成人肾门平对
   A. 第11胸椎
   B. 第12胸椎
   C. 第1腰椎
   D. 第2腰椎
   E. 第3腰椎
4. 关于肾剖面结构描述正确的是
   A. 肾实质可分为皮质和髓质
   B. 肾皮质较厚
   C. 肾皮质血供较少
   D. 肾锥体尖朝向皮质
   E. 肾锥体承接肾大盏
5. 肾的被膜由内向外依次是
   A. 纤维囊、脂肪囊、肾筋膜
   B. 脂肪囊、纤维囊、肾筋膜
   C. 脂肪囊、肾筋膜、纤维囊
   D. 肾筋膜、脂肪囊、纤维囊
   E. 纤维囊、肾筋膜、脂肪囊
6. 关于肾窦描述正确的是
   A. 肾门向肾内凹陷形成的空腔
   B. 肾窦内不包括肾盂
   C. 肾窦内不含血管、淋巴、脂肪
   D. 肾窦内，多个肾小盏汇聚成肾盂
   E. 女性肾盂肾炎发病率较男性低
7. 输尿管的第二处狭窄位于
   A. 肾盂与输尿管移行处
   B. 穿膀胱壁处
   C. 与子宫动脉交叉处
   D. 跨越髂血管处
   E. 跨越主动脉处
8. 膀胱三角位于
   A. 膀胱尖
   B. 膀胱底
   C. 膀胱体的上部
   D. 膀胱颈
   E. 膀胱体的下部
9. 膀胱的最下部是
   A. 膀胱体
   B. 膀胱颈
   C. 膀胱底
   D. 膀胱尖
   E. 尿道内口
10. 膀胱镜检时，可见一苍白带的结构是
   A. 输尿管口
   B. 尿道内口
   C. 膀胱三角
   D. 输尿管间襞
   E. 以上均不是
11. 关于女性尿道描述错误的是
   A. 较男性宽、短、直
   B. 穿过尿生殖膈
   C. 尿道外口开口于阴道前庭
   D. 尿道外口环绕括约肌
   E. 女性尿路感染不易发生

12．某男性患者，经一系列检查，诊断为膀胱肿瘤。试问膀胱肿瘤的好发部位是

A．尿道内口
B．膀胱三角
C．输尿管间襞
D．输尿管口
E．以上均不是

13．某男性患者，被确诊为肾结石。突发腹部绞痛，结石可能嵌顿的位置为

A．肾盂与输尿管移行处
B．输尿管跨髂血管处
C．输尿管穿膀胱壁处
D．尿道内口
E．以上均有可能

14．某女性患者，膀胱尿潴留，需作导尿术。试问女性尿道长为

A．3 ~ 5cm　B．4 ~ 6cm　C．16 ~ 22cm　D．7 ~ 8cm　E．6cm

扫码“练一练”

二、思考题

1．肾脏冠状切面能看到哪些结构？

2．何为膀胱三角，有何临床意义？

（周　奕）

扫码“学一学”

第五章　生殖系统

学习目标

1. **掌握**　生殖系统的组成及功能。
2. **熟悉**　睾丸的位置、结构及功能；熟悉卵巢和子宫的位置、结构及功能。
3. **了解**　男性附属腺的位置；男、女的外生殖器。
4. 具备辨认生殖系统结构的能力。
5. 具备将所学知识简单应用于临床的能力。

生殖系统包括男性生殖系统和女性生殖系统。根据器官所在位置不同，可分为**内生殖器**和**外生殖器**。内生殖器多位于盆腔内，包括生殖腺、生殖管道和附属腺；外生殖器显露于体表。生殖系统的主要功能是产生生殖细胞，繁殖后代；分泌性激素，有促进生殖器官的发育、维持两性的性功能、激发和维持第二性征的作用。

第一节　男性生殖系统

男性生殖腺是睾丸，是产生男性生殖细胞（精子）和分泌男性激素的器官；生殖管道包括附睾、输精管、射精管和尿道；附属腺包括精囊、前列腺和尿道球腺（图5-1）。男性外生殖器包括阴囊和阴茎。睾丸产生精子，先储存在附睾内，当射精时经输精管、射精管和尿道排出体外。附属腺的分泌物与精子共同组成精液，供应精子营养和有利于精子的活动。

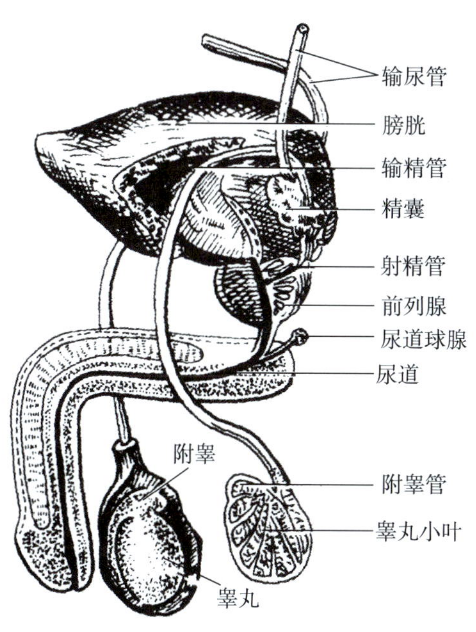

图5-1　男性生殖系统概观

一、内生殖器

（一）睾丸

考点提示
睾丸的形态。

睾丸位于阴囊内，左、右各一。睾丸呈扁椭圆形，表面光滑，分上、下两端，前、后两缘和内侧、外侧两面。睾丸的前缘游离，睾丸的上端和后缘有附睾贴附，血管、神经和淋巴管经后缘进出睾丸（图5-2）。

（二）附睾

附睾贴附于睾丸的上端和后缘（图5-2、图5-3）。附睾呈新月形，可分为头、体、尾三部分。上端膨大称为附睾头，由睾丸输出小管盘曲而成。各睾丸输出小管末端相互汇合形成一条附睾管，附睾管迂回盘曲，在附睾中部形成扁圆的附睾体，下端形成附睾尾。附睾尾向后上弯曲移行为输精管。

附睾具有储存和输送精子的功能，还可分泌液体，供精子营养，并促进精子进一步发育成熟。

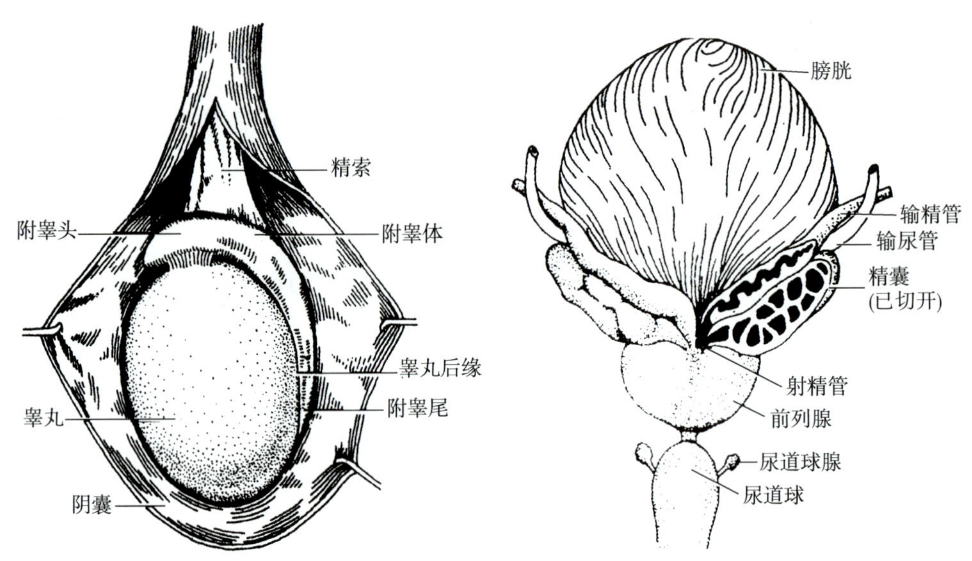

图 5-2 睾丸和附睾　　图 5-3 精囊、前列腺和尿道球腺

（三）输精管和射精管

输精管和射精管是输送精子的管道。

1. **输精管**　是附睾管的直接延续，长约50cm。输精管沿睾丸后缘和附睾内侧上行，经阴囊根部和腹股沟管进入腹腔，继而弯向内下进入小骨盆腔，至膀胱底的后方与精囊的排泄管汇合成射精管（图5-3）。全程可分为睾丸部、精索部、腹股沟管部和盆部。

考点提示
输精管的分部、结扎部位。

输精管的管壁较厚，管腔细小，活体触摸时呈较硬的细圆索状。输精管在阴囊根部、睾丸的后上方位置表浅，是临床上输精管结扎术（男性绝育术）常选用的部位。

2. **射精管**　是输精管末端与精囊的排泄管汇合而成的管道，长约2cm，向前下穿入前列腺实质，开口于尿道的前列腺部。

3. **精索**　为柔软的圆索状结构，从腹股沟管深环经腹股沟管延至睾丸上端。精索的主要结构有输精管、睾丸动脉、蔓状静脉丛、淋

考点提示
精索的主要结构。

巴管和神经等。精索外面包有三层被膜，从外向内依次为精索外筋膜、提睾肌和精索内筋膜。

（四）附属腺体

1. 精囊 又称精囊腺，位于膀胱底的后方、输精管末端的外侧（图5-7）。精囊是一对长椭圆形的囊状器官，表面有许多囊状膨出，下端缩细为排泄管，与输精管末端汇合成射精管。精囊分泌淡黄色液体，参与精液的组成。

2. 前列腺 位于膀胱与尿生殖膈之间，包绕尿道的起始部。前列腺的后面与直肠相邻，所以经直肠指诊可以触及前列腺（图5-4）。前列腺形似前后稍扁的栗子，底向上，尖向下，后面正中有一浅的前列腺沟。前列腺为实质性器官，主要由腺组织、平滑肌和结缔组织构成，其内有尿道和射精管穿过。前列腺的排泄管开口于尿道前列腺部。小儿的前列腺较小，腺组织不发育，主要由平滑肌和结缔组织构成。至青春期，腺组织迅速生长。老年人，腺组织逐渐退化，前列腺体积逐渐缩小。中年以后，如果前列腺内结缔组织增生，则形成前列腺肥大。前列腺分泌乳白色液体，参与精液的组成。

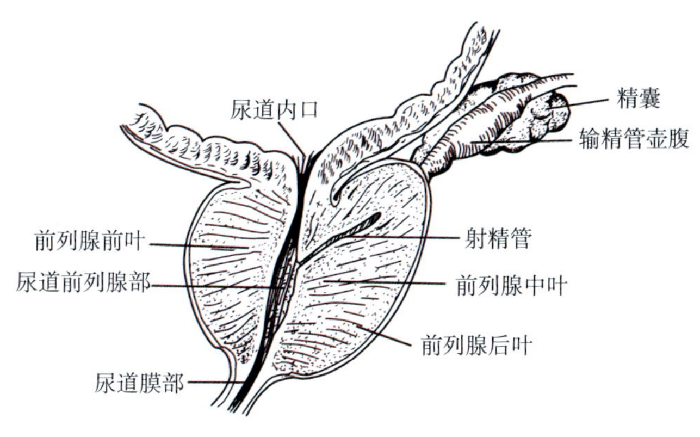

图5-4 前列腺的结构

3. 尿道球腺 为一对豌豆大的球形腺体，位于尿生殖膈内（图5-3），排泄管开口于尿道球部。尿道球腺的分泌物也参与精液的组成。

精液为乳白色的液体，呈弱碱性。精液由生殖管道和附属腺体的分泌物和精子共同组成。正常成年男性，一次射精排出精液2～5ml，含精子3亿～5亿个。

输精管结扎后，阻断了精子的排出途径，但生殖管道和附属腺体分泌物的排出不受影响，因此，射精时仍有精液排出，但其内无精子。

二、外生殖器

（一）阴囊和阴茎

1. 阴囊 位于阴茎的后下方，为一皮肤囊袋。它由阴囊中隔分为左、右两部，容纳睾丸、附睾和精索下部（图5-5）。阴囊壁主要由皮肤和肉膜构成。阴囊皮肤薄而柔软，颜色深暗。肉膜是阴囊的浅筋膜，含有平滑肌纤维。平滑肌纤维的舒缩，可使阴囊皮肤松弛或皱缩，从而调节阴囊内的温度，使阴囊内的温度低于体温1～2℃，以适应精子的生存和发育。

2. 阴茎 悬垂于耻骨联合的前下方。阴茎呈圆柱状，可分为阴茎根、阴茎体和阴茎头三部分。阴茎后端为阴茎根，附于耻骨弓和尿生殖膈；阴茎前端膨大，称阴茎头，其尖端

有尿道外口；阴茎根和阴茎头之间的部分为阴茎体（图5-6）。

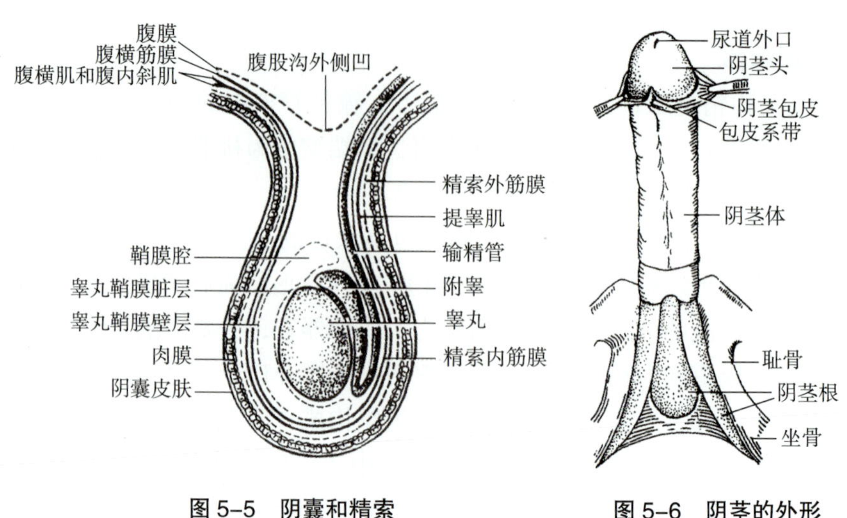

图5-5　阴囊和精索　　图5-6　阴茎的外形

阴茎主要由两条阴茎海绵体和一条尿道海绵体构成，外面包有筋膜和皮肤（图5-7）。阴茎海绵体左、右各一，位于阴茎的背侧。尿道海绵体位于阴茎海绵体的腹侧，有尿道贯穿其全长。尿道海绵体中部呈圆柱形，其前、后端均膨大，前端膨大为阴茎头，后端膨大为尿道球。阴茎的皮肤薄而柔软，富有伸展性。阴茎的皮肤在阴茎体的前端，向前形成双层游离的环形皱襞，包绕阴茎头，称阴茎包皮。阴茎包皮与阴茎头的腹侧中线处连有一条皮肤皱襞，称包皮系带。幼儿的包皮较长，包着整个阴茎头。若成年男子阴茎头仍被包皮包覆，能够上翻者称包皮过长；不能上翻者称包茎。包茎易致包皮腔内积存包皮垢，可引起阴茎头包皮炎，长期刺激易患阴茎癌，故包茎患者应进行包皮环切术。

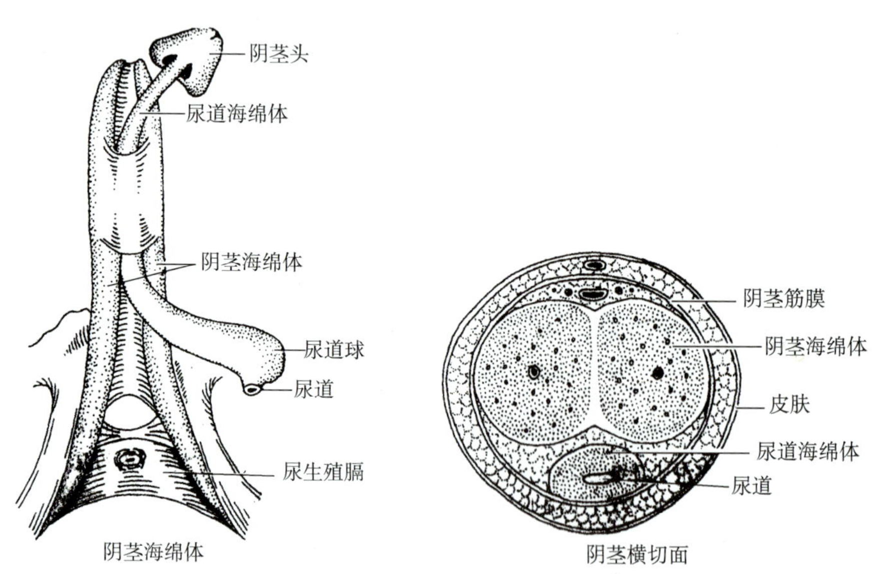

图5-7　阴茎的构造

（二）男性尿道

男性尿道是尿液和精液排出体外所经过的管道。它起始于膀胱的尿道内口，终于阴茎头的尿道外口，成年男性尿道长16 ~ 22cm（图5-8）。

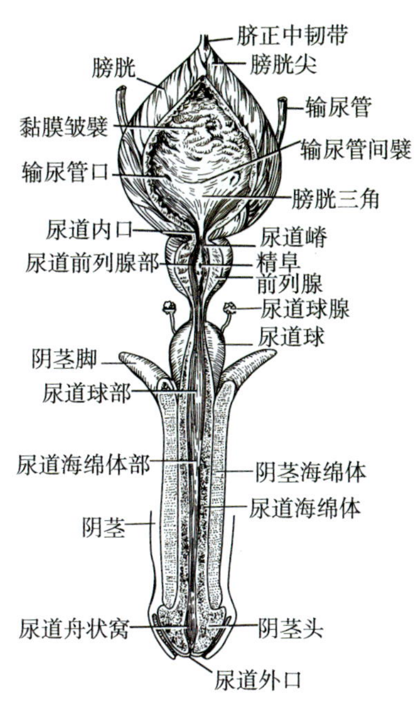

图 5-8 男性尿道

1. 男性尿道的分部 男性尿道全长可分为前列腺部、膜部和海绵体部三部分。临床上将尿道海绵体部称为前尿道，将尿道膜部和前列腺部合称为后尿道（图5-9）。

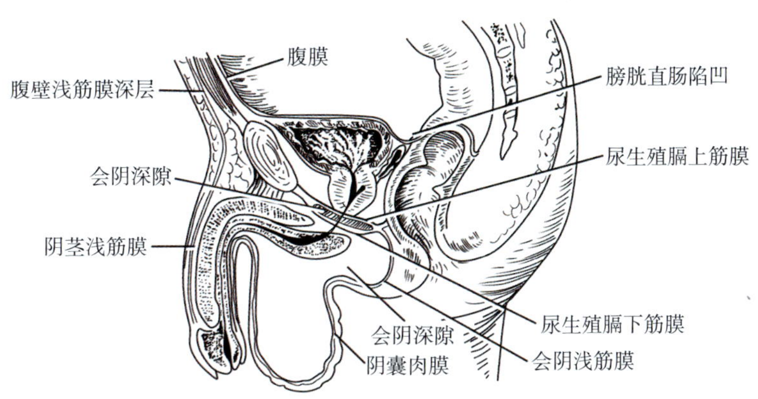

图 5-9 男性盆腔正中矢状切面

（1）前列腺部 为尿道穿经前列腺的部分，长约2.5cm，其后壁上有射精管和前列腺排泄管的开口。

（2）膜部 为尿道穿经尿生殖膈的部分，长约1.2cm。其周围有尿道括约肌（骨骼肌）环绕。尿道括约肌舒缩，可控制排尿。

（3）海绵体部 为尿道穿经尿道海绵体的部分，长约15cm。此部的起始段位于尿道球内，管腔稍扩大，称尿道球部，有尿道球腺的开口。在阴茎头内尿道扩大成尿道舟状窝。

2. 男性尿道的形态特点 男性尿道全长有三处狭窄、三处扩大和两个弯曲（图5-8、图5-9）。

（1）三处狭窄 分别位于尿道内口、尿道膜部和尿道外口，以尿道外口最为狭窄。尿道结石常易嵌顿在这些狭窄部位。

（2）三处扩大 分别位于尿道前列腺部、尿道球部和尿道舟状窝。

（3）两个弯曲 阴茎自然悬垂时，尿道呈现两个弯曲，一个是耻骨下弯，在耻骨联合的下方，凹向前上方，位于尿道前列腺部、膜部和海绵体部的起始段，此弯曲恒定不变；另一个是耻骨前弯，在耻骨联合的前下方，凹向后下方，位于尿道海绵体部，如将阴茎向上提起，此弯曲即消失。

临床上在使用尿道器械或插入导尿管时，应注意尿道的狭窄和弯曲，以免损伤尿道壁。在向男性尿道插入尿道器械或导尿管时，应将阴茎向上提起。

知识链接

男性导尿术

男性导尿术是临床护理常用的操作技术，常用于为尿潴留患者引出尿液、盆腔器官术前准备、留尿作细菌培养、准确记录尿量、膀胱冲洗和注入造影剂等。男性导尿时，将阴茎向上提起，使其与腹壁成60°，尿道耻骨前弯消失，使尿道形成凹向上的一个大弯，将包皮后推露出尿道外口，将导尿管自尿道外口缓慢插入约20cm，见有尿液流出，再继续插入2cm，切勿插入过深，以免导尿管盘曲。

男性导尿时，导尿管通过的结构为：尿道外口→尿道舟状窝→尿道海绵体部→尿道膜部→尿道前列腺部→尿道内口→膀胱腔。

第二节　女性生殖系统

女性生殖腺是卵巢，是产生女性生殖细胞（卵子）和分泌女性激素的器官；生殖管道包括输卵管、子宫和阴道；附属腺是前庭大腺。女性外生殖器包括阴阜、大阴唇、小阴唇、阴道前庭、阴蒂、前庭球等。

一、内生殖器

（一）卵巢

1. 卵巢的位置和形态　卵巢左、右各一，位于盆腔内，在子宫的两侧，紧贴小骨盆侧壁的卵巢窝（图5-10、图5-11）。

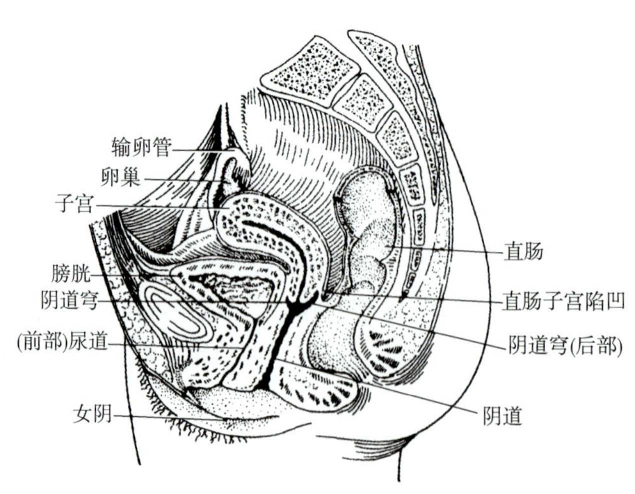

图5-10　女性盆腔正中矢状切面

2. 卵巢的结构　卵巢呈扁卵圆形，灰红色。卵巢分上、下两端，前、后两缘和内侧、外侧两面。卵巢前缘借卵巢系膜连于子宫阔韧带，卵巢的血管、神经和淋巴管都经系膜出入卵巢。

（二）输卵管

输卵管是一对输送卵细胞的管道，长10 ~ 12cm。

1. 输卵管的位置　输卵管连于子宫底的两侧，包裹在子宫阔韧带的上缘内。输卵管内侧端以输卵管子宫口与子宫腔相通；外侧端以输卵管腹腔口开口于腹膜腔。故女性腹膜腔经输卵管、子宫、阴道与外界相通。

2. 输卵管的形态和分部　输卵管呈长而弯曲的喇叭形，可分为四部分（图5-11）。

（1）输卵管子宫部　为输卵管穿子宫壁的部分，以输卵管子宫口通子宫腔。

（2）输卵管峡　紧接子宫底外侧，短而狭细，水平向外移行为输卵管壶腹。输卵管峡是临床输卵管结扎术（女性绝育术）的常选部位。

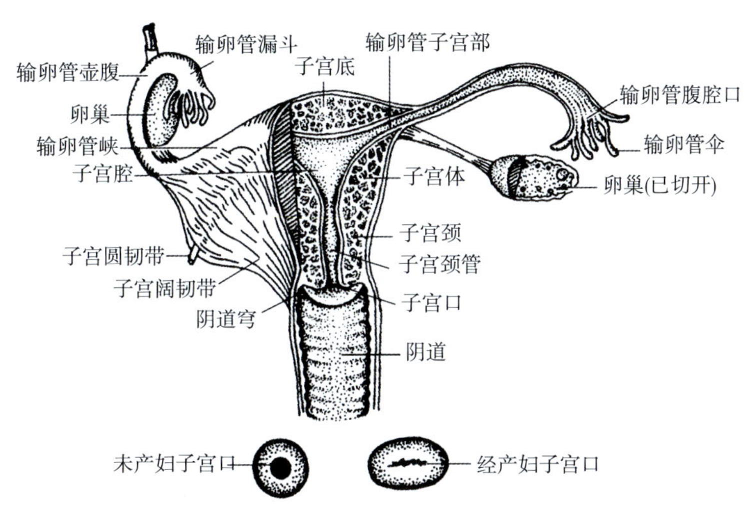

图5-11　女性内生殖器

（3）输卵管壶腹　约占输卵管全长的2/3，管径粗而弯曲。卵细胞通常在此部受精。受精卵经输卵管子宫口入子宫，植入子宫内膜中发育成胎儿。若受精卵未能移入子宫，而在输卵管或腹膜腔内发育，即称为宫外孕。

（4）输卵管漏斗　为输卵管外侧端的膨大部分，呈漏斗状。漏斗末端的中央有输卵管腹腔口，开口于腹膜腔；漏斗末端的周缘有许多细长突起，称输卵管伞，盖于卵巢表面。临床手术时，常以输卵管伞作为识别输卵管的标志。

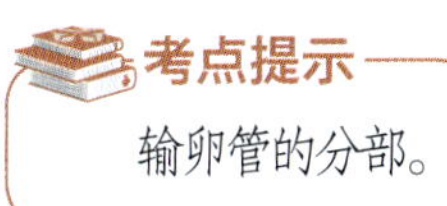
考点提示

输卵管的分部。

（三）子宫

子宫是产生月经和受精卵发育成长为胎儿的场所。

1. 子宫的形态　成年未孕的子宫，呈前后略扁、倒置的梨形。

子宫可分为三部分：①子宫底，是两侧输卵管子宫口上方的圆凸部分。②子宫颈，是子宫下部缩细呈圆柱状的部分。子宫颈可分为两部分：子宫颈伸入阴道内的部分称子宫颈阴道部；子宫颈在阴道以上的部分称子宫颈阴道上部。子宫颈是癌肿的好发部位。③子宫体，是子宫底与子宫颈之间的大部分。子宫颈与子宫体相接的部位稍狭细，称子宫峡。在非妊娠期，子宫峡不明显；在妊娠期，子宫峡逐渐伸展延长，形成子宫下段，妊娠末期可长达7 ~ 11cm。产科常在子宫下段进行剖宫取胎术，可避免进入腹膜腔，减少感染的机会。

子宫的内腔较狭窄，可分为上、下两部。上部由子宫底、子宫体围成，称子宫腔。子宫腔呈前后略扁的三角形，底向上，两侧角通输卵管；尖向下，通子宫颈管。子宫内腔的下部在子宫颈内，称子宫颈管。子宫颈管呈梭形，上口通子宫腔；下口通阴道，称子宫口。未产妇的子宫口为圆形，经产妇的子宫口呈横裂状（图5-11）。

2. 子宫的位置 子宫位于骨盆腔的中央，在膀胱和直肠之间，下端伸入阴道。成年女性正常的子宫呈前倾前屈位。前倾是指子宫整体向前倾斜，子宫的长轴与阴道的长轴形成向前开放的钝角；前屈是指子宫颈与子宫体构成凹向前的弯曲，也呈钝角（图5-12）。子宫的后方邻直肠，临床上可经直肠检查子宫的位置和大小。子宫的两侧有输卵管、卵巢和子宫阔韧带。临床上将输卵管和卵巢统称为子宫附件，附件炎即指输卵管炎和卵巢炎。

考点提示
子宫的位置。

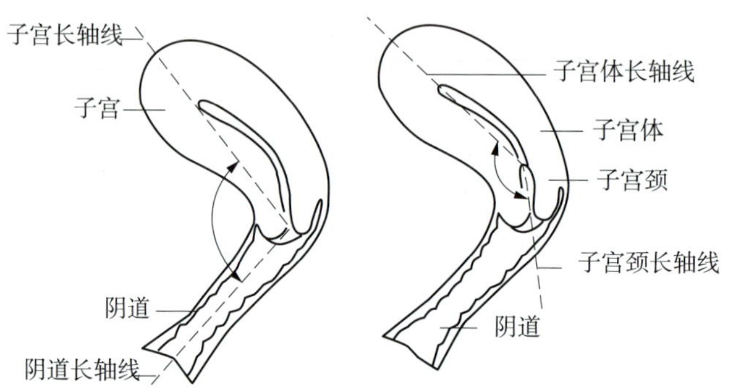

图 5-12 子宫前倾、前屈位示意图

3. 子宫的固定装置 子宫的正常位置主要依赖于盆底肌的承托和子宫韧带的牵拉与固定。维持子宫正常位置的韧带有子宫阔韧带、子宫圆韧带、子宫主韧带和子宫骶韧带（图5-13）。

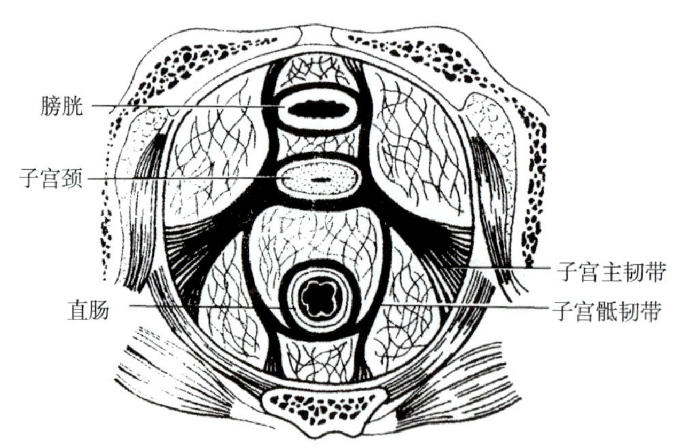

图 5-13 女性盆底的韧带模式图

（1）子宫阔韧带　是双层腹膜皱襞。子宫阔韧带由子宫前、后面的腹膜自子宫两侧缘延伸至骨盆侧壁而成，其上缘游离，包裹输卵管。子宫阔韧带可限制子宫向两侧移动。

（2）子宫圆韧带　是由结缔组织和平滑肌构成的圆索。子宫圆韧带起于子宫外侧缘、输卵管子宫口的前下方，在子宫阔韧带两层之间行向前外方，达骨盆腔侧壁，继而通过腹股沟管，止于阴阜和大阴唇皮下。子宫圆韧带是维持子宫前倾位的主要结构。

（3）子宫主韧带　由结缔组织和平滑肌构成。子宫主韧带位于子宫阔韧带的下方，自子宫颈阴道上部两侧缘连于骨盆侧壁。子宫主韧带的主要作用是固定子宫颈，防止子宫向下脱垂。

（4）子宫骶韧带 由结缔组织和平滑肌构成。子宫骶韧带起于子宫颈阴道上部的后面，向后绕过直肠的两侧，附着于骶骨前面。子宫骶韧带牵引子宫颈向后上，维持子宫的前屈。

如果子宫的固定装置薄弱或损伤，可导致子宫位置的异常，形成不同程度的子宫脱垂，严重者子宫可脱出阴道。

考点提示

子宫的固定装置。

（四）阴道

阴道是连接子宫和外生殖器的肌性管道，是排出月经和娩出胎儿的通道。

1. 阴道的位置 阴道位于盆腔的中央，前壁邻膀胱和尿道，后壁邻直肠（图5-11、图5-12）。如邻接部位损伤，可发生尿道阴道瘘或直肠阴道瘘，致使尿液或粪便进入阴道。

2. 阴道的形态 阴道为前后略扁的肌性管道，富于伸展性。阴道前壁较短，后壁较长，前、后壁经常处于相贴状态。

阴道上部环抱子宫颈阴道部，两者之间形成环状间隙，称阴道穹。阴道穹分前部、后部和两侧部。阴道穹后部较深，与直肠子宫陷凹紧邻，两者之间仅隔以阴道壁和腹膜。当直肠子宫陷凹内有积液时，可经阴道穹后部穿刺，以帮助诊断和治疗。

阴道的下端以阴道口开口于阴道前庭。未婚女子的阴道口周围有处女膜，处女膜破裂后，阴道口周围留有处女膜痕。

知识链接

阴道穹后部穿刺术

阴道穹后部穿刺术是将穿刺针通过阴道穹后部刺入直肠子宫陷凹，抽出直肠子宫陷凹内的积液、脓液或血液等进行检查，以达到诊断和治疗疾病的目的。

阴道穹后部穿刺时，患者取膀胱截石位或半卧位，取阴道穹后部中央作为穿刺部位，穿刺针应与子宫颈方向平行进针，边进针边抽吸，刺入1～2cm有落空感时即表示进入直肠子宫陷凹，抽出积液或积血。穿刺不宜过深，以免伤及直肠。

阴道穹后部穿刺时，穿刺针经过阴道后壁和腹膜进入直肠子宫陷凹。

二、外生殖器

女性外生殖器又称女阴（图5-14）。

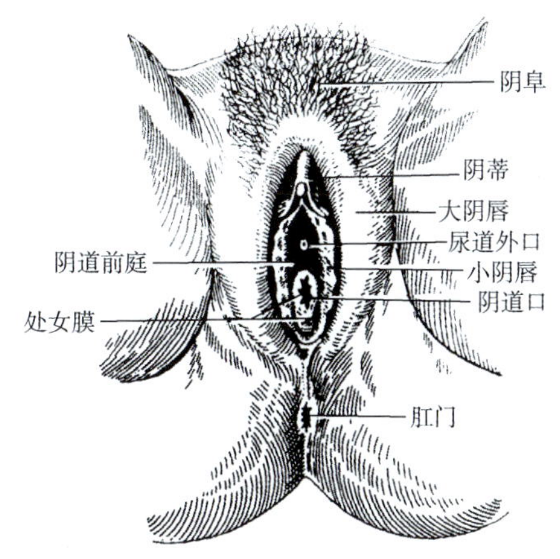

图5-14 女性外生殖器

（一）阴阜

阴阜为位于耻骨联合前面的皮肤隆起区，深面有较多的脂肪组织。青春期后皮肤生有阴毛。

（二）大阴唇

大阴唇位于阴阜的后下方，是一对纵行的皮肤皱襞。

（三）小阴唇

小阴唇是位于大阴唇内侧的一对较薄的皮肤皱襞。

（四）阴道前庭

阴道前庭是位于两侧小阴唇之间的裂隙，其前部有尿道外口，后部有阴道口。

（五）阴蒂

阴蒂位于尿道外口的前方，由两条阴蒂海绵体构成，相当于男性的阴茎海绵体。阴蒂露于表面的部分为阴蒂头，富有感觉神经末梢，感觉灵敏。

（六）前庭球

前庭球相当于男性的尿道海绵体，呈蹄铁形，位于阴蒂体与尿道外口之间的皮下和大阴唇的深面（图5–15）。

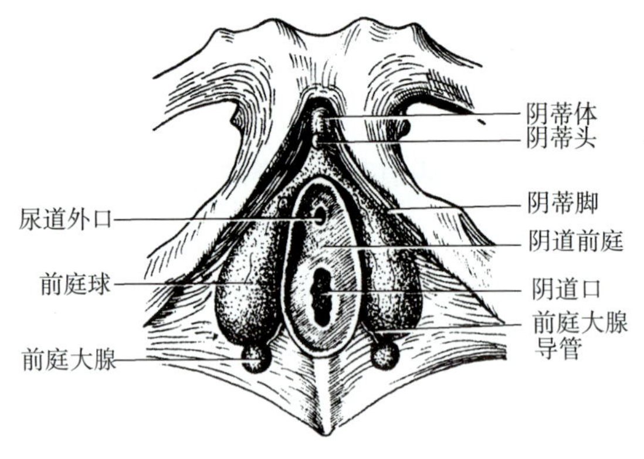

图 5–15 前庭球和前庭大腺

附 1 乳房

乳房为人类和哺乳类动物特有的结构。人的乳房为成对器官。女性乳房于青春期后开始发育生长，妊娠和哺乳期有分泌活动。

（一）乳房的位置

乳房位于胸前部，在胸大肌及其胸筋膜的表面，上起自第2 ~ 3肋，下至第6 ~ 7肋，内侧至胸骨旁线，外侧可达腋中线。乳头位置通常在第4肋间隙或第5肋与锁骨中线相交处。

（二）乳房的形态

成年未哺乳女子的乳房呈半球形，紧张而富有弹性。乳房中央有乳头，其顶端有输乳管的开口。乳头周围的环形色素沉着区，称乳晕（图5–16）。乳头和乳晕的皮肤薄弱，易于损伤，哺乳期尤应注意卫生，以防感染。

妊娠期和哺乳期，乳腺增生，乳房增大；停止哺乳后，乳腺萎缩，乳房变小；老年女性，乳房萎缩而下垂。

（三）乳房的结构

乳房由皮肤、乳腺、致密结缔组织和脂肪组织构成（图5–17）。乳腺被脂肪组织和致密结缔组织分隔成15 ~ 20个乳腺叶，乳腺叶以乳头为中心呈放射状排列。每个乳腺叶有一条排出乳汁的输乳管，开口于乳头。由于乳腺叶和输乳管以乳头为中心呈放射状排列，乳房手术时，应尽量采取放射状切口，以减少对乳腺叶和输乳管的损伤。

乳房表面的皮肤、胸肌筋膜和乳腺之间连有许多结缔组织小束，称乳房悬韧带或**Cooper韧带**，对乳房起支持和固定作用。乳腺癌患者，由于癌组织浸润，乳房悬韧带可受侵犯而缩短，牵拉表面皮肤向内凹陷，使皮肤表面形成许多小凹，是乳腺癌常有的体征之一。

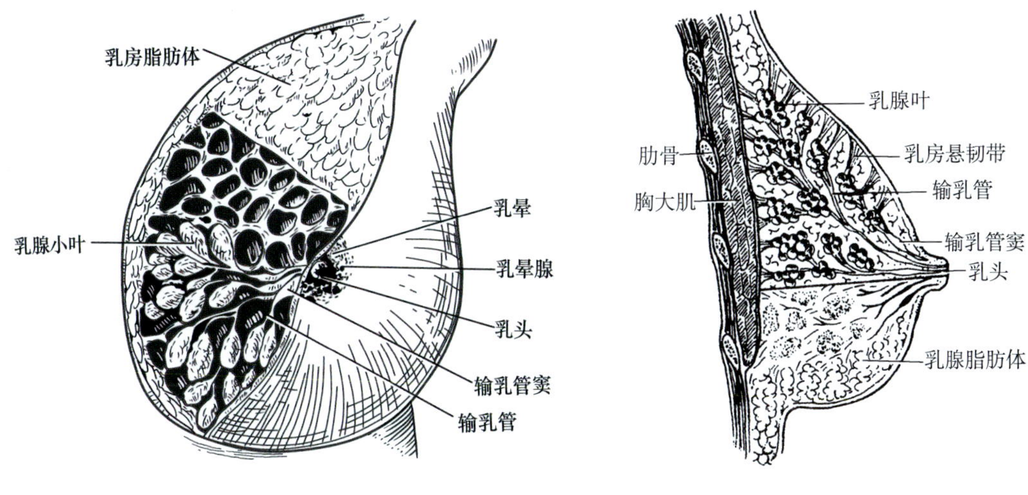

图 5-16　女性乳房　　　图 5-17　女性乳房的结构（模式图）

附2　会阴

（一）会阴的概念

会阴有广义会阴和狭义会阴之分。广义会阴是指封闭骨盆下口的全部软组织；狭义会阴即产科会阴，是指肛门与外生殖器之间狭小区域的软组织。产科会阴在产妇分娩时伸展扩张较大，结构变薄，应注意保护，避免造成会阴撕裂。

（二）会阴的分区

广义会阴其境界呈菱形，与骨盆下口一致：前方为耻骨联合下缘，后方为尾骨尖，两侧为耻骨下支、坐骨支、坐骨结节和骶结节韧带。以两侧坐骨结节的连线为界，可将会阴分为前、后两个三角区（图5-18）。前部的称尿生殖区（尿生殖三角），男性有尿道通过，女性则有尿道和阴道通过；后部的称肛区（肛门三角），有肛管通过。会阴的结构，除了男、女性外生殖器以外，主要是肌肉和筋膜（图5-18）。

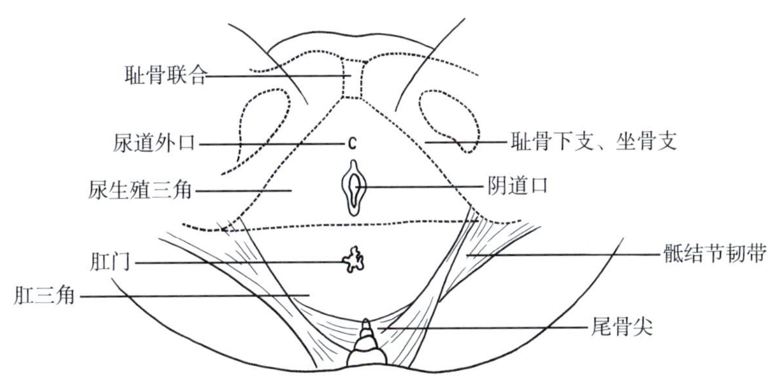

图 5-18　会阴的分区

本章小结

生殖系统包括男性生殖系统和女性生殖系统，男、女生殖系统又分为内生殖器和外生殖器。男性内生殖器由生殖腺（睾丸），输送管道（附睾、输精管、射精管、尿道），附属腺（精囊腺、前列腺、尿道球腺）组成；外生殖器包括阴囊和阴茎。女性内生殖器由生殖腺（卵巢），输卵管道（输卵管、子宫、阴道）组成；外生殖器即会阴。睾丸位于阴囊内，左、右各一。附睾分为附睾头、附睾体和附睾尾。输精管分4部分。射精管开口于前列腺。男性尿道包括两个弯曲、三个分部、三个扩大、三个狭窄。卵巢左、右各一，位于盆腔侧壁、髂总动脉分叉处下方的卵巢窝内。输卵管分为输卵管漏斗、输卵管壶腹部、输卵管峡部、输卵管子宫部。成人子宫呈前后略扁的倒置梨形，呈前倾前屈位，位于盆腔的中央，在膀胱与直肠之间。子宫分为子宫底、子宫体、子宫颈。固定子宫有子宫阔韧带、子宫圆韧带、子宫主韧带、子宫骶韧带四对韧带。

一、选择题

1. 男性生殖腺是
   A. 睾丸　B. 附睾　C. 前列腺　D. 精囊腺　E. 尿道球腺
2. 睾丸位于
   A. 输精管的后方　B. 阴囊内
   C. 盆腔内　D. 附睾的后内侧
   E. 腹股沟管内
3. 输精管常用的结扎部位是
   A. 睾丸部　B. 精索部　C. 腹股沟部　D. 盆部　E. 壶腹部
4. 射精管开口于
   A. 尿道球部　B. 尿道海绵体部
   C. 尿道膜部　D. 尿道前列腺部
   E. 尿道内口
5. 输卵管结扎术常选用的部位是
   A. 子宫部　B. 输卵管峡
   C. 输卵管壶腹　D. 输卵管漏斗
   E. 输卵管
6. 临床上说的子宫附件是指
   A. 卵巢　B. 卵巢和阴道
   C. 输卵管和阴道　D. 卵巢和输卵管
   E. 阴道
7. 子宫的说法错误的是

A．成人子宫为前后稍扁，呈倒置的梨形
B．可分为底、体、颈三部
C．子宫颈下端伸入阴道内
D．子宫腔底的两端通输卵管，尖向下通阴道
E．未产妇的子宫口为圆形

8．防止子宫脱垂的主要结构是
A．子宫主韧带　B．子宫阔韧带
C．骶子宫韧带　D．子宫系膜
E．子宫圆韧带

9．男性尿道最狭窄的部分是
A．尿道内口　B．尿道膜部
C．尿道外口　D．前列腺部
E．海绵体部

10．有关男性尿道描述正确的是
A．全长约12cm
B．分为前列腺部、膜部和尿道海绵体部
C．临床常称尿道海绵体部和膜部为前尿道
D．全程有2个狭窄和3个弯曲
E．导尿时应注意矫正耻骨下弯

11．维持子宫前倾的结构是
A．子宫主韧带　B．子宫骶韧带
C．子宫圆韧带　D．子宫阔韧带
E．以上都不是

12．宫外孕（输卵管异位妊娠）易发生的部位是
A．输卵管漏斗　B．输卵管子宫部
C．输卵管壶腹　D．输卵管峡部
E．腹膜腔内

13．男性生殖器输送管道不包括
A．附睾　B．尿道　C．睾丸　D．射精管　E．输精管

14．限制子宫向两侧移位的韧带
A．子宫骶韧带　B．子宫圆韧带
C．子宫主韧带　D．子宫阔韧带
E．骨盆漏斗韧带

15．广义会阴是指
A．封闭小骨盆下口的所有的软组织　B．盆膈及其以下的所有软组织
C．盆膈以下的所有软组织　D．尿生殖膈及其以下的所有软组织
E．尿生殖膈以下的所有软组织

16．男性患者导尿时，将阴茎提起可使
A．耻骨前弯扩大　B．耻骨前弯消失
C．尿道外口扩张　D．耻骨下弯扩大

E. 耻骨下弯消失

17. 患者，男，66岁。患慢性前列腺炎伴前列腺增生，需做前列腺按摩。前列腺液自腺体排出后首先到达

A. 尿道内口
B. 尿道海绵体部
C. 尿道球部
D. 尿道膜部
E. 尿道前列腺部

18. 患者，女，22岁。急性盆腔炎，从阴道后穹向上穿刺，针尖可刺入

A. 直肠
B. 膀胱子宫陷凹
C. 子宫腔
D. 膀胱腔
E. 直肠子宫陷凹

扫码“练一练”

二、思考题

1. 给男性患者进行导尿时应注意什么？
2. 简述固定子宫的韧带及作用。

（周　奕）

扫码“学一学”

第六章　腹　　膜

学习目标

1. **掌握**　腹膜与腹膜腔的概念；腹膜与脏器的位置关系；腹膜陷凹。
2. **熟悉**　小网膜和大网膜的位置；系膜的结构。
3. **了解**　韧带结构。
4. 学会在标本和模型上辨认壁腹膜、脏腹膜、直肠子宫陷凹、膀胱子宫陷凹、直肠膀胱陷凹的结构。

案例导入

患者，女，29 岁。某日突感全腹剧痛并伴恶心、呕吐来医院检查，体温 39.2℃，脉搏 102 次 / 分，腹胀明显，全腹压痛和反跳痛，叩诊有移动性浊音，经 X 线及 B 超检查确诊为急性腹膜炎。

请问：

1．什么是腹膜？腹膜与被覆脏器关系有哪几种？

2．为什么急性腹膜炎患者宜取半卧位？

一、腹膜与腹膜腔的概念

腹膜为一层薄而表面光滑的浆膜，覆盖于腹、盆壁与脏器表面，其中被覆于腹壁、盆壁内面的称**壁腹膜**，被覆于腹腔、盆腔脏器表面的称**脏腹膜**。壁腹膜与脏腹膜相互移行围成的不规则的腔隙称**腹膜腔**。男性的腹膜腔是密闭的；女性则借输卵管的腹腔口，经输卵管、子宫、阴道与外界相通（图6–1），所以女性易发生腹膜腔感染。

腹膜具有分泌、吸收、保护、支持、修复等功能。正常情况下腹膜可分泌100 ~ 200ml浆液至腹膜腔内，起到润滑作用。腹膜也有吸收腹膜腔内的液体和气体的能力，一般认为上腹部特别是膈下区的腹膜吸收能力最强，故腹膜炎和腹部手术后的患者多采用半卧位，使渗出液或者浓液流至腹下部以减缓对有害物质的吸收。腹膜具有很强的修复和再生能力，受刺激后所分泌的浆液中含有许多纤维素，使腹膜具有很强的粘连作用，其粘连作用一方面可以促进伤口的愈合和防止腹膜腔内炎症的扩散，另一方面也可导致脏器的粘连，如肠梗阻等。腹膜和腹膜腔内浆液中含有大量的巨噬细胞，可吞噬细菌和有害物质，具有重要防御功能。腹膜所形成的结构对器官起到支持和固定的作用。

考点提示

腹膜与腹膜腔的概念。

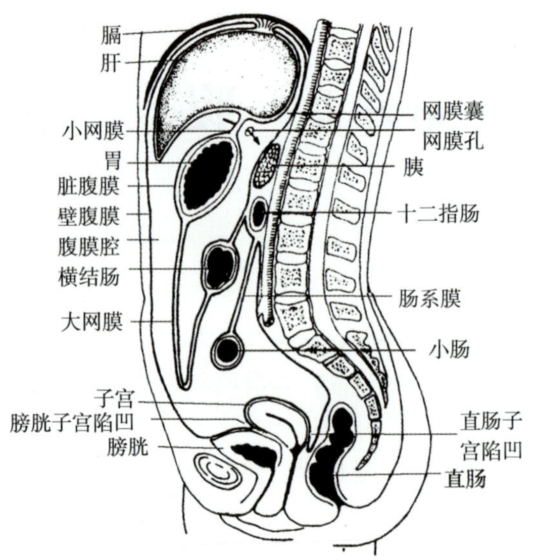

图 6-1 腹膜腔正中矢状面切面模式图

二、腹膜与腹、盆腔脏器的关系

根据脏器被腹膜覆盖的范围不同，可将腹、盆腔脏器分为腹膜内位、间位和外位器官（图6-1）。

（一）腹膜内位器官

脏器表面几乎都被腹膜覆盖的器官称**腹膜内位器官**，如胃、空肠、回肠、盲肠、阑尾、横结肠、乙状结肠、脾、卵巢和输卵管等。这类器官活动性大。

（二）腹膜间位器官

脏器表面大部分被腹膜覆盖的器官称**腹膜间位器官**，如升结肠、降结肠、肝、胆囊、膀胱、子宫和直肠上段等。

（三）腹膜外位器官

脏器仅有一面被腹膜覆盖的器官称**腹膜外位器官**，如十二指肠降部和水平部、胰、肾、肾上腺、输尿管等。这类器官活动性小。

考点提示

腹膜与腹、盆腔脏器的关系。

三、腹膜形成的结构

腹膜在脏器之间以及脏器与腹、盆壁之间相互移行，形成网膜、系膜、韧带、陷凹等结构，这些结构对器官有连接和固定的作用。

（一）网膜

网膜是与胃小弯和胃大弯相连的双层腹膜，两层之间有血管、神经和淋巴管等结构走行，包括小网膜和大网膜（图6-2）。

1. **小网膜** 连于肝门至胃和十二指肠上部之间的双层腹膜结构。其左侧从肝门到胃小弯部分称**肝胃韧带**；右侧从肝门到十二指肠上部的部分称**肝十二指肠韧带**，内含出入肝的重要管道，即肝门静脉、肝固有动脉和胆总管。

2. **大网膜** 连于胃大弯和横结肠之间的腹膜结构，呈围裙状，悬垂于空肠、回肠、横结肠的前面，大网膜由4层的腹膜构成。其中两层自胃大弯和十二指肠上部向下延续而成，约达脐平面以下，返折向上，成为大网膜的后两层，上行至横结肠，再分别包绕横结肠前、后面并向上方延续为横结肠系膜。大网膜的前两层经横结肠前面下垂时常与横结肠前壁愈合，此时自胃大弯至横结肠之间的大网膜前两层称之为**胃结肠韧带**，胃手术时常切开此韧带。在成人，大网膜的4层常愈合在一起，内含丰富的脂肪组织、血管等，并有吞噬细胞，后者具有重要的防御功能。当腹膜腔内有炎症时，大网膜可向病变处移位，将其包围、粘着，以限制炎症蔓延、扩散。小儿大网膜较短，一般在脐平面以上，当阑尾穿孔或下腹部有炎症时，病变不易被大网膜包裹，常造成弥漫性腹膜炎。

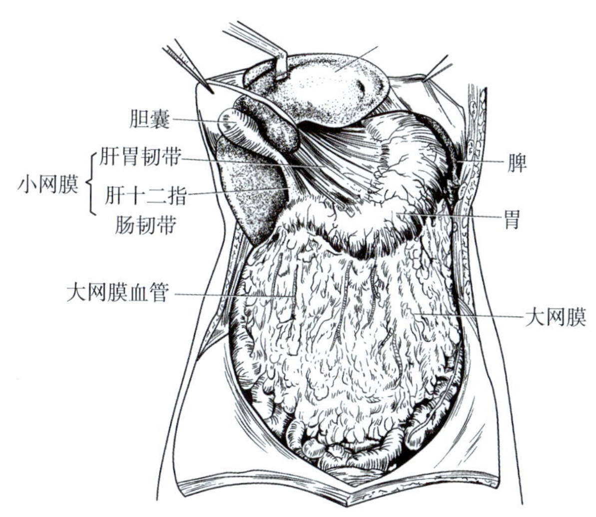

图 6–2 网膜

3. **网膜囊** 网膜囊是小网膜和胃后壁与腹后壁之间的一个前后扁窄的腹膜间隙（图6–3），为腹膜腔的一部分，又称小腹膜腔。网膜囊的前壁是小网膜、胃后壁的腹膜和大网膜前两层；后壁是大网膜后两层、横结肠、横结肠系膜和覆盖在胰、左肾、左肾上腺表面的腹膜；上壁是肝尾状叶和膈下方的腹膜；下壁是大网膜前、后两层的愈合处。左壁是胃脾韧带、脾和脾肾韧带；右壁借网膜孔与腹膜腔相通。

4. **网膜孔** 网膜孔又称Winslow孔，位于肝十二指肠韧带后方，孔径可容纳1 ~ 2指，网膜孔上界为肝尾状叶，下界为十二指肠上部，前界为肝十二指肠韧带，后界为覆盖在下腔静脉表面的腹膜。

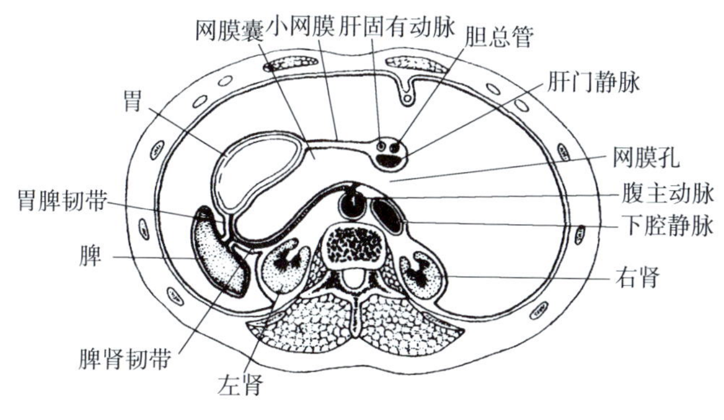

图 6–3 网膜孔

（二）系膜

系膜是连于肠管与腹后壁之间的双层腹膜结构，两层之间有出入该器官的血管、神经、淋巴管、淋巴结和脂肪。凡活动度大的肠管都有系膜（图6–4），有系膜的器官都属于腹膜内位器官。主要的系膜包括肠系膜、阑尾系膜、横结肠系膜和乙状结肠系膜等。

1. **肠系膜** 将空、回肠连于腹后壁的双层腹膜结构，附着于腹后壁称**肠系膜根**，自第2腰椎左侧斜向右下方，止于右骶髂关节前方。肠系膜长而宽，空、回肠活动性大，但易发生系膜扭转，引起肠梗阻。

2. **阑尾系膜** 连于阑尾与回肠末端之间的双层腹膜结构，其系膜的游离缘内有阑尾血管、神经和淋巴管通过。在行阑尾切除术时，应从系膜游离缘进行血管结扎。

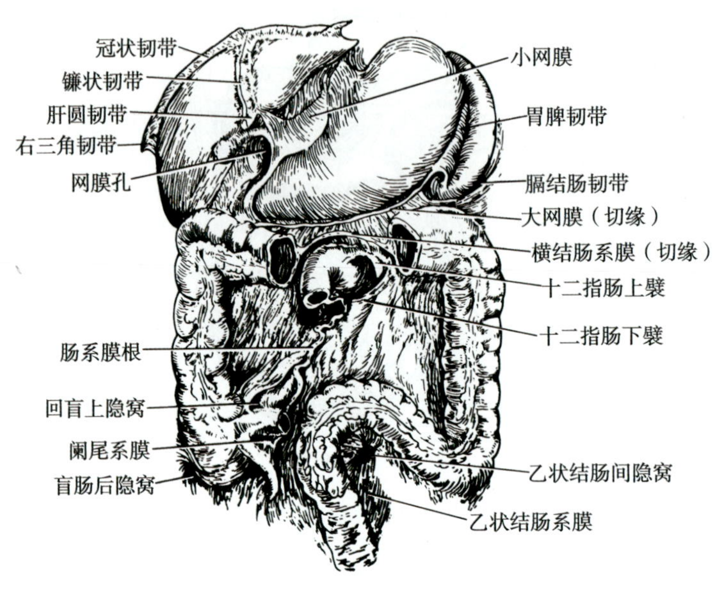

图 6-4 腹膜形成的结构

3. **横结肠系膜** 连于横结肠与腹后壁之间的双层腹膜结构，其根部起于结肠右曲，止于结肠左曲。横结肠系膜内有中结肠血管、神经、淋巴管和淋巴结等。

4. **乙状结肠系膜** 连于乙状结肠与腹后壁之间的双层腹膜结构，其根部附着于左髂窝和骨盆左侧壁。系膜内含有乙状结肠动、静脉等。该系膜较长，使乙状结肠的活动度大，易发生系膜扭转导致肠梗阻。

（三）韧带

韧带连于腹、盆壁与器官或连接相邻器官间的腹膜结构，对器官起到固定的作用（图图6-2 ~图6-4）。

1. **肝的韧带** 包括肝胃韧带、肝十二指肠韧带、镰状韧带、冠状韧带和左、右三角韧带等。**镰状韧带**是连于腹前壁和膈下方与肝上面之间的双层腹膜结构，侧面看似镰刀，其下缘游离增厚，内含有肝圆韧带。**冠状韧带**是连于膈下与肝上面的腹膜结构，呈冠状位，分前、后两层。两层在肝的膈面分开，使肝的膈面后部直接与膈相贴连，形成肝裸区，冠状韧带的左、右端，前、后两层彼此黏合增厚形成左、右三角韧带。

2. **脾的韧带** 主要有胃脾韧带和脾肾韧带。**胃脾韧带**是连于胃底与脾门之间的双层腹膜结构，内含有胃的血管、神经和淋巴管等。**脾肾韧带**是连于脾门与左肾前面之间的双层腹膜结构，内有脾的血管、神经、淋巴管和胰尾等。

3. **胃的韧带** 包括肝胃韧带、胃脾韧带、胃结肠韧带和胃膈韧带。**胃膈韧带**是将胃贲门左侧和食管腹段连于膈下面的腹膜结构。

（四）皱襞、隐窝和陷凹

腹膜皱襞是由腹、盆壁与脏器之间或脏器之间腹膜形成的隆起，其深面常有血管走行。在皱襞之间或皱襞与腹、盆壁之间形成的腹膜凹陷称隐窝，较大的隐窝称陷凹。

1. **腹膜皱襞** 在腹前外侧壁脐以下的内面有5条腹膜皱襞，分别是位于正中的脐正中襞、1对脐内侧襞和1对脐外侧襞。

2. **腹膜隐窝** 是指腹膜形成的皱襞与皱襞之间或皱襞与壁腹膜之间围成的小间隙。如位于肝右叶与右肾之间的肝肾隐窝、位于乙状结肠系膜左下方的乙状结肠间隐窝等。各隐窝都是液体易于积聚的位置。

3. **腹膜陷凹** 主要位于盆腔内，是盆腔器官表面的腹膜相互移行返折而形成的结构。男性在膀胱和直肠之间有**膀胱直肠陷凹**。女性在膀胱和子宫之间有**膀胱子宫陷凹**；子宫和直肠之间有**直肠子宫陷凹**（图6-1），又称Douglas腔，位置较深，其底部的腹膜覆盖在阴道穹后部上面。在坐位、站位或半卧位时，男性的直肠膀胱陷凹和女性的直肠子宫陷凹是腹膜腔最低点，腹膜腔内的积液常积聚于此，临床上可经直肠前壁或阴道穹后部进行穿刺或切开引流。

考点提示

系膜的结构特点；男女性腹膜腔的最低点。

知识拓展

胃后壁穿孔

胃后壁穿孔是胃溃疡的常见并发症，穿孔后胃内容物常积聚于网膜囊内，继而经网膜孔－肝肾隐窝－右结肠旁沟－右髂窝－盆腔到达直肠膀胱陷凹或直肠子宫陷凹。胃后壁穿孔可以波及与胃后壁相邻的胰、横结肠、左肾上腺和左肾等。手术切开腹壁后进入腹膜腔，可经胃结肠韧带或横结肠系膜进入网膜囊内手术处理穿孔部位，切开胃结肠韧带时应注意胃网膜左、右动脉，切开横结肠系膜时应注意中结肠动脉。

本章小结

腹膜分为壁腹膜和脏腹膜，具有分泌、吸收、保护、支持、修复等多种功能。壁、脏腹膜相互移行形成腹膜腔。根据脏器被腹膜覆盖的程度分为腹膜内位器官、腹膜间位器官和腹膜外位器官。腹膜在相互移行过程中形成网膜、系膜、韧带和陷凹等特殊结构。小网膜位于肝门与胃小弯和十二指肠上部之间，可分为肝胃韧带和肝十二指肠韧带；大网膜连于胃大弯，呈围裙状。系膜有肠系膜、阑尾系膜、横结肠系膜和乙状结肠系膜，有系膜的脏器移动性较大，均为腹膜内位器官。男性的直肠与膀胱之间的腹膜形成直肠膀胱陷凹；女性的膀胱和子宫之间的腹膜形成膀胱子宫陷凹，直肠与子宫之间的腹膜形成直肠子宫陷凹。

一、选择题

1. 有关腹膜的描述正确是

A. 只衬于腹、盆腔脏器的表面
B. 分为前、后两层
C. 前层又分为脏层和壁层
D. 为浆膜
E. 没有分泌和吸收功能

2. 有关腹膜腔描述错误的是

A. 由腹膜的脏层和壁层围成
B. 与胸膜腔一样，男、女腹膜腔均为密闭、负压
C. 为一潜在性腔
D. 属腹膜内的浆膜腔
E. 内有少量浆液

3. 属腹膜内位器官的是

A. 肝 B. 空肠 C. 子宫 D. 胰 E. 升结肠

4. 属腹膜间位器官的是

A. 子宫 B. 横结肠 C. 回肠 D. 肾 E. 胰

5. 属腹膜外位器官的是

A. 横结肠
B. 胰
C. 子宫
D. 空肠
E. 乙状结肠

6. 不属于腹膜形成的韧带的是

A. 镰状韧带
B. 冠状韧带
C. 肝圆韧带
D. 胃脾韧带
E. 脾肾韧带

7. 与腹膜腔相通的管道是

A. 输尿管
B. 输精管
C. 输卵管
D. 食管
E. 气管

8. 站立位时，男性腹膜腔的最低部位是

A. 十二指肠下隐窝
B. 乙状结肠间隐窝
C. 肝肾隐窝
D. 直肠膀胱陷凹
E. 盲肠后隐窝

9. 站立位时，女性腹膜腔的最低部位是

A. 髂窝
B. 膀胱子宫陷凹
C. 坐骨肛门窝
D. 直肠子宫陷凹
E. 直肠膀胱陷凹

10. 固定空、回肠的是

A. 横结肠系膜　　B. 肠系膜
C. 阑尾系膜　　D. 乙状结肠系膜
E. 子宫系膜

二、思考题

1. 腹腔与腹膜腔的区别。
2. 腹膜在男、女性盆腔内形成哪些陷凹？有何临床意义？

（田　郡）

扫码“练一练”

第七章　脉管系统

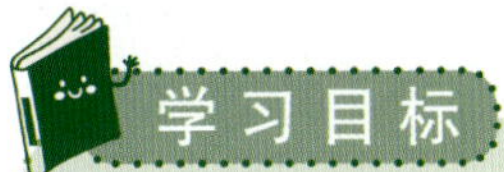

1. **掌握**　心血管系统的组成；心的位置形态、四个心腔结构、心的传导系统；头颈部、上肢、胸部、腹部、盆部和下肢的动脉主干及其主要分支；面静脉的结构特点及其交通途径；上肢、下肢浅静脉的起止及临床意义；肝门静脉的组成、属支及其与上下腔静脉之间的吻合；淋巴系统的组成；右淋巴导管和胸导管的注入部位和引流范围。
2. **熟悉**　心的血液供应、心包体表投影；全身大动脉的延续关系；脾的位置形态。
3. **了解**　体循环和肺循环的途径；血管吻合；肺循环的血管；动脉的压迫止血点；全身主要的淋巴结群。
4. 学会在标本和模型上辨认心、血管的主要结构。

心血管系统和**淋巴系统**组成一系列连续而封闭的管道系统称为脉管系统，分布于人体各部。心血管系统包括心、动脉、毛细血管和静脉，血液在其内循环流动；淋巴系统包括淋巴管道、淋巴组织和淋巴器官，淋巴管道内有向心流动的淋巴液，最后汇入静脉，因此淋巴管道可视为静脉的辅助管道。两套管道在结构、功能上都有一定的不同，但却相互连通。

脉管系统主要的功能是物质运输，一方面把消化系统吸收的营养物质和呼吸系统吸收的氧气运送到全身器官的组织和细胞，同时将组织和细胞代谢过程中产生的代谢产物和二氧化碳运送至肾、肺和皮肤排出体外，从而保证机体新陈代谢持续不断地进行。脉管系统还有内分泌功能，心肌细胞可分泌心钠素等多种生物活性物质，参与机体的功能调节。

脉管系统的组成。

扫码“学一学”

第一节　心血管系统概述

一、心血管系统的组成

心血管系统由心和血管组成。血管包括动脉、静脉和毛细血管。

（一）心

心是连接动脉、静脉的枢纽，是心血管系统的动力装置，为一中空的肌性器官，具有内分泌功能。心内部被房间隔和室间隔分为互不相通的左半心和右半心，每半心又各分为心房、心室。故而心脏有4个腔室：右心房、右心室、左心房和左心室。每一侧的心房和心室借助于房室口相通。左半心流动着动脉血，右半心流动着静脉血。心房接收静脉，心室发出动脉。在两房室口和两动脉口均有瓣膜，似阀门，可以顺血流而开启，逆血流而关闭，保证血液在心内的定向流动。心有节律地搏动，推动血液循环，是血液循环的动力器官。

（二）动脉

动脉是运送血液离心的管道，在行程中反复分支，越分越细，直至毛细血管。动脉的管壁较厚，具有一定的弹性，可随心的收缩和舒张、动脉血压的高低而搏动。根据管径的粗细，动脉可分为大动脉、中动脉和小动脉，但其间并无明显的界线。如主动脉、肺动脉干等属于大动脉，其他有名称的动脉多为中动脉，而管径小于1mm的则属于小动脉。大动脉管壁弹性纤维较多，有较大弹性，当心室射血时，管壁被动的扩张；心室舒张时，大动脉借弹性回缩，推动血液继续向前流动。中动脉和小动脉管壁平滑肌较发达，尤其是小动脉中膜平滑肌可在神经体液调节下收缩或舒张，改变管径的大小，调节血压和局部器官的血液供应，从而影响局部血流量和血流阻力。位置较浅的动脉可在体表触及其搏动，常作为压迫止血和诊脉的部位。

（三）毛细血管

毛细血管是位于动脉终末、静脉起始处的微细血管，彼此互连成网。分布广泛，除角膜、毛发、软骨、晶状体、牙釉质和被覆上皮外，遍布全身各部。管径细，为6～8μm，毛细血管数量多，管壁薄，主要由一层内皮细胞和基膜组成。通透性大，血液流速慢，是血液与血管外组织液进行物质交换的场所。器官内毛细血管的密集程度与器官的功能密切相关。在代谢旺盛的器官毛细血管分布密集，代谢功能相对较低的器官毛细血管分布稀疏。

（四）静脉

静脉是引导血液回心的管道，始于毛细血管，在向心回流的途中不断接受属支，越汇越粗，最终注入心房。根据管径的粗细，静脉可分为小静脉、中静脉和大静脉。与相应的动脉相比较，静脉管壁较薄，管腔大，弹性小，血液流速慢，血容量大。

二、血液循环的途径

在神经体液的调节下，血液自心室射出，流经动脉、毛细血管和静脉，再返回心房，这种周而复始、循环往复的流动称血液循环，根据途径和功能的不同，血液循环可分为**体循环**和**肺循环**（图7-1）。两个循环同时进行，彼此相通。

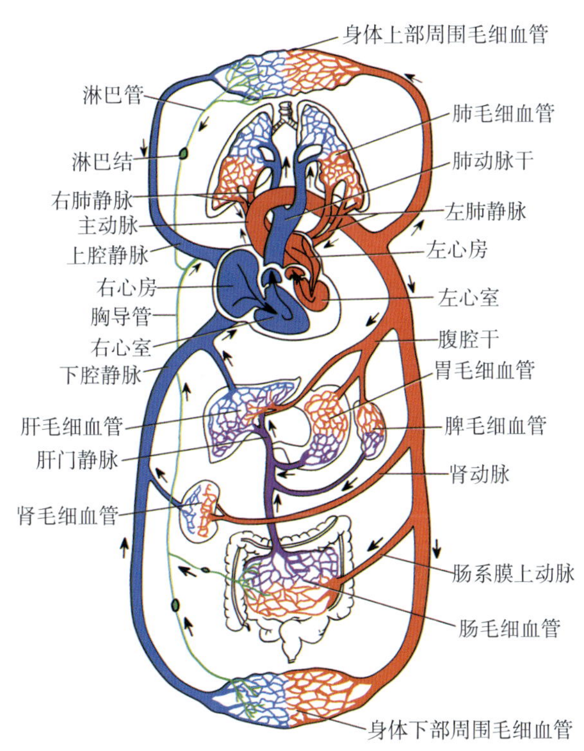

图7-1　血液循环示意图

（一）体循环

左心室收缩时，携带氧和营养物质的血液射入主动脉，再经主动脉及其各级分支流向全身各处毛细血管，在此与周围的组织、细胞进行物质交换，氧和营养物质透过毛细血管壁进入组织间隙，供组织和细胞所利用，同时组织和细胞代谢产生的代谢产物和二氧化碳进入血液，再通过各级静脉，最后由上、下腔静脉和心冠状窦回到右心房。体循环的特点是：途径长、流经范围广、压力高，完成了物质交换。

（二）肺循环

自体循环回流的静脉血，从右心房通过右房室口进入右心室，右心室收缩将其射入肺动脉，经肺动脉干及其各级分支至肺泡周围的毛细血管，在此进行气体交换，排出二氧化碳，吸入氧气。此后，血液沿着各级静脉，最后经左、右肺静脉注入左心房。肺循环的特点是：途径短，只经过肺，压力相对较低，完成了气体交换，使静脉血转化为氧饱和的动脉血。

考点提示

血液循环的概念。

三、血管吻合及意义

血管之间有非常丰富的吻合。人体内的血管除经动脉–毛细血管–静脉相连通外，在动脉和动脉之间，静脉和静脉之间，甚至动脉和静脉也可借吻合支或交通支彼此接通，形成广泛的**血管吻合**。

1. **动脉间吻合**　人体内许多部位或器官存在着2条动脉干之间借交通支相连，如脑底动脉环。在时常改变形态的器官，两动脉末端或其分支可直接吻合，形成动脉弓，如胃、空肠和回肠的动脉弓、掌浅弓、掌深弓等。在经常运动或较易受压的部位，附近的多条动脉分支相互吻合成动脉网，如肘、膝关节动脉网。这些吻合的意义在于缩短血液循环时间和调节血液流量。

2. **静脉间吻合**　静脉间吻合远比动脉间吻合丰富。除具有和动脉相似的吻合形式外，在皮下浅静脉之间常吻合成静脉网或静脉弓，如手背静脉网和足背静脉弓。在脏器的周围和脏器壁内深静脉之间常吻合成静脉丛，如膀胱静脉丛、直肠静脉丛、子宫静脉丛等，以保证在脏器扩大或腔壁受压时静脉回流畅通。

3. **动静脉吻合**　在体内许多部位，如指尖、趾端、鼻、唇、耳郭和生殖器勃起组织等处，小动脉和小静脉可借动静脉吻合直接相连，动静脉吻合的意义在于缩短循环路径，调节局部血流量和体温。

4. **侧支吻合**　有的血管主干在行程中发出与其平行的侧副支，发自主干不同平面的侧副支彼此吻合称侧支吻合。正常状态下，侧副支较细，血流量小，当主干阻塞时，侧副支逐渐增粗，血流量加大，血流可经扩大的侧支吻合到达阻塞远端的血管主干，使血管受阻区的血液循环得到不同程度的代偿恢复。这种通过侧支吻合而建立的血液循环称**侧支循环**。侧支循环的建立显示了血管的适应能力和可塑性，对保证器官在病理状态下的血液供应有重要意义（图7–2）。

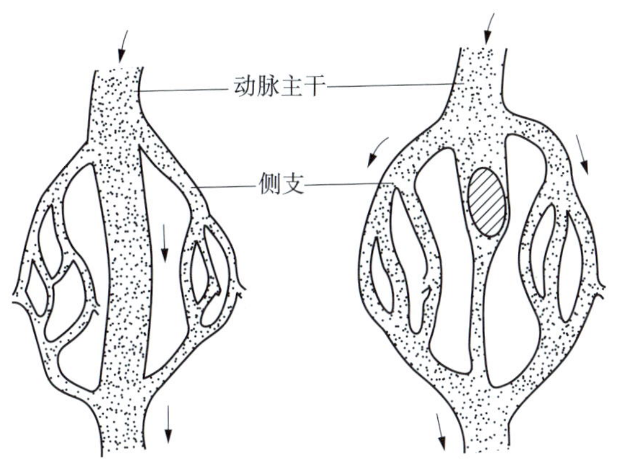

图 7-2 侧支循环模式图

扫码"学一学"

第二节 心

案例导入

患者，女，66 岁。间断性头痛、头晕 10 余年，加重 2 个月来院就诊。查体：身高 158cm，体重 76kg，血压 190/140 mmHg。心脏超声检查：左心室肥大。临床诊断为原发性高血压，左心室肥厚。

请问：

1．心位于何处？

2．左心室内有哪些结构？

一、心的位置和毗邻

心位于胸腔前下部的中纵隔内，约2/3位于身体正中线的左侧，1/3位于正中线的右侧。心的前面只有前下方一小部分与胸骨体和左侧4 ~ 6肋软骨直接相邻，大部分被肺和胸膜所遮盖。因此在临床上为不伤及肺和胸膜，常在左侧第4肋间隙靠胸骨左缘处进行心内注射，将药物直接注入右心室内。心的后方平对第5 ~ 8胸椎体，与食管和胸主动脉相邻。心两侧借纵隔胸膜与肺相邻，上方与出入心的大血管相连，心下方与膈相贴。心的长轴从右肩斜向左肋下区，与身体正中线构成约45°角。心的位置可随生理功能、年龄、体型和体位等状况不同而有所改变（图7-3）。

考点提示

心的位置；心内注射术的部位。

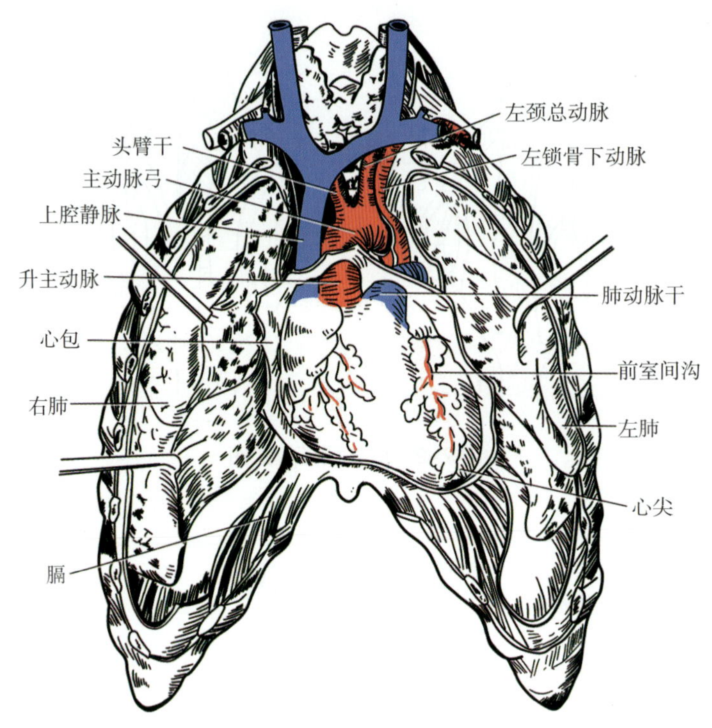

图 7-3 心的位置

二、心的外形

心似前后略扁的倒置圆锥体，周围裹以心包。国人成年男性正常心重约（284±50）g，女性约（258±49）g。大小似本人的拳头，心的外形具有一尖、一底、两面、三缘和四条沟（图7-4、图7-5）。

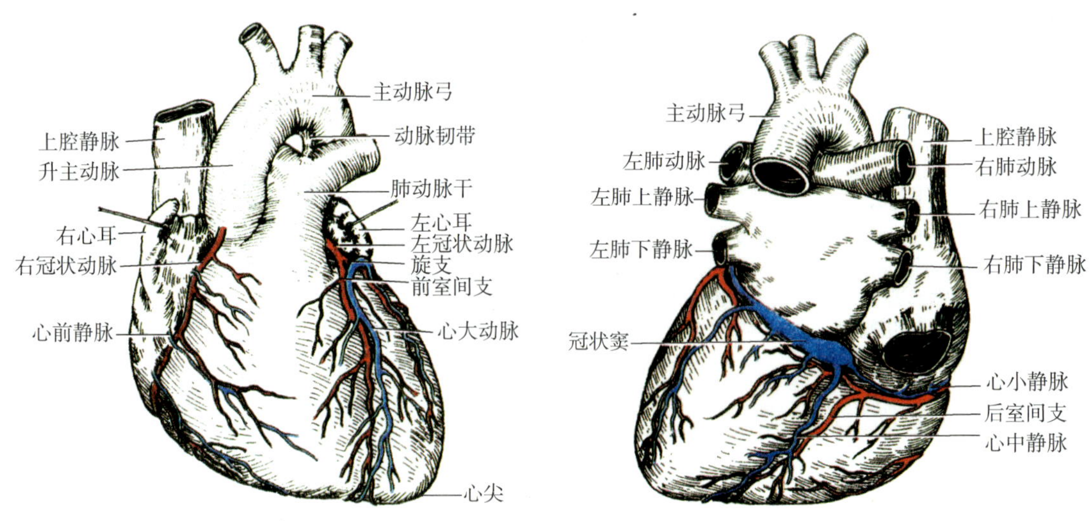

图 7-4 心的外形与血管（前面观）

图 7-5 心的外形与血管（后面观）

（一）心尖

心尖圆钝、游离，朝向左前下方，由左心室构成，与左胸前壁接近，其体表投影在左侧第5肋间隙左锁骨中线内侧1～2cm处，或左侧第5肋间隙距前正中线7～9cm处，此处可以触及心尖搏动。

（二）心底

心底朝向右后上方，与出入心的大血管相连，主要由左心房和小部分右心房构成。上、下腔静脉分别从上、下注入右心房；左、右肺静脉分别从两侧注入左心房。心底后面隔心包后壁与食管、迷走神经和胸主动脉等相邻。

（三）两面

心的前面稍隆凸，朝向前上方，与胸骨体和肋软骨相邻，又称**胸肋面**，大部分由右心房和右心室构成，一小部分由左心室和左心耳构成。心的下面近似呈水平位，朝向下后方，大部分由左心室（占2/3），小部分由右心室（占1/3）构成，隔心包与膈相对，又称**膈面**。

（四）三缘

心**下缘**较锐利，介于膈面和胸肋面之间，近似呈水平位，主要由右心室和心尖构成。心**右缘**垂直圆钝，主要由右心房构成。心**左缘**圆钝，斜向左下方，大部分由左心室构成，仅上方的小部分由左心耳构成。

（五）四沟

心表面有4条沟，可作为4个心腔在心表面的分界。在近心底处有一条不完整的环形沟称**冠状沟**，几乎呈冠状位，前方被肺动脉干所中断，是右上方的心房和左下方的心室在心表面的分界标志，又称房室沟。在胸肋面自冠状沟至心尖稍右侧的一条纵沟称**前室间沟**，在膈面自冠状沟至心尖稍右侧的一条纵行的沟称**后室间沟**，前、后室间沟是左、右心室在心表面的分界标志。心尖切迹为前、后室间沟在心尖稍右侧的汇合处略凹陷结构。在心底，右心房与右侧上、下肺静脉交界处的浅沟称**后房间沟**，是左、右心房在心表面的分界标志。后室间沟、后房间沟和冠状沟的交汇区称**房室交点**，也是心表面的一个重要标志。冠状沟和前、后室间沟内被冠状血管和脂肪组织等填充，在心表面其轮廓不清。

> **考点提示**
> 心尖的位置；4沟的意义。

知识拓展

右位心

右位心是指心脏的位置移至胸腔右侧的总称。

1. 真正右位心：心的位置偏于中线右侧，心尖朝向右下方，其心房、心室与大血管的位置就如正常心的镜中影像，故又称为镜像右位心。同时常常伴有腹腔内的脏器反位，也可不伴有内脏的反位。

2. 右旋心：心脏位于右侧胸腔，心尖指向右侧，但各心房心室间的关系未形成镜像的反位，主要是由于心脏移位同时旋转而导致，故称假性右位心。常合并有纠正型大血管移位、房室隔缺损和动脉狭窄。

3. 心脏右移：心脏位于胸腔的右侧，是由于肺、胸膜和膈的病变而引起。

三、心腔

心被心间隔分为左、右心房和左、右心室4个腔，同侧心房和心室借助于房室口相连通。心在发育过程中出现了轻度沿心纵轴的左旋转，故而左侧半心位于右半心的左后方。

（一）右心房

右心房位于心的右上部，壁薄而腔大，以界沟（或界嵴）为界线分为前部的固有心房和后部的腔静脉窦。

1. **固有心房** 构成右心房的前部。其内面有许多大致平行排列的肌隆起称梳状肌，突向左前方的三角形部分称右心耳，遮盖升主动脉的右侧面。右心耳内面梳状肌发达，似海绵状，当心功能障碍，血流缓慢时，在此处易淤积形成血栓。梳状肌之间房壁较薄，右心导管插管时，应注意避免损伤。

2. **腔静脉窦** 位于右心房的后部。内壁光滑，无肌性隆起。内有3个入口和1个出口，3个入口分别是：位于后上部的**上腔静脉口**，开口于腔静脉窦的上部，在手术剥离上腔静脉根部时，应避免损伤其内附近的窦房结和血管；后下部的**下腔静脉口**，前缘有半月形的下腔静脉瓣，在胚胎时期有引导下腔静脉血经过卵圆孔流入左心房的作用；下腔静脉口与右房室口之间有**冠状窦口**，下部有半月形的冠状窦瓣。1个出口即**右房室口**，位于右心房的前下部，通右心室。

右心房的后内侧壁为房间隔，在房间隔右侧面中下部有一卵圆形浅窝称**卵圆窝**，是胚胎时期卵圆孔闭合后的遗迹，此处较薄弱，是房间隔缺损的好发部位，也是从右心房进入左心房心导管穿刺的理想部位。（图7–6）。

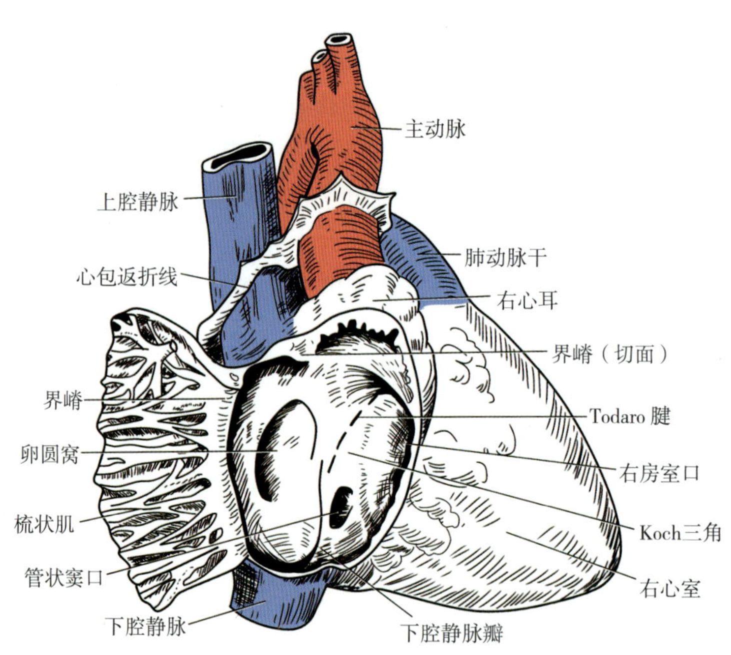

图7–6 右心房内面观

（二）右心室

右心室位于右心房的左前下方，构成心胸肋面的大部分，是心最靠前的腔。室腔呈尖端向前下的锥体形，其底部有两口，即位于后上方的右房室口和位于左上方的肺动脉口，两口之间的弓状肌性隆起称室上嵴。右心室以室上嵴为界分为后下方的流入道（窦部）和前上方的流出道（漏斗部）。右心室前壁较薄，约为左心室厚度的1/3，供应血管相对较少，是右心室手术的切口部位（图7–7）。

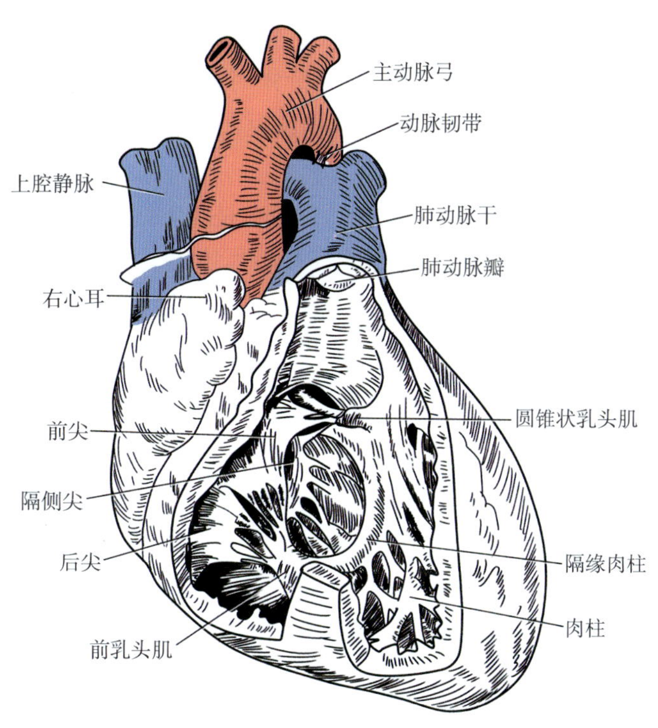

图 7-7 右心室

1. **流入道** 又称为固有心腔，是右心室的主要部分，自右房室口延伸至心尖，入口即右房室口，呈卵圆形，口周缘有由致密结缔组织形成的纤维环，纤维环上附有3片近似三角形的瓣膜称**三尖瓣**（图7-8），瓣膜垂入右心室流入道，其游离缘借腱索与乳头肌相连。**乳头肌**是从室壁突入室腔的锥体形的肌隆起。从室间隔右侧至前乳头肌根部的圆形肌隆起称隔缘肉柱（节制索），内有心传导系统的右束支通过。在右心室手术时，要防止损伤隔缘肉柱，以免发生右束支传导阻滞。隔缘肉柱构成右心室流入道的下界，可防止心室过度扩张。乳头肌的尖端发出腱索与瓣膜游离缘相连。在功能上三尖瓣环、三尖瓣、腱索和乳头肌是一个整体，称**三尖瓣复合体**。当右心室舒张时三尖瓣开放，右心房的血液经房室口流入右心室，当右心室收缩时，三尖瓣关闭，可防止血液反流回右心房，由于有乳头肌收缩牵拉腱索，使瓣膜恰好关闭，不至于翻向心房，保证了血液在心内的单向流动。

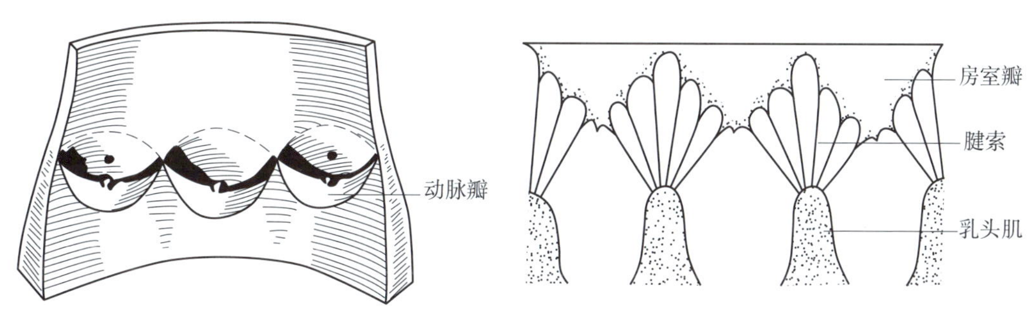

图 7-8 心瓣膜模式图

2. **流出道** 是右心室腔向左上方的延伸部分，向上逐渐变窄，形似圆锥状，室壁光滑无肉柱称**动脉圆锥**，其上端借肺动脉口通向肺动脉干，肺动脉口周缘的纤维环上附有3个彼此相连的半月形袋状瓣膜，称**肺动脉瓣**，瓣膜游离缘朝向肺动脉干方向。肺动脉瓣与肺动脉壁之间的袋状腔隙，称为肺动脉窦。当右心室收缩时肺动脉瓣开放，血液由右心室射出，冲开肺动脉瓣，进入肺动脉干，当右心室舒张时，肺动脉窦被倒流的血液充盈，使3个肺动脉瓣膜相互靠拢，关闭肺动脉口，防止血流返回右心室。

（三）左心房

左心房位于右心房的左后方，构成心底的大部分，是四个心腔中最后方的心腔（图7-9）。

左心耳是左心房向右前方的突出部分，较右心耳狭长、壁厚，左心耳内面有梳状肌，结构与右心耳类似，但没有右心耳内梳状肌发达。**左心房窦**位于后部，又称固有心房。腔面光滑，其后壁的两侧各有两个肺静脉口，即左心房的4个入口，开口处无静脉瓣。左心房窦的前下部借助左房室口通向左心室。

（四）左心室

左心室位于右心室的左后方，呈圆锥形，是心最靠左侧的心腔，构成心尖及心的左缘。腔室底被左房室口和主动脉口所占据。左心室壁厚约是右心室壁厚的三倍，达9 ~ 12mm（图7-9）。

1. **流入道**　又称为左心室窦部，位于二尖瓣前尖的左后方。为左心室的主要部分，其入口即为左房室口。口周缘有致密结缔组织构成的纤维环二尖瓣环，纤维环上附有两片三角形的瓣膜，称**二尖瓣**（左房室瓣），基底附于二尖瓣环，游离缘垂入室腔。瓣膜的游离缘也借腱索和乳头肌相连。左心室的乳头肌较左心室的粗大，分为前、后两组。乳头肌均发出腱索连于二尖瓣。纤维环、二尖瓣、腱索和乳头肌在功能上与三尖瓣复合体相同，称**二尖瓣复合体**。当左心室收缩时，乳头肌对腱索产生垂直的牵拉力，使二尖瓣有效地靠拢和闭合，同时又限制了二尖瓣翻转向左心房。

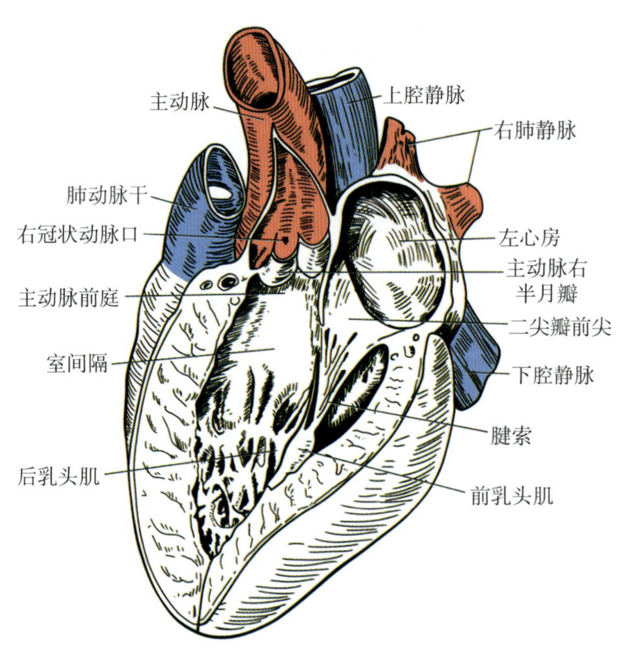

图7-9　左心房与左心室

2. **流出道**　为左心室腔的前内侧部分，室壁光滑无肉柱，又称主动脉前庭。流出道向右上方经主动脉口通主动脉。主动脉口周缘的纤维环上附有3片半月形的袋状瓣膜，称**主动脉瓣**，每片瓣膜相对的主动脉壁向外膨出，之间的袋状腔隙称主动脉窦。

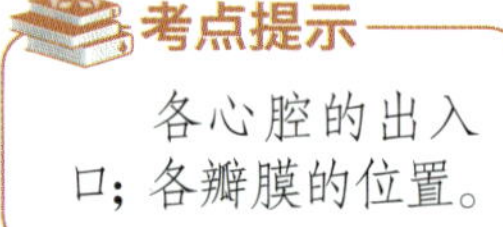

各心腔的出入口；各瓣膜的位置。

心脏像一个“动力血泵”，瓣膜就是泵的开关闸门，保证了心脏内部血液的定向流动。

两侧的心室和心房的收缩与舒张是同步的，心室舒张时，二尖瓣和三尖瓣开放，主动脉瓣和肺动脉瓣关闭，血液由心房进入心室；心室收缩时，二尖瓣和三尖瓣关闭，主动脉瓣和肺动脉瓣开放，血液进入动脉。

四、心的构造

心壁从内向外依次由心内膜、心肌层、心外膜构成，分别与出入心的大血管壁的3层膜相对应。心肌层是构成心壁的主要部分。

（一）心内膜

心内膜是衬覆于心腔内表面的一层光滑的薄膜，由内皮和内皮下层构成。与出入心的大血管的内膜相延续。心脏的各个瓣膜就是由心内膜向心腔折叠形成，并夹一层致密结缔组织而构成。

（二）心肌层

心肌层是构成心壁的主体，由心肌纤维和结缔组织构成（图7-10）。心肌纤维构成心房肌和心室肌，均附着于心纤维支架，并被其分开不相延续，故心房和心室的收缩不同步进行。心房肌较薄，心室肌肥厚，左心室肌最厚。心房肌束呈网格状，由浅、深两层组成。心室肌一般包括浅层斜行，中层环行，深层纵行的三层。浅层肌在心尖处形成心涡，进入深部移行为深层的乳头肌和肉柱。特化的心肌纤维构成心的传导系统。

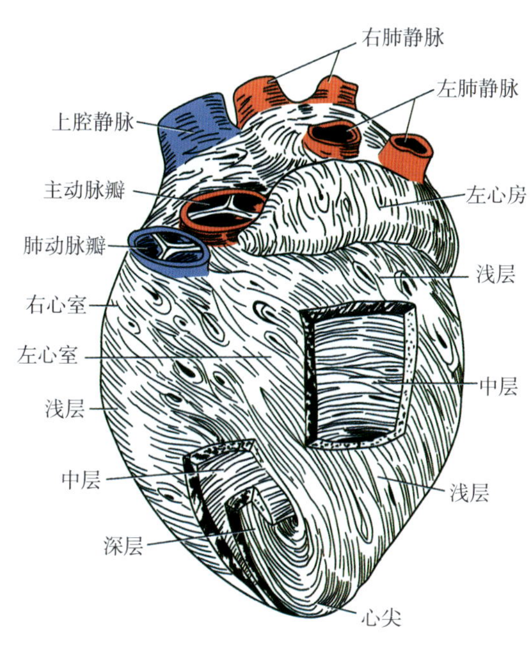

图7-10 心肌层

（三）心外膜

为浆膜性心包的脏层，包裹在心肌层的表面。心外膜与大血管根部的外膜相续。

（四）房间隔和室间隔

1. **房间隔** 位于左、右心房之间，向左前方倾斜。由两层心内膜夹少量心房肌和结缔组织构成。房间隔右侧面中下部有卵圆窝，是房间隔最薄弱处，易发生房间隔缺损（图7-11）。

2. **室间隔** 位于左、右心室之间，呈45°角倾斜，分为肌部和膜部（图7-11）。

（1）肌部 较厚，有1～2cm，位于室间隔前下大部分，由两层心内膜夹心室肌构成，其两侧心内膜深面分别有左、右束支通过。

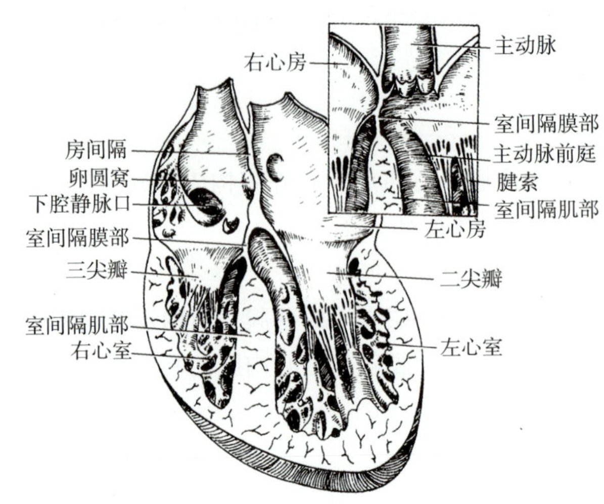

图 7-11　房间隔与室间隔

（2）膜部　较薄，缺乏心肌层，位于室间隔后上部，右侧面有三尖瓣隔侧尖附着，所以将膜部分为后上部和前下部。室间隔缺损多发于此部位。

3. **房室隔**　为房间隔和室间隔之间的过渡、重叠区域。

（五）心纤维性支架

致密结缔组织在左、右房室口、肺动脉口和主动脉口周缘分别形成4个纤维环，质地坚韧而富有弹性，是心肌和心瓣膜的附着处，在心肌活动中起到支持和稳固的作用。在纤维环之间形成左、右纤维三角，它们共同组成心纤维骨骼（图7-12）。

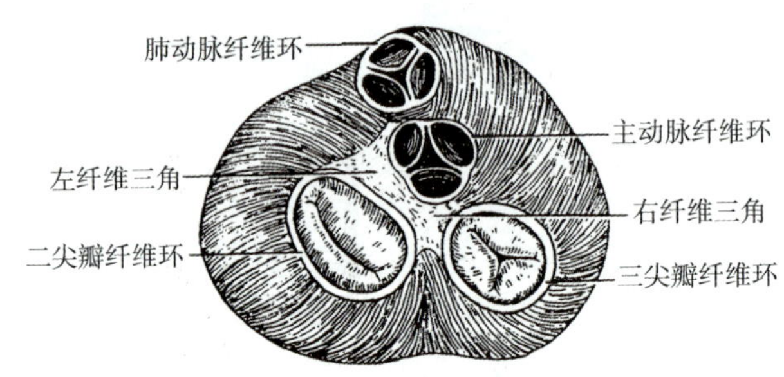

图 7-12　心的纤维环

五、心的传导系统

心的传导系统由特殊分化的心肌细胞构成。具有自律性和传导性，其主要功能是产生兴奋并传导冲动，维持心的正常节律性搏动。包括窦房结、结间束、房室结、房室束、左右束支及浦肯野纤维网（图7-13）。

1. **窦房结**　呈长梭形（或半月形），位于上腔静脉与右心房交界处的界沟上1/3的心外膜深面，**窦房结**其长轴与界沟基本平行。能有节律地产生兴奋，自律性最高，是心的正常起搏点。

2. **结间束**　窦房结产生的冲动由何种途径传至左、右心房和房室结，长期以来一直未有定论。结间束连于窦房结和房室结之间，有前、中、后3条。

3. **房室结**　呈矢状位扁椭圆形结构，位于房间隔下部右侧，冠状窦口前上方的心内膜深面。其主要功能是将来自窦房结的冲动传向心室，但传导速度较慢，形成房室延搁，使心房肌和心室肌依次先后顺序分开收缩，是冲动从心房传向心室的必由之路。正常情况下，**房室结**也可产生节律性兴奋，但自律性较窦房结低，当窦房结的冲动产生或传导有障碍时，房室结亦可维持心的搏动。

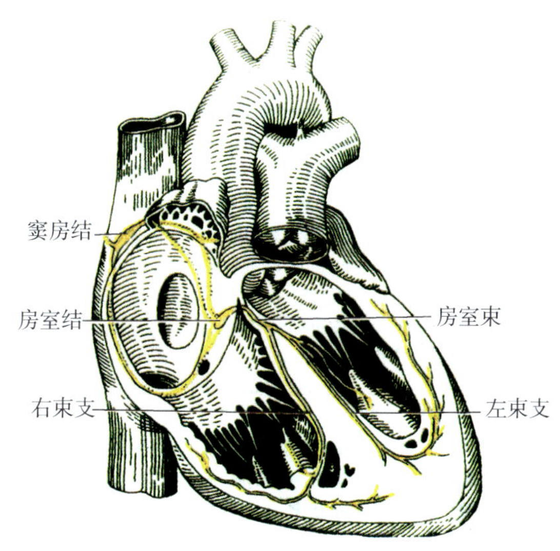

图 7-13 心的传导系统

4. **房室束及左、右束支** **房室束** 又称His束，起自房室结前端，穿过中心纤维体，向下行经室间隔膜部，至室间隔肌部上方分为左、右束支。左束支沿室间隔肌部左侧心内膜深面下行至乳头肌根部分为3组分支，右束支从室间隔膜部下缘的中部向前下方走行，向下方进入隔缘肉柱，到达右心室前乳头肌根部分支，分布于右心室壁。左、右束支的分支在心内膜下交织形成Purkinje纤维网，主要分布于室间隔中下部的心尖、乳头肌的下部和游离心室壁的下部。

窦房结发出的冲动，先传导到心房肌，引起心房肌兴奋和收缩，同时经房室结、房室束、左右束支、浦肯野纤维传到心室肌纤维，从而引起心室肌兴奋和收缩。

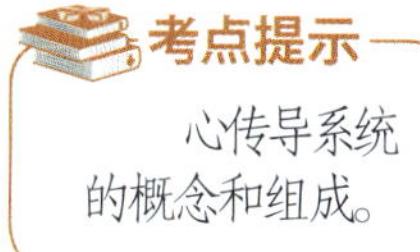

心传导系统的概念和组成。

六、心的血管

心的血液供应来自左、右冠状动脉；回流的静脉血，大部分经冠状窦注入右心房，一部分直接注入右心房。心本身的血液循环称冠状循环。

（一）心的动脉

营养心的动脉有左冠状动脉和右冠状动脉（图7-4、图7-5）。

1. **左冠状动脉** 起自于主动脉左窦，主干很短，在左心耳与肺动脉之间进入冠状沟，立即分为旋支和前室间支。旋支沿左侧冠状沟绕心左缘入心膈面，沿途主要分支有左缘支、左心室后支、心房支、窦房结支和左房旋支。旋支及其分支分布于左心房、左心室左侧面和膈面、窦房结。前室间支沿前室间沟下行，其末梢绕心尖切迹至后室间沟上行与后室间支吻合。沿途的主要分支有左心室前支、右心室前支和室间隔前支。前室间支及其分支分布于左心室前壁、右心室前壁一小部分和室间隔前上2/3部。

2. **右冠状动脉** 起自于主动脉右窦，在右心耳和肺动脉干之间进入冠状沟，沿冠状沟绕心右缘至心膈面，在房室交点附近常分为后室间支和右旋支。后室间支沿后室间沟下行，多数止于后室间沟下1/3，达心尖切迹处与前室间支的末梢吻合。右冠状动脉沿途的主要分支有窦房结支、右缘支、后室间支、右旋支、右房支和房室结支。右冠状动脉常分布于窦房结、房室结、右心房、右心室、室间隔后下1/3和左室后壁一部分。右冠状动脉发生阻塞时，多引起房室传导阻滞和后壁心肌梗死。

（二）心的静脉

心的静脉可分为浅静脉和深静脉。浅静脉在心外膜下汇合，大部分汇入**冠状窦**，最后注入右心房。冠状窦位于心膈面，左心房与左心室之间的冠状沟内，从左房斜静脉与心大静脉汇合处作为起点，最终注入右心房的冠状窦口，主要属支有心大、中、小静脉。深静脉直接注入心各腔，以回流到右心房居多。

七、心包

心包是包裹在心和出入心的大血管根部的纤维浆膜囊状结构，分为内、外两层，外层为纤维心包，内层是浆膜心包。

纤维心包为纤维性结缔组织囊，上方与出入心的大血管外膜相延续，下方与膈的中心腱相愈着。纤维心包厚而坚韧，能防止心过度扩大，以保持循环血量的相对稳定。

浆膜心包薄而光滑，分为壁层、脏层，壁层衬贴于纤维心包内面，与纤维心包紧密相贴。脏层包裹于心肌层表面，形成心外膜。脏、壁两层在出入心的大血管根部互相移行，两层之间的潜在性腔隙称**心包腔**。心包腔内含有少量浆液，起润滑作用，可减少心脏搏动时脏、壁两层之间的摩擦（图7–14）。

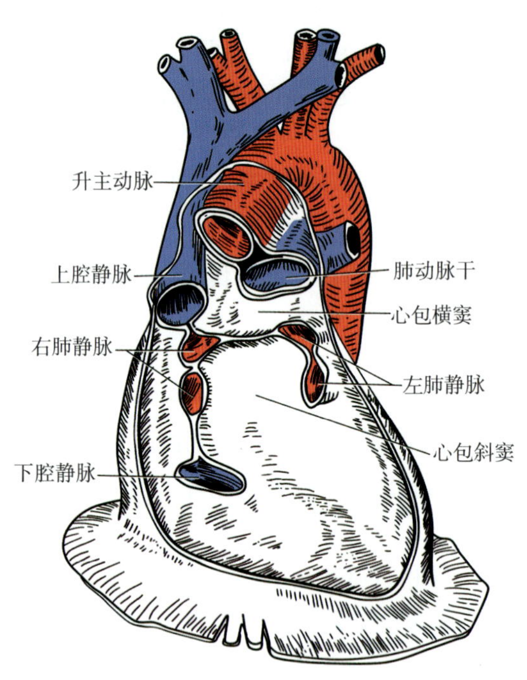

图7–14　心包

八、心的体表投影

心的体表投影可分为心外形的体表投影和瓣膜位置的体表投影（图7–15）。

（一）心外形在胸前壁的体表投影

心外形在胸前壁的体表投影可因体位而有变化。通常可用以下四点及其向外略凸的弧形连线来表示。

1. **左上点**　于左侧第2肋软骨下缘，距胸骨左缘1.2cm处。

2. **右上点**　于右侧第3肋软骨上缘，距胸骨右缘1cm处。

3. **左下点**　于左侧第5肋间隙，距前正中线7 ~ 9cm处。

4. **右下点**　于右侧第7胸肋关节处。

左、右上点连线为心上界，左上、下点间凸向左侧的弧线为心的左界，左、右下点连线为心下界，右上、下点间凸向右侧的弧线为心的右界。

（二）心各瓣膜的体表投影

1. **二尖瓣**　左侧第4胸肋关节处及胸骨左半的后方。

2. **三尖瓣**　在胸骨正中线的后方平对第4肋间隙。

3. **主动脉瓣**　在胸骨左缘第3肋间隙。

4. **肺动脉瓣**　在左侧第3胸肋关节稍上方。

了解心外形和瓣膜的体表投影，对诊断心脏疾病有重要的临床意义。

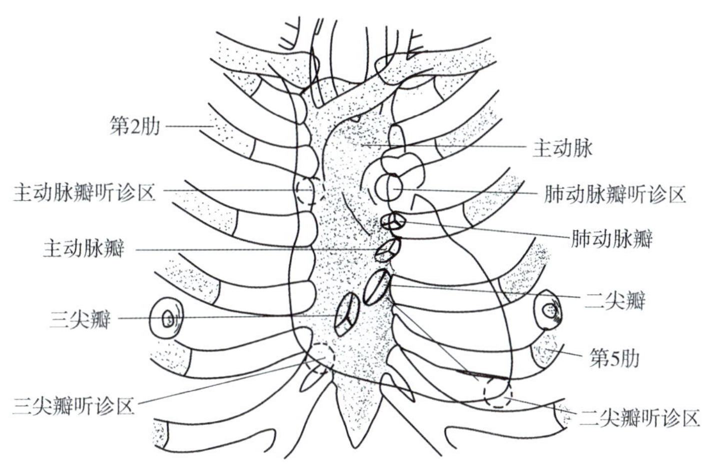

图 7-15　心的体表投影

第三节　动　脉

扫码“学一学”

案例导入

患者，男，32岁。车祸致头顶外侧损伤，创面出血不止，使用衬衣简单压迫止血，但效果不好，流血不止。120到后，医生在患者患侧耳前部按压，出血量明显减少。

请问：

1. 此病例应压迫哪一动脉血管？

2. 颈外动脉的分支有哪些？

输送血液离开心脏的血管，都称为动脉。自左心室发出的主动脉及其各级分支运送动脉血；自右心室发出的肺动脉干及其各级分支输送静脉血。

动脉干的分支离开主干后到进入器官前的一段称之为器官外动脉，进入器官后的一段则称之为器官内动脉。

器官外动脉分布的基本规律：①动脉的配布和人体的结构相适应，呈左、右对称性分布。②人体每一个大局部（头颈部、胸部、腹部、上肢、下肢）都有1～2条动脉干。③躯干部的动脉分为脏支和壁支，壁支呈节段性和对称性分布。④动脉常常与静脉、神经相伴行，形成血管神经束。⑤动脉多居身体的屈侧、深部或安全隐蔽处，不易受到损伤。⑥动脉往往以最短的距离到达所营养的器官。⑦动脉分布的形式与器官的形态有关。容积经常变化的器官，其动脉多先在器官外形成动脉弓，再分支进入器官；经常活动、容易受压的部位，其动脉相互吻合成网、弓；一些位置较固定的实质性器官，动脉从其凹侧进入，这些部位称为"门"。⑧动脉的管径不仅仅取决于其供应器官的大小，而且与器官的功能有关。

器官内动脉的分布形式与器官的构造有关，结构相似的器官其动脉配布形式也大致相同。实质性器官内的动脉呈放射状、纵行和集中分布。分叶状结构的器官内的动脉自"门"进入器官，分支呈放射状分布。中空性或管状器官内的动脉呈纵行、横行或放射状分布。

一、肺循环的动脉

肺动脉干 位于心包内，起自右心室，在主动脉的前方向左后上方斜行，至主动脉弓的下方，分为左、右肺动脉（图7–4、图7–5）。

左肺动脉 较短，水平向左，经左主支气管前方横行至左肺门，分2支分别进入左肺上叶和下叶。

右肺动脉 较长且粗，水平向右，依次经升主动脉和上腔静脉后方，向右横行达右肺门，分3支分别进入右肺上叶、中叶和下叶。

在肺动脉干分叉处稍左侧与主动脉弓下缘之间有一短的纤维性结缔组织索，称**动脉韧带**，是胚胎时期动脉导管闭锁的遗迹。若在出生后6个月动脉导管尚未闭锁，称动脉导管未闭，是常见的先天性心脏病。

二、体循环的动脉

（一）主动脉

主动脉（图7–16）是体循环的动脉主干，由左心室发出，起始段为**升主动脉**，向右前上方斜行，至右侧第2胸肋关节后方移行为**主动脉弓**，再弯向左后方，至第4胸椎体下缘处转折向下，移行为**降主动脉**，走行于胸腔内为胸主动脉，沿脊柱左前方下行逐渐转至前方，穿膈的主动脉裂孔入腹腔移行为腹主动脉，至第4腰椎下缘处分为左、右髂总动脉。髂总动脉外下走行至骶髂关节处分为髂内动脉和髂外动脉。

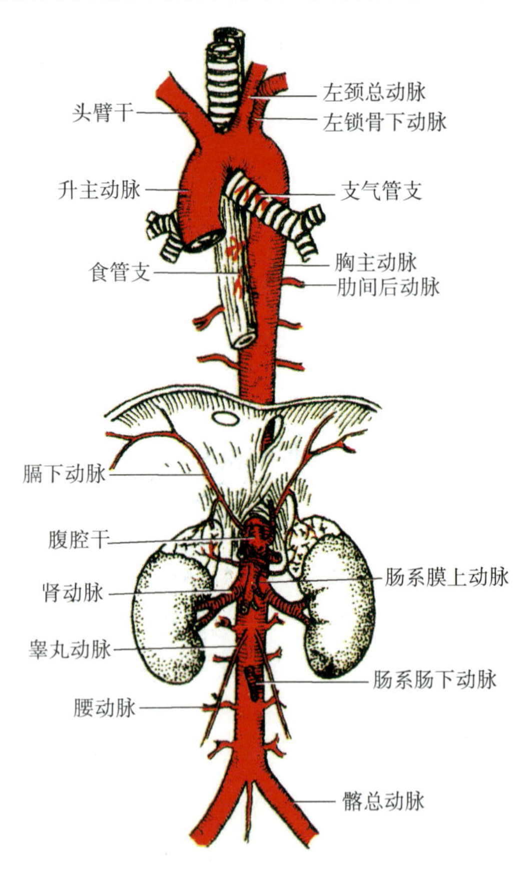

图7–16 主动脉及其分支

1. **升主动脉** 自左心室起始后，在肺动脉干与上腔静脉之间行向右前上方，至右侧第2胸肋关节后方移行为主动脉弓。升主动脉根部发出左、右冠状动脉。

2. **主动脉弓** 主动脉弓是升主动脉的延续，呈弓形弯向左后方，跨越左侧肺根，至第

4胸椎体下缘移行为降主动脉。在主动脉弓的凸侧缘上，向上发出3个分支，自右向左依次是头臂干、左颈总动脉和左锁骨下动脉。头臂干为一粗短动脉干，向右上方行至右胸锁关节后方，分为右颈总动脉和右锁骨下动脉。左、右颈总动脉是头颈部的动脉主干，左、右锁骨下动脉则主要是上肢的动脉主干。

主动脉弓壁下部的外膜下有2 ~ 3个粟粒状小体，称**主动脉小球**，是化学感受器，感受血液中二氧化碳分压、氧分压和氢离子浓度的变化，参与调节呼吸。主动脉弓壁外膜内有丰富的神经末梢，为**压力感受器**，具有调节血压的作用。

3. 降主动脉 为主动脉弓的延续，降主动脉又以主动脉裂孔为界分为**胸主动脉**和**腹主动脉**。胸主动脉是胸部的动脉主干，腹主动脉是腹部的动脉主干。降主动脉在第4腰椎体下缘平面分为左、右**髂总动脉**，髂总动脉在骶髂关节前方分为**髂内动脉**和**髂外动脉**。髂内动脉是盆部的动脉主干，髂外动脉则主要是下肢的动脉主干。

> **考点提示**
> 主动脉的分支；升主动脉的分支；主动脉弓的分支。

（二）头颈部动脉

颈总动脉 是头颈部的动脉主干。左侧起自主动脉弓，右侧起自头臂干。两侧均经过胸锁关节的后方，沿食管、气管和喉的外侧上行，达甲状软骨上缘水平分为颈内动脉和颈外动脉。在颈总动脉分叉处有颈动脉窦和颈动脉小球。颈总动脉的上段位置较表浅，在活体上可触到其搏动。当头面部大出血时，可在胸锁乳突肌的前缘，平环状软骨弓的两侧，向后将颈总动脉压在其后内方的第6颈椎的横突上，进行急救止血。（图7-17）。

颈动脉窦 是颈总动脉末端和颈内动脉起始部的膨大部分，窦壁的外膜内含有丰富的游离神经末梢，称压力感受器。当血压升高时，反射性地引起心跳减慢、末梢血管扩张、血压下降。

颈动脉小球 是位于颈内、外动脉分叉处后方的扁椭圆形小体，属化学感受器。可感受血液中氧分压、二氧化碳分压和氢离子浓度的变化。当血液中氧分压降低或二氧化碳浓度升高时，可反射性的促使呼吸加深加快，以排出过多的二氧化碳。

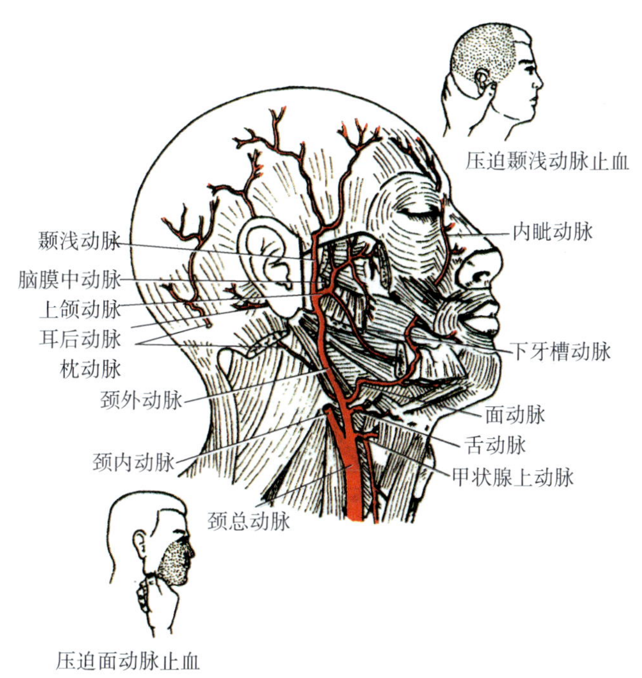

图7-17 颈外动脉及其分支

颈总动脉的主要分支有颈内动脉和颈外动脉。

1. **颈内动脉** 在颈部无分支，自颈总动脉发出后，垂直上升到颅底，经颈动脉管入颅腔，分支分布于脑和视器（详见“中枢神经系统”）。

2. **颈外动脉** 先走行在颈内动脉前内侧，后经其前方转至外侧，上行穿腮腺实质达下颌颈高度分为上颌动脉和颞浅动脉两个终支。其主要分支如下（图7-17）。

（1）甲状腺上动脉 自起始处，行向前下方，至甲状腺侧叶的上端，分布于甲状腺上部和喉。

（2）舌动脉 在甲状腺上动脉的稍上方，平舌骨大角处发自颈外动脉，行向前内方入舌，分布于舌、舌下腺和腭扁桃体。

（3）面动脉 在舌动脉稍上方，约平下颌角处发出，向前经下颌下腺深面，于咬肌前缘绕过下颌骨下缘至面部，经口角和鼻翼的外侧迂曲上行至眼内眦，易名为内眦动脉。面动脉沿途分布于面部软组织、下颌下腺和腭扁桃体等处。面动脉在下颌骨下缘和咬肌前缘交界处位置表浅，在活体上可触到其搏动。当面部出血时，可在该处进行压迫止血。

（4）颞浅动脉 在外耳门的前方上行，越过颧弓根上行至颅顶，至颞部皮下。分支分布于腮腺和额、颞、顶部的软组织。在活体上，外耳门前方、颧弓根部可触到颞浅动脉的搏动，当头皮前外侧部出血时，可在该处压迫止血。

（5）上颌动脉 起始后经下颌颈的深面进入颞下窝，在翼内外肌之间行至翼腭窝。沿途分支分布于外耳道、鼓室、牙及牙龈、咀嚼肌、颊、腭、鼻腔和硬脑膜等处。其中分布于硬脑膜的分支，称脑膜中动脉，其在下颌颈的深面发出，向上穿棘孔进入颅腔，分为前、后两支，紧贴颅骨内面走行，分布于颅骨和硬脑膜。前支经过颅骨翼点的内面，当翼点骨折时，易损伤该血管，引起硬膜外血肿。

（6）枕动脉 与面动脉的起点相对发出，至枕部并分布于此部。

（7）耳后动脉 自颈外动脉发出后上升至耳郭后方分布于该处。

（8）咽升动脉 自颈外动脉发出后上行至颅底，分支至咽和颅底等处。

考点提示

颈总动脉的分支；颈外动脉的分支；颈总动脉、面动脉、颞浅动脉的压迫止血点。

（三）锁骨下动脉及上肢动脉

1. **锁骨下动脉** 左侧起自主动脉弓，右侧起自头臂干，两者均经胸锁关节后方斜向外至颈根部，呈弓形经胸膜顶前方，穿斜角肌间隙，至第1肋外缘延续为腋动脉（图7-18）。当上肢出血时，可在锁骨中点上方的锁骨上窝处，向后下将锁骨下动脉压向第1肋进行止血。锁骨下动脉的主要分支如下。

（1）椎动脉 起于前斜角肌的内侧，向上依次穿第6～1颈椎的横突孔，经枕骨大孔入颅腔，分支分布于脑和脊髓（详见“中枢神经系统”）。

（2）胸廓内动脉 起于锁骨下动脉的下面，椎动脉起点的相对侧，向下经第1～6肋软骨后面，约距胸骨外侧缘约1cm垂直下降，沿途分布于胸前壁、乳房、心包和膈等处。胸廓内动脉行至第6肋间隙处发出两个终支，其中较大的为腹壁上动脉。该动脉为胸廓内动脉的直接延续，穿膈进入腹直肌鞘，在腹直肌深面下行，与腹壁下动脉吻合。分支营养腹直肌和腹膜。胸廓内动脉另一终末分支为肌膈动脉。

（3）甲状颈干 为一短干，起自锁骨下动脉，在椎动脉外侧发出，分为数支至颈部和肩部。其主要分支为甲状腺下动脉，分布于甲状腺下部和喉等处。

（4）肋颈干 起自甲状颈干的外侧，分支分布于颈深肌和第1、2肋间隙后部。

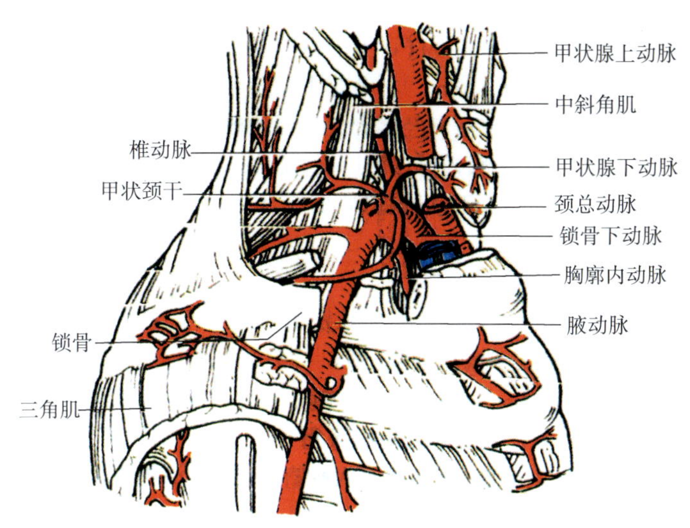

图7-18 锁骨下动脉及其分支

2. **腋动脉** 是上肢的动脉主干，在第1肋外侧缘续于锁骨下动脉，走行于腋窝深部，出腋窝至背阔肌的下缘移行为肱动脉。其主要分支有：胸上动脉、胸肩峰动脉、胸外侧动脉、肩胛下动脉、旋肱后动脉和旋肱前动脉等，主要分布于肩部、胸前外侧壁和乳房等处。

3. **肱动脉** 为腋动脉的直接延续，与正中神经伴行，沿肱二头肌内侧缘下行至肘窝，平桡骨颈高度分为桡动脉和尺动脉。在肘窝内上方，肱动脉位置表浅，可触到肱动脉的搏动，是测量血压时听诊的部位。当前臂和手部大出血时，可在臂中部用指压法将肱动脉压向肱骨以达到暂时止血的目的。如果使用止血带进行止血，应避开上臂中1/3部，以免因长时间压迫位于桡神经沟内的桡神经从而造成桡神经的损伤。肱动脉主要的分支是肱深动脉，肱深动脉斜向后外方，与桡神经伴行，分支布于肱三头肌和肱骨，其终支参与肘关节网的组成。肱动脉的其他分支还有尺侧上副动脉、尺侧下副动脉、肱骨滋养动脉和肌支，营养臂肌和肱骨（图7-19）。

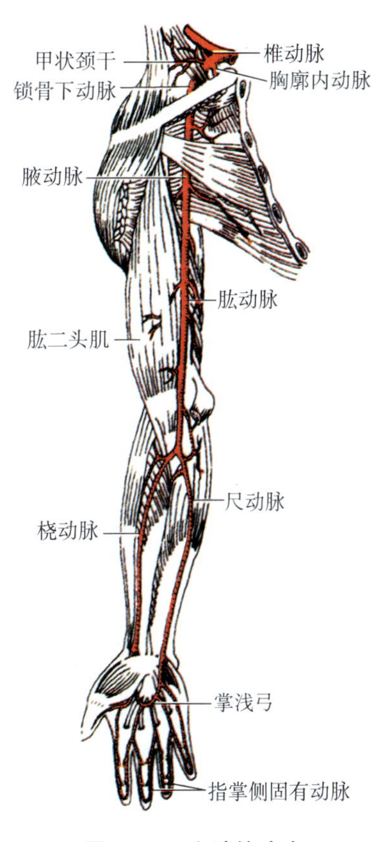

图7-19 上肢的动脉

4. **桡动脉** 由肱动脉分出后，在前臂肌前群的桡侧下行，绕桡骨茎突到手背，穿第1掌骨间隙达手掌（图7-20）。其末端与尺动脉掌深支相吻合形成掌深弓。桡动脉下段仅仅被皮肤和筋膜覆盖，位置表浅，在桡骨茎突的内上方可触到其搏动，是诊脉的常用部位。桡动脉的主要分支有拇主要动脉和掌浅支。桡动脉沿途分支分布于前臂桡侧肌和手，并参与肘、腕关节网的组成。

5. **尺动脉** 由肱动脉发出后，在前臂肌前群的尺侧下行，经豌豆骨的桡侧到达手掌（图7-20）。其末端与桡动脉掌浅支相吻合形成掌浅弓。尺动脉的主要分支有骨间总动脉和掌深支。尺动脉沿途分支分布于前臂肌、前臂骨，并参与肘、腕关节网的组成。

6. 掌浅弓和掌深弓

（1）**掌浅弓** 由尺动脉末端和桡动脉的掌浅支吻合而成（图7-21），位于掌腱膜和指屈肌腱之间。弓的凸侧约平掌骨的中部，其最凸处相当于自然握拳时中指所指的位置，在处理手外伤时，应注意保护。掌浅弓发出1条小指尺掌侧动脉和3条指掌侧总动脉，其分支指掌侧固有动脉，沿手指掌面的两侧行向指尖，分布于手掌和第2 ~ 5指相对缘，手指出血时可在手指根部两侧压迫止血。

（2）**掌深弓** 由桡动脉末端和尺动脉的掌深支吻合而成（图7-21），位于指深屈肌腱的深面。弓的凸侧在掌浅弓的近侧，约平腕掌关节高度。由弓发出3条掌心动脉，分别与相应的指掌侧总动脉吻合。

> **考点提示**
>
> 锁骨下动脉、肱动脉、指掌侧固有动脉的压迫止血点。

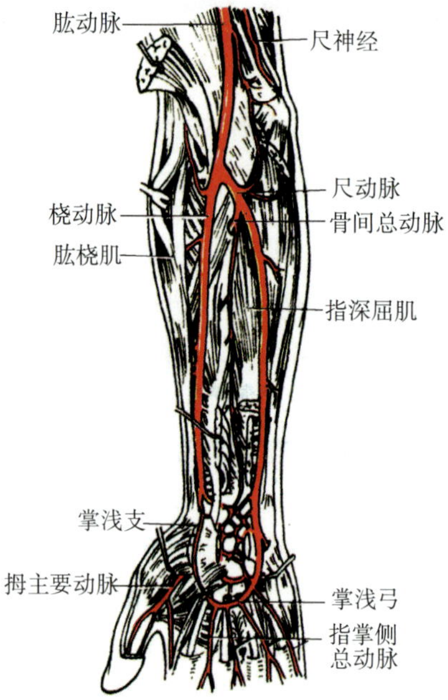

图7-20 前臂前面的动脉

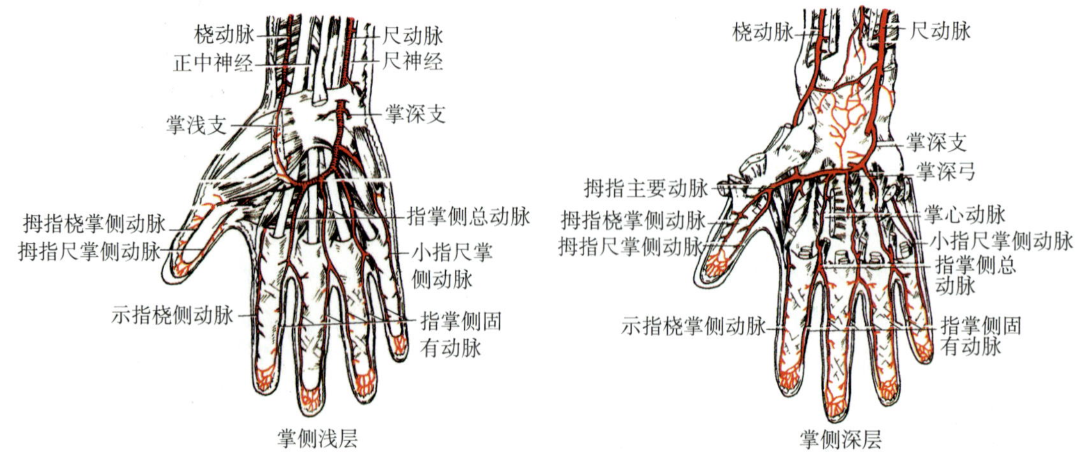

图7-21 手的动脉

（四）胸部动脉

胸主动脉是胸部的动脉主干，位于胸腔的后纵隔内，在第4胸椎的左侧续于主动脉弓，沿脊柱左侧下行转至前方，穿膈的主动脉裂孔移行为腹主动脉。胸主动脉分为壁支和脏支两种（图7-22）。

1. **壁支** 胸主动脉发出的壁支主要为第3～11对肋间后动脉和1对肋下动脉。第1、2肋间后动脉来自锁骨下动脉。肋间后动脉走行在肋间隙内，主干沿肋骨下缘的肋沟内前行，在肋角处，肋间后动脉发出分支沿下位肋上缘前行；肋下动脉走在第12肋的下缘。肋间后动脉和肋下动脉分支分布于脊髓、背部、胸壁和腹壁的上部等处。临床上，根据肋间血管的走行，在胸壁侧部作胸膜穿刺时，经两个肋间进针，而在胸壁后部穿刺时，则应在肋骨上缘进针，以免损伤肋间血管。

2. **脏支** 脏支细小，主要有支气管支、食管支和心包支，分布于气管、支气管、食管和心包。

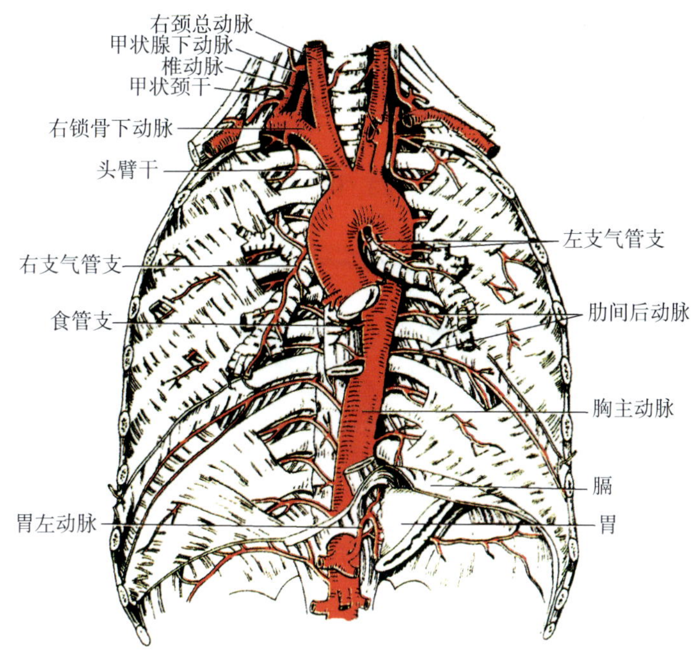

图7-22 胸主动脉

（五）腹部动脉

腹主动脉是腹部的动脉主干，沿脊柱的左前方下行，至第4腰椎体的下缘处分为左、右髂总动脉。其右侧有下腔静脉伴行，前方有肝左叶、胰、十二指肠水平部和小肠系膜根越过。腹主动脉的分支亦有壁支和脏支之分（图7-23）。

壁支有4对腰动脉、1对膈下动脉和1条骶正中动脉。腰动脉自腹主动脉后壁发出，节段性分布于脊髓、腹后壁和腹前外侧壁。膈下动脉由腹主动脉上端发出，分布于膈的下面，并发出肾上腺上动脉到肾上腺。骶正中动脉发自腹主动脉分叉处的稍后方，分布于骶骨及周围。

脏支分成对脏支和不成对脏支两种。成对脏支有肾上腺中动脉、肾动脉和睾丸动脉（男性）或卵巢动脉（女性）；不成对脏支有腹腔干、肠系膜上动脉和肠系膜下动脉。

1. **腹腔干** 为一粗而短的动脉干，在膈的主动脉裂孔稍下方由腹主动脉前壁发出，立即分为胃左动脉、脾动脉和肝总动脉（图7-24、图7-25）。它们的分支分布于肝、胆囊、胰、脾、胃、十二指肠和食管腹段。

（1）**胃左动脉** 向左上方行至胃的贲门部，然后沿胃小弯在小网膜两层之间向右行，与胃右动脉吻合。沿途分支分布于食管腹段、贲门及胃小弯附近的胃壁。

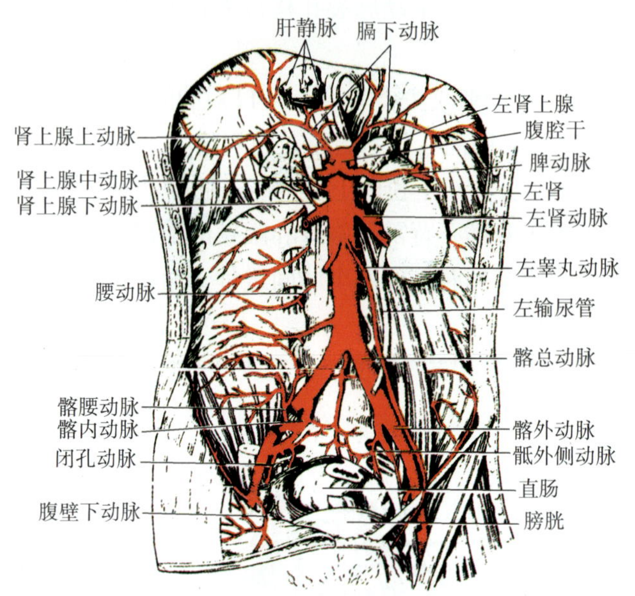

图 7-23 腹主动脉

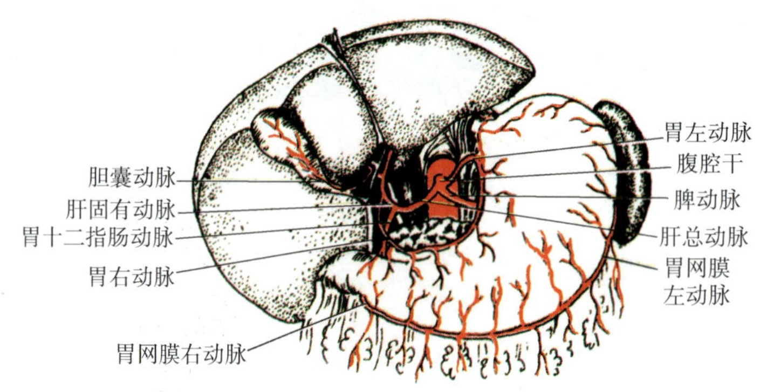

图 7-24 腹腔干及其分支（胃前面观）

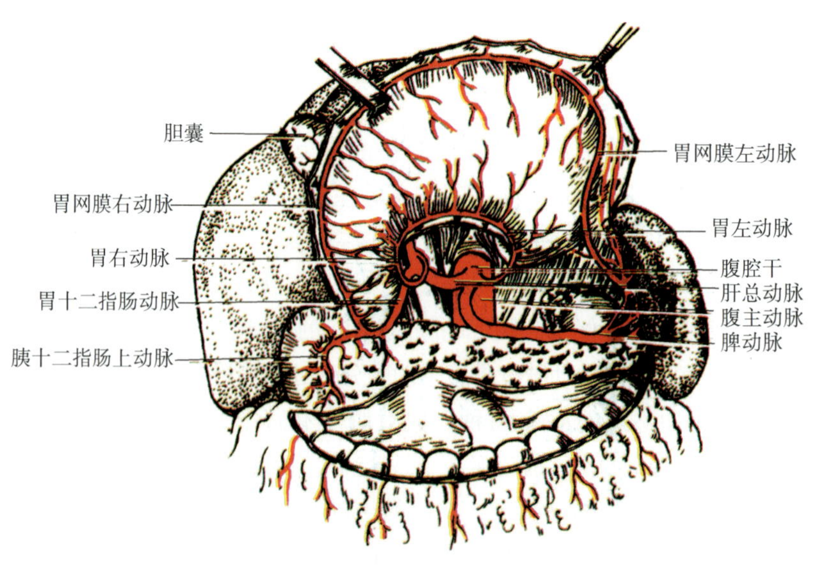

图 7-25 腹腔干及其分支（胃后面观）

（2）**脾动脉** 沿胰上缘左行至脾门，分数支入脾。沿途发出胰支，分布于胰体和胰尾。脾动脉入脾门前发出以下分支：①胃短动脉，3 ~ 5条分布于胃底；②胃网膜左动脉，分布于胃大弯左侧胃壁和胃网膜，与胃网膜右动脉吻合，布于胃大弯附近的胃壁和大网膜。

（3）**肝总动脉** 向右前行，至十二指肠上部上缘后进入肝十二指肠韧带，分为肝固有动脉和胃十二指肠动脉。①**肝固有动脉**，起始处发出胃右动脉，沿胃小弯向左与胃左动脉吻合，分布于胃小弯附近的胃壁。在肝十二指肠韧带内上行到达肝门，分为左、右支进入肝。右支在入肝前发出**胆囊动脉**，分布于胆囊。②胃十二指肠动脉，经十二指肠上部，在幽门后方下缘分为胃网膜右动脉和胰十二指肠上动脉。胃网膜右动脉沿胃大弯左行，与胃网膜左动脉吻合，分布于胃大弯附近的胃壁和大网膜。胰十二指肠上动脉，分布于胰头和十二指肠。

2. **肠系膜上动脉** 在腹腔干的稍下方，约平第一腰椎水平，由腹主动脉前壁发出，在胰颈后方下行，向前越过十二指肠水平部的前面进入肠系膜根（图7–26），呈弓状向右髂窝下行。发出分支分布于小肠以及脾曲以前的大肠。其主要分支如下。

（1）空肠动脉和回肠动脉 有13 ~ 18支，由肠系膜上动脉的左侧壁发出，走行在肠系膜内，反复分支彼此吻合形成多级动脉弓，最多可达5级。分布于空肠和回肠。

（2）回结肠动脉 肠系膜上动脉的右侧壁发出的最下一条分支，斜向右下走向回盲部，分布于回肠末端、盲肠和升结肠，回结肠动脉发出阑尾动脉（图7–27），经回肠末端的后方进入阑尾系膜，分布于阑尾。

（3）右结肠动脉 在回结肠动脉的上方发出，向右行，分布于升结肠，并与中结肠动脉和回结肠动脉的分支吻合。

（4）中结肠动脉 在胰下缘附近发出后入横结肠系膜，分布于横结肠。

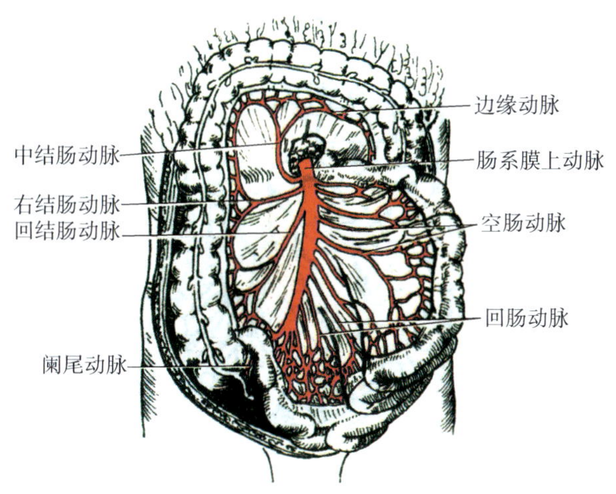

图 7–26 肠系膜上动脉及其分支

3. **肠系膜下动脉** 约平第3腰椎高度发自腹主动脉前壁，在腹后壁腹膜后面行向左下方，分支分布于降结肠、乙状结肠和直肠上部（图7–27）。主要分支如下。

（1）左结肠动脉 横行向左，分布于降结肠，并与中结肠动脉和乙状结肠动脉吻合。

（2）乙状结肠动脉 2 ~ 3支，斜向左下方走行，进入乙状结肠系膜内，分布于乙状结肠。

（3）直肠上动脉 为肠系膜下动脉的直接延续，在乙状结肠系膜内下行，分布于直肠上部，并与乙状结肠动脉和直肠下动脉吻合。

4. 肾上腺中动脉 在腹腔干起点的稍下方，平对第1腰椎处起自腹主动脉侧壁，横行向外分布于肾上腺中部。

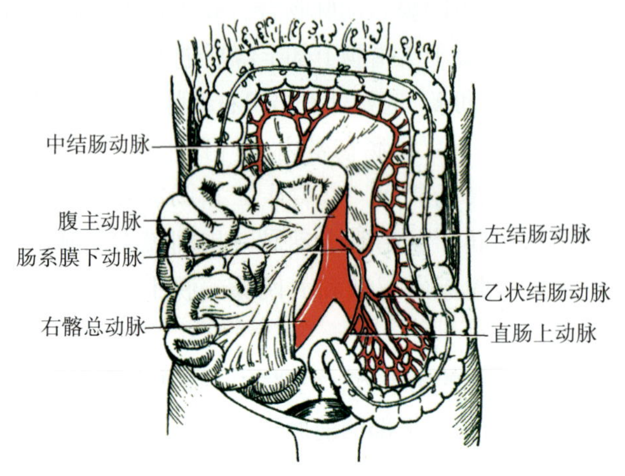

图 7–27 肠系膜下动脉及其分支

5. 肾动脉 约平第1、2腰椎体的高度，起自腹主动脉侧壁，横行向外经肾门入肾，入肾之前发出肾上腺下动脉到肾上腺。

6. 睾丸动脉 细长，在肾动脉稍下方由腹主动脉前壁发出，沿腰大肌前面斜向外下，穿经腹股沟管入阴囊，又称精索内动脉，参与精索的组成。分布于睾丸和附睾。在女性，相对应的动脉为卵巢动脉，分布于卵巢和输卵管。

> **考点提示**
>
> 腹腔干的分支；肠系膜上、下动脉的营养范围。

（六）髂总动脉及盆部动脉

髂总动脉 在第4腰椎体下缘高度由腹主动脉分出，沿腰大肌内侧向外下方走行，至骶髂关节处分为髂内动脉和髂外动脉。

髂内动脉 是盆部动脉的主干，为一短干，沿盆腔侧壁下行，发出壁支和脏支（图7–28），分布于盆壁和盆腔脏器。

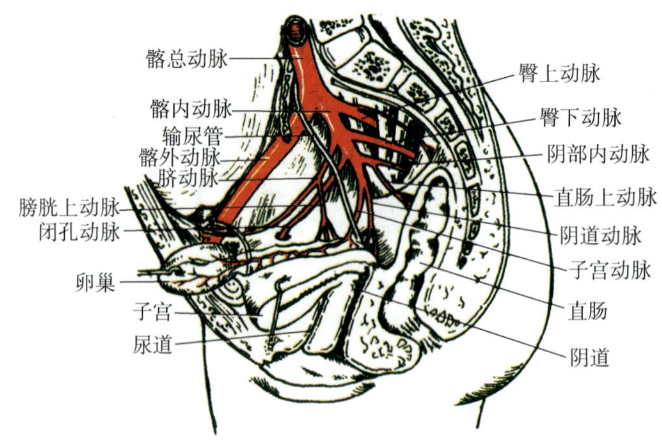

图 7–28 女性盆腔的动脉

1. 壁支

（1）闭孔动脉 沿骨盆侧壁行向前下，穿闭孔膜出盆腔至大腿内侧，分布于大腿内侧肌群及髋关节。

（2）臀上动脉和臀下动脉 分别经梨状肌上、下缘穿出至臀部，分支营养臀肌和髋关节。

2. 脏支

（1）膀胱下动脉 沿盆腔侧壁下行，分布于膀胱底、精囊腺和前列腺。女性分布于膀胱和阴道。

（2）直肠下动脉 分布于直肠下部，并与直肠上动脉和肛动脉吻合。

（3）子宫动脉 沿盆腔侧壁下行进入子宫阔韧带内，在子宫颈外侧2cm处从输尿管的前方越过并交叉，沿子宫颈侧缘上行，分布于阴道、子宫、输卵管和卵巢等处。与卵巢动脉吻合。在子宫切除术结扎子宫动脉时，应尽量靠近子宫，以免损伤输尿管。

> 考点提示
> 子宫动脉与输尿管的位置关系。

（4）阴部内动脉 自梨状肌下孔出盆腔，再经坐骨小孔至坐骨肛门窝，发出肛动脉、会阴动脉、阴茎（阴蒂）背动脉等分支，分布于肛门、会阴部和外生殖器。

（5）脐动脉 胎儿时期的动脉干，出生后远侧段闭锁形成脐内侧韧带，近侧段未闭，发出膀胱上动脉，分布于膀胱上中部。

（七）髂外动脉及下肢动脉

1. 髂外动脉 沿腰大肌内侧缘下行，经腹股沟韧带中点深面至股前部，移行为股动脉（图7–29）。其主要分支为腹壁下动脉，经腹股沟管深环内侧上行入腹直肌鞘，与腹壁上动脉吻合分布于腹直肌。

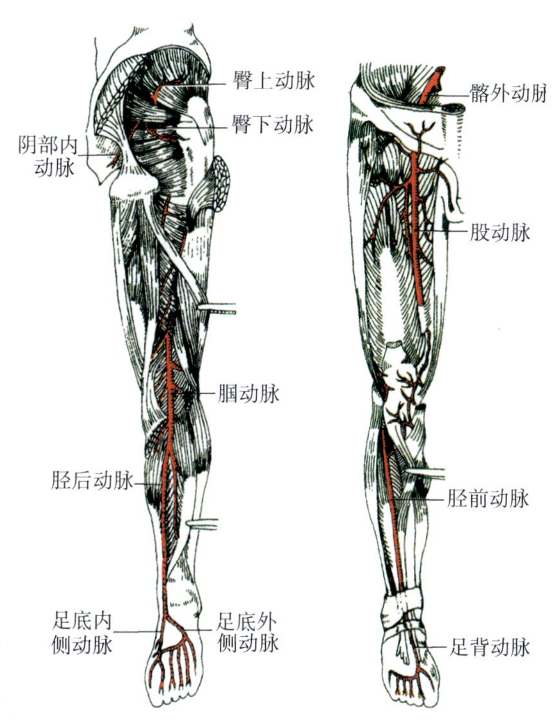

图7–29 下肢的动脉

2. 股动脉 为髂外动脉的直接延续，是下肢的主干，在股三角内下行，穿过收肌管至腘窝，移行为腘动脉。在腹股沟韧带中点下方，股动脉位置表浅，在活体上可触及搏动，当下肢出血时，可在此处向后压向耻骨上支进行压迫止血（图7–29）。股动脉的主要分支是股深动脉。该动脉在腹股沟韧带中点的下方2～5cm处由股动脉发出，行向后内下方，沿途发出旋股内侧动脉、旋股外侧动脉和3～4支穿动脉，分布于大腿肌和股骨。

3. 腘动脉 在腘窝深部下行，至腘窝下缘处分为胫前动脉和胫后动脉。腘动脉的分支分布于膝关节和邻近肌（图7–30）。

4. 胫前动脉 自腘动脉发出后，向前穿小腿骨间膜至小腿前面，在小腿前群肌之间下行，至踝关节前方移行为足背动脉。胫前动脉沿途分支布于小腿前群肌（图7–30）。

5. 胫后动脉 自腘动脉发出后，沿小腿后面浅、深肌之间下行，经内踝后方至足底，分为足底内侧动脉和足底外侧动脉两个终支（图7–30）。胫后动脉分支营养小腿后群肌和外侧群肌，足底内、外侧动脉分布于足底和足趾。

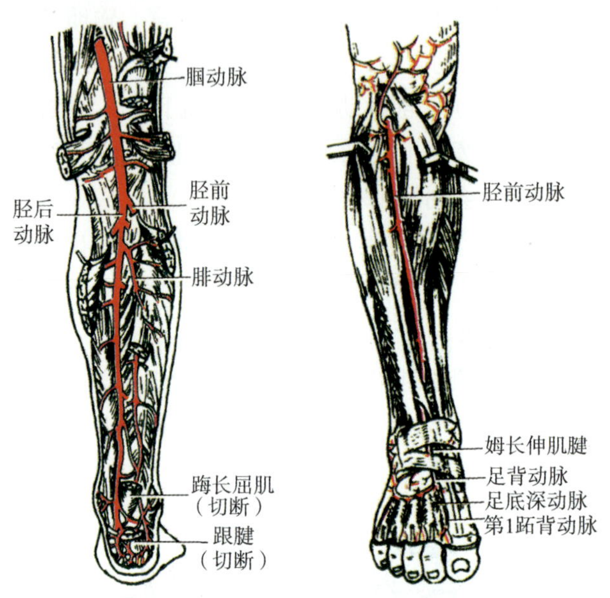

图7–30 小腿的动脉

6. 足背动脉 是胫前动脉的直接延续，位置表浅，在踝关节前方，内、外踝连线中点可触及其搏动。足背部出血时可在该处向深部压迫足背动脉进行止血。足背动脉分支分布于足背和足趾。（图7–31）。

> **考点提示**
> 股动脉、足背动脉的压迫止血点。

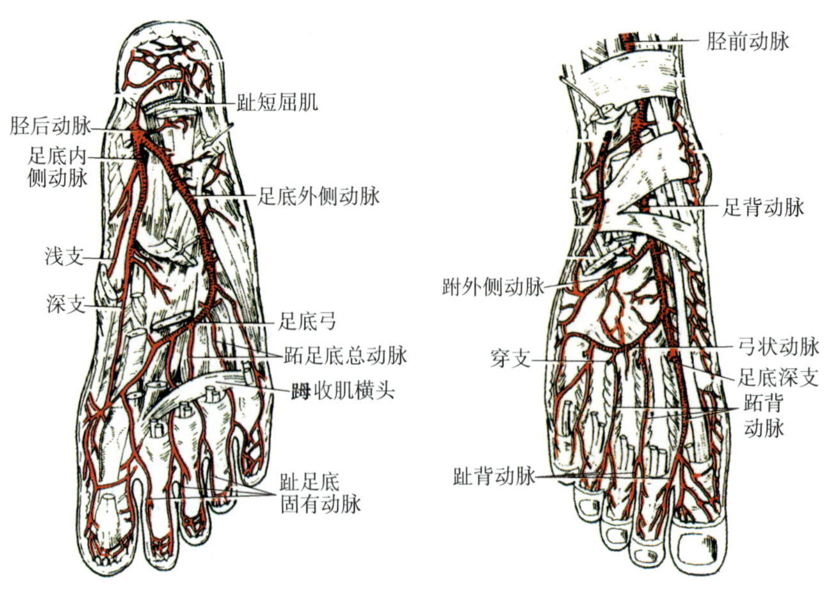

图7–31 足背动脉和足底动脉

知识拓展

动脉的压迫止血点

1. 颈总动脉压迫止血点：胸锁乳突肌中段前缘，平环状软骨，向后压于第六颈椎横突上。

2. 面动脉压迫止血点：下颌体下缘与咬肌前缘交界处，压于下颌骨。

3. 颞浅动脉压迫止血点：外耳门前方，颧弓后端压于颧弓。

4. 锁骨下动脉压迫止血点：锁骨上窝内，锁骨中点上方，向下压于第1肋。

5. 肱动脉压迫止血点：肘窝内上方，肱二头肌肌腱内侧压于肱骨。

6. 桡动脉压迫止血点：桡骨茎突稍上方，肱桡肌腱与桡侧腕屈肌腱之间，压于桡骨。

7. 指掌侧固有动脉压迫止血点：手指根部两侧，向内压于近节指骨两侧。

8. 股动脉压迫止血点：腹股沟韧带中点稍下方，压于股骨。

9. 足背动脉压迫止血点：踝关节前方，内、外踝连线中点，向下压于足背。

第四节 静 脉

扫码"学一学"

案例导入

患者，男，60岁。因双下肢浅静脉迂曲扩张，长时间站立后双小腿酸胀不适10余年入院。查体：双下肢可见浅静脉迂曲扩张，扩张处触之柔软，无触痛。双下肢肌张力正常。双下肢动脉搏动正常。双下肢深静脉通畅试验（-）、大隐静脉瓣功能试验（+）、交通支静脉瓣功能试验（+）。辅助检查：彩超显示双下肢浅静脉迂曲扩张、双下肢深静脉通畅，深静脉瓣功能正常，双侧大隐静脉瓣及交通支静脉瓣重度关闭不全。诊断为大隐静脉曲张。

请问：

1. 大隐静脉的起点及注入部位在何处？

2. 为什么大隐静脉易发生曲张？

静脉是输送血液回到心脏的血管，起始于毛细血管，止于心房。静脉数量多、行程长、分布广，与动脉相比，静脉具有以下特点。①体循环的静脉分浅、深两类。浅静脉位于皮下浅筋膜内，又称皮下静脉，数目较多，不与动脉伴行，最终注入深静脉。临床常经浅静脉注射、输液、采血和插入导管等。深静脉位于深筋膜的深面或体腔内，多与同名动脉伴行，又称伴行静脉，其导血范围与伴行动脉的分布范围大体一致。②静脉的吻合比较丰富。浅静脉在手和足等部位多吻合成静脉网，深静脉在某些器官周围吻合成静脉丛，如食管静脉丛、直肠静脉丛、手背静脉网等。浅静脉之间、深静脉之间和浅深静脉之间都存在丰富的交通支，有利于侧支循环的建立。③**静脉瓣**（图7-32），成对，半月形，静脉瓣由内膜凸入管腔折叠形成，有保证血液向心流动和防止血液逆流的作用。四肢静脉瓣较多，躯干较大的静脉较少或无。④与伴行的动脉相比，静脉管壁薄而柔软，弹性小，管腔大，压力较低，血流缓慢。静脉不仅比相应动脉的管腔大，而且数量也较多。血液总容量是动脉的两倍以上，从而使回心的血量得以与心的输出量保持平衡。⑤结构特殊的静脉：硬脑膜窦，位于颅内，无瓣膜无平滑肌，外伤时出血不易止住。板障静脉，位于板障内，壁薄无瓣膜，借助于导血管连接头皮静脉和硬脑膜窦。

全身的静脉分为肺循环的静脉和体循环的静脉。

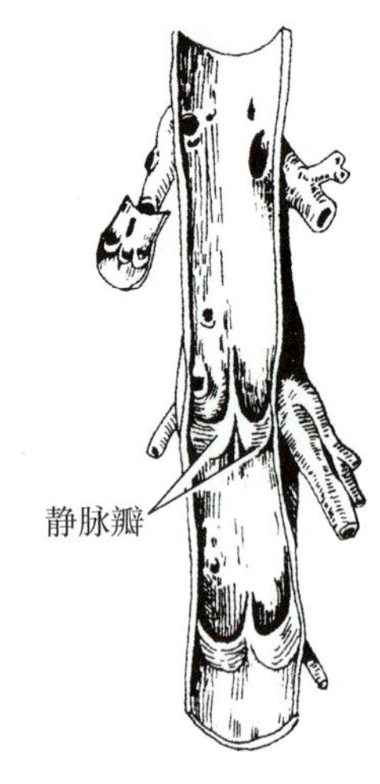

图 7–32 静脉瓣

一、肺循环的静脉

肺静脉每侧各有2条，分别称为左上肺静脉、左下肺静脉、右上肺静脉和右下肺静脉。肺静脉起自肺泡周围的毛细血管网，逐级汇合，在肺门处每侧肺形成上、下两条肺静脉，向内侧穿纤维心包，注入左心房的后部。肺静脉将含氧量高的血液送到左心房。

二、体循环的静脉

体循环的静脉包括上腔静脉系、下腔静脉系（包括肝门静脉系）和心静脉系。下腔静脉系内收集腹腔内不成对器官（肝除外）静脉血液的血管形成肝门静脉系。

（一）上腔静脉系

上腔静脉系的主干是**上腔静脉**，主要收集头颈部、上肢和胸部（心和肺除外）等上半身的静脉血（图7–33）。

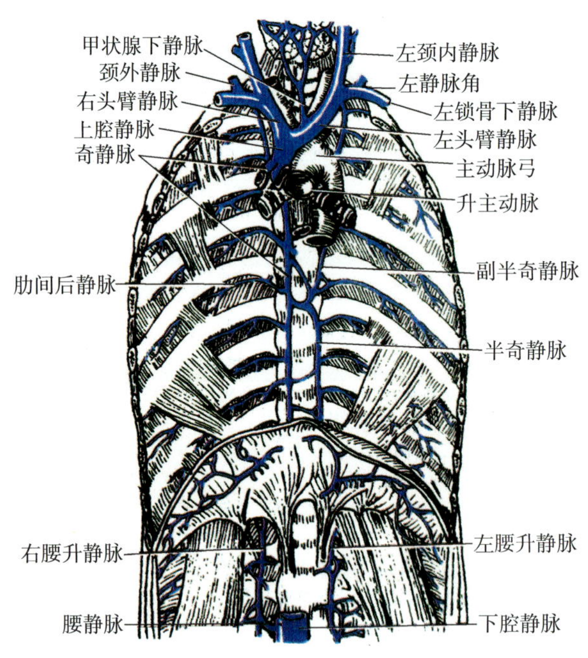

图 7–33 上腔静脉及其属支

上腔静脉是一条短而粗的静脉干，由左、右头臂静脉在右侧第一胸肋关节后方汇合而成，沿升主动脉右侧垂直下行，至右侧第2胸肋关节后方穿纤维心包，注入右心房。

头臂静脉左、右各一，由同侧的颈内静脉和锁骨下静脉在胸锁关节后方汇合而成，汇合处的夹角称**静脉角**，有淋巴导管注入。

1. 头颈部的静脉 浅静脉包括面静脉、颞浅静脉、颈前静脉和颈外静脉，深静脉包括颅内静脉、颈内静脉和锁骨下静脉等。

（1）**颈内静脉** 为颈部最大的静脉干（图7-34）。上端在颈静脉孔处与颅内的乙状窦相延续，在颈动脉鞘内伴颈内动脉、颈总动脉下行，至胸锁关节后方与锁骨下静脉汇合成头臂静脉。颈内静脉与颈总动脉、颈内动脉和迷走神经一起被周围结缔组织形成的颈动脉鞘包绕，由于颈动脉鞘与颈内静脉管壁连接紧密，故管腔经常处于开放状态，有利于头颈部静脉血液的回流。但当颈内静脉外伤破裂时，由于管腔不能闭锁和胸腔负压对血液的吸引，可导致空气进入形成栓塞。

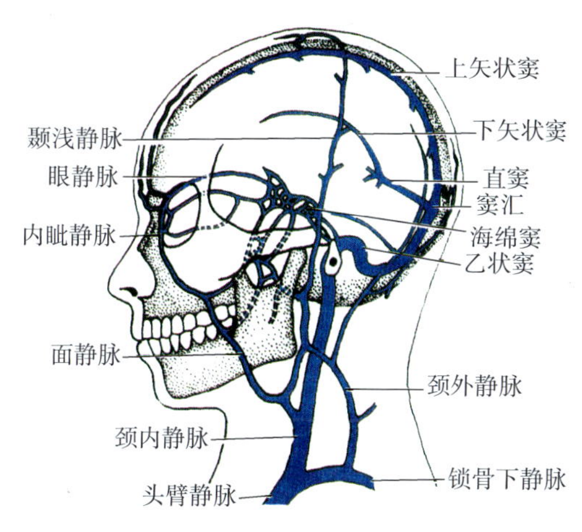

图7-34 头颈部的静脉

颈内静脉的属支有颅内支和颅外支。颅内支汇集了脑、脑膜、视器、前庭蜗器及颅骨的静脉血，最终注入颈内静脉。颅外支汇集了面部、颈部的静脉血，主要的颅外属支有**面静脉和下颌后静脉**。

面静脉（图7-34）位置表浅，起自内眦静脉，与面动脉伴行，至下颌角下方跨过颈内、外动脉的表面，注入颈内静脉。面静脉收集面前部软组织的静脉血。面静脉在口角平面以上没有静脉瓣，且可通过眼上静脉和眼下静脉与颅内海绵窦交通，因此，当口角以上面部发生化脓性感染时，若处理不当如挤压，可导致细菌和脓栓经以上交通途径进入颅内海绵窦，造成颅内感染。临床上将鼻根至两侧口角之间的三角区称为“**危险三角**”。

> **考点提示**
> 危险三角的概念。

（2）**颈外静脉** 是颈部最大的浅静脉，在耳下方由下颌后静脉的后支、耳后静脉及枕静脉在下颌角处汇合而成，沿胸锁乳突肌表面下行，在锁骨上方穿深筋膜，注入锁骨下静脉。主要收集头皮和面部的静脉血。颈外静脉位置表浅而恒定，管径较大，临床上常在此作静脉穿刺。静脉末端有一对瓣膜，但不能防止血液逆流。正常人站位或坐位时，颈外静脉不显露。若心脏疾病或上腔静脉阻塞引起回流不畅，半卧位时显著充盈称为颈静脉怒张。

2. 上肢的静脉

（1）**锁骨下静脉** 在第1肋外侧缘续于腋静脉，是腋静脉的直接延续，位于颈根部，向内侧行于腋动脉前下方，在胸锁关节的后方与颈内静脉汇合成头臂静脉。两静脉汇合部为静脉角。由于该静脉管腔大、位置恒定，临床上常作为静脉穿刺、心血管造影及长期留置静脉导管的穿刺部位。

（2）上肢的深静脉　与同名动脉伴行，多为2条。由于上肢的静脉血多由浅静脉引流，故深静脉较细。两条肱静脉汇合成腋静脉，在第1肋外侧缘续于锁骨下静脉。腋静脉收集上肢浅、深静脉的全部静脉血。

（3）上肢的浅静脉　主要有头静脉、贵要静脉和肘正中静脉及其属支，临床上常用手背静脉网、前臂和肘部前面的浅静脉采血、输液和注射药物（图7–35、7–36）。

头静脉　起于手背静脉网的桡侧，沿前臂下部的桡侧，转至前臂前面和肘部的前面，沿肱二头肌外侧上行至肩部，经三角肌与胸大肌间沟行至锁骨下窝，穿深筋膜注入腋静脉或锁骨下静脉。头静脉收集手和前臂桡侧浅层的静脉血。

贵要静脉　起自手背静脉网的尺侧，转至前臂尺侧上行，至肘部转至前面，沿肱二头肌内侧上行至臂中部，穿深筋膜注入肱静脉或腋静脉。贵要静脉收集手和前臂桡侧浅层的静脉血。

考点提示

上肢浅静脉的名称及走行位置。

肘正中静脉　为一短粗的静脉干，变异较多。在肘窝处连接头静脉和贵要静脉。

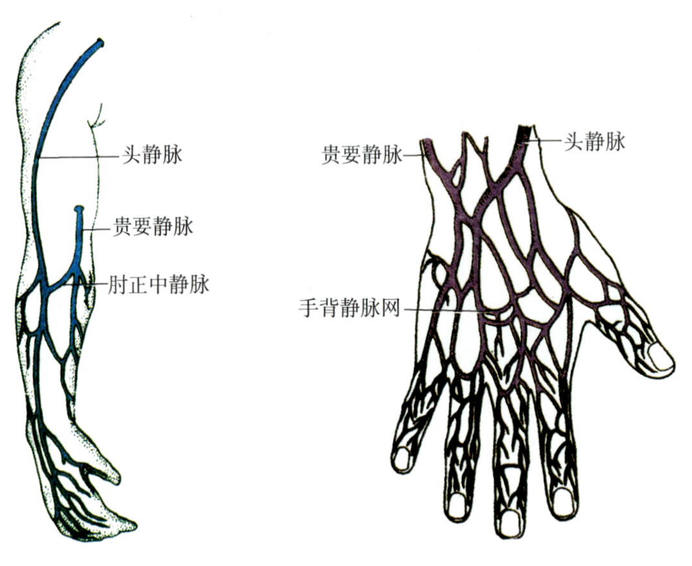

图7–35　上肢浅静脉　　图7–36　手背静脉网

3. 胸部的静脉

（1）**奇静脉**　在右膈脚处起自右腰升静脉，穿膈后沿脊柱右侧上行至第4胸椎高度，绕右肺根上方呈弓形向前注入上腔静脉。奇静脉沿途收集右侧肋间后静脉、食管静脉、支气管静脉及半奇静脉的血液。奇静脉上连上腔静脉，下借右腰升静脉连于下腔静脉。故奇静脉是沟通上腔静脉系和下腔静脉系的重要通道之一。当上腔静脉或下腔静脉阻塞时，该通道可成为重要的侧副循环途径（图7–33）。

半奇静脉在左膈脚处起自左腰升静脉，穿膈后沿脊柱左侧上行，至第8～9胸椎高度越过脊柱前方注入奇静脉。

副半奇静脉沿脊柱左侧下行注入半奇静脉。半奇静脉和副半奇静脉主要收集左侧肋间后静脉血液。

（2）脊柱静脉　椎管内外有丰富的静脉丛。**椎静脉丛**包括椎内静脉丛和椎外静脉丛，它们分别布于椎管内、外，纵贯脊柱全长。椎内静脉丛位于椎骨骨膜和硬脊膜之间，收集椎骨、脊膜和脊髓的静脉血。椎外静脉丛位于椎体前方、椎弓及其突起的后方，收集椎体和附近肌肉的静脉血。椎内、外静脉丛的血液分别注入腰静脉、肋间后静脉等处。椎静脉丛还向上、向下分别与硬脑膜窦和盆腔静脉丛相交通。故脊柱静脉丛是沟通上、下腔静脉系和颅内、外静脉的重要通道。当盆、腹、胸腔等部位发生感染、肿瘤或寄生虫时，可经脊柱静脉丛侵入颅内或其他远位器官。

（二）下腔静脉系

下腔静脉系由下腔静脉及其属支组成，主要收集下肢、盆部和腹部的静脉血，其主干是下腔静脉。

下腔静脉（图7-37）在第5腰椎水平由左、右髂总静脉汇合而成，沿腹主动脉右侧和脊柱右前方上行，经肝的腔静脉沟，穿膈的腔静脉孔入胸腔，穿纤维心包注入右心房。

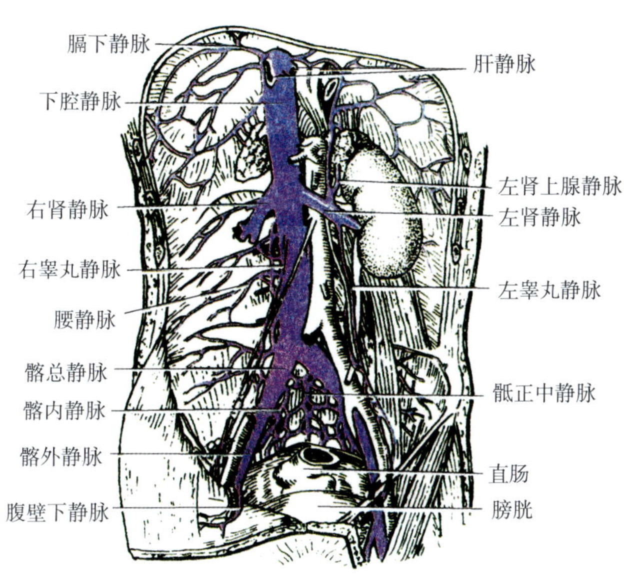

图7-37 下腔静脉及其属支

1. **下肢的静脉** 下肢静脉比上肢静脉瓣膜多，浅静脉与深静脉之间的交通也较为丰富。

（1）下肢的深静脉 足小腿的深静脉与同名动脉相伴行，均为两条，胫前、后静脉汇合成腘静脉，穿收肌腱裂孔移行为股静脉，经腹股沟韧带后方续于髂外静脉。股静脉在腹股沟韧带的稍下方位于股动脉内侧，临床上常在此处行静脉穿刺插管。

（2）下肢的浅静脉 主要有大隐静脉和小隐静脉（图7-38、图7-39），由于行程长、静脉瓣多，因此易发生静脉曲张。

大隐静脉是全身最长的静脉。在足内侧缘起自足背静脉弓，经内踝前方，沿小腿内侧面、膝关节内后方、大腿内侧面上行，至耻骨结节外下方3～4cm处穿阔筋膜的隐静脉裂孔注入股静脉。大隐静脉主要有5条属支，即腹壁浅静脉、阴部外静脉、旋髂浅静脉、股内侧浅静脉和股外侧浅静脉。大隐静脉沿途收集足、小腿内侧及大腿前内侧的静脉血。大隐静脉在内踝前方的位置恒定且表浅，是临床上静脉输液、注射和穿刺的常选部位。

> **考点提示**
> 下肢浅静脉的名称及走行位置。

小隐静脉起自足背静脉弓的外侧，经外踝后方，沿小腿后面上行至腘窝，穿深筋膜注入腘静脉。收集足外侧部和小腿后部浅层的静脉血。

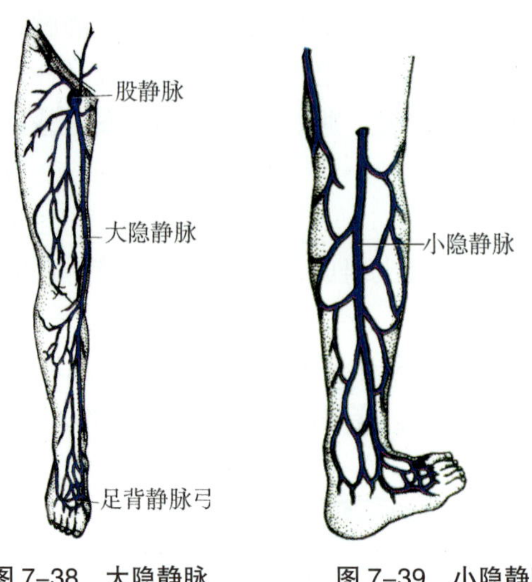

图 7-38　大隐静脉　　　　图 7-39　小隐静脉

知识链接

下肢静脉曲张

下肢静脉曲张是下肢浅静脉（大隐静脉和小隐静脉及其属支）内压增高，发生扩张、延长、弯曲成团状，晚期可并发慢性溃疡的病变。本病多见于中年男性，长期负重、站立工作者。下肢静脉曲张在四肢血管疾病中最常见，常因静脉曲张及其并发症，尤其是溃疡而就诊。

2. 盆部的静脉

（1）髂内静脉　短而粗，在髂内动脉后内侧伴行，在骶髂关节前方与髂外静脉汇合成髂总静脉。髂内静脉的属支有臀上静脉、臀下静脉、闭孔静脉等壁支，以及膀胱下静脉、直肠下静脉、阴部内静脉、子宫静脉等脏支，它们收集同名动脉分布区的静脉血。盆内脏器的静脉在器官壁内或表面形成静脉丛，男性有膀胱静脉丛和直肠静脉丛，女性除这些外还有子宫静脉丛和阴道静脉丛。静脉丛在盆腔器官扩张或压迫时利于血液回流（图 7-40）。

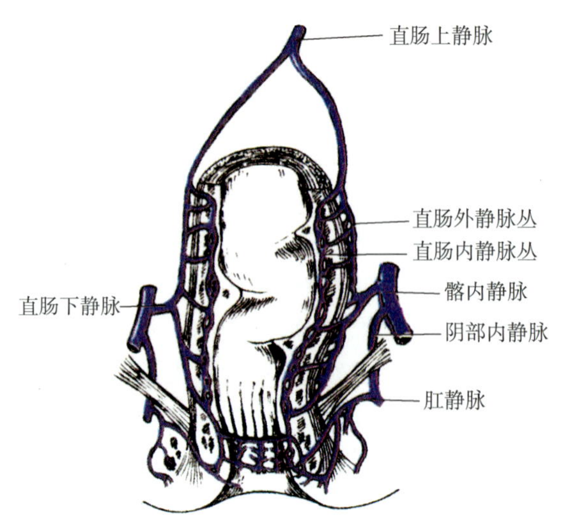

图 7-40　直肠的静脉

（2）髂外静脉 是股静脉的直接延续，与同名动脉伴行，收集下肢及腹前壁下部的静脉血。

（3）髂总静脉 由髂内静脉和髂外静脉在骶髂关节的前方汇合而成。两侧髂总静脉与髂总动脉相伴上行，至第5腰椎右侧汇合成下腔静脉。

3. 腹部的静脉 腹部的静脉直接或间接地注入下腔静脉，分壁支和脏支。

壁支包括1对膈下静脉和4对腰静脉，腰静脉之间纵支连成腰升静脉。左、右腰升静脉向上分别延续为半奇静脉和奇静脉，向下与髂总静脉和髂腰静脉相通。

脏支比较复杂，腹腔内成对器官的脏支几乎都直接注入下腔静脉，而不成对器官的脏支则先经肝门静脉入肝，在肝内代谢后再经肝静脉注入下腔静脉。

（1）肾上腺静脉 左、右各一，左侧注入左肾静脉，右侧注入下腔静脉。

（2）肾静脉 在肾门处由3 ~ 5条静脉汇合成1条，在肾动脉前方行向内侧，注入下腔静脉。左肾静脉比右肾静脉长，跨越了腹主动脉的前面。

（3）睾丸静脉 起自睾丸和附睾的小静脉，吻合形成蔓状静脉丛，参与精索构成。经腹股沟管入盆腔，逐渐汇合成睾丸静脉。左睾丸静脉以直角汇入左肾静脉，右睾丸静脉以锐角直接汇入下腔静脉。故睾丸静脉曲张多见于左侧。因静脉血回流受阻，精索静脉曲张严重者可导致不育。该静脉在女性为卵巢静脉，起自卵巢静脉丛，在卵巢悬韧带内上行，合成卵巢静脉，汇入部位与男性相同。

（4）肝静脉 位于肝内，有2 ~ 3条，肝左、肝中、肝右静脉在腔静脉沟注入下腔静脉。肝静脉收集肝血窦回流的静脉血。

（5）肝门静脉系 由肝门静脉（图7–41）及其属支组成。收集腹、盆部消化道（包括食管腹段，齿状线以下除外），脾、胰和胆囊的静脉血。

肝门静脉由肠系膜上静脉和脾静脉在胰颈后方汇合而成，为唯一一条进入脏器的静脉，经胰颈和下腔静脉之间上行入肝十二指肠韧带，向右上行达肝门处分左、右两支进入肝，在肝内反复分支最后注入肝血窦，肝血窦含有来自肝固有动脉和肝门静脉的血液，经肝静脉最后注入下腔静脉。

肝门静脉的结构特点为：①为一粗短的主干，长6 ~ 8cm。②起止两端均是毛细血管。③主干及其属支内均无瓣膜，故在肝门静脉高压时，血液可逆流。肝门静脉的主要功能是：将消化管道吸收的物质运输至肝，在肝内进行合成、分解、解毒、贮存，为肝的功能性血管。

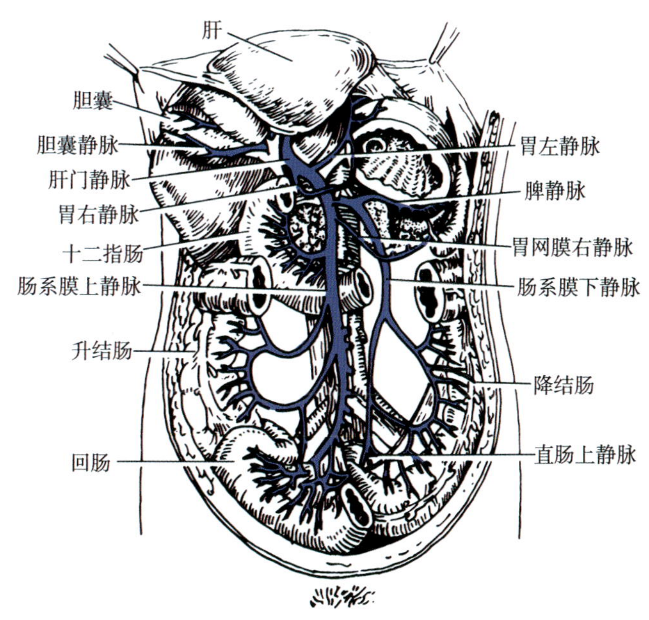

图7–41 肝门静脉及其属支

肝门静脉的主要属支有脾静脉、肠系膜上静脉、肠系膜下静脉、胃左静脉、附脐静脉、胃右静脉和胆囊静脉。肝门静脉通过属支收集腹腔内除肝以外不成对器官的静脉血。

肝门静脉系与上、下腔静脉系之间的交通途径（图7-42）。肝门静脉系与上、下腔静脉系之间主要通过3个静脉丛进行交通：①**食管静脉丛**，通过食管腹段黏膜下的食管静脉丛形成肝门静脉系的胃左静脉与上腔静脉系的奇静脉和半奇静脉之间的交通。②**直肠静脉丛**，通过直肠静脉丛形成肝门静脉系的直肠上静脉与下腔静脉系的直肠下静脉和肛静脉之间的交通。③**脐周静脉网**，肝门静脉系的附脐静脉通过脐周静脉网与上腔静脉系的胸、腹壁静脉和腹壁上静脉，或与下腔静脉系的腹壁浅静脉和腹壁下静脉之间相交通。

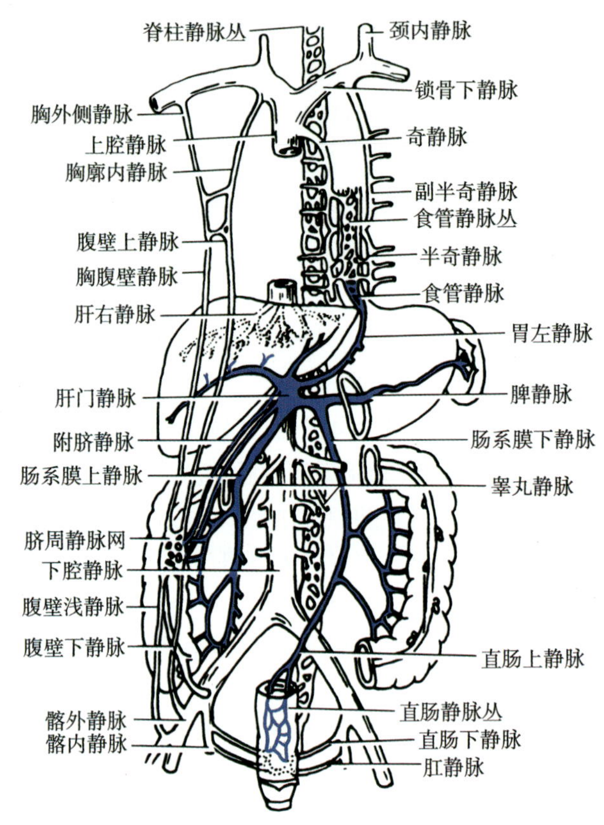

图7-42　肝门静脉系与上、下腔静脉系之间的吻合

在正常生理状况下，肝门静脉系与上、下腔静脉系之间的交通支细小，血流量很少，血液主要靠正常途径回流到所属静脉系。肝硬化、肝肿瘤、肝门处淋巴结肿大或胰头肿瘤等原因可压迫肝门静脉，造成肝门静脉回流受阻，此时肝门静脉的血液可通过肝门静脉系与上、下腔静脉系之间的吻合途径建立侧支循环，分别经上、下腔静脉回流入心。由于血流量突然增多，可导致吻合部位的交通支变得粗大和弯曲，出现静脉曲张。如果食管静脉丛和直肠静脉丛曲张、破裂，便会引起呕血和便血。当肝门静脉系的侧支循环失代偿时，可引起收集静脉血范围的器官淤血，出现脾肿大和腹水等。

考点提示

睾丸静脉的注入部位；肝门静脉的组成位置属支及与上下腔静脉的吻合。

第五节 淋巴系统

扫码“学一学”

案例导入

患者，6岁，男孩。右手背被蚊虫叮咬后，瘙痒难当，抓后出现明显红肿，很快从叮咬处至右前臂、臂部出现一条长长的“红线”。临床诊断为淋巴管炎。

请问：

1. 为何出现“红线”。
2. 淋巴导管的组成。

一、概述

淋巴系统是脉管系统的重要组成部分。由淋巴管道、淋巴组织和淋巴器官组成。淋巴系统内流动着淋巴液，简称淋巴（图7-43）。自小肠绒毛中的中央乳糜池至胸导管的淋巴管道中，淋巴因含乳糜微粒而呈乳白色。其他部位的淋巴管道中的淋巴无色透明。

血液流经毛细血管动脉端时，一些液体成分经毛细血管壁滤出到组织间隙，形成组织液。组织液与细胞进行物质交换后，其代谢产物大部分从毛细血管静脉端吸收回静脉，小部分水分和大分子物质进入毛细淋巴管成为淋巴液。淋巴液沿各级淋巴管道和淋巴结的淋巴窦向心流动，最终流入静脉。因此，淋巴系统是心血管系统的辅助部分，协助静脉引导组织液回流。此外，淋巴组织和淋巴器官还具有产生淋巴细胞、过滤淋巴液和进行免疫应答的功能。

考点提示

淋巴液的形成。

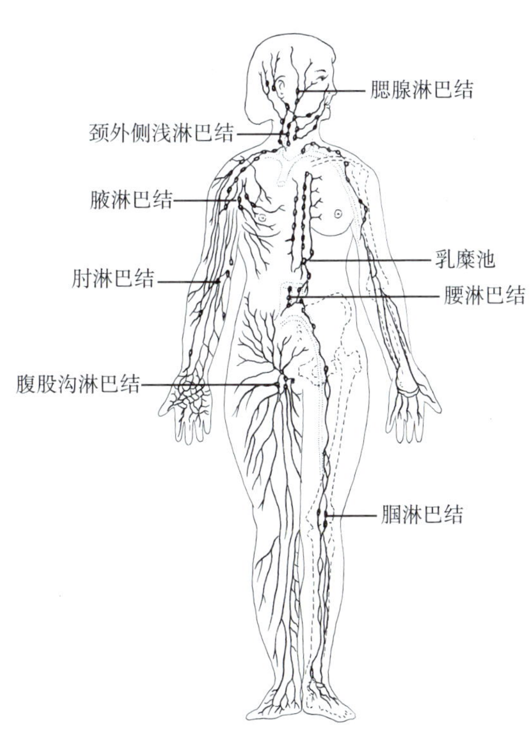

图7-43 淋巴系统示意图

二、淋巴管道

根据其结构和功能的不同，淋巴管道分为毛细淋巴管、淋巴管、淋巴干和淋巴导管。

（一）毛细淋巴管

毛细淋巴管是淋巴管道的起始部分，以膨大的盲端起始于组织间隙，互相吻合成毛细淋巴管网，然后汇入淋巴管。除上皮、脑、脊髓、晶状体、角膜、软骨、脾、骨髓、牙釉质等处外，毛细淋巴管几乎遍布全身。毛细淋巴管由很薄的内皮细胞组成，基膜不完整，细胞间隙较大，因此，毛细淋巴管通透性较大。大分子物质，如蛋白质、细胞碎片、异物、细菌和肿瘤细胞等容易进入毛细淋巴管。

（二）淋巴管

淋巴管自毛细淋巴管网发出，注入淋巴结。管壁的结构和静脉相似，也有丰富的瓣膜，具有防止淋巴液逆流的功能。由于相邻两对瓣膜之间的淋巴管明显扩张，淋巴管外观呈串珠状或藕节状。淋巴管在向心走行的过程中，通常要经过一个或多个淋巴结。根据位置淋巴管可分为浅、深两种，二者之间存在广泛的交通。浅淋巴管位于浅筋膜内，与浅静脉伴行；深淋巴管位于深筋膜深面，多与深部血管、神经伴行。浅深淋巴管之间有广泛的交通支，参与形成淋巴侧支循环。

（三）淋巴干

全身各部的浅、深淋巴管经过一系列淋巴结群后，与最后一群淋巴结的输出淋巴管汇合成较大的**淋巴干**。淋巴干共有九条，即左、右颈干，左、右锁骨下干，左、右支气管纵隔干、左、右腰干和1条肠干（图7-44）。

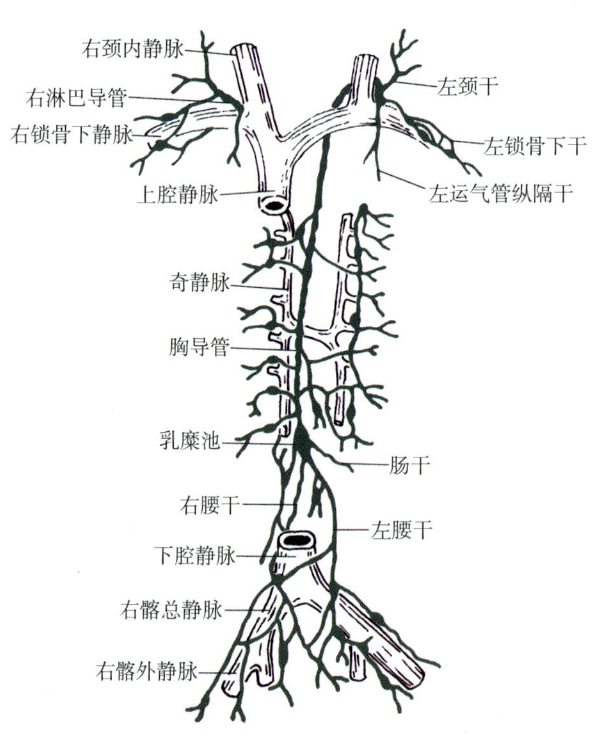

图 7-44　淋巴干及淋巴导管

左、右颈干分别收集头颈部左、右半侧的淋巴；左、右锁骨下干分别收集左、右上肢及胸腹壁浅层的淋巴；左、右支气管纵隔干主要收集胸腔脏器和胸腹壁深层的淋巴；左、右腰干分别收集左、右下肢、盆部、腹后壁和腹腔内成对脏器的淋巴；肠干主要收集腹腔内不成对脏器的淋巴。

（四）淋巴导管

淋巴导管由全身9条淋巴干最后汇合而成，共有2条，即胸导管和右淋巴导管，分别注入左、右静脉角。

1．胸导管　是全身最大的淋巴导管，长30～40cm，起自乳糜池，平第12胸椎体下缘高度。乳糜池为胸导管起始处的膨大，由左、右腰干和肠干汇合而成。胸导管经膈的主动脉裂孔进入胸腔，沿脊柱右前方上行，至第5胸椎高度向左侧斜行，然后沿脊柱左前方上行，出胸廓上口至颈根部，在左颈总动脉和左颈内静脉的后方呈弓状转向前内下方，注入左静脉角。在注入左静脉角之前，有左颈干、左锁骨下干和左支气管纵隔干汇入。胸导管收集两下肢、盆部、腹部、左胸部、左上肢和左头颈部的淋巴，即全身3/4的淋巴回流。

考点提示

毛细淋巴管的特征；胸导管和右淋巴导管的注入部位及收纳范围。

2．右淋巴导管　为一短干，长1～1.5cm，由右颈干、右锁骨下干和右支气管纵隔干汇合而成，注入右静脉角。右淋巴导管收集右头颈部、右上肢、右胸部的淋巴，即全身1/4的淋巴回流。右淋巴导管与胸导管之间存在有交通连接。

三、淋巴器官

淋巴器官主要由淋巴组织构成，主要有淋巴结、脾、胸腺和扁桃体等。淋巴器官具有产生淋巴细胞、滤过淋巴和参与免疫应答等功能，是人体重要的防御装置。

（一）淋巴结

淋巴结为大小不一的圆形或椭圆形灰红色小体，直径2～20mm，质软。淋巴结一侧隆凸，数条输入淋巴管连接；另一侧凹陷，中央处称淋巴结门，有1～2条输出淋巴管及血管、神经出入（图7-45）。一个淋巴结的输出淋巴管可成为下一淋巴结的输入淋巴管。淋巴结内的淋巴窦是淋巴液流经淋巴结的通路。淋巴结常成群分布，数目不恒定，青年人有淋巴结400～450个。按其位置不同可分为浅淋巴结和深淋巴结。浅淋巴结位于浅筋膜内；深淋巴结位于深筋膜深面。淋巴结多沿血管排列，四肢的淋巴结多位于关节的屈侧，如腋窝、肘窝、腹股沟等处；内脏的淋巴结多位于器官的门附近或血管的周围等隐藏部位。淋巴结多为0.2～0.5cm大小，不容易触及。可触及的淋巴结质地柔软，表面光滑，与周围组织无粘连。淋巴结的功能是滤过淋巴、产生淋巴细胞和进行免疫应答。

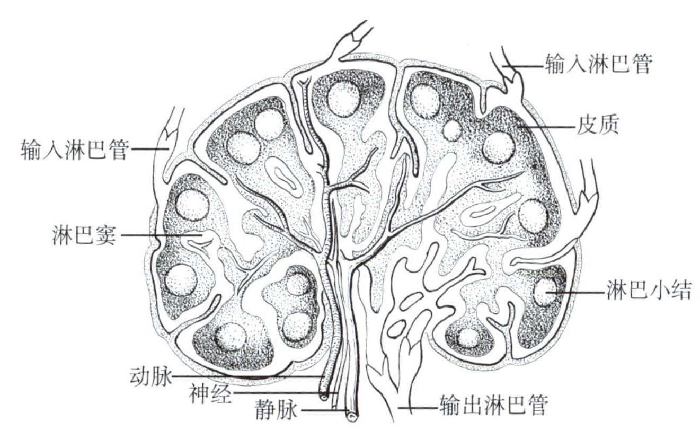

图7-45　淋巴结

（二）脾

脾是人体最大的淋巴器官（图7-46），重110～200g。脾位于左季肋区，胃底与膈之间，第9～11肋的深面，其长轴与第10肋一致，正常时在左肋弓下触不到脾。

活体脾为暗红色实质性器官，质软而脆，扁椭圆形，在左季肋区受暴力打击时，易导致脾破裂。脾分为内、外侧面，上、下两缘和前、后两端。脾的脏面凹陷，与胃底、左肾、左肾上腺、结肠左曲和胰尾相邻，中央处有脾门，是血管、神经和淋巴管出入的部位；外侧面光滑隆凸，对向膈，又称膈面。前端较宽，朝向前外，达腋中线，后端钝圆，朝向后内方，距正中线4～5cm。上缘较锐，朝向前上方，前部有2～3个脾切迹，脾肿大时，是临床触诊脾的标志。下缘钝圆，朝向后下方。

考点提示

脾的位置和形态。

脾附近，在胃脾韧带或大网膜内常可见到大小不等、数目不定的暗红色副脾，出现率10%～40%，脾功能亢进而作脾切除术时，应同时切除副脾。脾是人体重要的淋巴器官，其主要功能是参与机体免疫应答。

（三）胸腺

胸腺位于胸骨柄后方，上纵隔前部，贴近心包上方和大血管前面。上窄下宽，胸腺由左、右两叶构成，一般呈不对称的条状结构，色灰红，质柔软（图7-47）。新生儿及幼儿时期的胸腺相对较大，重10～15g，随着年龄的增长，胸腺继续发育，至青春期可达25～40g，随后逐渐萎缩，成人胸腺腺组织多被结缔组织所代替。胸腺对人体免疫功能的建立有重要意义。

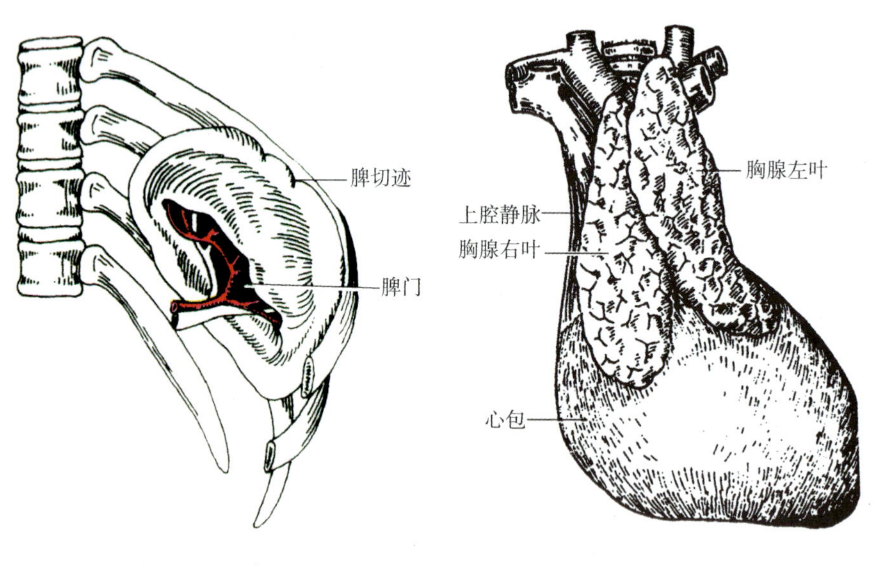

图7-46　脾　　　　图7-47　胸腺

四、全身淋巴结位置和淋巴管

淋巴结数量多，根据位置可分为浅淋巴结和深淋巴结。浅淋巴结位于浅筋膜中，深淋巴结位于深筋膜深部。淋巴结多数沿血管走行配布，常成群分布于关节屈侧、体腔隐蔽处。

知识链接

局部淋巴结的临床意义

淋巴结常常成群分布，数目不定。引流某一器官或部位淋巴的一组淋巴结，称该器官或部位的局部淋巴结。当某些器官或部位发生病变时，病变部位的细菌、病毒或肿瘤细胞沿淋巴管进入相应的局部淋巴结，引起局部淋巴结增生、肿大，产生大量的淋巴细胞，用来杀灭病原体，防止病变进一步扩散。如果局部淋巴结不能阻止病原体扩散，则病变可沿淋巴管道向下一级淋巴结蔓延，故局部淋巴结的肿大可反应引流范围内存在病变。

（一）头颈部淋巴结和淋巴管

头颈部的淋巴结在头、颈交界处呈环状排列，在颈部沿颈内、外静脉呈纵向排列。头颈部淋巴结的输出淋巴管下行，直接或间接的注入颈外侧下深淋巴结（图7-48）。

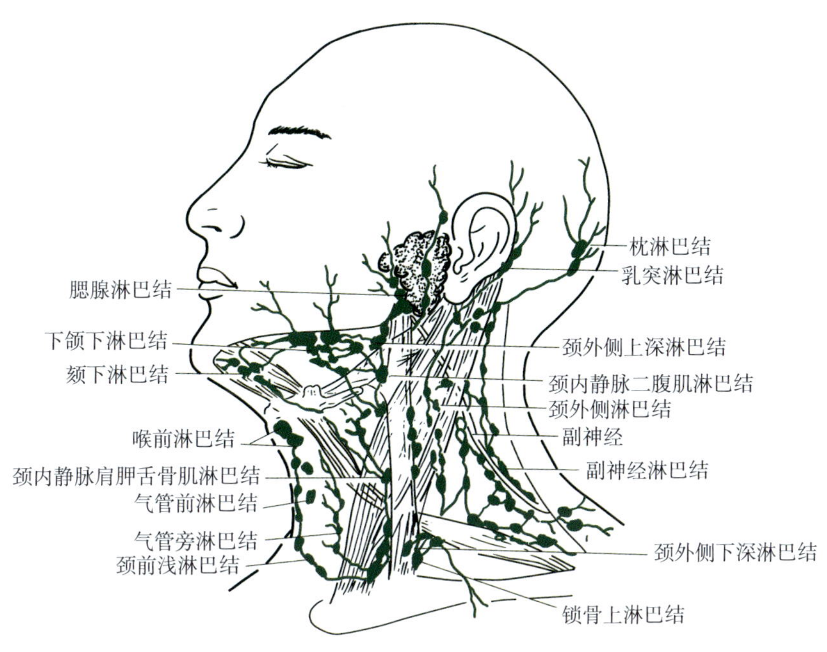

图7-48 头颈部的淋巴结

1. 头部的淋巴结 多位于头颈交界处和颈内、外静脉周围。主要引流头面部淋巴，其输出淋巴管直接或间接注入颈外侧深淋巴结。由前向后依次有颏下淋巴结、下颌下淋巴结、腮腺淋巴结、乳突淋巴结和枕淋巴结。

2. 颈部的淋巴结 主要有颈前淋巴结和颈外侧淋巴结。

（1）颈前淋巴结 分为浅、深两群。浅群沿颈前静脉排列，深群在喉、气管和甲状腺附近。其输出淋巴管都直接或间接汇入颈外侧下深淋巴结。

（2）颈外侧淋巴结 分为颈外侧浅淋巴结和颈外侧深淋巴结。

颈外侧浅淋巴结位于胸锁乳突肌浅面，沿颈外静脉排列，收纳颈浅部、耳后部、枕部和腮腺的淋巴，其输出淋巴管注入颈外侧深淋巴结。

颈外侧深淋巴结位于胸锁乳突肌深面，数目较多，主要沿颈内静脉排列。上部淋巴结位于鼻咽后方，为咽后淋巴结，引流鼻咽部、腭扁桃体、舌根的淋巴。鼻咽癌患者，癌细胞常转移到咽后淋巴结。下部淋巴结位于锁骨下动脉和臂丛的周围，称锁骨上淋巴结。引流头颈部、胸壁上部和乳房上部的淋巴。胃癌或食管癌患者，癌细胞可经胸导管转移至左锁骨上淋巴结，常可在胸锁乳突肌后缘与锁骨上缘形成的夹角处摸到肿大的淋巴结。颈外侧淋巴结输出淋巴管合成颈干，左侧注入胸导管，右侧注入右淋巴导管。

（二）上肢淋巴结和淋巴管

上肢的浅、深淋巴管分别与浅静脉和深血管伴行，直接或间接注入腋淋巴结。

腋淋巴结 是上肢主要的淋巴结，位于腋窝疏松结缔组织内，沿腋血管及其分支排列，收集上肢、胸前外侧壁、乳房和腹壁上部等处淋巴（图7-49）。腋淋巴结按位置分以下5群。

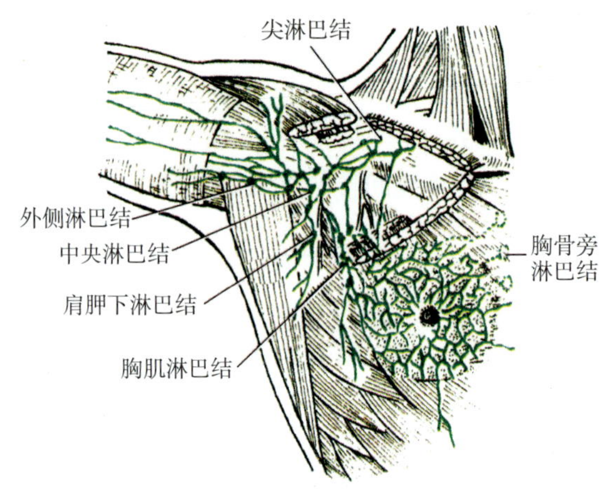

图7-49 腋淋巴结

1. **胸肌淋巴结** 位于胸小肌下缘处，沿胸外侧动脉排列，引流腹前外侧壁、胸外侧壁及乳房外侧部和中央部的淋巴，其输出淋巴管注入中央淋巴结和尖淋巴结。

2. **外侧淋巴结** 沿腋静脉远侧段排列，收纳上肢浅、深淋巴管的淋巴，其输出淋巴管注入中央淋巴结、尖淋巴结和锁骨上淋巴结。

3. **肩胛下淋巴结** 沿肩胛下血管排列，引流颈后部和背上部的淋巴。其输出淋巴管注入中央淋巴结和尖淋巴结。

> **考点提示**
> 腋淋巴结的名称、位置和收集范围。

4. **中央淋巴结** 位于腋窝中央的疏松结缔组织中，收纳上述3群淋巴结的输出淋巴管，其输出淋巴管注入尖淋巴结。

5. **尖淋巴结** 沿腋静脉近侧段排列，引流乳房上部的淋巴管和中央淋巴结的输出淋巴管，其输出淋巴管合成锁骨下干，左侧注入胸导管，右侧注入右淋巴导管。乳腺癌常转移到腋淋巴结。

（三）胸部淋巴结和淋巴管

胸部淋巴结位于胸壁内和胸腔器官周围。

1. **胸壁淋巴结** 包括胸骨旁淋巴结、肋间淋巴结、膈上淋巴结，收纳胸壁、腹壁上部、膈和肝上面的淋巴，其输出淋巴管直接或间接注入支气管纵隔干或胸导管。

2. **胸腔脏器的淋巴结**

（1）纵隔前淋巴结 位于上纵隔前部和前纵隔内，在大血管和心包的前面，引流心、心包、胸腺和纵隔胸膜的淋巴，其输出淋巴管参与合成支气管纵隔干。

（2）纵隔后淋巴结 位于上纵隔后部和后纵隔内，沿胸主动脉和食管排列，引流食管、心包和膈的淋巴，其输出淋巴管多注入胸导管。

（3）气管、支气管和肺的淋巴结　主要有位于肺门处的支气管肺淋巴结（**肺门淋巴结**），引流肺的淋巴管，其输出淋巴管注入气管杈周围的气管支气管淋巴结，该淋巴结的输出管注入气管周围的气管旁淋巴结。气管旁淋巴结与纵隔前淋巴结的输出淋巴管合成左、右支气管纵隔干，分别注入胸导管和右淋巴导管。临床上，肺癌和肺结核患者，常出现肺门淋巴结肿大（图7-50）。

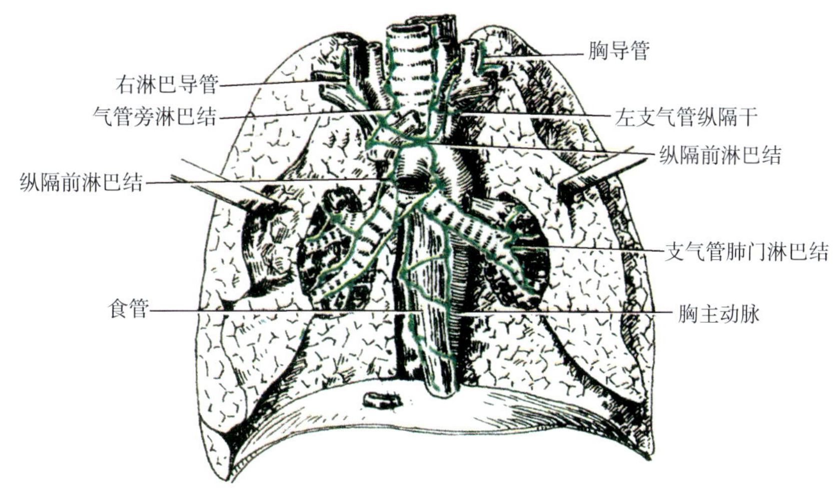

图 7-50　胸腔脏器的淋巴结

（四）腹部淋巴结和淋巴管

腹部淋巴结位于腹后壁和腹腔脏器周围，沿腹腔血管排列。

1. 腹壁淋巴结　脐平面以上腹前外侧壁的浅、深淋巴管分别注入腋淋巴结和胸骨旁淋巴结，脐平面以下的浅、深淋巴管分别注入腹股沟浅、深淋巴结和髂外淋巴结，腹后壁的淋巴管注入腰淋巴结。

腰淋巴结位于腹后壁，沿腹主动脉和下腔静脉排列，引流腹后壁和腹腔成对器官（如肾、肾上腺和睾丸）的淋巴，并收纳髂总淋巴结的输出淋巴管，腰淋巴结的输出淋巴管汇合成左、右腰干，注入乳糜池。

2. 腹腔脏器的淋巴结

（1）腹腔成对脏器的淋巴结　腹腔成对脏器的淋巴直接注入腰淋巴结。

（2）腹腔不成对脏器的淋巴结　数目较多，注入沿腹腔干、肠系膜上动脉和肠系膜下动脉及其分支排列的淋巴结。①腹腔淋巴结位于腹腔干周围。胃左、右淋巴结，胃网膜左、右淋巴结、幽门淋巴结和脾淋巴结等引流同名动脉分布区域的淋巴，输出淋巴管汇入腹腔淋巴结。②肠系膜上淋巴结位于肠系膜上动脉根部的周围，引流沿空、回肠排列的肠系膜淋巴结和沿同名动脉排列的回结肠淋巴结、右结肠淋巴结和中结肠淋巴结的输出淋巴管，引流同名动脉分布区域的淋巴。③肠系膜下淋巴结在肠系膜下动脉根部的周围排列，引流沿同名动脉排列的左结肠淋巴结、乙状结肠淋巴结和直肠上淋巴结的输出淋巴管，引流同名动脉分布区域的淋巴。

腹腔淋巴结、肠系膜上淋巴结和肠系膜下淋巴结的输出淋巴管共同汇合成一条肠干注入乳糜池。

（五）盆部淋巴结和淋巴管

盆部的淋巴结（图7–51）包括髂内淋巴结、髂外淋巴结、髂总淋巴结和骶淋巴结。髂内、外淋巴结分别位于髂内外动脉及其分支周围，引流盆内器官、会阴、腹股沟区、腹前壁下部、大腿后面和臀部的淋巴，其输出管汇入髂总动脉周围的髂总淋巴结。骶淋巴结收纳骨盆壁及直肠、前列腺等处的淋巴管，其输出管注入髂总淋巴结或髂内淋巴结。

1. **髂内淋巴结** 沿髂内血管及其分支排列，引流盆壁、盆腔器官、会阴、大腿后部及臀部的淋巴，其输出淋巴管注入髂总淋巴结。

2. **髂外淋巴结** 沿髂外血管及其分支排列，引流腹前壁下部、膀胱、前列腺或子宫等的淋巴，收集腹股沟浅、深淋巴结的输出淋巴管，其输出淋巴管注入髂总淋巴结。

3. **髂总淋巴结** 沿髂外血管排列，引流髂内、外淋巴结的输出淋巴管，其输出淋巴管注入腰淋巴结。

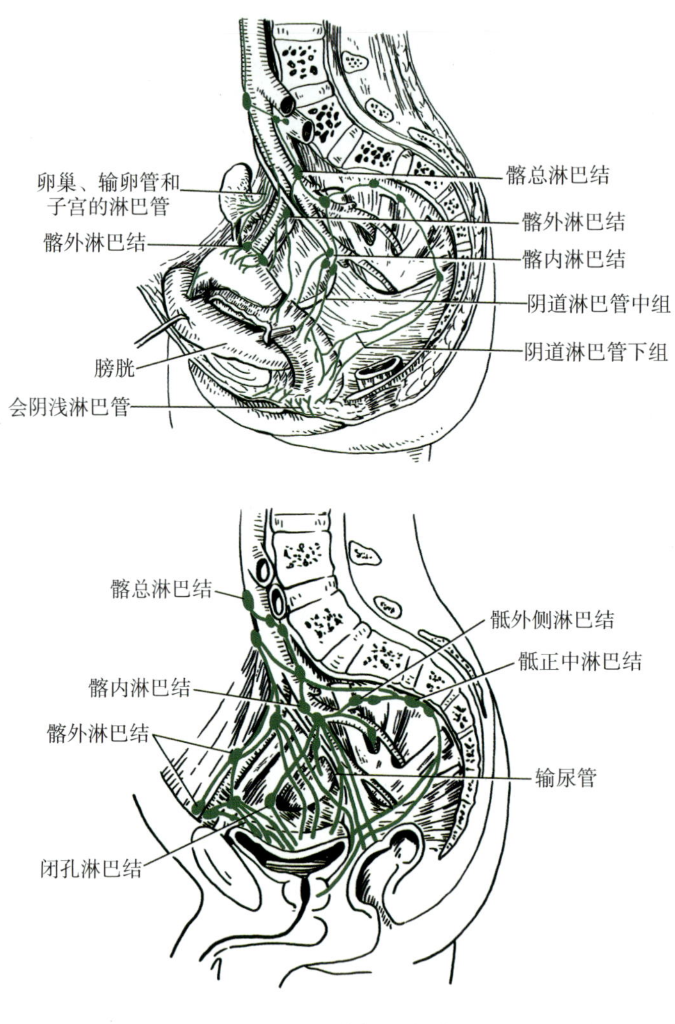

图7–51 盆部淋巴结

（六）下肢淋巴结和淋巴管

下肢的主要淋巴结有位于腘窝内的腘淋巴结和位于腹股沟的腹股沟淋巴结，它们引流下肢的淋巴。臀部的深淋巴管注入髂内淋巴结。（图7–52）

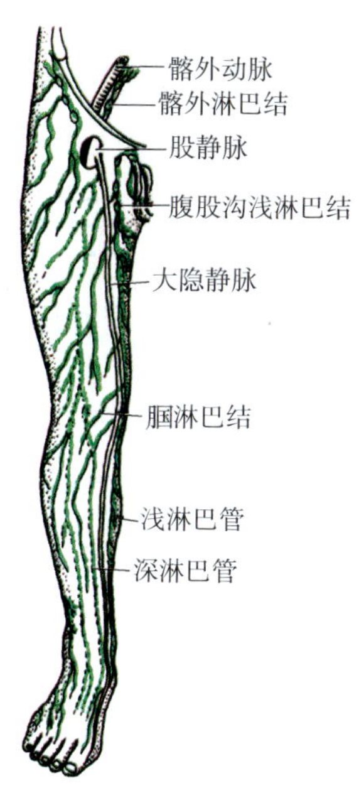

图 7-52　下肢的淋巴结

1. 腘淋巴结　分浅、深两群，分别沿小隐静脉末端和腘血管排列。引流足外侧缘和小腿后外侧部浅层的淋巴、小腿和足深部的淋巴。其输出淋巴管沿股血管上行注入腹股沟深淋巴结。

2. 腹股沟淋巴结　位于腹股沟韧带下方的大腿根部，以阔筋膜为界分为浅、深两群。

（1）腹股沟浅淋巴结　位于腹股沟韧带下方，有8～10个，分上、下两群。上群沿腹股沟韧带下方平行排列，引流腹前壁下部、臀部、会阴部和外生殖器等处浅层的淋巴；下群沿大隐静脉末端分布，引流除足外侧缘和小腿后外侧部外的下肢浅淋巴管。腹股沟浅淋巴结的输出淋巴管注入腹股沟深淋巴结。子宫的恶性肿瘤可转移到腹股沟浅淋巴结。

（2）腹股沟深淋巴结　位于股静脉根部周围和股管内，引流腹股沟浅淋巴结的输出管及下肢深层的淋巴管，其输出淋巴管注入髂外淋巴结。

本章小结

心血管系统由心、动脉、毛细血管和静脉组成；淋巴系统由淋巴管道、淋巴器官和淋巴组织组成。心为肌性中空器官，似前后略扁倒置的圆锥体形，表面形态有心尖、心底、2面、3缘、4沟。内有右心房、右心室、左心房、左心室。房室口有三尖瓣复合体和二尖瓣复合体。心的正常起搏点为窦房结。营养心的动脉为左右冠状动脉。动脉是导血出心的血管。肺动脉起自右心室，主动脉起自左心室。静脉是导血回心的血管，通过上、下腔静脉和冠状窦回流到右心房，4条肺静脉回流到左心房。肝门静脉通过7条属支将腹腔内不成对的器官（肝除外）的血液回流入肝，与上、下腔静脉之间存在3处吻合途径。淋巴管道是静脉的辅助结构。胸导管收纳两下肢、盆部、腹部、左肺、左半心、胸壁左半部、左上肢和头颈部左半部的淋巴管；右淋巴导管收纳头颈部右半部、右上肢、右肺、右半心、胸壁右半部的淋巴管，分别在左、右静脉角注入。淋巴器官包括淋巴结、扁桃体、脾和胸腺。

一、选择题

1. 关于心脏的描述，哪项错误
   A. 心底朝向右后上方　B. 心尖朝向左前下方
   C. 冠状沟是左、右心室在心表面的分界　D. 心的右缘主要由右心房构成
   E. 心的左缘主要由左心室构成
2. 关于右心房的描述哪项错误
   A. 右前方突出部分为右心耳　B. 构成心的右上部
   C. 有三个入口　D. 出口为右房室口
   E. 房间隔下部有卵圆窝
3. 体循环
   A. 起于右心室　B. 向全身运送营养
   C. 终于左心室　D. 又称小循环
   E. 终于左心房
4. 心尖搏动点在
   A. 左侧第5肋间隙、左锁骨中线内侧1 ~ 2cm处
   B. 左侧第5肋间隙、右锁骨中线内侧1 ~ 2cm处
   C. 左侧第5肋间隙、左锁骨中线外侧1 ~ 2cm处
   D. 右侧第5肋间隙、右锁骨中线外侧1 ~ 2cm处
   E. 左侧第4肋间隙、左锁骨中线内侧1 ~ 2cm处
5. 心房与心室在心表面的分界标志是
   A. 前室间沟　B. 后室间沟　C. 房间沟　D. 冠状沟　E. 房室交点
6. 左右心室在心表面的分界标志是
   A. 前室间沟、冠状沟　B. 前室间沟、后室间沟
   C. 后室间沟、冠状沟　D. 冠状沟
   E. 房室交点
7. 窦房结
   A. 位于上腔静脉与右心耳之间的心外膜深面
   B. 位于上腔静脉与右心耳之间的心内膜深面
   C. 位于卵圆窝下方、心内膜深面
   D. 由特殊的神经细胞构成
   E. 是神经冲动传导的中转站
8. 主动脉弓从右向左发出的第一个分支为
   A. 左锁骨下动脉　B. 右锁骨下动脉
   C. 左颈总动脉　D. 头臂干
   E. 右颈总动脉
9. 面部浅层出血时，止血可压迫

A．甲状腺上动脉
B．面动脉
C．上颌动脉
D．脑膜中动脉
E．颞浅动脉

10．腹腔干的直接分支有
A．胃左动脉
B．胃右动脉
C．胃网膜右动脉
D．胃网膜左动脉
E．胃短动脉

11．上腔静脉
A．由左、右头静脉汇合而成
B．由左、右头臂静脉汇合而成
C．由颈内静脉及锁骨下静脉汇合而成
D．两侧锁骨下静脉汇合而成
E．由两侧颈内静脉汇合而成

12．大隐静脉描述中，正确的是
A．起自足背静脉网内侧缘
B．经内踝后方
C．沿小腿及股外侧面上行
D．注入腘静脉
E．与小隐静脉间无交通支

13．贵要静脉注入
A．肱静脉
B．腋静脉
C．头静脉
D．肘正中静脉
E．头臂静脉

14．位于肘窝前方，临床常用于注射、输液、采血的浅静脉是
A．头静脉
B．贵要静脉
C．尺静脉
D．桡静脉
E．肘正中静脉

15．大隐静脉经过
A．内踝前方　B．内踝后方　C．外踝前方　D．外踝后方　E．外踝下方

16．胸导管注入
A．左静脉角
B．右静脉角
C．右颈外静脉
D．右锁骨下静脉
E．左锁骨下静脉

17．关于脾脏的描述，错误的是
A．质软而脆，受暴力打击易破裂
B．位于左季肋区
C．长轴与第10肋平行
D．下缘有2～3个脾切迹
E．在正常情况下，于肋弓下缘不能触及

二、思考题

1．心表面有哪几条沟？各走行哪些血管？

2．肝门静脉通过直肠静脉丛的侧副循环的途径是怎样的？该侧副循环建立后，临床上可能产生什么症状？

3．自头静脉注射的药物经何循环途径到达阑尾？

（李　锋）

扫码“练一练”

扫码“学一学”

第八章 感 觉 器

学习目标

1. **掌握** 眼球的结构、眼的折光系统；中耳的结构、声波传入内耳的途径。
2. **熟悉** 房水的产生、排出途径。
3. **了解** 眼副器的组成；耳的组成及耳蜗的功能。
4. 结合标本和模型说出视器、前庭蜗器的主要形态和结构。

感觉器是**感受器**及其附属结构的总称。

感受器是机体接受内、外界环境各种刺激的组织结构，其功能是接受刺激并将之转化为神经冲动，经过感觉神经传导至中枢，最后到达大脑皮层，产生感觉。

感受器的种类繁多，形态功能各异，广泛地分布于人体，它可分为一般感受器和特殊感受器。一般感受器的结构较简单，如皮肤、内脏、肌腱、关节上的感受器，主要由感觉神经末梢构成。特殊感受器具有特殊的感觉细胞，构造较复杂，如视觉、听觉、嗅觉、味觉和平衡觉的感受器。本章只介绍视器和前庭蜗器。

第一节 视 器

案例导入

患者，男，55岁。因视力下降，到医院就诊，一名实习医生给他眼部滴用了1%阿托品滴眼液，并做了眼底检查。当天晚上，他感觉眼痛、头痛，并有恶心、呕吐等症状。再次去医院复诊，诊断为急性闭角型青光眼急性发作期。

请问：

1．眼底检查时，光线经过哪些结构到达视网膜？

2．房水的产生及循环途径。

视器又称**眼**，由眼球和眼副器两部分组成。眼的功能是接受光线的刺激，并将刺激转化为神经冲动，经视觉传导通路传到大脑皮层的视觉中枢，产生视觉。据悉，人脑获得的信息中95%以上来自视觉。

一、眼球

眼球近似球形，位于眶内，前面有眼睑保护，后部借视神经连于间脑的视交叉，周围有眼副器。眼球包括眼球壁和眼球内容物两部分（图8–1）。

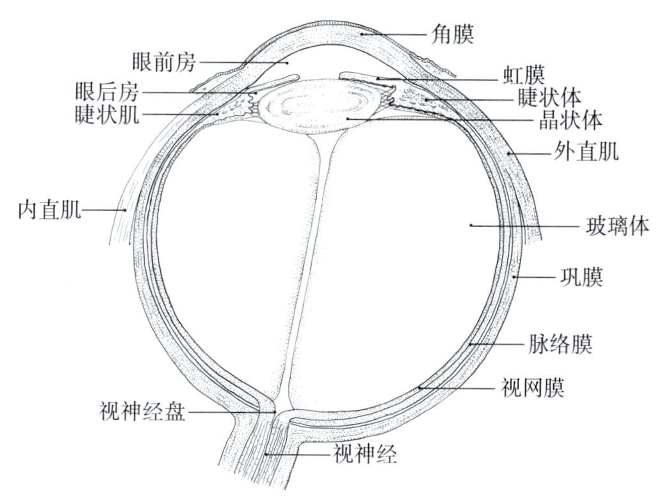

图 8-1 眼球的水平切面（右侧）

（一）眼球壁

眼球壁有三层，由外向内分别为纤维膜、血管膜和视网膜。

1. **纤维膜** 位于最外层，由致密结缔组织构成，具有维持眼球形状、保护眼球内容物的作用。纤维膜可分为角膜和巩膜两部分。

（1）**角膜** 占纤维膜的前1/6，略向前凸，无色透明，有屈光作用。角膜无血管，但有丰富的感觉神经末梢，感觉敏锐。

（2）**巩膜** 占纤维膜的后5/6，不透明，呈乳白色，厚而坚韧。巩膜与角膜交界处的深部有一环形的巩膜静脉窦，是房水流出的通道。

2. **血管膜** 位于纤维膜内面，含有丰富的血管和色素细胞，呈棕黑色。血管膜由前向后分为虹膜、睫状体和脉络膜三部分。

（1）**虹膜** 位于角膜的后方，呈圆盘状，中央有圆形的瞳孔。虹膜内有两种不同方向排列的平滑肌，一部分环绕瞳孔周围排列，称瞳孔括约肌，另一部分由瞳孔向周围呈辐射状排列，称瞳孔开大肌。它们分别缩小和开大瞳孔，以调节进入眼内的光线。在弱光下或看远方时，瞳孔开大，反之，瞳孔缩小。在活体，透过角膜可看见虹膜和瞳孔，虹膜的颜色随人种而有所不同。

（2）**睫状体** 位于虹膜的后方，是血管膜环形增厚的部分，有调节晶状体的曲度和产生房水的作用。睫状体前部有许多向内的突起，称睫状突，睫状突发出细丝状的睫状小带与晶状体相连。睫状体内有平滑肌称睫状肌，该肌收缩时，睫状突向晶状体靠近，使睫状小带松弛，从而调节晶状体的曲度（图8-2）。

眼球壁的层次结构及分部。

（3）**脉络膜** 占血管膜的后2/3，含有丰富的血管和色素细胞，具有营养眼球和吸收眼内散射光线的作用，以免扰乱视觉。

3. **视网膜** 紧贴于血管膜的内面，由前向后可分为虹膜部、睫状体部和脉络膜部。前两部分别贴附于虹膜和睫状体的内面，无感光作用，称为视网膜盲部。脉络膜部附于脉络膜的内面，有感光作用，故称为视网膜视部。视网膜后部称眼底，偏鼻侧处，有一白色圆盘状隆起，称视神经盘或视神经乳头，为视神经纤维汇集处。此处无感光功能，称为生理性盲点。视神经盘的颞侧约3.5mm处，有一黄色圆形小区，称黄斑。黄斑的中心略凹陷，称中央凹，是感光、辨色最敏锐的部位（图8-3）。

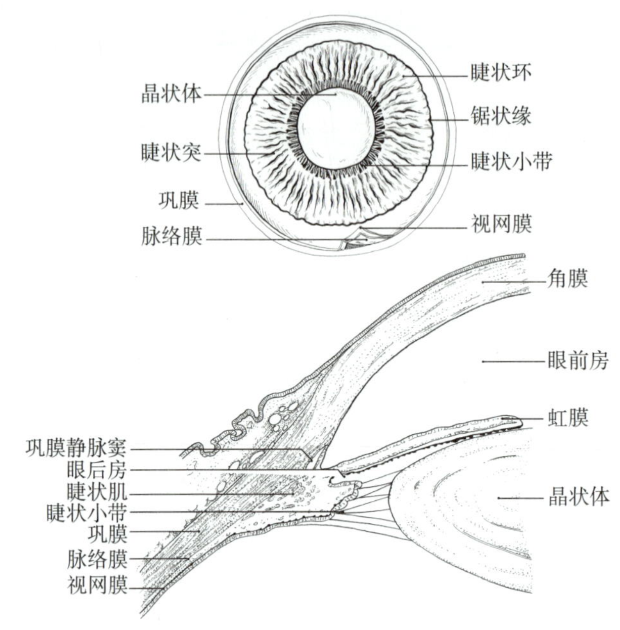

图8-2　眼球前部内面观及虹膜角膜角

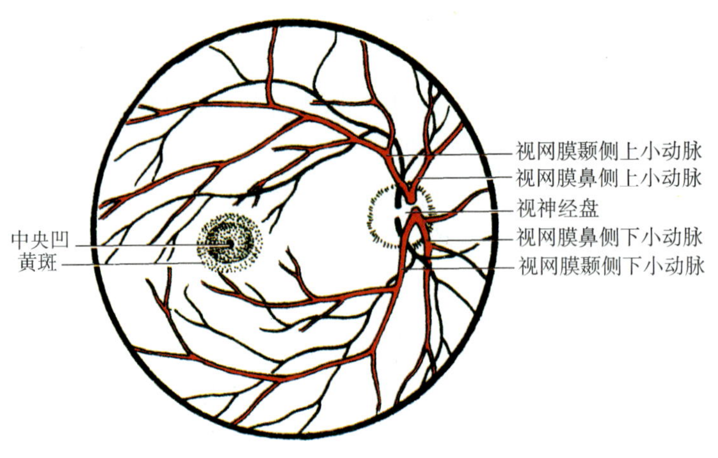

图8-3　眼底（右侧）

（二）眼球内容物

眼球内容物包括房水、晶状体和玻璃体（图8-1）。这些结构无色透明没有血管，都具有屈光作用，它们和角膜共同组成眼球的屈光系统，能使所视物体在视网膜上清晰成像。

1. **房水**　是无色透明的液体，充满在眼房内。眼房位于角膜与晶状体之间，以瞳孔为界分为眼前房和眼后房。眼前房的周缘为虹膜与角膜形成的夹角，称虹膜角膜角，又称前房角。

房水由睫状体产生，先进入眼后房，经瞳孔流入眼前房，再经前房角渗入巩膜静脉窦，最后流入眼静脉。房水具有屈光作用，还具有营养角膜、晶状体以及维持眼压作用。房水循环障碍可致眼压升高，临床上称为青光眼。

> **考点提示**
>
> 屈光系统的组成；房水的产生及循环途径。

2. **晶状体**　位于虹膜的后方，呈双凸透镜状，无色透明，富有弹性。晶状体的周缘借睫状小带连于睫状突，晶状体的曲率随睫状肌的舒缩而发生改变。当眼视近物时，睫状肌收缩，睫状突向晶状体的方向靠近，使睫状小带松弛，晶状体则由于本身的弹性变凸，折光力加强，使物象前移聚焦于视网膜上。当视远物时，与此相反。晶状体因疾病或创伤变浑浊时，称为白内障。

3. **玻璃体** 是无色透明的胶体物质，填充于晶状体和视网膜之间，具有屈光和支持视网膜的作用。若支撑作用减弱，易导致视网膜脱离；若玻璃体混浊，眼前可见晃动的黑点，临床称“飞蚊症”，会影响视力。

知识拓展

近视、远视、散光

近视是由于眼球的前后径过长，或角膜和晶状体的曲率过大，使来自远处物体的平行光线聚焦于视网膜的前方，故视远物模糊。近视眼的矫正方法是配戴合适的凹透镜。

远视是由于眼球的前后径过短，或折光系统的曲率过小，所形成的物象位于视网膜之后，远视的矫正方法是配戴合适的凸透镜。

散光一般指角膜不呈正球面，即角膜表面不同方位的曲率不相等，造成视物不清或物像变形。矫正散光可用柱面镜。

二、眼副器

眼副器包括眼睑、结膜、泪器和眼球外肌等（图8-4），对眼球有支持、保护和运动等功能。

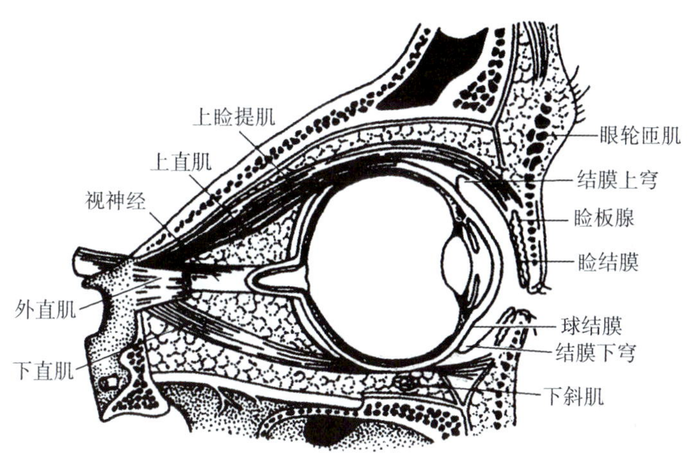

图 8-4 右眼眶（矢状面）

（一）眼睑

眼睑分为上睑和下睑，遮盖在眼球前方，为保护眼球的屏障。眼睑的游离缘叫睑缘，长有睫毛。上、下睑之间的裂隙叫睑裂，睑裂的外侧角和内侧角分别称外眦和内眦。上、下睑缘近内眦处各有一针尖样小孔，称泪点，是泪小管的开口。

上、下眼睑的前面为皮肤，后面为睑结膜，其间有皮下组织、肌层和睑板。眼睑的皮下组织疏松，炎症时，易出现水肿。睑板由致密结缔组织构成，呈半月形。睑板内有睑板腺，开口于睑缘。睑板腺分泌油样液体，有润滑睑缘、防止泪液外溢的作用。若睑板腺导管阻塞，则形成睑板腺囊肿，亦称霰粒肿。

（二）结膜

结膜是一层薄而透明的黏膜，富含血管。结膜衬于眼睑的后面和眼球巩膜的前面，分别叫睑结膜和球结膜。睑结膜与球结膜相互移行，其反折部构成结膜上穹和结膜下穹。睑裂闭合时，结膜围成结膜囊。

知识拓展

红眼病和沙眼

红眼病是急性出血性结膜炎的俗称，是一种急性传染性眼部疾患。根据不同的致病原因，可分为细菌性结膜炎和病毒性结膜炎两类，其临床症状相似，但流行程度和危害性以病毒性结膜炎为重。红眼病是通过接触传染的眼病，如接触患者用过的毛巾、水龙头、门把手、玩具等。因此，本病常在幼儿园、学校等集体单位广泛传播，造成暴发流行。

沙眼是由沙眼衣原体引起的一种慢性传染性结膜角膜炎。因其在睑结膜表面形成粗糙不平的外观，形似沙粒，故名沙眼。轻者仅有刺痒，重者常有畏光、流泪、异物感和视力减退等症状。

（三）泪器

泪器由泪腺、泪小管、泪囊和鼻泪管组成（图8-5）。

泪腺位于眼眶外上方，是分泌泪液的腺体，其排泄小管开口于结膜上穹，泪液具有冲洗结膜囊异物、维持眼球表面湿润等作用。泪小管起于泪点，汇入泪囊。泪囊位于泪囊窝内，上端为盲端，下端与鼻泪管相连，鼻泪管下端开口于下鼻道的前部。

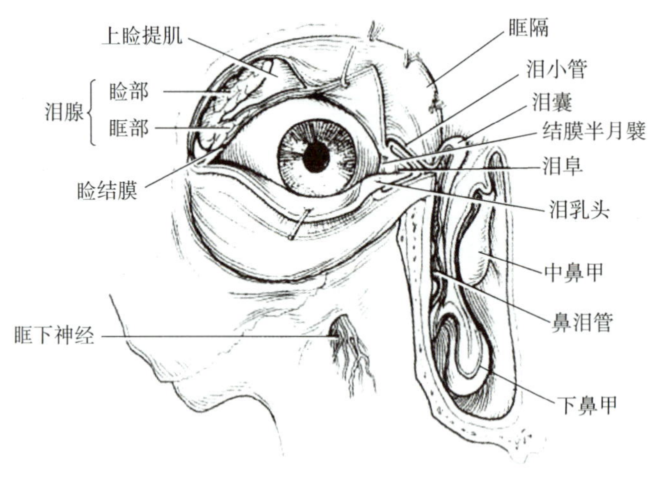

图8-5 泪器

（四）眼球外肌

眼球外肌配布于眼球周围，共七块。上睑提肌能提上睑，内直肌和外直肌分别使眼球转向内侧和外侧，上直肌和下直肌分别使眼球转向上内和下内，上斜肌使眼球转向下外，下斜肌使眼球转向上外（图8-6）。眼球的正常运动，是以上各肌协同作用的结果。

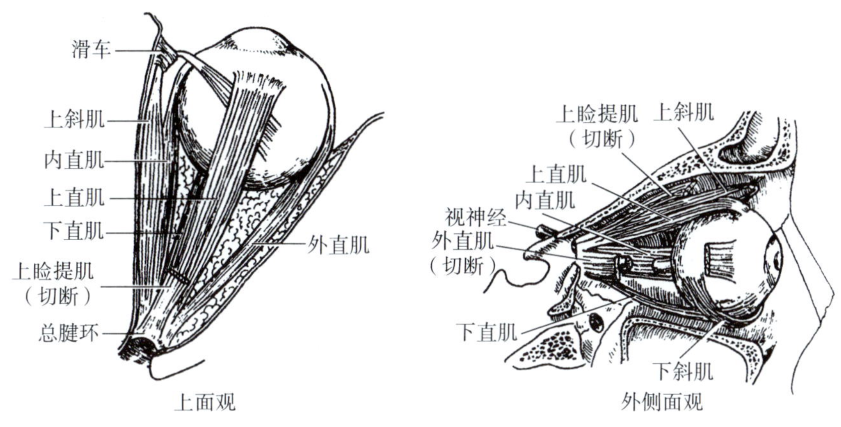

图 8-6 眼球外肌

三、眼的血管

（一）动脉

眼球的血液供应来自眼动脉。眼动脉起自颈内动脉，与视神经一起经视神经管入眶，其最重要的分支为视网膜中央动脉。视网膜中央动脉穿行于视神经中央，在视神经盘穿出分为四支，即视网膜鼻侧上、下和颞侧上、下小动脉，营养视网膜内层（图8-3）。临床常用眼底镜观察此动脉，以帮助诊断某些疾病。

（二）静脉

眼的静脉主要包括眼上静脉和眼下静脉，其属支收集眼球和眼副器的静脉血。眼静脉无瓣膜，向前在内眦处借内眦静脉与面静脉形成吻合，向后注入海绵窦，面部感染可经内眦静脉、眼静脉侵入海绵窦引起颅内感染。

第二节 前庭蜗器

案例导入

患儿10个月，因发热3天入院。体格检查：高热面容，咽充血，心、肺、腹未见异常。血白细胞略高，以中性粒细胞升高为主（0.77）。初步诊断：急性上呼吸道感染。第二天下午，家长告诉医生，发现患儿右耳朵流脓。急请耳鼻喉科会诊，诊断为右耳化脓性中耳炎，鼓膜穿孔。

请问：

1. 中耳的组成及结构特点。
2. 为什么小儿上呼吸道感染易引起中耳炎？

前庭蜗器又称位听器或耳，按部位不同可分为外耳、中耳和内耳三部分（图8-7）。外耳和中耳收集并传导声波，内耳含听觉和位置觉感受器。

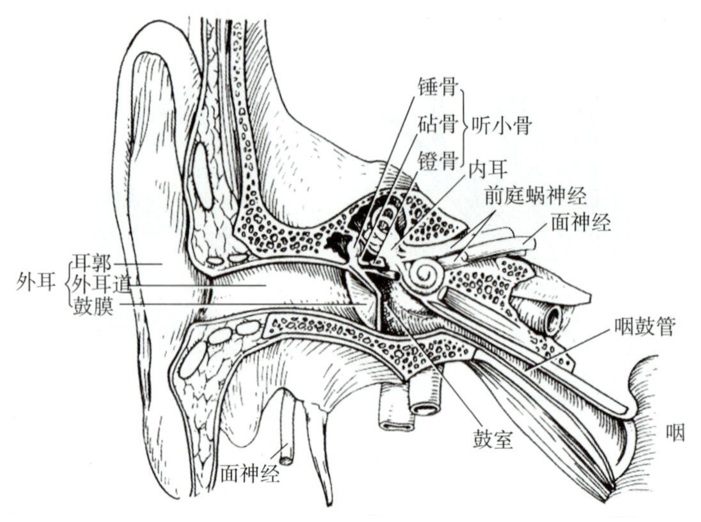

图 8–7　前庭蜗器

一、外耳

外耳包括耳郭、外耳道和鼓膜三部分。

（一）耳郭

耳郭位于头部两侧，大部分以弹性软骨为支架，外覆皮肤，富含血管和神经。下部无软骨，仅含结缔组织和脂肪，名为耳垂，是临床常用的采血部位。耳郭的中部有深凹的外耳门，向内通外耳道。耳郭有收集声波和判断声波来源的作用。

（二）外耳道

外耳道是从外耳门至鼓膜的弯曲管道，成人长约2.5cm，其外1/3为软骨部，内2/3为骨部。外耳道是一弯曲的管道，做外耳检查时，向后上方牵拉耳郭，可将外耳道拉直，以便观察鼓膜。外耳道皮肤与软骨膜、骨膜结合紧密，炎性疖肿时疼痛剧烈。外耳道皮肤内含有耵聍腺，可分泌耵聍，主要作用是保持外耳道清洁，防止昆虫侵入。

外耳道是声波传导的通道。

（三）鼓膜

鼓膜位于外耳道与鼓室之间，为椭圆形半透明的薄膜，自后上外斜向前内下，与外耳道底成45° ~ 50°的倾斜角（图8–8）。鼓膜呈浅漏斗状，周缘较厚，中心向内凹陷，称鼓膜脐。鼓膜上1/4的三角形区为松弛部，此部薄而松弛，在活体呈淡红色。鼓膜下3/4为紧张部，坚实而紧张，在活体呈灰白色。鼓膜脐前下方有一个三角形的反光区，称光锥。当鼓膜异常时光锥可以变形或消失。鼓膜能随声波同步振动，将声波不失真地传向中耳。

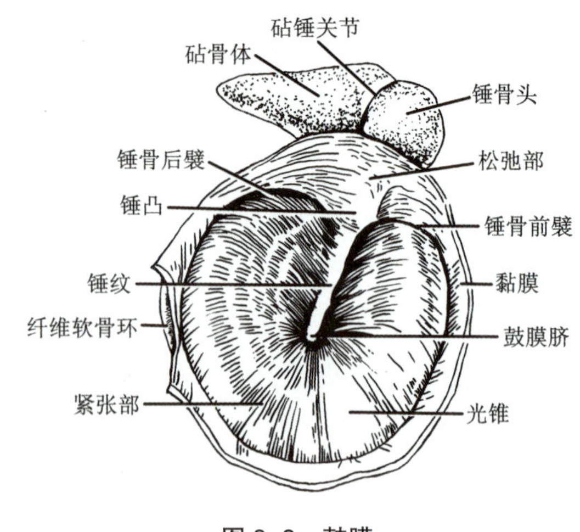

图 8–8　鼓膜

二、中耳

中耳包括鼓室、咽鼓管、乳突窦和乳突小房。

（一）鼓室

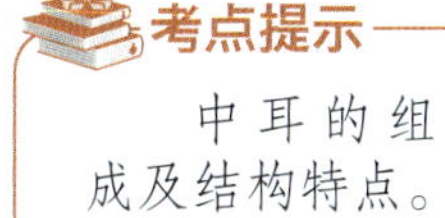

鼓室位于鼓膜和内耳之间，是颞骨岩部内的含气小腔。鼓室内覆有黏膜，此黏膜与咽鼓管和乳突小房内的黏膜相延续。鼓室为一不规则腔隙，可分为六个壁。上壁和下壁均为一薄骨板，分别与颅中窝和颈静脉相隔；前壁的上方有咽鼓管的开口，后壁上部有乳突窦的开口，由此向后连于乳突小房；外侧壁大部分是鼓膜；内侧壁的后上方有卵圆形的孔称前庭窗，后下方有圆形的孔，称蜗窗，蜗窗被第二鼓膜封闭。

鼓室内有三块听小骨，即锤骨、砧骨和镫骨。锤骨居外侧，紧附鼓膜内面，砧骨居中，镫骨在内侧，附于前庭窗的周缘。三块听小骨以关节相连，构成听骨链（图8–9）。

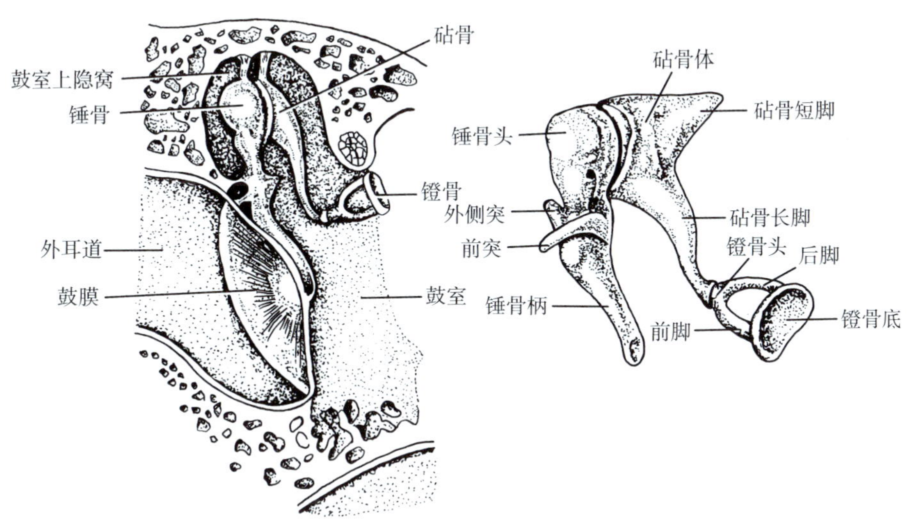

图 8–9 听小骨

当声波引起鼓膜振动时，借听骨链的传导，使镫骨在前庭窗上来回摆动，将声波的振动传至内耳。由于鼓膜的振动面积大，前庭窗的面积小，加上听骨链具有杠杆放大的作用，使声波振动的幅度减小而压强显著的增大，提高了传音的效率，以至在安静的情况下，微弱的声音即可被感觉到。

（二）咽鼓管

咽鼓管是咽与鼓室的通道，外界的空气可由此进入鼓室，可使鼓室内外的气压保持平衡，有利于鼓膜的振动。小儿咽鼓管较成人的粗短，并近水平位，故咽部感染易经此管蔓延至鼓室，引起中耳炎。

（三）乳突窦和乳突小房

乳突窦为鼓室后方的较大腔隙，向前开口于鼓室，向后与乳突小房相通。**乳突小房**为颞骨乳突内的许多含气小腔，大小、形态不一，互相连通，向前经乳突窦通鼓室。中耳炎症可经乳突窦侵犯乳突小房而引起乳突炎。另外，耳内手术可经乳突小房入路。

三、内耳

内耳位于鼓室的内侧，埋藏在颞骨岩部的骨质内，由一系列复杂的管道组成，故又称迷路。迷路分为骨迷路和膜迷路，骨迷路是曲折的骨性隧道，膜迷路是套在骨迷路内的膜性管道，二者之间的间隙充满液体，称外淋巴，膜迷路内的液体称内淋巴。内、外淋巴互不流通（图8-10）。

内耳的组成。

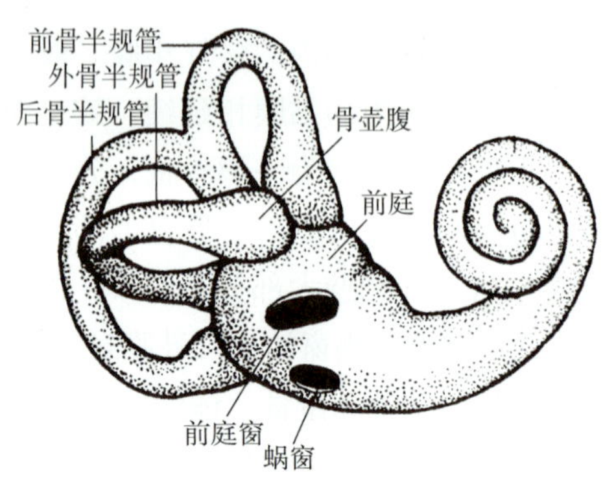

图 8-10　骨迷路

（一）骨迷路

骨迷路分为三部分，由后外向前内依次是骨半规管、前庭和耳蜗，三者彼此相通。

1. **骨半规管**　为三个相互垂直排列的半环形骨管，按其位置分别称为前骨半规管、外骨半规管和后骨半规管。每个骨半规管皆有两个骨脚连于前庭，其中一个骨脚膨大称壶腹骨脚，膨大部称骨壶腹，另一骨脚细小称单骨脚。前、后半规管的单骨脚合成一个总骨脚，故三个骨半规管共有五个口连于前庭的后上壁。

2. **前庭**　位于骨迷路的中间部分，为略呈椭圆形的腔隙。前庭的前部有一大孔通耳蜗，后部与三个骨半规管相通。前庭的外侧壁上有前庭窗和蜗窗，前庭窗由镫骨底封闭，蜗窗则被第二鼓膜封闭。

3. **耳蜗**　位于前庭的前内方，形似蜗牛壳，由蜗螺旋管绕蜗轴盘曲两圈半而成（图8-11）。蜗顶朝向前外方，蜗底朝向后内方。自蜗轴发出的骨螺旋板与蜗管一起将蜗螺旋管分隔为上部的前庭阶（通前庭窗）和下部的鼓阶（通蜗窗）。前庭阶与鼓阶在蜗顶处借蜗孔相通。

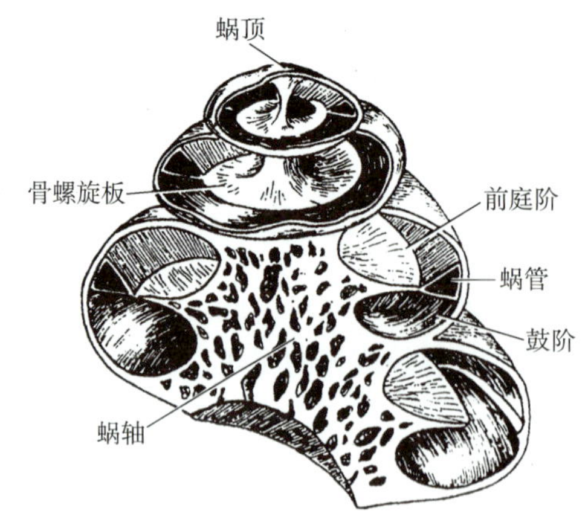

图 8-11　耳蜗

（二）膜迷路

膜迷路分为膜半规管、椭圆囊、球囊和蜗管，它们之间相互连通。

1. **膜半规管**　位于骨半规管内。在骨壶腹内有膨大的膜壶腹，壁上有壶腹嵴，是位觉感受器，当机体做任何方向旋转时，引起半规管中的内淋巴惯性运动，刺激感受器，产生旋转运动的感觉，并引起姿势反射以维持身体平衡。

2. **椭圆囊和球囊** 是前庭内两个相互连通的小囊。椭圆囊较大，与三个膜半规管相通；球囊较小，与蜗管相通。椭圆囊和球囊壁上有互为垂直的椭圆囊斑和球囊斑。椭圆囊斑和球囊斑亦是位觉感觉器，能感受直线变速运动的刺激以及头部的位置觉。

前庭的位觉感受器过于敏感或受到过强、过长的刺激时，会引起恶心、呕吐、眩晕、出汗等反应，如晕车、晕船等。

3. **蜗管** 连于骨螺旋板外缘，自蜗底盘至蜗顶。蜗管断面呈三角形，上壁称前庭膜，下壁称基底膜。基底膜上有听觉感受器，称螺旋器（又称Corti器）。

（三）声波的传导

声波传入内耳的途径有两条，即空气传导和骨传导。

1. **空气传导** 声波经外耳道传至鼓膜，再经听骨链和前庭窗传入内耳。如中耳疾患造成鼓膜或听小骨缺损时，声波可经第二鼓膜传入，但听觉敏感度大为减弱。

2. **骨传导** 声波直接引起颅骨的振动，使位于颞骨骨质中的耳蜗内淋巴液产生波动。骨传导对正常听觉的产生作用极微。临床常用音叉检查骨传导的存在，以帮助诊断听力障碍。

考点提示

声波传入内耳的途径。

本章小结

视器由眼球和眼副器共同构成。眼球由眼球壁和眼球内容物构成。眼球壁分为纤维膜、血管膜和视网膜三层，纤维膜包括角膜和巩膜，血管膜由前向后包括虹膜、睫状体和脉络膜三部分，视网膜可分为虹膜部、睫状体部和脉络膜部三部分。眼球内容物包含房水、晶状体和玻璃体。眼副器包括眼睑、结膜、泪器和眼球外肌等结构，对眼球有保护、运动和支持的作用。

前庭蜗器按部位可分为外耳、中耳和内耳三部分。外耳和中耳是声波的收集和传导装置。外耳包括耳郭、外耳道和鼓膜，中耳由鼓室、咽鼓管、乳突窦和乳突小房组成。内耳又称迷路，由骨迷路和膜迷路两部分组成。骨迷路包括骨半规管、前庭和耳蜗；膜迷路依次为膜半规管、椭圆囊和球囊、蜗管三部分。内耳是听觉和位置觉感受器所在部位，能感受声波和头部位置变动的刺激。

一、选择题

1. 属于眼球纤维膜结构的是

A. 虹膜 B. 脉络膜 C. 巩膜 D. 视网膜 E. 睫状体

2. 辨色、对光分辨最敏锐的部位在

A. 视神经乳头 B. 睫状体

C．视网膜周边　　D．中央凹
E．双极细胞

3．听觉感受器是
A．壶腹嵴　　B．螺旋器
C．球囊斑　　D．椭圆囊斑
E．鼓膜

4．上斜肌能使眼球转向
A．下外方　B．下内方　C．上外方　D．上内方　E．下方

5．临床上检查成人鼓膜时，需将耳郭拉向
A．后上　B．前上　C．下　D．后下　E．外

6．造成白内障的主要原因是
A．房水循环障碍　　B．眼内压增高
C．晶状体混浊　　D．晶状体弹性下降
E．屈光力下降

7．瞳孔位于
A．虹膜　B．脉络膜　C．巩膜　D．视网膜　E．睫状体

8．看近物时，使晶状体变厚的主要原因是
A．睫状小带收缩　　B．睫状肌收缩
C．晶状体收缩　　D．瞳孔括约肌收缩
E．眼球外肌收缩

9．生理性盲点在
A．视神经乳头　　B．睫状体
C．中央凹　　D．视网膜周边
E．瞳孔

10．不具有屈光作用的结构是
A．角膜　B．睫状体　C．房水　D．晶状体　E．玻璃体

二、思考题

1．光线到达视网膜的视细胞要经过哪些结构？
2．简述房水产生及循环途径。
3．中耳的组成如何？为什么小儿易患中耳炎？
4．试用箭头表示声波传至螺旋器的途径。

扫码“练一练”

（谭　毅）

第九章　神经系统

学习目标

1. **掌握**　神经系统的区分；神经系统的常用术语，脊髓的形态、组成；脑干的分部；端脑的形态、分部；颈丛、臂丛、腰丛、骶丛的组成和位置；膈神经的组成和分布；动眼神经、三叉神经、面神经、舌咽神经、迷走神经的纤维成分和分布范围；交感神经和副交感神经的主要区别；脊髓、脑被膜的分层和主要结构；脑脊液产生和循环途径。

2. **熟悉**　神经元的分类和基本结构；中枢神经系统的组成；小脑的位置及结构；脊神经的组成和纤维成分；胸神经分布的节段性及体表标志；脑神经的数目、名称、顺序、连接脑的部位；内脏运动神经与躯体运动神经的主要区别；脑的主要动脉来源。

3. **了解**　神经系统在机体内的作用和地位；反射的概念；间脑的位置及分部；各对脑神经损伤后的表现；交感神经和副交感神经的分布；内脏感觉神经的特点；感觉传导通路、运动传导通路。

4. 学会在挂图、模型、标本上辨认脑、脊髓的主要结构；颈丛、臂丛、腰丛、骶丛的组成和位置。

扫码“学一学”

第一节　神经系统总论

神经系统是机体内起主导作用的调节机构，由位于颅腔和椎管内的脑和脊髓及遍布全身的周围神经所组成。神经系统借助于感受器接受体内和体外的刺激，并引起各种反应，借以调节和控制全身各器官、系统的活动，使人体成为一个完整的统一体。在神经系统的调控下，各器官系统相互制约、相互协调，以适应机体活动的协调统一。

一、神经系统的区分

按形态位置和生理功能的不同，通常将神经系统分为**中枢神经系统**和**周围神经系统**两部分。中枢神经系统包括脑和脊髓，分别位于颅腔和椎管内；周围神经系统包括脑神经和脊神经（图9-1）。**脑神经**与脑相连，共12对；**脊神经**与脊髓相连，共31对。根据周围神经在各器官、系统中分布对象不同，又将其分为躯体神经和内脏神经。**躯体神经**分布于体表、骨、关节和骨骼肌；**内脏神经**分布于内脏、心血管和腺体。躯体神经和内脏神经均含有传入纤维和传出纤维。传入纤维又称感觉纤维，它将神经冲动自感受器传向中枢神经；传出纤维又称运动纤维，它将神经冲动从中枢神经传向效应器。内脏神经中的传出部分（又称内脏运动神经）支配不受人的主观意志所控制的心肌、平滑肌和腺体的活动，故又称为**自主神经系统**或**植物神经系统**，内脏运动神经又依其功能不同，分为**交感神经**和**副交感神经**两部分。

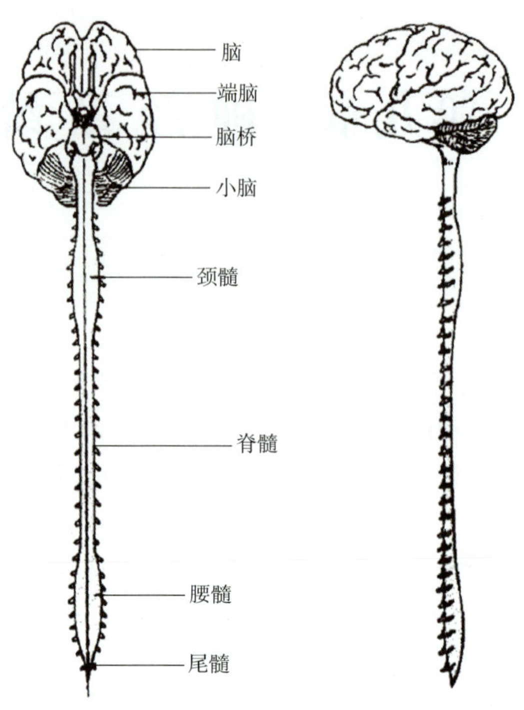

图 9-1　神经系统的区分

二、神经系统的组成

神经系统主要是由神经组织组成。神经组织包括特化的神经细胞和起辅助作用的神经胶质。神经细胞是神经系统的基本单位，又称为**神经元**，具有感受刺激和传导神经冲动的功能。神经胶质是神经系统的辅助成分，对神经元有支持和保护的作用。

（一）神经元

1. 神经元的构造　一个神经元由胞体和突起两部分构成。胞体是神经元的营养中心，主要位于脑、脊髓和周围神经节内。突起分为树突和轴突两种，每个神经元有一条或多条树突且较短而分支多；轴突只发出一条，其长短因神经元而异，短者仅数微米，长者可达1m以上。树突和胞体是接受神经冲动的主要部位，轴突则把神经冲动自胞体传出。

2. 神经元的分类　人体内神经元的数目非常多，类型较多样化。

（1）按神经元突起的数目分类　①**假单极神经元**，胞体在脑神经节或脊神经节内。由胞体发出一个突起，此突起离胞体不远就分为两支，即作“T”字形分叉，其中一支至皮肤、运动系或内脏等处的感受器，称为周围突；另一支进入脑或脊髓，称为中枢突。②**双极神经元**，胞体呈梭形，由其相对的两极发出突起，其中一个是树突，另一个是轴突。此类神经元存在于视网膜、鼻腔黏膜嗅部和前庭蜗器神经节内。③**多极神经元**，具有多条树突及单一的轴突。胞体主要存在于脑和脊髓之内。

（2）根据神经元功能分类　①**感觉神经元**，即前述的假单极神经元和双极神经元，能接受刺激并将神经冲动传入中枢，故又称传入神经元。②**运动神经元**，全是多极神经元，将神经冲动从中枢传到肌或腺体，也称为传出神经元。③**联络神经元**，又称中间神经元，也是多极神经元，整个神经元全在中枢以内，位于感觉神经元与运动神经元之间，起联络作用。

（二）神经胶质

神经胶质细胞简称**胶质细胞**，有中枢神经系统胶质细胞和周围神经系统胶质细胞两种。中枢神经系统的神经胶质细胞是中枢神经系统内的间质和支持细胞，根据其形态可分为**星形胶质细胞**、**少突胶质细胞**、**小胶质细胞**和**室管膜细胞**。周围神经系统的神经胶质细胞分为**施万细胞**和**卫星细胞**。

三、神经系统的活动方式

神经系统以反射方式调节机体的生理活动。神经系统对内、外界刺激做出的反应，称为**反射**。反射活动的形态基础是**反射弧**，反射弧由五个部分组成，即感受器、感觉神经、反射中枢、运动神经、效应器。

反射弧中任何一个环节发生障碍，反射即减弱以至消失。如叩击髌韧带引起伸膝运动，称**膝反射**，其感受器位于髌韧带内，传入神经是股神经的感觉纤维，中枢在脊髓腰段，传出神经沿股神经到达股四头肌。这是最简单的反射，只有两级神经元参加。一般的反射弧，在传入和传出神经元之间有一个或多个中间神经元参加，中间神经元越多，引起的反射活动就越复杂。人类大脑皮质的思维活动，就是通过大量中间神经元极为复杂的反射活动来完成的。例如人们在学习时可将视、听器所感受的刺激，用脑进行分析或综合，然后作为信息加以储存，即只用反射弧的感受器、传入神经和中枢三个部分。另外，人们可以按照预订的计划采取行动，即运用反射弧的中枢、传出神经和效应器这三个部分。如果反射弧任何一部分损伤，反射即出现障碍。因此，临床上常用检查反射的方法来诊断神经系统的疾病。

四、神经系统的常用术语

神经系统不同部位的胞体和突起在不同的部位有不同的集聚方式。

（一）灰质和白质

在中枢神经系统内，神经元胞体连同其树突集中的地方，在新鲜标本上色泽灰暗，称为**灰质**。神经元突起集中的地方，在新鲜标本上颜色苍白，称为**白质**。位于大、小脑表层的灰质，称为**皮质**，位于大、小脑深部的白质，称为**髓质**。

（二）神经核和神经节

在中枢神经系统内皮质以外的灰质块，内含功能相同的神经元胞体的集团，称为**神经核**。在中枢神经系统以外，胞体聚集的地方，形状略显膨大，称为**神经节**，如脑、脊神经节。

（三）纤维束和神经

在中枢白质内，功能相同的神经纤维聚集在一个区域内走行，称为**纤维束**。在中枢神经以外，神经纤维集成大、小不等的集束，由不同数目的集束再集合成一条**神经**。在每条纤维周围、集束以及整个神经的周围，均包有结缔组织被膜。

（四）网状结构

在中枢神经系统内，神经纤维交织成网状，网眼内含有分散的神经元或较小的核团，这些区域称为**网状结构**。

扫码“学一学”

第二节　中枢神经系统

中枢神经系统包括位于颅腔内的脑和位于椎管内的脊髓，两者通过枕骨大孔相连接。

一、脊髓

案例导入

患者，男，26岁。因发热、呕吐、剧烈头痛入院。查体：T 39.4℃，意识轻度障碍，颈项强直。初步诊断为脑膜炎，为确诊而行脑脊液检查。

请问：

1. 穿刺抽取脑脊液的部位在哪？为什么？
2. 穿刺时依次经过哪些结构？

（一）脊髓的位置和形态

脊髓位于椎管内，呈前后稍扁的圆柱形。脊髓上端在齐平枕骨大孔处与延髓连接，下端缩小呈圆锥状，称为**脊髓圆锥**。成年人圆锥末端平齐第1腰椎下缘，新生儿平第3腰椎。由脊髓圆锥下端向下延为细长的终丝，止于尾骨后面的骨膜，全长约40 ~ 45cm，有稳定脊髓的作用。终丝已无神经组织（图9–2）。

脊髓前、后表面正中线上，各有一纵沟。前面的纵沟较深，称为**前正中裂**；后面的纵沟较浅，称为**后正中沟**。在前正中裂和后正中沟的两侧，分别有成对的前外侧沟和后外侧沟。在前、后外侧沟，均有成列的根丝出入。数个根丝组成一个神经根，前后各31对神经根。在前外侧沟者，称为前根，由运动纤维组成。在后外侧沟者，称为后根，由感觉纤维组成。每一后根与前根会合之前，形成一个膨大，即**脊神经节**。内含假单极神经元细胞体。前、后根在椎间孔处合成脊神经。脊神经中的感觉纤维将躯体和内脏的感觉冲动从后根传入脊髓；而脊髓发出的神经冲动则由运动纤维从前根传出，分别到达躯体和内脏的效应器官。

脊髓全长粗细不等，有两个膨大部：位于第5颈节到第1胸节的称为**颈膨大**，由此发出神经支配上肢；位于第2腰节到第3骶节的称为**腰骶膨大**，发出神经至下肢。膨大的形成是由于其内的神经细胞和纤维较多所致，它的进化发展与四肢的进化发展成正比。腰骶尾段的前后根出椎间孔之前，在椎管内垂直下降围绕在终丝的周围，仿其形状称为**马尾**。在成人一般第1腰椎以下已无脊髓，故临床常经第3、4或第4、5腰椎棘突之间的间隙进行腰椎穿刺，而不致损伤脊髓或脊神经。

（二）脊髓节段及其与椎骨的对应关系

全身有31对脊神经，而与每对脊神经前、后根丝相连的一段脊髓，称为一个**脊髓节段**，因此脊髓分为31节段，即脊髓颈部（C）有8节段、脊髓胸部（T）有12节段、脊髓腰部（L）和脊髓骶部（S）各5节段，脊髓尾部（Co）1节段（图9–3）。

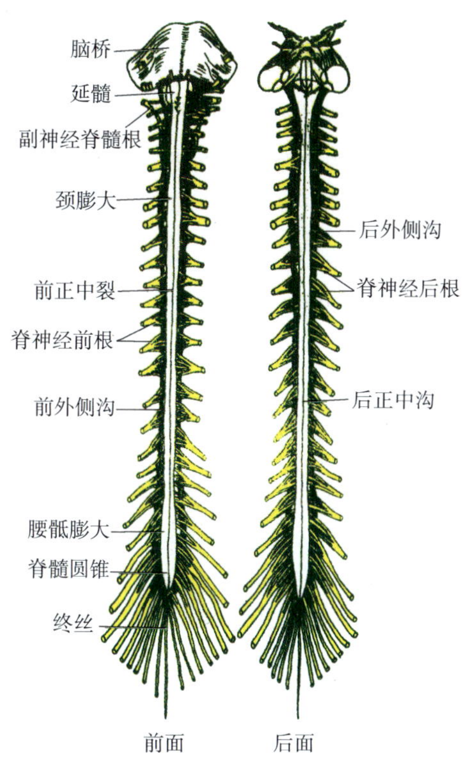

图 9-2 脊髓的外形

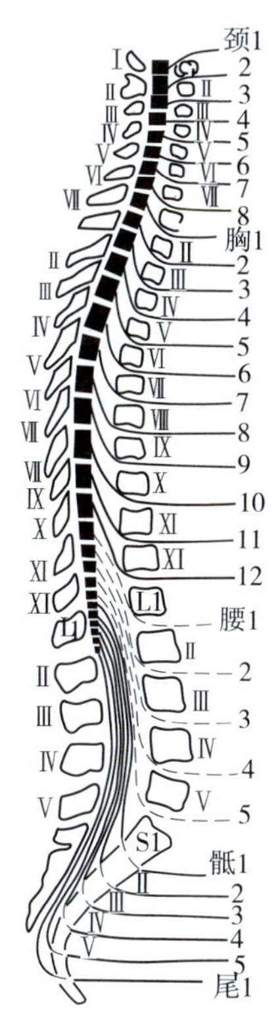

图 9-3 脊髓节段与椎骨的对应关系

在胚胎三个月以前，脊髓和椎管等长，所有脊神经都平伸向外出相应的椎间孔。从胚胎第4个月起，脊髓生长比椎管慢下来，而其头部连接脑处位置固定，结果脊髓相对缩短。出生时，脊髓下端只达第三腰椎水平，成人则平第一腰椎下缘。与此同时，早被椎间孔固定了位置的脊神经根，也从水平位变成不同程度的倾斜，其中腰、骶、尾神经尤其显著。

考点提示

脊髓的位置、外形及脊髓节段。

脊髓节段与椎骨的对应关系的规律大致如下：成人上部颈髓与同序数的椎骨相平；下颈髓和上胸髓（C_5 ~ T_4）的节数减一，（例如，胸髓第三节平对第二胸椎的椎体）；中胸髓（T_5 ~ T_8）与胸椎的同序数减二；下胸髓（T_9 ~ T_{12}）与胸椎的同序数减三。腰髓平对第10 ~ 12胸椎的椎体。骶、尾髓则平对第12胸椎体到第1腰椎椎体平面（表9-1）。例如椎管内有肿瘤压迫胸髓第10节而需手术治疗时，一般在切除第7胸椎椎板后，即可找到肿瘤。了解脊髓节段与椎骨的对应关系，在确定脊髓病灶的位置时有实际意义。

表 9-1 脊髓节段与椎骨的对应关系

脊髓节段	对应椎骨	推算举例
上颈髓 $C_{1\sim4}$	与同序数椎骨同高	如第3颈节对第3颈椎
下颈髓 $C_{5\sim8}$ } 上胸髓 $T_{1\sim4}$ }	较同序数椎骨高1个椎骨	如第5颈节对第4颈椎
中胸髓 $T_{5\sim8}$	较同序数椎骨高2个椎骨	如第6胸节对第4胸椎
下胸髓 $T_{9\sim12}$	较同序数椎骨高3个椎骨	如第11胸节对第8胸椎
腰髓 $L_{1\sim5}$	平对第10、11胸椎	
骶、尾髓 $S_{1\sim5}$、Co1	平对第12胸椎和第1腰椎	

（三）脊髓的内部结构

脊髓各节段中的内部结构大致相似，在横切面上可见中央有**中央管**，它贯穿脊髓全长，围绕中央管可见“H”形灰质。每侧灰质分别向前方和后方伸出前角和后角，在胸髓和上3腰髓的前后角之间还有向外侧突出的侧角。连接两侧的灰质部分称灰质连合。脊髓的白质以前外侧沟和后外侧沟为界，分为三个索。前正中裂和前外侧沟之间的白质为前索，前、后外侧沟之间的为外侧索，后外侧沟与后正中沟之间的为后索。在灰质后角基部外侧与外侧索白质之间，灰、白质混合交织，此处称为网状结构（图9–4）。

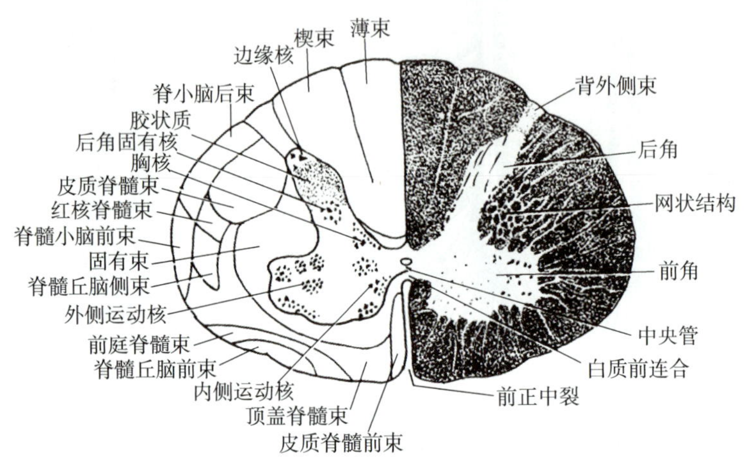

图 9–4　脊髓横切面

1. 灰质

（1）前角　纵观呈连续的柱状，也称前柱，主要由运动神经元组成。这些成群排列的运动神经元细胞体，通称前角细胞，其轴突出脊髓构成前根中的躯体运动纤维成分。一般将前角运动神经元按位置分为内、外侧两群；内侧群的神经元支配躯干肌的运动，外侧群的神经元在颈膨大和腰膨大处很发达，支配四肢肌的运动。临床上的脊髓前角灰质炎，是指前角运动细胞受病毒侵犯，致使相应肌瘫痪，常见于小儿，故称小儿麻痹症。

（2）侧角　又称侧柱，内含中、小型多极神经元细胞体，通称侧角细胞，属于交感神经元（交感神经低级中枢）。它们的轴突出脊髓构成前根中的内脏运动神经交感成分。骶髓无侧角，在第2 ~ 4骶节段的前后角之间部，有副交感神经元核团，称为骶副交感核，是副交感神经在脊髓的中枢，其轴突也经前根走出，构成前根的内脏运动神经副交感成分，负责结肠左区、降结肠、乙状结肠和盆部脏器的平滑肌和腺体的活动。

（3）后角　纵观呈连续的柱状，也称后柱，内含多极中间神经元，统称后角细胞。它们接受后根感觉纤维传来的神经冲动，其轴突有的进入对侧白质形成长距离的上行纤维束，将后根传入的神经冲动传导到脑；有的在脊髓内起节段内或节段间的联络作用。

> **考点提示**
> 脊髓灰质的分部及功能。

2. 白质　位于脊髓灰质周围，由纵行排列的纤维组成。在白质中向上传递神经冲动的传导束称为上行（感觉）纤维束，向下传递神经冲动的传导束称为下行（运动）纤维束。另外，还有联系脊髓各节段的上、下行纤维，并完成各节间的反射活动，它们紧靠灰质边缘的一层短距离纤维，称脊髓固有束，由脊髓内中间神经元的上、下行轴突组成，只限于脊髓内，起自灰质止于灰质，起节段内或节段间的联络作用（图9–5）。

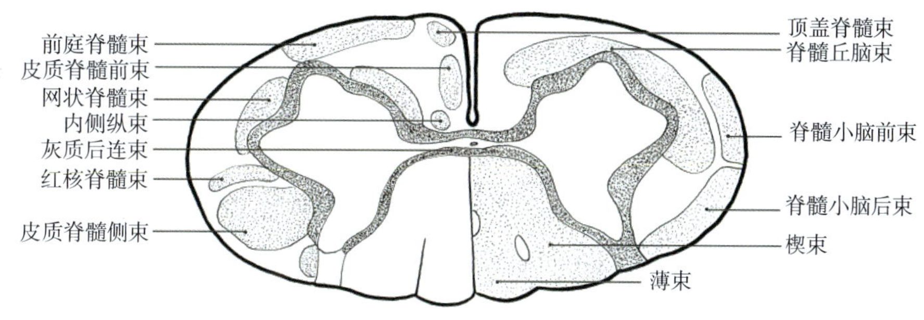

图 9–5 脊髓横切面，上、下行传导束模式图

（1）主要的上行（感觉）纤维束 **薄束**和**楔束**，薄束在后正中沟两旁；楔束在薄束的外侧，它们都是后根入脊髓后转而上行的纤维。薄束来自第五胸节以下，楔束来自第四胸节以上。两束都由脊神经节内假单极神经元中枢突在同侧后索的直接上延。脊神经节细胞的周围突至运动系和皮肤的感受器。薄束和楔束传导来自身体同侧的运动器官和皮肤的神经冲动，在脑内经过两次中继最后传入对侧大脑皮质，引起本体觉（临床称深感觉，即位置觉、运动觉和震动觉）和精细触觉（辨别两点距离和物体纹理粗细的感觉）。由于薄束、楔束中的纤维是按照骶、腰、胸、颈的顺序自内向外排列进入脊髓的，因此，来自各部的纤维有明确的定位关系。

脊髓丘脑束包括脊髓丘脑前束和脊髓丘脑侧束，分别位于脊髓前索和外侧索前部内，均由对侧后角细胞的轴突组成，上行至背侧丘脑。脊髓丘脑前束传导皮肤的粗触觉和压觉，脊髓丘脑侧束传导皮肤的痛觉和温度觉。

脊髓小脑后束位于外侧索周边的后部。此束纤维起自同侧的脊髓胸核，上行经延髓和小脑下脚入小脑，止于小脑皮质。其功能是向小脑传导主要来自躯干下部和下肢的本体感觉冲动。

脊髓小脑前束位于外侧索前部的浅表层。此束纤维主要起自对侧后角，大部分纤维交叉到对侧上行，经脑干和小脑上脚，终止于小脑皮质，其功能与脊髓小脑后束相同。

（2）下行（运动）纤维束 **皮质脊髓束**包括皮质脊髓侧束和皮质脊髓前束，它们的功能是传导随意运动的神经冲动。**皮质脊髓侧束**位于外侧索的后部，由对侧大脑皮质运动神经元的轴突组成，下行经内囊和脑干，在延髓的锥体交叉处，大部分纤维交叉到对侧后继续下行于脊髓外侧索后部，途中陆续分支到脊髓各节段灰质，间接或直接终止于同侧前角细胞，支配上、下肢骨骼肌的随意运动。**皮质脊髓前束**位于正中裂的两侧，此束一般只下行到颈髓和上胸髓，其纤维大部分逐节经白质前连合越边交叉后止于对侧的脊髓前角运动细胞，也有一些纤维不交叉止于同侧的前角运动细胞，所以，皮质脊髓前束支配双侧躯干肌的随意运动。

红核脊髓束位于皮质脊髓侧束的腹侧。此束的纤维起自中脑红核，纤维自核发出后立即交叉到对侧，下行于脊髓外侧索内，其纤维经脊髓后角神经元中继后止于前角运动细胞。其主要功能是调节肌肉（主要是屈肌）的紧张度，并使运动协调。

前庭脊髓束位于前索内。其纤维起自前庭神经核后在同侧下行，逐节止于前角运动细胞。其功能与调节伸肌的紧张度、维持身体的平衡有关。

顶盖脊髓束位于前索内，皮质脊髓前束的前外侧，其纤维起自中脑上丘，交叉后下行到颈髓，止于前角运动细胞。此束在视、听刺激引起的头颈部反射活动中起重要作用。

内侧纵束位于前索中，皮质脊髓前束的背侧。起自前庭神经核等。下行至颈髓和上胸髓的前角运动细胞。其功能是把眼球的运动和头颈部的运动联系起来，使之协调以完成与身体平衡有关的反射。

网状脊髓束位于前索和外侧索深部，其纤维起自脑干的网状结构，从双侧下行，直接或终继后止于前角运动细胞。其功能是参与调节肌肉紧张度。

（四）脊髓的功能

1. 传导功能 脊髓白质是传导功能的主要结构，它使身体周围神经部分与脑的各部分联系起来。如通过上行纤维束将感觉信息传至脑，同时又通过下行纤维束接受高级中枢的调控。因此，脊髓成为脑与脊髓低级中枢和周围神经联系的重要通道。

2. 反射功能 脊髓作为一个低级中枢，有许多反射中枢位于脊髓灰质内。通过固有束和脊神经的前、后根等完成一些反射活动。如腱反射、屈肌反射、排尿和排便反射等。在正常情况下，脊髓的反射活动始终在脑的控制下进行。

在脊髓受损时，脊髓的反射和传导功能都可能出现障碍。例如损伤腰髓第2 ~ 4节段的患者可出现：脊髓反射障碍，以此部腰髓为中枢的膝跳反射消失；脊髓传导障碍，由于途经伤区的上、下行传导束被阻断，下肢的各种感觉丧失；而下肢的骨骼肌因为失去神经控制而不能随意运动，整个下肢处于瘫痪状态；除此以外，由于脑通过腰髓到骶副交感核的下行传导被阻断，患者还可能出现大、小便功能障碍。

知识拓展

脊髓损伤的表现

1. 脊髓全横断 脊髓突然完全横断后，横断平面以下全部感觉和运动丧失，反射消失，处于无反射状态，称为**脊髓休克**。数周至数月后，各种反射可逐渐恢复，但离断平面以下的感觉和运动不能恢复。

2. 脊髓半横断 伤侧平面以下位置觉、震动觉和精细触觉丧失，同侧肢体硬瘫，损伤平面以下的对侧身体痛、温觉丧失。

3. 脊髓前角受损 主要伤及前角运动神经元，表现为这些神经元所支配的骨骼肌呈弛缓性瘫痪，肌张力低下，腱反射消失，肌萎缩，无病理反射，感觉无异常。如脊髓灰质炎患者。

二、脑

脑位于颅腔内，形态和功能均较脊髓复杂，由延髓、脑桥、中脑、小脑、间脑和端脑六部分组成。通常将延髓、脑桥和中脑合称为脑干（图9-6、图9-7）。

脑由胚胎时期的神经管前部发展演化而来，由于神经管前部各段发育生长的速度不同，逐渐形成了脑的各个部分。随着脑各部分的分化，神经管的内腔相应发生变化，从而形成了脑室系统。成人脑的重量在1200 ~ 1500g，存在着一定的个体差异。

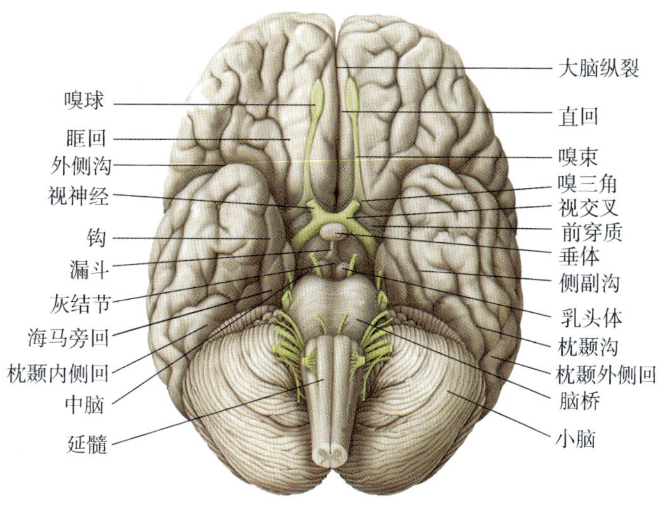

图 9-6 脑的底面

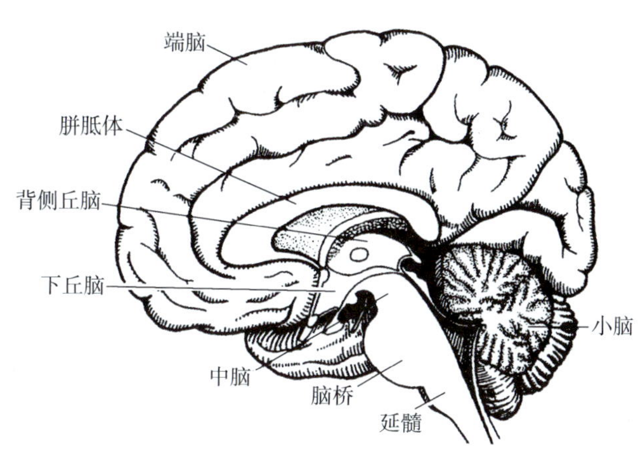

图 9-7 脑的正中矢状切面

（一）脑干

1. 脑干的组成及位置 **脑干**位于颅底内面的斜坡上，自下而上由延髓、脑桥和中脑组成。中脑上接间脑，延髓在枕骨大孔处下接脊髓。延髓和脑桥的背侧有小脑，三者之间的空腔为第四脑室。它向下与脊髓中央管相通，向上通中脑水管。

2. 脑干的外形结构

（1）脑干腹侧面（图9-8） **延髓**位于脑干的最下部，形似倒置的圆锥体，下端平枕骨大孔处与脊髓相续，上端借横行的**延髓脑桥沟**与脑桥为界，沟内从中线向外侧依次有展神经（Ⅵ）、面神经（Ⅶ）和前庭蜗神经（Ⅷ）的根。脊髓表面的各条纵行沟、裂向上延续到延髓。在延髓的腹侧面，前正中裂

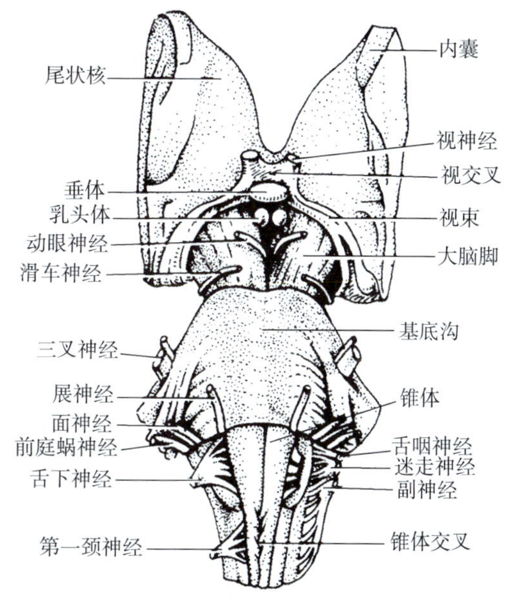

图 9-8 脑干腹面观

的两侧有纵行隆起，称为**锥体**，内有皮质脊髓束通过。在延髓与脊髓交界处，锥体束中大部分纤维左右交叉越边，称为**锥体交叉**。锥体外侧有呈椭圆形突出的**橄榄**。在锥体外侧的前外侧沟中，有舌下神经（Ⅻ）出脑。在橄榄背外侧的沟中，自上而下有副神经（Ⅺ）、迷走神经（Ⅹ）和舌咽神经（Ⅸ）进出脑。

脑桥腹侧面有横行的纤维构成的隆起，称脑桥基底部。脑桥腹侧面的中线上，有一浅沟，称为**基底沟**，容纳基底动脉。脑桥向两侧逐渐变细，称为**小脑中脚**（脑桥臂），伸入小脑。在脑桥腹侧面与小脑中脚交界处，有粗大的三叉神经（Ⅴ）根。延髓、脑桥与小脑交界处，临床上称为脑桥小脑三角，前庭神经根和面神经根位居此处，当前庭蜗神经患肿瘤时，可压迫附近的神经根，产生相应的临床症状。

中脑的腹侧面有一对纵行的粗大纤维束，称为**大脑脚**，由来自大脑皮质的下行纤维束组成。两脚中间的窝叫**脚间窝**。由脚间窝伸出一对动眼神经（Ⅲ），并和展神经、舌下神经处在同一条纵线上。

（2）脑干背侧面（图9-9） 在延髓背侧面，可分为上、下两部分。下部形似脊髓，在后正中沟的两侧各有两个膨大，内侧者为**薄束结节**，外上者为**楔束结节**，两者与脊髓的薄束、楔束相延续，其深面分别隐含薄束核和楔束核，它们是薄束、楔束的终止核。楔束结节的外上方是小脑下脚（绳状体），内含进入小脑的纤维束。延髓上部因中央管敞开而参与构成第四脑室的底部，**又称第四脑室底**。第四脑室位于延髓、脑桥和小脑之间，形似底为菱形的四棱锥体，室顶是小脑，室底是延髓和脑桥的背侧部，称**菱形窝**。窝的中部有横行的髓纹，是延髓与脑桥在背侧的分界标志。也就是说，延髓的上部构成菱形窝的下半，略呈三角形，它被纵行的正中沟分为对称的两半，每半又被**界沟**分为内、外侧两部分。外侧部为**前庭区**，内含前庭神经核。内侧部有**迷走神经三角**，内含迷走神经背核。迷走神经三角的内侧是**舌下神经三角**，内含舌下神经核。总体来看，界沟的外侧有感觉性神经核，界沟的内侧有运动性神经核。

脑干的外形。

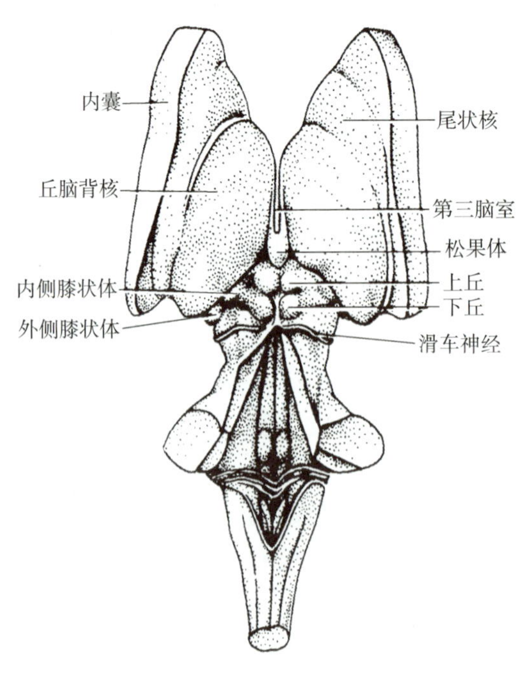

图9-9　脑干背面观

脑桥背侧面构成菱形窝的上半，它仍有正中沟和界沟。界沟的外侧依然是前庭区，此区的外侧角有小结节，称**听结节**，内含蜗神经核。界沟的内侧有**面神经丘**，内含面神经膝及展神经核。菱形窝上半的两侧是小脑上脚（结合臂）和小脑中脚，两侧小脑上脚之间的薄层白质层，称为上（前）髓帆。

中脑的背侧面，有两对圆形隆起，总称四叠体或顶盖。上方一对隆起，叫**上丘**，是视觉的皮质下中枢。下方的一对，叫**下丘**，是听觉的皮质下中枢。下丘与上髓帆之间有滑车神经根（Ⅳ）出脑，绕大脑脚由背侧走向腹侧，它是唯一自脑干背侧面出脑的脑神经。

就脑神经的关系来看，十二对脑神经中，后十对（Ⅲ ~ Ⅻ）与脑干相连，其中最后四对脑神经（Ⅸ、Ⅹ、Ⅺ、Ⅻ）和延髓相连，中间四对（Ⅴ、Ⅵ、Ⅶ、Ⅷ）和脑桥相连，第Ⅲ对和第Ⅳ对则与中脑相连。在这十对脑神经中，除了第Ⅳ对脑神经是从脑干背侧出脑外，其他九对都从脑干的腹侧进出。

> **考点提示**
> 十二对脑神经中与脑干相连的部位。

第四脑室位于延髓、脑桥和小脑之间的室腔。第四脑室形似帐篷。前部由小脑上脚及上（前）髓帆组成，后部由下（后）髓帆和第四脑室脉络组织形成，下髓帆也是一薄片白质，它与上髓帆都伸入小脑，以锐角相会合。附于下髓帆和菱形窝下角之间的部分，朝向室腔的是一层上皮性室管膜，其表层有软膜和血管被膜，它们共同形成第四脑室脉络组织。脉络组织上的一部分血管反复分支缠绕成丛，夹带着软膜和室管膜上皮突入室腔，称为第四脑室脉络丛，产生脑脊液。第四脑室脉络组织的两侧和正中分别有两个第四脑室外侧孔和一个第四脑室正中孔。第四脑室向上经中脑水管通第三脑室，向下通脊髓中央管，并借第四脑室正中孔和第四脑室外侧孔与蛛网膜下隙相通（图9–10）。

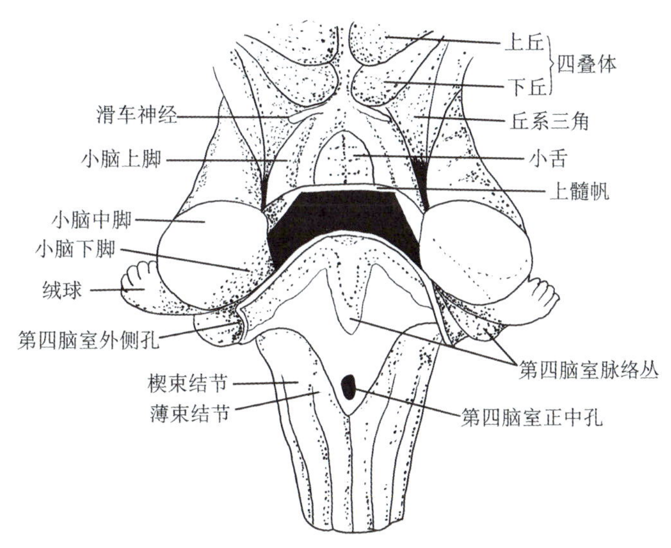

图 9–10 第四脑室脉络丛组织

3. 脑干的内部构造 脑干与脊髓一样，也是由灰质和白质构成，此外，在脑干内还有网状结构，但其结构极为复杂。

纵向看，脑干的灰质不再连续成柱，而是分离成团块或短柱，称为神经核（图9–11）。脑干的神经核分为3种，一种直接与第Ⅲ ~ Ⅻ对脑神经相连，是脑神经中传入（感觉）神经的终止核（感觉核），或是传出（运动）神经的起始核（运动核），称脑神经核；第二种是不与脑神经相连，但参与组成各种神经传导通路或反射通路，中继上行或下行传导束的冲动，称非脑神经核（传导中继核）；第三种是位于网状结构内或在脑干中缝附近的，称网状核和中缝核。

横向看，由于中央管敞开成为第四脑室，脊髓后角与前角的背、腹侧关系转变成为室底灰质的外侧与内侧关系。界沟以外是感觉性神经核的所在地，界沟以内有运动性神经核。白质也因中央管的敞开而移位，从包围灰质的四周转而居于室底灰质的前方及外侧。网状结构夹杂在室底灰质与白质之间，位居灰质的前外侧。

脑干的白质也是由上、下行的神经纤维束组成，其中有的传导束在脑干的神经核终止或起始；而有的传导束则在脑干的中继核中继，然后再向上或向下传导；但是也有长的传导束，在脑干并不停止，仅仅穿行脑干而过。这些上、下行传导束有不少在脑干的一定部位越过中线，交叉到对侧。脑干的网状结构特别发达，网格中的某些神经元甚至发展成为与生命活动有重要关系的中枢。

（1）脑干的灰质　脑干灰质的核团，根据其纤维联系及功能的不同，可分为脑神经核、传导中继核和网状核。

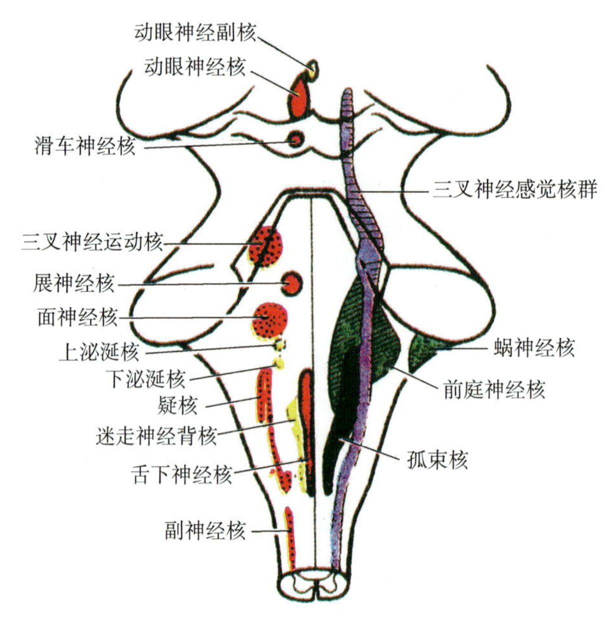

图 9-11　脑神经核在脑干背面的投影

脑干连有4种性质的10对脑神经，与之对应的脑神经核位于脑干内。功能相同的脑神经核排列成断续的纵行细胞柱。纵观脑干各脑神经核，其高低水平与三个脑段所附着脑神经的高低基本一致，即最后四对脑神经的核多在延髓，中间四对的核多在脑桥，而第三、第四对的核就在中脑。横观脑干四类脑神经核的配布，从两侧向中线依次是躯体感觉核、内脏感觉核、内脏运动核（副交感核）和躯体运动核。脑神经中有一些神经（Ⅴ、Ⅶ、Ⅸ、Ⅹ）如同脊神经那样是混合性神经，既含传入纤维又含传出纤维；所以，它们在脑干内既与感觉核有联系，又与运动核相联系。另有一些神经则分化而专司感觉（Ⅷ）或专司运动（Ⅲ、Ⅳ、Ⅵ、Ⅺ、Ⅻ），它们在脑干内分别与感觉核或运动核相联系。

此外，较短小的脑神经核往往只和一对脑神经有联系，而较长较大的脑神经核则和多对脑神经有联系。

躯体运动核其轴突组成脑神经中的躯体运动（传出）纤维，支配头颈部的骨骼肌，管理随意运动，共八对。**动眼神经核**位于中脑上丘平面，此核发出的纤维组成动眼神经，支配上睑提肌、上直肌、内直肌、下直肌和下斜肌的运动。**滑车神经核**位于中脑下丘平面，发出纤维组成滑车神经，支配眼球外肌中的上斜肌。**三叉神经运动核**位于脑桥中部展神经核外上方，此核发出的纤维组成三叉神经运动根，出脑后加入下颌神经，支配咀嚼肌。**展神经核**位于脑桥中下部，相当于面神经丘的深面，此核发出纤维组成展神经，支配外直肌的运动。**面神经核**位于脑桥中下部，此核发出的纤维参与组成面神经，主要支配表情肌。**疑核**位于延髓的网状结构，此核上部发出的纤维加入舌咽神经，中部发出的纤维加入迷走神经，下部发出的纤维组成副神经的颅根，支配咽、喉、软腭各肌的运动。**副神经核**有延髓部和脊髓部，延髓部发出的纤维并入迷走神经，支配咽喉肌运动；由脊髓部发出的纤维组成副神经脊髓根，支配胸锁乳突肌和斜方肌运动。**舌下神经核**位于延髓上部，相当于舌下神经三角的深面，此核发出纤维组成舌下神经，支配舌肌运动。

内脏运动核皆属于副交感核，其轴突组成脑神经中内脏运动副交感纤维，支配平滑肌、心肌和腺体的活动，共有四对。**动眼神经副核**又称动眼神经旁核，位于中脑，此核发出纤维行于动眼神经内，经睫状神经节换元后，节后纤维司瞳孔括约肌和睫状肌的运动。**上泌涎核**位于髓纹上方的网状结构内，此核发出纤维进入面神经，经下颌下神经节换元后，司舌下腺、下颌下腺和泪腺的分泌。**下泌涎核**位于髓纹下方的网状结构内，此核发出纤维进入舌咽神经，经耳神经节换元后，司腮腺的分泌。**迷走神经背核**位于界沟内侧，迷走神经三角的深处，此核发出纤维加入迷走神经，支配胸腹腔器官的运动和腺体的分泌。

内脏感觉核位于躯体感觉核的内侧，界沟外侧，此柱单一，称**孤束核**，从延髓向上延伸，到达脑桥下段。它是味觉及一般内脏感觉纤维的终止核，其中味觉纤维止于核的上端。面神经、舌咽神经和迷走神经中的内脏感觉纤维进入延髓后下行，组成**孤束**，止于孤束核。

躯体感觉核在脑干有接受三叉神经传入冲动的三对神经核。**三叉神经脊束核**从脑桥向下延伸至延髓及颈髓上段，接受头面部的痛觉和温觉。**三叉神经脑桥核**位于脑桥中部，三叉神经进出脑处的深方，接受头面部触觉。**三叉神经中脑核**从脑桥中部向上延伸到中脑，接受头面部骨骼肌的本体感觉。在菱形窝的外侧角，听结节深处有前庭蜗神经中蜗神经根的终止核，称**蜗神经核**。前庭区的深面是前庭神经根的终止核，称**前庭神经核**。

非脑神经核（传导中继核）：薄束核（图9–12）位于延髓薄束结节深面，是薄束的上行中继核；**楔束核**位于楔束结节深方，是楔束的中继核。**脑桥核**（图9–13）接受来自同侧大脑皮质广泛区域的皮质脑桥纤维，发出大量横行的脑桥小脑纤维，越边到对侧，组成粗大的小脑中脚进入对侧小脑新皮质。该核是传递大脑皮质运动信息到小脑的最主要的中继核。**红核**（图9–14）位于中脑上丘平面，是大、小脑至脊髓的下行中继核。在功能上，红核参与对躯体运动的调节。**黑质**位于红核腹外侧，是大脑至间脑以及脑干网状结构的下行中继核，黑质的细胞内含黑色束，同时还含有多巴胺，多巴胺是一种神经递质，经其传出纤维释放到大脑的新纹状体，临床上因黑质病变，多巴胺减少，可引起震颤麻痹。

（2）脑干的白质　脑干白质主要由长的上、下行纤维和出入小脑的纤维组成，其中出入小脑的纤维在脑干的背面集合成小脑上、中、下三对脚。其次还有脑干内各核团间及各核团与脑干外部间的联系纤维。

考点提示

脑干灰质内的核团。

内侧丘系（图9–13）由脊髓上行的传导本体觉和精细触觉的薄束和楔束分别终止于薄束核和楔束核，由此二核发出的纤维在中央管腹侧左右互相交叉，称为内侧丘系交叉。交叉后的纤维折而上行，组成内侧丘系，先走在正中线两旁，继而偏向外侧贯穿脑干到背侧丘脑。

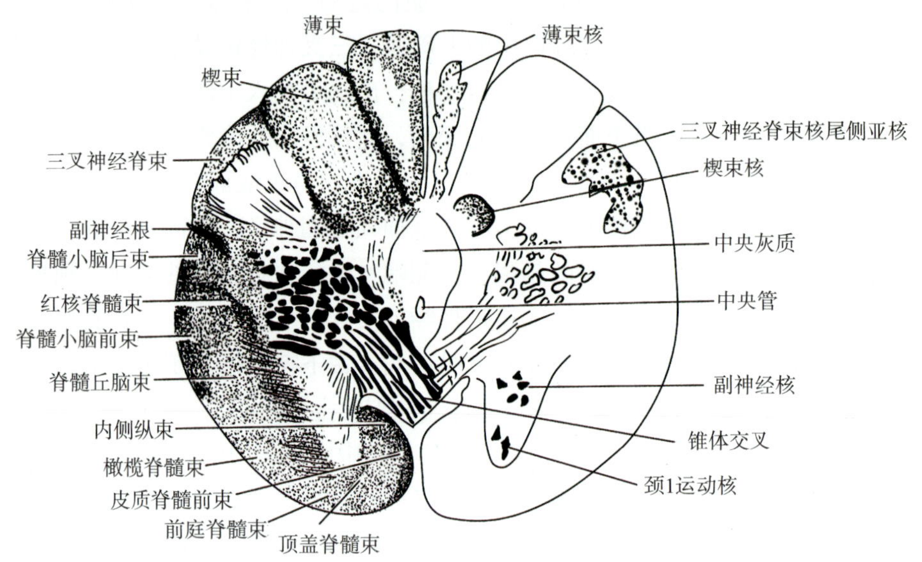

图 9-12 延髓横切面（经锥体交叉）

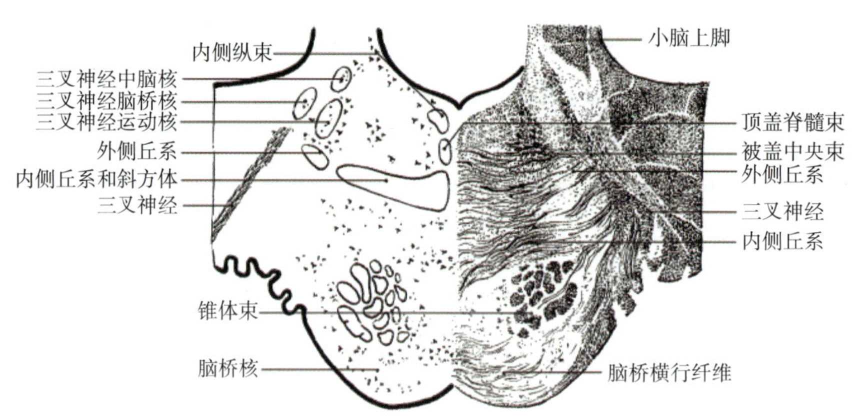

图 9-13 脑桥中部横切面

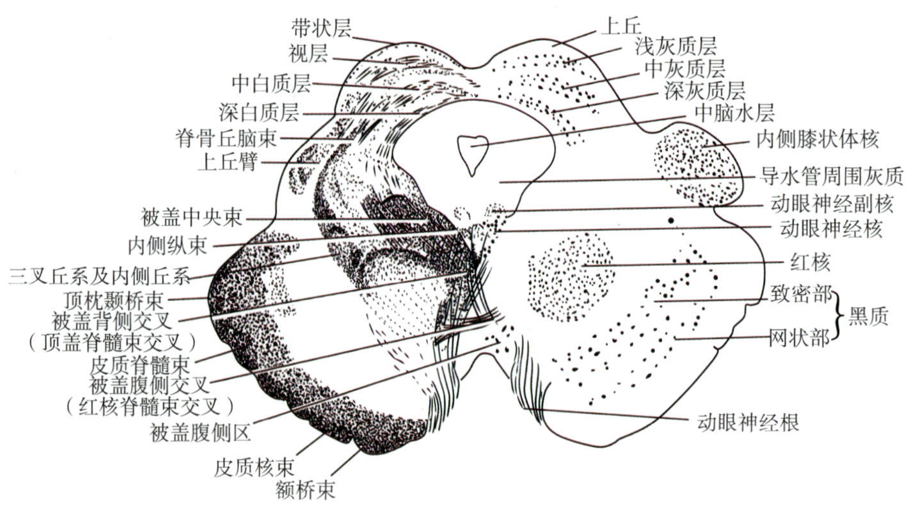

图 9-14 中脑横切面（经上丘）

脊髓丘脑束也称**脊髓丘系**（图9–12），脊髓丘脑侧束和脊髓丘脑前束，由脊髓向上，至延髓两束靠拢走在内侧丘系背外侧，经过脑干各部，上行到背侧丘脑的腹后外侧核。

三叉丘脑束又称**三叉丘系**发自对侧的三叉神经脑桥核、三叉神经脊束核和三叉神经中脑核，纤维越过中线组成三叉丘系，在脊髓丘系内侧并行达背侧丘脑的腹后内侧核。

外侧丘系为蜗神经核发出的横行纤维，大部分形成斜方体，斜方体的纤维与纵行的内侧丘系交错后越过中线，沿脑桥的外侧部上行称外侧丘系，止于间脑的内侧膝状体，传导听觉信息。但是，也有部分纤维没有越边而直接加入本侧的外侧丘系上行。所以，听觉冲动从两侧上传。

四个丘系都是从脊髓或脑干前往丘脑的上行传导束，它们上传全身各处的躯体感觉性神经冲动。

锥体束是自大脑皮质中央前回巨型锥体细胞发出支配骨骼肌随意运动的下行传导束。锥体束位于脑干的腹侧部分，途经内囊后肢和膝、中脑大脑脚底的中3/5部，到达延髓后聚集为向腹侧突出的锥体，于延髓下段大部分纤维（占70% ~ 90%）越边，构成锥体交叉。交叉后的纤维转入脊髓侧索，称皮质脊髓侧束；小部分未交叉的纤维继续下行，称皮质脊髓前束。锥体束在穿行脑干的过程中，陆续分出小束纤维，支配中脑、脑桥和延髓的脑神经躯体运动核，这些纤维束统称**皮质核束**。

考点提示

脑干白质内的上、下行纤维束。

（3）脑干的网状结构　脑干内部除上述各种神经核和纤维束外，在脑干中央区域，还有较分散的神经纤维纵横穿行交织成网，网眼内散在有神经细胞，这个区域称为网状结构。脑干的网状结构向上延伸到背侧丘脑，向下延伸到脊髓上部的外侧索中。网状结构中的神经细胞也有比较集中而构成神经核的，它们发出的纤维有一部分组成网状脊髓束。

脑干网状结构的纤维联系十分广泛。在脑干内部它和脑神经核有联系；向下与脊髓，向上与小脑、间脑、大脑都有联系，而且这些联系多是有来往的。所以说，网状结构是中枢神经内沟通各部的重要机构。

网状结构的功能复杂，主要有三个方面：①调节躯体运动，网状结构的腹内侧部对骨骼肌的张力及收缩有抑制作用，称抑制区。此区头侧直至间脑有更广泛的区域，作用相反，称易化区。两区都在大、小脑的影响下，通过脑神经的躯体运动核和脊髓前角的α、γ细胞，调节肌肉的张力和躯体的运动。②调节内脏活动，延髓网状结构调节内脏的作用十分显著。例如，延髓网状结构的内侧部有呼吸中枢，而外侧部有心血管的运动中枢。因此，延髓部的病损如果毁坏了这些中枢，可以导致死亡。③影响大脑皮质，躯体和内脏的感觉在上传过程中经过脑干时，有一部分神经冲动通过上行传导束的侧支传入网状结构。

这些具有特异性的神经冲动（痛、温、触、压、视、听等）由传导束的侧支传入网状结构后，又经过网状结构内多个神经元的中继，逐步转化成为非特异性的神经冲动，继续上传，最后散开而广泛刺激大脑皮质各个区域，使大脑皮质保持觉醒状态。网状结构的这个作用，称为上行激动作用。参加这条上行传导通路的各个部分合称上行激动系统。网状结构的上行激动作用为大脑皮质的各种复杂反射奠定了重要基础，因为大脑皮质只有处于觉醒状态，才能对各种特异性刺激做出灵活机动的反应。

4. **脑干的功能**　脑干与脊髓一样具有反射功能和传导功能。

（1）反射功能　以脑干为中枢的反射很多。例如，用棉花丝轻触角膜引起角膜反射，其神经冲动由三叉神经第一支（眼神经）传入到三叉神经脑桥核，由核发出的纤维到达面神经核，传出冲动沿面神经到达眼轮匝肌，使之收缩。这个躯体反射的中枢在脑桥。临床上常用这个反射来了解患者麻醉或昏迷的深度。深麻醉或深昏迷的患者其脑干的反射功能受到严重抑制，往往表现为角膜反射消失。

脑干特别是延髓还有一些重要的反射中枢，如吞咽中枢、呕吐中枢、呼吸中枢、心血管运动中枢等。这些中枢都与人体的生命活动有密切关系，因此，常把延髓的这些中枢统称为生命中枢。

（2）传导功能　脑干能承上启下地传导各种上、下行神经冲动。这种传导可以是穿行脑干而过，也可以是先在脑干内中继然后再向上或向下传导。例如，脊髓丘系纵贯脑干上行，皮质脑桥束则在脑桥核中继，然后发出小脑中脚进入小脑。

（二）小脑

1. 小脑的位置和外形　小脑（图9-15）位于颅后窝，脑干的背侧，借小脑下脚、中脚和上脚与脑干相连。小脑与脑干间的腔隙为第四脑室。

小脑上面平坦，贴近由硬脑膜形成的小脑幕，下面中间部凹陷，容纳延髓。小脑中间缩窄的部分称**小脑蚓**；两侧膨隆的部分称**小脑半球**。半球上面比较平坦，前1/3与后2/3交界处，有一横行的深沟，称原裂。小脑半球下面近枕骨大孔处膨出部分，称**小脑扁桃体**。

知识拓展

小脑扁桃体疝

枕骨大孔位于颅后窝的最低处，其后上方临近小脑半球下面内侧部的小脑扁桃体。当颅内病变导致颅内压增高时，小脑扁桃体及其邻近的结构因受挤压而嵌入枕骨大孔时，则形成小脑扁桃体，压迫延髓的呼吸和心血管运动中枢，将危及患者的生命。

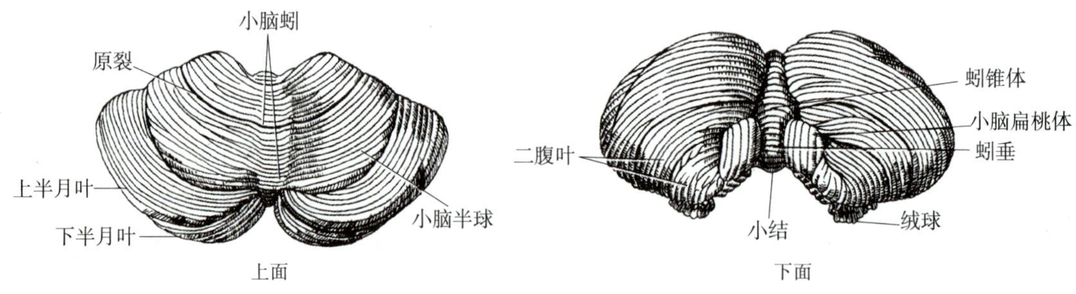

图9-15　小脑外形

2. 小脑的分叶　根据小脑的发生、功能和纤维联系，一般把小脑分为3叶（图9-16）。

（1）绒球小结叶　位于小脑下面的最前部，包括小脑半球下面的绒球和小脑蚓前端的小结，中间有绒球脚相连。此叶在进化上出现最早，故称**原小脑**，与小脑的平衡功能有关。

（2）前叶　位于小脑上面原裂以前的部分，加上小脑下面的蚓垂和蚓锥体。在种系发生上晚于绒球小结叶，称为**旧小脑**。主要接受脊髓小脑前后束的纤维，即接受脊髓的本体感觉冲动。旧小脑与调节肌张力有关。

（3）后叶　原裂以后的部分（除外蚓垂和蚓锥体），占小脑的大部分。在进化过程中随大脑皮质的发展而发展起来的新区，故称**新小脑**。主要接受脑桥核和下橄榄核发来的纤维。

与小脑协调肌肉活动的功能有关。例如运动时，主动肌群收缩而拮抗肌群放松。

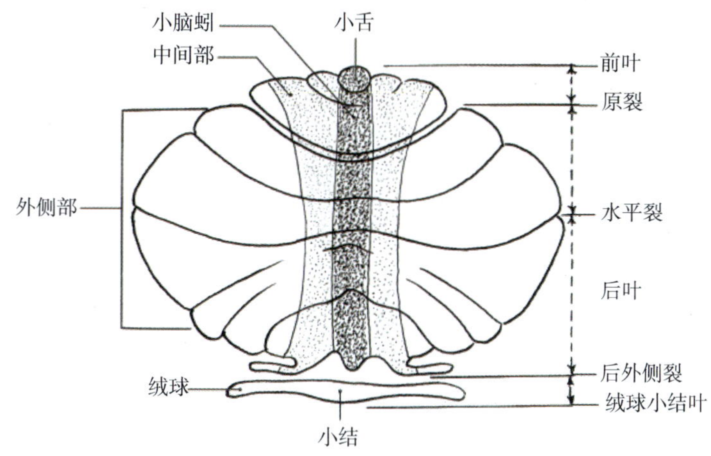

图 9-16 小脑分叶示意图

3. 小脑的内部结构 小脑的灰质和白质分布与骨髓相反，即灰质大部分集中在表面，称小脑皮质（图 9-17）；白质在深面称小脑髓质。髓质中尚有灰质团，称小脑核。因此，在小脑的水平切面上可以清楚地看到从深部到浅部依次是：小脑核、髓质和皮质。

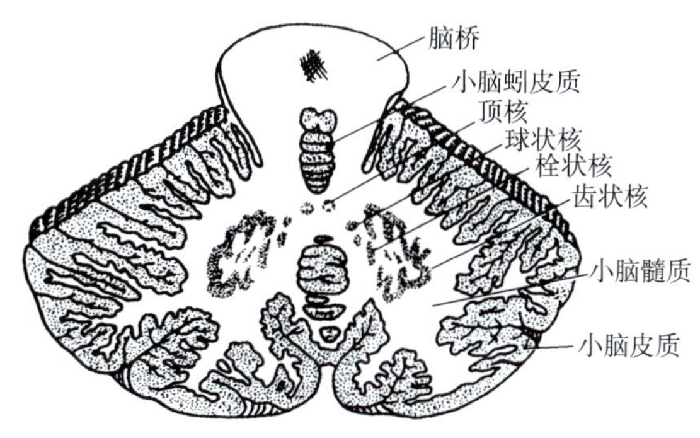

图 9-17 小脑的内部结构

（1）小脑核 位于小脑内部，埋于小脑髓质内。由内侧向外侧依次为顶核、球状核、栓状核和齿状核，有4对。顶核位于第四脑室顶的上方，主要接收来自小脑皮质的纤维，发出纤维止于前庭神经核和延髓网状结构。齿状核位于小脑半球的白质内，接受来自新小脑皮质的纤维，发出的纤维组成小脑上脚，纤维在中脑交叉后止于红核以及背侧丘脑的腹中间核和腹前核。

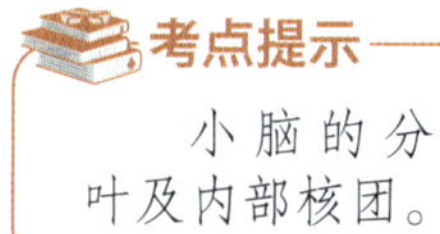

小脑的分叶及内部核团。

（2）小脑髓质 是由进出小脑的神经纤维束组成。其中比较集中而外形显著的有三对，合称小脑脚。小脑下脚（绳状体），主要是由延髓传入的纤维组成，侧重联系古、旧小脑；小脑中脚（脑桥臂），由脑桥核发出的传入纤维组成，联系新小脑；小脑上脚（结合臂），主要由新小脑传出的纤维组成，联系中脑的红核和丘脑。大体来看，小脑下脚联系延髓，中脚联系脑桥，上脚联系中脑。

（3）**小脑皮质** 聚有大量的神经元，表面可见许多大致平行的横沟，将小脑分成许多横行的薄片，称小脑叶片。每个叶片的结构基本相似。小脑皮质的细胞构筑从浅至深可分为三层：①分子层；②梨状细胞层；③颗粒层。皮质内有五种神经元，即浦肯野细胞、颗粒细胞、高尔基细胞、星形细胞和篮细胞。

（4）小脑的纤维联系　小脑的传入纤维有：①前庭小脑纤维，经小脑下脚止于古小脑；②脊髓小脑前束，绕小脑上脚，脊髓小脑后束经小脑下脚，都止于旧小脑；③脑桥小脑纤维，组成小脑中脚，止于新小脑；④橄榄小脑纤维，主要构成小脑下脚，终于新、旧小脑皮质。

4. 小脑的功能　小脑主要接收大脑、脑干和脊髓的有关运动信息，传出纤维也主要与各运动中枢有关。因此，小脑是一个重要的运动调节中枢。原小脑通过与前庭核的联系，维持身体姿势平衡。该叶病损，患者平衡失调，站立不稳，步态蹒跚。旧小脑主要与调节肌张力有关。旧小脑的病变，主要表现肌张力降低。新小脑主要协调骨骼肌的运动。新小脑病变表现为小脑共济失调，即随意运动中肌肉收缩的力量、方向、限度和各肌群间的协调运动出现混乱。如跨越步态，持物时手指过度伸开，指鼻试验阳性等，同时有运动性震颤。但一侧小脑病变，同侧肢体出现上述运动障碍。这是因为小脑上脚左右交叉，锥体束也左右交叉之故。由于小脑的纤维联系大多重叠，因此，上述小脑各叶的功能定位只是粗略的和相对的，实际临床症状往往是复杂的。概而言之，小脑有三种功能，即维持身体平衡、调节肌肉张力和协调肌肉运动。

（三）间脑

间脑位于中脑和端脑之间，大部分被大脑半球所遮盖（图9-18）。间脑外侧壁与大脑愈合，上面和内侧面游离，仅腹侧部的视交叉、视束、灰结节、漏斗、垂体和乳头体外露于脑底。间脑可分为背侧丘脑、上丘脑、后丘脑、底丘脑和下丘脑5部分。间脑的内腔为位于正中矢状面的窄隙，称第三脑室（图9-19）。

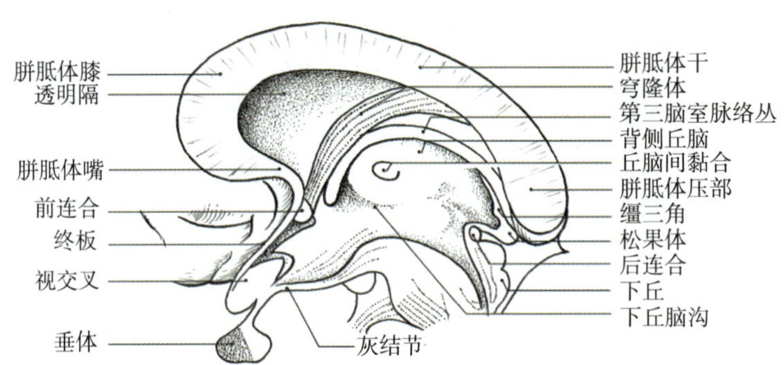

图9-18　间脑正中矢状切面

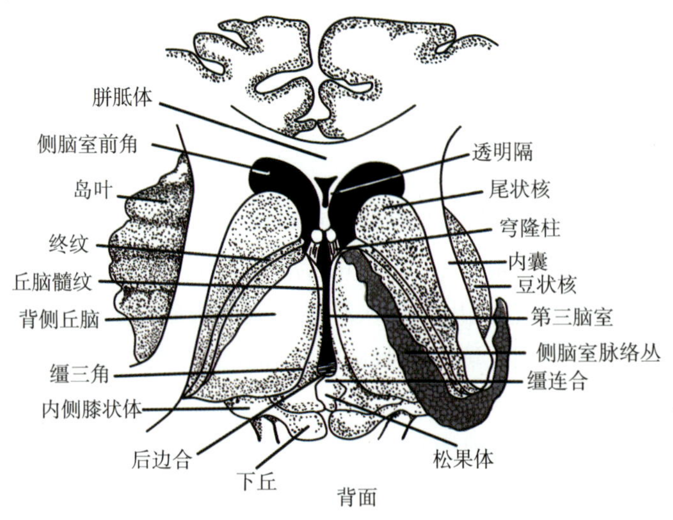

图9-19　间脑的背侧面

1. **背侧丘脑** 又称丘脑（图9-20），是两个卵圆形的灰质团块借丘脑间黏合（中间块）连接而成，其外侧面连接内囊，背面和内侧面游离，内侧面参与组成第三脑室的侧壁。背侧丘脑的前端隆凸部为丘脑前结节；后端膨大称丘脑枕。在背侧丘脑灰质的内部被“Y”型的内髓板，将背侧丘脑内部的灰质分隔成3个核群，即前核群、内侧核群和外侧核群。

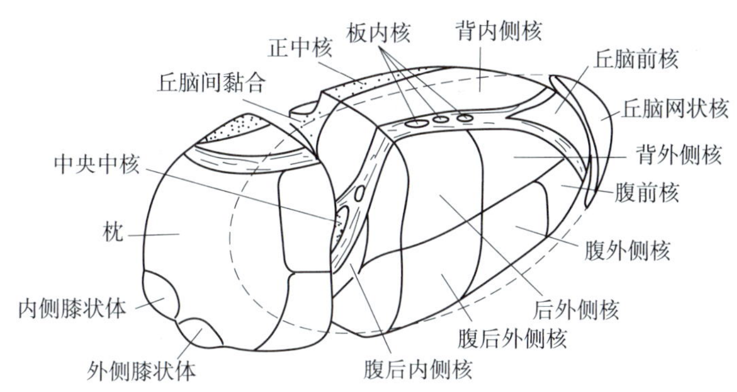

图 9-20 背侧丘脑核团模式图

（1）前核群 位于内髓板分叉部的前上方，是边缘系统中的一个重要中继站，其功能和内脏活动有关。

（2）内侧核群 居内髓板的内侧，其功能可能是躯体和内脏感觉冲动的整合中枢。

（3）外侧核群 位于内髓板的外侧，可分为背侧、腹侧两部分。腹侧部分又称腹侧核群，是背侧丘脑的主要部分，由前向后可分为**腹前核**、**腹外侧核（又称腹中间核）**和**腹后核**。①腹前核，主要接受中脑黑质、大脑的基底核和小脑发来的纤维。与大脑额叶皮质也有某些纤维联系。②腹中间核，接受小脑上脚交叉后的纤维，发出的纤维到达大脑皮质的中央前回，是传导小脑的神经冲动到大脑皮质的重要中继核。③腹后核，又分为腹后内侧核和腹后外侧核，它们是躯体感觉传导通路中第3级神经元胞体所在处。腹后外侧核接受内侧丘系和脊髓丘脑束，发出的纤维参与组成丘脑中央辐射（丘脑皮质束），主要终止于大脑皮质中央后回中、上部和中央旁小叶后部，传导躯干和四肢的感觉。腹后内侧核接受三叉丘脑束及味觉纤维，发出纤维参与组成丘脑中央辐射，终止于中央后回的下部，传导头面部的感觉及味觉。背侧丘脑是感觉传导通路的中继站，而且也是复杂的综合中枢。背侧丘脑受损害时，常见的症状是感觉丧失、过敏和失常，并可伴有剧烈的自发疼痛。

2. **上丘脑** 位于第三脑室顶部周围，主要包括丘脑髓纹、僵三角和松果体。

3. **后丘脑** 位于丘脑枕的下外方，包括一对内侧膝状体和一对外侧膝状体，其深面分别有内侧膝状体核和外侧膝状体核。

内侧膝状体为听觉传导通路中的最后一个中继站，由内侧膝状体核发出的纤维组成听辐射，到达大脑皮质的听觉中枢。**外侧膝状体**为视觉传导通路中的最后一个中继站，外侧膝状体核是与间脑直接联系的一对脑神经即视神经的终止核，由核发出的纤维组成视辐射，到达大脑皮质的视觉中枢。

4. **底丘脑** 位于间脑和中脑被遮盖的过渡区。**底丘脑核**位于中脑上端过渡于丘脑的部位，是扁椭圆形的核团，它与大脑基底核的苍白球、红核、黑质都有纤维联系，是锥体外系控制骨骼肌运动的重要中继核。

5. **下丘脑** 位于背侧丘脑的下方，构成第三脑室的下壁和侧壁的下部。从脑底面看，下丘脑从前向后包括**视交叉**、**灰结节**和**乳头体**。灰结节向前下方形成中空的圆锥状部分为**漏斗**，漏斗下端与垂体相连。

（1）下丘脑的主要核团　①**视上核**在视交叉外端的背外侧。②**室旁核**在第三脑室上部的两侧。③漏斗核位于漏斗深面。④乳头体内、外侧核在乳头体深面。

（2）下丘脑的纤维联系　一般认为大脑、下丘脑和脑干之间的纤维，在大脑通过下丘脑和脑干调节内脏活动中，起重要作用。另外，下丘脑垂体束（包括视上垂体束、室旁垂体束和结节垂体束）兼有传导冲动和分泌激素的功能。视上核、视旁核分泌加压素和催产素，沿视上垂体束和视旁核垂体束运输到垂体后叶，经血管吸收再运送至靶器官。下丘脑另一些细胞和漏斗核可分泌许多垂体前叶的激素释放因子与抑制因子，经结节垂体束运送至中隆起，经垂体门脉输送到垂体前叶，影响垂体前叶各种激素的分泌。

（3）下丘脑的功能　下丘脑与大脑边缘系统共同调节内脏活动，是内脏活动的较高级中枢，另外，通过与垂体的联系，成为调节内分泌活动的重要中枢。下丘脑将神经调节和体液调节融为一体，对体温、摄食、生殖、水盐平衡、糖与脂肪代谢等起着重要的调节作用，同时也参与睡眠和情绪反应。

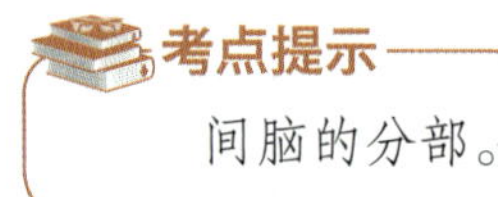

6. 第三脑室　是位于两侧背侧丘脑和下丘脑之间的狭窄空隙。前方借左、右室间孔与两侧大脑半球内的侧脑室相通；后方借中脑水管与第四脑室相通；脑室顶部由第三脑室脉络组织封闭，有纵行的第三脑室脉络丛沿中线两侧突入室腔，此丛的前端在室间孔处连续于侧脑室脉络丛；室底由乳头体、灰结节和视交叉组成。

（四）端脑

端脑是脑的最高级部位，由左、右大脑半球在近底部处借胼胝体连接而成，胼胝体的上方为大脑纵裂，分隔左、右大脑半球。每个半球表层的灰质，为**大脑皮质**。皮质深面为髓质（白质），位于髓质内的灰质核团称为**基底核**。大脑半球内的腔隙，称为**侧脑室**。

大脑皮质中，发生古老，属于嗅觉性的部分所占面积很小，称为嗅脑；发生上较新的非嗅觉性的部分面积巨大，称为**新皮质**。

1. 端脑的外形和分叶　**大脑半球**可分为3面3极，即隆凸的上外侧面、平直的内侧面和凹凸不平的下面；前端突出的部分为额极，后端突出的部分为枕极，在外侧面，向前、下突出的部分为颞极。

半球表面有许多深浅不等的沟，沟与沟之间的隆起，称为**大脑回**，重要的沟有：**外侧沟**，位于半球上外侧面，是由前下行向后上的深沟。**中央沟**，位于上外侧面。由半球上缘中点稍后起始，行向下前。**顶枕沟**，位于内侧面，起自中央沟上端与枕极连线的中点，行向下前，在胼胝体后方不远处，与距状裂接连。

考点提示
大脑的分叶。

大脑半球借上述三沟，分为**额叶**、**枕叶**、**顶叶**、**颞叶**、**岛叶五个叶**。大脑半球各面有很多的沟和回，加大了大脑皮质的面积，形成了不同的功能定位区（图9-21 ~ 9-23）。

（1）大脑半球上外侧面（图9-21）　**额叶**是中央沟以前、外侧沟以上的部分，位于颅前窝内。在额叶的后份，有与中央沟相平行的中央前沟。从中央前沟的上份和下份，各向前伸出一沟，分别称为额上沟和额下沟。上述各沟将额叶分为以下的脑回：中央沟与中央前沟之间的**中央前回**；额上沟以上的额上回；额上、下沟之间为额中回；额下沟以下为额下回。**顶叶**是中央沟与顶枕沟之间，外侧沟以上的部分，位于顶骨深面。顶叶前份，与中央沟平行的沟，为中央后沟，此沟中份有伸向后的沟，为顶间沟。中央沟与中央后沟之间为**中央后回**，顶间沟以上为顶上小叶，以下为顶下小叶。后者又分为围绕外侧沟末端的缘上回和围绕颞上沟末端的角回。**颞叶**是外侧沟以下的部分，位于颅中窝内。颞叶有两条与外侧沟相平行的沟，即颞上沟和颞下沟。自外侧沟至颞下沟下方，由上而下依次为颞上回、颞中回、颞下回。自颞上回转入外侧沟的部分有两条横行的大脑回，称为颞横回。**枕叶**是顶枕沟以后的部分，位于小脑上方。顶叶最小，在外侧面有一些不规则的沟回。**岛叶**呈锥体状，位于外侧沟深部，被额、顶、颞三叶覆盖，并借环状沟与额、顶、颞叶分隔。

（2）大脑半球内侧面（图9-22） 在半球的内侧面，自中央前、后回上外侧面延伸到内侧面的部分为**中央旁小叶**。中部有前、后方向，略呈弓形的胼胝体。在胼胝体后下方，有呈弓形的**距状沟**向后至枕叶后端，此沟中部与顶枕沟相连。距状沟与顶枕沟之间称**楔叶**，距状沟下方为**舌回**。在胼胝体背面有胼胝体沟，此沟绕过胼胝体后方，向前移行于海马沟。在胼胝体沟上方，有与之平行的扣带沟，此沟末端转向背方，称边缘支。扣带沟与胼胝体沟之间为**扣带回**。

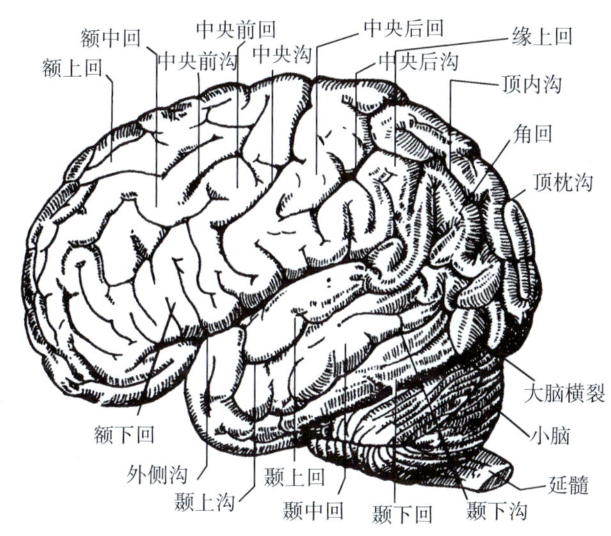

图 9-21 大脑半球上外侧面

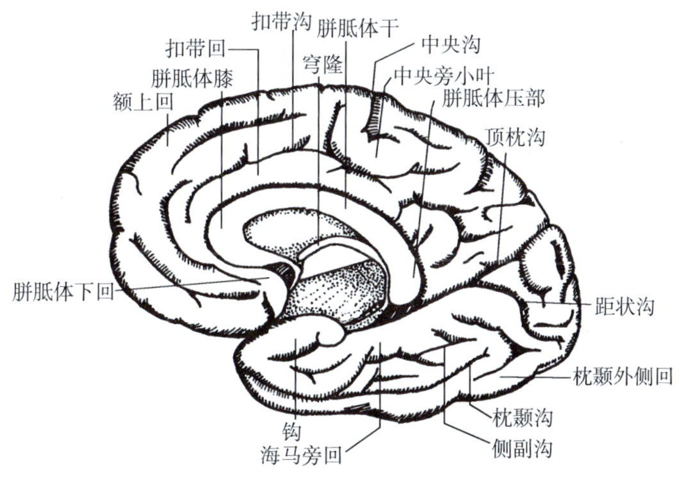

图 9-22 大脑半球内侧面

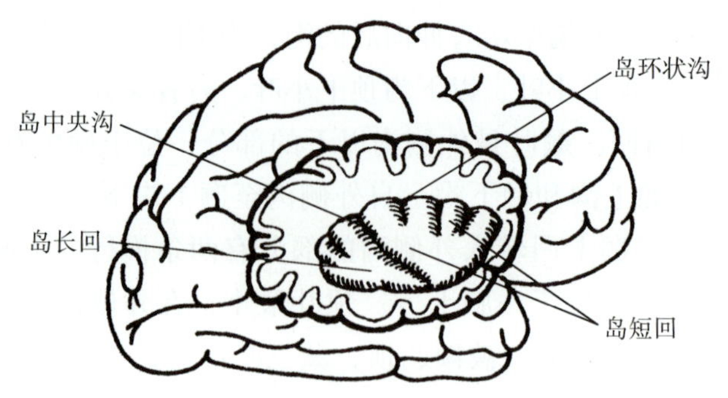

图 9-23　岛叶

（3）大脑半球底面（图9-6）　在半球底面，额叶内有纵行的嗅束，其前端膨大为嗅球，后者与嗅神经相连。嗅束向后扩大为嗅三角。嗅三角与视束之间为前穿质，内有许多小血管穿入脑实质内。颞叶下方有与半球下缘平行的枕颞沟，在此沟内侧并与之平行的为侧副沟，侧副沟的内侧为**海马旁回**（又称海马回），后者的前端弯曲，称**钩**。

考点提示

大脑的沟和回。

2. 大脑皮质的功能定位　大脑皮质是中枢神经系统发育最复杂和最完善的部位，是运动、感觉的最高中枢和语言、意识思维的物质基础。人类大脑皮质的总面积约2200cm^2，约有26亿个神经细胞，它们依照一定的规律分层排列并组成一个整体。随着大脑皮质的发育和分化，不同的皮质区具有不同的功能，这些具有一定功能的脑区称为中枢。不同的功能相对集中在某些特定的皮质区，进行功能的分析综合，为皮质功能定位。

（1）**第Ⅰ躯体运动区**（图9-24）　位于中央前回和中央旁小叶前部。身体各部在此区的投影特点为：①上下颠倒，但头部是正的。中央前回最上部和中央旁小叶前部与下肢运动有关，中部与躯干和上肢的运动有关，下部与面、舌、咽、喉的运动有关。②左右交叉，即一侧运动区支配对侧肢体的运动。但一些与联合运动有关的肌则受两侧运动区的支配，如面上部肌、眼球外肌、咽喉肌、咀嚼肌、呼吸肌和躯干肌，故在一侧运动区受损后这些肌不出现瘫痪。③身体各部投影区的大小与各部形体大小无关，而取决于功能的重要性和复杂程度。如，手的代表区比足的大。

（2）**第Ⅰ躯体感觉区**（图9-25）　位于中央后回和中央旁小叶后部，接受背侧丘脑腹后核传来的对侧半身痛、温、触、压以及位置觉和运动觉。身体各部在此区的投射特点是：①上下颠倒，但头部也是正的。中央旁小叶的后部与小腿和会阴部的感觉有关，中央后回的最下方与咽、舌的感觉有关。②左右交叉，一侧躯体感觉区管理对侧半身的感觉。③身体各部在该区投射范围的大小也与形体的大小无关，而取决于该部感觉的敏感程度。如，手指和唇在感觉区的投射范围就最大。

（3）**视觉区**　位于枕叶内侧面距状沟两侧的皮质。一侧视区接受同侧视网膜颞侧半和对侧视网膜鼻侧半的纤维经外侧膝状体中继传来的视觉信息。损伤一侧视区，可引起双眼视野同向性偏盲。

（4）**听觉区**　位于大脑外侧沟下壁的颞横回上。每侧听区接受自内侧膝状体传来的两耳听觉冲动。因此，一侧听区受损，不致引起全聋。

（5）**平衡觉区**　位于中央后回下端头面部代表区附近。

（6）**嗅觉区**　位于海马旁回的钩附近。

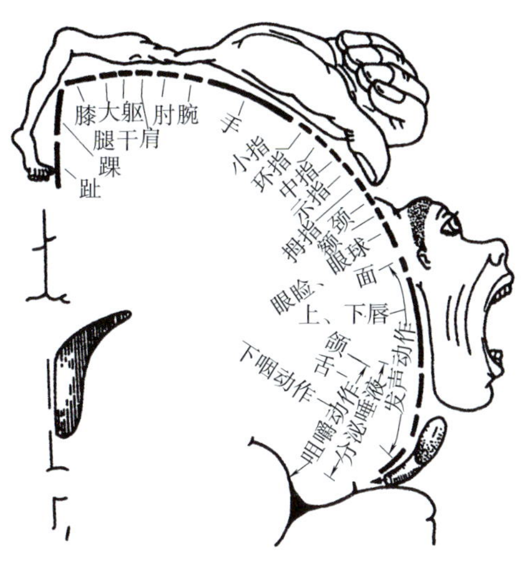

图 9-24　人体各部在第Ⅰ躯体运动区的定位

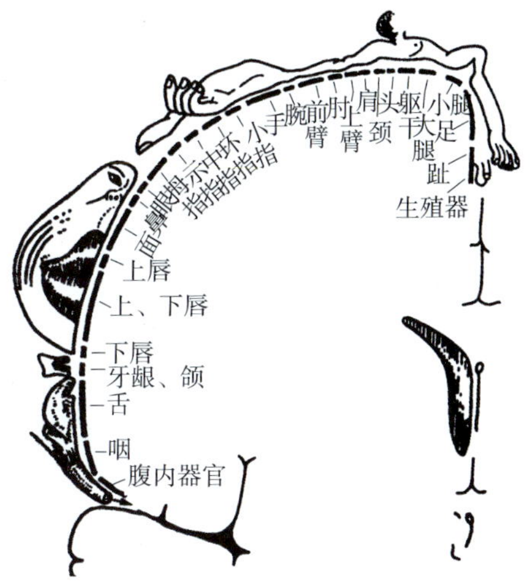

图 9-25　人体各部在第Ⅰ躯体感觉区的定位

（7）语言中枢　语言区域（图9-26）是人类大脑皮质所特有的。语言区域多在左侧。临床实践证明，右利者（惯用右手的人），其语言区在左侧半球，大部分左利者，其语言中枢也在左侧，只少数位于右侧半球。语言区所在的半球称为优势半球。

考点提示

大脑的皮质功能区。

运动性语言中枢在额下回后部。当其损伤后。患者将失去说话能力，但与发音说话有关的肌及结构并不瘫痪和异常。临床上称此为运动性失语症。**书写中枢**在额中回的后部，若受损，患者其他的运动功能仍然存在，但写字绘画等精细运动发生障碍，称为失写症。**听觉性语言中枢**位于缘上回。若此中枢受到损伤，患者能听到别人谈话，但不能理解谈话的意思。故称感觉性失语症。**视觉性语言中枢**位于角回。若此中枢受损伤，患者视觉虽然完好但不能阅读书报，临床上叫作失读症。

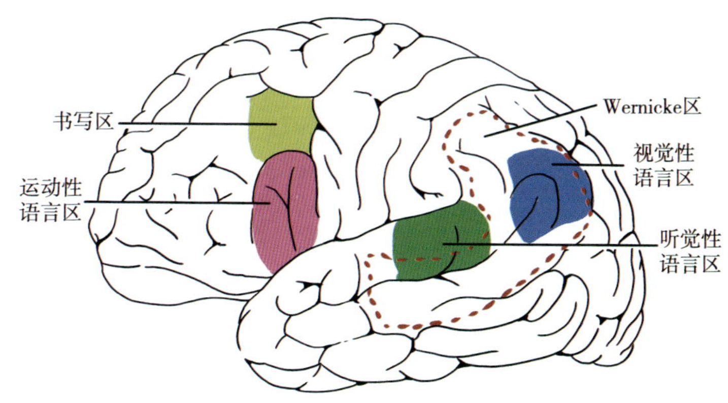

图 9-26　左侧大脑半球的语言中枢

3. **端脑的内部结构**　大脑半球表面被灰质覆盖，称大脑皮质。深面有大脑的白质，在端脑底部的白质中有基底核，端脑内的腔为侧脑室。

（1）**侧脑室**（图9-27）位于半球内，左、右各一，形状不规则，可分为中央部、前角、后角和下角4部。中央部是其主要部分，位于顶叶内，为狭窄的裂隙，顶为胼胝体；内侧壁为薄板状的透明隔；底由内侧向外上，依次为穹隆、侧脑室脉络丛，背侧丘脑和尾状核。

侧脑室中央部向前延伸达室间孔平面，并在此续连伸入额叶的前角。中央部向后延伸至胼胝体压部，向后移行为下角和后角。从中央部后端绕背侧丘脑转向下前，成为伸入颞叶的下角，其前端几达颞极；从中央部（后端）向后伸出枕叶的部分为后角。下角底内侧份有隆起的海马，是海马旁回卷入侧脑室的部分。

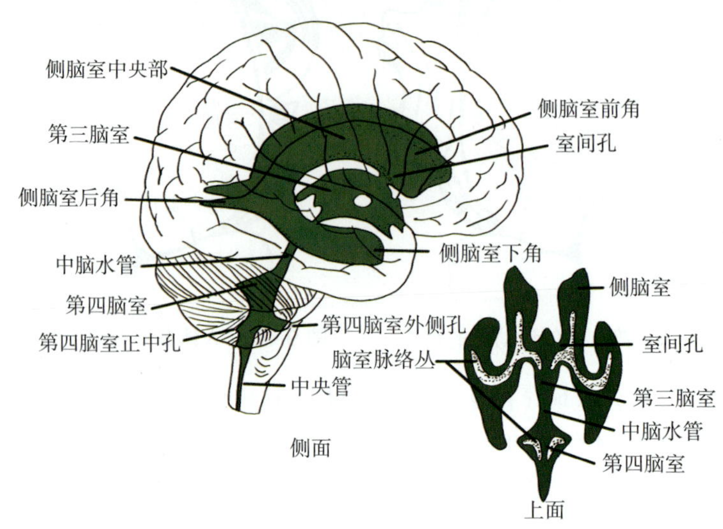

图 9-27　脑室投影图

（2）**基底核**（图9-28） 位于白质内，靠近大脑半球底部。包括尾状核、豆状核、杏仁体和屏状核，尾状核和豆状核又合称为**纹状体**。

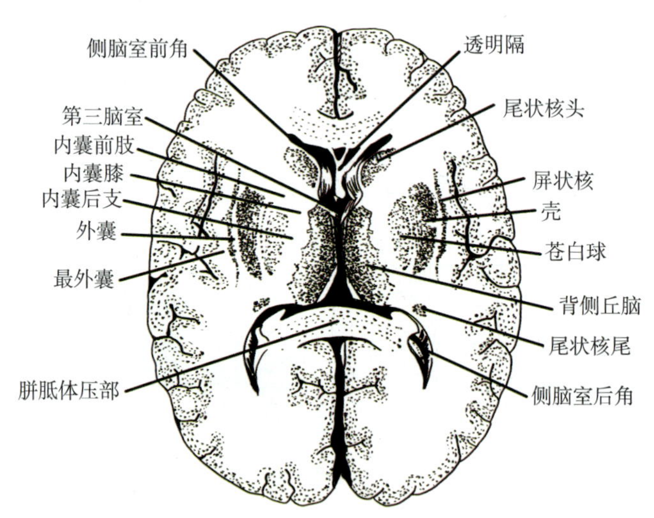

图 9-28　基底核、背侧丘脑和内囊

尾状核呈"C"形弯曲的蝌蚪状，分头、体、尾3部，围绕豆状核和丘脑，伸延于侧脑室前角、中央部和下角。**豆状核**位于岛叶深部，在水平切面和额状切面上均呈尖向内侧的楔形，并被两个白质薄板分为3部：外侧部最大，称**壳**；内侧的2部合称**苍白球**。尾状核头部与豆状核之间借灰质条索相连，外观呈条纹状，故两者合称纹状体。苍白球在鱼类已有，出现较早，称旧纹状体。壳和尾状核称新纹状体。纹状体是锥体外系的

大脑的基底核。

重要结构，其功能是维持骨骼肌的紧张度，使骨骼肌的运动协调。**杏仁体**位于海马旁回深面，连于尾状核的尾部。**屏状核**为岛叶与豆状核之间的一薄层灰质。屏状核与豆状核之间的白质称外囊。

（3）髓（白）质　大脑半球髓（白）质由大量的神经纤维组成，主要包括联络纤维、连合纤维和投射纤维。

联络纤维（图9-29）是联系同侧半球内各部皮质的纤维，其中短纤维联系相邻脑回称弓状纤维。长纤维联系本侧半球各叶，其中主要有连接额、颞两叶前部的钩束，呈钩状绕过外侧裂；连接额、顶、枕、额四个叶的上纵束，在豆状核与岛叶的上方；连接枕叶和额叶的下纵束，沿侧脑室下角和后角的外侧壁行走；连接边缘叶各部的扣带束，位于扣带回和海马旁回的深部。

连合纤维（图9-30）是连接左、右大脑半球皮质的纤维，包括胼胝体、前连合和穹隆连合。

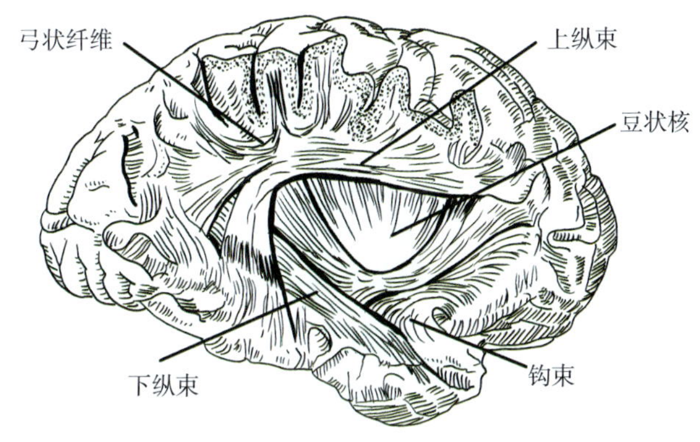

图 9-29　大脑半球的联络纤维

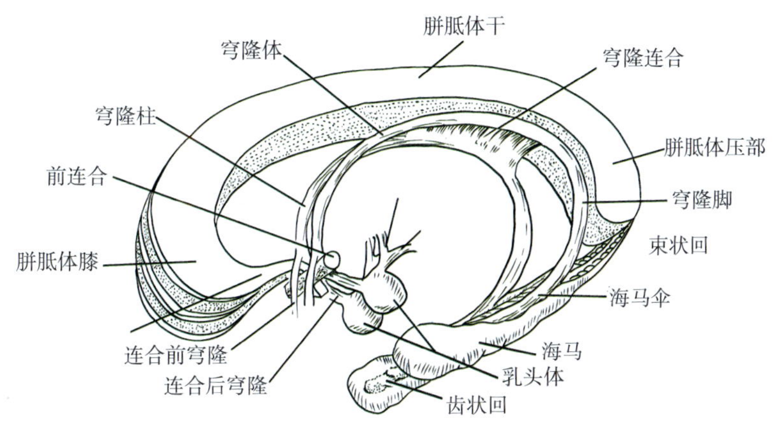

图 9-30　大脑半球的连合纤维

胼胝体（图9-30）为强大的白质纤维板，连接两侧半球广大区域的相应部位，纤维向前、后和两侧放射，联系两半球的额、枕、顶、颞叶。**前连合**位于穹隆的前方，呈“X”形，连接左、右嗅球和两侧颞叶。**穹隆**是由海马至下丘脑乳头体的弓形纤维束，两侧穹隆经胼胝体的下方前行并互相靠近，其中一部分纤维越至对边，连接对侧的海马，称**穹隆连合**。

投射纤维是联系大脑皮质与下位中枢的纤维，包括下行的运动纤维和上行的感觉纤维，这些纤维共同组成一个尖朝下的扇形纤维束板，通过基底核与背侧丘脑之间，构成内囊。**内**

囊为一厚的白质板，位于内侧为尾状核、背侧丘脑与外侧为豆状核之间。在半球水平切面上，内囊呈开口向外侧的“<”形折线。内囊分为3部：**内囊前肢**较短，位于豆状核与尾状核之间；**内囊后肢**较长，位于豆状核与背侧丘脑之间；**内囊膝**位于前后肢相交处（图9-31）。

通过内囊各部的主要纤维束有：通过前肢的为额桥束、丘脑前辐射（由丘脑前核、背内侧核投射至额叶和扣带回的纤维）；通过内囊膝的是皮质核束；通过后肢的为皮质脊髓束、皮质红核束、丘脑中央辐射（来自丘脑腹后核的躯体感觉纤维）、顶枕颞桥束、视辐射（来自外侧膝状体的视觉纤维）和听辐射（来自内侧膝状体的听觉纤维）。当脑内血管病变导致内囊损伤广泛时，患者会出现偏身感觉丧失（丘脑中央辐射受损），对侧偏瘫（皮质脊髓束、皮质核束损伤）和双眼视野对侧同向性偏盲（视辐射受损）的“三偏症状”。

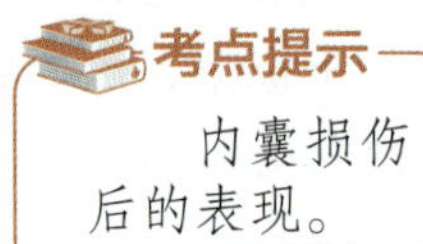

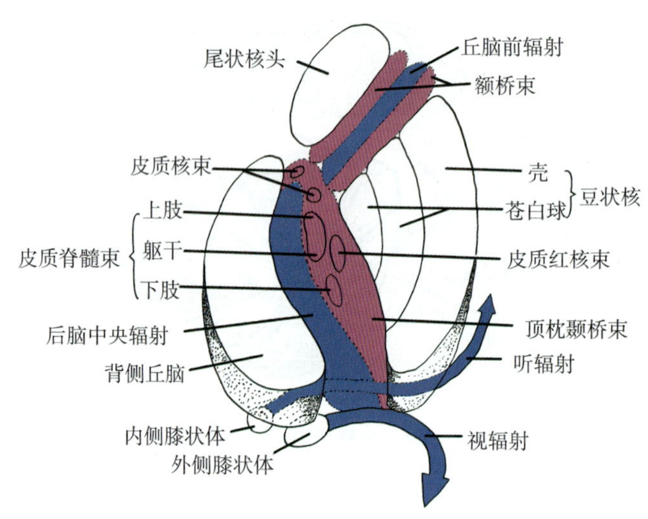

图 9-31　内囊结构模式图

（五）边缘系统

边缘系统在大脑半球内侧面，隔区、扣带回、海马旁回、海马和齿状回等脑回几乎围绕胼胝体一圈，共同组成**边缘叶**。边缘叶加上与它联系密切的皮质和皮质下结构如杏仁体、隔核、下丘脑、上丘脑、丘脑前核和中脑被盖的一些结构等，共同组成边缘系统。由于它与内脏联系密切，故又称**内脏脑**。边缘系统是脑的古老部分，管理内脏活动、情绪反应和性活动等。近年还发现边缘系统与记忆，特别是近期记忆有关。

扫码“学一学”

第三节　周围神经系统

周围神经系统是指脑和脊髓以外的神经成分，由神经、神经节和神经丛等构成。根据周围神经连接的部位和分布区域的不同，通常将其分为脊神经、脑神经和内脏神经三部分。

一、脊神经

案例导入

患者，女性，55岁。于半月前提重物后出现右侧腰腿部疼痛，由腰部沿右臀部、右侧大腿外侧、小腿外侧至足部放射性疼痛。翻身及咳嗽时加重。查体：意识清楚，生命体征平稳，大小便正常。入院后做CT检查显示腰椎间盘突出。初步诊断为腰椎间盘突出，坐骨神经痛。

请问：

1. 脊神经形成哪些神经丛？各丛的分布范围如何？
2. 简述坐骨神经的组成、行程、分支、分布范围及临床意义。

脊神经与脊髓相连，共31对，即颈神经8对；胸神经12对；腰神经5对；骶神经5对和尾神经1对。每条脊神经是由前根与后根在椎间孔处会合而成，在后根上有膨大的脊神经节。前根由运动纤维组成，后根由感觉纤维组成。第1对颈神经从寰椎与枕骨之间穿出椎管，第2 ~ 7颈神经在同序数颈椎上方的椎间孔穿出，第8颈神经自第7颈椎下方的椎间孔穿出，胸、腰神经自同序数椎骨下方的椎间孔穿出，第1 ~ 4骶神经从相应的骶前、后孔穿出，第5骶神经和尾神经自骶管裂孔穿出。脊神经为混合性神经，含有四种纤维成分（图9-32）：①躯体感觉纤维，来自于脊神经节细胞，分布于皮肤、骨骼肌、肌腱和关节，将这些部位的浅、深感觉冲动传入中枢。②内脏感觉纤维，来源于脊神经节细胞，分布于心血管、内脏和腺体，将其产生的感觉冲动传入中枢。③躯体运动纤维，来源于脊髓前角运动细胞，分布于骨骼肌，支配其运动。④内脏运动纤维，来源于脊髓侧角细胞和骶副交感核，分布于内脏平滑肌、心肌和腺体，支配内脏、心血管的运动和腺体的分泌。

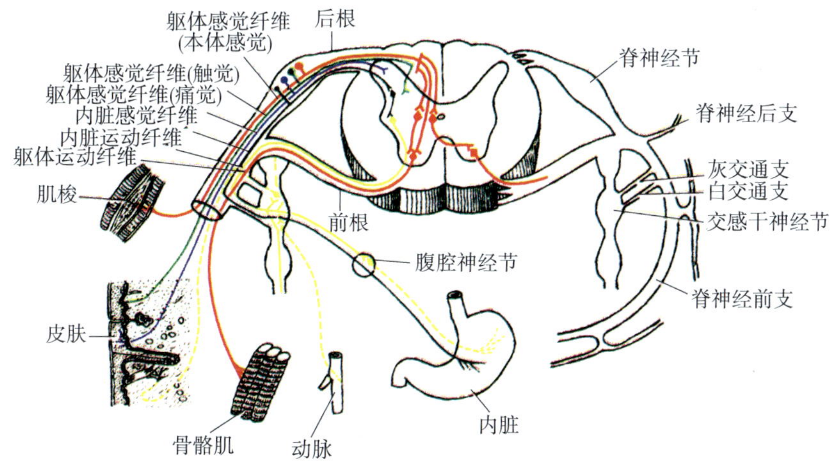

图9-32 脊神经的组成和分布模式图

脊神经出椎间孔后，立即分为4支，即脊膜支、交通支、后支和前支。脊膜支细小，经椎间孔返回椎管，分布于脊髓被膜；交通支是为连接脊神经与交感干之间的细支；后支短细，为混合性，分布于项、背、腰、骶部的深层肌肉和皮肤；前支粗大，为混合性，分布于躯干前、外侧部和四肢的肌肉和皮肤。除胸神经前支保持明显的节段性外，其余各脊神经前支先交织成丛，再由丛发出分支，到相应的分布区。脊神经前支形成的神经丛有：颈丛、臂丛、腰丛和骶丛。

（一）颈丛

1. 组成和位置 **颈丛**由第1～4颈神经前支组成，位于胸锁乳突肌上部的深面，中斜角肌的前方。

2. 主要分支 颈丛的分支包括皮支和肌支，其中主要的分支如下（图9-33）。

（1）枕小神经（C_2） 沿胸锁乳突肌后缘上行，分布于枕部和耳郭背面上部的皮肤。

（2）耳大神经（C_2、C_3） 沿胸锁乳突表面上行，分布于耳郭及其附近的皮肤。

（3）颈横神经（C_2、C_3） 向前横过胸锁乳突肌表面，分布于颈前部的皮肤。

（4）锁骨上神经（C_3、C_4） 有2～4条分支，行向下、外侧，分布于颈外侧部、肩部和胸壁上部的皮肤。以上分支均为皮支，临床颈部手术时，可在胸锁乳突肌后缘中点处行颈丛神经阻滞麻醉。

颈丛的肌支支配颈深肌群、舌骨下肌群和膈。

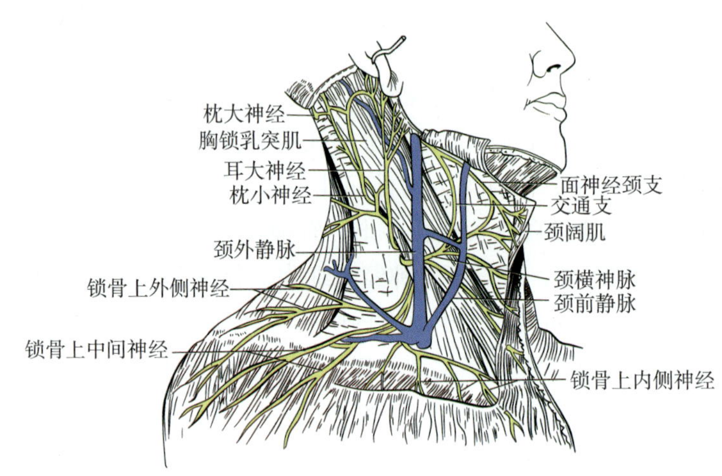

图9-33 颈丛皮支

（5）膈神经（C_3～C_5） 是颈丛中最大的分支，为混合性神经。经斜角肌前面下降，穿锁骨下动、静脉之间经胸廓上口入胸腔，再经肺根前方，沿心包两侧下行至膈。其运动纤维支配膈；感觉纤维分布于部分胸膜和膈下面的腹膜。右侧膈神经还分布于肝和胆囊表面的腹膜（图9-34）。

> **考点提示**
> 颈丛的皮支和肌支。

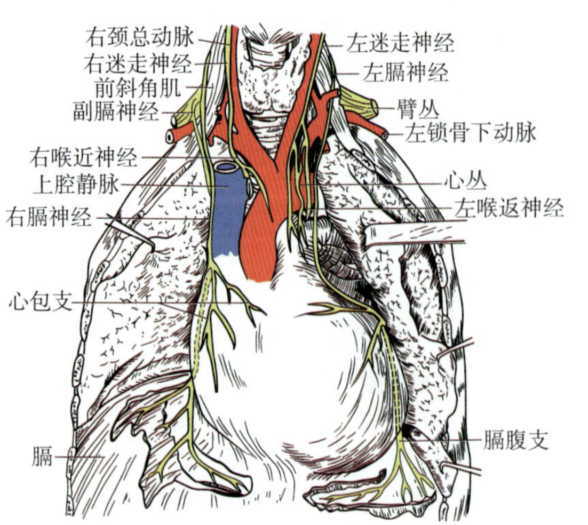

图9-34 膈神经

（二）臂丛

1. 组成和位置 **臂丛**由第5～8颈神经前支和第1胸神经前支的大部分纤维组成。自斜角肌间隙穿出，行于锁骨下动脉后上方，再经锁骨后方进入腋窝（图9-35）。在腋窝内臂丛形成内侧束、外侧束和后束，分别位于腋动脉的内侧、外侧和后方，由三个束再分支分布于上肢的肌肉和皮肤。臂丛在锁骨上窝和腋窝处位置表浅，临床上行上肢手术时，可在锁骨上窝和腋窝处进行臂丛神经阻滞麻醉。

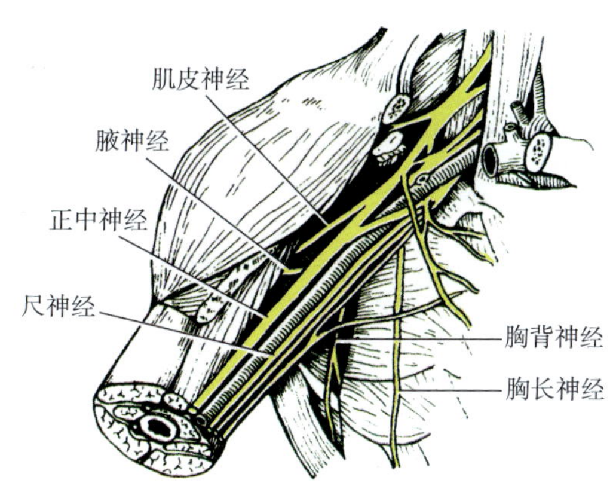

图 9-35　臂丛及其分支

2. 主要分支　臂丛的分支主要分布于上肢的肌肉和皮肤以及胸上肢肌。其中主要的分支如下。

（1）**胸长神经**（C_5 ~ C_7）　自颈根部发出，经臂丛后方进入腋窝，沿前锯肌表面下降，支配前锯肌和乳房外侧份（图9-35）。此神经损伤可引起前锯肌瘫痪，肩胛骨内侧缘翘起，而呈现“翼状肩”体征。

（2）**胸背神经**（C_6 ~ C_8）　起自臂丛后束沿肩胛骨外侧缘伴肩胛下血管下行，分支分布于背阔肌。在乳腺癌根治术中，应注意勿伤及此神经。

（3）**腋神经**（C_5、C_6）　发自后束，伴旋肱后动脉绕肱骨外科颈后方至三角肌深面。肌支支配三角肌和小圆肌；皮支分布于肩部和臂外侧上部的皮肤（图9-35）。肱骨外科颈骨折、肩关节脱位或腋杖的压迫，均可造成腋神经损伤，临床表现为：①肩部、臂上外侧部皮肤感觉障碍；②臂不能外展，因三角肌萎缩，肩部失去圆隆的外形，呈现为“方形肩”。

（4）**肌皮神经**（C_5 ~ C_7）　自外侧束发出，向外下斜穿喙肱肌，经肱二头肌与肱肌之间下行，发出肌支分布于上述3块肌（图9-36）。皮支在肘关节稍上方、肱二头肌下端外侧浅出，称前臂外侧皮神经，分布于前臂外侧面的皮肤。

（5）**正中神经**（C_6 ~ T_1）（图9-36、图9-38 ~ 图9-41）　由发自内侧束和外侧束的两根合成，沿肱二头肌内侧沟与肱动脉伴行至肘窝后，穿过旋前圆肌沿前臂正中经指浅、深屈肌之间下行，经腕管至手掌。正中神经在臂部无分支。在前臂支配除肱桡肌、尺侧腕屈肌和指深屈肌尺侧半以外的前臂屈肌和旋前肌。在手掌，正中神经发出一粗短的掌支（返支），支配除拇收肌以外的鱼际肌群，另有肌支支配第1、2蚓状肌。正中神经皮支分布于手掌桡侧的2/3、桡侧三个半指的掌面及其中、远节指骨背面的皮肤。正中神经损伤后，表现为所分布区域的皮肤感觉障碍和所支配的肌肉运动障碍。

（6）**尺神经**（C_8、T_1）（图9-36、9-37、9-39 ~ 9-41）　起自内侧束，沿肱二头肌内侧下行，至臂中部穿内侧肌间隔向后行于尺神经沟内（此处位置表浅，易受损伤），再转向前下至前臂掌侧面，与尺动脉伴行，经豌豆骨外侧入手掌。尺神经在腕关节上方，发出手背支至手的背面。

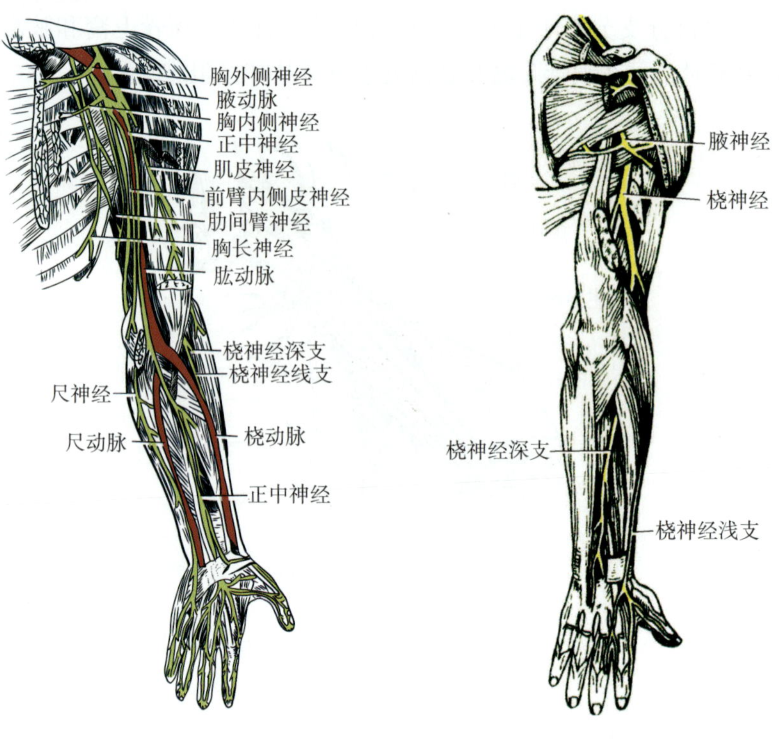

图 9-36　上肢的神经（前面）　　　图 9-37　上肢的神经（后面）

尺神经在臂部无分支，在前臂其肌支支配尺侧腕屈肌和指深屈肌尺侧半；在手部肌支支配小鱼际肌、拇收肌、骨间肌群和第3、4蚓状肌。皮支分布于手掌尺侧 1/3和尺侧一个半指掌面皮肤；手背支分布于手背尺侧半、小指和环指尺侧半背面的皮肤以及环指桡侧半和中指尺侧半近节背面的皮肤。

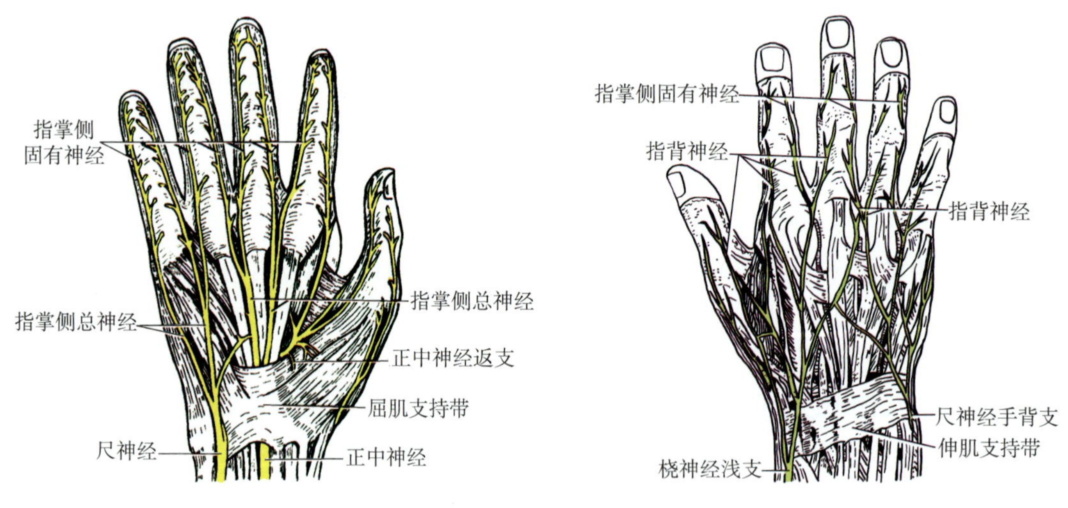

图 9-38　手掌面的神经　　　图 9-39　手背面的神经

（7）**桡神经**（C_5 ~ T_1）（图9-36 ~ 9-41）为后束发出的最大分支。发出后沿肱骨体背面的桡神经沟向外下行走，至肱骨外上髁的上方分为浅、深两终支。浅支属于皮支，在桡动脉的外侧与其伴行，在前臂中、下1/3交界处转向背侧至手背；深支为肌支，穿旋后肌至前臂背侧，支配前臂的伸肌。

考点提示

支配手的三个神经及损伤后的临床表现。

桡神经肌支支配肱三头肌、肱桡肌和前臂全部伸肌；皮支分布于臂背面、前臂背面、手背桡侧半和桡侧两个半手指近节背面的皮肤。桡神经损伤表现为垂腕、尺神经损伤表现为爪形手、中正神经和尺神经损伤表现为猿手。

知识拓展

神经损伤的表现

1. 正中神经损伤易发生在前臂或手腕。在前臂穿旋前圆肌处，正中神经易受到压迫，主要表现为所支配的肌收缩无力，手掌感觉障碍，临床称旋前圆肌综合征。在腕管内可因其周围结构的炎症或关节变化，而使正中神经受压，主要表现为所分布区域的皮肤感觉障碍，以拇指、食指和中指远节最为明显；鱼际萎缩，手掌平坦，称“猿手”。

2. 尺神经损伤易发生在肱骨下段（如肱骨下段骨折）。临床表现为：①所分布区域皮肤感觉障碍，以手掌内侧缘和小指最明显；②屈腕力减弱，小鱼际萎缩使拇指不能内收，骨间肌萎缩使其他各指不能互相靠拢，环指和小指掌指关节过伸，指间关节屈曲，出现“爪形手”。

3. 肱骨中段骨折最易损伤桡神经。损伤后主要表现为：①前臂背面及手背桡侧半感觉障碍，以第 1、2 掌骨间隙背面的“虎口”区最明显；②肘关节屈曲，前臂呈旋前位，因前臂伸肌瘫痪而不能伸腕关节和指关节，抬前臂时呈现“垂腕”状态。

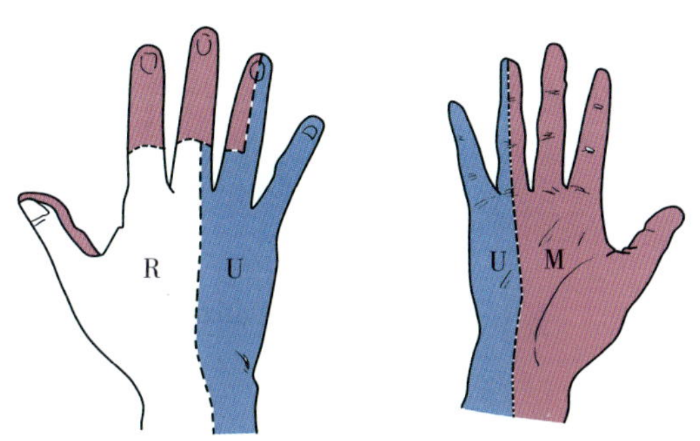

图 9-40 手部皮肤的神经分布示意图
（M. 为正中神经，U. 为尺神经，R. 为桡神经）

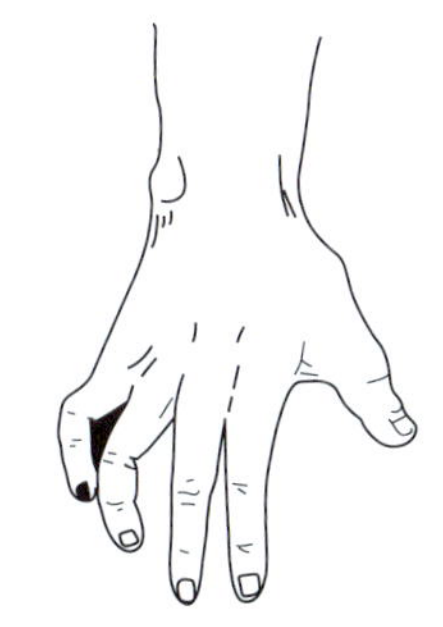
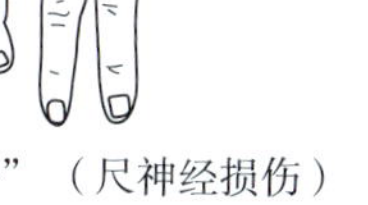
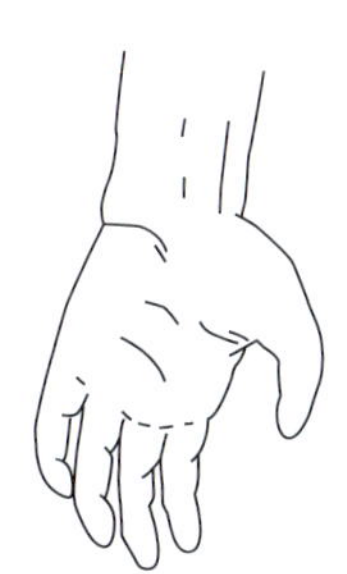
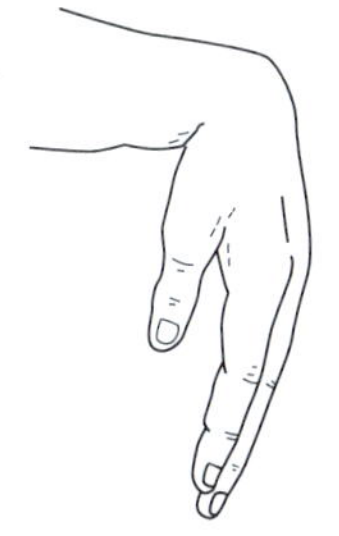

“爪形手”（尺神经损伤） “猿手”（正中神经损伤） 垂腕（桡神经损伤）

图 9-41 上肢神经损伤时的手形图
a. 垂碗（桡神经损伤）；b. 爪形手（尺神经损伤）；
c. 正中神经损伤手形；d. 猿手（中正神经和尺神经损伤）

（三）胸神经前支

胸神经前支共12对，其中第1对胸神经前支大部分加入臂丛；第12对胸神经前支的部分纤维参加腰丛的组成，一部分行于第12肋下方，称肋下神经。其余的胸神经前支均不形成丛，各自在肋间内、外肌之间，沿肋沟行于相应的肋间隙内，称肋间神经。胸神经前支的肌支支配肋间肌和腹前外侧壁诸肌；皮支分布于胸、腹壁的皮肤和胸膜及腹膜的壁层。

> **考点提示**
> 胸神经前支在胸腹壁呈现节段性分布。

胸神经前支在胸、腹壁皮肤的分布有明显的节段性，自上而下按神经的顺序依次排列（图9-42）。常用的几个神经的节段水平如下：T_2分布区相当于胸骨角平面；T_4分布区相当于男性乳头平面；T_6分布区相当于剑突平面；T_8分布区相当于肋弓平面；T_{10}分布区相当于脐平面；T_{12}分布于脐与耻骨联合连线中点平面。临床上常依此来测定麻醉平面的高低和检查感觉障碍的节段。

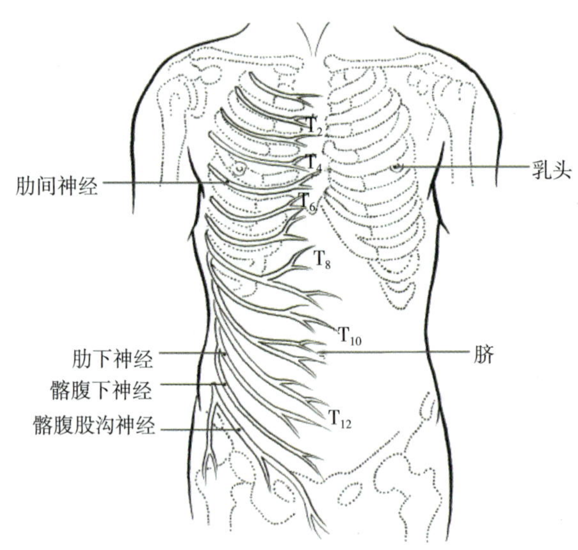

图9-42 胸神经前支的分布

（四）腰丛

1. **组成和位置** **腰丛**由第12胸神经前支的一部分、第1～3腰神经前支和第4腰神经前支的一部分组成（图9-43），位于腰大肌深面、腰椎横突前面。

2. **主要分支** 腰丛除发出肌支支配髂腰肌和腰方肌外，还发出许多分支分布于腹股沟区、大腿前部和内侧部。

（1）髂腹下神经（T_{12}、L_1） 出腰大肌外侧缘，在肾与腰方肌之间向外下行，经髂嵴上方进入腹横肌与腹内斜肌之间，继而行于腹内斜肌与腹外斜肌之间，其终支在腹股沟管浅环上方浅出于皮下。皮支分布于腹股沟区及下腹部皮肤，肌支支配下腹壁诸肌。

（2）髂腹股沟神经（L_1） 在髂腹下神经的下方出腰大肌外缘，与其大致平行，在髂嵴前端附近穿

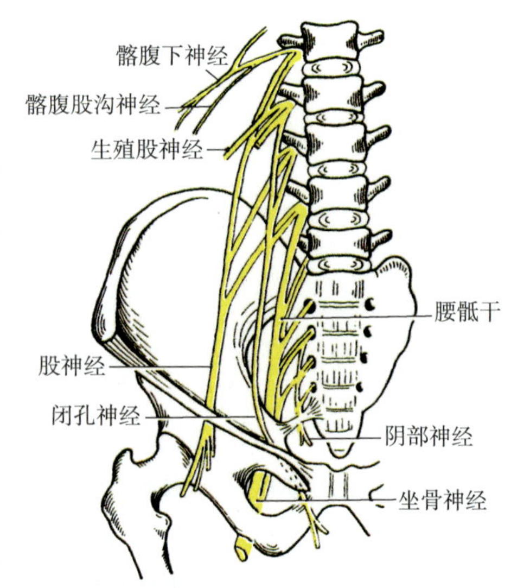

图9-43 腰丛、骶丛的组成

过腹横肌，继而穿经腹股沟管自浅环穿出，其肌支支配腹壁肌，皮支分布于腹股沟部、阴囊或大阴唇的皮肤。在腹股沟疝修补术中，应避免损伤上述二神经。

（3）股外侧皮神经（L_2、L_3） 自腰大肌外侧缘穿出后，行向前外侧，经腹股沟韧带深面至大腿外侧部的皮肤。

（4）股神经（L_2 ~ L_4）（图9-44） 是腰丛的最大分支。自腰大肌外侧缘穿出，沿腰大肌与髂肌之间下行，经腹股沟韧带深面，股动脉外侧进入腹股沟三角内，其肌支支配髂肌、耻骨肌、股四头肌和缝匠肌；皮支分布于膝关节和大腿前面的皮肤，其中最长的皮支为隐神经，在小腿内侧与大隐静脉伴行至足内侧缘，分布于小腿内侧面和足内侧缘的皮肤。

股神经损伤的主要表现为：①屈髋无力，坐位时不能伸小腿，行走时抬腿困难，髌骨突出；②膝跳反射消失；③大腿前面和小腿内侧面的皮肤感觉障碍。

（5）闭孔神经（L_2 ~ L_4） 自腰大肌内侧缘穿出，贴骨盆侧壁下行，穿闭膜管至大腿内侧，分布于大腿内侧肌群和股内侧的皮肤。

（6）生殖股神经（L_1、L_2） 自腰大肌前面穿出，沿其表面下降。肌支支配提睾肌；皮支分布于阴囊（大阴唇）及其附近的皮肤。

（五）骶丛

1. 组成和位置 **骶丛**由腰骶干（由第4腰神经前支的部分与第5腰神经前支合成）、全部骶、尾神经的前支组成。位于骶骨两侧、梨状肌前面。

2. 主要分支（图9-45）

（1）臀上神经（L_4、L_5、S_1） 经梨状肌上孔出盆腔，支配臀中肌、臀小肌和阔筋膜张肌。

（2）臀下神经（L_5、S_1、S_2） 经梨状肌下孔出盆腔，支配臀大肌。

（3）股后皮神经（S_1 ~ S_3） 经梨状肌下孔出盆腔，分布于大腿后面的皮肤。

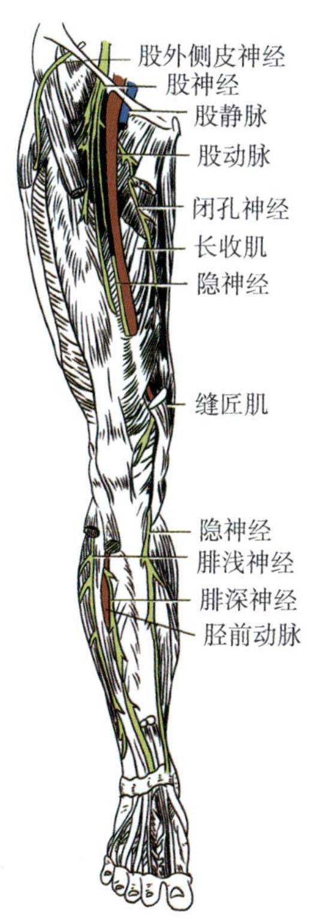

图 9-44 下肢的神经（前面）

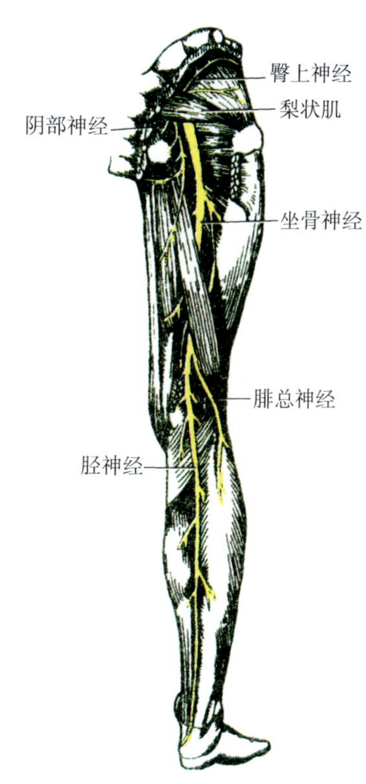

图 9-45 下肢的神经（后面）

（4）阴部神经（S_2 ~ S_4） 经梨状肌下孔出盆腔，绕坐骨棘经坐骨小孔进入坐骨肛门窝，分支分布于会阴部、外生殖器、肛门的肌肉和皮肤。

（5）坐骨神经（L_4、L_5、S_1 ~ S_3）坐骨神经是全身最粗大、最长的神经（图9-45）。经梨状肌下孔出盆腔，于臀大肌深面，经坐骨结节与股骨大转子之间下降至大腿后面，在股二头肌与半腱肌、半膜肌之间下行至腘窝，在腘窝上方分为胫神经和腓总神经。坐骨神经干在股后发出肌支支配股二头肌、半腱肌和半膜肌，皮支分布于髋关节。

①胫神经（L_4、L_5、S_1 ~ S_3）为坐骨神经干的直接延续，向下在小腿三头肌深面与胫后动脉伴行，经内踝后方至足底，分为足底内侧神经和足底外侧神经。其肌支支配小腿肌后群和足底肌；皮支分布于小腿后面和足底的皮肤。

②腓总神经（L_4、L_5、S_1、S_2）自坐骨神经分出后，沿股二头肌内侧缘向外下走行，绕过腓骨颈向前穿过腓骨长肌后分为腓浅神经和腓深神经。

考点提示

坐骨神经走行、分布及损伤后的表现。

腓浅神经：行于腓骨长、短肌与趾长伸肌之间，在小腿中、下1/3交界处穿至皮下。腓浅神经的肌支支配腓骨长、短肌，皮支分布于小腿前外侧面、足背和第2 ~ 5趾背的皮肤。

腓深神经：伴胫前动、静脉行于小腿前群肌的深面，经踝关节前方到足背。其肌支支配小腿前群肌和足背肌；皮支分布于第1 ~ 2趾相对缘背面的皮肤。胫神经损伤后表现为“钩状足”畸形。腓总神经损伤呈现“马蹄内翻足”畸形，行走时呈“跨阈步态”。

知识拓展

下肢神经损伤的表现

1. 胫神经损伤后主要表现为：小腿后面和足底皮肤感觉障碍；足不能跖屈，内翻力减弱，不能用足尖站立。因小腿前群肌过度牵拉，使足背屈、外翻，呈现“钩状足”畸形。

2. 在腓骨颈处受到暴力打击时易损伤腓总神经。主要表现为：①小腿前外侧和足背皮肤感觉障碍；②足不能背屈，不能伸趾，足下垂且内翻，呈现“马蹄内翻足”畸形；③行走时呈“跨阈步态”。

二、脑神经

脑神经是指与脑相连的神经，共12对（图9-46），其排列顺序一般用罗马数字表示：Ⅰ嗅神经、Ⅱ视神经、Ⅲ动眼神经、Ⅳ滑车神经、Ⅴ三叉神经、Ⅵ展神经、Ⅶ面神经、Ⅷ前庭蜗神经、Ⅸ舌咽神经、Ⅹ迷走神经、Ⅺ副神经和Ⅻ舌下神经。

根据胚胎发生、神经纤维支配及功能等诸多方面的特点将脑神经的纤维成分划分为四种：①躯体感觉纤维，分布于皮肤、肌、肌腱和眶内、口、鼻黏膜；将来自头、面部的浅、深感觉冲动，传入脑神经的躯体感觉核；②躯体运动纤维，支配头颈部骨骼肌，包括眼外肌、咀嚼肌、面肌、舌肌、咽喉肌、胸锁乳突肌和斜方肌；③内脏运动纤维，支配内脏平滑肌、心肌和腺体的运动；④内脏感觉纤维，将来自于头、颈、胸、腹腔脏器和味觉的感觉冲动，传入内脏感觉核。

考点提示

12对脑神经的名称。

根据脑神经所含的纤维性质不同，将12对脑神经分为三类：①感觉性脑神经，第Ⅰ、Ⅱ、Ⅷ对脑神经；②运动性脑神经，第Ⅲ、Ⅳ、Ⅵ、Ⅺ、Ⅻ对脑神经；③混合性脑神经，第Ⅴ、Ⅶ、Ⅸ、Ⅹ对脑神经。

（一）嗅神经

嗅神经为感觉性脑神经，将嗅觉冲动传至大脑皮质的嗅区（海马旁回钩）。纤维起自鼻腔黏膜的嗅细胞，其中枢突聚集成15 ~ 20条嗅丝，穿筛孔入颅前窝连于嗅球。当颅前窝骨折时，可损伤嗅神经造成嗅觉障碍。

（二）视神经

视神经为感觉性神经，传导视觉冲动。起于视网膜的节细胞。节细胞的轴突在视神经盘处聚集，穿过巩膜后形成神经，向后经视神经管入颅中窝，经视交叉、视束连于外侧膝状体。

（三）动眼神经

动眼神经为运动性神经（图9–47），含躯体运动和内脏运动两种纤维。躯体运动纤维起自动眼神经核，内脏运动纤维起自动眼神经副核。动眼神经自脚间窝出脑，经海绵窦外侧壁向前，经眶上裂入眶。其躯体运动纤维支配眼的上直肌、下直肌、内直肌、下斜肌和上睑提肌；内脏运动（副交感）纤维在睫状神经节（为内脏神经节，位于视神经与外直肌之间）内交换神经元后纤维支配睫状肌和瞳孔括约肌。动眼神经损伤后，可因上述诸肌的瘫痪而出现：上睑下垂、瞳孔斜向外下方、瞳孔扩大及对光反射消失等。

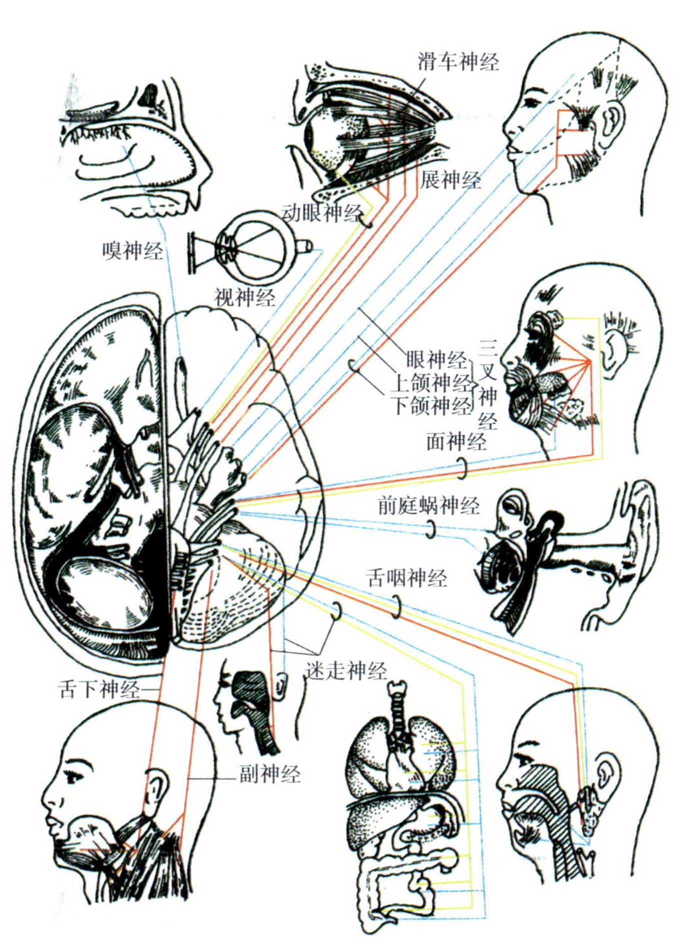

图9–46 脑神经的分布概况

（四）滑车神经

滑车神经为运动性神经（图9–47）。起自中脑的滑车神经核，至下丘下方出脑，绕大脑脚外侧前行，穿海面窦外侧壁向前，经眶上裂入眶，支配上斜肌。

（五）三叉神经

三叉神经（图9–48）为脑神经中最粗大的一对混合性神经，含躯体感觉和躯体运动两种纤维。躯体感觉纤维的胞体位于三叉神经节内，此节位于颅中窝颞骨岩部尖端处的三叉神经压迹处，由假单极神经元组成。其中枢突形成粗大的感觉根，经脑桥基底部与小脑中脚之间入脑，止于三叉神经感觉核；周围突形成三大分支，即眼神经、上颌神经和下颌神经，分布于头、面部皮肤，眼、眶内、口腔、鼻腔、鼻旁窦的黏膜以及牙和硬脑膜等。躯体运动纤维起自三叉神经运动核，随下颌神经行走并支配咀嚼肌。

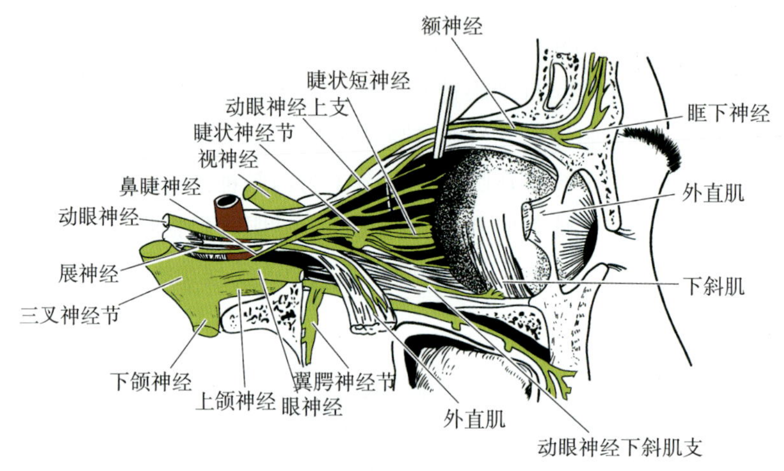

图 9–47　眶内的神经分布

1. **眼神经**　仅含感觉纤维，为三支中最小的一支，向前穿海绵窦外侧壁，经眶上裂入眶，分支布于眼球、泪器、结膜、上睑及额顶部和鼻背的皮肤。

2. **上颌神经**　也仅含感觉纤维，自三叉神经节发出后，穿过海绵窦外侧壁，经圆孔出颅后进入翼腭窝，再经眶下裂入眶。上颌神经主要分布于上颌牙和牙龈、口腔顶、鼻腔及上颌窦黏膜以及睑裂与口裂之间的皮肤。主要分支如下。

（1）眶下神经　为上颌神经的终支，经眶下裂入眶，沿眶下沟、眶下管前行，出眶下孔后分支分布于睑裂与口裂之间的皮肤。

（2）上牙槽神经　分为前、中、后三支，在上颌骨内互相吻合成上牙槽神经丛，再由该神经丛分支至上颌牙、牙龈及上颌窦黏膜。

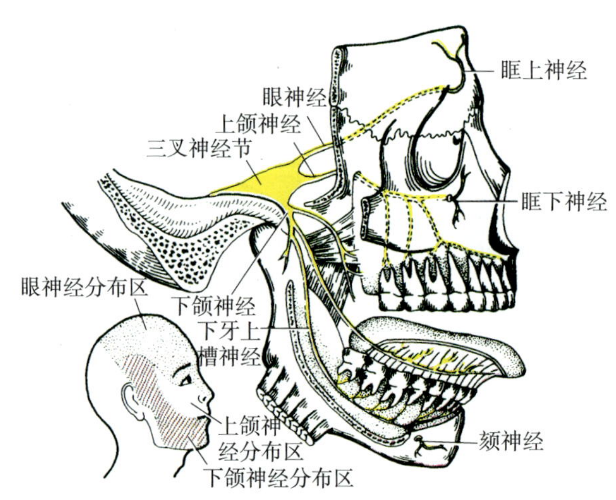

图 9–48　三叉神经的纤维成分及分布

3. **下颌神经** 为混合性神经，是三支中最粗大的一支。自卵圆孔出颅后，在翼外肌深面分为前、后两干，前干细小，发出肌支支配咀嚼肌、鼓膜张肌等；后干粗大，分支分布于硬脑膜、下颌牙及牙龈、舌前2/3及口腔底黏膜、耳颞区和口裂以下的皮肤。下颌神经的主要分支如下。

（1）耳颞神经 以两根起始，夹持脑膜中动脉，向后合为一干，经下颌颈内侧转向上行，穿过腮腺，分布于颞区的皮肤和腮腺。

（2）舌神经 在下颌支内侧下降，沿舌骨舌肌外侧呈弓形向前，直达口腔底，分布于舌前2/3的黏膜，传导一般感觉。

（3）下牙槽神经 为混合性神经，在舌神经后方，沿翼内肌外侧面下降，经下颌孔入下颌管，在管内分支分布于下颌牙及牙龈，其终支自颏孔穿出，称颏神经，分布于颏部及下唇的皮肤和黏膜。其运动纤维支配下颌舌骨肌和二腹肌前腹。

（4）咀嚼肌神经 属运动性神经，分支有咬肌神经、颞深神经等，支配所有4块咀嚼肌。一侧三叉神经损伤，出现同侧面部皮肤及眼、口和鼻腔黏膜感觉丧失，角膜反射消失。咀嚼肌瘫痪，表现为张口时下颌偏向患侧。三叉神经痛时，在面部压迫眶上切迹、眶下孔或颏孔处，可诱发患支分布区的疼痛，有助于诊断。

（六）展神经

展神经（图9-47）为运动性神经。起于脑桥的展神经核，向腹侧自延髓脑桥沟出脑，穿海绵窦经眶上裂入眶，支配外直肌。展神经损伤可使眼向内斜视。

（七）面神经

面神经为混合性神经。含有四种纤维成分：①躯体运动纤维，起自面神经核，支配面肌；②躯体感觉纤维，传导耳部皮肤的躯体感觉和表情肌的本体感觉；③内脏运动（副交感纤维）纤维，起于脑桥的上泌涎核，分布于泪腺、下颌下腺和舌下腺，支配其分泌；④内脏感觉（味觉）纤维，分布于舌前2/3的味蕾。面神经由两个根组成，自延髓脑桥沟外侧部出脑，经内耳门入内耳道，穿内耳道底进入与鼓室相邻的面神经管内，最后经茎乳孔出颅，向前穿过腮腺到达面部，分数支分布于面肌（图9-49）。

支配眼外肌的神经损伤后的表现。

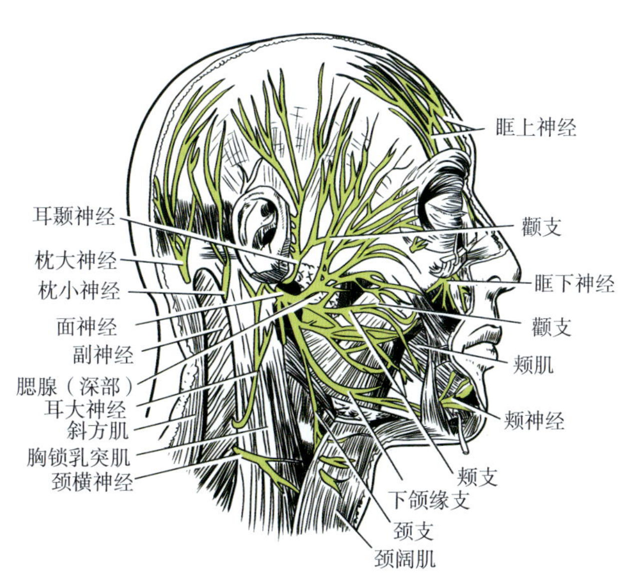

图9-49 面神经的纤维成分及分布

在面神经管内，有膨大的膝神经节，由内脏感觉神经元的胞体组成。面神经在面神经管内和出颅后均有分支。

1. 面神经在面神经管内的分支

（1）鼓索 在面神经出茎乳孔上方6mm处发出，穿过鼓室入颞下窝，加入舌神经。鼓索中含有两种纤维：①味觉纤维，随舌神经分布于舌前2/3的味蕾，传导味觉的冲动；②副交感纤维，进入舌神经下方的下颌下神经节，换元后分布于下颌下腺、舌下腺，并支配两腺体的分泌。

（2）岩大神经 含副交感纤维，在面神经管起始处分出，经颞骨岩部尖端穿破裂孔至颅底，前行至翼腭窝内的翼腭神经节，换元后分布于泪腺以及鼻、腭黏膜腺。

2. 面神经在颅外的分支 面神经出茎乳孔后，向前进入腮腺实质，分支交织成丛，再由丛发出5支，从腮腺前缘穿出，呈辐射状分布于面肌和颈阔肌。5个分支是：颞支、颧支、颊支、下颌缘支和颈支。

面神经的行程复杂，在面神经管内或管外损伤后，其临床表现有所不同。面神经管外损伤主要表现为因损伤侧面肌瘫痪，而出现患侧额纹消失、闭眼困难、不能皱眉、鼻唇沟消失，口角偏向健侧等。面神经管内损伤的表现，除上述症状外，还可出现舌前2/3味觉障碍以及泪腺、舌下腺、下颌下腺的分泌障碍。

（八）前庭蜗神经

前庭蜗神经为感觉性神经，由前庭神经和蜗神经两部组成。

1. 前庭神经 前庭神经传导平衡觉。其胞体位于内耳道底处的前庭神经节（由双极神经元胞体聚集而成）内。其周围突分布于内耳的球囊斑、椭圆囊斑和壶腹嵴；中枢突组成前庭神经，经内耳门入颅，于延髓脑桥沟外侧部入脑，终于前庭神经核。

2. 蜗神经 蜗神经传导听觉。其胞体位于蜗轴内的蜗神经节（此节也是由双极神经元胞体聚集而成）内。周围突分布于螺旋器；中枢突形成蜗神经，与前庭神经伴行入脑，终于蜗神经核。

前庭蜗神经损伤后，表现为患侧耳聋和平衡觉功能障碍，同时因前庭受刺激，可出现眩晕、眼球震颤、恶心和呕吐等症状。

（九）舌咽神经

舌咽神经（图9-50）为混合性神经，含四种纤维成分：①躯体运动纤维，起自疑核，支配茎突咽肌；②内脏运动纤维，起于下泌涎核，支配腮腺的分泌；③内脏感觉纤维，胞体位于颈静脉孔处的舌咽神经下神经节，其周围突分布于舌后1/3黏膜、咽、咽鼓管和鼓室等处的黏膜，中枢突终于孤束核；④躯体感觉纤维，胞体位于舌咽神经的下神经节内（此节也位于颈静脉孔处），其周围突分布于耳后皮肤，中枢突终止于三叉神经脊束核。

舌咽神经自延髓的橄榄后沟出脑，经颈静脉孔出颅，在颈内动、静脉之间下降，继而呈弓形向前，经舌骨舌肌内侧达舌根。其主要分支如下。

1. 咽支 有3～4支，在咽侧壁与迷走神经和交感神经交织成丛，分布于咽肌和咽黏膜。

2. 鼓室神经 发自下神经节，经颅底下面的鼓室小管入鼓室，与交感神经纤维交织成丛，分支分布于鼓室、咽鼓管和乳突小房的黏膜。该神经中含有来自下泌涎核的内脏运动（副交感）纤维，在卵圆孔下方的耳神经节内换元，节后纤维分布于腮腺，支配腮腺的分泌。

3. **颈动脉窦支**　有1～2支，沿颈内动脉下降，分布于颈动脉窦和颈动脉小球，将血压和血液中二氧化碳浓度的变化信息传入脑，反射性地调节血压和呼吸。

4. **舌支**　为舌咽神经的终支，分数支分布于舌后1/3黏膜和味蕾。

（十）迷走神经

迷走神经（图9-51）为混合性神经，是体内行程最长、分布最广的脑神经。含四种纤维成分：①内脏运动（副交感）纤维，来自延髓的迷走神经背核，分布于颈、胸、腹部的多个器官；②躯体运动纤维，起于疑核，支配咽喉肌；③内脏感觉纤维，神经元的胞体位于迷走神经下神经节内（此节位于颈静脉孔下方），其周围突随迷走神经分布于颈、胸、腹部的器官，传导一般内脏感觉的冲动，中枢突终止于孤束核；④躯体感觉纤维，胞体位于迷走神经上神经节内，周围突分布于耳郭和外耳道的皮肤，中枢突终止于三叉神经脊束核。

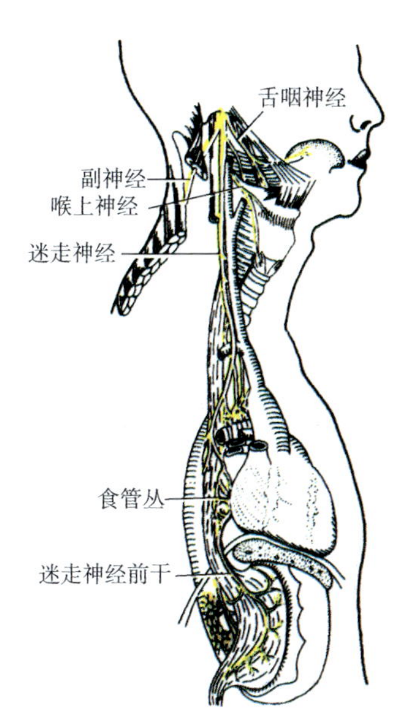

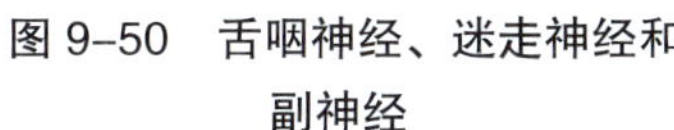
图9-50　舌咽神经、迷走神经和副神经

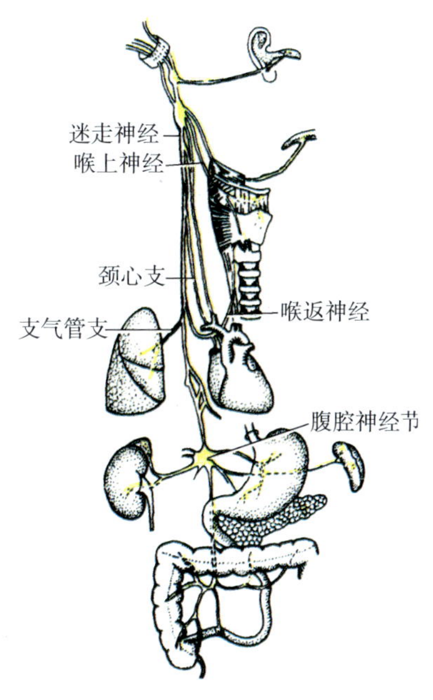

图9-51　迷走神经

迷走神经自延髓的橄榄后沟出脑，经颈静脉孔出颅，在颈内静脉与颈内动脉、颈总动脉之间的后方下行，经胸廓上口入胸腔。在胸腔内，左、右迷走神经的行程有所不同，左迷走神经在主动脉前方，再经左肺根后方，沿食管左侧下行至食管前面，形成食管前丛，此丛在食管下段汇集成迷走神经前干；右迷走神经越过右锁骨下动脉前方，沿食管右侧下行，经右肺根后方转至食管后面，形成食管后丛，向下延续为迷走神经后干。前后两干经食管裂孔入腹腔。迷走神经沿途分出许多分支，其主要分支情况如下。

1. 颈部的分支

（1）喉上神经　起于迷走神经出颅处，沿颈内动脉内侧下行，于舌骨大角处分为内、外两支。内支与喉上动脉伴行，穿甲状舌骨膜入喉，分布于声门裂以上的喉黏膜；外支支配环甲肌。

（2）颈心支　有上、下两支，沿喉和食管两侧下行入胸腔，与交感神经的心支交织成心丛，调节心脏活动。

2. 胸部的分支

（1）喉返神经　左、右喉返神经的起始、行程有所不同，左喉返神经在其主干跨过主动脉前方时发出，并勾绕主动脉弓下方上行，返回颈部；右喉返神经在主干经过右锁骨下动脉前方时发出，并勾绕此动脉上行，返回颈部。两侧喉返神经均在气管与食管之间的沟内上行，经甲状腺侧叶深面、环甲关节后方上行至喉内，其终支称喉下神经。其中躯体运动纤维支配除环甲肌以外的喉肌；内脏感觉纤维分布于声门裂以下的喉黏膜。喉返神经在甲状腺侧叶深面上行时，与甲状腺下动脉相互交叉。在行甲状腺手术结扎甲状腺下动脉时，注意勿损伤喉返神经。

（2）支气管支和食管支　是迷走神经在胸部发出的小支，与交感神经的分支交织成肺丛和食管丛，支配其平滑肌和腺体。

3. 腹部的分支　迷走神经入腹腔后，前干分出胃前支和肝支，胃前支沿胃小湾向右下走行，沿途分支分布于胃前壁，终支以“鸦爪形”分支分布于幽门部前壁（图9–52）；肝支向右行于小网膜内，参与肝丛，随肝固有动脉的分支分布于肝和胆囊的平滑肌和腺体。后干发出胃后支和腹腔支，胃后支沿胃小湾深部走行，沿途分支分布于胃后壁，终支以“鸦爪形”分支分布于幽门部后壁。腹腔支向右行，与交感神经交织成腹腔丛，随腹腔干和肠系膜上动脉分布于肝、胆、胰、脾、肾、肾上腺及结肠左曲以上的消化管等。

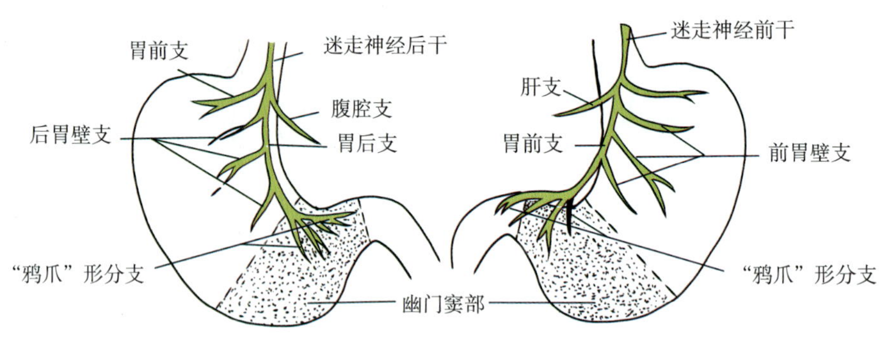

图 9–52　迷走神经的胃分布

迷走神经主干损伤可导致内脏活动障碍，表现为脉速、心悸、恶心、呕吐、呼吸深慢和窒息等症状。由于咽喉感觉障碍和肌肉瘫痪，可出现声音嘶哑、语言困难等。

（十一）副神经

副神经为运动性神经，起自延髓的疑核和脊髓上颈段的副神经核，在延髓橄榄后沟的迷走神经下方出脑，经颈静脉孔出颅，行向后下至胸锁乳突肌和斜方肌，支配此二肌（图9–50）。

（十二）舌下神经

舌下神经为运动性神经，起自舌下神经核，在延髓锥体与橄榄之间出脑，经舌下神经管出颅，在颈内动、静脉之间呈弓形向前下走行，穿颏舌肌入舌内，支配全部舌肌。一侧舌下神经损伤时，可致患侧舌肌瘫痪、萎缩，伸舌时，舌尖偏向患侧。

考点提示：舌下神经损伤后的表现。

12对脑神经概况列表如下（表9–2）。

表 9-2 脑神经概况

顺序和名称	性质	连脑部位	出入颅部位	分布	损伤后表现
Ⅰ嗅神经	感觉性	端脑	筛孔	嗅区鼻黏膜	嗅觉障碍
Ⅱ视神经	感觉性	间脑	视神经管	视网膜	视觉障碍
Ⅲ动眼神经	运动性	中脑	眶上裂	上直肌、下直肌、内直肌、下斜肌和上睑提肌；内脏运动纤维：瞳孔括约肌和睫状肌	眼睑下垂、眼朝外下斜视、瞳孔开大、对光反射消失
Ⅳ滑车神经	运动性	中脑	眶上裂	上斜肌	眼不能外下斜视
Ⅴ三叉神经	混合性	脑桥	眶上裂 圆孔 卵圆孔	1. 面部皮肤 2. 口鼻腔黏膜、上下颌牙和牙龈 3. 咀嚼肌	头面部感觉障碍等
Ⅵ展神经	运动性	脑桥	眶上裂	外直肌	眼向内斜视
Ⅶ面神经	混合性	脑桥	内耳门 茎乳孔	1. 面肌 2. 泪腺、下颌下腺和舌下腺 3. 舌前 2/3 味蕾	1. 额纹消失、眼不能闭合、口角歪向健侧、鼻唇沟变浅 2. 泪腺、下颌下腺和舌下腺分泌障碍 3. 舌前 2/3 味觉障碍
Ⅷ前庭蜗神经	感觉性	脑桥	内耳门	内耳平衡觉感受器和螺旋器	平衡失调、眩晕和听觉障碍
Ⅸ舌咽神经	混合性	延髓	颈静脉孔	1. 舌后 1/3 黏膜和味蕾、颈动脉窦和颈动脉小球 2. 咽肌 3. 腮腺	舌后 1/3 味觉和一般感觉障碍，咽反射消失
Ⅹ迷走神经	混合性	延髓	颈静脉孔	1. 颈、胸、腹内脏平滑肌、心肌和腺体 2. 颈、胸、腹脏器黏膜 3. 咽喉肌	心率加快、内脏活动障碍；声音嘶哑、呛咳、吞咽障碍
Ⅺ副神经	运动性	延髓	颈静脉孔	胸锁乳突肌和斜方肌	肩下垂、提肩无力、面不能转向对侧
Ⅻ舌下神经	运动性	延髓	舌下神经管	舌肌	舌肌瘫痪，伸舌时舌尖偏向患侧

三、内脏神经

内脏神经是神经系统的组成部分，按照分布部位的不同，可分为中枢部和周围部。周围部主要分布于内脏、心血管和腺体。按其纤维性质，可分为内脏运动神经和内脏感觉神经两部分。内脏运动神经支配平滑肌、心肌的运动和腺体的分泌，因其不受人的意志控制，故称自主神经或植物神经；内脏感觉神经分布于内脏、心血管等处的内感受器，将感受到的刺激传入中枢，通过反射调节内脏、心血管的活动。

（一）内脏运动神经

内脏运动神经（图9-53）和躯体运动神经一样，都受大脑皮质和皮质下各级中枢的控制和调节。两者在功能上互相依存、互相协调。但两者在结构和分布等方面，存在较大的差异，现简述如下。①支配的器官不同，躯体运动神经支配骨骼肌，受意识控制；内脏运动神经支配平滑肌、心肌和腺体，一般不受意识控制。②神经元的数目不同，躯体运动神经自低级中枢发出后直达骨骼肌；内脏运动神经自低级中枢发出后，需在内脏神经节内交换神经元，其节后纤维再到达所支配的器官。③分布的形式不同，躯体运动神经多以神经干的形式分布；而内脏运动神经的节后纤维常攀附在脏器或血管的表面形成神经丛，由丛再发出分支到所支配的器官。④纤维成分不同，躯体运动神经只有一种纤维成分；而内脏运动神经则有交感神经和副交感神经两种纤维成分。

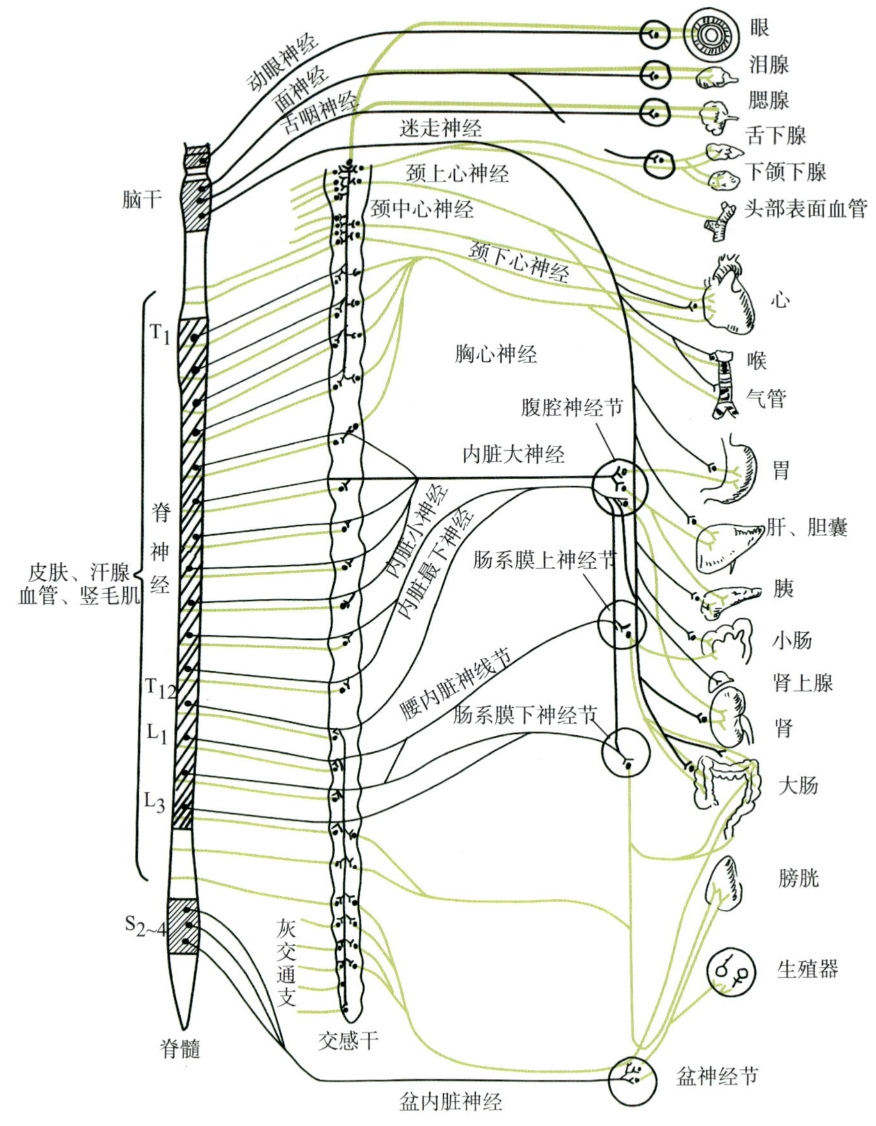

图 9-53　内脏运动神经概况

1. **交感神经　交感神经**（图9-54）分中枢部和周围部两部分。

中枢部交感神经的低级中枢位于脊髓胸1 ~ 腰3节段灰质侧角内的交感神经细胞，该细胞发出的轴突为节前纤维；周围部交感神经包括交感神经节以及由节发出的分支和交感神经丛等。

（1）交感神经节　为交感神经节后神经元的胞体所在处。根据其位置不同分为椎旁节和椎前节。①**椎旁节**位于脊柱两旁，借节间支连成左、右两条交感干，故椎旁节又称交感干神经节。交感干上至颅底，下至尾骨，于尾骨前面两干合并。交感干全长可分颈、胸、腰、骶尾5部。每侧有19 ~ 24个交感干神经节，颈部有3个，分别称颈上、中、下神经节；

胸部有10～12个，第1胸节常与**颈下神经节**合并，称**颈胸神经节**或**星状神经节**；腰部有4～5个；骶部有2～3个；尾部两侧常合并为一个单节（奇神经节）。②**椎前节**位于脊柱前方，腹主动脉脏支的根部。主要有：**腹腔神经节**，位于腹腔干根部两旁；**主动脉肾神经节**，位于肾动脉根部；**肠系膜上神经节**和**肠系膜下神经节**分别位于肠系膜上、下动脉的根部。

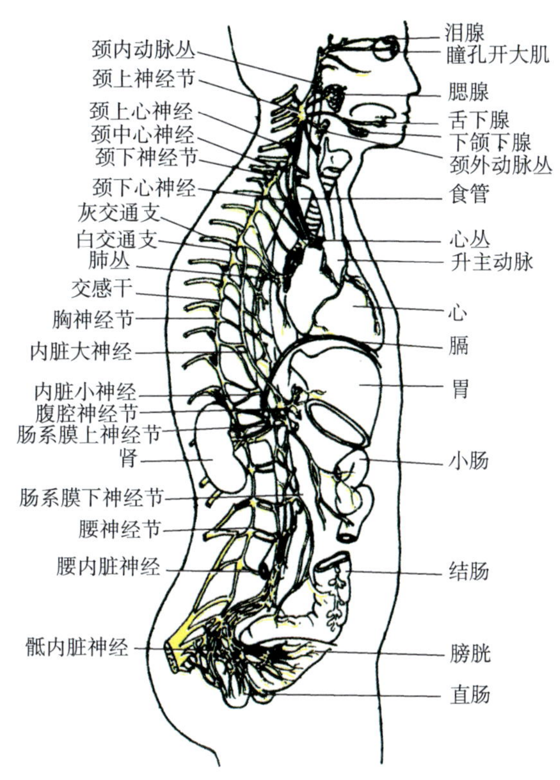

图 9-54 交感干和交感神经节

（2）交通支 交感干神经节借交通支与相应的脊神经相连。交通支分为白交通支和灰交通支（图9-55）。**白交通支**是脊髓侧角细胞发出的具有髓鞘的节前纤维，离开脊神经后，进入交感干神经节，只存在于胸神经和上3对腰神经与交感干神经节之间；**灰交通支**是指由交感干神经节细胞发出的节后纤维，又返回31对脊神经中，因无髓鞘，色泽灰暗，故称灰交通支。

（3）交感神经节前纤维和节后纤维的去向 交感神经的节前纤维和节后纤维各有3种去向。

由脊髓侧角细胞发出的节前纤维，经脊神经前根、脊神经、白交通支进入交感干内有3种去向：①终止于相应的椎旁神经节，并交换神经元；②在交感干内上行或下降后，终止于上方或下方的椎旁神经节；③穿过椎旁神经节后，至椎前神经节换元。

由交感神经节发出的节后纤维也有3种去向：①经灰交通支返回脊神经，随脊神经分布至头颈部、躯干和四肢的血管、汗腺和立毛肌等；②攀附于动脉表面形成神经丛，并随动脉的分支分布于所支配的器官；③由交感神经节发出直接到所支配的器官。

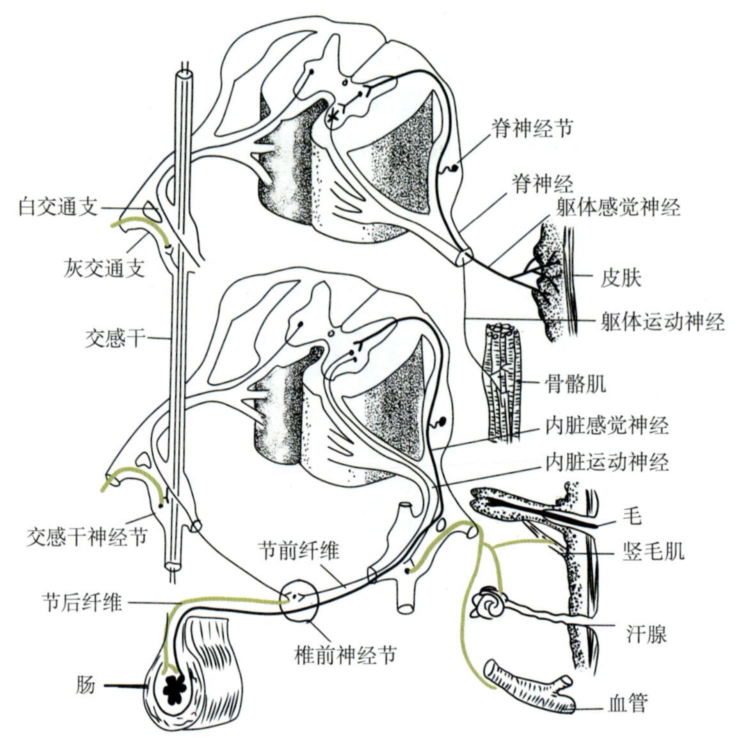

图 9-55　交感神经走行模式图

（4）交感神经的分布概况　①由脊髓上胸段（T_1 ~ T_6）侧角细胞发出的节前纤维，在交感干内上行至颈部的交感干神经节换元，其节后纤维分布如下：经灰交通支返回8对颈神经，分布于头颈和上肢的血管、汗腺、立毛肌等；直接攀附于邻近的动脉，形成神经丛，伴随动脉的分支至头颈部的腺体（如泪腺、唾液腺和甲状腺等）、立毛肌、血管和瞳孔开大肌等；颈上、中、下交感干神经节各发出颈心神经，下行入胸腔，加入心丛。②来自胸髓6 ~ 12节段侧角细胞发出的节前纤维，穿过相应的椎旁神经节，组成内脏大神经和内脏小神经，穿过膈脚入腹腔，其中内脏大神经终止于腹腔神经节；内脏小神经终止于主动脉肾神经节或肠系膜上神经节。由腹腔神经节和主动脉肾神经节等发出的节后纤维，与迷走神经交织成腹腔丛，它们缠绕腹腔干、肠系膜上动脉和肾动脉的分支，分布于肝、胆、胰、脾、肾、肾上腺和结肠左曲以上的消化管。③由腰髓1 ~ 3节段侧角细胞发出的节前纤维，在肠系膜下神经节或腰骶部的椎旁神经节换元，节后纤维分布于结肠左曲以下的消化管、盆腔脏器和下肢的血管、汗腺及立毛肌。

2. 副交感神经　副交感神经也分为中枢部和周围部。

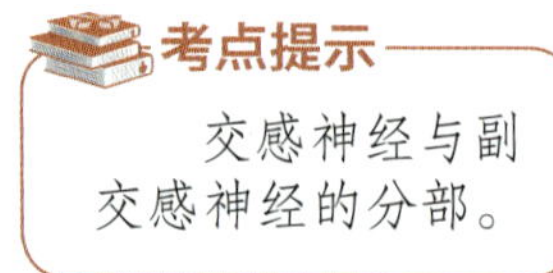

中枢部副交感神经的低级中枢位于脑干内的副交感神经核和第2 ~ 4骶髓节段内的骶副交感核；周围部副交感神经包括副交感神经节及其节前纤维和节后纤维（图9-56）。副交感神经节一般位于器官的附近或器官的壁内，故称**器官旁节**或**壁内节**，一般均较小，但颅部的器官旁节较大，肉眼可见，如睫状神经节、翼腭神经节、下颌下神经节和耳神经节等。

（1）颅部副交感神经　①随动眼神经走行的副交感神经节前纤维，由动眼神经副核发出，入眶后，在睫状神经节内换元，节后纤维分布于瞳孔括约肌和睫状肌。②随面神经走行的副交感神经节前纤维，由上泌涎核发出。一部分纤维在翼腭神经节内换元，节后纤维分布于泪腺和鼻腔黏膜腺；一部分纤维经鼓索加入舌神经，再到下颌下神经节换元，节后纤维分布于下颌下腺和舌下腺。③随舌咽神经走行的副交感神经节前纤维，由下泌涎核发出，在卵圆孔下方的耳神经节换元，节后纤维分布于腮腺。④随迷走神经走行的副交感神经节前纤维，由迷走神经背核发出，随迷走神经主干走行，到胸、腹腔脏器的器官旁节或壁内节换元，节后纤维分布于胸、腹腔脏器（结肠左曲以下的消化管和盆腔脏器除外）。

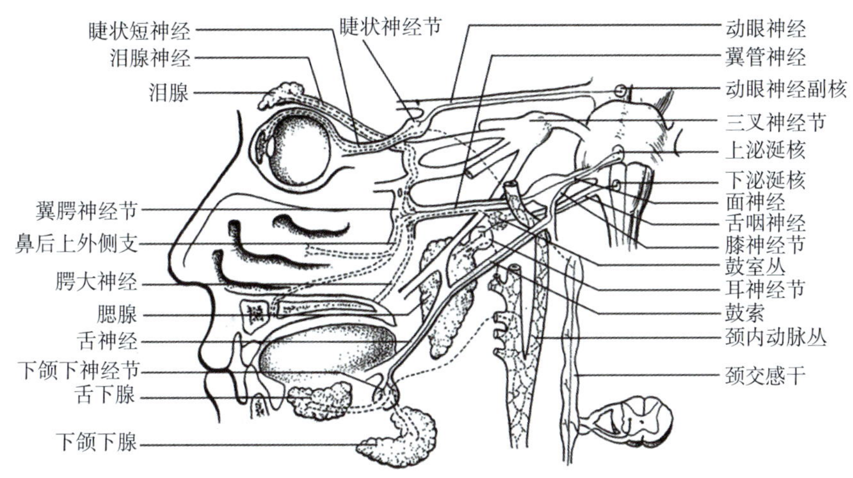

图 9-56　头部内脏神经分布模式图

（2）骶部副交感神经　由第2 ~ 4骶髓节段内的骶副交感核发出的节前纤维，随骶神经前支出骶前孔，然后离开骶神经前支，组成盆内脏神经（图9-57），加入盆丛，随盆丛分支到降结肠、乙状结肠和盆腔脏器，在其器官旁节或壁内节换元，其节后纤维支配这些器官的平滑肌和腺体。

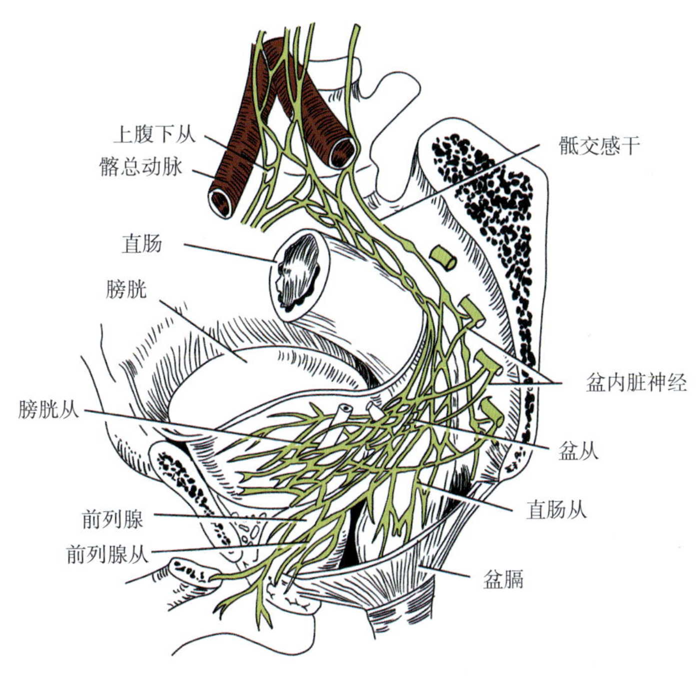

图 9-57　盆部内脏神经

3. 内脏神经丛 交感神经、副交感神经和内脏感觉神经在到达所支配脏器的行程中，常互相交织在一起，共同组成内脏神经丛，再由内脏神经丛分支到所支配的器官，如心丛、肺丛、腹腔丛和腹主动脉丛等。

4. 交感神经与副交感神经的区别

（1）低级中枢部位不同 交感神经的低级中枢位于脊髓的胸节和腰髓1 ~ 3节的侧角；副交感神经的低级中枢位于脑干内的内脏运动核和第2 ~ 4骶髓内的骶副交感核。

（2）周围神经节的位置不同 交感神经节位于脊柱两旁和脊柱的前方，分别称椎旁神经节和椎前神经节；副交感神经节位于所支配器官的附近或壁内，分别称器官旁节和壁内节。

（3）节前纤维和节后纤维的长度不同 交感神经的节前纤维短而节后纤维长；副交感神经则相反。

（4）分布范围不同 全身皮肤的血管、汗腺、立毛肌和肾上腺髓质只有交感神经而无副交感神经支配。因此，交感神经分布广泛，副交感神经分布比较局限。

（5）对同一器官所起的作用不同 交感神经与副交感神经对同一器官的作用既互相拮抗又互相统一。例如：当机体运动时，交感神经兴奋性增强，副交感神经兴奋性减弱，这时可出现心跳加快、血压升高、支气管扩张、瞳孔散大、消化活动受抑制等现象；而当机体处于安静或睡眠状态时，副交感神经兴奋性增强，交感神经相对抑制，因而出现心跳减慢、血压下降、支气管收缩、瞳孔缩小、消化活动增强等现象。可见在交感神经和副交感神经互相拮抗、互相统一的协调作用下，才能维持机体内环境的动态平衡，使机体更好地适应内外环境的变化。

（二）内脏感觉神经

内脏器官除有交感神经和副交感神经支配外，还有内脏感觉神经分布，将来自内脏和心血管的各种刺激，转化为神经冲动并传入中枢。内脏感觉神经元的胞体位于脊神经节或脑神经节内，其周围突随舌咽神经、迷走神经、交感神经和盆内脏神经分布于各器官；中枢突一部分随舌咽神经和迷走神经终止于脑干的孤束核；另一部分随交感神经和盆内脏神经进入脊髓，终止于脊髓后角。

内脏感觉神经因纤维数目较少，且以细纤维为主，故痛阈较高，正常的内脏活动或一般强度的刺激，不引起主观感觉，较强烈的内脏活动才可产生内脏感觉。内脏一般对切割、冷热或烧灼等刺激不敏感，而对空腔器官的扩张、平滑肌痉挛性收缩、缺血或炎症刺激较敏感。如外科手术的挤压、切割或烧灼内脏时，患者并不感觉疼痛，但胃的饥饿收缩、直肠和膀胱的充盈则可引起感觉。

内脏感觉定位不准确，呈弥散性。这是由于一个脏器的感觉纤维需经多个节段的脊神经传入中枢，而一对脊神经中又包含有多个脏器的感觉纤维的缘故。

当某些内脏器官发生病变时，往往引起一定皮肤区域的疼痛或感觉过敏，这种现象称**牵涉性痛**（图9-58）。例如，心肌缺血引起心绞痛时，常在胸前区或左臂内侧面感到疼痛；肝胆有病变时，常引起右肩部酸痛等。牵涉性痛产生的机制目前尚不十分清楚。了解各器官病变时牵涉性痛发生的部位，对某些内脏疾病的诊断有一定的帮助。

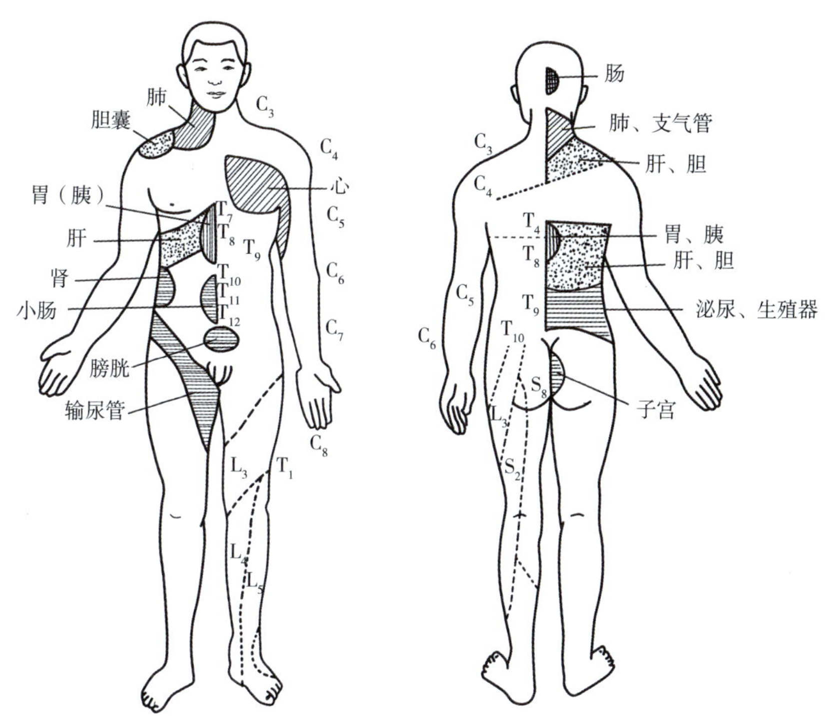

图 9–58 内脏器官疾病时的牵涉性痛区

扫码“学一学”

第四节 神经系统的传导通路

神经传导通路是从感受器到大脑皮质，或从大脑皮质至效应器的神经元链。其中，从感受器到大脑皮质的神经元链，称感觉（上行）传导通路；从大脑皮质到效应器的神经元链，称运动（下行）传导通路。

一、感觉传导通路

（一）本体（深）感觉和精细触觉传导通路

本体感觉是指肌、腱、关节等器官在不同状态时产生的感觉。因位置较深，又称深部感觉。此外在本体感觉传导通路中，还传导皮肤的精细触觉（即辨别两点间距离和感受物体的纹理粗细等）。该传导通路由3级神经元组成。

第一级神经元的胞体是脊神经节内的大型假单极神经元，周围突构成脊神经的感觉纤维，分布于四肢、躯干的肌、腱、关节、和骨膜等处的深部感受器（肌梭、腱梭等）；中枢突经后根内侧部进入脊髓后索。其中，来自第5胸节以下的纤维，形成薄束，来自第4胸节以上的纤维形成楔束。薄束和楔束的纤维至延髓后分别终止于薄束核与楔束核。

第二级神经元，胞体位于薄束核与楔束核内，其纤维行向腹侧，构成内弓状纤维，在中央灰质腹侧中线处，与对侧者交叉，即丘系交叉。交叉后的纤维转向上行于锥体后方（背侧）中线的两侧，即内侧丘系。向上经脑桥、中脑，最后终于丘脑腹后外侧核。

第三级神经元，胞体位于丘脑腹后外侧核，发出的第三级纤维经内囊后肢，投射到中央后回上2/3的皮质（图9–59）。

本体感觉传导通路，还传导精细触觉、压觉和运动感觉的冲动到顶叶中央后回皮质，再通过顶叶皮质的整合，成为两点辨别觉和实体感觉。故此通路遭破坏性损伤后，两点辨别觉、实体感觉、运动觉等随之消失，肌张力减退。如损伤出现于脊髓后索，则表现为患者不能确定身体的位置和运动方向，闭目站立时身体倾斜、摇晃并容易跌倒，同时还丧失精细触觉和震颤觉。

（二）痛觉、温觉和粗触觉传导通路

该通路又称浅感觉传导通路，该传导通路由3级神经元组成（图9-60）。分为躯干和四肢痛温觉、粗略触觉和压觉传导通路及头面部痛温觉和触压觉传导通路。

1. 躯干和四肢痛温觉、粗略触觉和压觉传导通路 第一级神经元是脊神经节内的小型和中型假单极神经元。周围突构成脊神经内的感觉纤维，分布到躯干和四肢的皮肤。中枢突通过后根的外侧部进入脊髓后外侧束，上升1～2脊髓节，然后进入灰质。

第二级神经元，胞体主要位于后角的固有核。其传出纤维在同节段内行向腹侧，经白质前连合交叉至对侧脊髓侧索和前索，再转行向上，形成脊髓丘脑束，最后终于丘脑腹后外侧核。

第三级神经元，胞体位于丘脑腹后外侧核。由该核发出的纤维即第三级纤维，经内囊后肢，投射到中央后回的上2/3区。

2. 头面部痛温觉和触压觉传导通路 第一级神经元胞体位于三叉神经节内。三叉神经节内假单极神经元的周围突随三叉神经的分支分布于面部，中枢突构成三叉神经感觉根。进入脑桥后，传导触觉与压觉的纤维止于三叉神经脑桥核；传导痛、温觉的纤维止于三叉神经脊束核。

第二级神经元胞体在脑桥核和脊束核内。第二级神经元发出的纤维交叉至对侧组成**三叉丘系**，在内侧丘系背侧上升至丘脑，终止于丘脑腹后内侧核。

第三级神经元胞体位于丘脑腹后内侧核，由核发出的第三级纤维经内囊后肢，投射到中央后回的下1/3区。

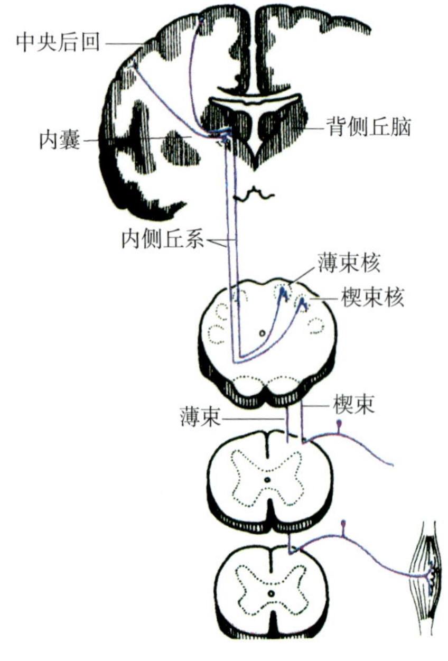

图9-59 躯干、四肢意识性本体感觉和精细触觉传导通路

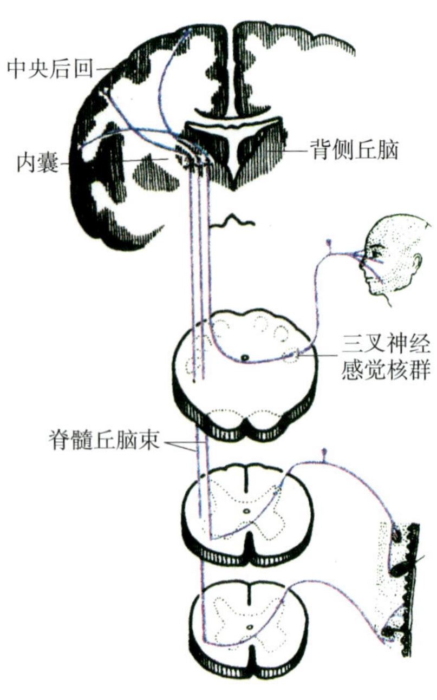

图9-60 躯干、四肢浅感觉传导通路

（三）视觉传导通路和瞳孔对光反射通路

1. 视觉传导通路 由三级神经元组成（图9-61）。第一级神经元为双极细胞，其周围突与视网膜内的视锥细胞和视杆细胞形成突触，中枢突与节细胞形成突触。

第二级神经元是节细胞，其轴突在视神经盘（乳头）处集合成视神经。视神经由视神经管入颅腔，形成视交叉后，延为视束。在视交叉中，来自两眼视网膜鼻侧半的纤维交叉，交叉后加入对侧视束；来自视网膜颞侧半的纤维不交叉，就在同侧视束内。经交叉后的视束内含有同侧眼视网膜的颞侧半纤维和对侧眼视网膜的鼻侧半纤维。视束向后绕大脑脚终于外侧膝状体。

第三级神经元的胞体在外侧膝状体内，由外侧膝状体发出的纤维组成视辐射，经内囊后肢投射到大脑皮质距状沟周围的视区。

当眼球固定向前平视时能看到的空间范围称为**视野**。由于眼球屈光装置对光线的折射作用，鼻侧半视野的物象投射到颞侧半视网膜，颞侧半视野的物象投射到鼻侧半视网膜，上半视野的物象投射到下半视网膜，下半视野的物象投射到上半视网膜。

2. 瞳孔对光反射通路 光照一侧瞳孔，引起两眼瞳孔缩小的反射，称瞳孔对光反射。瞳孔对光反射由视网膜起始，经视神经、视交叉到视束，视束的一部分纤维经上丘臂至顶盖前区，与顶盖前区的细胞形成突触。顶盖前区为对光反射中枢，发出的纤维与两侧动眼神经副核联系。动眼神经副核发出的副交感节前纤维经动眼神经至睫状神经节，自睫状神经节发出的副交感节后纤维分布于瞳孔括约肌，调节瞳孔，使之缩小。

当一侧视神经损伤时，传入信息中断，光照患侧眼时，两侧瞳孔均不缩小；但光照健侧瞳孔时，两侧眼的瞳孔都缩小，即两侧对光反射均存在（此时患侧直接对光反射消失，间接对光反射存在）。一侧动眼神经损伤时，由于反射途径的传出部分中断，无论光照哪一侧眼球，患侧眼的瞳孔都无反应，直接及间接对光反射均消失。

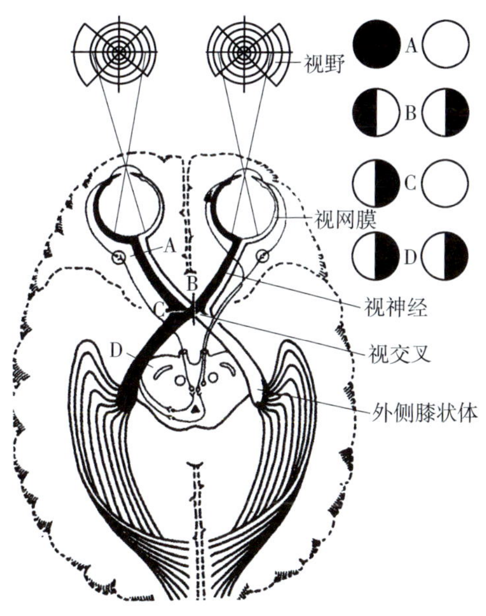

图 9-61 视觉传导通路和瞳孔对光反射通路

知识拓展

视觉传导通路上的损伤

当视觉传导通路在不同部位受损时，可引起不同的视野缺损：①一侧视神经损伤，可引起该侧视野全盲；②视交叉中央部损伤（如垂体瘤压迫），可引起双眼视野颞侧偏盲；③一侧视交叉外侧部的未交叉纤维损伤，可出现患侧视野鼻侧偏盲；④一侧视束以后部位（视辐射、视觉中枢）损伤，可引起双眼对侧视野同向性偏盲（患侧视野鼻侧偏盲和健侧视野颞侧偏盲）。

（四）听觉传导通路

第一级神经元为蜗神经节内的双极神经细胞，其周围突分布于内耳的螺旋器（或称Corti器），中枢突组成蜗神经，与前庭神经一起组成前庭蜗神经入脑，止于蜗神经腹侧、背侧核（图9-62）。

第二级神经元是蜗神经腹侧、背侧核。由两核发出纤维，在脑桥内经交叉形成斜方体，然后折返上行形成外侧丘系；另一部分不交叉的纤维加入同侧外侧丘系上行，大部分纤维先止于下丘，换神经元后经下丘臂终于内侧膝状体。

第三级神经元的胞体在内侧膝状体。发出的纤维组成听辐射，经内囊后肢，止于大脑皮质颞横回的听区。听觉的反射中枢在下丘，下丘发出的纤维至上丘和内侧膝状体。上丘发出纤维组成顶盖脊髓束，直接或间接终于脊髓前角运动细胞，完成听觉反射。

考点提示

感觉传导通路，三级神经元。

由于听觉传导通路第二级神经元发出的纤维将左、右两耳的听觉冲动传向双侧听觉中枢，所以一侧外侧丘系、听辐射或听区损伤时，不致产生明显的听觉障碍。

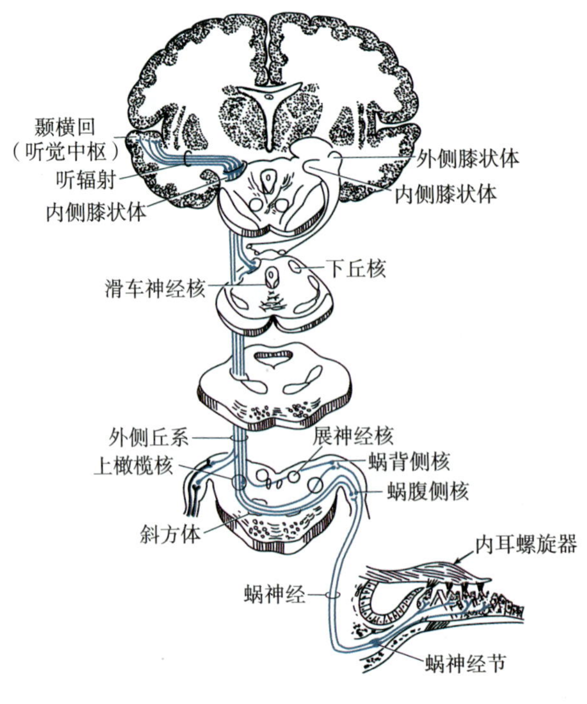

图9-62　听觉传导通路

二、运动传导通路

（一）锥体系

锥体系主要管理骨骼肌的随意运动。锥体系的神经元位于大脑运动中枢的中央前回和中央旁小叶前部的皮质。

1. **皮质脊髓束** 中央前回中、上部和中央旁小叶前部以及其他一些皮质区域锥体细胞的轴突集合组成**皮质脊髓束**（图9-63），经内囊后肢下行，至中脑的大脑脚底，占其中间3/5的外侧部；然后经脑桥基底部至延髓锥体，在锥体下端，绝大部分纤维（75%～90%）左右相互交叉，形成锥体交叉。交叉后的纤维继续于对侧脊髓侧索内下行，形成皮质脊髓侧束。此束纤维在下行过程中，逐节止于同侧前角运动细胞，支配四肢肌。在延髓锥体小部分未交叉的纤维在同侧脊髓前索内下行，形成皮质脊髓前束。该束仅达胸节，并经白质前连合逐节交叉至对侧，止于前角运动细胞，支配躯干和四肢骨骼肌的运动。皮质脊髓前束中有一部分纤维始终不交叉而止于同侧前角运动细胞，支配躯干肌。所以，躯干肌是受两侧大脑皮质支配的。一侧皮质脊髓束在锥体交叉前受损，主要引起对侧肢体瘫痪，而躯干肌的运动没有受到明显影响。

2. **皮质核束** **皮质核束**（图9-64）纤维由中央前回下1/3发出，经内囊膝部、下行至中脑的大脑脚底，此后，纤维构成小束，穿内侧丘系下行，大多数下行纤维终止于两侧的脑神经运动核，但面神经核的下半（分布到眼裂以下的面肌）和舌下神经核仅接受对侧的皮质核束支配。故一侧的皮质核束受损伤时，受两侧皮质核束支配的脑神经运动核和面神经核上半的支配区域不受影响，而对侧面神经核下半和舌下神经核的支配区出现病态。表现为对侧眼裂以下的面肌和对侧舌肌瘫痪，即对侧鼻唇沟消失，口角低垂，流涎、口角歪向病灶侧，进食时食物停留于病灶对侧的口前庭，且不能作吹口哨、鼓腮、露齿等动作，伸舌时舌尖偏向对侧但舌肌不发生萎缩。

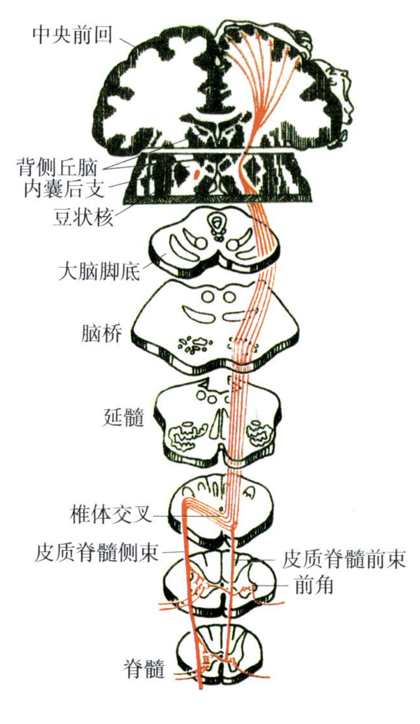

图 9-63 皮质脊髓束

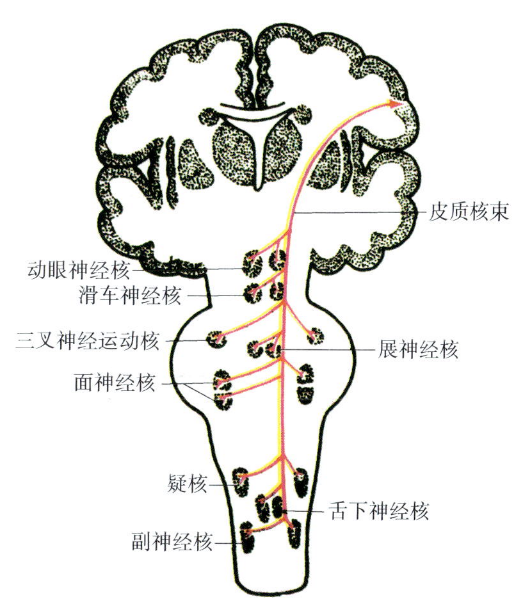

图 9-64 皮质核束

锥体系的任何部位损伤都可引起随意运动的障碍，出现肢体瘫痪。上运动神经元损伤（核上瘫）表现为随意运动障碍，肌张力增高，所以瘫痪是痉挛性的（硬瘫），这是由于上运动神经元对下运动神经元的抑制被取消的缘故。因肌肉尚有脊髓前角运动细胞发出的神经支配，所以无营养障碍，肌不萎缩，深反射因失去上运动神经元控制而表现亢进，因锥体束的完整性破坏，浅反射（如腹壁反射、提睾反射等）减弱或消失，同时因锥体束的功能受到破坏，出现病理反射（如Babinski征）。下运动神经元损伤（核下瘫）表现为因失去神经直接支配所至的肌张力降低，随意运动障碍，瘫痪是弛缓性的（软瘫）。由于神经营养障碍，导致肌肉萎缩，因所有反射弧中断，故浅、深反射消失，无病理反射（图9-65、图9-66，表9-3）。了解上、下运动神经元损伤后的表现，对鉴别诊断核上瘫和核下瘫具有重要意义。

考点提示

核上瘫和核下瘫。

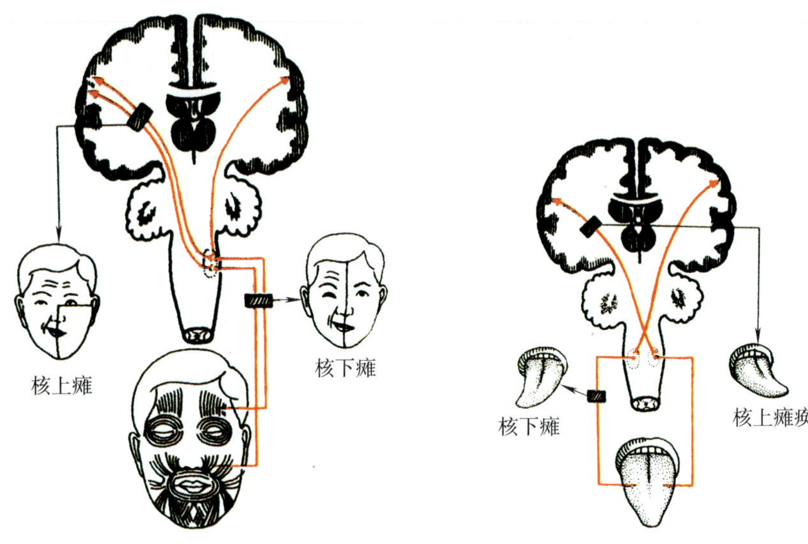

图 9-65 面肌瘫痪　　图 9-66 舌肌瘫痪

表 9-3 上、下运动神经元损伤后的临床表现比较

症状与体征	上运动神经元损害	下运动神经元损害
瘫痪范围	常较广泛	常较局限
瘫痪特点	痉挛性瘫（硬瘫、中枢性瘫）	弛缓性瘫（软瘫、周围性瘫）
肌张力	增高	减低
深反射	亢进	消失
浅反射	减弱或消失	消失
腱反射	亢进	减弱或消失
病理反射	有（+）	无（-）
肌萎缩	早期无，晚期为失用性萎缩	早期即有萎缩

（二）锥体外系

锥体外系是锥体系以外的下行传导通路的统称。在结构上，锥体外系并不是一个简单独立的结构系统，而是一个复杂的涉及脑内许多结构的功能系统。包括大脑皮质、背侧丘脑、苍白球、壳、尾状核、黑质、红核、脑桥核、前庭神经核、小脑、脑干的某些网状核以及它们的联络纤维等，这些结构共同组成复杂的多级神经元链（图9-67）。

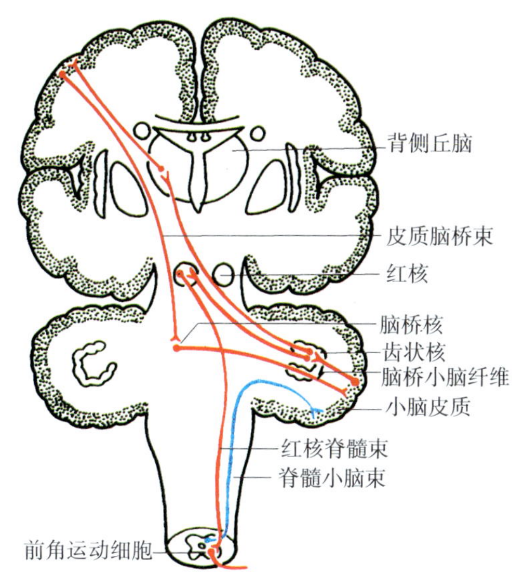

图 9-67 锥体外系的皮质－脑桥－小脑－皮质环路

锥体外系的主要功能是调节肌紧张、协调肌的活动、维持和调整身体姿势、进行习惯性和节律性动作等。锥体外系的活动是在锥体系的主导下进行的，而锥体外系的活动又给锥体系的活动以最适宜的条件。两者相互协调、相互依赖，从而共同完成人体各项复杂的随意运动。

扫码“学一学”

第五节 脑和脊髓的被膜、血管及脑脊液循环

一、脑和脊髓的被膜

脑和脊髓的表面包有三层被膜，三层被膜相互连续，由外向内依次为硬膜、蛛网膜和软膜（图9-68），有支持、保护脑和脊髓的作用。

（一）硬膜

1. 硬脊膜 **硬脊膜**由致密结缔组织构成，厚而坚韧，包裹着脊髓。上端附于枕骨大孔边缘，与硬脑膜相延续；下部在第2骶椎水平逐渐变细，包裹马尾；末端附于尾骨。硬脊膜与椎管内面的骨膜之间的疏松间隙称**硬膜外隙**，内含疏松结缔组织、脂肪、淋巴管和静脉丛，此隙略呈负压，有脊神经根通过。在硬脊膜与脊髓蛛网膜之间有潜在的硬膜下隙。硬脊膜在椎间孔处与脊神经的外膜相延续。临床上进行硬膜外麻醉时，就是将药物注入硬膜下隙，以阻滞脊神经根内的神经传导。

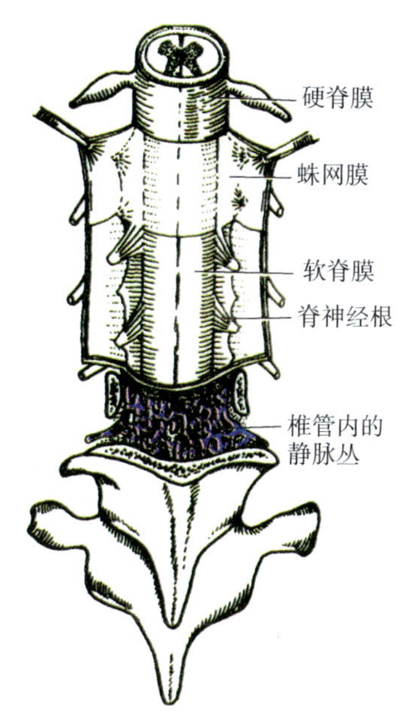

图 9-68 脊髓的被膜

2. 硬脑膜 **硬脑膜**坚韧而有光泽，由两层合成（图9-69），外层兼具颅骨内骨膜的作用，内层较外层坚厚，两层之间有丰富的血管和神经。硬脑膜与颅盖骨连接疏松，易于分离，当硬脑膜血管损伤时，可在硬脑膜与颅骨之间形成硬膜外血肿。硬脑膜在颅底处则与颅骨结合紧密，故颅底骨折时，易将硬脑膜与脑蛛网膜同时撕裂，使脑脊液外漏。如颅前窝骨折时，脑脊液可流入鼻

腔，形成鼻漏。硬脑膜在脑神经出颅处移行为神经外膜，在枕骨大孔的周围与硬脊膜相延续。硬脑膜不仅包被在脑的表面，而且其内层折叠形成若干板状突起，深入脑各部之间，以更好地保护脑。这些由硬脑膜形成的特殊结构如下。

（1）大脑镰　呈镰刀形，伸入两侧大脑半球之间，后端连于小脑幕的上面，下缘游离于胼胝体上方。

（2）小脑幕　形似幕帐，伸入大脑和小脑之间。后外侧缘附于枕骨横沟和颞骨岩部上缘，前内缘游离形成幕切迹。切迹与鞍背形成一环形孔，内有中脑通过。小脑幕将颅腔不完全地分隔成上下两部。当上部颅脑病变引起颅内压增高时，位于小脑幕切迹上方的海马旁回和钩可能被挤入小脑幕切迹，形成小脑幕切迹疝而压迫大脑脚和动眼神经。

（3）硬脑膜窦　硬脑膜在某些部位两层分开（图9-69），内面衬以内皮细胞，构成硬脑膜窦。窦内含静脉血，窦壁无平滑肌，不能收缩，故损伤时出血难止，容易形成颅内血肿。主要的硬脑膜窦有：**上矢状窦**位于大脑镰的上缘，前方起自盲孔，向后流人窦汇；**下矢状窦**位于大脑镰下缘，其走向与上矢状窦一致，向后汇入直窦；**直窦**位于大脑镰与小脑幕连接处，由大脑大静脉和下矢状窦汇合而成，向后通窦汇；**窦汇**由左右横窦、上矢状窦及直窦在枕内隆凸处共同汇合而成；**横窦**成对，位于小脑幕后外侧缘附着处的枕骨横沟内，连于窦汇与乙状窦之间；**乙状窦**成对，位于乙状沟内，是横窦的延续，向前内于颈静脉孔处出颅续为颈内静脉；**海绵窦**位于蝶鞍两侧，为硬脑膜两层间的不规则腔隙，形似海绵，两侧海绵窦借横支相连。窦内有颈内动脉和展神经通过，在窦的外侧壁内，自上而下有动眼神经、滑车神经、眼神经和上颌神经通过。海绵窦与周围的静脉有广泛联系和交通。它前方接受眼静脉，两侧接受大脑中静脉，向后外经岩上窦、岩下窦连通横窦、乙状窦或颈内静脉。海绵窦向前借眼静脉与面静脉交通，向下经卵圆孔的小静脉与翼静脉丛相通，故面部感染可蔓延至海绵窦，引起海绵窦炎和血栓形成，因而累及经过海绵窦的神经，出现相应的症状。

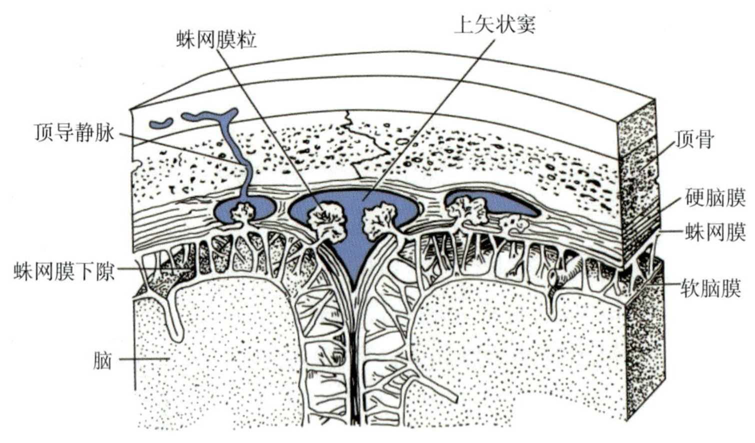

图 9-69　脑的被膜、蛛网膜粒和硬脑膜窦

硬脑膜窦内血液流注关系如下：

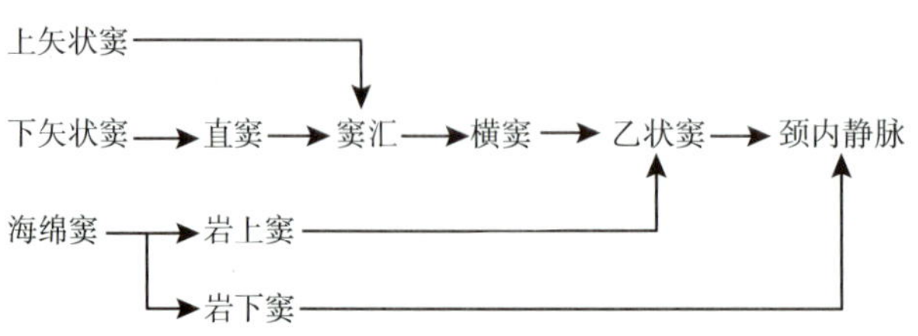

（二）蛛网膜

蛛网膜为半透明的薄膜，位于硬膜与软膜之间，脑蛛网膜与脊髓蛛网膜相延续。蛛网膜与软膜之间有较宽阔的间隙称**蛛网膜下隙**，两层间有许多结缔组织小梁相连，隙内充满清亮的脑脊液。蛛网膜下隙在某些部位扩大称**蛛网膜下池**。在颅腔内，较重要的蛛网膜下池为**小脑延髓池**，位于小脑与延髓背面之间，临床上可在此进行穿刺，抽取脑脊液进行检查。蛛网膜下隙的下部，自脊髓下端至第2骶椎水平扩大，称为**终池**，内有马尾。因此临床上常在第3、4或第4、5腰椎间进行腰椎穿刺，以抽取脑脊液或注入药物而不伤及脊髓。蛛网膜靠近硬脑膜，特别是在上矢状窦处形成许多绒毛状突起，突入上矢状窦内，称**蛛网膜粒**。脑脊液经这些蛛网膜粒渗入硬脑膜窦内，回流入静脉。

（三）软膜

软膜薄而富有血管，紧贴脑和脊髓表面，并延伸至脑和脊髓的沟裂中，按位置分为软脑膜和软脊膜。在脑室的一定部位，软脑膜及其血管与该部位的室管膜上皮共同构成脉络组织，某些部位，脉络组织的血管反复分支成丛，连同其表面的软脑膜和室管膜上皮一起突入脑室，形成脉络丛，是产生脑脊液的主要结构。软脊膜在脊髓下端移行为终丝。软脊膜在脊髓两侧脊神经前、后根之间形成齿状韧带，该韧带尖端附于硬脊膜上。脊髓借齿状韧带和脊神经根固定于椎管内，并浸泡于脑脊液中，加上硬膜外隙内的脂肪组织和椎内静脉丛的弹性垫作用，使脊髓不易受外界震荡而造成损伤。齿状韧带还可作为椎管内手术的标志。

二、脑和脊髓的血管

（一）脑的血管

1. 脑的动脉　来源于颈内动脉和椎动脉（图9-70 ~ 图9-72）。以顶枕沟为界，大脑半球的前2/3和部分间脑由颈内动脉分支供应，大脑半球后1/3及部分间脑、脑干和小脑由椎动脉供应。

颈内动脉起自颈总动脉，自颈部向上至颅底，经颞骨岩部的颈动脉管进入颅内，紧贴海绵窦的内侧壁，穿出海绵窦行至蝶骨的前床突内侧而分支。颈内动脉在穿出海绵窦处发出眼动脉，然后在视交叉的外侧分为大脑前动脉和大脑中动脉等分支。

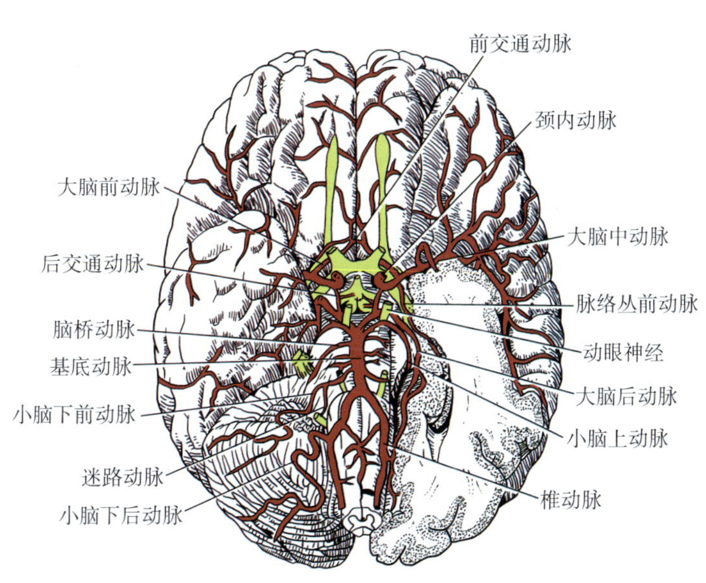

图9-70　脑底的动脉

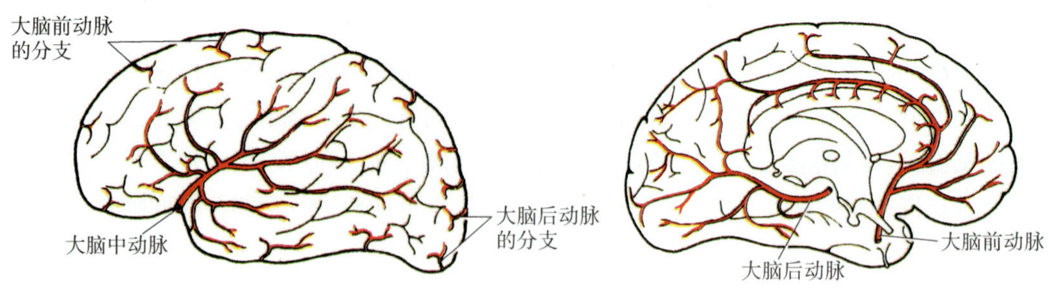

图 9-71　大脑半球外侧面的动脉分布　　图 9-72　大脑半球内侧面的动脉分布

大脑前动脉在视神经上方向前内行，进入大脑纵裂，与对侧的同名动脉借**前交通动脉**相连，然后沿胼胝体沟向后行。皮质支分布于顶枕沟以前的半球内侧面、额叶底面的一部分和额、顶两叶上外侧面的上部；中央支自大脑前动脉的近侧段发出，经前穿质入脑实质，供应尾状核、豆状核前部和内囊前肢。**大脑中动脉**可视为颈内动脉的直接延续，向外行进入外侧沟内，分为数支皮质支，营养大脑半球上外侧面的大部分和岛叶，其中包括躯体运动中枢、躯体感觉中枢和语言中枢。若该动脉发生阻塞，将出现严重的大脑功能障碍。大脑中动脉发出一些细小的中央支，垂直向上进入脑实质，营养尾状核、豆状核、内囊膝和后肢的前部（图9-73）。在高血压动脉硬化时容易破裂（故又名出血动脉）而导致脑溢血，出现严重的大脑功能障碍。**脉络丛前动脉**沿视束下面向后外行，经大脑脚与海马回钩之间进入侧脑室下脚，终止于脉络丛。沿途发出分支供应外侧膝状体、内囊后肢的后下部、大脑脚底的中1/3及苍白球等结构。此动脉细小且行程又长，易被血栓阻塞。**后交通动脉**在视束下面行向后，与大脑后动脉吻合，是颈内动脉系与椎-基底动脉系的吻合支。

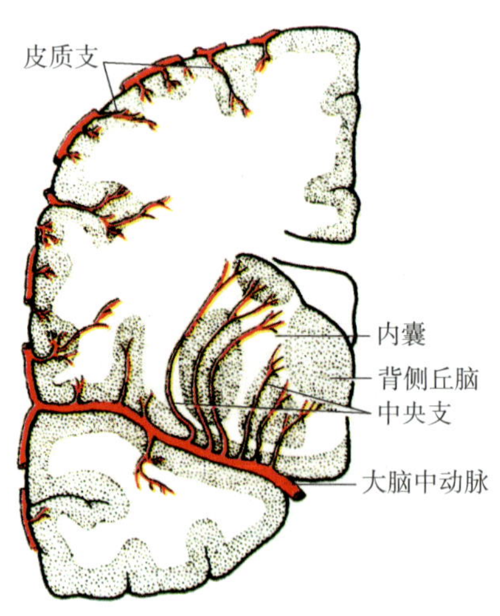

图 9-73　大脑中动脉的中央支和皮质支

椎动脉起自锁骨下动脉第1段，穿第6至第1颈椎横突孔，经枕骨大孔进入颅腔，入颅后，左、右椎动脉逐渐靠拢，在脑桥与延髓交界处合成一条基底动脉，后者沿脑桥腹侧的基底沟上行，至脑桥上缘分为左、右大脑后动脉两大终支（图9-70）。椎动脉、基底动脉的主要分支有：**脊髓前动脉和脊髓后动脉**（见脊髓的血管）。**大脑后动脉**是基底动脉的终末分支，绕大脑脚向后，沿海马回钩转至颞叶和枕叶内侧面。皮质支分布于颞叶的内侧面和底面及枕叶，大脑后动脉起始部发出中央支，供应背侧丘脑、内外侧膝状体、下丘脑和底丘脑等。

大脑动脉环（又称Willis环）由两侧大脑前动脉起始段、两侧颈内动脉末端、两侧大脑后动脉，借前、后交通动脉连通而共同组成（图9-70）。位于脑底下方，蝶鞍上方，环绕视交叉、灰结节及乳头体周围。此环使两侧颈内动脉系与椎-基底动脉系相交通。在正常情况下大脑动脉环两侧的血液不相混合。当此环的某一处发育不良或被阻断时，可在一定程度上通过大脑动脉环使血液重新分配和代偿，以维持脑的血液供应。

2. 脑的静脉 不与动脉伴行，可分浅静脉和深静脉，都注入硬脑膜窦。浅静脉管壁无瓣膜和平滑肌，较薄。脑的静脉主要有大脑上静脉、大脑中静脉和大脑下静脉。三者相互吻合成网，分别注入上矢状窦、海绵窦和横窦等。深静脉收集大脑髓质、基底核、间脑和脑室脉络丛的静脉血，注入大脑大静脉，再注入直窦。

（二）脊髓的血管

1. 脊髓的动脉 有两个来源（图9-74、图9-75），即椎动脉和节段性动脉。椎动脉发出**脊髓前动脉**和**脊髓后动脉**。在下行过程中，不断得到节段性动脉分支的增补，即由颈升动脉、肋间后动脉和腰动脉发出的脊髓支，伴脊神经进入椎管与脊髓前、后动脉吻合，以保障脊髓足够的血液供应。

左、右脊髓前动脉在延髓腹侧合成一干，沿前正中裂下行至脊髓末端。脊髓前动脉供应脊髓前3/4。脊髓后动脉自椎动脉发出后，绕延髓两侧向后走行，沿脊神经后根基部内侧下行，直至脊髓末端。脊髓后动脉供应脊髓后1/4。颈、胸、腰各部的节段性动脉的分支，经相应的椎间孔进入椎管，形成根动脉，其中到达脊髓者称为髓动脉，营养脊髓。髓动脉又分为前髓动脉和后髓动脉。

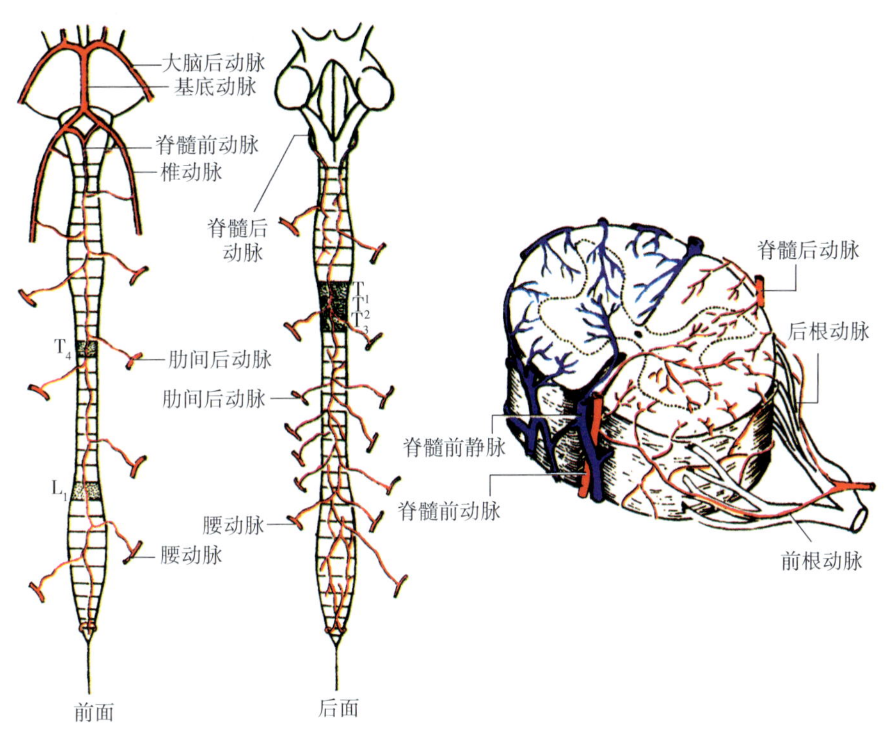

图9-74 脊髓的动脉

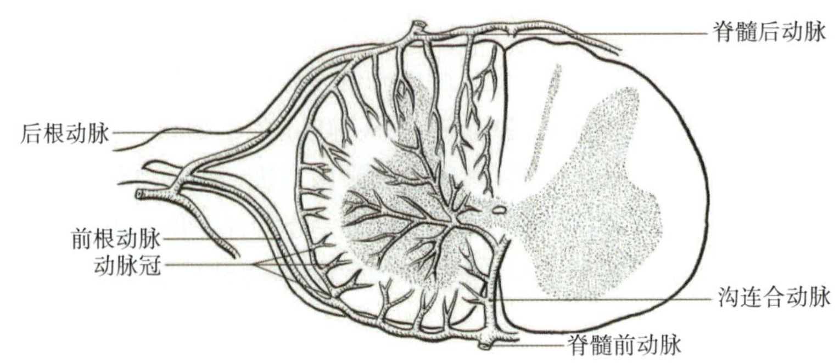

图 9-75　脊髓内部的动脉分布

2. 脊髓的静脉　较动脉多而粗，收集脊髓内的小静脉，最后汇集成脊髓前、后静脉，通过前、后根静脉注入硬膜外隙的椎内静脉丛。

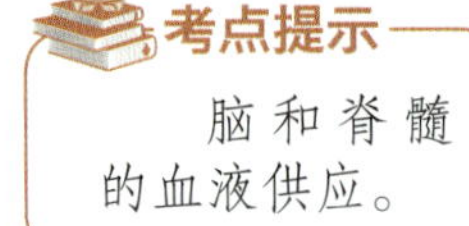

脑和脊髓的血液供应。

三、脑脊液及其循环

脑脊液（CSF）是充满脑室系统、蛛网膜下隙和脊髓中央管内的无色透明液体，内含各种浓度不等的无机离子、葡萄糖、微量蛋白和少量淋巴细胞，功能上相当于外周组织中的淋巴，对中枢神经系统起缓冲、保护、运输代谢产物和调节颅内压等作用。脑脊液总量在成人平均约150ml，它处于不断产生、循环和回流的平衡状态中（图9-76）。

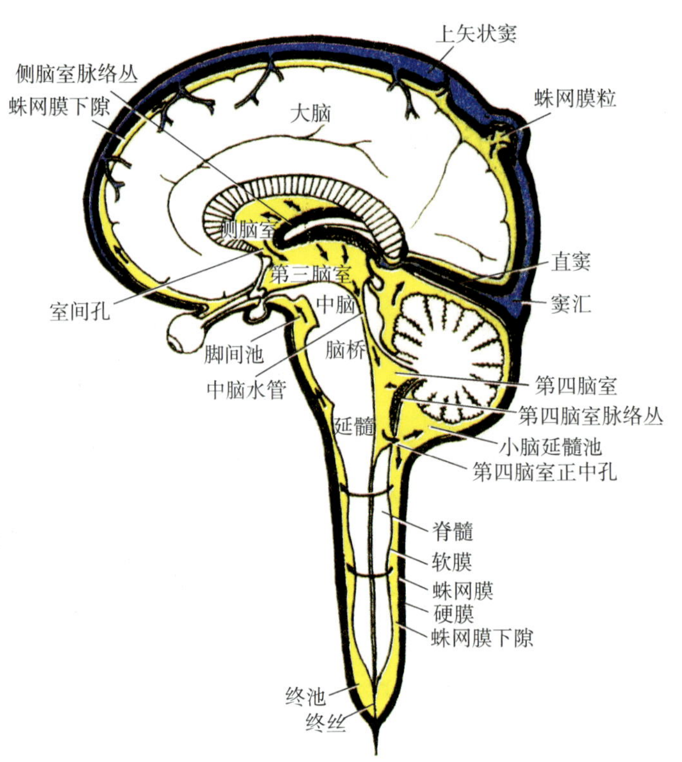

图 9-76　脑脊液循环模式图

脑脊液主要由脑室脉络丛产生，少量由室管膜上皮和毛细血管产生。由侧脑室脉络丛产生的脑脊液经室间孔流至第三脑室，与第三脑室脉络丛产生的脑脊液一起，经中脑水管流入第四脑室，再汇合第四脑室脉络丛产生的脑脊液一起经第四脑室正中孔和两个外侧孔流入蛛网膜下隙，然后脑脊液再沿蛛网膜下隙流向大脑背面，经蛛网膜粒渗透到硬脑膜窦（主要是上矢状窦）内，回流入血液中。若在脑脊液循环途径中发生阻塞，可导致脑积水和颅内压升高，使脑组织受压移位，甚至形成脑疝而危及生命。此外，有少量脑脊液可经室管膜上皮、蛛网膜下隙的毛细血管、脑膜的淋巴管和脑神经、脊神经周围的淋巴管回流。

考点提示

脑脊液的产生与循环。

本章小结

神经系统按其位置和功能分为中枢神经系统和周围神经系统。中枢神经系统包括脑和脊髓，脊髓位于椎管内，呈前后稍扁的圆柱形。脊髓上端在齐平枕骨大孔处与延髓连接，下端缩小呈圆锥状，称为脊髓圆锥，有两个膨大，表面有六条沟，内部结构由灰质和白质组成。

脑位于颅腔内，包括延髓、脑桥、中脑、小脑、间脑和端脑，通常将延髓、脑桥和中脑合称为脑干。小脑位于颅后窝，功能是维持身体平衡、调节肌肉的张力、协调肌肉的精细运动。间脑位于中脑和端脑之间，端脑由左、右大脑半球连接而成，每个半球表层的灰质，为大脑皮质，皮质深面为髓质，位于髓质内的灰质核团称为基底核，大脑半球内的腔隙，称为侧脑室。大脑分为额叶、枕叶、顶叶、颞叶、脑岛五个叶。大脑皮质功能区有第Ⅰ躯体运动区，第Ⅰ躯体感觉区，视觉区，听觉区和语言中枢等。髓质内包括联络纤维、连合纤维和投射纤维。神经传导通路是从感受器到大脑皮质，或从大脑皮质至效应器的神经元链。脑和脊髓由三层被膜包绕，并浸泡于脑脊液中。脑脊液由脉络丛产生，可以保护脑和脊髓免受损伤，还可以给周围器官提供营养。脊髓的动脉由脊髓前、后动脉和节段性动脉构成。脑的动脉有两个来源，颈内动脉和椎动脉，脑静脉最终通过冠状窦口回到右心房。

周围神经系统包括脑神经、脊神经和内脏神经。脊神经共31对。每一条脊神经是由前根与后根在椎间孔处会合而成，在后根上有膨大的脊神经节。前根由运动纤维组成，后根由感觉纤维组成。除胸神经前支保持明显的节段性外，其余各脊神经前支先交织成丛，再由丛发出分支，到相应的分布区。脊神经前支形成的神经丛有：颈丛、臂丛、腰丛和骶丛。

脑神经12对，按纤维性质不同为三类：感觉性脑神经：第Ⅰ、Ⅱ、Ⅷ对脑神经；运动性脑神经：第Ⅲ、Ⅳ、Ⅵ、Ⅺ、Ⅻ对脑神经；混合性脑神经：第Ⅴ、Ⅶ、Ⅸ、Ⅹ对脑神经。

内脏神经主要分布于内脏、心血管和腺体。内脏运动神经支配平滑肌、心肌的运动和腺体的分泌，因其不受人的意志控制，故称自主神经或植物神经。

一、选择题

1. 关于脊髓外形，下列正确的是
   A. 脊髓和椎管等长
   B. 成人脊髓下端平对第1腰椎下缘

C．颈、胸和腰神经根形成马尾
D．脊髓下端变细为终丝
E．脊髓腹面有前正中沟，背面有后正中裂

2．与脑桥相连的脑神经是
A．动眼神经　　B．滑车神经
C．面神经　　D．迷走神经
E．舌下神经

3．脊髓前角的神经元是
A．感觉神经元　　B．交感神经元
C．中间神经元　　D．运动神经元
E．副交感神经元

4．皮质脊髓侧束
A．传导痛、温觉冲动　　B．传导本体感觉冲动
C．传导内脏运动冲动　　D．传导躯体运动冲动
E．传导对侧躯体的深感觉

5．从脑干背面发出的脑神经是
A．动眼神经　B．滑车神经　C．展神经　D．面神经　E．前庭蜗神经

6．躯体运动区主要位于
A．中央后回和中央旁小叶的后部　　B．中央后回和中央旁小叶的前部
C．中央前回和中央旁小叶的后部　　D．中央前回和中央旁小叶的前部
E．中央前回和中央旁小叶的后部

7．与端脑相连的脑神经是
A．动眼神经　B．嗅神经　C．视神经　D．三叉神经　E．迷走神经

8．颈丛的主要分支是
A．髂腹股沟神经　　B．正中神经
C．膈神经　　D．坐骨神经
E．尺神经

9．听区位于
A．中央前回和中央旁小叶的前部　　B．枕叶内侧面距状沟两侧的皮质
C．中央后回和中央旁小叶的后部　　D．颞横回
E．边缘叶

10．联系左、右大脑半球的纤维束是
A．内囊　　B．胼胝体
C．皮质核束　　D．皮质脊髓束
E．内侧丘系

11．支配肱二头肌的神经是
A．正中神经　B．尺神经　C．肌皮神经　D．腋神经　E．桡神经

12．椎管穿刺时，为避免伤及脊髓，应在脊髓以下部位穿刺，成年人脊髓下端平对
A．第12胸椎的下缘　　B．第1腰椎的下缘
C．第2腰椎的下缘　　D．第3腰椎的下缘

E．第4腰椎的下缘

13．下丘脑的结构中不包括

A．视交叉　B．灰结节　C．乳头体　D．漏斗　E．松果体

14．肱骨远端后内侧骨折易伤及

A．腋神经　B．正中神经　C．桡神经　D．尺神经　E．肌皮神经

15．对第四脑室的叙述，错误的是

A．位于延髓、脑桥和小脑之间

B．向上经中脑水管与第三脑室相通

C．向下通脊髓中央管

D．借第四脑室正中孔和外侧孔与蛛网膜下隙相通

E．向上借中脑水管和侧脑室直接相通

二、思考题

1．试述脑脊液的产生及循环途径。

2．试述内囊的位置、分部，通过内囊的主要神经纤维束及其临床意义。

3．简述坐骨神经的行程及分支。

4．试述交感神经和副交感神经的区别。

5．简述腰椎穿刺的部位，穿刺针由表及里要通过那些解剖结构层次?

扫码“练一练”

（张义伟）

扫码“学一学”

第十章 内分泌系统

学习目标

1. **掌握** 内分泌系统的组成和功能。
2. **熟悉** 各内分泌腺的位置和形态。
3. 学会在挂图、模型、标本上辨认内分泌器官的主要结构。

第一节 概 述

内分泌系统由存在于身体内独立的内分泌腺和分布于其他器官内的内分泌组织以及散在于全身组织器官内的内分泌细胞组成（图10-1）。**内分泌腺**是指结构上独立存在、肉眼可见的内分泌器官，包括垂体、甲状腺、甲状旁腺、肾上腺和松果体等。**内分泌组织**是指分散在其他组织、器官内具有内分泌功能的细胞团或细胞，如胰腺内的胰岛、睾丸内的间质细胞、卵巢内的卵泡和黄体、胸腺内的网状上皮细胞等。

内分泌腺的细胞多排列成索状、团状或围成滤泡，其间有丰富的毛细血管和淋巴管。内分泌细胞的分泌物称为激素，直接进入血液或淋巴，随血液循环输送到全身各处，对人体的新陈代谢、生长发育、生殖功能等都具有重要的调节作用。

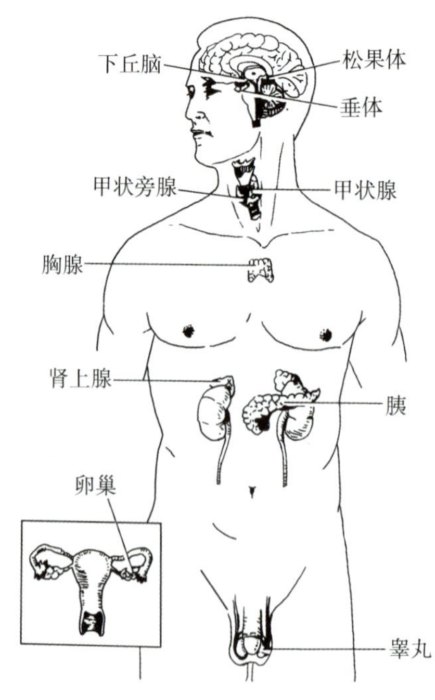

图10-1 内分泌系统概观

第二节 内分泌器官

一、甲状腺

案例导入

患者，女，45岁。无明显诱因出现心悸，伴有多汗、手抖、乏力、易怒，偶感视物模糊及视物成双，近一段时间呼吸逐渐困难而入院。查体：生命体征平稳，神志清楚，精神较差。颈前部有肿物，全身浅表淋巴结未触及肿大。B超显示颈部弥漫性肿大。初步诊断为甲状腺功能亢进症。

请问：

1. 甲状腺肿大为什么会导致呼吸困难？
2. 手术治疗时应避免损伤那些结构？

甲状腺位于喉下部、气管上部的两侧和前面，是人体内最大的内分泌腺。甲状腺外形略呈“H”形，由左、右两个**侧叶**及中间的**甲状腺峡**构成（图10-2、10-3）。甲状腺两侧叶后外方与颈部血管相邻，内侧面因与喉、气管、咽、食管、喉返神经等相邻，故甲状腺肿大时，可压迫上述结构，导致呼吸困难、吞咽困难和声音嘶哑等症状。甲状腺峡位于第2～4气管软骨环的前方。部分人可从峡部向上伸出一个**锥状叶**，长短不一，长者可达舌骨水平。甲状腺借结缔组织固定于喉软骨，故吞咽时甲状腺可随喉上下移动。甲状腺分泌甲状腺激素，有调节机体基础代谢、影响生长和发育等作用。

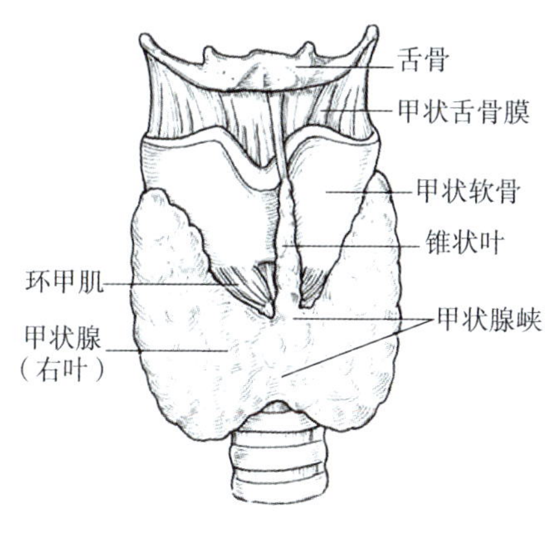

图10-2 甲状腺（前面）

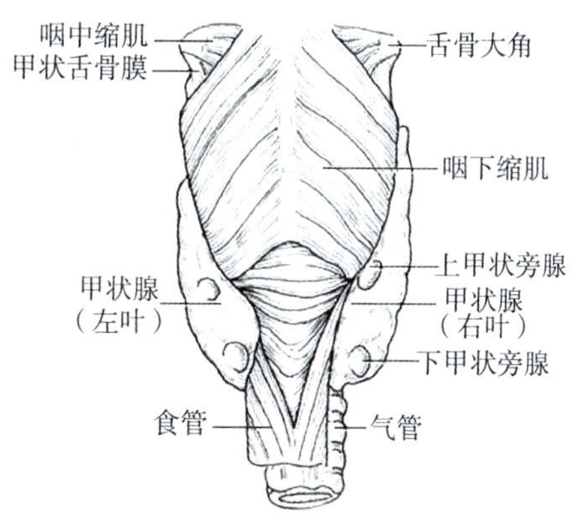

图10-3 甲状腺（后面）

二、甲状旁腺

考点提示

甲状旁腺的功能。

甲状旁腺为棕黄色、黄豆大小的扁椭圆形小体，位于甲状腺背面，纤维囊外，通常有上、下两对，每个重约50mg，上甲状旁腺位置恒定，位于甲状腺侧叶后缘的上、中1/3交界处，下甲状旁腺位置变异较大，多位于甲状腺侧叶后缘下端，甲状腺下动脉附近。甲状旁腺也可埋入甲状腺实质内，手术时寻找困难（图10–4）。

甲状旁腺分泌甲状旁腺素，功能为调节钙和磷的代谢，维持血钙平衡。

三、垂体

垂体是机体内最重要的内分泌腺，可分泌多种激素，调控其他多种内分泌腺。垂体借垂体柄与下丘脑相连。它在神经系统与内分泌腺的相互作用中处于重要地位（图10–5）。

垂体位于蝶鞍的垂体窝内，占垂体窝的大部分。垂体呈椭圆形，大小约1cm×1.5cm×0.5cm，成年垂体重0.5 ~ 0.8g，哺乳期女性略大。垂体可分为腺垂体和神经垂体两部分。**腺垂体**包括远侧部、结节部和中间部；**神经垂体**由神经部和漏斗组成。垂体前叶包括腺垂体的远侧部和结节部，主要分泌生长激素、促甲状腺激素、促肾上腺皮质激素和促性腺激素。垂体后叶包括中间部和神经部。其中神经垂体不产生激素，主要功能是贮存和释放由下丘脑产生的血管加压素（抗利尿素）及催产素。

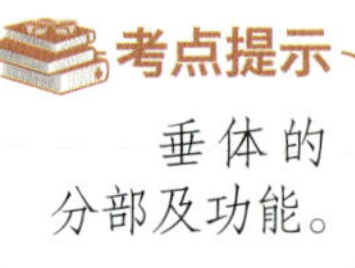

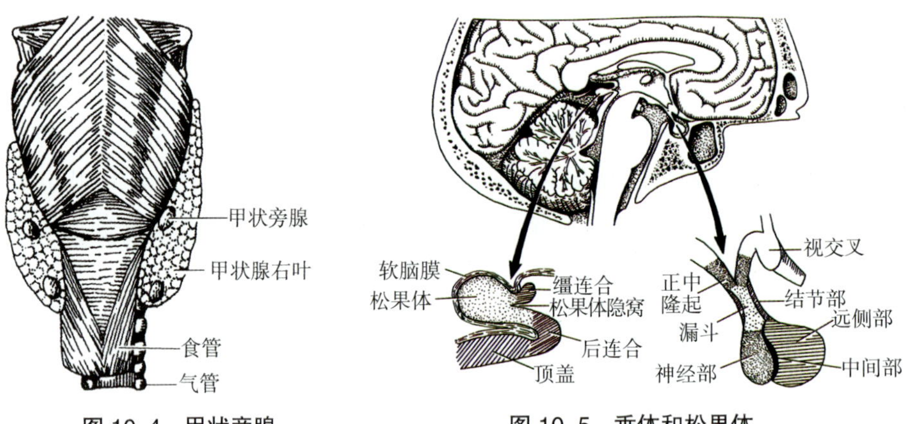

图10–4 甲状旁腺

图10–5 垂体和松果体

四、肾上腺

肾上腺是成对的器官，位于腹膜后间隙内脊柱的两侧，左、右肾的上内方，左肾上腺近似半月形，右肾上腺呈三角形，与肾共同被包裹在肾筋膜内。肾上腺有独立的脂肪囊和纤维囊，与肾之间有脂肪组织间层，随年龄的增长而逐渐加厚。肾上腺的前面有不太明显的肾上腺门，是血管、神经和淋巴管进出之处。肾上腺实质分为皮质和髓质两部分（图10–6）。

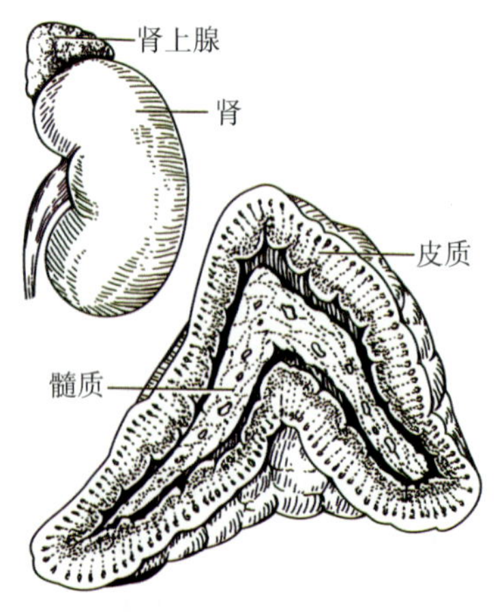

图10–6 肾上腺

五、松果体

松果体为一椭圆形小体，大小约5mm×3mm×4mm、重120 ~ 200 mg。位于背侧丘脑的后上方和上丘脑之间，缰连合的后上方，以一细柄附于第三脑室顶的后部，柄向前分为上、下两板，两板之间为第三脑室的松果体隐窝。松果体在儿童时期功能较发达，7岁以后功能逐渐退化。成人后可在X线片上看到松果体的钙化样结构，可作为颅内的定位标志。

本章小结

内分泌系统主要是由内分泌腺和分布于其他器官和组织内的内分泌组织以及散在全身组织器官内的内分泌细胞构成的。内分泌腺包括甲状腺、甲状旁腺、肾上腺、垂体、松果体等。内分泌组织以细胞团或内分泌细胞分散存在于人体的组织或器官中，如神经组织内的内分泌细胞、胰岛、睾丸间质细胞、卵巢内的卵泡和黄体等。激素调节人体的生长、代谢、生殖活动并影响人的行为。

一、选择题

1. 以下对内分泌腺的描述正确的是
   A. 有排泄管
   B. 包括甲状腺、肾上腺、垂体、松果体等
   C. 与神经系统无关
   D. 作用无特异性
   E. 其分泌物直接输送至靶器官
2. 下列哪个不属于内分泌腺
   A. 垂体　B. 甲状腺　C. 胰岛　D. 肾上腺　E. 松果体
3. 分泌生长激素的器官是
   A. 甲状旁腺　B. 睾丸　C. 垂体　D. 胸腺　E. 甲状腺
4. 腺垂体分为
   A. 远侧部和中间部
   B. 前叶和后叶
   C. 远侧部、结节部和漏斗部
   D. 前叶、中间部和后叶
   E. 远侧部、结节部和中间部
5. 以下对肾上腺的描述正确的是
   A. 腺的前面有不显著的门
   B. 被肾上腺的纤维膜包裹

C. 位于肾的外上方
D. 属腹膜内位器官
E. 为一对三角形腺体

扫码“练一练”

二、思考题

简述甲状腺的位置和形态。

（刘印明）

第二篇 组织胚胎学

绪　论

学习目标

1. **掌握**　组织的基本类型；光镜技术；组织、嗜碱性、嗜酸性等概念。
2. **熟悉**　组织胚胎学的研究内容及学习方法；石蜡切片术。
3. **了解**　组织胚胎学常用研究技术。

一、组织胚胎学的研究内容及在护理学中的地位

（一）组织胚胎学的研究内容

组织胚胎学包括组织学和胚胎学两部分。**组织学**是研究人体微细结构及相关功能的科学。它以显微镜观察组织切片为基本方法，研究细胞、组织和器官系统。**细胞**是人体结构及功能的基本单位。许多形态结构相似、功能相近的细胞和细胞间质构成的细胞群体，称为**组织**。人体基本组织分为四类，即**上皮组织**、**结缔组织**、**肌组织**和**神经组织**。**器官**是由基本组织按一定规律组合而成，具有一定的形态结构，执行特定的生理功能。**系统**是由一些功能相关的器官构成，共同完成某一连续的生理功能。

> 考点提示
> 基本组织分类。

胚胎学是研究从受精卵发育为新生个体的过程及其机制的科学。包括生殖细胞发生、受精、胚胎发育、胎膜与胎盘、先天性畸形等内容。

（二）组织胚胎学在护理学中的地位

组织胚胎学作为一门重要的医学基础课程，其相关的基础理论、基本知识和基本技能与护理学各科有着密切的联系。它既是学习其他基础课程（如生理学、免疫学、病理学等）的基础，又是学习临床护理各专业课程的基础，还在疾病预防、计划生育、优生优育等方面具有重要的指导作用。

二、组织胚胎学常用的研究方法

随着技术的不断进步，人们了解微观世界的方法也日趋多样。普通光学显微镜的分辨率约为0.2μm，可放大1000倍左右，能识别细胞和组织的一般微细结构。透射电子显微镜的分辨率一般为0.2nm，可放大几万到几十万倍，能识别更微细的结构，在应用中要根据研究的目的和内容，选择相应的技术方法才能获得预期的效果。下面仅就最常用、最基本的一些方法简要介绍。

（一）光学显微镜技术

光学显微镜（LM），简称**光镜**。用光镜观察组织切片是组织学最基本的研究方法。光镜下所见的形态结构，称光镜结构，常用计量单位μm（微米）。

1. 切片技术　最常用的是**石蜡切片术**，制作过程如下。①取材和固定：取新鲜组织，切成小块（小于1cm^3），放入蛋白质凝固剂（如甲醛）中固定，以保持活体状态的组织结构。②脱水、透明和包埋：把固定好的组织块用酒精脱水，再用二甲苯透明，然后包埋

入石蜡中，让组织具有了石蜡的硬度。③切片和染色：将包有组织的蜡块用切片机切为5 ~ 10 μm的薄片，贴于载玻片上，脱蜡后进行染色。④封片：用树胶加盖玻片密封。

此外，还有以下切片方法。①火棉胶切片：在制作较大组织块（如脑）的切片时，可用火棉胶代替石蜡进行包埋。②冰冻切片：为保存细胞内蛋白质和酶的结构与活性，把组织块低温冷冻后直接切片，常用于酶的研究和快速病理诊断。

知识拓展

其他制片技术

涂片　将液体标本（如血液、分泌物等）均匀地涂于载玻片上。

铺片　把柔软组织（如疏松结缔组织）撕成薄膜铺在载玻片上。

磨片　把坚硬组织（如骨）磨成薄片贴于载玻片上。

2. **染色**　染色是用染料使无色的组织结构着色，便于镜下观察。

最常用的为苏木精-伊红染色法，简称**HE染色**。**苏木精**是碱性染料，易将细胞的染色质及核糖体（酸性物质）染成紫蓝色。**伊红**是酸性染料，易将细胞质和细胞间质（碱性物质）染成红色。易于被碱性或酸性染料着色的性质分别称为**嗜碱性**和**嗜酸性**。

HE染色、嗜碱性、嗜酸性概念。

（二）电子显微镜技术

电子显微镜（electron microscope，EM），简称**电镜**，是用电子束代替光线，用电磁透镜代替光学透镜，用荧光屏将肉眼不可见的电子束成像。电子显微镜下显示的结构，称电镜结构（又称超微结构），常用计量单位nm（纳米）。

1. **透射电镜术**　放大倍数和分辨率比光镜大得多，可放大几万到几十万倍。但透射电镜对所观察的组织标本要求非常严格，须制备超薄切片（50 ~ 80nm），经醋酸铀和柠檬酸铅等重金属盐染色，置于透射电镜下观察，在荧光屏上呈黑白反差的结构影像。被重金属浸染呈黑色的结构，称电子密度高，反之，浅染的部分称电子密度低。

知识拓展

特殊染色

除HE染色法外，还有许多种染色方法，能特异性地显示某种细胞、细胞外基质成分或细胞内的某种结构。如用硝酸银将神经细胞染为黑色（镀银染色法），用醛复红将弹性纤维和肥大细胞的分泌颗粒染为紫色。这些染色方法习惯统称为特殊染色。另外，在取动物组织材料之前，为显示某种细胞，还可进行活体染色，即将无毒或毒性小的染料经静脉注入后，再取材制成切片观察。如注入的锥虫蓝（台盼蓝）可被肝、脾等器官内的巨噬细胞吞噬，这些细胞因含有了大量蓝色颗粒而易于辨认。

2. **扫描电镜术**　扫描电镜是用来观察细胞和组织表面结构的。样品制备较简单，不必制备超薄切片。组织块固定、脱水、干燥后，在表面喷镀薄层碳与金属膜，置于扫描电镜下，在荧光屏上显示标本表面的图像，标本图像具有真实的立体感。

（三）组织化学与细胞化学技术

组织化学与细胞化学技术是应用物理、化学等方法，研究组织细胞内某种化学成分，从而探讨与其相关的功能活动。其基本原理是在组织切片和细胞样品上滴加一定的试剂，该试剂与组织内的某种成分发生化学反应，在局部形成有色沉淀物，通过显微镜观察而对组织细胞内的化学成分进行定位、定性和定量的研究。例如，为显示细胞内多糖，常用**过碘酸希夫反应**（PAS反应），其基本原理是糖被过碘酸氧化后，形成多醛，再与硫酸品红复合物（希夫试剂）结合，形成紫红色的反应产物，从而证明细胞内含有糖原或黏多糖成分。

（四）免疫细胞化学技术

免疫细胞化学技术是应用抗原与抗体结合的免疫学原理，检测细胞内多肽、蛋白质及膜表面抗原和受体等大分子物质的存在与分布。该方法是先将蛋白质或多肽作为抗原，注入某种动物体内，使其体内产生相应的特异性抗体。而后从被免疫动物血清中提取该抗体，并以荧光染料或铁蛋白或辣根过氧化物酶等标记。用标记了的抗体来处理组织切片或细胞，标记抗体与细胞上相应抗原特异性结合。因此切片中有标志物呈现的部位，从而显示该物质在组织中的分布。抗体若用荧光染料标记，则可在荧光显微镜下观察，若用辣根过氧化物酶标记，再通过对此酶的组织化学显示法处理，可在光镜下观察。

这种方法特异性强、敏感度高、发展十分迅速，应用也十分广泛，成为当前生物学和医学众多学科的重要研究方法。

（五）放射自显影术

放射自显影术是通过活细胞对放射性物质的特异性摄入，以显示该细胞的功能状态或该物质在组织和细胞内的代谢过程。

（六）细胞培养技术

细胞培养是把从机体取得的细胞在体外模拟人体内的条件下进行培养的技术。

（七）组织工程

组织工程是用细胞培养术在体外模拟构建机体组织和器官的技术，旨在为器官缺损患者提供移植替代物。

三、组织胚胎学的学习方法

和人体解剖学一样，组织胚胎学也属于形态学的范畴，学习的基本观点和方法基本一致。学习组织胚胎学还应注意以下两方面的联系。

1. **平面与立体相联系** 组织薄片所见的平面结构，是来自于组织、器官的立体结构。同一组织结构可因切面的部位、角度等不同而出现形态差异；也可因切片厚薄误差而出现形态差异；还可因染色误差而出现颜色差异。因此在组织切片观察时，应注意平面结构与立体结构的联系，分析出现各种差异的原因，去伪存真，以正确理解和认识真实的立体组织结构。

2. **静态与动态相联系** 组织胚胎学所观察的切片、标本、图像都是静态结构，但来源于活体组织的生活状态或胚胎连续发育的动态变化之中。因此，要善于从静态瞬间理解其动态变化，正确理解并掌握组织结构中时间、空间与功能的关系。

本章小结

组织学是研究机体微细结构及其功能的科学，胚胎学是研究从受精卵发育为新生个体的过程及其机制的科学，是护理专业重要的基础医学课程。组织由细胞和细胞间质构成。人体组织包括上皮组织、结缔组织、肌组织和神经组织。组织学常用的研究方法是光镜观察组织切片，组织切片常用的染色方法是HE染色。观察组织细胞的内部超微结构可采用透射电镜技术，观察组织细胞的表面立体超微结构可采用扫描电镜技术。

习题

一、选择题

1. 组织切片常用的染色方法是
   A. HE染色法　B. 硝酸银染色法　C. 氯化金染色法　D. PAS染色法　E. 瑞氏染色法
2. 组织学中最常用的制片技术是
   A. 石蜡切片　B. 火棉胶切片　C. 冷冻切片　D. 涂片　E. 铺片
3. HE染色中，嗜酸性颗粒被染为
   A. 红色　B. 紫蓝色　C. 黑色　D. 橙色　E. 黄绿色
4. 涂片适用于
   A. 上皮组织　B. 骨组织　C. 肌组织　D. 神经组织　E. 血液
5. PAS反应是显示组织或细胞内的
   A. 蛋白质　B. 脂肪　C. 核酸　D. 多糖　E. 色素

二、思考题

1. 简述石蜡切片术。
2. 说出HE染色特性。

（谭　毅）

扫码“学一学”

第十一章 细 胞

学习目标

1. **掌握** 细胞膜的结构和功能；各细胞器的结构和主要功能。
2. **熟悉** 细胞核的结构和主要功能；细胞分裂及各期特点。
3. **了解** 细胞周期的概念、分期。

细胞是人体结构和功能的基本单位（图11-1）。体内的一切生理活动都是在细胞功能的基础上进行的。细胞各部分形态结构和功能的变化，在一定程度上反映了机体的生理、病理变化。因此，只有了解了细胞的结构，才能认识人体的代谢过程和生理功能，理解疾病的发生发展规律。

知识拓展

细胞的发现

细胞是微小的，在17世纪，显微镜的发明第一次使细胞成为可见的物体。1665年，英国的物理学家胡克（Robert Hooke）用自己设计并制造的显微镜观察栎树软木塞切片时发现其中有许多小室，状如蜂窝，称为“cella”，这是人类第一次发现死的细胞壁。胡克的发现对细胞学的建立和发展具有开创性的意义。1674年，荷兰布商列文虎克（Anton van Leeuwenhoek）为了检查布的质量，亲自磨制透镜，装配了高倍显微镜（300倍左右），并观察到了血细胞、池塘水滴中的原生动物、人类和哺乳类动物的精子，这是人类第一次观察到完整的活细胞。1833年英国植物学家R·布朗（Rudolf Brown）在植物细胞内发现了细胞核。到1838年德国植物学家Matthias Schleiden发表了著名论文“论植物的发生”，指出细胞是一切植物结构的基本单位。1839年施旺（Schwann）在动物的组织中观察到细胞并发表了《显微镜研究》一书。1841年罗伯特·雷马克（Robert Remak）第一个描述了细胞分裂，1855年鲁道夫·魏尔肖（Rudolf Virchow）作出重要的论断：“所有的细胞都是由细胞而来的。”至此才形成了比较完备的细胞学说。

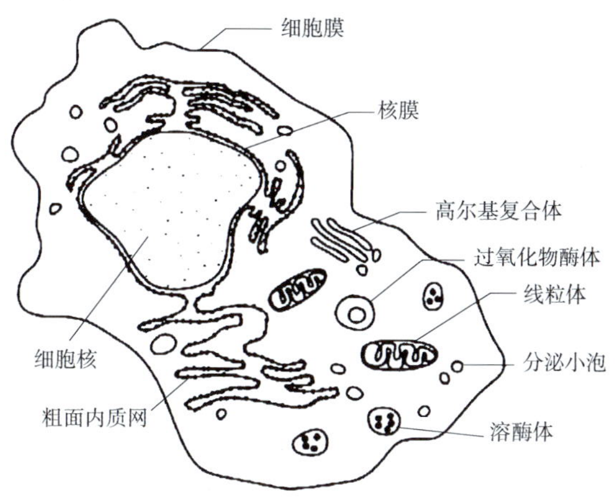

图 11-1 细胞微细结构模式图

第一节 细胞的基本结构

虽然人体的各种细胞因功能的不同其形态和大小差别较大，如血细胞较小，有利于流动；肌细胞为长柱形，便于收缩；能传递兴奋的神经细胞有很多长短不一的突起，但其基本结构是相似的，包括细胞膜、细胞质和细胞核三部分。

细胞的组成。

一、细胞膜

细胞膜是细胞外表面的薄膜，又称质膜，有保持细胞形态和保护细胞的作用。细胞膜在物质交换、接受刺激、传递信息等方面有重要作用。

细胞膜在光镜下不能分辨。在电镜下呈“两暗夹一明”的内、中、外三层膜结构，它是一切生物膜所具有的共同特征，又称为单位膜。

细胞膜主要由脂类、蛋白质和糖构成。关于细胞膜的结构，目前公认液态镶嵌模型学说，即细胞膜是由磷脂双分子层和膜蛋白分子共同构成，该模型的基本内容是：以液态的脂质双分子层为基架，其中镶嵌着有不同结构、不同功能的蛋白质（图 11-2）。

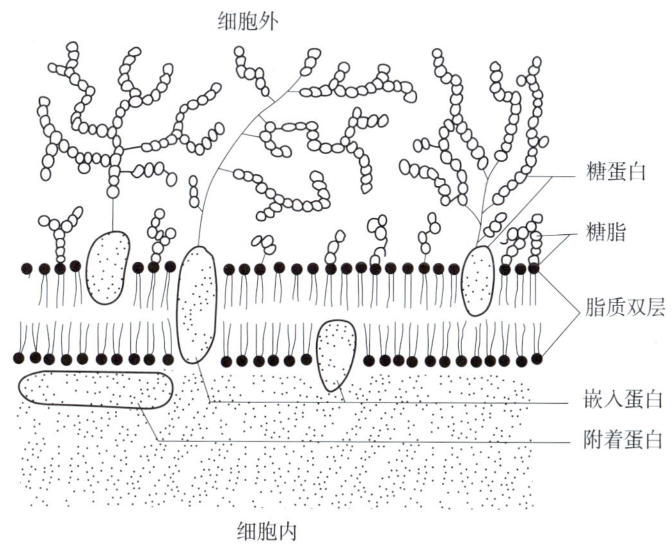

图 11-2 细胞膜的分子结构模式图

二、细胞质

考点提示：各细胞器的主要功能。

细胞质位于细胞膜和细胞核之间，包括细胞器、基质和包含物。

（一）细胞器

细胞器是细胞质内具有一定形态、结构和功能的结构。有膜的细胞器包括线粒体、内质网、高尔基复合体、溶酶体和过氧化物酶体等；无膜的细胞器包括核糖体和中心体（图11-3）。

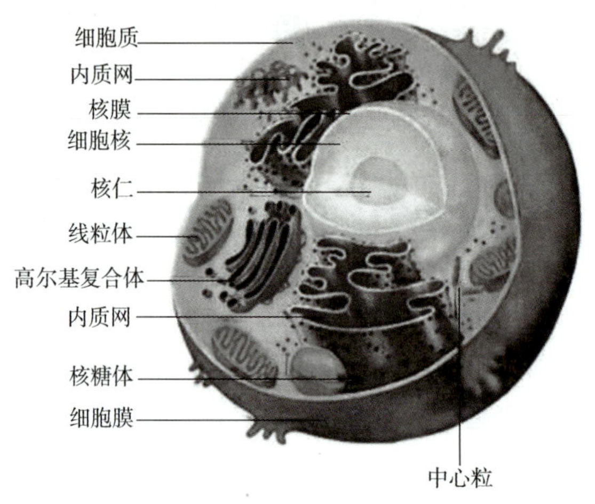

图11-3　细胞超微结构模式图

1. **线粒体**　光学显微镜下线粒体呈粗线状或颗粒状结构，在电子显微镜下线粒体是由内、外双层单位膜包围而成的封闭状团块结构。外膜表面光滑，内膜向内部突出并折叠形成许多皱褶，称线粒体嵴。线粒体内有很多酶，参与营养物质的氧化供能，因此线粒体常被称为细胞的“能量工厂”。

2. **内质网**　电镜下，呈囊状或管泡状的膜性结构，根据其表面有无核糖体附着分为两类：表面有大量核糖体附着的，称粗面内质网（RER），其主要功能是合成分泌蛋白质；表面没有核糖体附着的称滑面内质网（SER），它含多种酶系，功能比较复杂。主要参与解毒、脂类代谢、类固醇的合成、钙离子的储存和释放等。

3. **高尔基复合体**　多成网状或泡状，位于细胞核周围。高尔基复合体的主要功能是将粗面内质网合成的蛋白质进行加工、修饰、浓缩和糖基化，参与溶酶体的形成和细胞膜的更新。

4. **溶酶体**　是细胞质内由单位膜包裹，内含60多种水解酶的致密小体。溶酶体有极强的消化分解能力，故称为细胞内消化器。其作用是清除有害异物的同时保留有用物质并加以利用。

5. **核糖体**　是由核糖核酸和蛋白质构成的致密颗粒，是合成蛋白质的重要场所，也称核蛋白体。它主要以游离核糖体和附着核糖体两种形式存在，前者只有聚合成多聚核糖体才能合成自身需要的结构蛋白质，后者主要合成分泌蛋白质。

6. **中心体**　多位于细胞核的一侧，由一对互相垂直的圆筒状的中心粒组成。中心体主要在细胞分裂过程中形成纺锤体等结构。

7. **微管、微丝和中间丝**　构成细胞的骨架，有维持细胞形态、参与细胞运动和细胞内物质输送的作用。

（二）基质

基质是细胞质内无定形的透明胶状物质。

（三）包含物

包含物是细胞质中具有一定形态的各种代谢产物或储备营养物质的总称。包括糖原、分泌颗粒、色素及脂滴等。包含物的数量随细胞生理状态不同而改变。

三、细胞核

细胞核在细胞生命活动中起着决定性的作用，是细胞遗传和代谢活动的控制中心。人类除成熟红细胞无细胞核外，其余的细胞都有细胞核。HE染色时，细胞核因含有DNA和RNA而具有嗜碱性。细胞核由核膜、核仁、核基质和染色质四部分构成（图11-4）。

1. **核膜**　核膜是围绕在核表面的膜，在电镜下观察由两层单位膜构成，分别称为外膜和内膜。两层膜之间有15 ~ 30nm的腔隙，称为**核周隙**。外膜表面常附着核糖体，且与粗面内质网相连，核周隙与粗面内质网腔相通。核的内外膜在若干地方融合形成核孔，是核与细胞质之间进行大分子物质交换的通道。

2. **核仁**　是细胞核内的圆形小体，无单位膜包被。核仁的主要功能是合成和贮存核糖体，其化学成分主要是RNA、蛋白质和DNA。

3. **核基质**　由核液和细胞核骨架组成，是细胞核内无定形胶状物质，为细胞核内的代谢活动提供适宜的微环境。

4. **染色质**　染色质是指细胞分裂间期，细胞核内分布不均匀、易被碱性染料着色的物质。染色质的主要化学成分是DNA和蛋白质。染色质在分裂期高度螺旋化缩短变粗，形成**染色体**，它是遗传物质的载体。人体细胞的染色体为23对。其中22对为常染色体；一对为性染色体，决定性别。

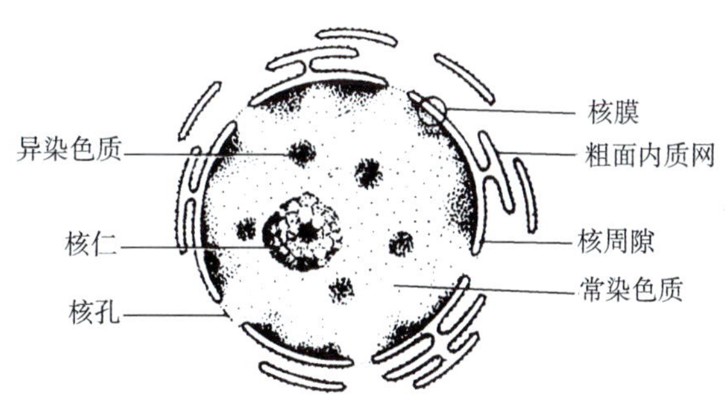

图11-4　细胞核电镜结构模式图

第二节　细胞周期

细胞周期是指从上次细胞分裂结束形成新生细胞开始，到下一次细胞分裂完成为止所经历的全过程。细胞周期分为两个时期，即分裂间期与分裂期（图11-5）。

> **考点提示**
> 细胞周期的概念。

一、分裂间期

分裂间期的时间一般持续较长，约占整个细胞周期的95%。在分裂间期内，细胞核内的染色质最活跃，除合成大量蛋白质外，染色体所含全部基因组的DNA也在分裂间期进行复制。分裂间期可分为3个阶段：DNA合成前期（G_1期）、DNA合成期（S期）与DNA合成后期（G_2期）。

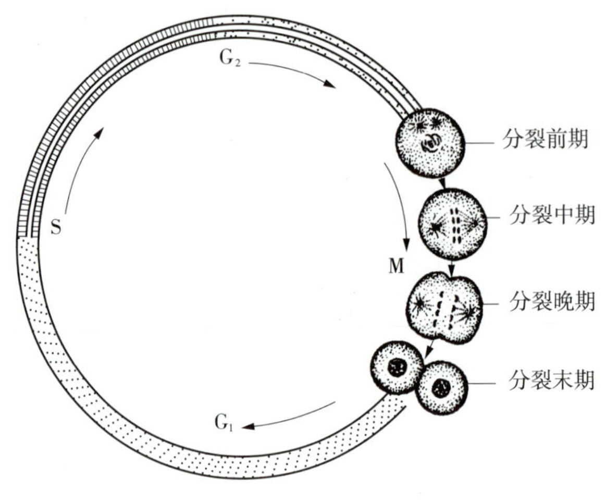

图 11-5 细胞周期示意图

1. DNA 合成前期（G_1期） G_1期是细胞周期的第一阶段，主要为DNA复制做物质准备。G_1期持续时间的长短因细胞而异，有的数小时至数日，有的数月，也有些细胞终生处于此阶段，如神经细胞和心肌细胞等。

2. DNA 合成期（S 期） DNA 复制后，细胞核 DNA 含量增加一倍，为细胞分裂做准备。S 期的持续时间为 8 ~ 12 小时。

3. DNA 合成后期（G_2期） G_2期为细胞分裂准备期。中心粒已复制完成，成为两个中心粒，还合成 RNA、蛋白质等物质，做好进入分裂期的准备。G_2期历时短，一般持续 2 ~ 4 小时。

二、分裂期（M 期）

分裂期比分裂间期所需时间短，一般为0.5 ~ 2小时，约占整个细胞周期时长的5%。此期细胞形态变化最大，细胞分裂为两个子细胞，DNA平均分配，而细胞质和细胞器随机分配。

三、细胞分裂

细胞分裂是细胞生命活动的基本特征之一，分裂方式有三种，即无丝分裂、有丝分裂和减数分裂。无丝分裂，又称直接分裂，在低等生物较为多见，在人类主要发生于肝细胞、口腔上皮及伤口周围的组织细胞，以完成创伤的修复和病理性代偿。有丝分裂是人类体细胞增值的主要方式。

（一）有丝分裂

有丝分裂是一个连续的细胞变化过程，通常根据形态变化将其分为：前期、中期、后期和末期四个期（图11-6）。

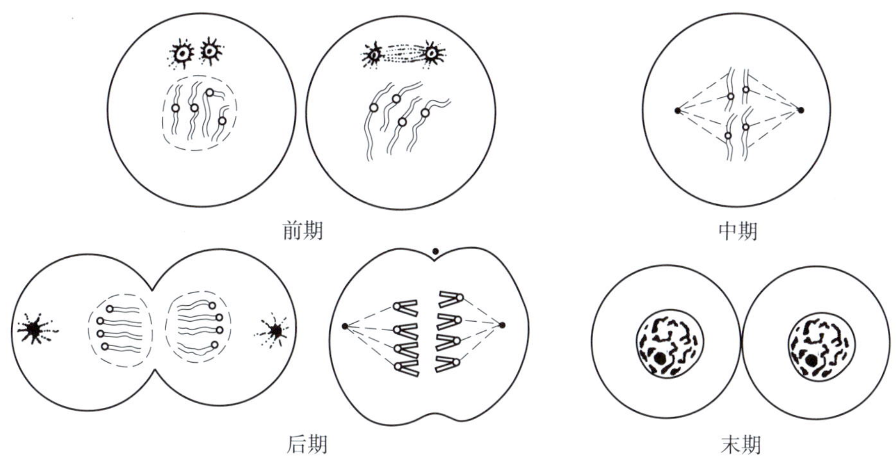

图 11-6 细胞有丝分裂各期示意图

1. **前期** 是有丝分裂的开始阶段。染色质高度螺旋化，缩短变粗形成染色体，间期复制的中心体分开，中心粒移向细胞的两极，并形成纺锤体。核仁及核膜逐渐消失。

2. **中期** 染色体有规则地排列在细胞的赤道板，细胞的核膜、核仁完全消失。中心粒已分向细胞的两极，纺锤丝与每个染色体的着丝点相连。

3. **后期** 由于纺锤丝牵引着丝点逐渐移向两极，使两个姐妹染色单体分开，染色单体平分为两组。同时，细胞向两极伸长，中部的细胞质缩窄，细胞膜内陷。

4. **末期** 染色体逐渐恢复为染色质，核仁和核膜重新出现；细胞分裂为两个子细胞。子细胞即进入下一个有丝分裂的间期。

（二）减数分裂

减数分裂是细胞在间期内DNA复制为四倍体后，连续进行两次分裂，最终子细胞中染色体数目比亲代细胞中少了一半，故称为减数分裂。它是一种特殊的有丝分裂方式，只发生于生殖细胞成熟过程中的特定阶段，又称为成熟分裂。

本章小结

细胞是生命活动的基本单位，由细胞膜、细胞质和细胞核三部分构成。细胞膜由液态的类脂双分子层、镶嵌蛋白质和糖构成。细胞器是细胞质内具有一定形态结构和特殊功能的有形成分，包括核糖体、内质网、线粒体、高尔基复合体、溶酶体、中心体、基质等。细胞核是细胞遗传繁殖的控制中心，在细胞生命活动中起着决定性的作用。细胞周期是指细胞从前一次分裂结束起到下一次分裂结束为止的活动过程。

一、选择题

1. 目前公认的生物膜分子结构模型是

A．片层结构模型　　B．单位膜模型
C．液态镶嵌模型　　D．晶格镶嵌模型
E．板块镶嵌模型

2．下列不属于细胞器的是
A．核糖体　B．线粒体　C．内质网　D．包含物　E．高尔基复合体

3．细胞中合成蛋白质的细胞器是
A．线粒体　B．滑面内质网　C．溶酶体　D．核糖体　E．高尔基复合体

4．细胞周期是指
A．细胞从前一次分裂开始到下一次分裂结束为止
B．细胞从前一次分裂结束开始到下一次分裂结束为止
C．细胞从前一次分裂结束到下一次分裂开始为止
D．细胞从前一次分裂开始到再下一次分裂结束为止
E．细胞从前一次分裂开始到前一次分裂结束为止

5．有丝分裂中，染色质浓缩，核仁、核膜消失发生在
A．前期　B．中期　C．后期　D．末期　E．晚期

6．线粒体的主要功能是
A．细胞的分泌作用　　B．细胞的吞噬作用
C．细胞运动　　D．细胞合成蛋白质
E．供给能量

7．关于细胞骨架，哪项是错误的
A．微管
B．微丝
C．中间丝
D．是由蛋白质纤维组成的三维网架结构
E．网状纤维

8．下列哪种细胞器为非膜相结构
A．粗面内质网　　B．滑面内质网
C．线粒体　　D．溶酶体
E．核糖体

9．细胞外基质的描述错误的是
A．由基质和纤维网架组成
B．基质呈固态
C．基质由糖胺多糖和蛋白聚糖组成
D．纤维网架由胶原、弹性蛋白以及纤粘连蛋白和层粘连蛋白构成
E．细胞外基质与相邻细胞之间通过膜整联蛋白相互联系

10．下列哪种细胞器为膜相结构
A．中心体　B．纺锤体　C．染色体　D．核糖体　E．线粒体

11．附着核糖体附着于
A．内质网膜及细胞膜　　B．内质网膜及线粒体
C．内质网膜及外核膜　　D．内质网膜及高尔基复合体

E. 内质网膜及溶酶体

12. 粗面内质网的功能是

A. 参与蛋白质的合成
B. 参与脂类代谢
C. 参与能量的合成
D. 参与糖原合成
E. 参与钙离子的贮存与释放

13. 细胞周期的顺序是

A. M期、G_1期、S期、G_2期
B. M期、G_1期、G_2期、S期
C. G_1期、G_2期、S期、M期
D. G_1期、S期、M期、G_2期
E. G_1期、S期、G_2期、M期

二、思考题

1. 生物膜主要由哪些分子组成？这些分子在膜结构中各有什么作用？
2. 线粒体在细胞中的作用是什么？

（赵会超）

扫码“练一练”

扫码“学一学”

第十二章　上皮组织

学习目标

1. **掌握**　被覆上皮的一般特点、分类、分布和主要功能。
2. **熟悉**　上皮组织的特殊结构。
3. **了解**　腺上皮和腺；外分泌腺的分类。
4. 学会用光学显微镜观察不同上皮组织的微细结构，并能区分。

上皮组织简称上皮，主要由上皮细胞紧密排列组成。上皮细胞的不同表面在结构和功能上有显著差别，因而细胞呈现明显的极性：一面朝向身体表面或有腔器官的腔面，称游离面；另一面朝向深部的结缔组织，称基底面；上皮细胞之间的连接面，称为侧面。上皮细胞基底面附着于基膜上，并借此与结缔组织相连。上皮组织无血管、淋巴管，其营养由深部结缔组织内的血管透过基膜供给。上皮组织中有丰富的神经末梢，可感受各种刺激。

考点提示
上皮组织的分类与特点。

上皮组织主要分为被覆上皮和腺上皮两大类，具有保护、吸收、分泌和排泄等功能。

案例导入

王女士用餐以后常出现间断性高热、腹部隐痛、腹胀，有时伴有腹泻，大便次数增加，大便急迫如水或黏脓血便。经医生检查诊断为慢性胃肠炎。

请问：

1. 胃、肠黏膜表面为何种组织？
2. 胃、肠表面的组织有哪些特点和功能？

第一节　被覆上皮

被覆上皮指分布于人体表面或衬在体内各种管、腔及囊的内表面以保护、吸收功能为主的上皮。

一、被覆上皮的分类

根据上皮细胞排列形态及层数，被覆上皮分为单层上皮和复层上皮（表12-1）。

表 12-1　被覆上皮的分类及分布

单层上皮	单层扁平上皮	内皮	心脏、血管和淋巴管的腔面
		间皮	胸膜、腹膜和心包膜的表面
		其他	肺泡、肾小囊壁层等
	单层立方上皮	肾小管、甲状腺滤泡等	
	单层柱状上皮	胃、肠、子宫等腔面	
	假复层纤毛柱状上皮	呼吸道黏膜表面	
复层上皮	复层扁平上皮	角化	皮肤的表皮
		未角化	口腔、食管、阴道等腔面
	复层柱状上皮	睑结膜、男性尿道等腔面	
	变移上皮	肾盂、肾盏、输尿管和膀胱等腔面	

（一）单层上皮

1. **单层扁平上皮**　由一层扁薄的细胞组成，含细胞核处略厚，边缘处很薄。从表面看细胞边缘呈锯齿状，彼此嵌合紧密；细胞核有一个，大而圆，位于细胞中央（图 12-1）。分布于心脏、血管和淋巴管内腔面的单层扁平上皮，称为**内皮**。分布于胸膜、腹膜和心包膜等处的单层扁平上皮，称为**间皮**。

2. **单层立方上皮**　细胞核呈圆形，居中。从垂直切面看细胞呈立方形，从表面看细胞呈六角形。这种上皮主要分布于肾小管、甲状腺滤泡等处（图 12-2）。

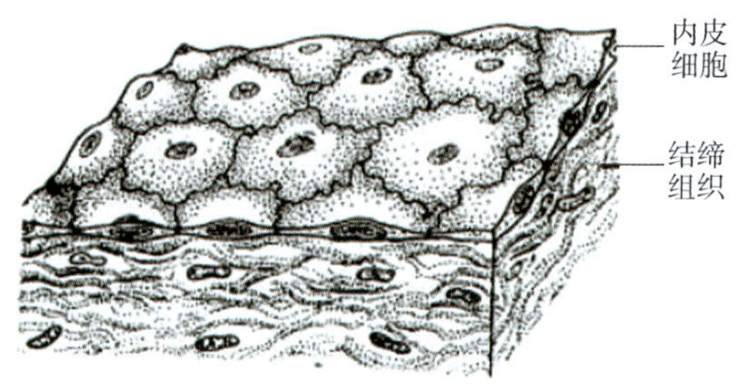

图 12-1　单层扁平上皮结构模式图

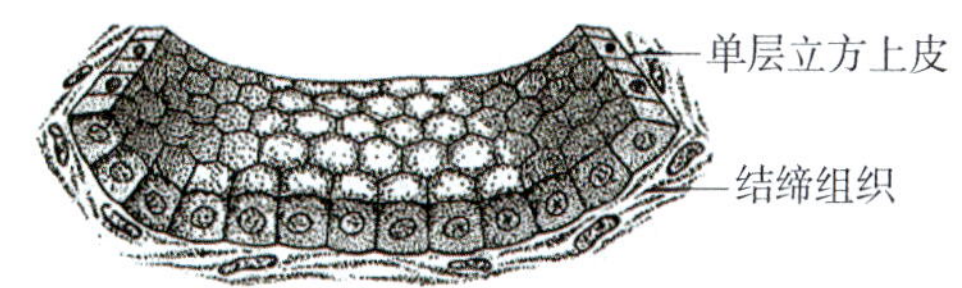

图 12-2　单层立方上皮立体结构模式图

3. **单层柱状上皮**　细胞核呈椭圆形，靠近细胞基底部。从垂直切面看细胞呈柱状，从表面看与单层立方上皮相似，亦呈六角形（图 12-3）。这种上皮主要分布在胃、肠、胆囊和子宫等处，主要有吸收和分泌功能。

4. **假复层纤毛柱状上皮**　主要分布于呼吸道黏膜表面。细胞的基底面均位于基膜上，由四种细胞组成，即柱状细胞、杯状细胞、梭形细胞和锥形细胞。由于细胞高矮不一，细胞核位置亦高低不等，貌似复层（图 12-4）。

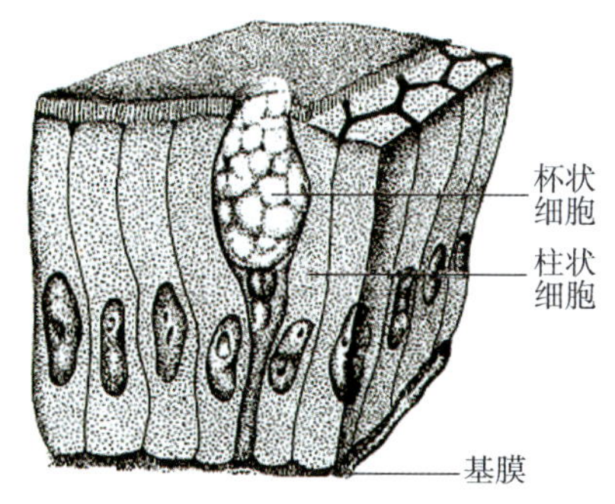

图 12-3　单层柱状上皮立体结构模式图

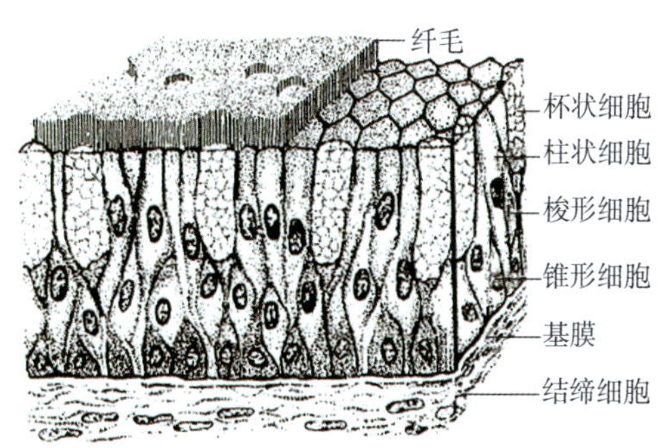

图 12-4　假复层纤毛柱状上皮立体结构模式图

（二）复层上皮

1. 复层扁平上皮 复层扁平上皮较厚，由多层细胞组成。基底层为一层矮柱状细胞，中间为数层多边形细胞；再向浅层细胞变为梭形；靠近表面的几层细胞为扁平状。只有基底层细胞附于基膜上，较为幼稚，可不断地分裂增生并向表层推移，使表层衰老或损伤脱落的细胞得以补充（图12–5）。

复层扁平上皮分布于皮肤、口腔、食管、阴道等处，具有很强的保护作用。皮肤表皮为角化的复层扁平上皮，口腔、食管、阴道的上皮为非角化的复层扁平上皮。

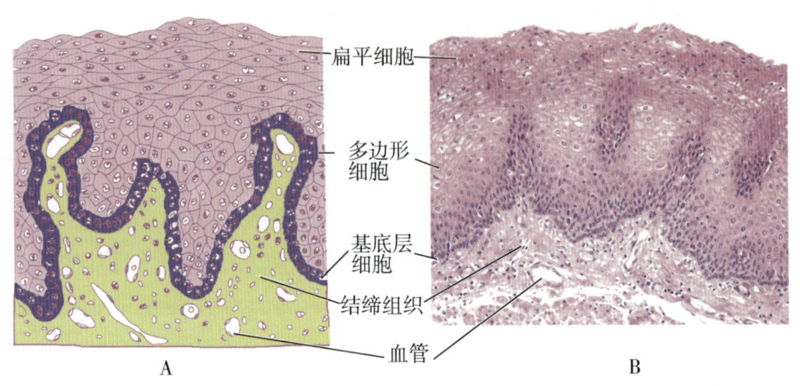

图 12–5 复层扁平上皮

A. 模式图；B. 未角化复层扁平上皮光镜像（食管）（高倍）

2. 变移上皮 又名移行上皮，由多层细胞构成，细胞的层数和形态随所在器官容积的大小变化而改变，因此得名。变移上皮分布于肾盂、输尿管、膀胱等泌尿道黏膜。当膀胱空虚时，上皮变厚，细胞层数增多，体积增大，表层细胞呈立方形；而当膀胱充盈时，上皮变薄，细胞层数减少，表层细胞呈扁平状。移行上皮表层细胞大而厚，称**盖细胞**，部分盖细胞有两个胞核（图12–6）。

> **考点提示**
>
> 被覆上皮的分类与分布。

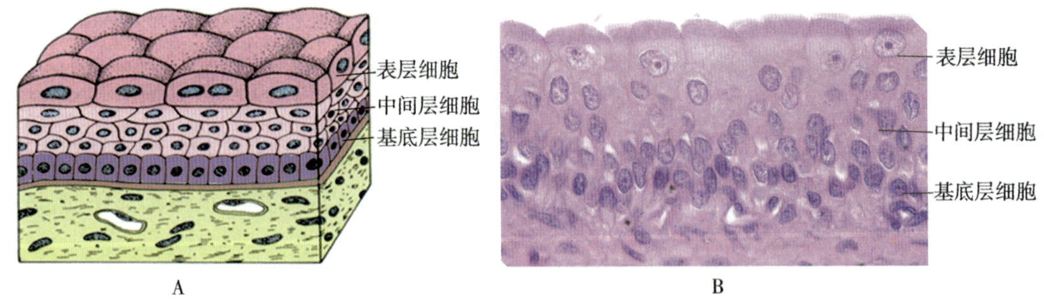

图 12–6 膀胱变移上平

A. 模式图；B. 光镜像（空虚态）

二、上皮组织的特殊结构

（一）上皮细胞的游离面

1. 微绒毛 一些上皮细胞游离面伸出的微细指状突起，称为微绒毛。微绒毛扩大了细胞的表面积，有利于细胞的吸收功能。微绒毛多分布于吸收功能活跃的细胞表面，如小肠上皮的柱状细胞和肾小管近端小管上皮细胞的游离面均有密集的微绒毛。

2. 纤毛 纤毛是细胞游离面伸出的能摆动的突起，较微绒毛粗且长，纤毛具有定向摆动性，能够清除和运送细胞表面的物质。如分布于呼吸道上皮的纤毛通过摆动可清除分泌物及灰尘、细菌等；分布于输卵管上皮细胞的纤毛摆动有助于卵细胞及受精卵的运送。

（二）上皮细胞的侧面

上皮细胞的侧面常见各种细胞连接，为相邻细胞接触部位形成的特殊结构，细胞连接主要有以下四种形式（图12-7）。

1. **紧密连接** 紧密连接具有封闭细胞间隙的作用，能够阻止某些物质通过细胞间隙进出深部组织，从而保持内环境的稳定。

2. **中间连接** 位于紧密连接的下方。相邻细胞间有15 ~ 20nm的间隙，具有牢固的连接作用。

3. **桥粒** 呈斑状，位于中间连接的深部。连接区有20 ~ 30nm的细胞间隙，是一种很牢固的细胞连接，分布于多种上皮内，如皮肤的表皮。

4. **缝隙连接** 又称通信连接，多位于桥粒的深处。连接区细胞间隙很窄，仅2 ~ 3nm，相邻细胞中有许多相连通的小管，借此传递化学信息和电信息。

上述细胞连接不但存在于上皮细胞间，也可见于其他组织的细胞间。当有两种或两种以上的细胞连接排列在一起时，称**连接复合体**。

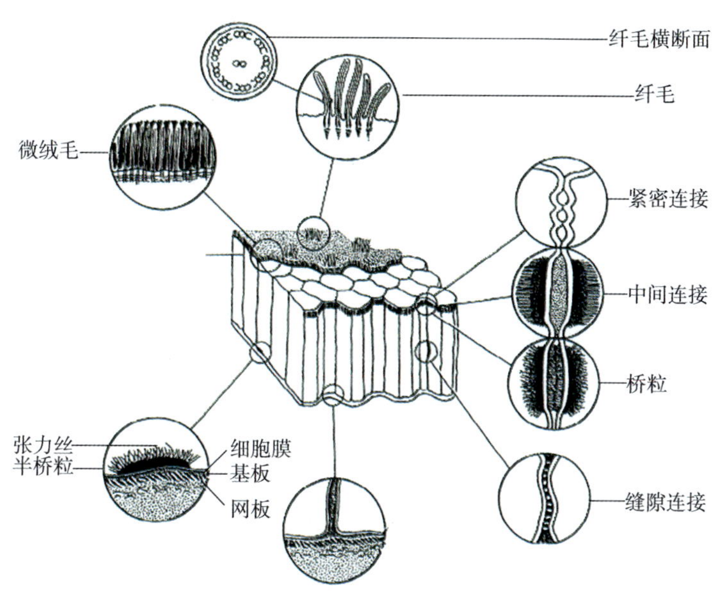

图 12-7 上皮组织的特殊结构模式图

（三）上皮细胞的基底面

> **考点提示**
> 上皮细胞的游离面、侧面和基底面上主要的特殊结构。

1. **基膜** 是上皮细胞基底面和深层结缔组织之间共同形成的薄层均质膜。在电镜下，可分为基板和网板两部分。基板由上皮细胞分泌产生，网板由结缔组织的成纤维细胞分泌产生。基膜除具有支持和连接作用外，还是一种半透膜，可进行物质交换。

2. **半桥粒** 位于某些上皮细胞的基底面与基膜之间，可加强上皮细胞与基膜间的连接。

3. **质膜内褶** 上皮细胞基底面的细胞膜折回细胞质形成的结构（图12-8）。多分布于肾小管和唾液腺分泌管等处，增大了细胞基底部的表面积，有利于加快水和电解质的转运。质膜内褶之间有许多线粒体，以提供转运过程中所需的能量。

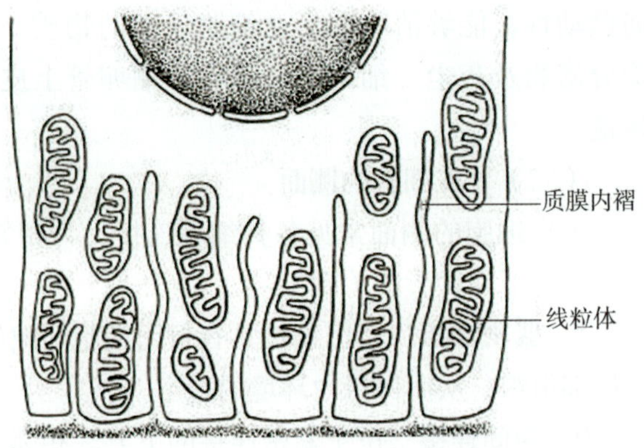

图 12–8 质膜内褶超微结构模式图

第二节 腺上皮和腺

具有分泌功能的上皮称腺上皮，以腺上皮为主要成分组成的器官称腺。

一、外分泌腺和内分泌腺

腺分为**外分泌腺**和**内分泌腺**。外分泌腺的分泌物经导管排泌到体表或器官腔内，如汗腺、唾液腺、胃腺、胰腺等；内分泌腺无导管，腺细胞周围有丰富的毛细血管，其分泌物（称激素）直接释入血液，如甲状腺、肾上腺等。

二、外分泌腺的结构和分类

外分泌腺由分泌部和导管组成（图12–9）。

（一）分泌部

分泌部呈泡状或管泡状，称**腺泡**。腺泡一般由单层腺细胞围成，中间有腺泡腔。腺细胞有浆液性腺细胞和黏液性腺细胞两种。

1. **浆液性腺泡** 由单层锥形或立方形的浆液性腺细胞围成，腺细胞具有分泌蛋白质细胞的结构特点：核圆形，位于基底部；顶部胞质嗜酸性，含有分泌颗粒，称酶原颗粒。不同的浆液性细胞，含不同的酶类，基部胞质嗜碱性，有丰富的粗面内质网和核糖体。

2. **黏液性腺泡** 由单层立方形的黏液性腺细胞围成，腺细胞核扁圆形，居细胞基底部。胞质色浅，呈泡沫或空泡状，电镜下可见丰富的粗大黏原颗粒。其分泌物较黏稠，主要为黏液。

由浆液性腺细胞和黏液性腺细胞共同组成的腺泡称为混合性腺泡，大部分混合性腺泡主要由黏液性腺细胞组成，少量浆液性腺细胞位于腺泡的底部，在切片中形如新月，称**半月**。黏液性腺细胞间隙局部扩大，形成分泌小管，半月的分泌物经小管排入腺泡腔。

在腺细胞的外侧，还可有扁平、多突起的**肌上皮细胞**，胞质内含肌动蛋白丝，其收缩有助于分泌物的排出。

（二）导管

导管直接与分泌部相连，由单层或复层上皮构成。导管的主要作用是排出分泌物，但有些腺的导管还有吸收水、电解质及分泌作用。

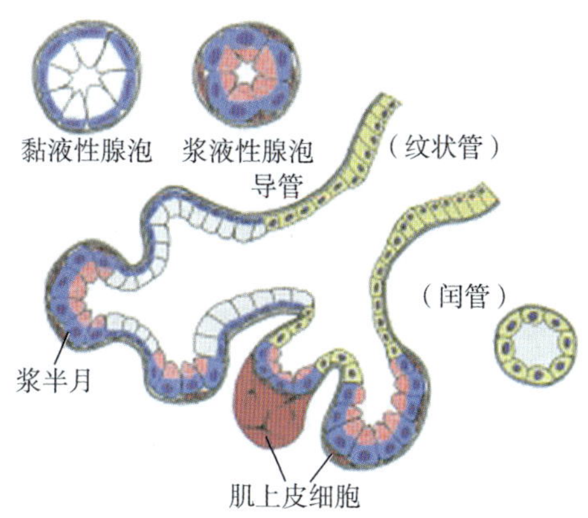

图 12-9 外分泌腺的腺泡和导管结构模式图

本章小结

上皮组织的特点是细胞排列紧密，细胞间质少，细胞有极性，无血管，神经末梢多。上皮组织根据结构和功能分为被覆上皮和腺上皮。被覆上皮根据构成上皮的细胞层数，分为单层上皮和复层上皮。在单层上皮中，又可根据细胞的形态分为单层扁平上皮、单层立方上皮、单层柱状上皮和假复层纤毛柱状上皮四种；在复层上皮中，又可根据其表层细胞的形态分为复层扁平上皮和变移上皮两种。在上皮细胞的游离面、侧面和基底面上有若干具有重要生理功能的特殊结构，如游离面上的微绒毛、纤毛，侧面上的紧密连接、中间连接、桥粒和缝隙连接，基底面上的基膜、质膜内褶和半桥粒等。腺体是以腺上皮组织为主构成的具有分泌功能的一类器官。可分为内分泌腺和外分泌腺。外分泌腺的结构包括分泌部和导管，分泌物经导管排出。

一、选择题

1. 关于上皮组织的特点，以下哪项不正确

A. 大量密集的细胞和少量细胞外基质　　B. 细胞有极性
C. 细胞基底部有基膜　　D. 细胞侧面有特殊连接
E. 上皮内有丰富的血管和神经末梢分布

2. 假复层纤毛柱状上皮分布于

A. 外耳道　B. 输精管　C. 输卵管　D. 气管　E. 胆囊

3. 杯状细胞常见于

A. 单层柱状上皮和复层扁平上皮
B. 单层柱状上皮和假复层纤毛柱状上皮
C. 单层立方上皮和假复层纤毛柱状上皮

D. 假复层纤毛柱状上皮和复层扁平上皮
E. 复层柱状上皮和单层立方上皮

4. 具有极性的细胞是
A. 血细胞　B. 成纤维细胞　C. 上皮细胞　D. 肥大细胞　E. 骨细胞

5. 单层柱状上皮细胞间连接由浅至深为
A. 桥粒，紧密连接，中间连接　B. 紧密连接，中间连接，桥粒
C. 中间连接，桥粒，紧密连接　D. 紧密连接，桥粒，中间连接
E. 桥粒，中间连接，紧密违接

6. 被覆上皮的分类依据是
A. 细胞的层数和表层细胞的形态　B. 细胞的层数
C. 细胞的形态　D. 分布和功能
E. 细胞外基质的形态

7. 未角化的复层扁平上皮分布在
A. 食管　B. 气管　C. 表皮　D. 输尿管　E. 血管

8. 单层立方上皮分布于
A. 血管　B. 胃　C. 子宫　D. 输尿管　E. 肾小管

9. 上皮组织的组成为
A. 基质　B. 间质
C. 上皮细胞和少量结缔组织　D. 上皮细胞和少量细胞外基质
E. 纤维和基质

10. 缝隙连接的主要功能是
A. 增强相邻细胞的连接　B. 增强细胞的屏障作用
C. 维持细胞的形状　D. 增强细胞的收缩力
E. 传递信息

11. 变移上皮分布于
A. 气管　B. 食管　C. 膀胱　D. 结肠　E. 子宫

12. 内皮衬于
A. 血管　B. 气管　C. 输尿管　D. 食管　E. 肾小管

13. 上皮细胞的基底面可见
A. 桥粒　B. 基膜　C. 紧密连接　D. 中间连接　E. 纤毛

二、思考题

1. 简述被覆上皮的分类及其分布部位。
2. 简述被覆上皮的结构特点和功能。
3. 简述上皮组织的特殊结构。

扫码“练一练”

（赵会超）

扫码“学一学”

第十三章 结缔组织

学习目标

1. **掌握** 结缔组织的分类及结构特点；软骨的分类；血液的组成。
2. **熟悉** 疏松结缔组织中细胞的形态结构特点。
3. **了解** 基质的成分和功能；骨组织的基本结构。
4. 学会用显微镜观察各种组织。

结缔组织起源于胚胎时期的间充质，由细胞和大量细胞间质组成，细胞间质包括基质、纤维和组织液。细胞散居于细胞间质内，无极性。广义的结缔组织包括固有结缔组织、软骨组织、骨组织、血液，一般所说的结缔组织指固有结缔组织。结缔组织在体内广泛分布，具有连接、支持、营养、保护、防御和修复等多种功能。

考点提示

结缔组织的特征和分类。

第一节 固有结缔组织

固有结缔组织按其结构和功能的不同分为疏松结缔组织、致密结缔组织、脂肪组织和网状组织。

一、疏松结缔组织

疏松结缔组织又称蜂窝组织，由少量多种细胞和大量细胞间质构成，广泛地分布在机体各种细胞、组织和器官之间（图13-1）。

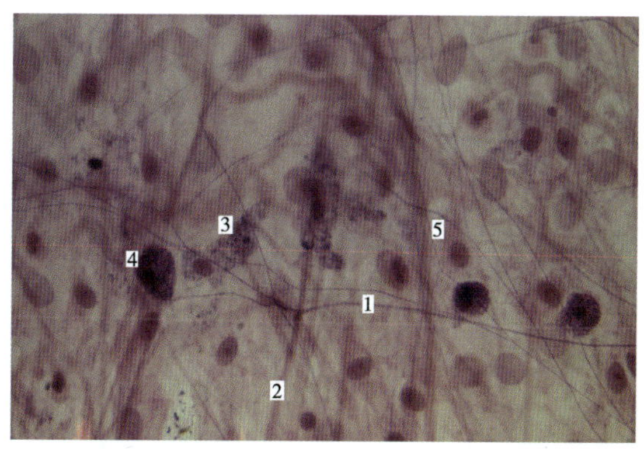

图 13-1 疏松结缔组织模式图

疏松结缔组织铺片（鼠活体注射台盼蓝，醛复红等染色）（高倍）

1. 弹性纤维；2. 胶原纤维；3. 巨噬细胞；4. 肥大细胞；5. 成纤维细胞

（一）细胞

疏松结缔组织的细胞形态多种多样，功能各不相同。

1. **成纤维细胞** 是疏松结缔组织的主要细胞，多附着在胶原纤维上。细胞呈星状扁平多突形，边缘不清楚；细胞核大，呈椭圆形，染色浅，核仁明显。细胞质内含丰富的粗面内质网、游离核糖体和发达的高尔基复合体等细胞器。成纤维细胞可产生纤维和基质。当成纤维细胞功能处于静止状态时，细胞变小，呈长梭形，此时称为**纤维细胞**。在某些情况下，如手术创伤时，纤维细胞再转化为成纤维细胞，加速纤维和基质的合成，促进伤口愈合。

考点提示

疏松结缔组织的细胞成分、结构特点、分布和功能。

知识拓展

创伤修复

不同程度的创伤都会造成细胞变性、坏死及组织缺损，都须经过细胞增生和细胞外基质的形成来修复。在修复过程中，成纤维细胞起着十分重要的功能。例如：在伤口愈合过程中，主要来源于真皮乳头层以及血管周围的成纤维细胞、未分化间充质细胞和周细胞等通过有丝分裂迅速增殖，并从第四天开始合成和分泌大量的胶原纤维和基质，与新生毛细血管等共同形成肉芽组织，修复伤口组织缺损。在修复的后期，成纤维细胞分泌胶原酶参与创伤组织皮肤的覆盖和重建。

2. **巨噬细胞** 又称为组织细胞。巨噬细胞形态多样，但一般为圆形或椭圆形，当功能活跃时，可伸出伪足而呈多突形。细胞质内含大量的溶酶体、吞噬体和吞饮小泡、较发达的高尔基复合体、少量的粗面内质网和线粒体等。巨噬细胞具有变形运动和吞噬能力，是机体内重要的防御细胞，它属于机体单核–巨噬细胞系统的成员。

3. **浆细胞** 呈圆形或椭圆形，细胞核呈圆形，常偏于细胞一侧，细胞质内含大量密集的粗面内质网（图13–2）。浆细胞来源于B细胞，当B细胞受到抗原刺激时即被激活，转变为浆细胞，可产生免疫球蛋白（Ig）或称为抗体，参与机体的体液免疫。在慢性炎症的病灶内可见浆细胞增多。

4. **肥大细胞** 较大，呈圆形或椭圆形，细胞核呈圆形且小，多分布于小血管周围。细胞质内充满了粗大的异染性颗粒（图13–3）。肥大细胞的颗粒内含有肝素、组胺、嗜酸性粒细胞趋化因子和慢反应物质等，细胞质内含白三烯，它们主要参与机体的过敏反应，分别与抗凝血、毛细血管扩张、毛细血管的通透性增强及支气管平滑肌痉挛有关。

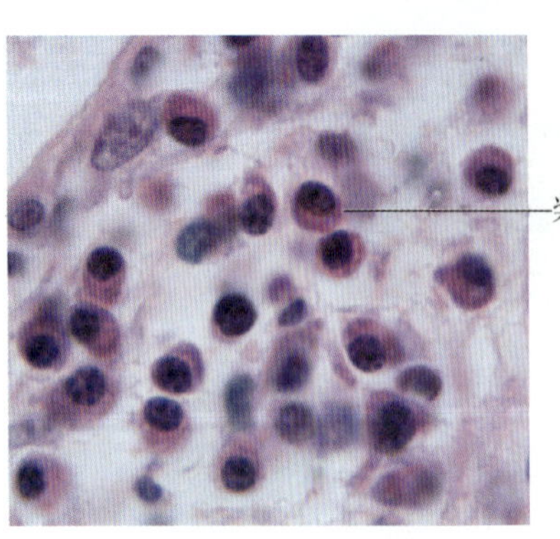

图 13–2 浆细胞（光镜图）

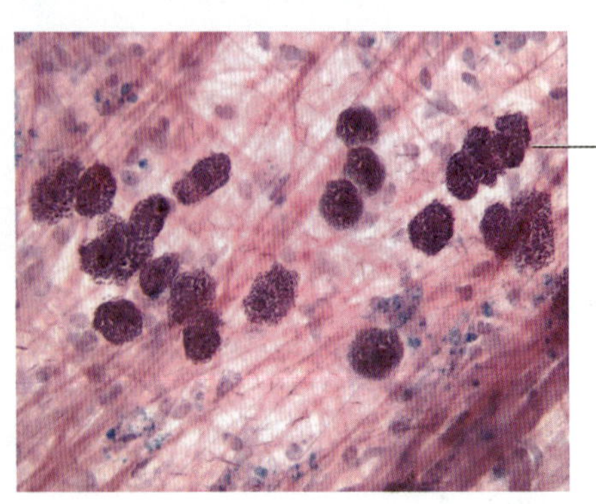

图 13–3 肥大细胞（光镜图）

5. **脂肪细胞** 体积大，呈球形，细胞内含有大量的脂滴，细胞核为扁圆形，居于细胞一侧。脂肪细胞常成群或散在分布于血管周围。脂肪细胞有合成和贮存脂肪、参与脂质代谢的功能。

6. **未分化的间充质细胞** 是一种原始、幼稚的未分化细胞，在HE染色中不易鉴别。在炎症及创伤修复过程中，它可在小血管周围增殖、分化为成纤维细胞、血管内皮细胞等多种细胞。

> **考点提示**
> 疏松结缔组织的纤维成分及功能。

（二）细胞间质

疏松结缔组织的细胞间质由纤维和基质组成。

1. **纤维** 分为胶原纤维、弹性纤维和网状纤维三种类型。

（1）**胶原纤维** 数量最多，新鲜时呈白色，又称白纤维。胶原纤维粗细不等，具有很强的韧性，抗拉力强，弹性差。纤维常成束而分支，并吻合成网，呈波浪状分散在基质内。

（2）**弹性纤维** 新鲜时呈黄色，又称黄纤维。弹性纤维较细，具有很强的弹性，可有分支，交织成网，但韧性较差。

（3）**网状纤维** 用硝酸银镀染，被染成黑色，故又称为嗜银纤维。纤维分支多并连接成网，韧性大无弹性。网状纤维主要分布在结缔组织与其他组织的交界处及神经、平滑肌和脂肪细胞的周围，另外在造血器官和内分泌腺内含有较多的网状纤维。

2. **基质** 是一种无色透明的无定形胶状物质，含有蛋白多糖和水分。其中蛋白多糖分子中有较多的**透明质酸**，可使基质形成一种分子筛，从而阻止侵入机体内的物质扩散（图13-4）。其他多糖成分是硫酸软骨素、硫酸角质素和硫酸乙酰肝素等。

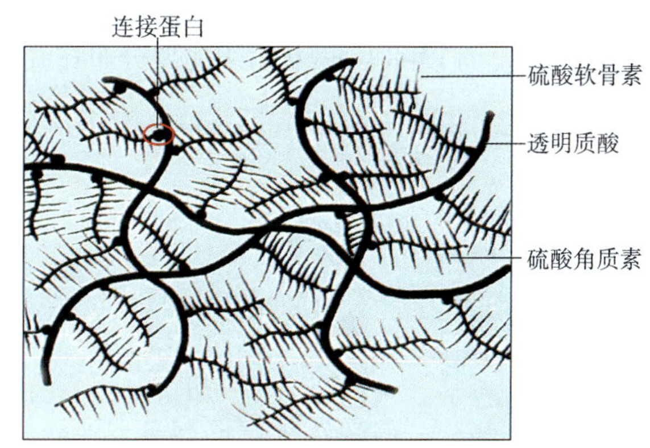

图13-4 分子筛模式图

另外，基质中可含有由血管渗出的液体，称为**组织液**。体内的细胞通过组织液与血液进行物质交换。当病变引起组织液水分过度增多或减少时，临床上称为水肿或脱水。

二、致密结缔组织

致密结缔组织由大量的纤维构成，细胞和基质甚少。绝大多数的致密结缔组织以大量胶原纤维为主，极少数以弹性纤维为主。

1. **不规则致密结缔组织** 不规则致密结缔组织分布在真皮、巩膜和内脏器官的被膜等处，其细胞间质含大量粗大、排列不规则的胶原纤维束，仅有少量细胞和基质（图13-5）。

2. **规则致密结缔组织** 分布在肌腱、腱膜等处，其细胞间质中含大量粗大、平行排列的胶原纤维束。成纤维细胞沿纤维的长轴排列（图13-6）。

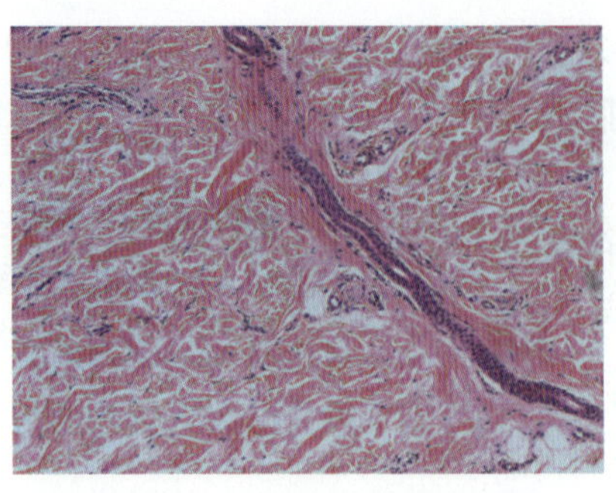

图 13-5　不规则致密结缔组织

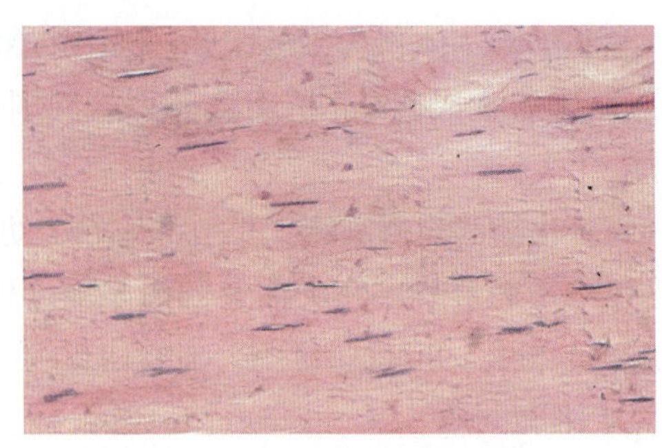

图 13-6　规则致密结缔组织

三、脂肪组织

脂肪组织由大量脂肪细胞聚集而成。大量分布在皮下组织、肠系膜、网膜等处，并且包裹心脏、肾和肾上腺等器官。脂肪组织主要贮存脂肪，是机体内最大的“能量库”，同时具有支持、缓冲、保护和保持体温等作用（图 13-7）。

四、网状组织

网状组织主要由网状细胞和细胞间质组成。细胞间质中的主要成分是网状纤维，基质是流动的淋巴液或组织液。网状细胞较大，呈星状多突形，突起彼此连接，网状纤维位于细胞体及突起间。网状纤维分支交互成网，与网状细胞共同构成造血组织和淋巴器官的支架（图 13-8）。网状组织主要分布在红骨髓、胸腺、脾、扁桃体和淋巴结等处。

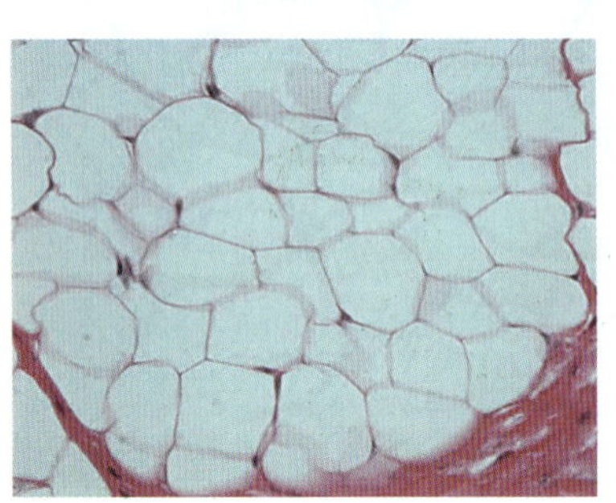

图 13-7　脂肪组织结构

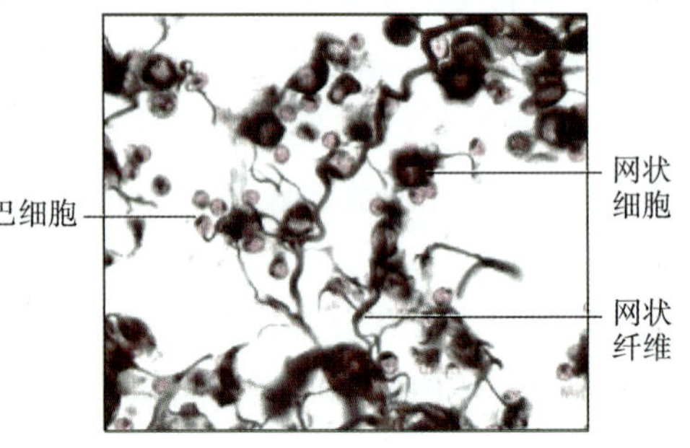

图 13-8　网状组织结构

第二节　软骨组织与软骨

一、软骨组织

软骨组织由软骨细胞和细胞间质组成。

（一）软骨细胞

软骨细胞的大小、形态不等，它被包埋在软骨基质的小腔内，该小腔称为软骨陷窝。在软骨表面的软骨细胞较小而幼稚，渐到深层，软骨细胞逐渐增大，并不断在软骨陷窝内分裂、增殖，形成 2 ~ 8 个细胞为一群的同源细胞群。

（二）细胞间质

由胶原纤维和基质组成。纤维包埋在基质中，但是透明软骨基质中无胶原纤维。软骨基质呈凝胶状，含有70%的水分，有韧性，有机成分主要是蛋白多糖，多糖分子中主要是硫酸软骨素。

二、软骨的分类和构造

软骨由软骨组织和软骨膜构成。软骨膜是软骨外面包裹的一层致密结缔组织膜，它分为两层：内膜纤维少，血管和细胞较多，主要有营养作用；外膜纤维致密，血管少，细胞稀疏，主要具有保护作用。

根据软骨基质中纤维的不同，可将软骨分为透明软骨、纤维软骨和弹性软骨三种类型。

（一）透明软骨

透明软骨含少量胶原纤维，由于该纤维和基质折光性一致，故HE染色标本上见不到其纤维成分（图13-9）。该软骨分布较广，新鲜时呈浅蓝色半透明状，内无血管和神经。多分布在鼻、喉、关节面、肋软骨、气管、支气管等处。

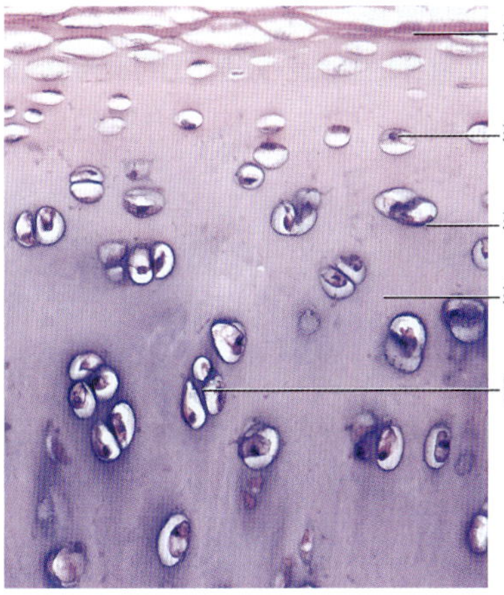

图13-9　透明软骨高倍光镜图

（二）纤维软骨

纤维软骨细胞间质内胶原纤维丰富，软骨呈白色（图13-10）。主要分布在椎间盘、关节盘、耻骨联合等处。

（三）弹性软骨

弹性软骨细胞间质内弹性纤维丰富，并交织成网状，弹性较强（图13-11），软骨呈黄色。主要分布在耳郭、外耳道、会厌等处。

> **考点提示**
> 软骨的分类、结构特点及分布。

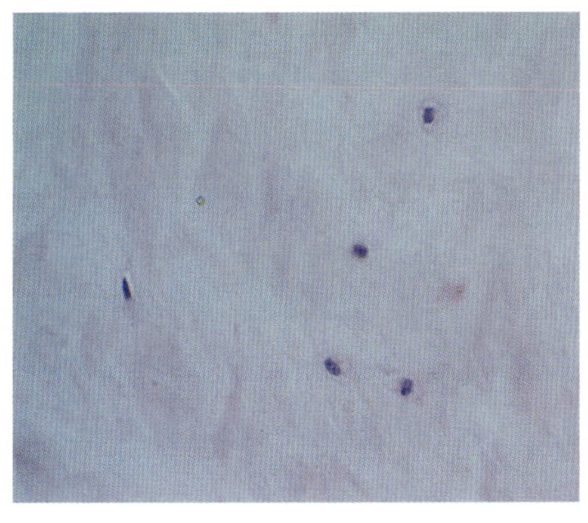

图13-10　纤维软骨高倍光镜图

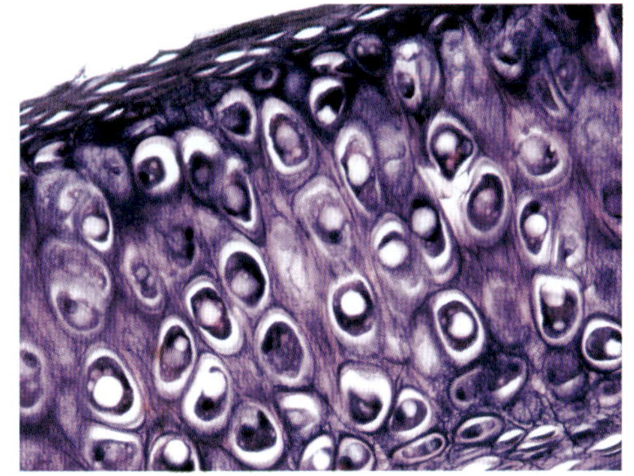

图13-11　弹性软骨高倍光镜图

第三节　骨组织与骨

一、骨组织

骨组织是坚硬的结缔组织，是构成全身各骨的主要部分，由细胞和骨基质（钙化的细胞间质）组成（图13-12）。

（一）细胞

骨组织中的细胞有四种，即骨原细胞、成骨细胞、骨细胞和破骨细胞。

1. **骨原细胞**　是骨组织的干细胞，存在于骨膜贴近骨质处，当骨组织生长或再生时，它能分裂、分化为成骨细胞。

2. **成骨细胞**　分布在骨质的表面，幼儿的成骨细胞较多。成骨细胞分泌骨基质的有机成分。

3. **骨细胞**　呈多突形，相邻细胞突起借缝隙连接相连。

4. **破骨细胞**　分布在骨质的表面。破骨细胞是一种多核大细胞，胞质呈泡沫状，胞质内含较多的粗面内质网、高尔基复合体、线粒体和溶酶体等细胞器。破骨细胞有溶解和吸收骨基质的作用。

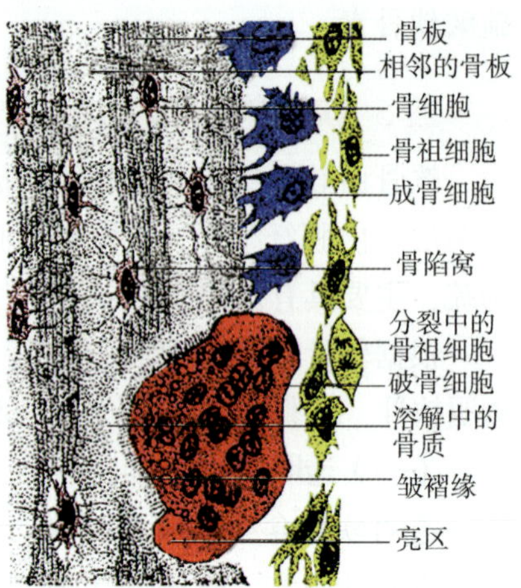

图 13–12　骨细胞与骨板结构模式图

（二）细胞间质

细胞间质又称为骨基质，由有机成分和无机成分组成。有机成分由成骨细胞分泌形成，包括大量胶原纤维及少量无定形凝胶状基质，使骨质具有韧性。无机成分主要为钙盐，其化学结构为羟基磷灰石结晶，使骨质坚硬。

骨组织中每层胶原纤维与基质共同构成薄板状结构，称为骨板。同一骨板内的纤维相互平行，而相邻骨板内的纤维则相互垂直，如同多层木质胶合板，这种结构形式有效地增强了骨的支持力。

知识拓展

软骨和骨的修复组织工程

软骨是人体唯一不发生癌变的组织。由于其损伤后愈合能力非常有限，难以恢复，软骨损伤的治疗就成了医学上的一个巨大挑战。目前，组织工程被引入到软骨缺损治疗中。方法是将种子细胞体外培养扩增后接种到一种三维生物支架上，再将该支架复合体植入软骨缺损部位，种植的细胞继续增殖，而生物材料逐渐被降解吸收，形成新的组织，从而完成软骨缺损的修复。

骨组织损伤的修复能力强于软骨。但是创伤、感染、骨肿瘤等各种原因可能导致较大面积的骨缺损，这种缺损的修复仍难以靠自身骨生长来完成。近年来，国内组织工程构建的、新的人工骨正逐渐应用于临床。人工骨材料为固化的磷酸钙水泥（CPC），这为大面积骨创伤的修复提供了良好的材料。

二、长骨的结构

长骨由骨质、骨膜、关节软骨及血管、神经等构成。

（一）骨质

骨质主要有骨松质和骨密质。

1. **骨松质** 多分布在长骨的骨骺部，由片状和针状的骨小梁连接而成，骨小梁之间的腔隙内可见红骨髓及血管。

2. **骨密质** 多分布在长骨骨干，由不同排列方式的骨板组成。骨板排列方式有以下四种（图13-13）。

（1）外环骨板 整齐地环绕于骨干表面，约有数层或十数层。外环骨板的外面与骨膜紧密相接，其中可见横向穿行的管道，称为穿通管，又称福克曼氏管，骨外膜的小血管由此进入骨内。

（2）内环骨板 位于骨干的骨髓腔面，表面衬以骨内膜。仅由几层骨板组成，其中也有穿通管穿行，不如外环骨板平整。

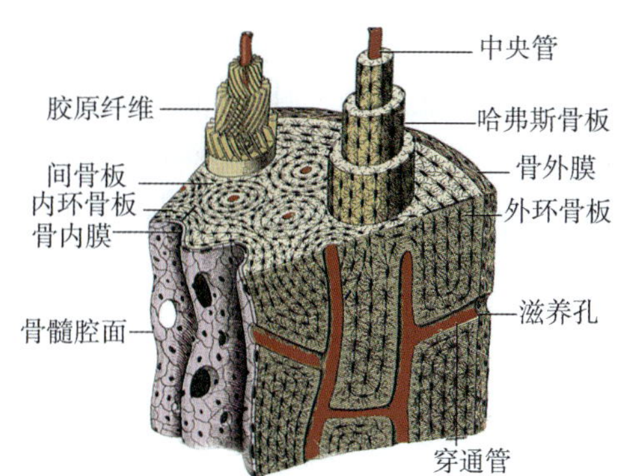

图 13-13 长骨骨干立体结构模式图

（3）哈弗斯骨板 是构成长骨骨干的主要结构，介于内、外环骨板之间。它以哈弗斯管（Haversian canal）为中心，由10 ~ 20层呈同心圆排列，并与哈弗斯管共同组成哈弗斯系统，又称骨单位。哈弗斯管也称中央管，内有血管、神经及少量的结缔组织。

（4）间骨板 为填充在骨单位之间的不规则的平行骨板。

（二）骨膜

除关节面以外，骨的内、外表面分别覆以骨内膜和骨外膜。骨外膜分为两层，外层较厚，为致密结缔组织，纤维粗大而密集，有的纤维横向穿入外环骨板，称穿通纤维，起固定骨膜的作用；内层较薄，为疏松结缔组织，含骨原细胞、成骨细胞及小血管和神经。在骨髓腔面、骨小梁的表面、中央管及穿通管的内表面均衬有薄层疏松结缔组织，即骨内膜。

第四节 血 液

血液是一种液态的结缔组织，由血浆和血细胞组成，新鲜时呈红色，不断在心血管内流动。

一、血浆

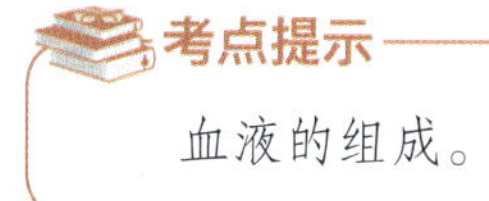

血浆相当于结缔组织的细胞间质，约占血液容积的55%，其中约90%是水，其余为血浆蛋白（包括白蛋白、球蛋白、纤维蛋白原）及其他可溶性物质（脂蛋白、激素、维生素、糖、酶、无机盐等）。血液从血管流出后，纤维蛋白原转变为纤维蛋白，血液凝固，并析出淡黄色的液体，称为**血清**。

二、血细胞

血细胞约占血液容积的45%，包括红细胞、白细胞和血小板。在正常生理情况下，血细胞有一定的形态结构，并有相对稳定的数量（图13-14）。临床上将血细胞的形态、数量、比例和血红蛋白的含量的测定称为血象。根据血象可以对一些疾病做出基本的判断。

血细胞的形态结构通常是采用外周血涂片，经Wright或Giemsa染色，在光镜下进行观察（图13-15）。

（一）红细胞

红细胞呈双凹圆盘状，中央较薄，周边较厚，直径7 ~ 8.5μm，成熟的红细胞无细胞核和其他细胞器，细胞质中充满了**血红蛋白**（Hb）。成熟红细胞在体内一般可存活120天，衰老的红细胞被脾、骨髓和肝等处的巨噬细胞吞噬。网织红细胞是一种未完全成熟的红细胞，数量很少，只占成人外周血红细胞总数的0.5% ~ 1.5%，新生儿可达3% ~ 6%。网织红细胞的计数有一定临床意义，它是贫血等某些血液病的诊断、疗效判断和估计预后指标之一。

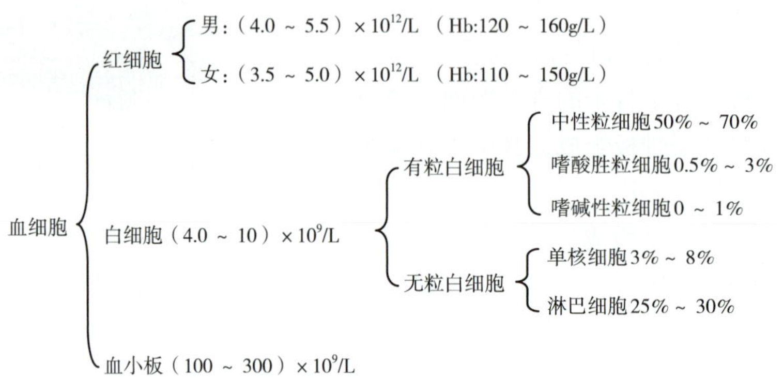

图 13–14　血细胞分类和正常值

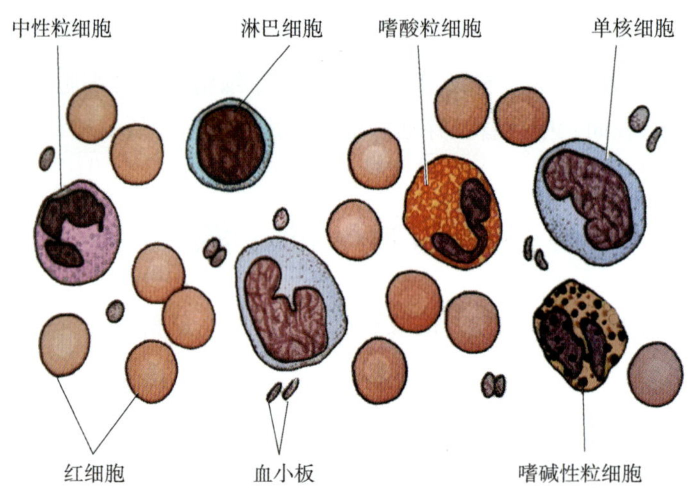

图 13–15　各种血细胞和血小板结构模式图

（二）白细胞

白细胞（WBC）数量少，种类多，为无色、有核的球形细胞。正常成人的血液中含量一般为（4 ~ 10）× 10^9/L，男女无差异，但幼儿较多。

根据白细胞有无特殊颗粒，白细胞又分为有粒和无粒白细胞两类。有粒白细胞又根据颗粒的嗜色性，分为中性粒细胞、嗜酸性粒细胞和嗜碱性粒细胞。无粒白细胞又分为淋巴细胞和单核细胞。

1. **中性粒细胞**　是白细胞中数量最多的一种，占白细胞总数的50% ~ 70%，细胞直径10 ~ 12μm 。细胞核形态多样，有杆状核，有分叶核，细胞核一般为2 ~ 5叶。（图13–16）正常成人血液中以2 ~ 3叶者居多。杆状核的细胞较幼稚，占粒细胞总数的5% ~ 10%，若比例显著增高，临床上称之为核型左移，此现象多出现在严重的细菌性感染时。中性粒细胞能做变形运动，可由血液进入结缔组织中，具有活跃的吞噬和杀菌能力。在急性炎症时，其数量增多，起重要的防御功能。

2. 嗜酸性粒细胞 占白细胞总数的0.5%～5%。体积较中性粒细胞略大，直径为10～15μm。核常分为两叶，染色质颗粒粗大，染色略浅。细胞质内含有粗大的嗜酸性特殊颗粒，颗粒中含有结晶状小体，主要是组胺酶、酸性磷酸酶、过氧化物酶等（图13-17）。当患过敏症或寄生虫病时，血液中嗜酸性粒细胞增多。

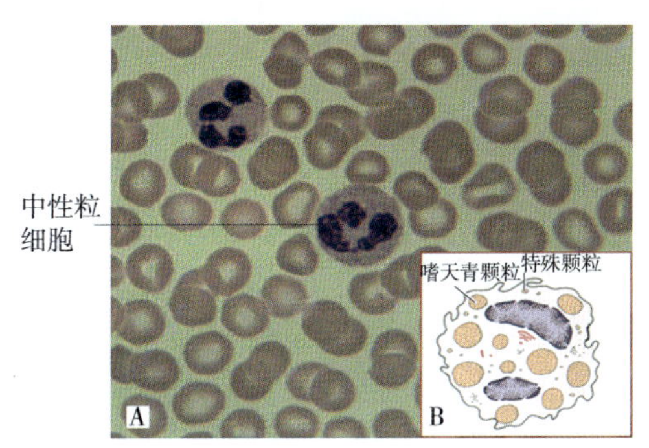

图13-16 中性粒细胞结构模式图
A. 油镜图（Wright染色） B. 电镜模式图

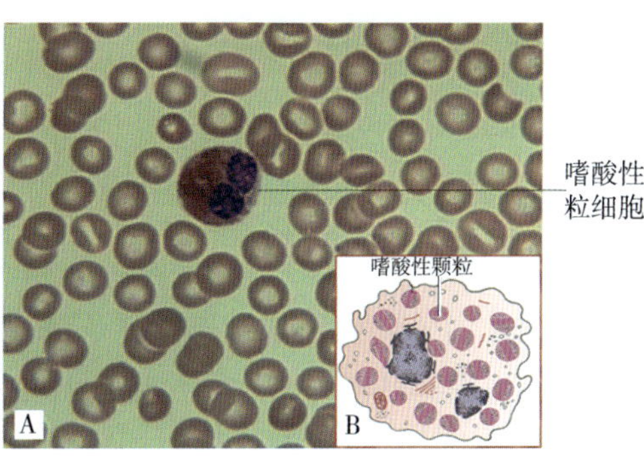

图13-17 嗜酸性粒细胞结构模式图
A. 油镜图（Wright染色） B. 电镜模式图

3. 嗜碱性粒细胞 在正常人血液中数量极少，只占白细胞总数的0%～1%。细胞直径为10～12μm，细胞核形状呈S形或不规则，细胞质内特殊颗粒大小不等、分布不均，染为深紫色，并具有异染性。颗粒常遮盖细胞核（图13-18），颗粒内含有组胺、肝素、白三烯，具有抗凝血作用并可引起过敏反应。

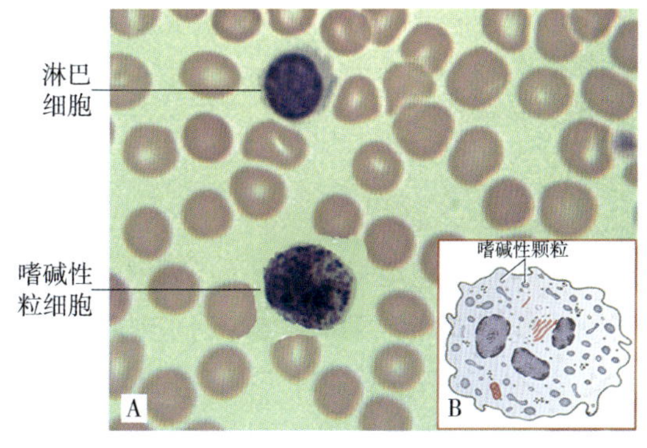

图13-18 嗜碱性粒细胞结构模式图
A. 油镜图（Wright染色） B. 电镜模式图

4. 淋巴细胞 占白细胞总数的25%～30%，幼儿较多。根据细胞的体积分为大、中、小三型。大淋巴细胞直径为14～16μm，中淋巴细胞直径为9～14μm，小淋巴细胞直径为6～9μm。大、中型淋巴细胞较少，核呈肾形，胞质较丰富，内含较多的嗜天青颗粒。小淋巴细胞数量最多，核呈圆形或椭圆形，一侧常有凹陷，染色质致密呈块状，染色深，胞质很少，只在细胞周边成一个窄缘，嗜碱性，染为天蓝色，常含少量嗜天青颗粒（图13-19）。

根据发生部位、寿命长短、表面特征和免疫功能的不同，淋巴细胞又分为T细胞、B细胞、K细胞和NK细胞等。T细胞约占淋巴细胞总数的75%，寿命较长，主要参与机体细胞免疫。B细胞占淋巴细胞总数的10%～15%，寿命长短不同，主要参与机体体液免疫。

5. 单核细胞 是血液中体积最大的细胞，直径为14～20μm，占白细胞总数的3%～8%。细胞核呈圆形、卵圆形、肾形、不规则形或马蹄形，胞质丰富，呈弱嗜碱性，染为浅灰蓝色，内含紫红色的嗜天青颗粒（图13-20）。单核细胞具有活跃的变形运动和一定的吞噬功能。属于单核-巨噬细胞系统成员之一。

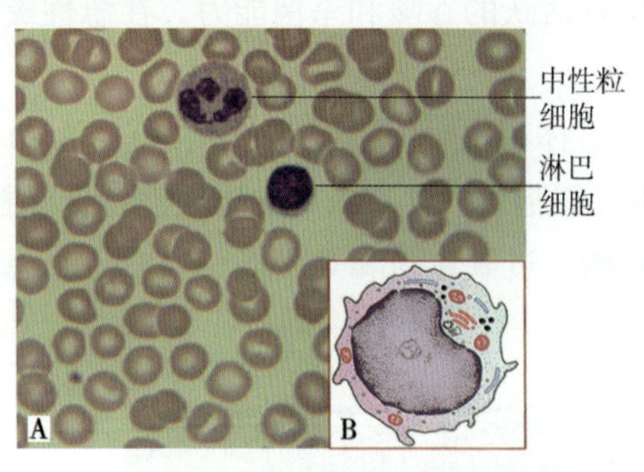

图 13-19　淋巴细胞结构模式图

A. 油镜图（Wright 染色）　B. 电镜模式图

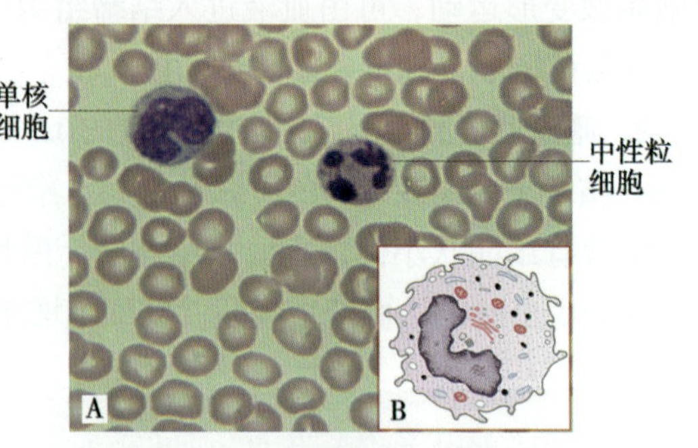

图 13-20　单核细胞结构模式图

A. 油镜图（Wright 染色）　B. 电镜模式图

（三）血小板

血小板是由骨髓内巨核细胞脱落下来的胞质小块，体积很小，直径为2 ~ 4μm，呈双凸圆盘状，当受到刺激时，则伸出突起，呈不规则形。光镜下，血小板一般呈星状多突形，常聚集成群。血小板内无细胞核，周边部分透明；中央部分含有嗜天青颗粒，染为紫红色。正常成人血小板数量为（100 ~ 300）$\times 10^9$/L。低于100×10^9/L，为血小板减少，若低于50×10^9/L则有出血的危险。血小板的寿命为7 ~ 14天。

> **考点提示**
>
> 各种血细胞的数量、形态结构特点和功能。

血小板在止血和凝血过程中起着重要作用。当血管受损伤或被破坏时，血小板受到刺激，聚集粘连在损伤处与血细胞共同形成凝血块而止血，同时释放血小板内的颗粒物质，进一步促进止血和凝血。

三、血细胞的发生

人的血细胞最早是在胚胎卵黄囊壁的血岛生成，胚胎第6周，从卵黄囊迁入肝的造血干细胞开始造血，第4 ~ 5个月脾内造血干细胞增殖分化产生各种血细胞。从胚胎后期至出生后终身，骨髓成为主要的造血器官。

血细胞发生是造血干细胞经增殖、分化直至成为各种成熟血细胞的过程。造血干细胞是生成各种血细胞的原始细胞，又称多能干细胞。造血干细胞可增殖分化为定向造血干细胞，它也是一种相当原始的具有增殖能力的细胞，能向一个或几个血细胞系定向增殖分化，也称定向干细胞。造血干细胞还能通过自我复制来保持造血干细胞的特性和恒定的数量。

血细胞的发生是一个连续发展过程，各种血细胞的发育大致可分为三个阶段：原始阶段、幼稚阶段（又分早、中、晚三期）和成熟阶段。血细胞发生过程中形态变化的一般规律为：①胞体由大变小；②胞核由大变小，红细胞的核最后消失，粒细胞的核由圆形逐渐变成杆状乃至分叶，染色质由细疏逐渐变粗密，核仁由有到无；③胞质的量由少逐渐增多，胞质嗜碱性逐渐变弱，胞质内的特殊结构如红细胞中的血红蛋白、粒细胞中的特殊颗粒均由无到有，到多；④细胞分裂能力从有到无。

（一）红细胞的发生

红细胞的发生历经原红细胞、早幼红细胞、中幼红细胞、晚幼红细胞，后者脱去胞核成为网织红细胞，最终成为成熟红细胞。从原红细胞的发育至晚幼红细胞需3 ~ 4天。巨噬细胞可吞噬晚幼红细胞脱出的胞核和其他代谢产物，并为红细胞的发育提供营养物。

（二）粒细胞的发生

粒细胞的发生历经原粒细胞、早幼粒细胞、中幼粒细胞、晚幼粒细胞，进而分化为成熟的杆状核和分叶核粒细胞。从原粒细胞增殖分化为晚幼粒细胞需4 ～ 6天。骨髓内的杆状核粒细胞和分叶核粒细胞的贮存量很大，在骨髓停留4 ～ 5天后释放入血。

（三）单核细胞的发生

单核细胞的发生经过原单核细胞和幼单核细胞变为单核细胞。幼单核细胞增殖力很强，约38%的幼单核细胞处于增殖状态。单核细胞在骨髓中的贮存量不及粒细胞多，当机体出现炎症或免疫功能活跃时，幼单核细胞加速分裂增殖，以提供足量的单核细胞。

（四）血小板的发生

原巨核细胞经幼巨核细胞发育为巨核细胞。巨核细胞的胞质块脱落成为血小板。每个巨核细胞可生成约2000个血小板。

知识拓展

造血干细胞移植（HSCT）

造血干细胞移植是指通过大剂量放疗和化疗预处理，清除体内的肿瘤或异常细胞，再将自体或异体干细胞移植，使受者重建正常的造血和免疫系统的过程。干细胞一般来源于骨髓、外周血、脐血等。目前，HSCT已广泛应用，例如：白血病、淋巴瘤等恶性血液病；再生障碍性贫血等非恶性血液病；系统性红斑狼疮、类风湿关节炎等自身免疫性疾病和某些肿瘤（乳腺癌、小细胞肺癌、卵巢癌等）的治疗，并取得了一定的疗效。

本章小结

广义的结缔组织包括固有结缔组织、软骨组织、骨组织和血液。一般所说的结缔组织指固有结缔组织，按其结构和功能的不同分为疏松结缔组织、致密结缔组织、脂肪组织、网状组织。

疏松结缔组织的特点是细胞种类较多，纤维较少，排列稀疏，体内广泛分布，位于器官之间、组织之间以及细胞之间，起连接、支持、营养、保护、防御和修复等功能。细胞包括成纤维细胞、巨噬细胞、肥大细胞、脂肪细胞、浆细胞、未分化的间充质细胞等。纤维有胶原纤维、弹性纤维和网状纤维。根据软骨组织所含纤维的不同，可将软骨分为透明软骨、纤维软骨和弹性软骨三种。血细胞包括红细胞、白细胞和血小板。

一、选择题

1. 分泌基质和纤维的细胞是

A．浆细胞　　B．成纤维细胞

C．巨噬细胞　　D．脂肪细胞

E. 肥大细胞

2. 合成和分泌免疫球蛋白的细胞是

A. 肥大细胞　　B. 巨噬细胞

C. 成纤维细胞　　D. 浆细胞

E. 淋巴细胞

3. 导致超敏反应的细胞是

A. 肥大细胞　　B. 成纤维细胞

C. 巨噬细胞　　D. 浆细胞

E. 脂肪细胞

4. 弹性软骨分布于

A. 耳郭　　B. 关节　　C. 椎间盘　　D. 气管　　E. 肋

5. 骨板的组成是

A. 交叉排列的胶原纤维和骨盐　　B. 平行排列的细胞和骨盐

C. 平行排列的细胞　　D. 平行排列的胶原纤维和骨盐

E. 交叉排列的胶原纤维和骨细胞

6. 区别有粒白细胞和无粒白细胞主要根据

A. 细胞的来源　　B. 细胞核形态

C. 有无嗜天青颗粒　　D. 有无特殊颗粒

E. 细胞大小

7. 成人外周血中网织红细胞占红细胞总数的

A. 0.5% ~ 1.5%　　B. 0.5% ~ 3%

C. 3% ~ 8%　　D. 10% ~ 20%

E. 20% ~ 30%

8. 能转化为浆细胞的是

A. 单核细胞　　B. 淋巴细胞

C. 中性粒细胞　　D. 嗜碱性粒细胞

E. 嗜酸性粒细胞

9. 血液中数量最多的白细胞是

A. 中性粒细胞　　B. 单核细胞

C. 淋巴细胞　　D. 嗜碱性粒细胞

E. 嗜酸性粒细胞

10. 具有吞噬功能的细胞是

A. 肥大细胞和淋巴细胞　　B. 巨噬细胞和浆细胞

C. 成纤维细胞和巨噬细胞　　D. 脂肪细胞和未分化的间充质细胞

E. 巨噬细胞和中性粒细胞

11. 巨噬细胞来源于血液中的

A. 淋巴细胞　　B. 中性粒细胞

C. 巨核细胞　　D. 干细胞

E. 单核细胞

12. 具有分化潜能的细胞是

A．纤维细胞　　B．未分化的间充质细胞
C．成纤维细胞　　D．脂肪细胞
E．肥大细胞

13．长骨的间骨板位于
A．骨单位之间或骨单位与环骨板之间　　B．环骨板与骨单位之间
C．骨单位之间　　D．内外环骨板之间
E．骨膜与环骨板之间

14．红细胞的胞质中主要含有
A．血影蛋白　B．肌动蛋白　C．核糖体　D．清蛋白　E．血红蛋白

二、思考题

1．简述结缔组织的一般特征和分类。
2．简述疏松结缔组织中的细胞与纤维组成及主要功能。
3．简述血细胞的结构特征及其主要功能。

（赵会超）

扫码“练一练”

扫码"学一学"

第十四章　肌　组　织

学习目标

1. **掌握**　肌组织的分类。
2. **熟悉**　骨骼肌纤维的光镜结构；心肌纤维的光镜结构。
3. **了解**　肌节、肌原纤维、横小管、三联体的概念。

案例导入

钱女士感觉不舒服，以为自己患了感冒，就吃了感冒药。随后病情加重，肌肉酸痛，伴随发热、咳嗽。几天后，感觉呼吸困难并见痰中带有血丝。急诊入院，经综合检查后诊断为病毒性心肌炎。

请问：

1．病毒侵入了什么组织？
2．病毒侵入的组织有几种？
3．不同种类的该组织有哪些特点和主要结构？

肌组织主要由肌细胞组成，肌细胞间有少量结缔组织、血管和神经。肌细胞细而长，呈纤维状，又称肌纤维。肌纤维的细胞膜称为肌膜，细胞质称为肌浆，肌浆中有许多与细胞长轴相平行排列的肌丝，它是肌纤维收缩和舒张的物质基础。根据肌纤维的结构和功能特点，将肌组织分为骨骼肌、心肌和平滑肌。

第一节　骨骼肌

骨骼肌借肌腱附着于骨骼上，属于横纹肌，受躯体神经支配，为随意肌。

一、骨骼肌纤维的光镜结构

骨骼肌纤维有明暗相间的横纹，其收缩有力，每条肌纤维周围包裹有少量结缔组织，称为肌内膜；若干条肌纤维平行排列形成肌束，外包裹结缔组织，称为肌束膜；若干肌束组成一块骨骼肌，外包裹结缔组织，称为肌外膜（图14–1）。

考点提示
肌节的构成。

光镜下，骨骼肌纤维呈长柱形，直径10 ~ 100μm，长1 ~ 40mm，一条肌纤维含多个细胞核。细胞核呈椭圆形，染色较浅，位于肌膜下方。肌浆内含有大量肌原纤维。肌原纤维呈细丝状，直径1 ~ 2μm，与细胞长轴平行排列。高倍光镜下观察，每条肌原纤维上都有明暗相间的横纹，色浅的称明带，又称I带；色深的称暗带，又称A带。明带中央有一条深色的Z线，暗带中部有一条染色浅的H带，H带中央有一条深色的M线。相邻两条Z线之间的一段肌原纤维，称为肌节，因此每个肌节包括1/2I+A+1/2I。肌节是骨骼肌收缩和舒张功能的基本结构单位（图14-2）。

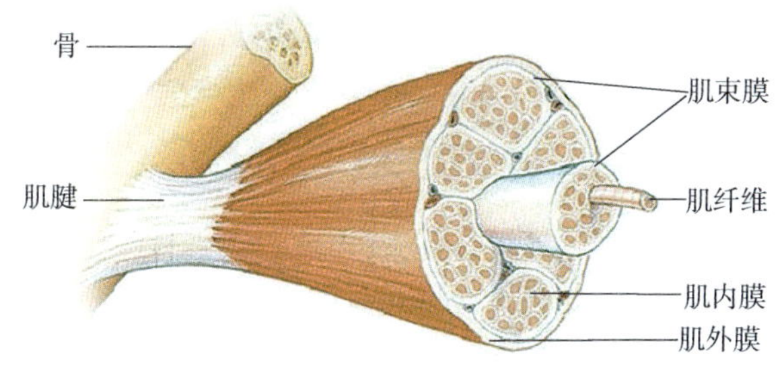

图 14-1 骨骼肌结构模式图

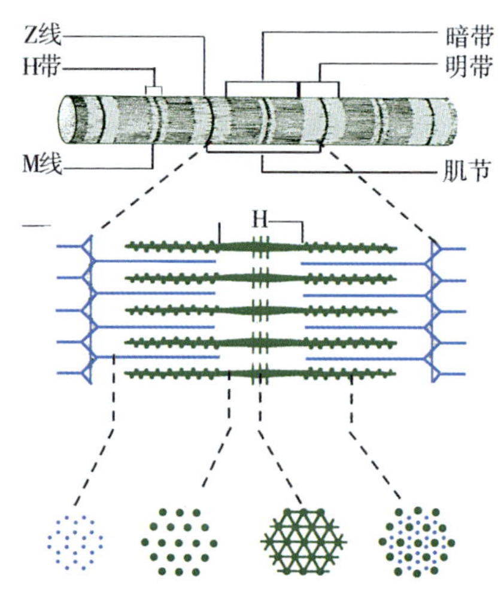

图 14-2 骨骼肌纤维的电镜结构模式图

二、骨骼肌纤维的电镜结构

（一）肌原纤维

肌原纤维由粗、细两种肌丝有规律地平行排列组成。粗肌丝位于肌节A带，中央固定于M线上，两端游离。细肌丝一端固定于Z线上，另一端游离，插入粗肌丝之间，止于H带外缘。H带内只有粗肌丝，I带内只有细肌丝，而A带其余部分则由粗、细两种肌丝组成。

粗肌丝由肌球蛋白分子组成。肌球蛋白分子呈豆芽状，分为头部和杆部，两者之间的部分类似关节，可以屈动。M线两侧的肌球蛋白分子对称排列，杆部均朝向粗肌丝的中段，头部则朝向粗肌丝的两端并露出表面，称为横桥。肌球蛋白头部含有ATP酶，能与ATP结合，只有当横桥与肌动蛋白上位点接触时，头部ATP酶才被激活，并立即水解ATP释放能量，使横桥发生屈曲运动。细肌丝由肌钙蛋白、肌动蛋白和原肌球蛋白组成。肌钙蛋白由三个球形亚单位组成，分别称为TnT、TnI、TnC，其中TnC可与钙离子结合而引起肌钙蛋白构象改变。肌动蛋白单体呈球形，每个单体上都有与肌球蛋白结合的位点，单体相连成两条相互缠绕的串珠状螺旋链。原肌球蛋白由较短的双股螺旋多肽链组成，首尾相连，嵌于肌动蛋白双螺旋链两侧的浅沟内（图14-3）。

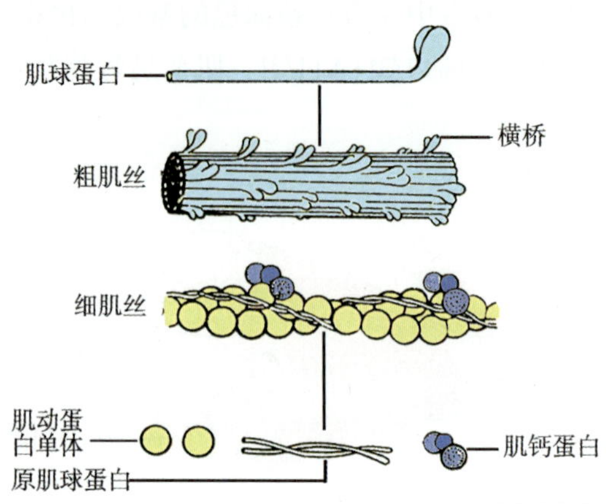

图 14-3　骨骼肌粗肌丝和细肌丝分子结构模式图

（二）横小管

是肌膜向肌浆内凹陷形成的垂直于肌膜表面的小管，又称T小管（图14-4）。同水平的横小管相互连通成网。横小管可将肌膜的电兴奋信号快速同步地传至每个肌节。

（三）肌浆网

位于横小管之间，也称纵小管（L小管），是肌纤维内特化的滑面内质网，其功能是调节肌浆内钙离子浓度。肌浆网沿肌纤维长轴纵行排列并环绕肌原纤维，横小管两侧的肌浆网扩大为环行扁囊，称终池，每条横小管与其两侧的终池共同构成三联体（图14-4）。

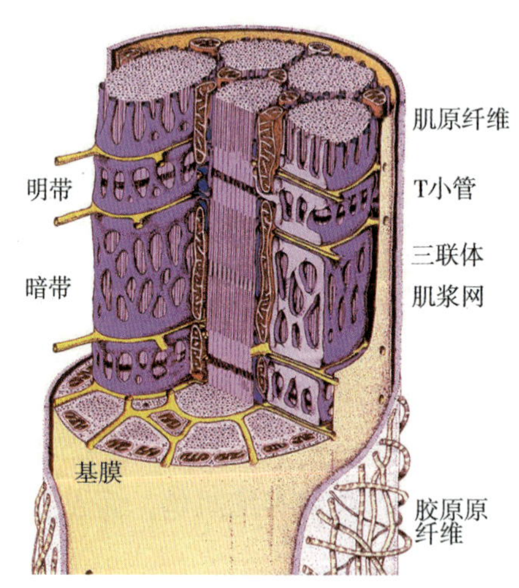

图 14-4　骨骼肌纤维超微结构立体模式图

三、骨骼肌纤维的收缩原理

目前认为，骨骼肌收缩机制是“肌丝滑动学说”，其过程大致为：①神经冲动经运动终板传递给肌膜；②肌膜的兴奋经横小管迅速传向终池和肌浆网，肌浆网膜上的钙通道开启，迅速释放大量钙离子向肌浆内；③肌钙蛋白TnC与钙离子结合使原肌球蛋白的位置改变；④肌动蛋白上的位点与肌球蛋白头部接触，使头部的ATP酶被激活、水解ATP并释放能量；⑤肌球蛋白头部发生屈曲将肌动蛋白拉向M线，使细肌丝滑入粗肌丝之间，导致I带和H带缩窄，A带长度不变，肌节缩短，肌纤维收缩；⑥收缩完毕，钙泵将钙离子再泵回肌浆网，TnC与钙离子分离，粗、细肌丝脱离并退回原位，肌节复原，肌纤维舒张。

第二节 心 肌

心肌分布于心壁及与其相连的大血管近段，属于不随意肌。其收缩特点是具有自动节律，缓慢而持久。

一、心肌纤维的光镜结构

光镜下，心肌纤维为短圆柱状，有分支并互相连接成网状（图14-5）。心肌纤维也有明暗相间的横纹，但不如骨骼肌明显。心肌纤维的细胞核呈卵圆形，有1～2个，居中，细胞核两端的肌浆较丰富，内含线粒体、脂滴及脂褐素等。在HE染色标本中，相邻心肌纤维连接处有着色较深的横行粗线，称为闰盘。

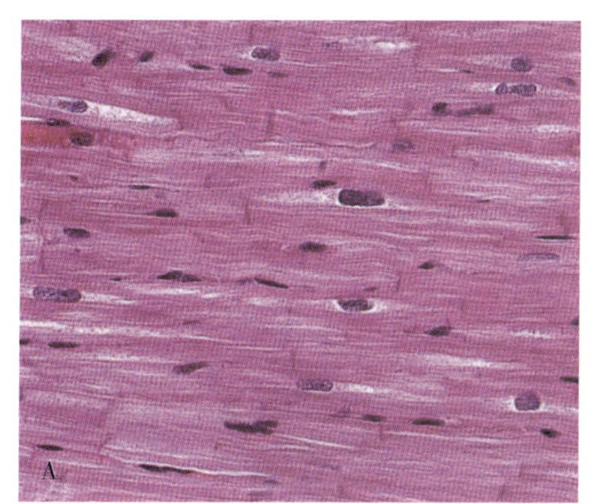

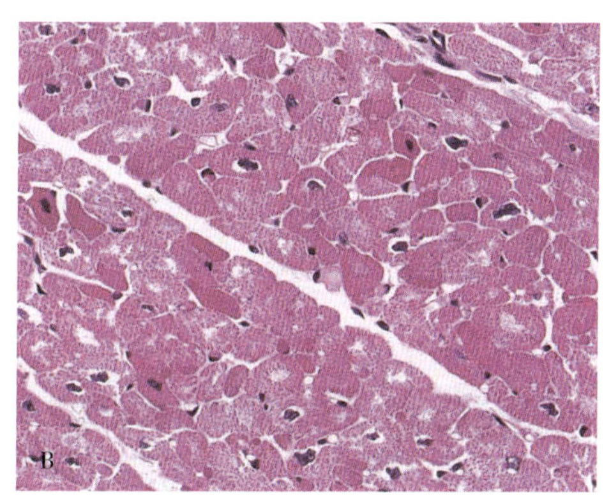

图14-5 心肌纵、横切面光镜图

A. 纵切面 B. 横切面

二、心肌纤维的电镜结构

电镜下，心肌纤维大量纵行排列的肌丝组成粗细不等的肌丝束，不形成明显的肌原纤维。横纹不明显。横小管较粗，位于Z线水平。肌浆网稀疏，纵小管和终池不发达。横小管多与一侧的终池相贴组成二联体，故贮存钙离子的能力较弱（图14-6）。闰盘位于Z线水平，在横向连接的部分有中间连接和桥粒，在纵向连接部分有缝隙连接，这对心肌纤维整体活动的同步化十分重要。心房肌纤维的细胞质内含有分泌颗粒，可分泌心房钠尿肽，又称为心钠素，具有排钠、利尿和扩张血管、降低血压的作用。

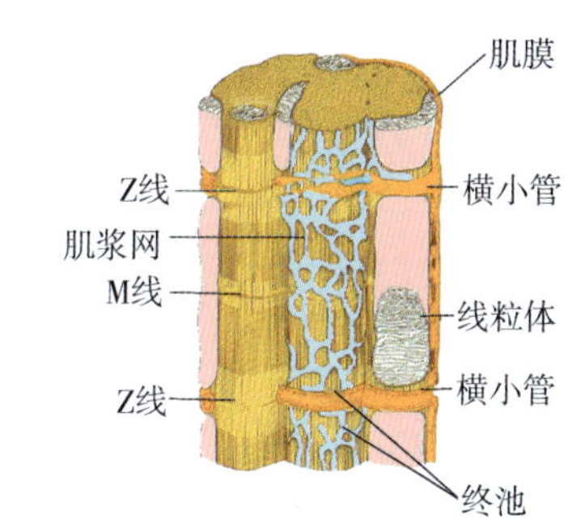

图14-6 心肌纤维超微结构立体模式图

第三节 平 滑 肌

平滑肌分布于内脏、血管和皮肤的立毛肌等处，属于不随意肌，其收缩特点是，缓慢而持久，受内脏神经支配。

平滑肌纤维呈长梭形，无横纹；细胞呈长椭圆形或杆状，有一个细胞核，位于细胞中央（图14–7），细胞核两端的肌浆较丰富。不同器官的平滑肌纤维长短不一，一般内脏处的平滑肌为200μm，小血管壁平滑肌短至20μm，妊娠子宫平滑肌可长达500 ~ 600μm。

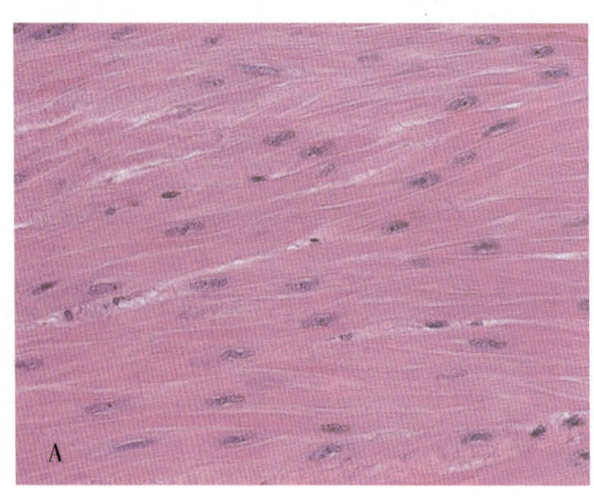

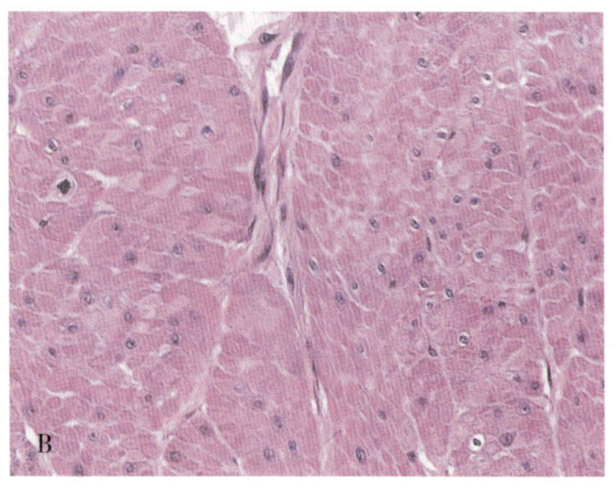

图14–7　平滑肌纵、横切面光镜像

A. 纵切面　B. 横切面

平滑肌表面的肌膜向下凹陷形成许多小凹，相当于横纹肌的横小管。平滑肌骨架系统比较发达，由密斑、密体和中间丝组成。密斑位于肌膜内面，密体位于细胞质内，两者之间有中间丝相连（图14–8）。相邻平滑肌纤维之间有缝隙连接，便于肌纤维之间的信息沟通。

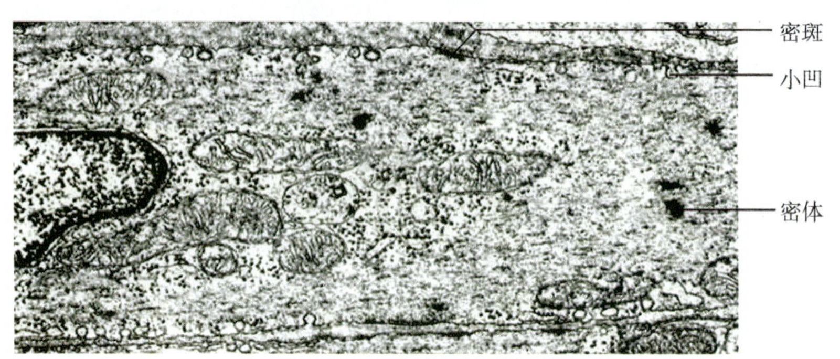

图14–8　平滑肌纤维电镜像

本章小结

肌组织由肌细胞和少量的结缔组织构成。肌细胞呈细长纤维形，又称肌纤维。其细胞膜称肌膜，细胞质称肌浆。肌组织可分骨骼肌、心肌和平滑肌三种，骨骼肌为随意肌，心肌和平滑肌为非随意肌。骨骼肌和心肌为横纹肌，平滑肌为非横纹肌。骨骼肌纤维呈长圆柱形，一条肌纤维内含多个细胞核，位于肌膜下方；肌浆内含大量肌原纤维，每条肌原纤维上都有明暗相间的横纹，分别称明带和暗带。肌节为两条相邻Z线之间的一段肌原纤维，由1/2I带+A带+1/2I带组成，是肌原纤维结构和功能的基本单位。闰盘是心肌纤维间的连接结构，能快速传递信息，使心肌纤维同步收缩和舒张。

习题

一、选择题

1. 下面哪种纤维是细胞
   A. 胶原纤维　　B. 肌原纤维
   C. 肌纤维　　D. 胶原原纤维
   E. 网状纤维
2. 属于横纹肌的是
   A. 骨骼肌和心肌　　B. 只有骨骼肌
   C. 骨骼肌和平滑肌　　D. 平滑肌和心肌
   E. 平滑肌
3. 骨骼肌细胞的细胞膜向肌质内凹陷形成
   A. 横小管　B. 纵小管　C. 终池　D. 三联体　E. 肌质网
4. 关于心肌细胞，错误的是
   A. 有横纹　　B. 可分支相连
   C. 都只有一个细胞核　　D. 闰盘的实质是细胞间连接
   E. 是非随意肌
5. 关于平滑肌细胞，错误的是
   A. 为非横纹肌　　B. 细胞呈长柱形
   C. 只有一个细胞核　　D. 分布在血管和内脏
   E. 为非随意肌
6. 肌细胞内的肌质网是指
   A. 高尔基复合体　　B. 滑面内质网
   C. 线粒体　　D. 粗面内质网
   E. 溶酶体
7. 肌内膜是
   A. 细胞膜　B. 基膜　C. 肌膜　D. 结缔组织　E. 半透膜
8. 骨骼肌内只有粗肌丝而无细肌丝的是
   A. 暗带　B. 明带　C. H带　D. A带　E. Z线
9. 心肌的横小管
   A. 位于明、暗带交界处　　B. 位于Z线水平
   C. 位于暗带　　D. 位于H带
   E. 位于明带
10. 构成骨骼肌粗肌丝的是
   A. 肌动蛋白　　B. 肌球蛋白
   C. 原肌球蛋白　　D. 肌钙蛋白
   E. 肌红蛋白

扫码“练一练”

二、思考题

1. 简述肌组织的分类?
2. 试分析骨骼肌纤维出现横纹的结构基础。
3. 比较骨骼肌与心肌微细结构的异同。

（赵会超）

扫码“学一学”

第十五章 神经组织

学习目标

1. **掌握** 神经元、突触、神经纤维的结构。
2. **熟悉** 神经元的分类。
3. **了解** 神经胶质细胞的分类。

神经组织由神经细胞和神经胶质细胞组成。神经细胞也称神经元，是构成神经系统结构和功能的基本单位。神经元具有接受体内外刺激、传导神经冲动、整合信息的功能。神经胶质细胞对神经元起着支持、营养、保护和绝缘等作用。

案例导入

患者郭先生，2周前感觉上肢远端异常或麻木，随着病情的严重，去医院检查发现其为严重进行性的肢体无力，肌肉萎缩，肌张力增高，腱反射减低。初步诊断为肌萎缩性侧索硬化症。

请问：

1. 郭先生的病变属于哪种组织病变？
2. 郭先生的病变组织主要由哪些细胞构成？
3. 该组织各种细胞有何主要功能？

第一节 神经元

一、神经元的形态结构

神经元形态多样，由胞体和突起两部分构成（图15-1）。

（一）胞体

神经元胞体的大小差异很大，直径4 ~ 120μm，细胞核大而圆，位于细胞中央，着色浅，核仁大而明显；细胞质内除含一般的细胞器和发达的高尔基复合体外，还有丰富的尼氏体和神经原纤维（图15-2）。

1. **尼氏体** 分布于神经元的细胞体和树突内。光镜下，呈嗜碱性斑块或细颗粒状。电镜下为密集排列的粗面内质网和游离核糖体，具有旺盛的合成蛋白质的功能。

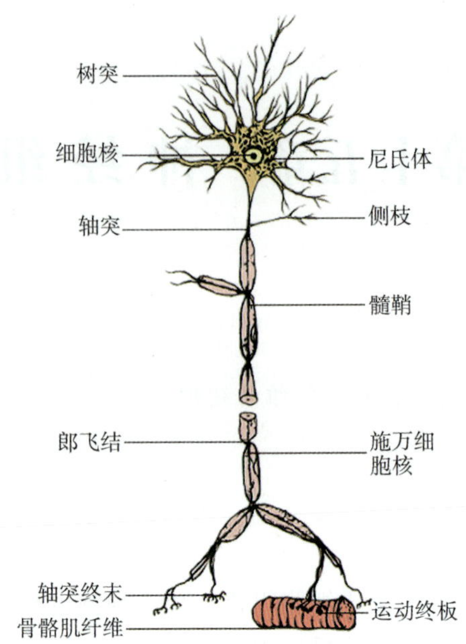

图 15-1 神经元结构模式图

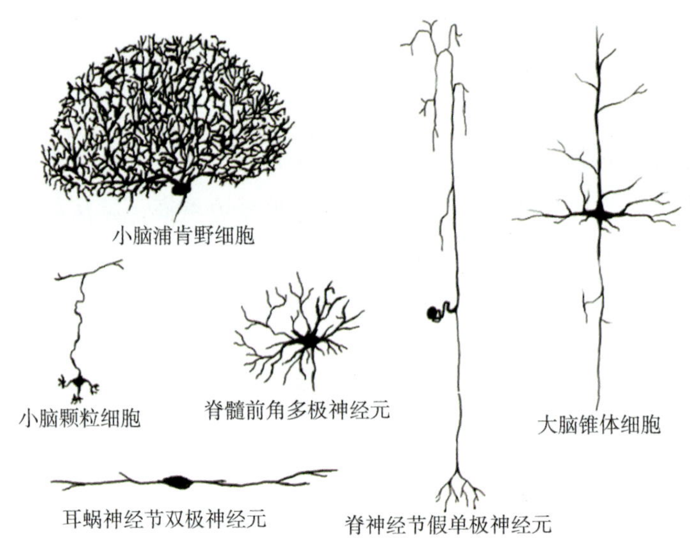

图 15-2 神经元主要形态模式图

2. 神经原纤维 神经原纤维构成了神经元的细胞骨架，并参与神经元内的物质运输。光镜观察银染标本，神经原纤维呈深棕褐色细丝状，并伸入树突和轴突内（图15-3）。

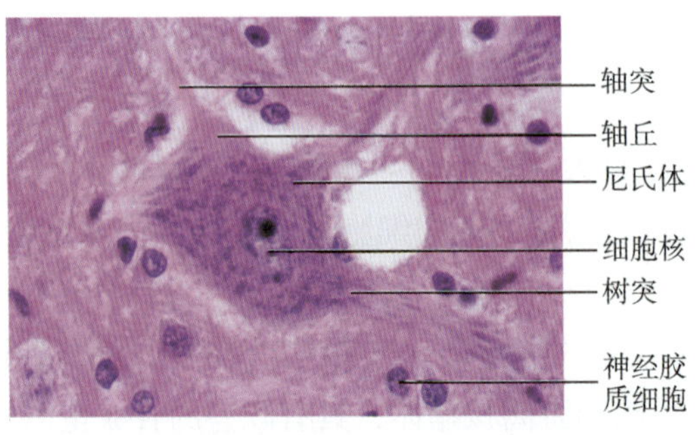

图 15-3 脊髓运动神经元光镜图

（二）突起

神经元的突起依据形态和功能不同，可分为树突和轴突两类。

神经元的形态特点。

1. 树突　树突短而粗，反复分支呈树枝状。一个神经元有一个或多个树突。树突表面有许多棘状的小突起，称为树突棘。树突的功能是接受刺激并将神经冲动传向胞体。

2. 轴突　每个神经元有且只有一个轴突。从胞体发出轴突的起始部有一圆锥状浅染区，该处无尼氏体，称为轴丘。轴突细而长，分支少，表面光滑，仅有少数呈直角发出的细小分支。轴突终末分支呈爪样，与其他神经元或效应细胞形成突触。

二、神经元的分类

1. 根据细胞突起数目不同分类

神经元的分类。

（1）假单极神经元　先从胞体发出一个突起，离胞体不远该突起再分出两个分支，一支分布到其他组织或器官中，称为周围突；另一支进入中枢神经系统，称为中枢突。

（2）双极神经元　含有一个树突，一个轴突。

（3）多极神经元　含有多个树突，一个轴突。

2. 根据神经元功能不同分类

（1）感觉神经元　又称传入神经元，属假单极神经元。周围突接受刺激，并将刺激经中枢突传入中枢神经。

（2）运动神经元　又称传出神经元，属多极神经元。树突接受中枢的高级指令。轴突支配肌纤维或腺细胞，使其收缩或分泌。

（3）中间神经元　又称联络神经元，多数属多极神经元。约占神经元总数的99%，分布在感觉神经元和运动神经元之间，构成复杂的神经网络，是学习、记忆、思维的基础（图15-4）。

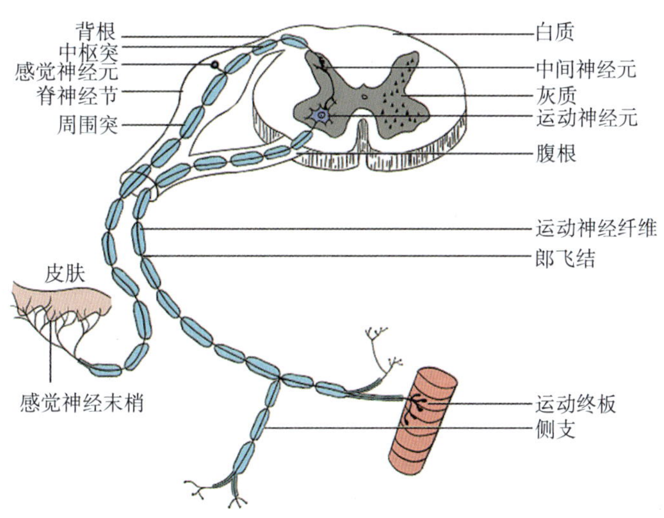

图15-4　脊髓和脊神经模式图（显示三种神经元的关系）

3. 根据神经元释放的神经递质分类　可分为胆碱能神经元、去甲肾上腺素能神经元、肽能神经元和胺能神经元等。

三、突触

考点提示
突触的结构。

突触是指神经元与神经元之间，或神经元与非神经元之间（如肌细胞、腺细胞等）特化的细胞连接，是传递神经冲动的部位。分为化学性突触和电突触。如果突触利用神经递质作为传递信息的介质，称为化学突触。通过缝隙连接传递信息的突触，称为电突触。电镜下，化学性突触由三部分组成（图15–5）。

1. **突触前成分** 是指轴突终末的膨大部分，该处的轴膜为突触前膜，内含线粒体和突触小泡，突触小泡内含神经递质。突触前膜的内侧附有一层高电子密度物质。

2. **突触后成分** 突触后成分是后一神经元或效应细胞与突触前成分相对应的胞体膜、树突膜或轴突膜，也可以是肌细胞或腺细胞的细胞膜，它们统称为突触后膜，膜内侧也附有高电子密度物质，膜上有神经递质的特异性受体。

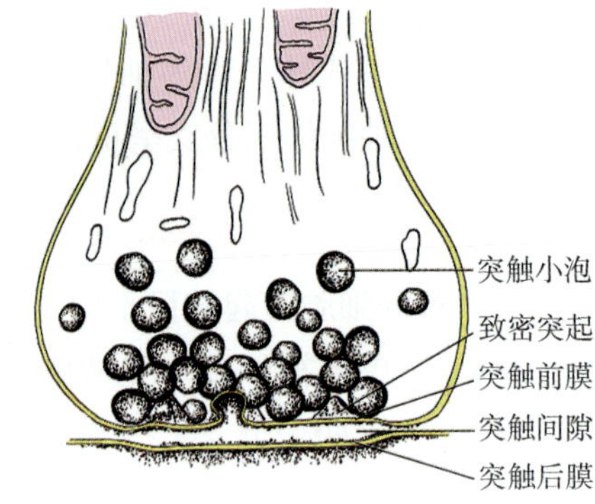

图 15–5 化学突触电镜结构模式图

3. **突触间隙** 位于突触前膜与突触后膜之间的狭小间隙，宽 15 ~ 30nm，当神经冲动传到突触前膜时，突触小泡紧贴突触前膜并释放神经递质，经突触间隙与突触后膜特异性受体结合产生生理效应，将信息传递给后一个神经元或效应细胞。

第二节 神经胶质细胞

神经胶质细胞广泛分布于神经元周围，数量较神经元多。神经胶质细胞也有突起，但无轴突和树突之分，也没有传导神经冲动的功能，对神经元有支持、营养、保护、绝缘、修复和形成髓鞘等功能。神经胶质细胞根据分布位置不同，分为中枢神经系统的胶质细胞和周围神经系统的胶质细胞两大类。

一、中枢神经系统的胶质细胞

1. **星形胶质细胞** 是胶质细胞最大、数量最多的一种。星形胶质细胞自胞体发出的突起呈放射状伸展并分支，突起末端膨大形成脚板。脚板常附着在毛细血管壁上或脑和脊髓表面，形成胶质膜，构成血–脑屏障的成分（图15–6）。星形胶质细胞又分为以下两种类型。

（1）纤维性星形胶质细胞　突起细长，分支少，表面光滑。分布于脑和脊髓的白质。

（2）原浆性星形胶质细胞　细胞突起短粗，分支多，表面粗糙。分布于脑和脊髓的灰质。

2. **少突胶质细胞** 细胞突起较少，突起末端扩展为扁平薄膜，呈同心圆包绕轴突，形成有髓神经纤维的髓鞘。

考点提示
神经胶质细胞的分类。

3. **小胶质细胞** 是神经胶质细胞中最小的一种，它是单核巨噬细胞系统的成员，具有吞噬功能。当中枢神经损伤时，它可以吞噬细胞碎屑和退变的髓鞘。

4. **室管膜细胞** 立方或柱形，呈单层被覆于脑室和脊髓中央管腔面，形成室管膜。防止脑脊液进入组织。

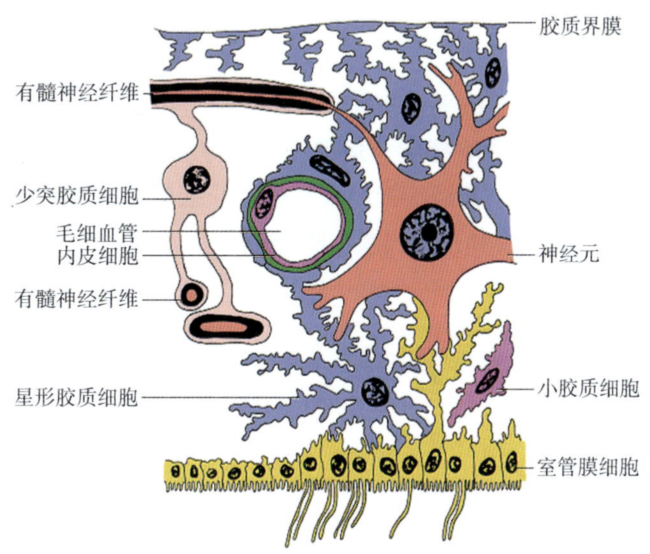

图 15-6　中枢神经系统的胶质细胞形态以及与毛细血管关系模式图

二、周围神经系统的胶质细胞

1. **神经膜细胞**　又称施万细胞。呈薄片状，胞质较少，双层细胞膜同心圆状包卷轴突，形成周围神经系统有髓神经纤维的髓鞘。它对神经再生也起到支持和诱导作用。

2. **卫星细胞**　又称被囊细胞。呈扁平或立方形，包裹在神经节内神经元胞体的周围，具有营养和保护功能。

第三节　神经纤维和神经

一、神经纤维

神经纤维是由神经元的长突起外包胶质细胞共同构成。根据神经纤维有无髓鞘分为有髓神经纤维和无髓神经纤维两种类型。

（一）有髓神经纤维

神经元的长突起构成神经纤维的中轴，称轴索。少突胶质细胞或施万细胞呈同心圆包卷轴索形成髓鞘。电镜下，髓鞘呈明暗相间的同心圆状板层结构。施万细胞最外面的一层胞膜与基膜共同构成神经膜。一个施万细胞包卷一段轴索，构成一个结间体。结间体之间的缩窄部称郎飞结。郎飞结处轴膜裸露，暴露于细胞外环境，该处电阻低，可使神经冲动从一个郎飞结跳到下一个郎飞结，呈快速的跳跃式传导（图 15-7）。

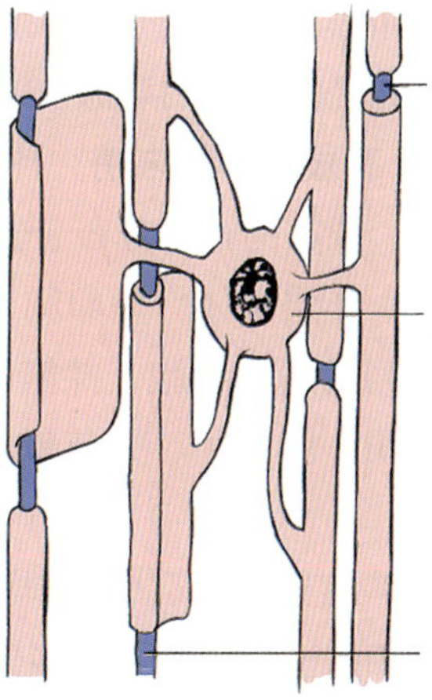

图 15-7　中枢神经系统有髓神经纤维髓鞘形成示意图

（二）无髓神经纤维

无髓神经纤维轴突外仅有单层施万细胞的细胞膜包绕，它很薄，不形成髓鞘，也没有郎飞结。神经冲动是沿着轴索呈连续性传导的，其传导速度较慢。

二、神经

周围神经系统中许多神经纤维平行排列，外包结缔组织膜，构成神经，分布到全身各器官和组织。大多数神经同时含有感觉、运动和自主神经纤维。每条神经含若干神经束，每条神经束又含许多神经纤维，神经、神经束和神经纤维均有结缔组织包裹，这些结缔组织分别称为神经外膜、神经束膜和神经内膜（图 15–8）。

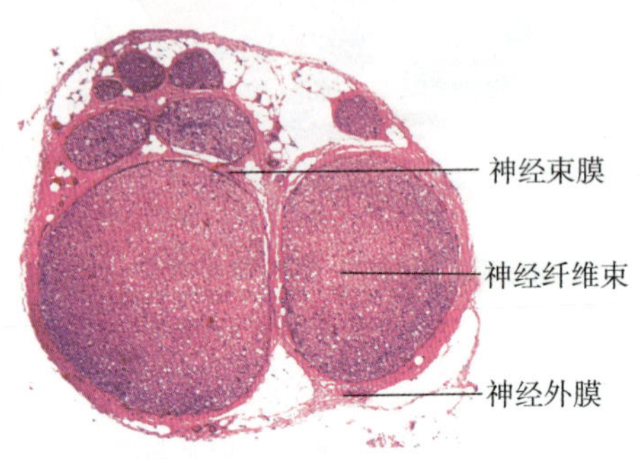

图 15–8　神经横断面光镜结构模式图

第四节　神经末梢

周围神经纤维的终末部分终止于全身各组织或器官内，形成神经末梢，按其功能可分为感觉神经末梢和运动神经末梢两类。

一、感觉神经末梢

感觉神经末梢是感觉神经元周围突的终末与其周围组织构成感受器，其功能是接受刺激，并将刺激转为神经冲动传向神经中枢。依据形态结构分为两型。

1. 游离神经末梢　是感觉神经纤维终末脱去髓鞘，裸露的轴索末段反复分支后分布在表皮、角膜、黏膜上皮、浆膜及结缔组织（韧带、肌腱、牙髓、骨膜等处），感受痛觉、温度觉和轻触觉等的刺激。

2. 有被囊神经末梢　神经纤维的终末均包裹有结缔组织被囊，神经纤维伸入被囊前失去髓鞘，裸露的轴索分布于囊内感觉细胞周围。一般分为以下三种类型。

（1）环层小体　呈卵圆形或圆形，被囊内有数十层呈同心圆排列的扁平细胞，裸露的神经纤维穿行于内。多分布于皮下组织、肠系膜、关节囊和韧带等处，感受张力、压觉和振动觉。

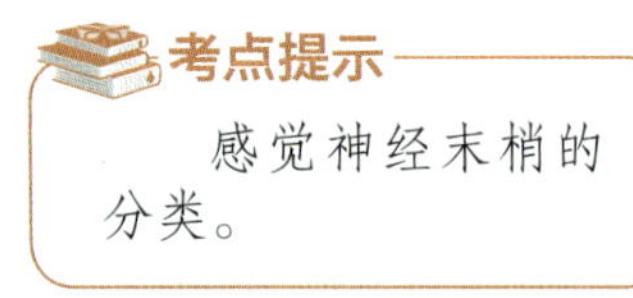

感觉神经末梢的分类。

（2）触觉小体　呈卵圆形，被囊内有许多扁平状触觉细胞，裸露的轴索呈螺旋状缠绕于触觉细胞上。触觉小体多分布于手指、足趾掌侧皮肤的真皮乳头内，感受触觉。

（3）肌梭　是分布在骨骼肌纤维之间的梭形结构，被囊内有数条梭内肌纤维，裸露的轴索缠绕在梭内肌纤维的外表。它属于本体感受器，主要感受肌纤维的舒缩变化，调节肌张力。

二、运动神经末梢

运动神经末梢是运动神经元的轴突分布于肌组织和腺体内的终末结构，与周围组织共同组成效应器，支配肌纤维的收缩或腺体的分泌，可分为两类。

1. 躯体运动神经末梢　是指分布于骨骼肌并支配其运动的神经末梢，其轴突在接近骨骼肌纤维时失去髓鞘，无髓鞘的轴突先形成爪样分支，并在其末端形成结节样膨大，附着在肌膜上，构成突触连接，称**运动终板**，也称神经肌连接（图 15–9）。

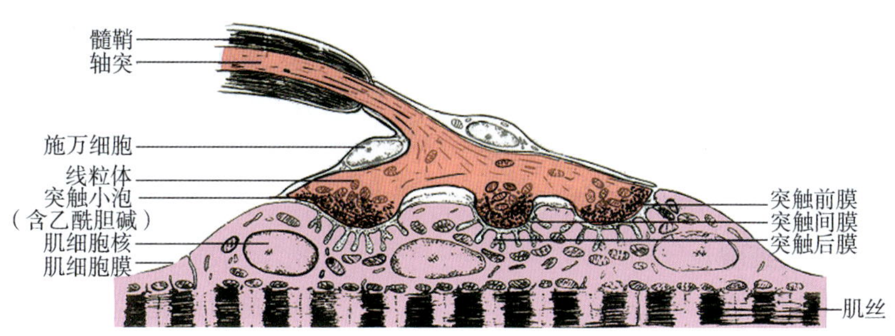

图 15–9　运动终板电镜结构模式图

2. 内脏运动神经末梢　是自主神经节后神经元发出的无髓神经纤维末梢。其反复分支，终末呈串珠状或膨大的小结，附于内脏和血管的平滑肌或腺体细胞上，构成突触。它支配平滑肌、心肌的收缩、舒张或腺细胞的分泌活动。

本章小结

神经组织由神经元和神经胶质细胞组成。神经元分为胞体、树突和轴突。突触是神经元之间、神经元与效应细胞之间传递信息的部位，它分为化学突触与电突触。化学突触可分为突触前成分、突触间隙、突触后成分三部分。神经胶质细胞包括中枢的星形胶质细胞、少突胶质细胞、小胶质细胞和室管膜细胞；周围神经系统的神经胶质细胞有施万细胞和卫星细胞。神经纤维是由神经元的长突起和外包的胶质细胞组成。神经纤维可分为有髓神经纤维和无髓神经纤维。神经末梢按功能分为感觉神经末梢和运动神经末梢。

一、选择题

1. 关于神经元的说法，错误的是

A. 细胞不规则有突起　　B. 突起可分为轴突和树突

C. 神经冲动的传导通过神经丝进行　　D. 细胞内含有神经原纤维

E. 细胞内有大量的粗面内质网和游离核糖体

2. 感受压觉和振动觉的是

A. 环层小体　　B. 触觉小体

C. 肌梭　　D. 游离神经末梢

E. 运动终板

3. 神经原纤维分布于

A．胞体和轴突
B．树突和轴突
C．胞体和树突
D．只有胞体
E．整个神经元

4．光镜切片中区分神经元轴突和树突的依据是
A．长短
B．粗细
C．有无尼氏体
D．有无神经原纤维
E．分支多少及形状

5．参与血－脑屏障构成的细胞是
A．星形胶质细胞
B．小胶质细胞
C．少突胶质细胞
D．施万细胞
E．室管膜细胞

6．来源于血液中单核细胞的是
A．星形胶质细胞
B．小胶质细胞
C．少突胶质细胞
D．施万细胞
E．室管膜细胞

7．形成中枢神经系统神经纤维髓鞘的是
A．星形胶质细胞
B．小胶质细胞
C．少突胶质细胞
D．施万细胞
E．室管膜细胞

8．具有吞噬功能的神经胶质细胞是
A．星形胶质细胞
B．小胶质细胞
C．少突胶质细胞
D．施万细胞
E．室管膜细胞

9．运动终板支配下列哪种细胞的运动
A．心肌纤维
B．骨骼肌纤维
C．平滑肌纤维
D．内分泌细胞
E．外分泌细胞

10．尼氏体分布于
A．胞体和轴突
B．树突和轴突
C．胞体和树突
D．只有胞体
E．整个神经元

11．化学性突触中与神经冲动的传递直接相关的是
A．尼氏体
B．神经原纤维
C．线粒体
D．突触小泡
E．轴丘

12．关于突触的说法，错误的是
A．可存在于神经元与非神经元之间
B．可存在于神经元与神经元之间
C．按冲动的传递方式可分为电突触和化学性突触
D．电突触是紧密连接

E. 化学性突触通过神经递质传递信息

二、思考题

1. 试述神经元轴突和树突的异同。
2. 试述神经纤维的构成、分类及各自的功能特点。
3. 试述突触的分类、化学性突触的分部。

（赵会超）

扫码“练一练”

扫码“学一学”

第十六章 循环系统

学习目标

1. **掌握** 心壁的组织结构；各级动脉管壁的结构特点；毛细血管的结构、分类及功能。

2. **熟悉** 血管管壁的一般结构特点；心瓣膜和心脏传导系统；静脉的结构特点。

3. **了解** 微循环组成及各部结构特点。

4. 学会在显微镜下辨认心壁的各层结构，动脉管壁各层结构，中静脉的管壁结构。

循环系统包括心血管系统和淋巴系统两部分，是连续而封闭的管道系统。心血管系统由心脏、动脉、毛细血管和静脉组成，其内流动着血液。心脏是促进血液流动的动力泵，动脉将血液输送到全身各处，在毛细血管内进行物质交换，静脉将血液导回心脏。淋巴系统由淋巴管道、淋巴器官和淋巴组织组成，其内流动着淋巴，淋巴最后汇入血管。因淋巴器官和淋巴组织与免疫功能相关，故列入免疫系统讲述，本章重点讲述脉管系统和淋巴管道。

第一节 循环系统管壁一般结构

案例导入

患者，男性，55岁。因头晕、头痛就医。测血压170/100mmHg。有高血压家族史。诊断为原发性高血压。

请问：

1．动脉管壁可分为哪几层？

2．据所学知识，说明高血压患者血管的病变主要累及管壁的哪一层？

除毛细血管外，血管壁由内向外分为内膜、中膜和外膜。

一、内膜

内膜是管壁的最内层，最薄，主要由内皮和内皮下层构成，部分血管可见内弹性膜。

1. **内皮** 为衬贴于心血管、淋巴管腔面的单层扁平上皮，表面光滑，便于血液流动。内皮细胞长轴多与血液流动方向一致，细胞核居中，核所在部位略隆起，细胞基底面附着于基板上。内皮细胞和基板构成通透性屏障，液体、气体和大分子物质可选择性地透过此屏障。

2. 内皮下层　是位于内皮和内弹性膜之间的薄层结缔组织，内含少量胶原纤维、弹性纤维，部分血管的内皮下层有少许纵行平滑肌。

3. 内弹性膜　位于内膜的最外层，由弹性蛋白组成，常作为内膜与中膜的分界，主要见于中动脉。在血管横切面上，血管壁收缩使内弹性膜常呈波浪状。

二、中膜

中膜在内膜和外膜之间，其厚度和组成成分与血管的种类有关：大动脉以弹性纤维为主，间有少许平滑肌；中动脉主要由平滑肌组成，其间有弹性纤维和胶原纤维。中膜的弹性纤维具有使扩张的血管回缩的作用，胶原纤维起维持张力作用，具有支持功能。

三、外膜

外膜主要由疏松结缔组织组成，其中含螺旋状或纵向分布的弹性纤维和胶原纤维，并有小血管和神经分布。有的动脉中膜和外膜的交界处，有密集的弹性纤维组成的外弹性膜。血管壁的结缔组织细胞以成纤维细胞为主，当血管受损伤时，成纤维细胞具有修复外膜的能力。

血管是连续的管道，由于各段血管的功能不同，其管壁的组成成分和分布形式也有所不同，有些血管还有一些附加结构，如静脉瓣。管径1mm以上的动脉和静脉管壁中，都分布有血管壁的小血管，称营养血管。这些小血管进入外膜后分支成毛细血管，分布到外膜和中膜。内膜一般无血管，其营养由腔内血液直接渗透供给。

考点提示

血管壁各层的结构特点。

知识拓展

动脉粥样硬化

动脉粥样硬化（AS）其特点是受累动脉病变从内膜开始，一般先有脂质和复合糖类积聚、出血及血栓形成，进而纤维组织增生及钙质沉着，并有动脉中层的逐渐蜕变和钙化，导致动脉壁增厚变硬、血管腔狭窄。病变常累及大、中肌性动脉，一旦发展到足以阻塞动脉腔，则该动脉所供应的组织或器官将缺血或坏死。由于在动脉内膜积聚的脂质外观呈黄色粥样，因此称为动脉粥样硬化，是冠心病、脑梗死、外周血管病的主要原因。

第二节　循环系统管道的各段结构特点

一、心脏

心壁很厚，主要由心肌构成。心脏的规律收缩，推动血液在血管中不断循环流动，使身体各部分的组织、器官得到充分的血液供应。

（一）心脏的结构

心壁从内向外由三层膜构成，依次为心内膜、心肌膜和心外膜（图16-1）。

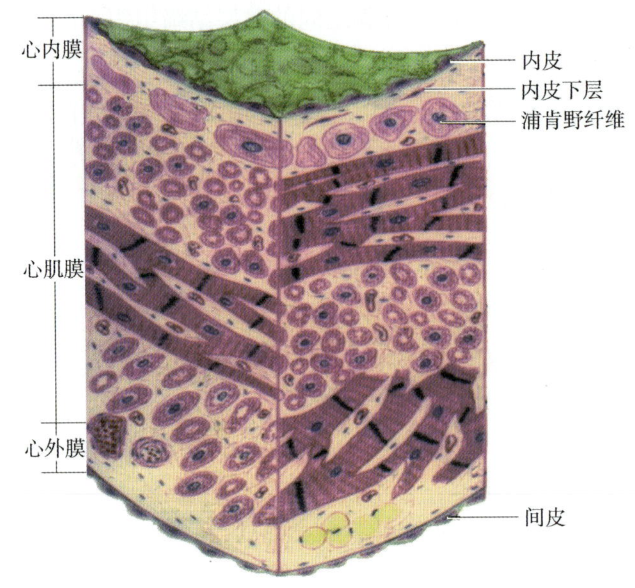

图 16–1　心壁的构造

1. **心内膜**　是衬于心腔内表面的一层光滑薄膜。心内膜由内皮、内皮下层和心内膜下层组成。内皮薄而光滑，有利于血液的流动，与出入心脏的大血管内皮相连续；内皮的外面为内皮下层，由结缔组织构成，含少量的平滑肌纤维；心内膜下层在心内膜最外面，由疏松结缔组织组成，含小血管、淋巴管和神经。心室的心内膜下层中还含有心脏传导系统的分支。

2. **心肌膜**　是心壁的主要组成部分，主要由心肌纤维构成，分为心房肌和心室肌。心房较薄，心室厚，左心室最厚。心肌纤维有内纵、中环和外斜三层，呈螺旋状排列。心肌纤维集合成束状，其间有较多的结缔组织、血管、淋巴管、神经纤维等。

心骨骼是由致密结缔组织构成的支持性结构，位于心房肌和心室肌之间，构成心脏的支架。心骨骼包括室间隔膜部、纤维三角和纤维环三部分。心房和心室的肌纤维不连续，两部分肌纤维各自分别附着于心骨骼上，因而心房肌和心室肌收缩不同步。

3. **心外膜**　是浆膜心包的脏层，是覆盖在心肌表面的一层光滑的浆膜，其表面为一层间皮，间皮深面是薄层结缔组织。心外膜中含有血管、神经以及脂肪组织。

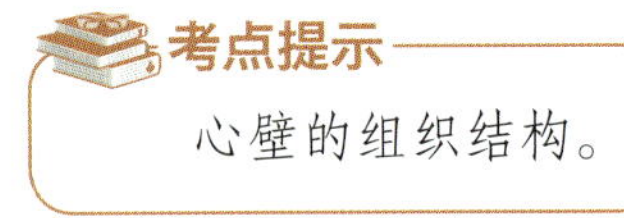

4. **心瓣膜**　是心内膜在房室口和动脉口处向心腔内凸出折叠而形成的薄片状结构，表面被覆以内皮，内部为致密结缔组织，与心骨骼的纤维环连接。其功能是防止血液在心房和心室舒缩时倒流。风湿性心脏病容易侵犯心瓣膜，使得瓣膜内胶原纤维增生，瓣膜变硬、变短或变形，甚至发生粘连，以致瓣膜不能正常地关闭和开放，引起瓣膜狭窄和关闭不全。

（二）心脏的传导系统

心脏的传导系统由特殊心肌纤维构成，其功能是产生兴奋和传导冲动，维持心脏的正常节律性搏动。心的传导系统包括窦房结、房室结、房室束、左束支、右束支以及浦肯野纤维网。窦房结位于上腔静脉和右心耳之间的心外膜深部，呈长椭圆形；其余的部分均分布在心内膜下层，和心肌膜间由结缔组织分隔开。构成心脏传导系统的心肌纤维聚集成结和束，接受交感、副交感和肽能神经纤维支配，其周围有丰富的毛细血管。组成心脏传导系统的细胞包括以下三类。

1. 起搏细胞 又称**P细胞**，细胞较小，呈梭形或多边形，胞质内细胞器较少，有少量肌原纤维，但糖原较多。P细胞被较致密的结缔组织包埋其中，它是构成窦房结和房室结的重要组成部分。生理学研究表明，P细胞是心肌兴奋的起搏点。

2. 移行细胞 又称**T细胞**，细胞的结构介于起搏细胞和心肌纤维之间，细胞呈细长形，比心肌纤维细而短，胞质内含肌原纤维较P细胞略多。T细胞主要存在于窦房结和房室结的周边及房室束，它的作用是传导冲动。

3. 浦肯野纤维 又称**束细胞**。细胞短而粗，形态不规则，细胞中央常有1 ~ 2个核，胞质中含有丰富的线粒体和糖原，肌原纤维较少，常位于细胞周边。细胞间有较发达的闰盘相连。浦肯野纤维位于心室的心内膜下层，构成房室束及其分支，与心室肌纤维相连，它能快速将冲动传到心室肌各处，保证心室肌同步收缩。

二、动脉

动脉从心脏发出后，反复分支，管径逐渐变细，管壁亦逐渐变薄。根据管壁的结构特点和管径的大小，可将动脉分为大动脉、中动脉、小动脉和微动脉四级，各级之间相互移行，没有明显界限。

（一）大动脉

大动脉指接近心脏的动脉，如主动脉、肺动脉、头臂干、颈总动脉、锁骨下动脉和髂总动脉等。大动脉的管壁中有多层弹性膜和大量弹性纤维，平滑肌较少，故又称**弹性动脉**（图16-2、图16-3）。

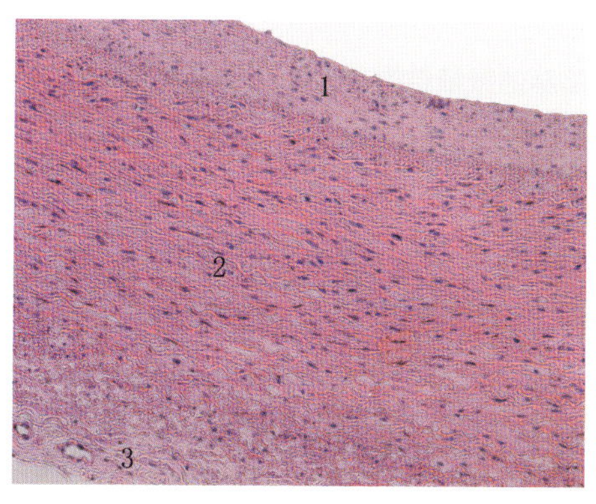

图 16-2 大动脉横切面（HE，低倍）

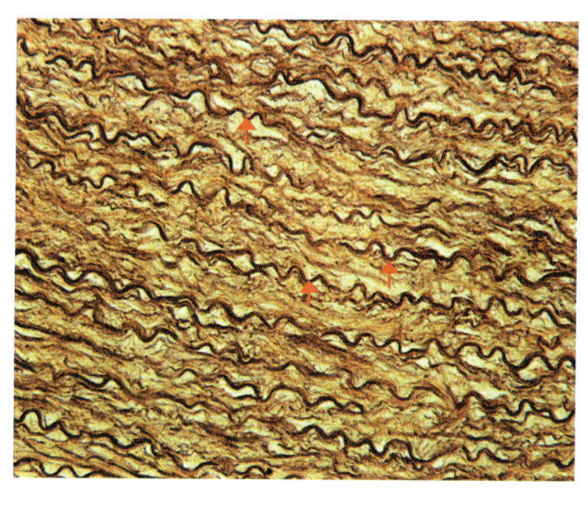
图 16-3 大动脉横切面（弹性染色，低倍）

1. 内膜 由内皮和内皮下层构成，内皮下层较厚，由疏松结缔组织构成，其内含有纵行的胶原纤维和少量的平滑肌纤维。内皮下层外为内弹性膜，由于内弹性膜与中膜的弹性膜相连，故内膜与中膜的分界不清楚。

2. 中膜 最厚，有40 ~ 70层环形弹性膜，由于血管收缩，在血管横切面上弹性膜呈波浪状。各层弹性膜由弹性纤维相连，弹性膜之间有环形平滑肌、少量胶原纤维和弹性纤维。

3. 外膜 由较薄的结缔组织构成，其内除含有对外膜和中膜提供营养的血管外，还含有淋巴管和神经纤维等。没有明显的外弹性膜。

（二）中动脉

除大动脉外，凡在解剖学上有名称的动脉大多是**中动脉**。因其管壁中含丰富的平滑肌纤维，又称**肌性动脉**。

1. 内膜 有内皮、内皮下层和内弹性膜三层。内皮下层较薄，内弹性膜明显。

2. 中膜 较厚，由10 ~ 40层环形排列的平滑肌纤维组成，肌间有一些弹性纤维和胶原纤维。在病理状况下，动脉中膜的平滑肌可移入内膜增生，使内膜增厚，是动脉硬化发生的重要病理过程。

3. 外膜 由疏松结缔组织构成，其内含有血管、淋巴管和神经纤维束。厚度与中膜相近，中膜和外膜交界处有明显的外弹性膜，二者分界清楚。

（三）小动脉

管径在0.3 ~ 1mm的肌性动脉称为**小动脉**。小动脉包括粗细不等的几级分支，较大的小动脉，内膜有明显的内弹性膜，中膜有几层平滑肌，外膜厚度与中膜相近，一般没有外弹性膜（图16–4）。

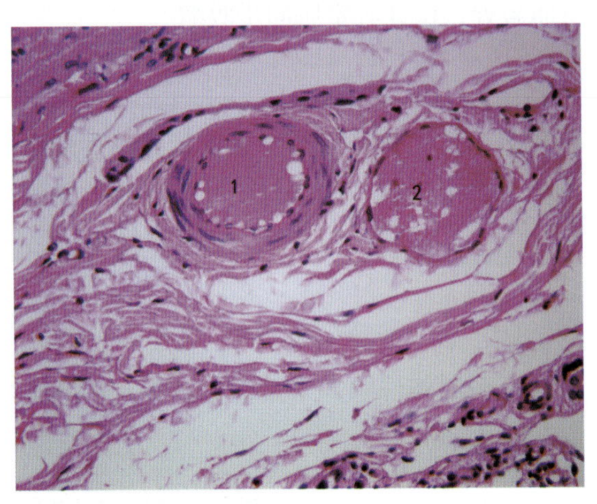

图16–4 小动脉和小静脉的微细结构

1. 小动脉 2. 小静脉

（四）微动脉

管径小于0.3mm的动脉称**微动脉**，是小动脉的分支。内膜无内弹性膜，中膜由1~2层平滑肌纤维组成，外膜较薄。

（五）动脉管壁结构与功能的关系

心脏的节律性收缩导致大动脉内血液搏动性流动。心脏收缩时大动脉管径扩张，而心脏舒张时，大动脉借弹性回缩，推动血管内的血液持续流动。中动脉平滑肌的收缩和舒张改变血管管径，调节分配各器官的血流量。小动脉和微动脉的舒缩，不仅能明显调节局部组织的血流量，还可改变血流的外周阻力，影响血压，故又称**外周阻力动脉**。

> **考点提示**
> 各级动脉管壁的组织结构特点。

三、毛细血管

毛细血管分布广泛，其分支互连成网，是血液与组织细胞进行物质交换的部位。毛细血管的管径很细，直径7 ~ 9μm。各组织和器官内毛细血管的分布与组织器官的新陈代谢紧密相关，代谢旺盛的组织和器官毛细血管分布较丰富，如骨骼肌、心肌、肾以及腺体等；代谢较低的组织和器官毛细血管分布较稀疏如骨、肌腱和韧带等。毛细血管管壁菲薄，是血液与周围组织内的细胞进行物质交换的主要部位。

毛细血管的管壁结构简单，主要由一层内皮细胞和基膜构成。毛细血管管壁正常情况下由1 ~ 3个内皮细胞围成。内皮细胞的基底固定在基膜上，基膜只有基板，很薄，有利于物质交换的进行。周细胞呈扁平状，多突起，其突起紧贴在内皮细胞基底面，散在分布于内皮和基膜之间。周细胞可增殖分化为内皮细胞和成纤维细胞，在毛细血管受损时参与修复再生（图16-5）。

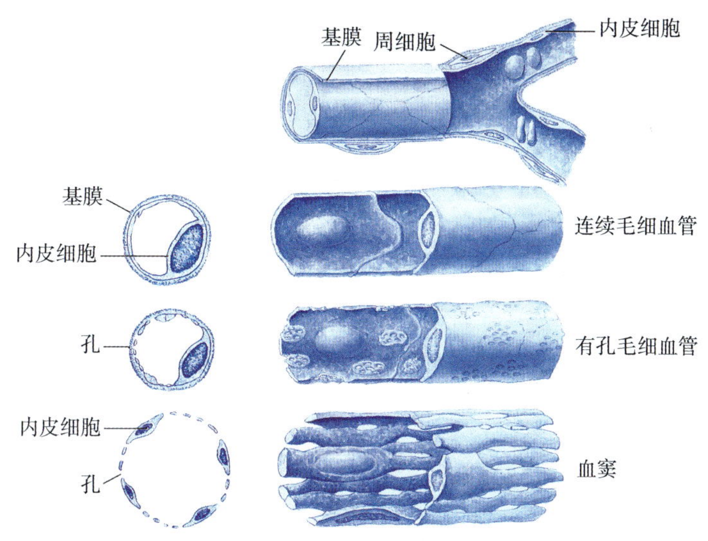

图16-5　毛细血管超微结构图

电镜下观察毛细血管，根据其内皮细胞和基膜的结构特点，将毛细血管分为三大类。

（一）连续毛细血管

连续毛细血管的特点是内皮细胞连续，相邻细胞间有紧密连接，细胞基底面有连续的基膜，胞质中有许多吞饮小泡。连续毛细血管主要以吞饮小泡方式进行物质交换，主要分布于结缔组织、肌组织、肺和中枢神经系统等处，并参与血－脑屏障等屏障性结构的组成。

（二）有孔毛细血管

有孔毛细血管的特点是内皮细胞不含核的部分很薄，有许多贯穿胞质的窗孔，直径为60～80nm，孔上有或者无隔膜封闭，内皮细胞基底面有连续的基膜。有孔毛细血管主要分布于某些内分泌腺、胃肠黏膜和肾血管球等处。

（三）血窦

血窦又称**窦状毛细血管**，管腔较大，形状不规则，内皮细胞之间的间隙较宽，基膜不连续甚至缺如，通透性高，也称不连续毛细血管。血窦主要分布于物质交换旺盛的肝、脾、骨髓和一些内分泌腺中，不同器官内的血窦结构差别较大。

考点提示

毛细血管的分类、特点及分布。

四、静脉

静脉由小至大逐级汇合，管径渐增粗，管壁也渐增厚。静脉根据管径由小到大的顺序可分为微静脉、小静脉、中静脉和大静脉。小、中静脉常与相应的动脉伴行。与伴行的动脉相比，静脉管壁较薄，管腔较大，弹性小。

静脉管壁也可分内膜、中膜和外膜三层，但三层无明显的界限。静脉内膜薄，由一层内皮和结缔组织构成；中膜稍厚，主要由一些环形平滑肌构成；外膜最厚，由疏松结缔组织构成。大静脉的外膜内还含有较多的纵行平滑肌。

静脉壁的平滑肌和弹性组织不发达，其中有较多的结缔组织，故切片标本中的静脉管壁常呈塌陷状，管腔变扁或呈不规则形。

（一）微静脉

微静脉是指管径在50 ~ 200μm的静脉，管腔不规则，内皮外的平滑肌可有可无，外膜薄。和毛细血管紧接的微静脉称**毛细血管后微静脉**，其管壁结构与毛细血管类似，但管径比毛细血管略粗，有较大的内皮细胞间隙，故通透性高，有物质交换的功能。

（二）小静脉

小静脉是指管径大于200μm的静脉，中膜内有一层或数层较完整的平滑肌。外膜也逐渐变厚。

（三）中静脉

除大静脉以外，凡解剖学上有名称的静脉大多都属于**中静脉**，管径为2 ~ 9mm，管壁内膜薄，内弹性膜不明显。中膜比其伴行的动脉薄得多，环形平滑肌层数少排列稀疏。外膜由结缔组织组成，比中膜厚，缺乏外弹性膜，部分中静脉外膜中可见纵行平滑肌束。

（四）大静脉

大静脉是指管径大于10mm的静脉，如上腔静脉、下腔静脉、头臂静脉和颈内静脉等。内膜较薄，中膜为几层排列疏松的环形平滑肌，甚至无平滑肌。较厚的结缔组织构成外膜，其内有大量的纵行平滑肌束。

（五）静脉瓣

多存在于管径大于2mm的静脉。静脉瓣由内膜突入管腔折叠形成，为两片半月形薄膜。静脉瓣表面有内皮覆盖，内部为结缔组织，其中含有弹性纤维。瓣膜的游离缘朝向血流的方向，有防止血液逆流的作用。

五、微循环

微循环是指血液从微动脉到微静脉之间的循环，是血液循环功能的基本单位。微循环一般包括微动脉、中间微动脉、真毛细血管、直捷通路、动静脉吻合和微静脉六个部分（图16-6）。

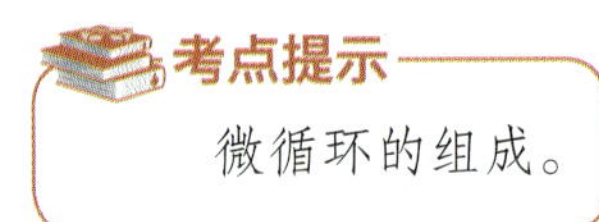

微循环的组成。

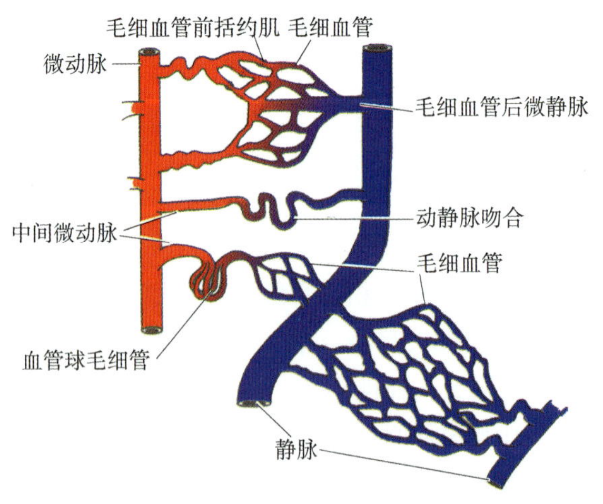

图16-6　微循环模式图

六、淋巴管道

淋巴管起始于组织间隙内的毛细淋巴管，互联成网，最后汇成两条淋巴导管注入静脉角。淋巴管内流动的液体称为淋巴，由组织液渗透入毛细淋巴管内形成。

（一）毛细淋巴管

毛细淋巴管是淋巴管道的起始部分，以盲端起始于组织间隙。毛细淋巴管由一层内皮细胞构成，管壁薄，管腔大而不规则，其通透性大于毛细血管，大分子物质如蛋白质、细菌、异物和癌细胞等较易进入毛细淋巴管。脑、脊髓、上皮、软骨、牙釉质、角膜、晶状体等处无毛细淋巴管分布。

（二）淋巴管

淋巴管由毛细淋巴管汇合而成，结构与小静脉相似，但管径较细，管壁较薄，也有丰富的瓣膜。管壁由内皮、少量平滑肌和结缔组织构成。

（三）淋巴导管

所有淋巴管最终汇合成两条**淋巴导管**，包括胸导管和右淋巴导管。结构与大静脉相似，但管壁比大静脉薄，三层膜分界不明显，中膜平滑肌较发达，在内膜与中膜交界处，有类似内弹性膜的结构。外膜中含有纵行的平滑肌束和胶原纤维，也有营养血管。

本章小结

循环系统包括心血管系统和淋巴系统两部分。心血管系统由心脏、动脉、毛细血管和静脉组成。除毛细血管外，血管壁由内向外分为内膜、中膜和外膜。内膜分为内皮、内皮下层、内弹性膜三层。心壁从内向外由三层膜构成，依次为心内膜、心肌膜和心外膜，心内膜向心腔内突入折叠形成心瓣膜。心的传导系统由特殊心肌纤维构成，组成心脏传导系统的细胞包括起搏细胞、移行细胞、浦肯野纤维。动脉分为大动脉、中动脉、小动脉和微动脉四级，大动脉又称弹性动脉，中动脉又称肌性动脉，小动脉和微动脉合称阻力动脉。每种动脉的管壁都可分为内膜、中膜和外膜三层。毛细血管分为连续毛细血管、有孔毛细血管和血窦三种，其通透性依次增高。静脉可分为微静脉、小静脉、中静脉和大静脉。静脉管壁也可分内膜、中膜和外膜三层，但无明显的界限。微循环是血液循环功能的基本单位，微循环一般包括微动脉、中间微动脉、真毛细血管、直捷通路、动静脉吻合和微静脉六个部分。

一、选择题

1. 血管壁的一般结构可分为

A. 内皮、内皮下层、内弹性膜　　B. 内皮、内膜下层、外膜
C. 内膜、中膜、外膜　　D. 内膜、中膜、外弹性膜
E. 内膜、内弹性膜、外弹性膜

2. 大动脉壁上最发达的结构是
   A. 内弹性膜 B. 平滑肌
   C. 中膜的弹性膜 D. 胶原纤维
   E. 内皮
3. 中动脉的结构特点是
   A. 内膜较厚 B. 内外弹性膜不明显
   C. 中膜弹性膜发达 D. 中膜的环形平滑肌发达
   E. 外膜有发达的纵形平滑肌
4. 对毛细血管的描述，错误的是
   A. 管径最细，为8 ~ 10μm B. 分支多，彼此相互连通成网
   C. 内皮不完整故称间皮 D. 只允许血细胞单向通行
   E. 通透性大
5. 血窦不存在于
   A. 肝脏 B. 脾脏 C. 骨髓 D. 脑 E. 肾上腺

二、思考题

扫码“练一练”

1. 简述血管壁的一般结构特点。
2. 描述各级动脉管壁的结构特点。
3. 试述毛细血管的基本结构、分类。

（贺　旭）

扫码"学一学"

第十七章　免疫系统

学习目标

1. **掌握**　体液免疫和细胞免疫；单核巨噬细胞系统；淋巴结、脾的组织结构和功能；血 - 胸腺屏障；淋巴小结的组织结构特点。

2. **熟悉**　淋巴细胞分类及其主要功能；淋巴细胞再循环；胸腺的组织结构和功能。

3. **了解**　扁桃体的结构特点。

4. 学会在显微镜下辨认淋巴小结、淋巴结、脾、胸腺的组织结构。

免疫系统由淋巴器官、淋巴组织和免疫细胞组成。免疫器官包括中枢淋巴器官（胸腺和骨髓）和外周淋巴器官（淋巴结、脾和扁桃体等）。淋巴组织是淋巴器官的主要成分，也广泛存在于非淋巴器官，如消化道和呼吸道内。免疫细胞聚集于淋巴组织中或分散在血液、淋巴及其他组织器官内；另外，免疫细胞还可产生免疫球蛋白、补体和多种细胞因子等免疫活性分子。

免疫系统对抗原产生免疫应答反应。通过识别和清除进入机体的抗原，如病原微生物、异体细胞和异体大分子等完成免疫防御功能；通过识别和清除体内表面抗原发生变异的细胞，包括肿瘤细胞和病毒感染细胞等完成免疫监视功能；通过识别和清除体内衰老死亡的细胞维持机体免疫稳定。

第一节　免疫细胞

案例导入

患者，男，42 岁。因咽痛咳嗽 5 个月，乏力 2 个月，加重伴下肢浮肿 1 周入院，入院后完善相关检查，诊断为获得性免疫缺陷综合征。

请问：

1. 免疫系统的组成包括哪些结构？
2. 获得性免疫缺陷综合征是由于艾滋病病毒侵犯了哪种免疫细胞？

免疫细胞是指与免疫应答有关或参与免疫应答的细胞，包括淋巴细胞、巨噬细胞、抗原提呈细胞、浆细胞、粒细胞和肥大细胞等。

一、淋巴细胞

淋巴细胞是构成免疫系统的主要细胞，执行免疫功能。根据其发生来源、表面标记、结构特点和功能不同，分为T淋巴细胞、B淋巴细胞和NK细胞三类。

（一）T淋巴细胞

T淋巴细胞又称**胸腺依赖性淋巴细胞**，简称**T细胞**，由胸腺内的淋巴干细胞分化而成。T细胞产生后进入外周淋巴器官或淋巴组织并保持静息状态。一旦受到抗原刺激便转化为代谢活跃的大淋巴细胞，然后增殖分化，形成大量的**效应T细胞**和少量**记忆性T细胞**。效应T细胞具有免疫功能，寿命约1周，能迅速清除抗原。记忆性T细胞恢复静息状态，其寿命可长达数年甚至终生。当再次遇到相同抗原时，记忆性T细胞能迅速转化增殖，形成大量效应T细胞，启动更强的免疫应答，并使机体对该抗原有持久的免疫力。

根据功能的不同，T细胞可分为以下三个亚群。

1. **细胞毒性T细胞** 简称**Tc细胞**，表面有**CD_8抗原**。Tc细胞能释放穿孔素和颗粒酶，并直接攻击带异抗原的靶细胞，如肿瘤细胞、病毒感染细胞和异体细胞，是细胞免疫应答的主要成分。

2. **辅助性T细胞** 简称**Th细胞**，表面有**CD_4抗原**。Th细胞能分泌多种细胞因子，它既能辅助B细胞产生体液免疫应答，又能辅助Tc细胞产生细胞免疫应答。此外，Th细胞还具有某些免疫效应功能。艾滋病病毒能特异性破坏Th细胞，导致患者免疫系统瘫痪。

3. **抑制性T细胞** 简称**TS细胞**，表面有**CD_8抗原**。TS细胞分泌的细胞因子能抑制Th细胞活性，间接降低其他B细胞和T细胞的活性，从而抑制体液免疫和细胞免疫。

由于效应T细胞可直接杀灭靶细胞，故T细胞参与的免疫称**细胞免疫**。

（二）B淋巴细胞

B淋巴细胞又称**骨髓依赖淋巴细胞**，简称**B细胞**，由骨髓中的淋巴干细胞分化而成。B细胞产生后进入外周淋巴器官或淋巴组织，遇到抗原刺激后转化为大淋巴细胞，然后增殖分化，形成大量**效应B细胞**和少量**记忆性B细胞**。效应B细胞，即**浆细胞**，能分泌抗体。抗体和抗原的特异性结合不仅可以消除该抗原的致病作用，还能加速巨噬细胞对该抗原的吞噬和清除。由于浆细胞分泌的抗体，即可溶性蛋白分子发挥免疫功能是在体液内进行的，故B细胞介导的免疫称**体液免疫**。记忆性B细胞，其作用与记忆性T细胞相同。

（三）NK细胞

NK细胞即**自然杀伤性淋巴细胞**，不需借助抗体，也不需抗原提呈细胞的呈递，能直接杀伤病毒感染细胞和肿瘤细胞。

外周淋巴器官和淋巴组织内的淋巴细胞可通过淋巴管进入血液，经血液循环到全身，还可通过弥散淋巴组织内的毛细血管后微静脉，再返回淋巴器官或淋巴组织，如此周而复始，使淋巴细胞从一个淋巴器官到另一个淋巴器官，从一处淋巴组织到另一处淋巴组织，这种现象称为**淋巴细胞再循环**。淋巴细胞再循环有利于识别抗原，促进免疫细胞之间的协作，使全身散在分布的淋巴细胞成为互相关联的统一体。

> **考点提示**
> 体液免疫；细胞免疫；淋巴细胞再循环。

二、巨噬细胞及单核巨噬细胞系统

巨噬细胞广泛分布于全身，是由血液中的单核细胞穿出血管后分化形成。单核细胞及其分化而来的具有吞噬功能的细胞统称为**单核巨噬细胞系统**，包括单核细胞、结缔组织和淋巴组织中的巨噬细胞、骨组织中的破骨细胞、神经组织中的小胶质细胞、皮肤中的朗格汉斯细胞、肝巨噬细胞、肺尘细胞等。

三、抗原提呈细胞

抗原提呈细胞是指能捕获和处理抗原，将抗原提呈给T细胞，并激发T细胞活化、增殖的一类免疫细胞，主要有树突状细胞、巨噬细胞等。

第二节 淋巴组织

淋巴组织以网状组织为支架，网眼中充满大量淋巴细胞和其他免疫细胞，是免疫应答的场所。淋巴组织可分为弥散淋巴组织、淋巴小结两种。

一、弥散淋巴组织

弥散淋巴组织与周围组织无明确界限，弥散分布，其内的淋巴细胞主要为T淋巴细胞。组织中除含有毛细血管和毛细淋巴管外，还常有内皮细胞呈柱状的毛细血管后微静脉，也称**高内皮微静脉**，它是淋巴细胞从血液进入淋巴组织的重要通道。抗原刺激可使弥散淋巴组织扩大，并出现淋巴小结。

二、淋巴小结

淋巴小结，又称淋巴滤泡，呈圆形或椭圆形的小体，与周围组织边界清楚，主要由B细胞密集而成。淋巴小结受到抗原刺激后增大，并产生**生发中心**。无生发中心的淋巴小结较小，称初级淋巴小结；有生发中心的淋巴小结称次级淋巴小结。

生发中心又称反应中心，分为深部的暗区和浅部的明区。生发中心的周边有一层密集的小型B细胞，尤以顶部最厚，称为**小结帽**。暗区因细胞强嗜碱性，故着色深，主要由大而幼稚的B细胞和Th细胞紧密聚集形成。明区主要由中等大的B细胞和部分Th细胞组成，此外还含有滤泡树突状细胞和巨噬细胞。滤泡树突状细胞表面有丰富的抗体受体，能与抗原-抗体复合物结合，并可保留较长时间，在激活B细胞和调节B细胞的分化中起重要作用。

> **考点提示**
> 淋巴小结的组织结构特点。

第三节 淋巴器官

淋巴器官是以淋巴组织为主构成的器官，依据结构和功能的不同分为中枢淋巴器官和外周淋巴器官两类。**中枢淋巴器官**包括胸腺和骨髓，它们是淋巴造血干细胞形成初始T细胞和B细胞的场所，然后输送到外周淋巴器官和淋巴组织。**外周淋巴器官**包括淋巴结、脾和扁桃体等，免疫应答主要在此处进行。无抗原刺激时外周淋巴器官较小，受抗原刺激后则迅速增大，结构也发生变化，免疫应答结束后恢复原状。

一、胸腺

胸腺位于胸腔前纵隔，其形状、大小和结构随年龄而发生明显改变。胸腺在胚胎期开始发育，幼儿期较大，青春期以后开始萎缩，老年期逐渐被脂肪组织代替。

（一）胸腺的结构

胸腺表面有薄层结缔组织被膜，被膜的结缔组织伸入胸腺实质形成小叶间隔，把胸腺实质分成许多分隔不全的**胸腺小叶**。每个小叶分为浅层的皮质和深层的髓质两部分，相邻小叶髓质相互连续。（图17–1）。

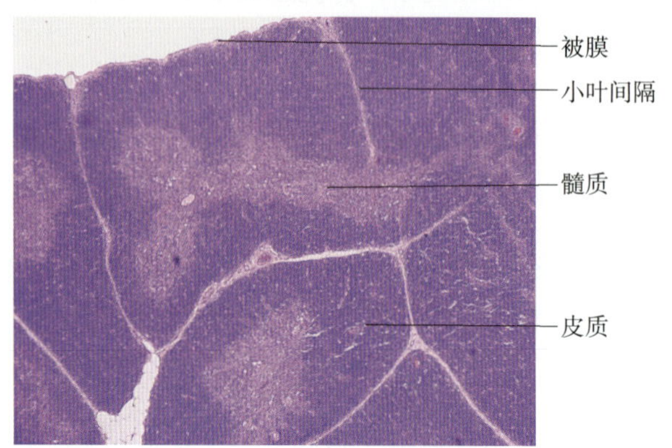

图17–1　胸腺的微细结构

1. **皮质**　以少量胸腺上皮细胞为支架，间隙内含有大量胸腺细胞和少量巨噬细胞。

（1）胸腺上皮细胞　又称上皮性网状细胞。多呈星形，有突起，相邻上皮细胞的突起之间以桥粒连接成网。位于被膜下的胸腺上皮细胞能分泌胸腺细胞发育必需的激素**胸腺素**和**胸腺生成素**，可刺激胸腺细胞的发育和增殖分化。

（2）胸腺细胞　即胸腺内分化发育的T细胞，它们密集于皮质内，占胸腺皮质细胞总数的85%～90%，故皮质着色较深。约95%的胸腺细胞在发育中被淘汰而凋亡，仅5%的胸腺细胞能分化成为具有正常的免疫应答潜能的初始T细胞。

（3）巨噬细胞　量少，可吞噬发育过程中退化凋亡的胸腺细胞。

2. **髓质**　内含大量胸腺上皮细胞、少量成熟胸腺细胞和巨噬细胞，故染色较皮质浅。髓质上皮细胞呈多边形，胞体较大，细胞间以桥粒相连，也能分泌胸腺激素。部分胸腺上皮细胞呈同心圆排列，形成圆形或卵圆形呈散在分布的**胸腺小体**，为胸腺髓质的特征性结构，其内还常见巨噬细胞、嗜酸性粒细胞和淋巴细胞。胸腺小体不能分泌激素，其功能尚不清楚，但缺乏胸腺小体的胸腺不能培育出T细胞。

3. **血–胸腺屏障**　胸腺皮质的毛细血管及其周围结构具有屏障作用，称为血–胸腺屏障。其构成包括：连续性毛细血管内皮及基膜；血管周隙，其中含有巨噬细胞；胸腺上皮细胞基膜及连续的胸腺上皮细胞。血液内的大分子物质，如一般抗原物质和药物不易透过此屏障，可使胸腺的内环境保持相对稳定，对胸腺细胞的正常发育起着非常重要的作用。

（二）胸腺的功能

胸腺是形成初始T细胞的场所，对淋巴组织及外周淋巴器官的正常发育起着非常重要的作用。

> **考点提示**
> 胸腺的组织结构特点；胸腺小体；血–胸腺屏障。

二、淋巴结

淋巴结是滤过淋巴液和产生免疫应答的重要器官，其大小和结构与机体的免疫功能状态密切相关。

（一）淋巴结的结构

淋巴结表面有致密的结缔组织被膜，数条**输入淋巴管**穿过被膜通入被膜下淋巴窦。淋巴结的一侧凹陷称为门部，血管、神经和**输出淋巴管**由此进出淋巴结。被膜和门部的结缔组织伸入实质形成小梁，小梁互连成网构成淋巴结实质的支架，血管行于其内。小梁之间为淋巴组织和淋巴窦。淋巴结实质分为皮质和髓质两部分（图17-2）。

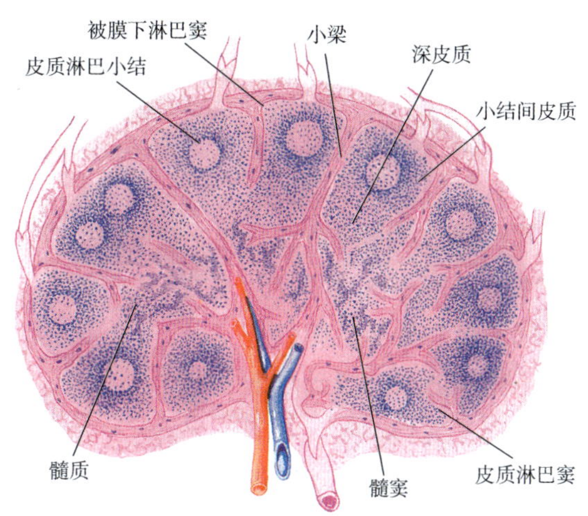

图17-2 淋巴结的微细结构

1. **皮质** 位于被膜下方，由**浅层皮质**、**副皮质区**及**皮质淋巴窦**构成。

（1）浅层皮质 主要结构为紧贴被膜下窦的弥散淋巴组织和淋巴小结，为B细胞区。

（2）副皮质区 位于皮质的深层，为较大片的弥散淋巴组织，主要由T细胞聚集而成；此外，还含有交错突细胞、巨噬细胞和少量B细胞等，新生动物切除胸腺后，此区即不发育，故又称**胸腺依赖区**。副皮质区还含有许多毛细血管后微静脉，它是血液内淋巴细胞进入淋巴组织的重要通道。

（3）皮质淋巴窦 包括**被膜下淋巴窦**和与其连通的**小梁周窦**。窦壁有薄的内皮细胞构成，内皮外有薄层基质、少量网状纤维及一层扁平的网状细胞。窦腔内常有一些星形的内皮细胞支撑，还有许多巨噬细胞附着于内皮细胞表面。窦内淋巴的缓慢流动，有利于巨噬细胞吞噬和滤过异物。

2. **髓质** 位于淋巴结深部，由髓索及其间的髓窦组成。

（1）髓索 是相互连接的条索状淋巴组织，其内主要含有B细胞、浆细胞和巨噬细胞等。

（2）髓窦 与皮质淋巴窦的结构相似，但较宽大，腔内的巨噬细胞较多，故有较强的过滤功能。

（二）淋巴结内的淋巴通路

淋巴液从输入淋巴管进入被膜下淋巴窦和小梁周窦，部分渗入皮质淋巴组织后再流入髓窦，部分经小梁周窦直接流入髓窦，最后均经输出淋巴管流出淋巴结。

（三）淋巴结的功能

1. **滤过淋巴** 淋巴液中常含有抗原，如细菌、病毒、毒素等，当淋巴液缓慢流经淋巴结时，巨噬细胞可清除其中的抗原。正常情况下，淋巴结对细菌的清除率可达99%，但对病毒及癌细胞的清除率较低。

> **考点提示**
> 淋巴结的组织结构和功能。

2. **参与免疫应答** 抗原进入淋巴结后，巨噬细胞和交错突细胞可捕获与处理抗原，然后将抗原呈递给T、B细胞，后两种细胞在抗原的刺激下，大量分裂增殖，最后分化成具有免疫功能的效应性T细胞和浆细胞，分别参与细胞免疫和体液免疫。

三、脾

脾在胚胎早期是主要的造血器官，自骨髓开始造血后，脾演变为人体最大的淋巴器官。

（一）脾的结构

脾被膜较厚，被膜和脾门的结缔组织深入实质内形成小梁，构成脾的支架。在新鲜的脾切面，可见大部分呈深红色的组织，称红髓；其间有散在分布的灰白色点状区域，称白髓，二者构成脾实质。脾小梁、血管及神经构成脾间质。脾动脉从脾门进入后，分支随小梁走行，称**小梁动脉**。小梁动脉继续分支，进入白髓，称**中央动脉**（图17–3）。

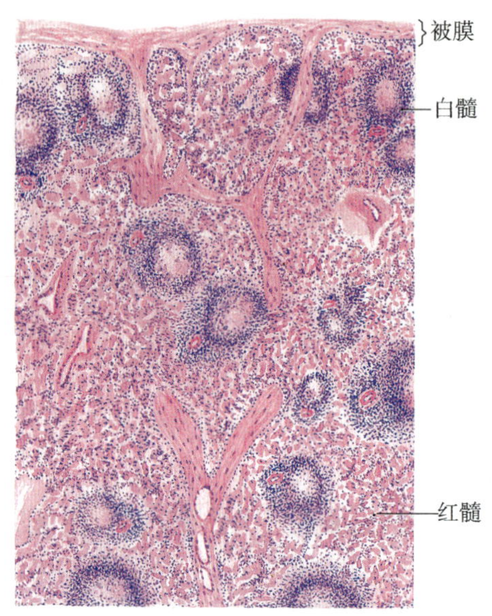

图17–3　脾的微细结构

1. **白髓**　为密集的淋巴组织，由**动脉周围淋巴鞘**、**淋巴小结**和**边缘区**构成，相当于淋巴结的皮质。

（1）动脉周围淋巴鞘　围绕在中央动脉周围，为厚层弥散淋巴组织，由大量T细胞、少量巨噬细胞与交错突细胞等构成。相当于淋巴结的副皮质区，但无毛细血管后微静脉。

（2）淋巴小结　又称**脾小体**，位于动脉周围淋巴鞘和边缘区之间，主要由大量B细胞构成。当抗原侵入脾内引起体液免疫应答时，淋巴小结大量增多。

（3）边缘区　位于白髓和红髓交界的狭窄区域。此区含有T细胞、B细胞和较多的巨噬细胞。中央动脉的侧支末端在此区膨大而形成小血窦，称为**边缘窦**，是血液内抗原以及淋巴细胞进入白髓的重要通道，同时白髓内淋巴细胞也可经此区再迁入边缘窦，参与淋巴细胞再循环。

2. **红髓**　约占脾实质的2/3，位于被膜下、小梁周围及白髓边缘区外侧的广大区域，由脾索及脾血窦组成。

（1）脾索　由富含血细胞的淋巴组织构成，呈不规则的条索状，并互连成网，脾索之间为脾血窦。脾索内含有较多的B细胞、浆细胞、巨噬细胞和树突状细胞。中央动脉主干穿出白髓进入脾索后，分支形似毛笔，称**笔毛微动脉**，少数直接注入脾血窦，多数末端开口于脾索，使大量血液进入脾索。

（2）脾血窦　简称脾窦，位于脾索之间，是互连成网的形态不规则的静脉窦。窦壁由长杆状内皮细胞围成，沿血窦长轴呈纵向排列，细胞间隙较大，基膜不完整。血窦外侧有较多的巨噬细胞，其突起可通过内皮间隙伸向窦腔。脾血窦汇入小梁静脉，再于脾门处汇合为脾静脉出脾。

（二）脾的功能

1. **滤血**　脾内滤血的主要部位是含大量巨噬细胞的脾索和边缘区，可吞噬清除血液中的病菌、异物和衰老、死亡的血细胞。当脾肿大或功能亢进时，红细胞破坏过多，可引起贫血。脾切除后，血内的异形衰老红细胞大量增多。

2. **免疫应答**　脾内含有各类免疫细胞，是对血源性抗原产生免疫应答的部位。侵入血内的病原体，如细菌、疟原虫和血吸虫等，可引起脾内发生免疫应答，脾是体内产生抗体最多的淋巴器官。

考点提示

脾的组织结构和功能。

3. **造血** 胚胎早期脾有造血功能，自骨髓开始造血后，脾渐变为淋巴器官，但脾内仍含有少量造血干细胞，当机体严重贫血或某些病理状态下，脾可恢复造血。

4. **储血** 脾储血约40ml，主要储于血窦内，可供机体急需。

四、扁桃体

扁桃体属于外周淋巴器官，包括腭扁桃体、咽扁桃体和舌扁桃体，和咽黏膜内多处分散的淋巴组织共同组成咽淋巴环，构成机体的重要防线。

腭扁桃体位于腭舌弓和腭咽弓之间的扁桃体窝内，呈扁卵圆形，黏膜表面覆有复层扁平上皮，上皮向下内陷入形成10 ~ 30个分支的隐窝。隐窝周围的固有层内有大量弥散淋巴组织及淋巴小结。隐窝深部的复层扁平上皮内含有许多淋巴细胞、浆细胞和少量巨噬细胞与郎格汉斯细胞等。在上皮细胞之间，有许多含有淋巴细胞的间隙和通道，它们相互连通并开口于隐窝上皮表面的小凹陷，这种上皮组织称淋巴上皮组织。上皮内还有毛细血管后微静脉，是淋巴细胞进出上皮的主要通道。小儿的腭扁桃体较发达，其固有层内含有大量弥散淋巴组织及淋巴小结，它们的数量及发育程度与抗原刺激密切相关。

咽扁桃体和舌扁桃体体积较小，结构与腭扁桃体相似。咽扁桃体无隐窝，舌扁桃体仅有一个浅隐窝，故较少引起炎症。成人的舌扁桃体和咽扁桃体多萎缩退化。

本章小结

免疫系统由淋巴器官、淋巴组织和免疫细胞组成。免疫细胞包括淋巴细胞、巨噬细胞及单核巨噬系统和抗原提呈细胞。其中淋巴细胞分为T淋巴细胞、B淋巴细胞和NK细胞三类。淋巴组织分为弥散淋巴组织和淋巴小结。淋巴小结的主要结构有明区、暗区、小结帽、生发中心。淋巴器官包括中枢淋巴器官和外周淋巴器官，中枢淋巴器官有胸腺和骨髓。胸腺的组织结构由被膜、皮质、髓质三部分构成。外周淋巴器官有淋巴结、脾、扁桃体等。淋巴结的结构包括被膜和实质两部分，实质分为浅层的皮质和深部的髓质；皮质包括浅层皮质、副皮质区、皮质淋巴窦三部分。髓质由髓索和髓窦构成。脾的实质包括白髓和红髓。白髓由动脉周围淋巴鞘、淋巴小结和边缘区构成。红髓由脾索和脾血窦构成。扁桃体包括腭扁桃体、咽扁桃体和舌扁桃体。

一、选择题

1. 对B细胞的描述正确的是

   A. 在胸腺内分化发育而成　　　　B. 在骨髓内分化发育而成

C．分布于淋巴结的副皮质区

D．参与机体的细胞免疫

E．有吞噬作用

2．对T细胞的描述正确的是

A．在胸腺内分化发育而成

B．能分泌抗体

C．在骨髓内分化发育而成

D．参与机体的体液免疫

E．有吞噬作用

3．淋巴小结生发中心的出现是

A．无抗原刺激

B．T淋巴细胞增殖的结果

C．由浆细胞聚集而成

D．是免疫反应的表现

E．B淋巴细胞增殖的结果

4．中枢淋巴器官包括

A．胸腺、淋巴结和脾

B．胸腺及淋巴结

C．胸腺及脾

D．胸腺及骨髓

E．阑尾及淋巴结

5．淋巴结内T细胞的聚合区是

A．淋巴小结发生中心

B．淋巴小结帽

C．副皮质区

D．髓质淋巴窦

E．皮质浅层及淋巴窦内

6．抗原刺激后，淋巴结的哪一部分结构明显增大形成淋巴小结

A．浅层皮质

B．副皮质区

C．浅层皮质和副皮质区

D．髓索

E．红髓

7．关于脾血窦的结构描述错误的是

A．腔大而不规则

B．窦壁由扁平的内皮细胞围成

C．基膜不完整

D．内皮之间有明显的细胞间隙

E．通透性小

8．脾脏白髓的组成为

A．脾小体及边缘区

B．脾小体

C．脾小体、脾索

D．动脉周围淋巴鞘和脾小体及边缘区

E．淋巴小结

二、思考题

1．试述淋巴结皮质的结构。

2．试述脾的组织结构。

扫码“练一练”

（贺　旭）

扫码“学一学”

第十八章 消化系统

学习目标

1. **掌握** 消化管壁的一般结构及各层结构特点；胃壁、小肠壁的结构；肝、胰的微细结构。

2. **熟悉** 大肠壁的微细结构；浆液性腺泡、黏液性腺泡和混合性腺泡的结构特点。

3. 学会在光学显微镜下观察胃、小肠、肝、胰腺的微细结构。

消化系统由消化管和消化腺组成。**消化管**是从口腔到肛门粗细不等，迂曲的管道，包括口腔、咽、食管、胃、小肠（十二指肠、空肠和回肠）和大肠（盲肠、阑尾、结肠、直肠和肛管）。**消化腺**包括大消化腺和小消化腺两种。消化系统的主要功能是消化食物，吸收营养物质。

第一节 消化管

案例导入

患者，男性，38岁。间歇性上腹痛2年半，有嗳气、反酸、食欲不振，冬、春季节较常发作。近2天来腹痛加剧，并突然呕血300ml。入院诊断为：消化性溃疡。

请问：

1．胃壁的结构可分为哪几层？

2．试说明溃疡的发生是由于胃壁的哪些结构受损？

一、消化管的一般结构

除口腔与咽外，消化管壁皆可分为四层，由内至外依次是黏膜、黏膜下层、肌层和外膜（图18-1）。

（一）黏膜

黏膜是消化管壁的最内层。黏膜表面润滑，有利于食物的运输、消化和吸收。黏膜自内向外由上皮、固有层和黏膜肌层组成。

1. **上皮** 构成黏膜的表层。口腔、咽、食管和肛管下部的上皮为复层扁平上皮，耐摩擦，具有保护功能；胃、小肠和大肠的上皮为单层柱状上皮，以消化、吸收功能为主。

2. **固有层** 由疏松结缔组织构成，含丰富的血管和淋巴管。胃和肠的固有层内含有小腺体和淋巴组织。

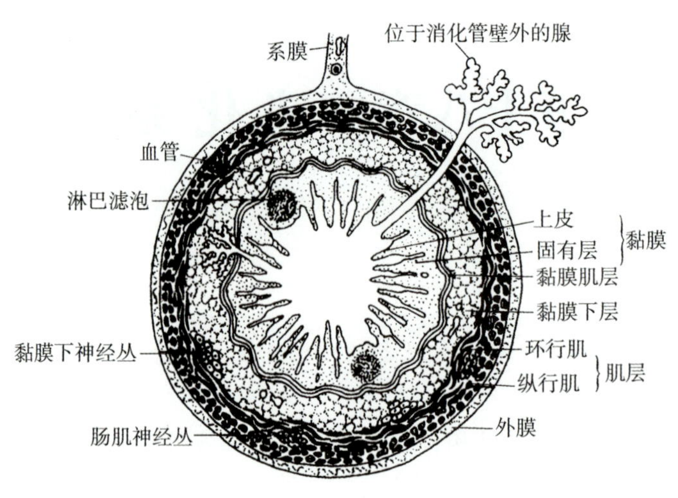

图 18-1　消化管壁一般结构模式图

3. **黏膜肌层**　为薄层平滑肌，平滑肌的收缩和舒张可改变黏膜形态，促进腺体分泌物的排出和促进血液、淋巴的循环，有助于物质的吸收。

（二）黏膜下层

黏膜下层由疏松结缔组织构成，内含较大的血管、淋巴管和神经丛。食管、胃和小肠等部位的黏膜和黏膜下层共同向管腔内突出，形成纵行或环形**皱襞**，扩大了黏膜的表面积。

（三）肌层

肌层在口腔、咽、食管上段和肛门外括约肌为骨骼肌，其余各段为平滑肌。平滑肌一般可分为内环行、外纵行两层。某些部位环形肌增厚，形成括约肌。肌层的收缩和舒张，可使消化液与食物充分混合，并将食物不断推进。

（四）外膜

外膜是消化管的最外层，有纤维膜和浆膜之分。咽、食管、直肠下部和肛管的外膜，由疏松结缔组织构成，称纤维膜；胃、小肠和大肠大部分的外膜由疏松结缔组织及其表面的间皮共同构成，称浆膜。浆膜表面光滑，可减少器官之间的摩擦，有利于器官的活动。

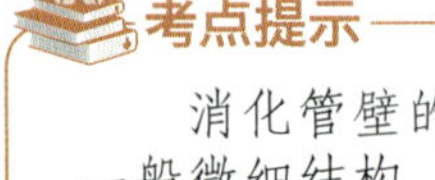

考点提示

消化管壁的一般微细结构。

二、食管

食管壁具有消化管典型的四层结构，由黏膜、黏膜下层、肌层和外膜构成（图 18-2）。

（一）黏膜

黏膜上皮为复层扁平上皮，具有保护作用。固有层为疏松结缔组织，含有血管和淋巴管。黏膜肌层由纵行的平滑肌构成。

（二）黏膜下层

黏膜下层为疏松结缔组织，含有血管、淋巴管和大量的食管腺。食管腺分泌黏液，经导管开口于食管腔，润滑食管内表面，使食团易于下行。

（三）肌层

食管壁的肌层分内环行、外纵行两层。食管壁的肌层上 1/3 段为骨骼肌；中 1/3 段由骨骼肌与平滑肌混合组成；下 1/3 段为平滑肌。

（四）外膜

为纤维膜，由疏松结缔组织构成。

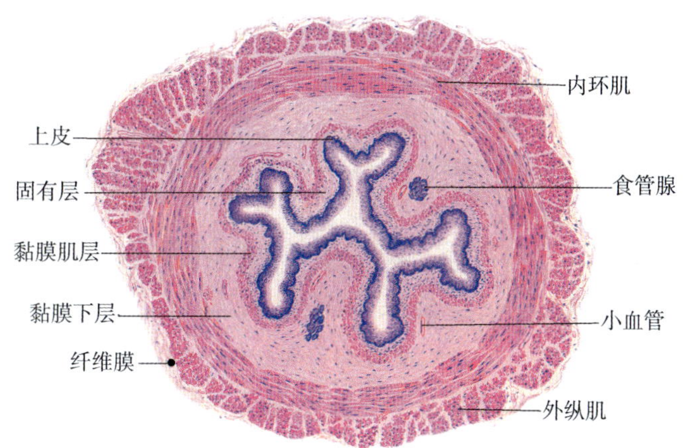

图 18-2 食管壁的微细结构

三、胃

胃壁从内向外由黏膜、黏膜下层、肌层和外膜构成（图18-3）。

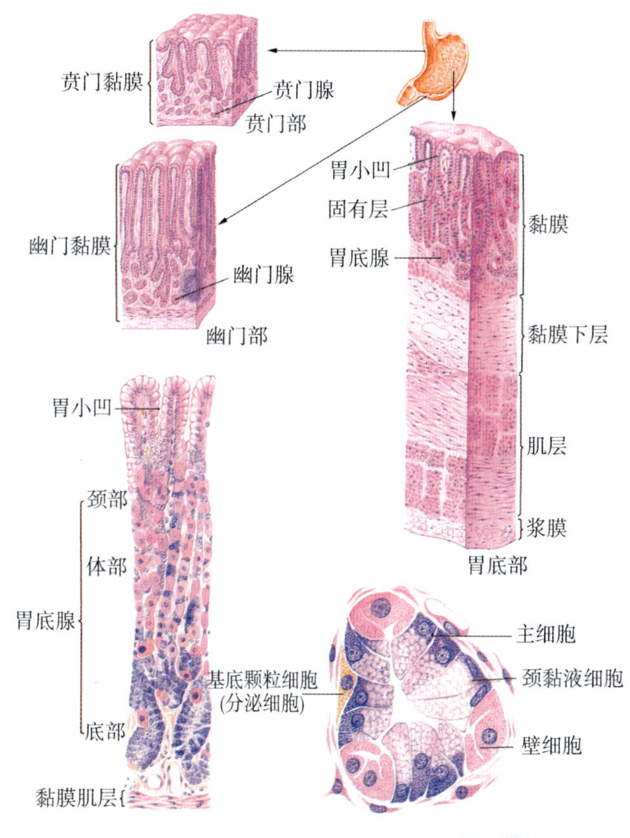

图 18-3 胃的微细结构

（一）黏膜

胃黏膜较厚，肉眼观察为橘红色，有光泽。黏膜表面有许多针孔样小窝，称**胃小凹**，凹底有胃腺开口。胃空虚时，黏膜与黏膜下层隆起形成皱襞，充盈时皱襞变低或展平，但胃小弯处有4 ~ 5条纵行皱襞较恒定。幽门处的黏膜皱襞成环形，称幽门瓣，此瓣可调节胃内容物进入十二指肠的速度。

1. **上皮** 为单层柱状上皮。柱状细胞的核为椭圆形，位于细胞基底部，顶部胞质内含大量黏原颗粒，分泌物为黏蛋白，故胃的柱状上皮细胞又称**表面黏液细胞**。HE染色时，黏原颗粒溶解，呈空泡状。

2. **固有层** 由疏松结缔组织构成，内有许多管状的胃腺。胃腺根据其所在部位不同，可分为贲门腺、幽门腺和胃底腺。

贲门腺、幽门腺分别位于贲门部和幽门部，分泌黏液和溶菌酶，幽门腺还可以分泌胃泌素，促进壁细胞分泌盐酸。

胃底腺位于胃底和胃体部，是分泌胃液的主要腺体。胃底腺主要有三种细胞组成。

（1）颈黏液细胞 数量少，主要分布于腺的颈部。细胞呈柱状，细胞核扁圆形，位于基底部。颈黏液细胞分泌黏液。

（2）主细胞 又称**胃酶细胞**，数量最多，分布于腺的中、下部。细胞呈柱状，核圆形，位于细胞基底部，细胞质呈嗜碱性。主细胞分泌胃蛋白酶原。胃蛋白酶原经盐酸作用后成为有活性的胃蛋白酶，分解蛋白质。

> **考点提示**
> 胃底腺的细胞组成及各种细胞的形态结构和功能。

（3）壁细胞 又称**泌酸细胞**，分布于腺的上、中部。细胞较大，呈圆形或锥体形，细胞核呈圆形，位于细胞的中央，细胞质呈嗜酸性。壁细胞有合成和分泌盐酸的功能。盐酸是胃液的重要组成部分，有杀菌作用，还能激活胃蛋白酶原。壁细胞还能分泌一种糖蛋白，称内因子，内因子能够促进维生素B_{12}的吸收。患萎缩性胃炎时，内因子缺乏，维生素B_{12}吸收障碍，影响骨髓内红细胞的生成，可导致恶性贫血。

3. **黏膜肌层** 由内环行和外纵行两层平滑肌组成。黏膜肌的收缩有助于固有层腺体的分泌。

胃黏膜有自我保护的机制。胃液含高浓度盐酸，腐蚀性极强，正常时，胃液不会自我消化，主要因为其表面有**黏膜-碳酸氢盐屏障**，胃黏膜表面覆盖的黏液是一层含大量HCO_3^-的不可溶性的黏液凝胶，而高浓度HCO_3^-使局部pH为7，既抑制了酶的活性，又可中和渗入的H^+。此外，胃上皮细胞的快速更新也可修复损伤。正常时，胃酸的分泌量与黏液-碳酸氢盐屏障保持平衡。一旦胃酸分泌过多或黏液产生减少，屏障受到破坏，就会导致胃组织的自我消化，形成溃疡。

> **考点提示**
> 胃黏膜屏障的构成及其功能意义。

（二）黏膜下层

黏膜下层由疏松结缔组织构成，含有较大的血管、淋巴管和神经丛。

（三）肌层

肌层较厚，由内斜行、中环行、外纵行三层平滑肌构成。环行肌在幽门处增厚形成幽门括约肌，在贲门处增厚形成贲门括约肌。它能调节胃内容物进入小肠的速度，也可以防止小肠内容物逆流至胃。在婴儿，如果幽门括约肌增厚，可形成先天性幽门梗阻。

（四）外膜

外膜层为浆膜，由疏松结缔组织与间皮组成。

四、小肠

小肠分十二指肠、空肠和回肠，各段之间没有明显的界限，它们具有共同的结构又各有其特点。小肠壁的结构分黏膜、黏膜下层、肌层和外膜四层。小肠管壁的黏膜和部分黏膜下层共同突入肠腔，形成环形皱襞（图18-4、图18-5）。

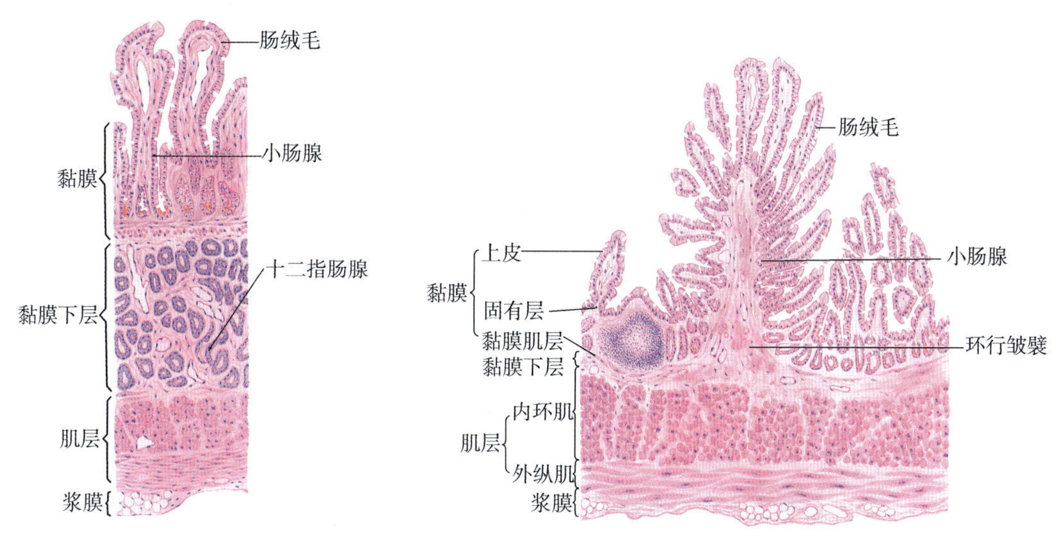

图 18–4　十二指肠的微细结构　　**图 18–5　空肠壁的微细结构**

（一）黏膜

黏膜的上皮为单层柱状上皮；固有层由富含血管和淋巴管的疏松结缔组织构成；黏膜肌层由内环行和外纵行两层平滑肌组成。

小肠黏膜形态和结构的主要特点是腔面有许多环形皱襞和肠绒毛，固有层中有大量小肠腺和淋巴组织。

1. **环形皱襞**　小肠的内面，除十二指肠球和回肠末端外，其余各部均有**环形皱襞**。环形皱襞由黏膜和黏膜下层向肠腔内突出形成。

2. **肠绒毛**　小肠黏膜的游离面有许多细小的指状突起，称**肠绒毛**。肠绒毛由黏膜上皮和固有层向肠腔内突出而成（图 18–6）。

绒毛的上皮主要由柱状细胞和杯状细胞构成，柱状细胞表面有密集而整齐排列的**微绒毛**。固有层形成绒毛的中轴，内含毛细血管网、毛细淋巴管（**中央乳糜管**）和散在的平滑肌纤维等。

小肠的皱襞、绒毛和微绒毛等结构扩大了小肠的吸收面积，有利于小肠吸收营养物质。

3. **小肠腺**　是黏膜上皮下陷至固有层而形成的管状腺，腺管开口于相邻肠绒毛根部之间（图 18–7）。

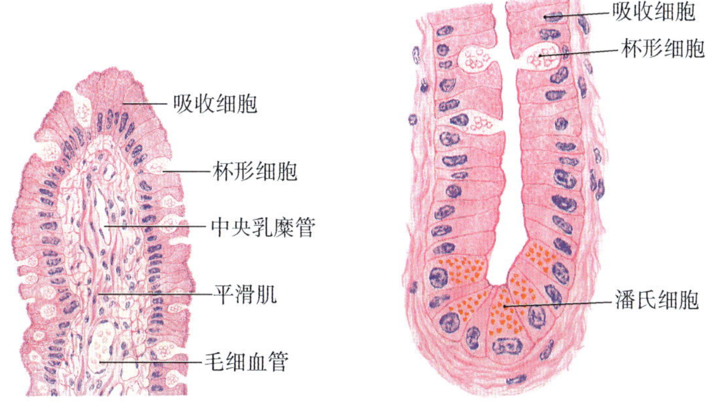

图 18–6　小肠绒毛　　**图 18–7　小肠腺**

小肠腺主要由杯状细胞、柱状细胞和潘氏细胞构成。其中柱状细胞最多，分泌多种消化酶；杯状细胞分泌黏液，对小肠黏膜起润滑和保护作用；**潘氏细胞**常三五成群，分布在小肠腺的基部，呈锥体形，细胞质内含有粗大的嗜酸性颗粒，内含溶菌酶等，颗粒内容物释放入小肠腔，可杀灭肠道微生物，故潘氏细胞是一种具有免疫功能的细胞。

4. 淋巴组织 小肠黏膜固有层内散布有许多淋巴组织，是小肠壁重要的防御结构。在十二指肠和空肠中含有散在的淋巴组织，称**孤立淋巴滤泡**。回肠中的淋巴组织常聚集成群，称**集合淋巴滤泡**（图18-8）。患肠伤寒时，细菌常侵犯集合淋巴滤泡，引起局部坏死，并发肠出血或肠穿孔。

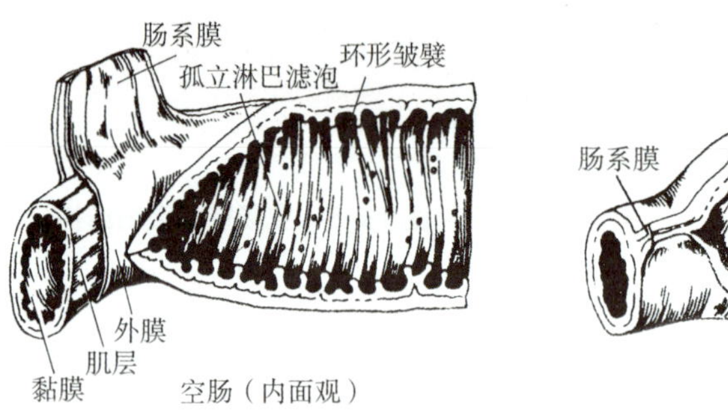

图 18-8 小肠黏膜的淋巴滤泡

（二）黏膜下层

黏膜下层由疏松结缔组织构成，内含较大的血管、淋巴管和神经丛。

（三）肌层

肌层由内环行和外纵行的两层平滑肌构成。

（四）外膜

十二指肠后壁为纤维膜，其余小肠均覆以浆膜。

> **考点提示**
> 小肠绒毛的微细结构及功能意义。

五、大肠

盲肠、结肠和直肠这三部分肠管的微细结构基本相同，无绒毛，肠腺多，杯状细胞多。

（一）黏膜

黏膜的上皮为单层柱状上皮，由柱状细胞（吸收细胞）和杯状细胞组成。固有层内有大量密集排列的肠腺。黏膜上皮和腺上皮杯状细胞数量多，分泌大量黏液，润滑、保护肠黏膜。黏膜肌层为内环行和外纵行的两层平滑肌。

（二）黏膜下层

黏膜下层由疏松结缔组织构成，有小动脉、小静脉、淋巴管和脂肪细胞。

（三）肌层

肌层为内环行和外纵行的两层平滑肌。内环行肌节段性局部增厚，形成结肠袋，外纵行肌局部增厚形成三条结肠带。

（四）外膜

在盲肠、横结肠、乙状结肠、升结肠、降结肠的前壁，直肠上1/3段的大部、中1/3段的前壁为浆膜；其余各部为纤维膜。

第二节　消化腺

案例导入

患者，男性，52岁，酗酒近20年。曾因肝硬化多次住院治疗。此次因腹水和黄疸再次入院。查体：T 36.2℃，P 92次/分，R 26次/分，BP 140/80mmHg。

请问：

1．胆汁是由哪种细胞分泌的？简述胆汁在肝脏内的排出途径。

2．据本章所学知识试分析该患者出现黄疸的原因。

消化腺包括大消化腺和小消化腺。大消化腺包括大唾液腺、肝和胰。小的消化腺则广泛分布于消化管壁内，如食管腺、胃腺、肠腺等。消化腺的主要功能是分泌消化液，对食物进行化学性消化。

一、大唾液腺

大唾液腺包括腮腺、下颌下腺和舌下腺，分泌的唾液经导管进入口腔。

（一）唾液腺的一般结构

唾液腺属于复管泡状腺，被膜由薄层结缔组织构成，结缔组织深入腺实质将其分隔为许多小叶。腺实质由腺泡和导管组成。腺的间质是结缔组织及分布在导管和腺泡间的血管、淋巴管、神经。

1. **腺泡**　由单层锥形的腺细胞围城，在腺细胞与基膜间有肌上皮细胞。肌上皮细胞的收缩有助于腺泡分泌物的排出。腺泡分浆液性、黏液性和混合型三种类型。

（1）浆液性腺泡　由浆液性腺细胞组成，其分泌物较稀薄，富含唾液淀粉酶和溶菌酶。

（2）黏液性腺泡　由黏液性细胞组成，分泌物较黏稠，含黏蛋白。

（3）混合性腺泡　由浆液性腺细胞和黏液性腺细胞共同组成。常常是几个浆液性腺细胞分布在黏液性腺泡的末端。切片中，几个浆液性腺细胞排列呈半月形，称半月。半月的分泌物经黏液性腺细胞的间隙（细胞间小管）排入腺泡腔中。

2. **导管**　是腺体的排泄部，反复分支。导管一端与腺泡相连，另一端开口于口腔，可分为闰管、分泌管、小叶间导管和总导管。

（二）三种唾液腺结构特点

1. **腮腺**　属于纯浆液性腺，闰管长，分泌管短，分泌物含有大量的淀粉酶。

2. **下颌下腺**　属于混合性腺，以浆液性腺泡为主，黏液腺泡和混合腺泡较少，闰管短，分泌管发达。分泌物含较多黏液及少量唾液淀粉酶。

3. **舌下腺**　属于混合性腺，以黏液性腺泡和混合性腺泡为主，闰管短而不易见，分泌管短。分泌物主要是黏液。

二、肝

肝的表面大部分有浆膜覆盖，浆膜下面为一层富含弹性纤维的致密结缔组织。在肝门处，结缔组织随出入肝门的结构伸入肝的实质，将肝实质分隔成50万~100万个肝小叶。相邻的几个肝小叶之间有门管区（图18–9）。

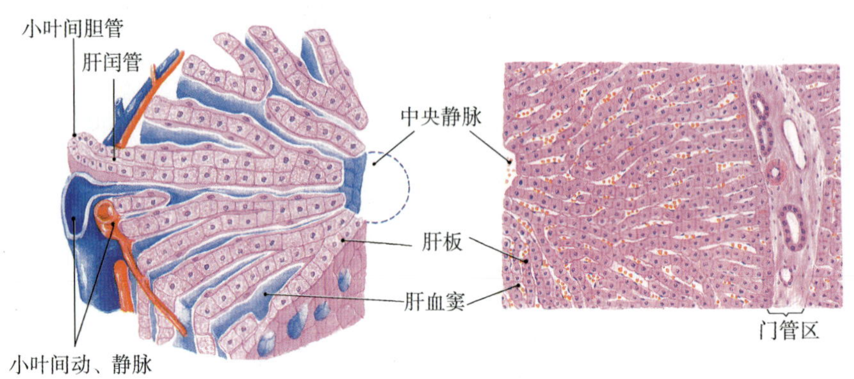

图 18–9 肝的微细结构

（一）肝小叶

肝小叶是肝结构和功能的基本单位，呈多面棱柱状，高约2mm，宽约1mm，主要由肝细胞构成。肝小叶的中央有一条纵行的**中央静脉**，肝细胞以中央静脉为中心向周围呈放射状排列成板状结构，称为**肝板**，在切片中，肝板的断面呈索状，称**肝索**。肝板之间的不规则腔隙是**肝血窦**。肝板内相邻肝细胞之间有**胆小管**（图18–10）。

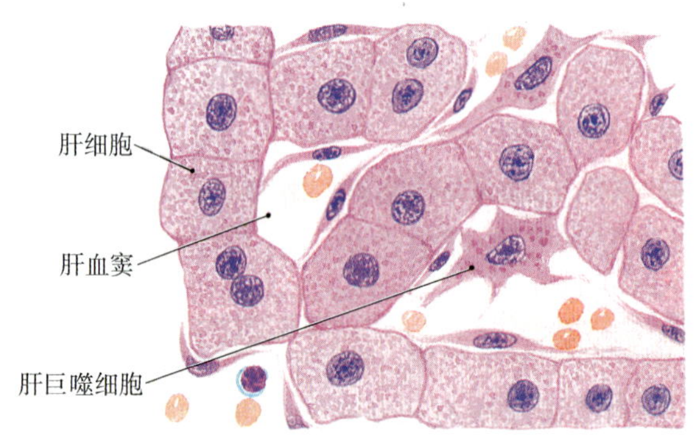

图 18–10 肝索和肝血窦

1. **肝细胞** 呈多面形，体积较大。细胞核圆形，位于细胞的中央，核仁明显。肝细胞细胞质丰富，多呈嗜酸性，胞质内富含多种细胞器和内含物，如线粒体、内质网、高尔基复合体、溶酶体、糖原颗粒以及少量脂滴和色素等。

2. **肝血窦** 位于肝板之间，是扩大了的形状不规则的毛细血管，是肝小叶血液流通的管道。肝血窦壁由一层扁平的内皮细胞构成，内皮细胞有孔，孔无隔膜，胞质内有大量吞饮小泡。细胞连接疏松，细胞外面无基膜，因此，肝血窦壁的通透性较大，有利于肝细胞和血液之间的物质交换。肝血窦内散在有多突起的肝巨噬细胞，又称**库普弗细胞**（Kupffer cell），胞体大，形态不规则，可吞噬和清除血液中的细菌、异物以及衰老的红细胞等。除此之外，肝巨噬细胞可监视和抑制肿瘤细胞，是体内的重要防御屏障。

3. 窦周隙 为肝血窦的内皮细胞与肝细胞之间的狭窄间隙（图18-11）。窦周隙充满来自肝血窦的血浆，肝细胞的微绒毛侵入其中，扩大肝细胞血窦面的表面积，所以窦周隙是肝血窦内的血液与肝细胞之间进行物质交换的场所。在窦周隙内，电镜下可观察到贮脂细胞，它有贮存维生素A和合成胶原纤维的功能。

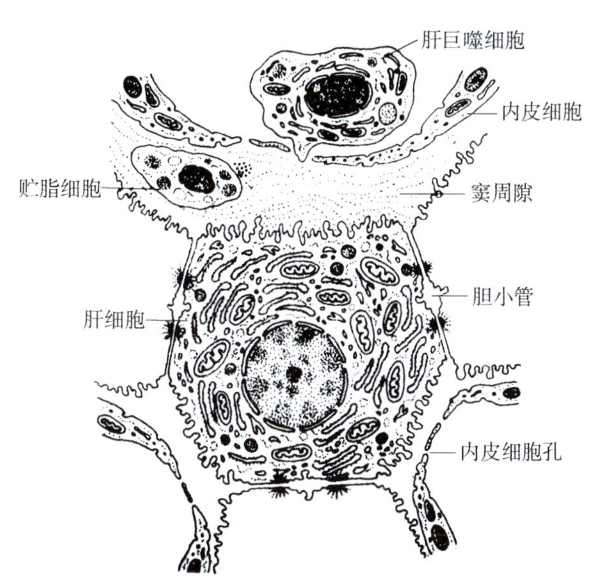

图 18-11 肝细胞、肝血窦、窦周隙、胆小管的超微结构

4. 胆小管 是位于相邻肝细胞之间的微细管道，管壁由相邻肝细胞邻接面的细胞膜局部凹陷而形成，在肝板内穿行并吻合成网，肝细胞分泌的胆汁直接进入胆小管。胆小管以盲端起于中央静脉附近，向肝小叶周边延伸，出肝小叶后汇成小叶间胆管。

在病理情况下，如肝细胞变性、坏死或胆道堵塞时，胆小管的正常结构被破坏，胆汁可进入窦周隙，进而入肝血窦，流入血液循环，形成黄疸。

（二）门管区

肝小叶的组成、结构及功能；门管区的组成。

相邻的肝小叶之间由较多的疏松结缔组织，内有**小叶间动脉**、**小叶间静脉**和**小叶间胆管**通过，此区域称**门管区**。小叶间动脉是肝固有动脉的分支，管径细、管壁厚；小叶间静脉是肝门静脉在肝内的分支，管腔大而不规则，管壁薄；小叶间胆管由胆小管汇集而成，管径较小，管壁由单层立方上皮构成，它们向肝门汇集，最后形成肝左管、肝右管出肝。

（三）肝的血液循环

肝脏的血液供应非常丰富，有两个来源，即肝门静脉和肝固有动脉。

1. 肝门静脉 是肝的功能性血管，主要收集来自胃肠静脉和脾静脉的血液，将从胃肠道吸收的营养物质和某些有毒物质输入肝内进行代谢和加工。肝门静脉入肝后分支形成小叶间静脉，小叶间静脉再分支成为终末肝门静脉，开口于血窦。

2. 肝固有动脉 是肝的营养性血管，入肝以后，分支成为小叶间动脉，小叶间动脉分支形成终末肝微动脉，最后与血窦相连。

肝血窦的血液与肝细胞进行充分的物质交换后，汇入中央静脉，后者再汇合成小叶下静脉。小叶下静脉经多次汇合，最后合成三条肝静脉，出肝，汇入下腔静脉。

（四）肝内胆汁排泄途径

肝细胞分泌的胆汁进入胆小管后，从小叶中央向周边部输送。在肝小叶边缘处，胆小管汇合成若干短小的管道，称**肝闰管**，肝闰管与小叶间胆管相连，最后汇集为左、右肝管出肝。

三、胰

胰是人体第二大消化腺。胰表面有薄层结缔组织被膜，胰实质由外分泌部和内分泌部构成（图18–12）。外分泌部是重要的消化腺，可分泌胰液，在食物消化中起重要作用。内分泌部分泌激素，主要参与调节糖代谢。

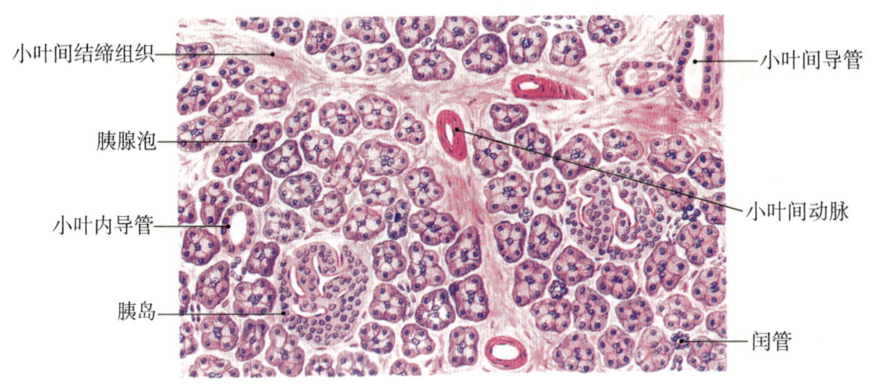

图 18–12　胰的微细结构

（一）外分泌部

外分泌部占胰的大部分，包括腺泡和导管。腺泡由腺细胞组成，腺细胞呈锥体形，细胞核呈圆形，位于细胞的基底部；导管起始于腺泡腔，逐级汇合成小叶内导管、小叶间导管。

1. **腺泡**　为浆液性腺泡，可分泌多种消化酶。胰腺细胞还分泌一种胰蛋白酶抑制因子，可防止胰蛋白酶原在胰腺内被激活。在某些病理情况下，如胰腺损伤或导管堵塞时，胰蛋白酶抑制因子的作用受到抑制，胰蛋白酶原在胰腺内被激活，可致胰腺组织迅速分解破坏，导致急性胰腺炎。

2. **导管**　由闰管、小叶内导管、小叶间导管和主导管组成。闰管细长，管壁为单层扁平上皮或立方上皮，其伸入腺泡的一段称泡心细胞。闰管远端逐渐汇合形成小叶内导管。小叶内导管在小叶间结缔组织内汇合成小叶间导管，后者再汇合成一条主导管，贯穿胰腺全长，在胰头部与胆总管汇合，开口于十二指肠大乳头。从小叶内导管至主导管，管腔逐渐增大，上皮由单层立方上皮渐变为单层柱状上皮，主导管为单层柱状上皮，上皮内可见杯状细胞。

胰腺外分泌部的微细结构及功能。

（二）内分泌部

内分泌部又称**胰岛**，是散在于腺泡之间大小不等的内分泌细胞团，主要有A、B、D三种内分泌细胞。

1. **A细胞**　约占胰岛细胞总数的20%，细胞体积较大，呈多边形，多分布在胰岛的外周部。A细胞分泌**高血糖素**，可促进糖原分解为葡萄糖，抑制糖原的合成，使血糖浓度升高。

2. **B细胞**　数量最多，约占胰岛细胞总数的75%，细胞体积略小，多位于胰岛的中央部。B细胞能分泌**胰岛素**，促进组织、细胞对葡萄糖的摄取和利用，促进肝细胞将葡萄糖转化为肝糖原或脂肪，降低血糖浓度。

3. **D细胞** 数量较少，约占胰岛细胞总数的5%，细胞呈卵圆形或梭形，散布在A、B细胞之间。D细胞分泌**生长抑素**，对A、B细胞起调节作用。

考点提示

胰岛的微细结构及功能。

本章小结

消化管除口腔与咽外，消化管壁皆可分为四层，由内至外依次是黏膜、黏膜下层、肌层和外膜。黏膜自内向外由上皮、固有层和黏膜肌层组成。位于胃底和胃体部的黏膜的固有层内有许多的胃底腺，由颈黏液细胞、主细胞和壁细胞组成。小肠黏膜形态和结构的主要特点是腔面有许多环形皱襞和肠绒毛，黏膜上皮游离面有发达的微绒毛，这些结构扩大了吸收面积，有利于吸收营养物质。固有层中有大量小肠腺和淋巴组织。肝的实质被结缔组织分隔成许多个肝小叶。相邻的几个肝小叶之间有门管区。肝小叶是肝的结构和功能的基本单位。门管区内有小叶间动脉、小叶间静脉和小叶间胆管通过。胰实质由外分泌部和内分泌部构成，外分泌部分泌胰液，参与食物的消化；内分泌部分泌激素，主要参与调节糖代谢。

习 题

一、选择题

1. 关于胃底腺主细胞，描述正确的是

A. 主要分布于腺的颈部　　B. 胞质嗜酸性

C. 分泌胃蛋白酶原　　D. 分泌内因子

E. 分泌盐酸

2. 关于小肠绒毛，描述正确的是

A. 上皮细胞无微绒毛　　B. 无毛细淋巴管

C. 无毛细血管　　D. 有散在的平滑肌

E. 是黏膜和黏膜下层向腔内的突起

3. 关于胰岛，描述正确的是

A. 为外分泌腺　　B. A细胞分泌生长抑素

C. B细胞分泌胰岛素　　D. D细胞分泌胰多肽

E. 分泌物进入胰管

4. 肝小叶的结构，不包括

A. 肝板　　B. 中央静脉

C. 小叶间静脉　　D. 肝窦

E. 窦周隙

5. 库普弗细胞位于

A. 肝血窦内　　B. 窦周隙内

C．肝板内　　　　D．门管区内

E．胆小管内

二、思考题

扫码“练一练”

1．消化管一般层次结构有哪些？

2．比较各段消化管（食管、胃、小肠、大肠）结构的异同。

3．简述肝小叶的组成、结构以及功能特点。

（贺　旭）

第十九章 呼吸系统

扫码"学一学"

学习目标

1. **掌握** 气管管壁的一般结构及各层特点；肺导气部的组成及其管壁结构的变化规律；肺呼吸部各部分的结构特点与功能；气血屏障的组成。

2. **熟悉** 肺间质的组成；肺泡隔；尘细胞。

3. **了解** 鼻黏膜和喉的结构与功能；肺的血管。

4. 学会在光学显微镜下观察气管管壁分层及肺实质的微细结构。

呼吸系统由鼻、咽、喉、气管、主支气管和肺构成。从鼻腔到肺内的终末细支气管，具有传导气体的功能；从肺内的呼吸性细支气管到肺泡，其特征是管壁均与肺泡相连，肺泡是血液与吸入空气进行气体交换的场所。此外，鼻的嗅黏膜有嗅觉感受器，鼻和喉与发音有关。

第一节 呼吸道

案例导入

患儿，女，7个月。因咳嗽、咳痰2天，喘息、发绀1小时入院，入院体温38.5℃，心率150次/分，呼吸65次/分。呼吸困难，口唇发绀，鼻翼扇动，三凹征明显，双肺可闻及大量的细湿啰音。X片显示：双肺大小不等的片状阴影。诊断为：小儿肺炎。

请问：

1. 肺的呼吸部包括哪些结构？
2. 气体交换所通过的结构有哪些？

一、鼻

鼻既是呼吸器官，又是嗅觉器官。鼻外表面的皮肤较厚，富含皮脂腺和汗腺，是痤疮和疖肿的好发部位。鼻腔的内表面覆以黏膜，由上皮和固有层组成，黏膜深部与骨膜、软骨膜或骨骼肌相连。鼻黏膜分为前庭部、呼吸部和嗅部。

（一）前庭部

前庭部是邻近鼻前孔的部分。黏膜表面为未角化的复层扁平上皮，近外鼻孔处上皮与皮肤相移行，出现角化，并有鼻毛和皮脂腺等。鼻毛可阻挡吸入气体中的尘埃等异物，是过滤吸入空气的第一道屏障。固有层为致密结缔组织，深部与软骨膜直接相贴，发生疖肿时疼痛剧烈。

（二）呼吸部

呼吸部是上鼻甲以下的部位，占鼻黏膜的大部分，包括下鼻甲、中鼻甲、鼻道以及鼻中隔中下部的黏膜，血管丰富故呈淡红色。上皮为假复层纤毛柱状上皮，杯状细胞较多。纤毛向咽部摆动，将黏着的细菌以及尘埃颗粒推向咽部而被咳出。固有层含有丰富的腺体，包括黏液腺、浆液腺和混合腺，还有丰富的静脉丛和淋巴组织。腺体的分泌物和静脉丛可湿润和温暖吸入的空气。患鼻炎时，静脉丛异常充血，黏膜水肿，分泌物增多，鼻道变窄，通气困难。

（三）嗅部

嗅部位于鼻中隔上部、上鼻甲以及鼻腔顶部。嗅黏膜呈棕黄色，由上皮和固有层组成，上皮为假复层柱状上皮，又称**嗅上皮**，内有嗅细胞、支持细胞和基细胞。

1. **嗅细胞** 呈梭形，为双极神经元，夹在支持细胞之间，是体内唯一存在于上皮中的感觉神经元。其树突细长伸至上皮表面，末端膨大形成嗅泡，嗅泡表面伸出10 ~ 30根较长的纤毛，称嗅毛，为嗅觉感受器。由于嗅毛内的微管缺乏动力臂，故不能摆动，而是倒伏浸埋于上皮表面的嗅腺分泌物中，能感受不同的化学物质的刺激，使嗅细胞产生神经冲动。嗅细胞基部的轴突穿过基膜进入固有层，其外周由一种称为嗅鞘细胞的神经胶质细胞包裹，构成无髓神经纤维，共同组成嗅神经，嗅细胞产生的神经冲动经嗅神经传入中枢，产生嗅觉。

2. **支持细胞** 数目较多，为高柱状，顶部宽大，基部较细，游离面有许多微绒毛。胞核位于细胞上部，胞质内可见黄色色素颗粒。其功能是对嗅细胞起支持、分隔、营养和保护作用，相当于神经胶质细胞。

3. **基细胞** 位于上皮深部，圆形或锥体形，可增殖分化为支持细胞和嗅细胞。嗅黏膜固有层稀薄，为结缔组织，内含许多浆液性嗅腺，嗅腺不断分泌浆液，清洗上皮表面并能溶解空气中的化学物质，使嗅细胞保持对物质刺激的敏感性。慢性鼻炎患者嗅腺黏液性化生，分泌浆液的功能下降，因此出现嗅觉障碍。

二、喉

会厌表面覆盖黏膜，中间为会厌软骨。会厌舌面及喉面上半部的黏膜上皮为复层扁平上皮，舌面上皮内有味蕾；喉面下部分为假复层纤毛柱状上皮。固有层为疏松结缔组织，内有较多弹性纤维，还有混合腺和淋巴组织。固有层深部与会厌软骨的软骨膜相连。

喉侧壁黏膜形成上下两对皱襞，即室襞和声襞，上下皱襞之间的空腔即为喉室。室襞黏膜上皮为假复层纤毛柱状，夹有杯状细胞，固有层和黏膜下层为疏松结缔组织，有较多混合腺和淋巴组织。喉室的黏膜和黏膜下层的结构与室襞基本相同。声襞又称声带，分膜部和软骨部。膜部在声襞的游离缘，较薄；软骨部在声襞的基部。膜部黏膜上皮为复层扁平上皮；固有层较厚，其浅层疏松，炎症时易发生水肿，中层以弹性纤维为主，深层以胶原纤维为主，中层和深层构成致密板状结构，称声韧带。固有层下方的骨骼肌构成声带肌。膜部是声带振动的主要部位，也是声带小结、息肉和水肿的好发部位。软骨部黏膜结构与室襞基本相同。

三、气管与主支气管

气管与主支气管是连通喉与肺之间的管道。气管与主支气管的管壁结构相同，由内向外依次由黏膜、黏膜下层和外膜构成（图19-1）。

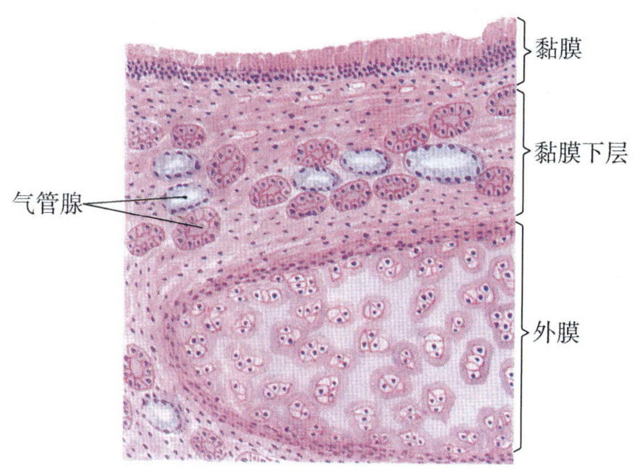

图 19-1　气管的微细结构

（一）黏膜

黏膜由上皮和固有层组成。上皮为假复层纤毛柱状上皮，含有纤毛细胞、杯状细胞、刷细胞、基细胞、小颗粒细胞；固有层为疏松结缔组织，含小血管、淋巴管、大量的弹性纤维和弥散的淋巴组织。

1. **纤毛细胞**　数量最多，呈柱状，游离面有密集的纤毛，纤毛能向咽部快速摆动，将黏液及附于其上的尘埃、细菌等异物推向咽部而被咳出，从而净化吸入的空气。

2. **杯状细胞**　位于纤毛细胞之间，形态类似于肠道杯状细胞。其分泌的黏液与气管腺的分泌物覆盖在黏膜表面，与纤毛等结构共同构成黏液纤毛清除系统，可黏附、溶解并清除气体中的尘埃颗粒、细菌、有毒气体等，净化吸入的空气。

3. **刷细胞**　呈柱状，游离面有排列整齐的微绒毛，形如刷状。此种细胞的功能尚无定论。

4. **小颗粒细胞**　呈锥体形，数量少，散在分布于上皮深部，是一种内分泌细胞。

5. **基细胞**　呈锥形，位于上皮深部，细胞顶部未达到上皮游离面。基细胞为干细胞，可增殖分化为上皮中其他各类型细胞。

光镜下，上皮与固有层之间可见明显的基膜。固有层结缔组织中有较多的弹性纤维，也常见淋巴组织，具有免疫防御功能。其中的浆细胞与上皮细胞联合分泌sLgA，释放入管腔，对细菌、病毒有杀灭作用。

（二）黏膜下层

黏膜下层由疏松结缔组织构成，内有血管、淋巴管、神经和腺体。

（三）外膜

外膜主要由“C”形透明软骨环和疏松结缔组织构成。软骨有支持作用，保持气管、主支气管管道开放，气流通畅。气管软骨环后壁缺口处由结缔组织连接，内含平滑肌束。

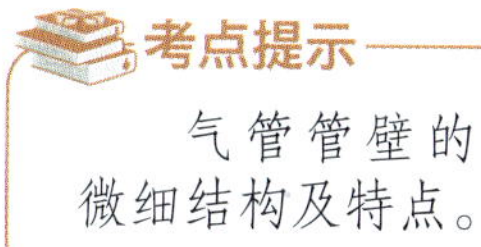

气管管壁的微细结构及特点。

第二节　肺

肺的表面被有浆膜。肺组织可分为肺实质和肺间质两部分。

一、肺实质

肺实质即肺内各级支气管的分支和肺泡。主支气管经肺门进入肺内后逐级分支，依次分级为肺叶支气管、肺段支气管、小支气管、细支气管、终末细支气管、呼吸性细支气管、肺泡管、肺泡囊和肺泡。其中，从肺叶支气管到终末细支气管，只能传送气体，不能进行气体交换，构成肺的导气部；呼吸性细支气管以下各段管壁上连有肺泡，是进行气体交换的部位，构成肺的呼吸部（图19–2）。每个细支气管及其所属的分支和肺泡，构成一个**肺小叶**（图19–3）。肺小叶呈锥体形，尖朝向肺门，底朝向肺表面。临床上所说的小叶性肺炎，就是指仅累及肺小叶的炎症。

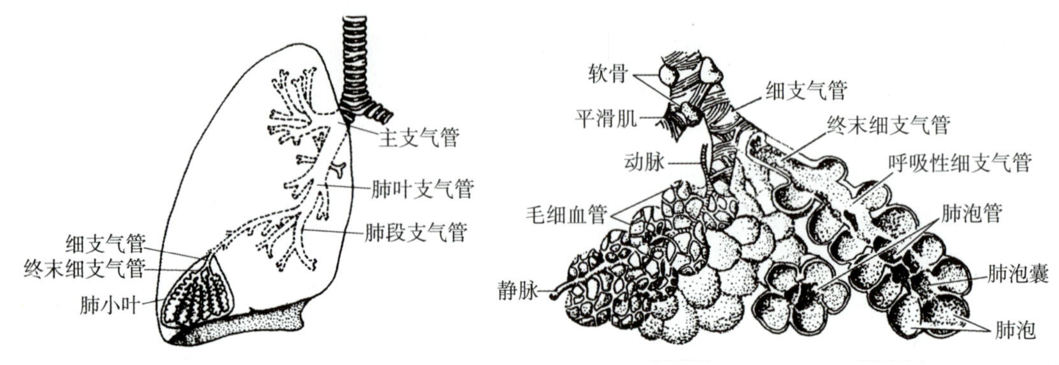

图 19–2　肺内结构模式图　　图 19–3　肺小叶示意图

（一）肺导气部

肺导气部随着支气管的反复分支，其管径由大渐小，管壁由厚变薄，其组织结构也发生了相应的变化，主要变化是：黏膜逐渐变薄，上皮由假复层纤毛柱状上皮逐渐移行为单层纤毛柱状上皮或单层柱状上皮，杯形细胞逐渐减少，至终末细支气管消失；黏膜下层的腺体逐渐减少，至终末细支气管消失；外膜中软骨由“C”形逐渐变小，随之变为软骨碎片，最后消失；外膜中的平滑肌相对逐渐增多，至终末细支气管，形成完整的环形肌层。

在病理情况下，平滑肌发生痉挛性收缩，可使管腔持续狭窄，造成呼吸困难，临床上称为支气管哮喘。

终末细支气管上皮中的主要细胞为无纤毛的**克拉拉细胞**，这种细胞在小支气管即已出现，之后逐渐增多。细胞为柱状，游离面呈圆顶状凸向管腔，细胞质染色浅。电镜下，其顶部细胞质内有发达的滑面内质网和较多的分泌颗粒。滑面内质网有解毒功能，可对吸入的有毒物质，如二氧化氮等进行生物转化；分泌颗粒以胞吐方式释放一种表面活性物质，在上皮表面形成一层保护膜；分泌物中含有蛋白水解酶可分解管腔中的黏液，有利于排出分泌物。

> **考点提示**
> 肺导气部的组成及各级气管的微细结构。

（二）肺呼吸部

肺呼吸部是气体进行交换的场所，由呼吸性细支气管、肺泡管、肺泡囊和肺泡构成（图19–4）。

1. **呼吸性细支气管**　是终末细支气管的分支，管壁连有少量肺泡，故管壁不完整，上皮为单层柱状上皮或单层立方上皮，有克拉拉细胞和少许纤毛细胞，在肺泡开口处移行为单层扁平细胞。上皮下有少量平滑肌和结缔组织。

2. **肺泡管**　为呼吸性细支气管的分支，管壁连有大量肺泡，故管壁自身的结构很少，仅仅存在于相邻肺泡开口之间，在切片上呈结节状膨大，并且凸向管腔。管壁的表面覆有单层立方上皮或单层扁平上皮，上皮下有弹性纤维和少量的平滑肌。

3. **肺泡囊**　肺泡囊与肺泡管相连，每个肺泡管分支形成2 ~ 3个肺泡囊。肺泡囊是许多肺泡共同开口而成的囊腔，囊壁由肺泡围成。

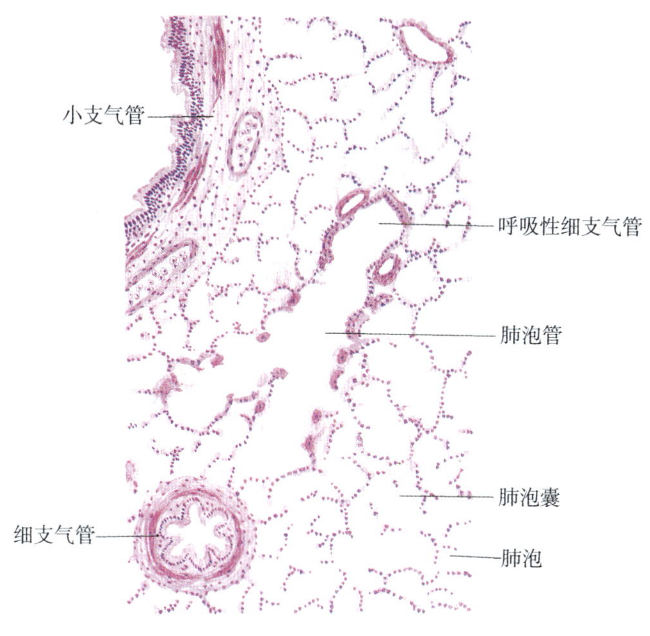

图 19-4 肺的微细结构

4. **肺泡** 肺泡为多面形有开口的囊泡，开口于肺泡囊、肺泡管或呼吸性细支气管，是气体交换的场所。肺泡壁主要由肺泡上皮和基膜构成。肺泡上皮为单层上皮，由两种类型的细胞构成（图 19-5）。

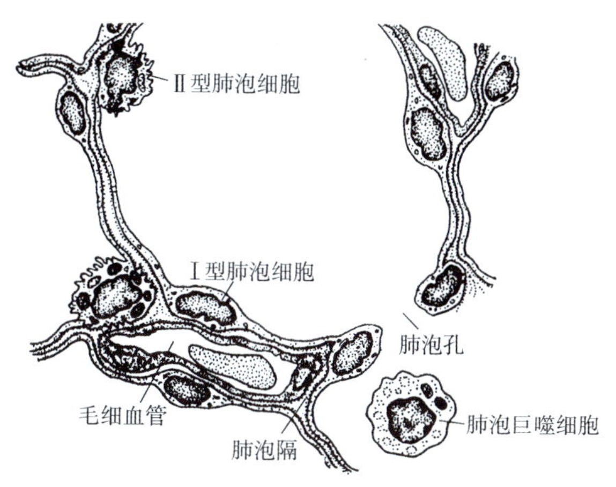

图 19-5 肺泡与肺泡隔

（1）**Ⅰ型肺泡细胞** 为扁平细胞，数量少，很薄，约占肺泡表面积的95%，是进行气体交换的部位。电镜下，细胞质中可见较多小泡，内有细胞吞入的微小粉尘和表面活性物质，小泡能将它们转运到间质内清除。肺泡上皮细胞之间均有紧密连接和桥粒，以防止组织液向肺泡内渗入。Ⅰ型上皮细胞无增殖能力，损伤后由Ⅱ型肺泡细胞增殖分化补充。

考点提示

肺呼吸部的组成及各部分结构特点；肺泡的微细结构与功能。

（2）**Ⅱ型肺泡细胞** 细胞呈立方或圆形，散在凸起于Ⅰ型肺泡细胞之间。Ⅱ型肺泡细胞能分泌**表面活性物质**，主要功能是降低肺泡表面张力。呼气时肺泡缩小，表面活性物质密度增加，表面张力降低，使肺泡在呼气末时不致过度塌陷；吸气时肺泡扩张，表面活性物质密度减小，表面张力增大，可防止肺泡过度膨胀。

知识拓展

呼吸窘迫综合征

表面活性物质的缺乏或变性均可引起肺不张。例如，创伤或休克等可致表面活性物质消耗增加，吸入毒性气体或发生肺水肿等可致表面活性物质直接破坏和变性，病毒性肺炎或长期缺氧等可致表面活性物质合成减少与分泌受抑制等。由于肺泡塌陷，在临床上表现为进行性呼吸困难和低氧血症，从而导致急性肺功能衰竭。若早产儿或新生儿因先天缺陷Ⅱ型肺泡细胞发育不良，表面活性物质合成与分泌障碍，使肺泡表面张力增大，婴儿出生后肺泡不能扩张，导致新生儿呼吸窘迫综合征。

二、肺间质

肺间质由肺内的结缔组织、血管、淋巴管和神经等构成。

（一）肺泡隔

肺泡隔是相邻肺泡之间的薄层结缔组织。肺泡隔内含有丰富的毛细血管、大量的弹性纤维和散在的肺泡巨噬细胞。毛细血管和肺泡上皮紧密相贴，有利于毛细血管内的血液与肺泡内的气体之间进行交换。

弹性纤维可协助扩张的肺泡在呼气时自然回缩。如果弹性纤维变性、断裂，或因炎症破坏了弹性纤维，则肺泡弹性减弱，肺泡不能回缩而长期处于过度扩张状态，形成肺气肿。

肺巨噬细胞由单核细胞演化而来，广泛分布于肺间质，在肺泡隔中最多。有的游走进入肺泡腔。肺巨噬细胞具有活跃的吞噬功能，能清除进入肺泡和肺间质的尘埃、细菌等异物，发挥重要的免疫防御作用。吞噬了较多尘粒的肺巨噬细胞称为**尘细胞**。吞噬了异物的肺巨噬细胞，可沉积在肺间质内，也可从肺泡腔经呼吸道随黏液咳出，还可进入肺淋巴管，再迁移至肺门淋巴结。

（二）肺泡孔

肺泡孔是相邻肺泡之间气体流通的小孔，一个肺泡壁上可有一至数个，可均衡肺泡间气体含量。当某个终末细支气管或呼吸性细支气管阻塞时，肺泡孔起侧支通气作用。肺部感染时，肺泡孔也是细菌扩散的渠道。

（三）呼吸膜

呼吸膜又称**气-血屏障**，是肺泡内的气体与周围毛细血管内血液进行气体交换时必须透过的结构。包括肺泡表面液体层、Ⅰ型肺泡细胞与基膜、连续型毛细血管的基膜与内皮。气-血屏障很薄，厚度为0.2 ~ 0.5μm，有利于气体的迅速交换。

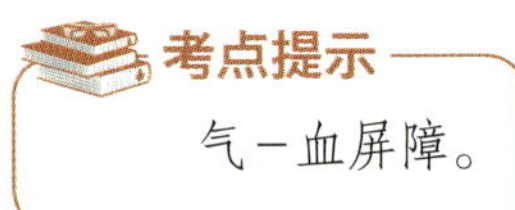

考点提示

气-血屏障。

本章小结

气管与主支气管的管壁结构相同，由内向外依次由黏膜、黏膜下层和外膜构成。肺的表面被有浆膜，肺组织可分为肺实质和肺间质两部分。肺实质即肺内各级支气管的分支和肺泡。从肺叶支气管到终末细支气管构成肺的导气部，具有传导气体的功能；呼吸性细支气管、肺泡管、肺泡囊和肺泡构成肺的呼吸部，是进行气体交换的部位。肺泡壁主要由肺泡上皮和基膜构成。肺泡上皮由Ⅰ型肺泡细胞和Ⅱ型肺泡细胞构成。Ⅰ型肺泡细胞主要参与气-血屏障的组成；Ⅱ型肺泡细胞分泌表面活性物质。在相邻肺泡之间的薄层结缔组织为肺泡隔，含有毛细血管、弹性纤维和巨噬细胞。肺间质由肺内的结缔组织、血管、淋巴管和神经等构成。

一、选择题

1. 气管管壁由内向外分别是
   A. 黏膜、肌层和外膜
   B. 上皮、固有层、黏膜肌层
   C. 黏膜、黏膜下层和外膜
   D. 黏膜上皮、黏膜肌和外膜
   E. 黏膜、黏膜下层、肌层和外膜
2. 肺的扩张和回缩能力主要得益于
   A. 胶原纤维
   B. 网状纤维
   C. 弹性纤维
   D. 平滑肌纤维
   E. 表面活性物质
3. 肺泡隔内巨噬细胞的功能是
   A. 维持肺泡形态的稳定
   B. 参与气-血屏障的组成
   C. 参与气体交换
   D. 吞噬灰尘颗粒，成为尘细胞
   E. 分泌肺泡表面活性物质
4. 分泌肺泡表面活性物质的细胞是
   A. Ⅰ型肺泡细胞
   B. Ⅱ型肺泡细胞
   C. 肺泡巨噬细胞
   D. 杯状细胞
   E. 成纤维细胞

二、思考题

1. 试述气管壁的微细结构。
2. 简述肺导气部的组成及管壁结构变化规律。
3. 试述肺泡的微细结构。

扫码“练一练”

（贺　旭）

扫码"学一学"

第二十章　泌尿系统

学习目标

1. **掌握**　肾单位的组成及结构特点；滤过膜的组成；泌尿小管的组成。
2. **熟悉**　球旁复合体的结构；肾血液循环的特点。
3. **了解**　肾间质的结构特点；膀胱的一般结构。
4. 学会在光学显微镜下观察肾单位的微细结构。

泌尿系统由肾、输尿管、膀胱和尿道组成。肾是泌尿器官，输尿管、膀胱和尿道分别是输送、贮存和排出尿液的器官。

第一节　肾

案例导入

患者，女性，35岁。因反复出现蛋白尿（+～++）、镜下血尿和轻度水肿入院，查体：血压180/100mmHg，肾功能检查血肌酐持续升高，诊断为慢性肾小球肾炎。

请问：

1．尿液的产生及排出途径？

2．据本章所学知识，分析患者出现蛋白尿的原因？

肾表面有由致密结缔组织构成的被膜，又称肾纤维膜。在冠状剖面上，肾实质分为皮质和髓质两部分。皮质在浅表，呈红褐色，颗粒状；髓质色淡，内有10～18个肾锥体。锥体突入肾小盏内，称肾乳头。肾乳头表面有许多小孔，肾内产生的尿液经此小孔排入肾小盏。肾锥体深入皮质内的条纹构成髓放线，髓放线之间的皮质称皮质迷路，髓放线及其周围的皮质迷路组成一个肾小叶。

考点提示　肾的一般组织结构及功能。

肾实质由大量的肾单位和集合管构成，其间有少量结缔组织、血管、淋巴管和神经等，构成肾间质。

一、肾单位

肾单位是肾结构和功能的基本单位，由肾小体和肾小管组成。每个肾有100万～150万个肾单位。

（一）肾小体

肾小体呈球形，故又称**肾小球**，位于肾皮质内。肾小体由血管球和肾小囊两部分组成，肾小体有两个极，微动脉出入的一端称**血管极**，对侧一端和近曲小管相连，称**尿极**（图20-1）。

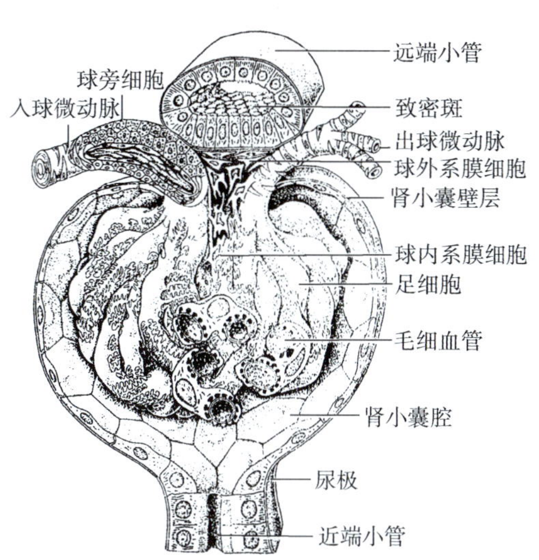

图20-1 肾小体结构模式图

1. **血管球** 是包在肾小囊内的一团盘曲成球状的毛细血管。血管球的一侧连有入球微动脉与出球微动脉，入球微动脉进入肾小囊内反复分支，形成网状毛细血管袢，构成**血管球**，最后毛细血管汇成一条出球微动脉离开肾小囊。入球微动脉的管径较出球微动脉粗，所以血管球内的压力较高。当血液流经血管球时，大量水分和小分子物质滤出血管壁而进入肾小囊。在电镜下观察，血管球的毛细血管壁由一层有孔的内皮细胞及其外面的基膜组成。

2. **肾小囊** 是肾小管的起始部膨大并凹陷形成的杯状双层囊。两层囊壁之间的腔隙称**肾小囊腔**。肾小囊的外层是单层扁平上皮，与近端小管相续；内层紧贴血管球毛细血管基膜的外面，由单层有突起的足细胞构成。电镜观察：足细胞的胞体较大，从胞体上伸出几个较大的初级突起，每个初级突起又发出许多次级突起。相邻足细胞的次级突起互相交错，突起之间有约25nm的裂痕，称**裂孔**。裂孔上覆盖薄膜，称**裂孔膜**（图20-1、图20-2）。

毛细血管球内皮、基膜及足细胞裂孔膜这三层结构合称**滤过膜，**或称**滤过屏障**（图20-3）。

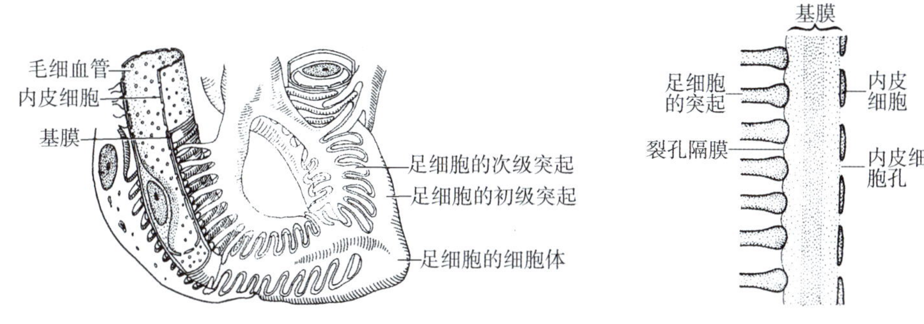

图20-2 足细胞与毛细血管超微结构模式图

图20-3 滤过膜模式图

经滤过膜进入肾小囊腔的液体称原尿。滤过膜对水、电解质及葡萄糖、尿素等小分子物质有高度通透性，而对血浆蛋白及一些大分子物质通透性极低。在病理情况下，若滤过膜受损，则血液中蛋白质甚至血细胞都可滤出肾小囊腔内，形成蛋白尿或血尿。

（二）肾小管

肾小管与肾小囊外层相连续，并与肾小囊腔相连通。肾小管具有重吸收、分泌和排泄功能。肾小管分为**近端小管**、**细段**和**远端小管**三部分。近端小管与肾小囊相连；远端小管连接集合小管。

1. **近端小管** 近端小管起始部盘曲在肾小体附近，称**近端小管曲部**（近曲小管），然后直行入髓质，为**近端小管直部**。近端小管管壁的上皮细胞呈立方形或锥体形，细胞界限不清，细胞质嗜酸性，细胞核圆形，位于细胞基底部，细胞游离面有微绒毛。

2. **细段** 为肾小管中最细的一段，一端与近端小管直部相连，另一端与远端小管直部相连，三者共同形成**肾单位袢（髓袢）**。细段管壁薄，为单层扁平上皮，细胞质弱嗜酸性，细胞核椭圆形。

3. **远端小管** 由细段返折上行变粗形成。远端小管直行向皮质的部分，称**远端小管直部**，至肾小体附近呈盘曲状的部分称**远端小管曲部**（远曲小管）。远端小管的管壁上皮为单层立方上皮。

> **考点提示**
> 肾单位的组成及各部分的结构特点；滤过屏障；肾小体和肾小管的结构。

二、集合小管

集合小管分弓形集合小管、直形集合小管、乳头管三段。弓形集合小管与远曲小管相连，呈弓状行走于皮质；直形集合小管与弓形集合小管相连，从髓放线直行向下经髓质下行至锥体乳头，改称为乳头管。集合小管管径由细逐渐增粗，管壁上皮由单层立方增高为单层柱状，至乳头处成为高柱状，细胞分界清楚（图20-4）。

> **考点提示**
> 集合小管系的组成。

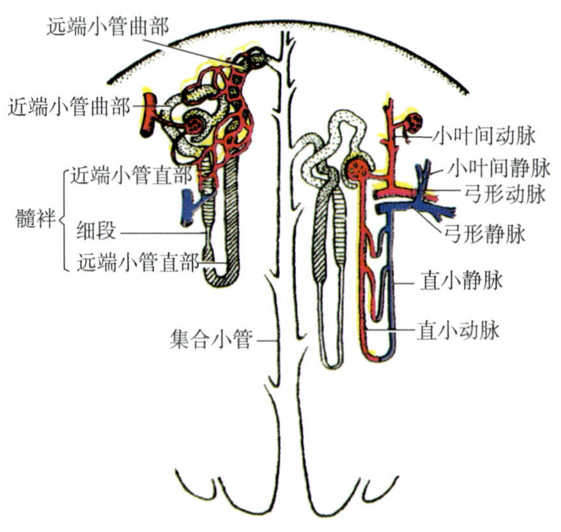

图 20-4 泌尿小管和肾血管模式图

三、球旁复合体

球旁复合体又称肾小球旁器，主要由**球旁细胞**、**致密斑**和**球外系膜细胞**组成（图20-5）。

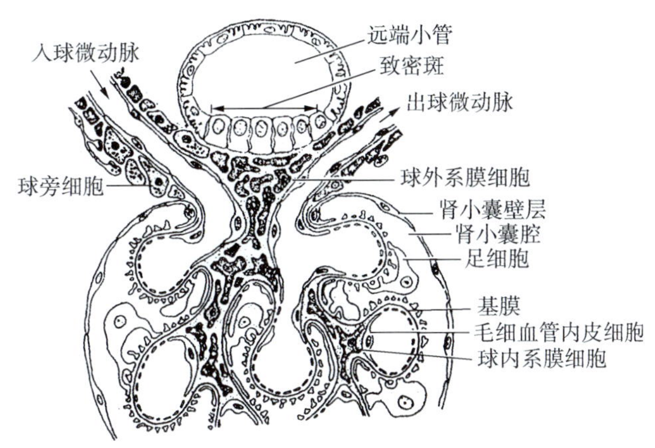

图 20-5 球旁复合体模式图

（一）球旁细胞

球旁细胞是入球微动脉近肾小体处管壁中的平滑肌细胞特化而成的上皮样细胞。球旁细胞呈立方形或多边形，细胞核呈圆形，细胞质呈弱嗜碱性，含有分泌颗粒，颗粒内含有肾素。

球旁细胞的主要功能是合成和分泌**肾素**。肾素能引起小动脉收缩，使血压升高；肾素还可促使肾上腺皮质分泌醛固酮。某些肾脏疾病伴有高血压，与肾素分泌有关。

（二）致密斑

致密斑是远端小管曲部近肾小体一侧的管壁上皮细胞变形所形成的椭圆形结构。致密斑的细胞增高、变窄，呈柱状，排列紧密，细胞核为椭圆形，多位于细胞的顶部。致密斑是化学感受器，可感受远端小管内尿液中钠离子浓度的变化，将信息传递给球旁细胞，调节球旁细胞分泌肾素，从而调节肾小管钠离子、钾离子交换，维持电解质的平衡。

（三）球外系膜细胞

球外系膜细胞，又称极垫细胞，位于入球微动脉、出球微动脉和致密斑围成的三角形区域内。球外系膜细胞在球旁复合体的功能活动中，起信息传递作用。

考点提示

球旁复合体的组成及球旁细胞的功能。

四、肾间质

泌尿小管之间的结缔组织称肾间质。肾间质包括肾内的结缔组织、血管、神经等。髓质中的间质细胞有多种，主要为成纤维细胞。该细胞可合成间质内的纤维和基质，还可产生前列腺素。另外，肾小管周围的血管内皮细胞能产生促红细胞生成素，刺激骨髓中红细胞的生成。肾病晚期往往伴有贫血。

五、肾的血管和血液循环特点

（一）肾的血管

肾动脉经肾门入肾后分为数支叶间动脉，叶间动脉在肾柱内上行至肾皮质和肾髓质交界处，分支为弓形动脉，弓形动脉分出若干小叶间动脉，行向肾皮质，小叶间动脉沿途分出许多入球微动脉进入肾小体，形成血管球，血管球汇合成出球微动脉出肾小体，出球微动脉离开肾小体后在肾小管周围又分支形成球后毛细血管网，球后毛细血管网依次汇合成小叶间静脉、弓形静脉、叶间静脉，最后形成肾静脉出肾（图20-6）。

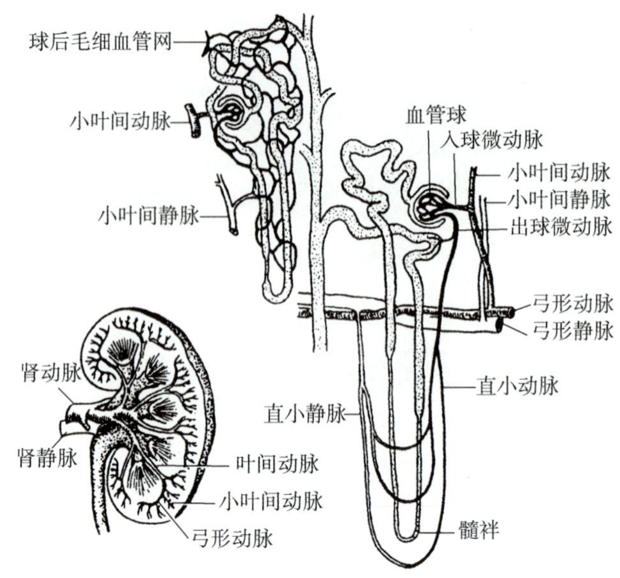

图 20-6 肾的血液循环通路

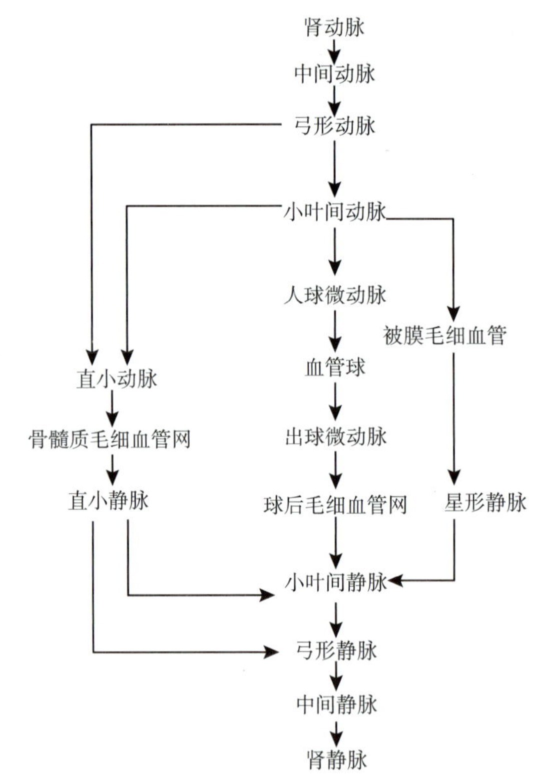

图 20-7 肾的血液循环通路

（二）肾的血液循环特点

肾的血液循环有两种作用，一是营养肾组织，二是参与尿的生成。肾的血液循环有如下特点：①肾动脉直接发自腹主动脉，血管粗短，故血压高，流速快，血流量大，每4 ~ 5分钟人体内血液全部流经肾内而被滤过一遍。②血管球的入球微动脉较出球微动脉粗，使血管球内形成较高的压力。这有利于血管球的滤过作用，可以及时清除血液中的废物和有害物质。③肾的血液循环中两次形成毛细血管网，第一次是入球微动脉形成血管球，第二次是出球微动脉在肾小管周围形成球后毛细血管网。前者起滤过作用，有利于原尿的形成，后者有利于肾小管上皮细胞重吸收的物质进入血液。

当急性肾功能衰竭时，常由于肾内小动脉发生痉挛性收缩，使肾皮质供血不足，导致血管球滤过作用低下，患者出现少尿甚至无尿等症状。

考点提示
肾的血液循环特点。

第二节　排尿管道

一、输尿管

输尿管管壁结构分为三层，由内向外依次为黏膜、肌层和外膜。而黏膜由变移上皮和固有层结缔组织构成。肌层主要由内纵、外环的两层平滑肌组成。在输尿管下1/3段肌层增厚，为内纵行、中环行和外纵行三层。外膜为疏松结缔组织，与周围结缔组织互相移行。

二、膀胱

膀胱壁分三层，由内向外依次是黏膜、肌层、外膜（图20–8、图20–9）。

（一）黏膜

黏膜由上皮和固有层构成。黏膜的上皮是变移上皮，当膀胱空虚时，上皮有8 ~ 10层细胞；膀胱充盈时，上皮变薄，仅3 ~ 4层细胞。固有层内含较多胶原纤维和弹性纤维。

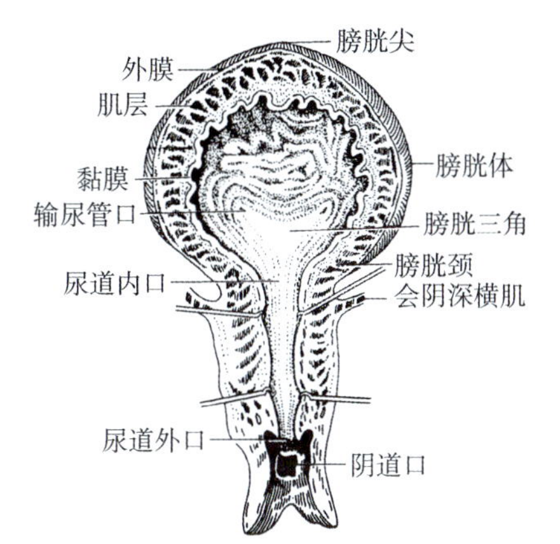

图20–8　女性膀胱和尿道的额状切面

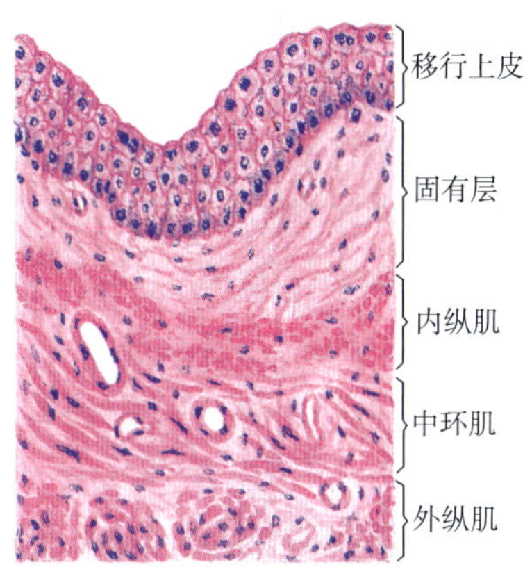

图20–9　膀胱微细结构

（二）肌层

膀胱的肌层由平滑肌构成，大致分为内纵、中环、外纵三层，这三层肌束相互交错，共同构成逼尿肌。在尿道内口处，环形肌层增厚形成膀胱括约肌。

（三）外膜

膀胱上面的外膜为浆膜（腹膜），其他部分为纤维膜。

本章小结

肾由被膜、实质和间质组成。肾实质由大量的肾单位和集合管构成。泌尿小管是形成尿的结构，包括肾单位和集合小管两部分。肾单位是肾结构和功能的基本单位。由肾小体和肾小管两部分组成。肾小体包括血管球和肾小囊。血管球的毛细血管壁由一层有孔的内皮细胞及其外面的基膜组成。肾小囊分壁层和脏层，脏层有足细胞组成。肾小管分近端小管、细段和远端小管三部分。肾小管具有重吸收、分泌和排泄功能。球旁复合体主要由球旁细胞、致密斑和球外系膜细胞组成；排尿管道均由黏膜、肌层和外膜构成。

一、选择题

1. 肾单位包括
   A. 肾小体、近端小管、远端小管
   B. 近端小管、细段、远端小管
   C. 肾小管与肾小体
   D. 肾小体、血管球、肾小管、集合小管
   E. 血管球和肾小囊
2. 肾小体
   A. 由肾小囊和血管球组成
   B. 由肾小管和血管球组成
   C. 由肾小囊和肾小管组成
   D. 由肾小囊、肾小管和集合管组成
   E. 由球旁细胞、致密斑和球外系膜细胞组成
3. 对原尿进行重吸收的部位是
   A. 肾小囊和肾小管
   B. 肾小体和肾小管
   C. 肾小管和集合管
   D. 肾小体和肾小囊
   E. 肾小囊和集合管
4. 关于肾小囊的结构，错误的是
   A. 具有双层壁，呈杯状包绕血管球
   B. 壁层由单层扁平上皮构成
   C. 脏层上皮称足细胞，与近曲小管上皮相连
   D. 足细胞有突起
   E. 肾小囊腔通向肾小管
5. 滤过膜的三层结构是
   A. 毛细血管内皮、基膜和足细胞
   B. 有孔毛细血管内皮、基膜和血管系膜
   C. 有孔毛细血管内皮、基膜以及足细胞裂孔膜
   D. 有孔毛细血管内皮、基膜、扁平细胞裂孔膜
   E. 有孔毛细血管内皮、肾小囊脏层和壁层

扫码“练一练”

二、思考题

1. 肾单位由哪些结构组成？
2. 近端小管与远端小管在结构和功能上有何异同？
3. 简述球旁复合体的组成和功能。

（贺　旭）

第二十一章 生殖系统

扫码“学一学”

学习目标

1. **掌握** 生精小管的结构及精子的发生过程；卵泡的发育；黄体的结构与功能；子宫的结构；子宫内膜的周期性变化及其与卵巢的关系。

2. **熟悉** 睾丸间质细胞的微细结构与功能；前列腺的结构；输卵管、阴道和乳腺的结构。

3. **了解** 附睾与输精管的结构；卵巢与垂体的关系。

第一节 男性生殖系统

男性生殖系统由睾丸、生殖管道、附属腺及外生殖器组成。睾丸是生殖腺，是产生精子和分泌雄性激素的器官。生殖管道具有促进精子成熟、营养、储存和输送精子的作用。附属腺和生殖管道的分泌物参与形成精液。

案例导入

患者，男，33岁。结婚3年，婚后夫妻未采用避孕措施，女方一直未受孕，因婚后不孕前来就诊。男方性功能及性生活正常，无尿频、尿急、尿痛等症状，也无腰部酸痛及会阴不适。医生建议做精液检查，三次检查结果显示：精子数量不足500万/ml，活动率35%，畸形精子率76%。女方经系列检查未发现不孕因素，临床诊断：男性不育症。

请问：

1．该男子精子的数量和质量是否正常？

2．你能用组织学知识分析导致不孕的原因吗？

一、睾丸

睾丸表面覆盖浆膜，也就是鞘膜脏层，深层是致密结缔组织构成的白膜，白膜在睾丸的后缘增厚形成睾丸纵隔。纵隔的结缔组织呈放射状伸入睾丸实质，将睾丸实质分成约250个锥形小叶，每个小叶内有1 ~ 4条弯曲细长的生精小管。生精小管在接近睾丸纵隔处，变为短而直的直精小管，它们进入睾丸纵隔，相互吻合成睾丸网。生精小管之间的疏松结缔组织称为睾丸间质。

（一）生精小管

1. 生精小管管壁的结构 生精小管管壁主要由生精上皮构成，上皮深面有基膜、胶原纤维和梭形的肌样细胞，肌样细胞的收缩有助于精子的排出。生精上皮包括两种类型的细胞，即支持细胞和生精细胞。支持细胞位于生精细胞之间，生精细胞又可分为精原细胞、初级精母细胞、次级精母细胞、精子细胞和精子。青春期前，生精小管管壁中只有支持细胞和精原细胞，自青春期开始，在垂体分泌的促性腺激素作用下，生精细胞不断分化形成精子，因此，生精小管管壁中可见处于不同发育阶段的生精细胞。

2. 支持细胞的结构和功能 支持细胞呈不规则的锥体状，细胞顶部和侧面有多个凹陷，其中镶嵌着各级生精细胞。支持细胞可对生精细胞起支持、营养作用，能促使各类生精细胞向管腔移动并促使精子向管腔中释放；能吞噬、处理精子形成过程中脱落的细胞质，还能合成雄激素结合蛋白（ABP），以提高生精小管内雄激素含量，促进精子的发生。另外，支持细胞还参与构成血－睾屏障（图21-1）。

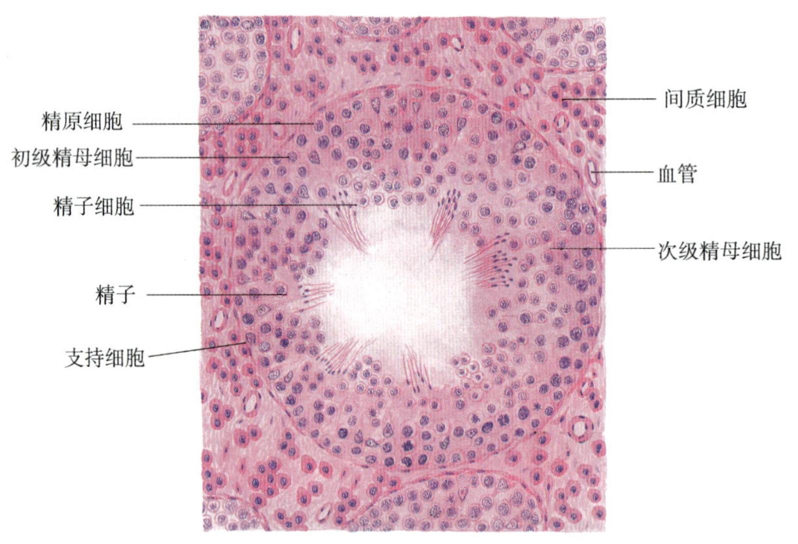

图 21-1 睾丸的微细结构

3. 血－睾屏障 该屏障包括下列几层：毛细血管内皮及其基膜、结缔组织、生精上皮基膜及支持细胞之间的紧密连接，其中紧密连接是血－睾屏障的主要结构。血－睾屏障的存在将生精小管的近腔室与外界环境分隔开，一方面保证精子的发生在相当稳定的微环境中进行，另一方面，还可阻止精子抗原逸出，防止发生自体免疫反应。

考点提示

支持细胞的功能和血－睾屏障的组成。

4. 精子的发生过程 精原细胞分A、B两型，A型精原细胞不断分裂，其中一部分留作干细胞，另一部分分化为B型精原细胞。B型精原细胞经过几次分裂后，体积变大，分化成初级精母细胞。初级精母细胞位于精原细胞内面，常排列成几层，细胞体积较大，直径约18μm，核也较大 。这种细胞染色体核型为46，XY。细胞经DNA复制后，进行第一次成熟分裂。初级精母细胞分裂后形成两个次级精母细胞。由于在第一次成熟分裂过程中，同源染色体相互分离并分别进入两个子细胞，故次级精母细胞染色体核型为23，X或23，Y。次级精母细胞不进行DNA复制即进行第二次成熟分裂，分裂后形成两个精子细胞。由于在分裂过程中，染色体的着丝粒分开，两条染色单体分离并分别进入两个子细胞，故精子细胞的染色体核型仍为23，X或23，Y。精子细胞位于管腔面，体积更小，直径约8μm，核圆，染色深，细胞质少。这种细胞不再进行分裂，经过一系列的形态改变后，发育成精子。精子细胞形成精子的过程，称为精子形成。精子形成后即脱离管壁游离于管腔内，然后通过直精小管、睾丸网到附睾中暂时储存。从精原细胞发育成精子的过程，称为精子发生，此过程在人约需64天。

> **考点提示**
> 间质细胞的功能。

5. 精子的形态结构 精子形似蝌蚪，全长约60μm，其结构包括头、尾两部分。头部主要由染色质高度浓缩的细胞核构成，核的前端覆有一帽状结构，为顶体。顶体内含多种水解酶，如：顶体蛋白酶、透明质酸酶、酸性磷酸酶等。这些酶能溶解卵子外围的结构，对受精起重要作用。精子尾细长，形似鞭毛，是精子的运动装置（图21-2）。

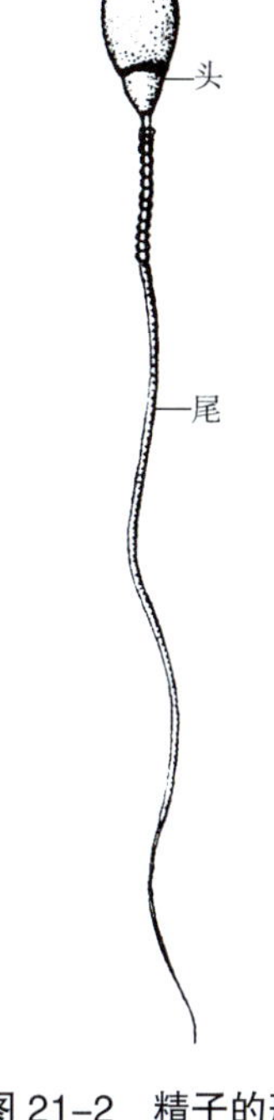

图21-2 精子的形态

（二）睾丸间质

间质细胞体积较大，形状为圆形或多边形，核圆，染色浅，细胞质嗜酸性。电镜观察，细胞具有分泌类固醇激素的结构特点。其主要功能是合成和分泌雄激素（睾酮），促进男性生殖器官的发育，促进精子的发生并维持男性第二性征和性功能。

二、附睾

附睾的实质主要由输出小管和附睾管组成，前者构成附睾的头部，后者构成附睾的体部和尾部。输出小管管壁上皮包括两种细胞，即高柱状纤毛细胞和低柱状细胞，二者成组相间排列，故管腔面不规则。精子在离开生精小管时，只在结构上发育成熟，功能上还不成熟，无受精能力。只有经过附睾，在附睾管上皮分泌物的作用下，其膜表面性质发生一系列改变，才能达到功能上的成熟，获得主动运动的能力。附睾的功能异常，也会影响精子的成熟，导致不育。

> **考点提示**
> 附睾管的结构和功能。

三、前列腺

前列腺外形呈栗子状，环绕尿道起始段，腺体表面包有被膜，被膜的结缔组织和平滑肌深入腺实质构成支架，平滑肌的收缩可助分泌物排出。腺实质为复管泡状腺，由30 ~ 50条分泌管泡组成。管泡汇集成15 ~ 30条导管，开口于尿道精阜的两侧。

第二节 女性生殖系统

女性生殖系统包括卵巢、输卵管、子宫、阴道和外生殖器。卵巢产生卵细胞并且分泌性激素；输卵管输送生殖细胞，是受精的部位；子宫是产生月经和孕育胎儿的器官。此外，乳腺分泌乳汁，哺育婴儿。

一、卵巢

卵巢表面为单层立方上皮或扁平上皮，其深层为薄层致密结缔组织，称白膜。白膜深层为实质，分周围的皮质和中央的髓质。皮质含有各级卵泡、黄体、闭锁卵泡、白体等。髓质为富含弹性

> **考点提示**
> 卵巢皮质的组成。

纤维、血管、淋巴管的疏松结缔组织。近卵巢门处有类似睾丸间质细胞的门细胞，分泌雄激素。

（一）卵泡的发育与成熟

卵泡发育从胚胎时期已经开始。在育龄期内，卵巢在垂体分泌的卵泡刺激素（FSH）和黄体生成素（LH）的刺激下，每个月经周期均有一批卵泡生长发育，但通常只有一个发育成熟并排卵。卵泡的发育一般分为原始卵泡、初级卵泡、次级卵泡和成熟卵泡。

1. **原始卵泡** 位于皮质浅层，数量多，体积小，由中央的一个初级卵母细胞和周围一层扁平的卵泡细胞构成。初级卵母细胞为球形，核大而圆，染色浅，核仁明显，胞质嗜酸性。

2. **初级卵泡** 从青春期开始，在FSH的作用下，每个月经周期都有一批原始卵泡发育为初级卵泡。卵母细胞增大，卵泡细胞增生，由扁平变为立方或柱状，由单层变为多层；最内层为柱状放射状排列的放射冠。在卵泡细胞与卵母细胞之间出现一层均质状、嗜酸性的透明带，其蛋白中有精子受体。

3. **次级卵泡** 在FSH的作用下，卵泡继续增大发育为次级卵泡。卵泡细胞间出现卵泡腔，腔内充满卵泡液。卵母细胞、透明带、放射冠及部分卵泡细胞突入卵泡腔内形成卵丘。卵丘与卵泡腔周围的卵泡细胞，称颗粒层，构成卵泡壁。卵泡膜分化为内、外两层：卵泡膜内层细胞多，具有分泌类固醇激素细胞的特征，毛细血管丰富；卵泡膜外层细胞、血管少，富含环形排列的胶原纤维和平滑肌纤维。卵泡有内分泌功能，能产生多种物质，其中主要为雌激素。

> **考点提示**
> 初级卵泡、次级卵泡和成熟卵泡的形态特点。

4. **成熟卵泡** 在FSH作用的基础上，LH的分泌迅速增多，次级卵泡继续发育为成熟卵泡。每个月经周期的一批生长卵泡中，只有一个发育成熟并排卵。卵泡液急剧增多，卵泡体积显著增大，但卵泡细胞的数目不再增加，卵泡壁越来越薄并向卵巢表面突出。在排卵前36 ~ 48小时，初级卵母细胞恢复并完成第一次成熟分裂，形成次级卵母细胞和第一极体，后者位于透明带内的卵周隙中。次级卵母细胞迅速进入第二次成熟分裂，停滞在分裂中期（图21-3）。

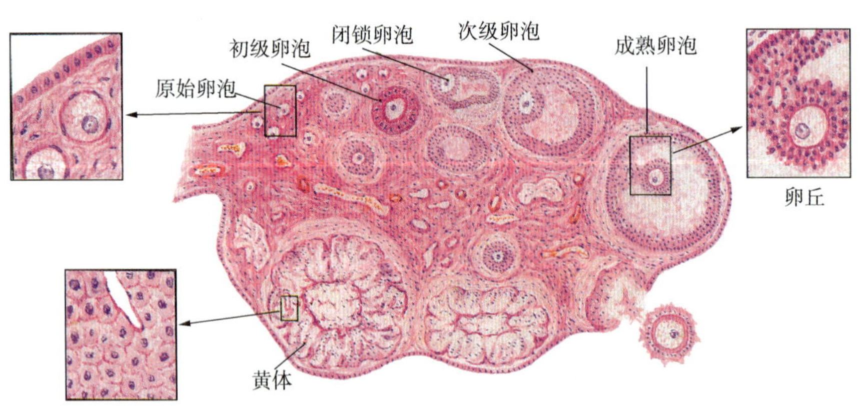

图 21-3 卵巢的微细结构

（二）排卵

卵泡破裂，次级卵母细胞从卵巢排出的过程，称排卵。每个月经周期排一个卵，偶尔排两个或两个以上。排卵一般发生在月经周期的第14天。排卵前，在LH的刺激下，卵泡液急剧增多，卵泡迅速增大并突向卵巢表面，局部形成卵泡小斑；卵丘细胞松动，与卵泡壁分离，漂浮在卵泡液中；小斑处因水解酶激活、解聚作用而破裂，次级卵母细胞、第一极体、透明带、放射冠和一部分卵泡液由此排出，经腹腔进入输卵管。

考点提示

排卵的概念；黄体的形成和退化。

（三）黄体

排卵后，残留在卵巢内的卵泡塌陷。在LH的作用下，结缔组织和其中的毛细血管，将塌陷的颗粒层和卵泡膜内层的细胞，分隔成具有内分泌功能的细胞团，外包结缔组织膜，新鲜时显黄色，称黄体。黄体细胞为分泌类固醇激素细胞，呈圆形或多边形，颗粒细胞分化为颗粒黄体细胞，数量多，体积大，染色浅，位于黄体中央；膜内层细胞转化为膜黄体细胞，数量少，体积小，泡质和核均染色深，位于黄体周边或随结缔组织进入颗粒黄体细胞团之间。如果受精，在绒毛膜促性腺激素（HCG）的刺激下，黄体继续发育，直径可达4 ~ 5cm，维持4 ~ 6个月，称为妊娠黄体。如果没有受精，黄体仅维持12 ~ 14天后退化，称月经黄体。黄体退化后被纤维组织取代，残留一瘢痕样组织，称白体。

（四）卵泡闭锁

绝大多数卵泡在发育的各个阶段不能发育成熟排卵而逐渐退化，称闭锁卵泡。

二、输送管道

（一）输卵管

输卵管壁由内向外依次分为黏膜、肌层和浆膜。黏膜由单层柱状上皮和固有层构成。上皮由纤毛细胞和分泌细胞构成。固有层为薄层结缔组织，含有丰富的毛细血管和散在的平滑肌纤维。肌层为平滑肌。

（二）子宫

子宫壁由外向内分为外膜、肌层和黏膜。子宫外膜为浆膜。 子宫肌层很厚，一般分为黏膜下层、血管层和浆膜下层。平滑肌纤维长约50μm，妊娠末期可达500μm，肌纤维分裂增生，肌层增厚。子宫肌纤维增生肥大主要受雌激素调节。黏膜又称子宫内膜，由上皮和固有层构成。上皮为单层柱状上皮，由分泌细胞和散在的纤毛细胞组成。固有层较厚，为富含血管的结缔组织。基质丰富，主要成分是黏多糖，其中含有大量的基质细胞、子宫腺和网状纤维。基质细胞呈梭形或星形，有高度分化能力。子宫腺为单管状腺，由上皮下陷而成，近肌层时可有分支。子宫内膜可分为表浅的功能层和深部的基底层。功能层较厚，自青春期（13 ~ 18岁）至绝经期，在卵巢激素的作用下，发生周期性剥脱，即月经。基底层较薄，不参与月经的形成，月经后，增生修补功能层。子宫动脉的分支进入血管层后呈弓状走行，称弓形动脉，向子宫内膜发出放射状分支。肌层与内膜交界处的小动脉发出一小分支进入基底层，不受卵巢激素的影响，其主干进入功能层后呈螺旋走行，称螺旋动脉，直至内膜浅层形成毛细血管，经小静脉穿过肌层后汇入子宫静脉（图21-4）。

考点提示

子宫内膜的结构。

自青春期至绝经期，子宫体与子宫底的功能层，在卵巢分泌的雌激素和孕激素的作用下，发生周期性变化，即每28天左右发生一次内膜剥脱、出血、修复和增生，称月经周期。从月经的第一天起至下次月经的前一天为一个月经周期。在典型的28天周期中，第

1 ~ 4天为月经期，第5 ~ 14天为增生期，第15 ~ 28天为分泌期。

1. 增生期 此期卵巢内有一批卵泡在生长，故又称卵泡期。在卵泡分泌的雌激素作用下，上皮细胞与基质细胞不断分裂增生，使子宫内膜逐渐增厚至2 ~ 4mm；基质细胞分裂增殖，产生大量的纤维和基质。增生早期，子宫腺少、细而短。间质致密，基质细胞梭形，核大。增生晚期，子宫腺增长，腺腔增大，腺上皮细胞呈柱状，胞质内出现糖原；螺旋动脉增长，弯曲；此时，卵巢内的成熟卵泡排卵，子宫内膜进入分泌期。

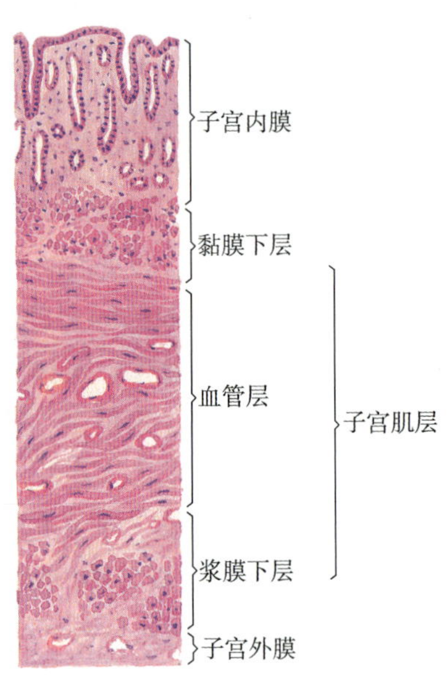

图 21-4 子宫壁的微细结构

2. 分泌期 排卵后，卵巢内出现黄体，故分泌期又称黄体期。在黄体分泌的雌激素、孕激素的作用下，子宫内膜继续增厚至5 ~ 7mm。子宫腺极度弯曲，腺腔扩大呈锯齿状，腔内充满腺细胞的分泌物，内有大量糖原。固有层基质中含有大量组织液而呈现水肿。基质细胞肥大，胞质内充满糖原、脂滴。螺旋动脉增长，更加弯曲。卵若受精，内膜继续增厚，发育为蜕膜；否则，进入月经期。

3. 月经期 若排卵后未受精，卵巢内的月经黄体退化，血中雌激素和孕激素的水平下降，螺旋动脉收缩，内膜缺血坏死，血管内皮被溶酶体水解酶消化破裂使血液溢入基质。继之，螺旋动脉短暂扩张，使基质中血量增多，冲破内膜表层流入宫腔，阴道出血，即月经开始。血流伴随蜕变及坏死内膜的小片状剥脱逐渐增多，持续3 ~ 5天，直至功能层全部脱落流出。基底层子宫腺上皮迅速分裂增生，向表面铺展，修复内膜上皮，进入增生期（图21-5、图21-6）。

子宫内膜周期性变化，与卵巢周期性变化的关系。

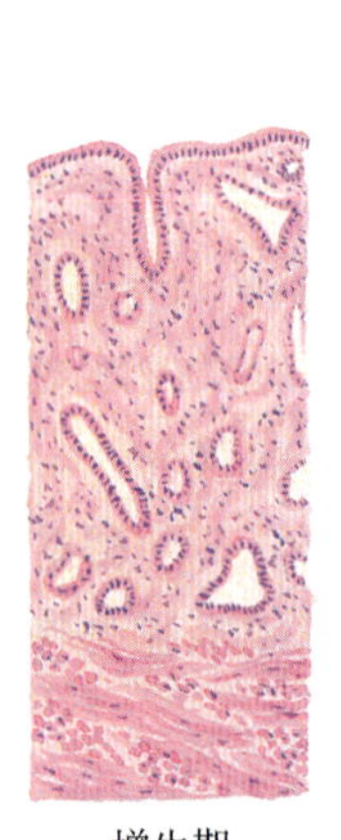

增生期

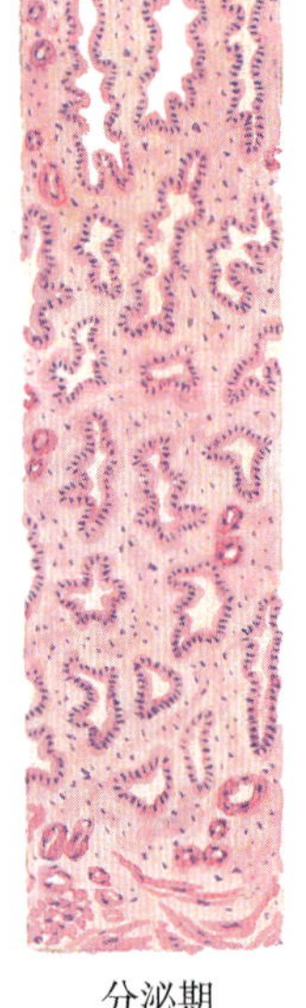

分泌期

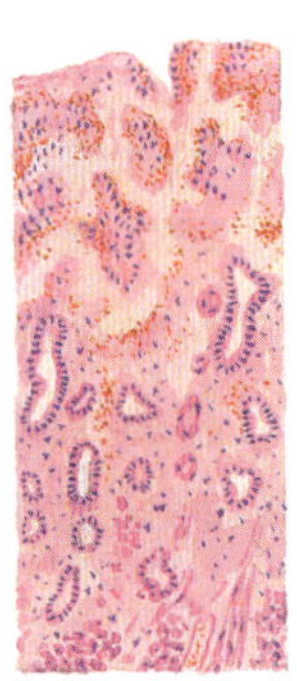

月经期

图 21-5 子宫内膜的周期性变化

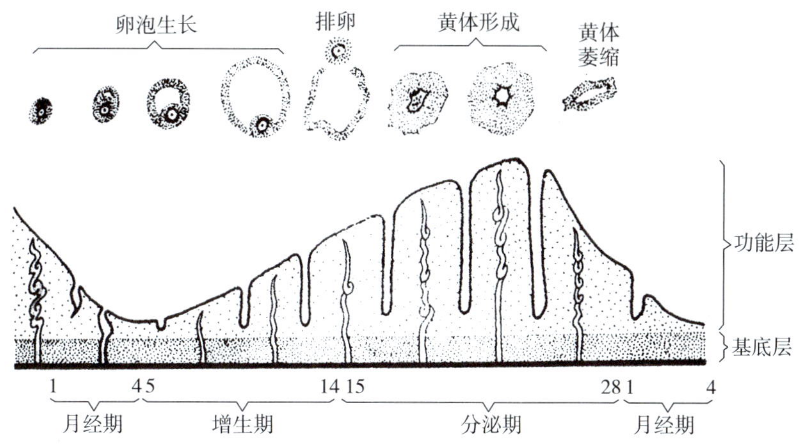

图 21-6 子宫内膜的周期性变化及其与卵巢周期性变化的关系

三、乳腺

乳腺于青春期开始发育，其结构随年龄和生理状况而异。不处于分泌状态的乳腺称静止期乳腺；妊娠期与哺乳期的乳腺称活动期乳腺。

乳腺被结缔组织分隔成多个小叶，每个小叶为一复管泡状腺，围以结缔组织和脂肪组织。腺泡上皮为单层立方上皮或柱状上皮，外包肌上皮细胞。导管包括小叶内导管、小叶间导管和总导管，它们分别由单层柱状上皮、复层柱状上皮和复层扁平上皮构成。总导管又称输乳管，开口于乳头。

考点提示

静止期和活动期乳腺各有何特点。

1. **静止期乳腺** 即未孕女性的乳腺。腺体不发达，仅有少量的腺泡和导管，脂肪组织和结缔组织丰富。在月经周期的分泌期，腺泡和导管略有增生。

2. **活动期乳腺** 即妊娠期和哺乳期乳腺。在雌激素和孕激素的作用下，乳腺腺体迅速增生，腺泡增大。结缔组织和脂肪组织相对减少，但出现较多的巨噬细胞和浆细胞。妊娠后期，在催乳激素的刺激下，腺泡开始分泌。哺乳期乳腺中的腺体更加发达。合成与分泌活动在不同的小叶内交替进行，分泌前的腺泡上皮细胞为高柱状，分泌后呈扁平状，腺腔内充满乳汁。

本章小结

生精小管主要由生精上皮组成，生精上皮包括生精细胞和支持细胞。生精细胞又可分为精原细胞、初级精母细胞、次级精母细胞、精子细胞和精子。卵巢的实质分为周围的皮质和中央的髓质。皮质含有各级卵泡（原始卵泡、初级卵泡、次级卵泡和成熟卵泡）、黄体、闭锁卵泡等。子宫壁由外向内分为外膜、肌层和黏膜。黏膜可分为功能层和基底层。自青春期至绝经期，子宫体与子宫底的功能层，在卵巢分泌的雌激素和孕激素的周期作用下发生周期性变化，分为月经期、增生期、分泌期。

一、单项选择题

1. 血－睾屏障的组成中不含有
   A．生精小管的上皮基膜　　B．支持细胞
   C．血管的基膜　　D．血管内皮
   E．支持细胞间的紧密连接
2. 有关初级卵母细胞的描述中，下列哪一项是错误的
   A．体积大，圆形　　B．核大而圆，呈空泡状
   C．由胚胎时期卵原细胞分裂分化而来　　D．排卵前才完成第一次减数分裂
   E．排卵完成第一次减数分裂
3. 卵巢不能产生的激素是
   A．雌激素　B．黄体生成素　C．松弛素　D．孕酮　E．雄激素
4. 卵泡的透明带是
   A．由卵母细胞分泌形成
   B．由卵泡细胞分泌形成
   C．由卵泡膜细胞分泌形成
   D．由卵母细胞和卵泡细胞共同分泌形成
   E．由卵泡细胞和卵泡膜细胞共同分泌形成

二、思考题

扫码“练一练”

1. 在光镜下如何识别各级生精细胞及支持细胞？
2. 试述黄体的形成及退化。
3. 试述子宫内膜的周期性变化与卵巢周期的关系。

（秦　迎）

第二十二章 皮　　肤

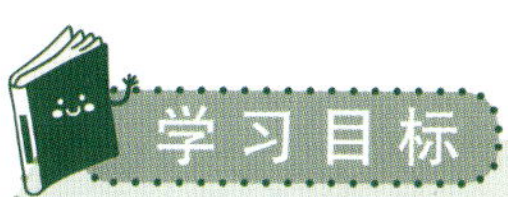

1. **掌握** 皮肤的结构。
2. **熟悉** 表皮的角质形成细胞；黑色素细胞、朗格汉斯细胞和梅克尔细胞的功能。
3. **了解** 皮脂腺和汗腺的结构和功能；毛发的基本结构。

皮肤被覆于体表，是人体面积最大的器官，由表皮和真皮两部分构成。以皮下组织与深部组织相连。皮肤有表皮衍生的附属器，包括毛发、指（趾）甲、皮脂腺和汗腺。皮肤是人体与外界环境直接接触的界面，不但感受外环境的冷、热、痛、压感觉，而且具有重要的屏障作用。

案例导入

患者，男，36岁。2年前头部、后背、下肢可见大量红色丘疹，继而散布全身，伴大量鳞屑，瘙痒明显，病情反复，春、冬季节加重，夏、秋有所缓解，体格检查：患者全身遍布红色丘疹，上覆银白色鳞屑，鳞屑刮除其下有一发亮的薄膜，轻刮薄膜即可出现散在的小出血点，呈露珠状，尤以双下肢为多。临床诊断：银屑病（牛皮癣）。

请问：该病的组织学基础是什么？

第一节 皮肤的基本结构

一、表皮

皮肤的组成。

表皮位于皮肤的浅层，由角化的复层扁平上皮组成。身体各部位表皮厚度不等，肘窝处最薄，手掌及足底处最厚。表皮细胞可分为两大类，一类为角质形成细胞，另一类为非角质形成细胞。前者占表皮细胞的绝大多数，后者散在分布于表皮深层的角质形成细胞之间，包括黑色素细胞、朗格汉斯细胞和梅克尔细胞。

（一）角质形成细胞

角质形成细胞构成表皮的主体。手掌和足底等角质层较厚的皮肤，由深层至浅层，可清楚地看到基底层、棘层、颗粒层、透明层、角质层五层结构。正常生理情况下，表皮角质层细胞不断脱落和基底层细胞不断分裂增殖保持着动态平衡，维持表皮一定的厚度和结构。正常表皮更新周期为3～4周。

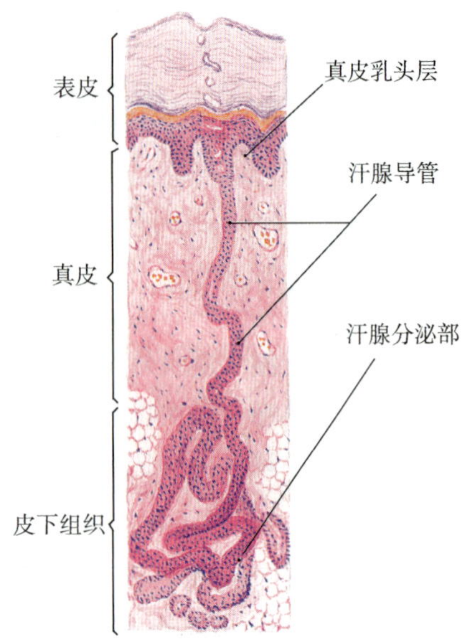

图 22–1　皮肤的微细结构

1. **基底层**　为位于波浪状基膜上的一层矮柱状细胞，称**基底细胞**。排列整齐，胞质嗜碱性，着色较深。基底细胞是未分化的幼稚细胞（干细胞），有活跃的分裂能力。新生细胞向浅层推移并分化为其他各层细胞。在皮肤的创伤愈合中，基底细胞具有重要的再生修复作用。

2. **棘层**　由4 ~ 10层较大的多角形细胞组成，胞核位于中央。由于细胞具有很多细小突起，呈棘状，故名棘层。相邻细胞的突起镶嵌，借桥粒紧密相连。胞质呈弱碱性，游离核糖体较多，具有旺盛的合成能力。

3. **颗粒层**　由3 ~ 5层梭形细胞组成，胞质内充满嗜碱性颗粒，故名颗粒层。此层细胞核渐趋退化。

4. **透明层**　由2 ~ 3层扁平细胞组成，细胞轮廓不清，细胞核与细胞器退化消失。在薄的表皮中，见不到透明层。（图22–1）

考点提示
表皮的结构。

5. **角质层**　为表皮的表层，由数层至数十层扁平的角质细胞组成。这些细胞干硬，是已完全角化的死细胞。细胞表面折皱不平，相邻细胞互相嵌合，靠近表面的细胞间的桥粒解体，细胞彼此连接不牢，逐渐脱落，成为皮屑。

（二）非角质形成细胞

1. **黑色素细胞**　为一种具有许多细长突起的细胞，多位于基底层细胞之间，其细长突起伸入基底细胞及棘细胞之间；但在HE标本上仅见到含核的着色浅的圆形胞体。

2. **朗格汉斯细胞**　位于表皮深层，在HE标本中，此种细胞与黑色素细胞形态相近。在镀金标本中，此种细胞呈星状，细长突起伸入棘细胞间。

3. **梅克尔细胞**　位于表皮基层，细胞基部附有盘状神经纤维末梢，可能与感受触觉有关。

二、真皮

真皮位于表皮下方，分为浅部的乳头层和深部的网织层。其厚度亦随身体部位而异，一般为1 ~ 2mm，足跟处可达3mm。

1. **乳头层**　位于真皮与表皮交界处，凹凸不平，真皮突起的乳头与表皮相嵌合，这种相嵌可增强真皮与表皮连接的牢固性，有利于表皮从真皮中获得营养。乳头层由结缔组织构成，含成纤维细胞、肥大细胞和巨噬细胞及毛细血管、触觉小体和游离神经末梢。

2. **网织层**　为乳头层深面较厚的致密结缔组织，细胞较少，密集的胶原纤维束及弹性纤维排列不规则，纵横交织，赋予皮肤较强的弹性和韧性，此层内除含大血管、环层小体及神经纤维以外，尚可见汗腺、毛囊及皮脂腺。

真皮内富有毛细血管网及淋巴管网。在某些部位，皮肤深层可见动静脉吻合，这种吻合及毛细血管网与体温及血流量调节作用有关。

第二节 皮下组织

皮下组织又名浅筋膜，位于真皮的深部。皮下组织由疏松结缔组织和脂肪细胞构成，它的主要功能是将皮肤与深层组织器官相连，并使二者之间有一定的可移动性。皮下组织具有缓冲、保温、储存能量等功能。

知识拓展

皮内注射和皮下注射

皮内注射是将小量药液注入表皮与真皮之间的方法。主要用于各种药物过敏试验和预防接种。药液在连接紧密的表皮和真皮之间，皮肤表面会因此而隆起一个皮丘。皮下注射是将小量药液注入皮下组织的方法，液体在组织间隙弥散，迅速达到药效。

第三节 皮肤的附属器

一、汗腺

考点提示

皮肤主要的附属器官。

汗腺是盘曲的单管状腺，根据结构及分布的不同可分为外泌汗腺和顶泌汗腺两种（图22–2）。

（一）外泌汗腺

外泌汗腺简称汗腺。除唇边、阴部等个别区域外，遍布全身。汗腺由分泌部和导管部组成。分泌部位于真皮深层和皮下组织中，由单层柱状细胞或单层锥形细胞组成。上皮与基膜间有肌上皮细胞环绕，该细胞收缩有利于分泌物的排出。汗腺导管细长，开口于皮肤表面的汗孔。汗腺分泌在调节体温上起重要作用。

（二）顶泌汗腺

顶泌汗腺也称大汗腺，分布于腋窝、乳晕、肛门及会阴等区域。顶泌汗腺比外泌汗腺大的多。分泌部盘曲成团，腺腔大，导管短，在皮脂腺上方开口于毛囊。其分泌方式仍是局部分泌。顶泌汗腺分泌物含蛋白质，较黏稠，呈乳白色，被细菌分解后有臭味，俗称狐臭。

二、毛发

考点提示

毛发的分部。

毛发的颜色、粗细，随种族、年龄、性别以及身体部位而有差异，但基本结构相同。毛发分为毛干、毛根和毛球三部分。露出皮肤外面的为毛干，埋于皮肤内部的是毛根。包在毛根外面的上皮和结缔组织形成的鞘，称毛囊。毛囊分为两层，内层为上皮鞘，也称内根鞘，与表皮各层细胞相连续，结构也近似，外层为结缔组织鞘，亦称外根鞘。毛囊的末端膨大呈球状，称为毛球。毛球的基部凹窝，内为富含血管、神经的疏松结缔组织，称毛乳头，它供给毛球营养。围绕毛乳头的上皮细胞称毛母质，是毛发的生长点，此处细胞不断增殖，向上移动分化形成毛发及上皮鞘的细胞成分。毛母质内有散在黑色素细胞，黑色素颗粒由黑色素细胞的突起转递到毛发的角质细胞。黑色素颗粒的多少，决定毛发呈黑色、棕色、灰色或白色。

毛发与皮肤表面存在一定角度，在二者钝角的一侧，皮脂腺的下方有一束平滑肌，称竖毛肌。它一端附于毛囊，另一端附于真皮乳头层。竖毛肌受交感神经支配，当寒冷或惊恐时，竖毛肌收缩，使毛发竖立。

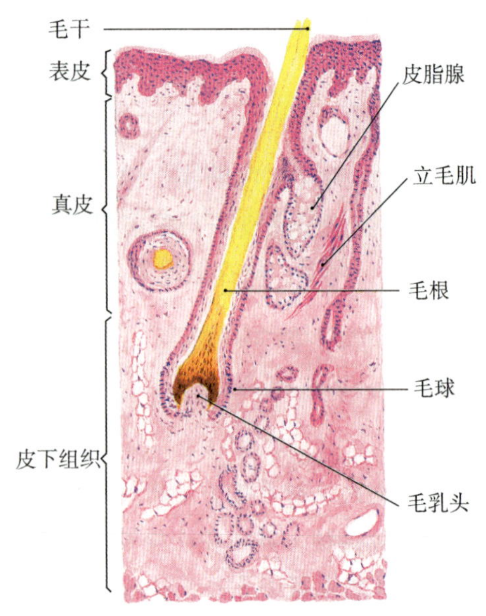

图 22-2　皮肤的附属器

三、皮脂腺

皮脂腺为分支泡状腺，常位于毛囊与竖毛肌之间，以短导管开口于毛囊。皮脂腺最外层的低立方细胞为干细胞，不断分裂增殖，新生细胞不断长大向腺泡中央移动。胞质内合成的脂类颗粒增多，至腺泡中心胞核退化，整个细胞解体，与脂类产物一起排出，这种脂性分泌物称为皮脂。皮脂腺的分泌活动受性激素调控，在青春期，皮脂分泌旺盛，如皮脂排出障碍，可形成粉刺。

四、指（趾）甲

指（趾）甲为指（趾）端背面的硬角质板，露在外面的部分为甲体，埋于皮内的部分为甲根，甲体下面的皮肤为甲床；甲根附着处的上皮为甲母质，为甲的生长点。新生细胞向指（趾）远端推移，逐步角化为甲体，如伤及甲母质，则甲不能再生。

本章小结

皮肤由表皮和真皮两部分构成。表皮细胞可分为角质形成细胞和非角质形成细胞。角质形成细胞由深至浅，可分为基底层、棘层、颗粒层、透明层、角质层。非角质形成细胞主要有黑色素细胞、朗格汉斯细胞和梅克尔细胞。真皮分为浅部的乳头层和深部的网织层。皮下组织又名浅筋膜，由疏松结缔组织和脂肪细胞构成。皮肤附属器包括汗腺、毛发、皮脂腺及指（趾）甲。汗腺分为外泌汗腺和顶泌汗腺，毛发分为毛干、毛根和毛球三部分。

一、单项选择题

1. 构成皮肤表皮的上皮为
   A. 变移上皮　　B. 未角化复层扁平上皮
   C. 复层柱状上皮　　D. 单层扁平上皮

E. 角化复层扁平上皮

2. 皮内注射是将药物注射在

A. 肌组织内　　B. 皮下组织内

C. 真皮乳头层内　　D. 真皮网织层内

E. 表皮和真皮之间

二、思考题

1. 皮肤由哪两部分构成？各是什么组织？

2. 表皮由哪两类细胞组成？

（秦 迎）

扫码“练一练”

扫码“学一学”

第二十三章 感觉器官

学习目标

1. **掌握** 眼球壁的组织结构；壶腹嵴、位觉斑、螺旋器的组织结构。
2. **熟悉** 内耳迷路的组织结构。
3. **了解** 眼内容物和眼副器的组织结构。

第一节 眼

案例导入

患者，女，53岁。患者做家务时，突然感到眼前有一层乌云般的黑影伴视物变形，3天后出现右眼视力急剧下降。眼科情况：右眼视力0.03，左眼视力0.7，眼B超检查提示右眼视网膜脱离。患者经激光治疗，右眼视力恢复到0.6。临床诊断：视网膜脱离。

请问：该病的组织学基础是什么？

眼包括眼球及眼副器。眼球能感受光的刺激，并将它们转换为神经冲动。眼的附属器包括眼睑、眼外肌、泪腺和泪道等。

一、眼球

眼球近似球形，位于眼眶内，由眼球壁和内容物两部分组成。

（一）眼球壁

眼球壁自外向内分为纤维膜、血管膜、视网膜三层。

考点提示

角膜的五层结构。

1. 纤维膜 为眼球壁的最外层，主要是致密结缔组织。

（1）角膜 位于眼球前部1/6，由外向内分为五层：①角膜上皮，是未角化的复层扁平上皮，由5～6层细胞组成。内有丰富的游离神经末梢。②前界层，是一层透明均质的薄膜，厚10～16μm，由胶原原纤维和基质组成。此层是角膜基质的延续，损伤后不能再生。③角膜基质，约占角膜全厚的90%，由多层与表面平行的胶原板层组成。角膜基质受损后不易修复，形成不透明的瘢痕。④后界层，是一层透明均质薄膜，厚8～10μm，它是角膜内皮的基膜，损伤后可以再生。⑤角膜内皮，为单层扁平上皮。上皮细胞有合成和分泌蛋白质的功能，与后界层的形成和更新有关，角膜内皮邻近房水，能调节水的摄取，保持角膜含水量的恒定。

（2）巩膜　位于眼球后部5/6，呈乳白色，不透明，由致密结缔组织组成。

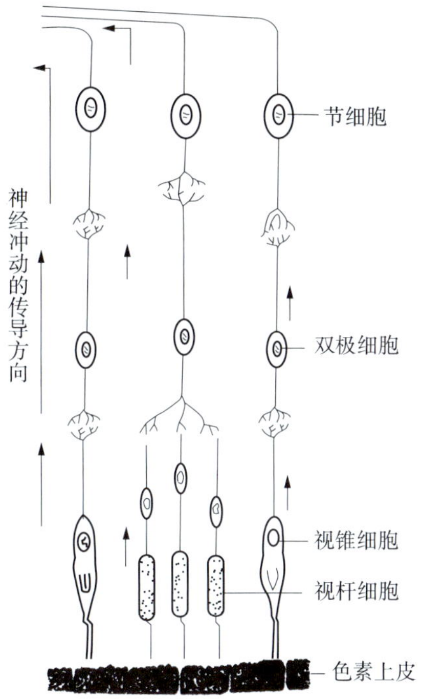

图 23-1　视网膜结构模式图

2. 血管膜　由富含血管和色素细胞的疏松结缔组织构成。自前向后分为虹膜、睫状体和脉络膜三部分。

（1）虹膜　环状，中央为瞳孔。虹膜位于角膜的后方，其周缘与睫状体相接，自前向后分三层：①前缘层，是一层不连续的成纤维细胞和色素细胞。②虹膜基质，为富含血管和色素细胞的疏松结缔组织。由于种族和个体的差异，其中所含的色素量不同，使虹膜呈现不同的颜色。在瞳孔周围的虹膜基质中，有一薄层环行平滑肌，称瞳孔括约肌，受副交感神经支配。③上皮层，又称视网膜虹膜部，由两层色素上皮细胞组成。前层细胞分化为肌上皮细胞，呈梭形，称瞳孔开大肌，受交感神经支配。后层细胞大，圆柱形，胞质内充满色素。

知识拓展

准分子激光角膜屈光治疗技术（LASIK 技术）

近视眼是由于眼球的前后径过长或者眼球前表面太凸，外界光线不能准确会聚在眼底所致。准分子激光是一种人眼看不见的波长仅 193nm 的紫外线光束，其特性为光子能量大，波长极短，对组织的穿透力极弱，不会穿入眼内，仅被组织表面吸收，对周围组织无损伤或损伤极微。准分子激光角膜屈光治疗技术，是用一种特殊的极其精密的微型角膜板层切割系统（简称角膜刀），将角膜表层组织制作成一个带蒂的角膜瓣，翻转角膜瓣后，在计算机控制下，用准分子激光对瓣下的角膜基质层拟去除的部分组织予以精确气化，然后于瓣下冲洗并将角膜瓣复位，以此改变角膜前表面的形态，调整角膜的屈光力，使外界光线能够准确地在眼底会聚成像，达到矫正近视的目的。

（2）睫状体　由外向内分为睫状肌、基质与上皮三层。睫状肌是平滑肌，受副交感神经支配，它的舒缩可通过睫状小带改变晶状体曲度。睫状体上皮层有分泌房水的作用。

（3）脉络膜　位于巩膜内侧，是含血管和色素细胞的疏松结缔组织。

虹膜的三层结构、瞳孔括约肌和瞳孔开大肌在虹膜的部位。

3. 视网膜　视网膜为眼球壁的内层，主要由四层细胞组成。

（1）色素上皮层　细胞呈立方形，基部借基膜紧附于脉络膜，顶部伸出许多细长的突起，插在感光细胞之间。胞质内有很多黑素颗粒，它们有吸收光线、保护感光细胞免受强光刺激的作用。色素上皮细胞还能吞噬视杆细胞脱落的膜盘，与初级溶酶体结合而形成板层小体，并将其消化。此外，色素上皮细胞还能储存维生素A，并构成视网膜的保护性屏障。

（2）感光细胞层　包括视杆细胞和视锥细胞。①视杆细胞，胞体细长，胞核椭圆形，染色较深，从胞体向外侧伸出细长杆状的突起。视杆细胞主要感受弱光的刺激。维生素A缺乏时，可影响视杆细胞的功能，导致夜盲症。②视锥细胞，结构与视杆细胞相似，所不同的是，细胞核大，染色较浅，突起粗短，呈圆锥形，视锥细胞主要感受强光和颜色刺激。视锥细胞异常可导致色觉障碍，引起色盲或色弱。

（3）双极细胞层　为连接感光细胞和节细胞的中间神经元。

（4）节细胞层　位于视网膜内层，为多极神经元。节细胞也分两种，较大的一种借树突与多个双极细胞形成突触联系；较小的一种通过一个小型双极细胞与视锥细胞形成一对一的视觉通路，这种通路与精确敏锐的视觉传导有关。节细胞的轴突向眼球后极集中，组成视神经。

考点提示

视网膜的四层结构，视杆和视锥细胞的功能，黄斑的概念。

节细胞轴突穿出处形成的盘状结构，称视神经盘，无感光细胞分布，又称生理性盲点。视神经盘颞侧有一个黄色区域称黄斑，中央有一小凹，称中央凹。此处外界的光线可直接落在视锥细胞上，再通过一对一的神经通路传到中枢，所以黄斑是视觉最精确、敏锐的部位（图23-1）。

（二）眼内容物

眼内容物包括房水、晶状体、玻璃体。

1. 房水　无色透明含少量蛋白质的液体。房水的产生和排出保持动态平衡，若排出通路受阻，眼球内压增高，造成青光眼。

2. 晶状体　位于虹膜与玻璃体之间，为具有弹性的无色透明体。晶状体由于胚胎发育障碍、外伤、代谢障碍等原因发生浑浊，临床称为白内障。

3. 玻璃体　充填于晶状体和视网膜之间，为无色透明的胶状体。

二、眼睑

眼睑覆于眼的前方，有保护眼球的作用。眼睑从外向内可分为皮肤、皮下组织、肌层、纤维层、睑结膜五层。

1. 皮肤　薄而柔软，睑缘处有睫毛。睫毛处有皮脂腺，开口于毛囊。

2. 皮下组织　薄层疏松缔组织，易发生水肿。

3. 肌层　主要为眼轮匝肌和提上睑肌。

4. 纤维层　为致密结缔组织，内有睑板腺，其导管开口于睑缘。睑板腺是皮脂腺，分泌皮脂，滑润睑缘和保护角膜。

5. 睑结膜　为一层薄的黏膜，表面为复层柱状上皮，夹有少量杯形细胞。其下为薄层的固有层。睑结膜反折覆盖于巩膜表面，称球结膜。

第二节　耳

耳是听觉与位觉器官，由外耳、中耳和内耳三部分组成。外耳和中耳传导声波，内耳位于颞骨岩部，由于结构复杂，故称迷路。内耳由骨迷路和膜迷路组成，膜迷路内有位觉和听觉感受器。

一、壶腹嵴

壶腹嵴是位觉感受器，感受旋转变速运动。位于膜半规管的壶腹内，它是由壶腹一侧的黏膜增厚突向管腔内形成，其黏膜上皮由支持细胞和毛细胞组成。支持细胞呈高柱状，游离面有微绒毛，细胞核位于基部，支持细胞对毛细胞起支持作用。毛细胞有烧瓶状和柱状两型，每个毛细胞游离面均有1根动纤毛和50 ~ 110根静纤毛，纤毛较长，插入壶腹嵴顶部的壶腹帽中。毛细胞的基部与前庭神经末梢构成突触。壶腹嵴能感受头部的旋转变速运动，这是由于内淋巴与半规管之间在旋转开始和终止时，出现相对位移的结果。当头部旋转时，内淋巴流动，使壶腹帽发生倾斜，从而刺激毛细胞产生神经冲动，经前庭神经传向中枢。

二、椭圆囊斑和球囊斑

椭圆囊斑和球囊斑分别位于椭圆囊和球囊内，是该处局部黏膜增厚突向管腔而成。两斑互相垂直，结构与壶腹嵴相似。斑的上皮亦由支持细胞和毛细胞组成。支持细胞高柱状，位于基膜上，游离面有微绒毛。支持细胞具有支持和营养作用，其分泌物形成位砂膜，内含有碳酸钙结晶体，即位砂。毛细胞亦分烧瓶状和柱状两型，顶部有30 ~ 60根静纤毛和1根动纤毛，伸入位砂膜中。前庭神经末梢与毛细胞基部形成突触。

位觉斑能感受直线变速运动，以及静止状态下的位置觉。由于重力关系及两斑互相垂直，故无论头在任何位置，位砂膜都将不同程度地刺激毛细胞，引起前庭神经兴奋，将位觉信息传向中枢。

三、螺旋器

螺旋器位于蜗管的基底膜上，是听觉感受器，由支持细胞和毛细胞组成。支持细胞按形态可分为柱细胞和指细胞。柱细胞排列为内外两行，内侧的为内柱细胞，外侧为外柱细胞，柱细胞基部较宽，位于基底膜上，胞体中部细而长，彼此分离围成一个三角形的内隧道。指细胞长柱形，位于基底膜上，每个指细胞的顶部都承托一个毛细胞。毛细胞呈柱状，其基底部与耳蜗神经节双极神经元的树突末端形成突触。声波经外耳道传至鼓膜，使鼓膜振动，经中耳听小骨传至卵圆窗，引起前庭阶的外淋巴振动，使前庭膜和蜗管的内淋巴振动，从而振动基底膜，刺激毛细胞产生神经冲动，由蜗神经将听觉信息传入中枢，产生听觉（图23-2）。

> **考点提示**
> 螺旋器的概念、功能和细胞组成。

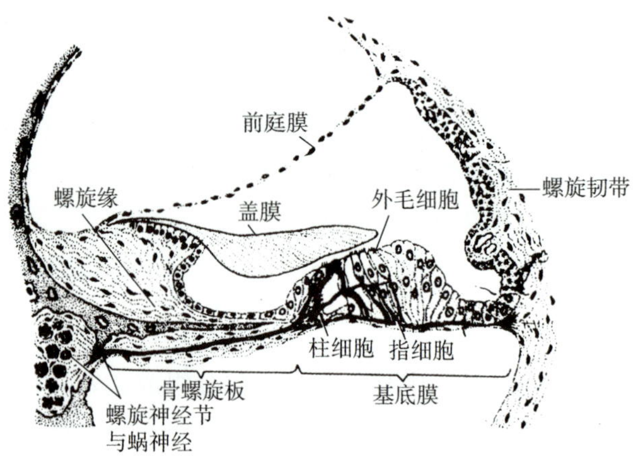

图 23-2 蜗管与螺旋器

本章小结

角膜由外向内分为五层，即角膜上皮、前界层、角膜基质、后界层和角膜内皮。虹膜自前向后分为前缘层、虹膜基质和上皮层三层。视网膜主要由四层细胞组成，即色素上皮层、感光细胞层（包括视杆细胞和视锥细胞）、双极细胞层和节细胞层。壶腹、椭圆囊和球囊的黏膜增厚、突起形成的结构，分别称壶腹嵴、椭圆囊斑和球囊斑，是位觉感受器。螺旋器由支持细胞和毛细胞组成，为听觉感受器。

习 题

一、选择题

1. 关于角膜的描述，下列哪项是错误的
   A. 角膜上皮为未角化复层扁平上皮
   B. 角膜基质含有胶原原纤维、成纤维细胞和基质
   C. 角膜上皮基底细胞具有增殖能力
   D. 角膜基质富含毛细血管
   E. 角膜上皮富含游离神经末梢
2. 视网膜能感受弱光的细胞是
   A. 视杆细胞　B. 视锥细胞
   C. 节细胞　D. 双极细胞
   E. 色素上皮细胞
3. 听觉感受器是
   A. 壶腹嵴　B. 椭圆囊斑
   C. 球囊斑　D. 螺旋器
   E. 位觉斑

二、思考题

1. 试述视网膜的主要层次结构。
2. 简述螺旋器的位置、结构和功能。

（秦 迎）

扫码“练一练”

扫码“学一学”

第二十四章 内分泌系统

学习目标

1. **掌握** 甲状腺、肾上腺、垂体的结构。
2. **熟悉** 甲状旁腺的结构。
3. **了解** 甲状腺、肾上腺、垂体和甲状旁腺分泌的激素及其功能。

案例导入

10岁男孩，身体生长迅速，身高达175cm，肌肉发达，食量惊人，性早熟。血液激素测定：生长激素 > 10μg/L。血清 T_4、T_3 及甲状腺摄 ^{131}I 率正常；促性腺激素正常。临床诊断：巨人症。

请问： 该病的组织学基础是什么？

考点提示

内分泌系统的组成。

内分泌系统是机体的重要调节系统，它与神经系统相辅相成，共同调节机体的生长发育和各种代谢，维持内环境的稳定，并影响性行为，控制生殖。内分泌系统由内分泌腺和分布于其他器官的内分泌组织组成。

内分泌细胞分泌的生物活性物质称为激素。激素通过毛细血管和毛细淋巴管进入血液和淋巴液，循环至全身各处。激素的作用具有特异性，每种激素作用于一定器官或器官内的某类细胞，某种激素所作用的器官或细胞，称为该激素的靶器官或靶细胞。靶细胞具有与相应激素相结合的受体，受体与相应激素结合后产生效应。

第一节 甲状腺

甲状腺表面包有薄层结缔组织被膜。从被膜发出小梁伸入腺实质，将其分成大小不一的小叶，每个小叶内含有甲状腺滤泡，滤泡间有少量的结缔组织、丰富的毛细血管和滤泡旁细胞。

一、甲状腺滤泡

滤泡为大小不等的囊状结构，呈圆形、椭圆形或不规则形。滤泡由单层排列的滤泡上皮细胞围成，细胞界限清楚，细胞核圆形，位于中央。滤泡腔内充满胶质。滤泡上皮细胞因功能状态不同而有形态变化。一般情况下呈立方形，在甲状腺功能活跃时，细胞增高呈低柱状，腔内胶质减少；反之，细胞变矮呈扁平状，腔内胶质增多。胶质是滤泡上皮细胞的分泌物，在HE切片上呈均质状，嗜酸性，为碘化的甲状腺球蛋白。胶质的边缘常存在不着色的空泡，是滤泡上皮细胞吞饮胶质滴所致（图24–1）。

甲状腺滤泡上皮细胞合成和分泌甲状腺激素。甲状腺激素的形成需经过合成、贮存、碘化、重吸收、分解和释放等过程。滤泡上皮细胞从血液中摄取氨基酸合成甲状腺球蛋白的前体，继而浓缩形成分泌颗粒，再以胞吐方式排放到滤泡腔内贮存。滤泡上皮细胞能从血中摄取碘离子，在过氧化物酶的作用下活化，再排入泡腔与甲状腺球蛋白结合成碘化的甲状腺球蛋白。滤泡上皮细胞在腺垂体分泌的促甲状腺激素的作用下，以胞吞方式将滤泡腔内的碘化甲状腺球蛋白再吸收入胞质，由溶酶体分解形成大量四碘甲状腺原氨酸（T_4）和少量三碘甲状腺原氨酸（T_3），经细胞基底部释放入毛细血管内。

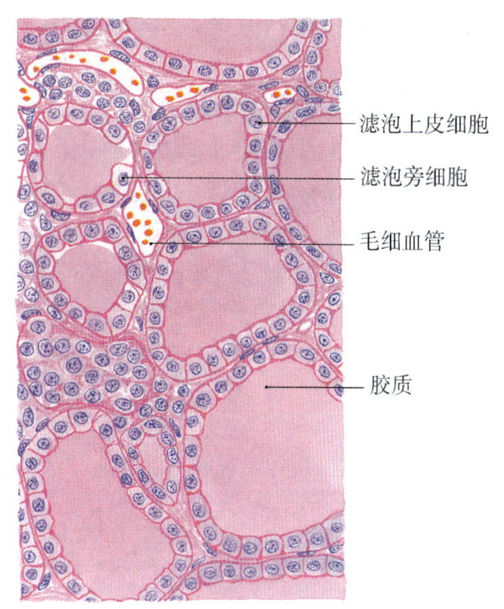

图 24–1　甲状腺的微细结构

甲状腺激素作用于机体的多种细胞，主要功能是促进机体的新陈代谢，提高神经兴奋性，促进生长发育，尤其对婴幼儿的骨骼发育和中枢神经系统发育影响很大。幼年期，如果甲状腺功能低下，会导致克汀病（呆小症），患者不仅身材矮小，而且脑发育障碍；在成人则发生黏液性水肿。甲状腺功能增强时，出现甲状腺功能亢进症。长期缺碘则可出现单纯性甲状腺肿大。

考点提示

甲状腺滤泡上皮细胞合成和分泌甲状腺激素的过程。

二、滤泡旁细胞

滤泡旁细胞，又称C细胞，位于滤泡之间或滤泡上皮细胞之间。细胞体积较大，在HE染色切片中，胞质着色略淡，银染法可见胞质内有嗜银颗粒。滤泡旁细胞分泌降钙素。降钙素能促进骨盐沉着于骨质，抑制骨质内钙盐的溶解，并抑制胃肠道和肾小管吸收钙盐，使血钙下降。

第二节　甲状旁腺

甲状旁腺有上下两对，位于甲状腺两侧叶的后面。成人甲状旁腺呈棕黄色的扁椭圆形。腺体表面包有薄层结缔组织被膜，结缔组织伸入腺体内形成小梁。腺细胞呈团索状排列，其间富含有孔毛细血管及少量结缔组织，还可见散在脂肪细胞。腺实质由主细胞和嗜酸性细胞组成（图24–2）。

一、主细胞

主细胞是构成甲状旁腺的主要细胞，胞体较小，呈圆形或多边形，核圆，位于细胞中央，胞质着色浅。主细胞分泌甲状旁腺激素，主要功能是作用于骨细胞和破骨细胞，使骨盐溶解，并能促进肠及肾小管吸收钙盐，从而使血钙升高。机体在甲状旁腺激

考点提示

甲状旁腺主细胞的结构和功能。

素和降钙素共同调节下，维持血钙稳定。

二、嗜酸性细胞

嗜酸性细胞常单个或成群存在于主细胞之间。比主细胞大，核较小，染色较深，胞质内含密集的嗜酸性颗粒。目前此细胞的功能尚不清楚。

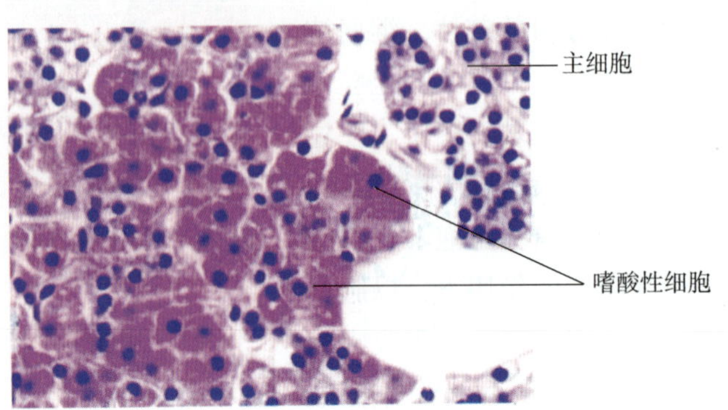

图 24-2　甲状旁腺的微细结构

第三节　肾上腺

肾上腺位于肾的上方，右侧呈三角形，左侧呈半月形。肾上腺表面包以结缔组织被膜，少量结缔组织伴随血管和神经伸入腺实质内构成间质。肾上腺实质由周围的皮质和中央的髓质两部分构成。皮质来自中胚层，腺细胞有类固醇激素细胞的结构特点；髓质来自外胚层，腺细胞有含氮类激素细胞的结构特点（图24-3）。

一、皮质

> **考点提示**
> 肾上腺皮质的组织结构及所分泌的激素。

皮质占肾上腺体积的80% ~ 90%。根据皮质细胞的形态和排列方式不同，可将皮质由外向内分为三层，即球状带、束状带和网状带。

（一）球状带

球状带位于被膜下方，较薄，占皮质总体积的15%。细胞排列呈团状，胞体较小，核小染色深，胞质弱嗜酸性，内含少量脂滴。细胞团之间有血窦和少量结缔组织。球状带细胞分泌盐皮质激素，如醛固酮等，能促进肾远曲小管和集合小管重吸收Na^+及排出K^+，同时刺激胃黏膜等吸收Na^+，使血Na^+浓度升高、K^+浓度降低，维持体内电解质和体液的动态平衡。

（二）束状带

束状带是皮质中最厚的部分，占皮质总体积的78%。细胞较大，界限清楚，呈多边形。细胞常排列成单行或双行细胞索，细胞索间为丰富的血窦和少量结缔组织。胞质内含有大量的脂滴，在HE切片中，因脂滴被溶解，故染色浅而呈空泡状。束状带细胞分泌糖皮质激素，主要为皮质醇和皮质酮，可促使蛋白质及脂肪分解并转变成糖，还有降低免疫应答及抗炎等作用。

（三）网状带

网状带位于皮质的最内层，占皮质总体积的7%。细胞排列成索状，并相互吻合成网，网间为血窦和少量结缔组织。网状带细胞较束状带细胞小，核也小，着色较深，胞质弱嗜酸性，胞质内含较多脂褐素和少量脂滴，因而染色较束状带深。网状带细胞主要分泌雄激素，也分泌少量雌激素。

考点提示

肾上腺髓质的组织结构及功能。

二、髓质

髓质位于肾上腺的中央，占肾上腺体积的10% ~ 20%，由髓质细胞组成，其间为血窦和少量结缔组织。髓质细胞体积较大，呈多边形，胞质染色淡，核大、圆形。髓质细胞排列成条索状，相互吻合成网。如用铬盐处理标本，胞质内呈现出黄褐色的嗜铬颗粒，因而髓质细胞又称为嗜铬细胞。

髓质细胞根据颗粒内含激素的差别，分为两种：一种为肾上腺素细胞，颗粒内含肾上腺素，此种细胞数量多，占肾上腺髓质细胞的80%以上；另一种为去甲肾上腺素细胞，颗粒内含去甲肾上腺素。

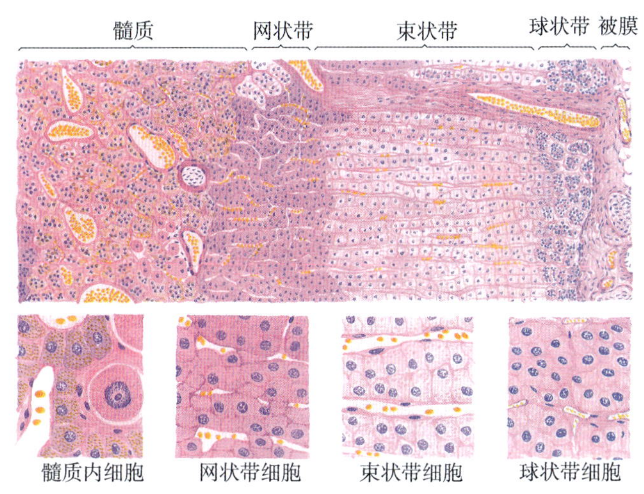

图 24–3 肾上腺的微细结构

第四节 垂 体

垂体位于蝶鞍垂体窝内，由腺垂体和神经垂体两部分组成，表面包以结缔组织被膜。

考点提示

垂体的分部。

一、腺垂体

腺垂体约占垂体的75%，由三部分组成。

考点提示

腺垂体的组织结构与功能。

（一）远侧部

远侧部腺细胞排列成团索状，少数围成小滤泡，细胞间有丰富的血窦和少量结缔组织。在HE染色切片中，依据腺细胞着色的差异，可将其分为嗜色细胞和嫌色细胞两大类。嗜色细胞又分为嗜酸性细胞和嗜碱性细胞两种。

1. 嗜酸性细胞 数量较多，约占远侧部细胞总数的40%。体积较大，呈圆形或椭圆形，核圆，位于细胞中央，胞质内充满粗大的嗜酸性颗粒。根据嗜酸性细胞所分泌激素不同分为以下两种。

（1）生长激素细胞 数量较多，分泌生长激素（GH），能促进机体的生长和代谢，尤其能刺激骺软骨生长，使骨增长。在幼年时期，生长激素分泌不足可致侏儒症，分泌过多引起巨人症，成人则发生肢端肥大症。

（2）催乳激素细胞 分泌催乳激素（PRL），能促进乳腺发育和乳汁分泌。

2. 嗜碱性细胞 数量较嗜酸性细胞少，约占远侧部细胞总数的10%。细胞呈椭圆形或多边形，大小不一，界限清楚。胞质内含嗜碱性颗粒。嗜碱性细胞分以下三种。

（1）促甲状腺激素细胞 数量少，细胞分泌的促甲状腺激素（TSH）能促进甲状腺滤泡上皮细胞合成和释放甲状腺激素。

（2）促肾上腺皮质激素细胞 呈多角形，分泌促肾上腺皮质激素（ACTH），促进肾上腺皮质束状带分泌糖皮质激素。

（3）促性腺激素细胞 胞体较大，多呈圆形，分泌卵泡刺激素（FSH）和黄体生成素（LH）。卵泡刺激素可促进女性卵泡的发育，刺激男性生精小管的支持细胞合成雄激素结合蛋白，以促进精子的发生。黄体生成素在女性促进排卵和黄体形成，在男性则刺激睾丸间质细胞分泌雄激素，因此又称间质细胞刺激素。

3. 嫌色细胞 数量多，约占远侧部细胞总数的50%。细胞体积小，呈圆形或多角形，胞质少，着色浅，细胞界限不清楚。电镜下有些嫌色细胞含有少量分泌颗粒，因此认为这些细胞可能是脱颗粒的嗜色细胞，或是处于形成嗜色细胞的初期阶段。

（二）中间部

人类的中间部不发达，是位于远侧部和神经部之间的狭长区域，由嗜碱性细胞、嫌色细胞和大小不等的滤泡组成，泡腔内含有胶质。

（三）结节部

结节部包围神经垂体的漏斗，在漏斗的前方较厚，后方较薄或缺如。有丰富的毛细血管，腺细胞主要是嫌色细胞，呈索状纵向排列于血管之间，其间有少量嗜酸性和嗜碱性细胞（图24-4）。

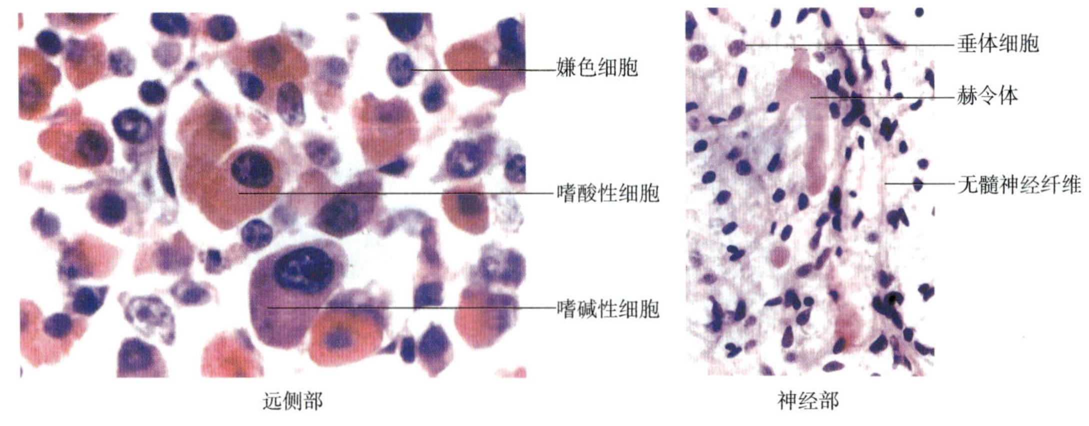

图24-4 垂体的微细结构

二、神经垂体

神经垂体由神经部和漏斗组成。神经垂体与下丘脑在结构和功能上有直接联系。神经垂体主要由无髓神经纤维和神经胶质细胞组成，并含有较丰富的毛细血管。

> 考点提示
> 神经垂体的功能。

垂体神经无髓神经纤维主要来源于下丘脑的视上核和室旁核，其轴突经漏斗进入神经部。视上核和室旁核的神经元有分泌激素的功能，分泌颗粒沿细胞的轴突运输到神经部，轴突沿途或终末的分泌颗粒常聚集成团，在光镜下呈大小不等的嗜酸性团块，称赫令体。分泌颗粒沿轴突运送到神经部储存，进而释放入神经部的毛细血管，经血液运输至靶器官。

视上核和室旁核的神经元合成血管升压素和缩宫素。血管升压素的主要作用是促进肾远曲小管和集合小管对水的重吸收，使尿量减少；当血管升压素超过一定量时，可导致小动脉平滑肌收缩，使血压升高，故又称加压素。缩宫素可引起妊娠子宫平滑肌收缩，加速分娩过程，并促进乳腺分泌。

第五节　弥散神经内分泌系统

机体内除上述内分泌腺外，许多其他器官内还存在有大量散在的内分泌细胞，这些细胞分泌的多种激素和激素样物质在调节机体生理活动中起十分重要的作用。这些内分泌细胞具有摄取胺前体经脱羧后产生胺的特点，所以将这些细胞统称为摄取胺前体脱羧细胞（APUD细胞）。

> 考点提示
> 弥散神经内分泌系统的概念。

APUD细胞不仅产生胺，而且还产生肽。随着APUD细胞类型和分布的不断扩展，发现神经系统内的许多神经元也合成和分泌与APUD细胞相同的胺和（或）肽类物质。因此这些具有分泌功能的神经元和APUD细胞统称为弥散神经内分泌系统（DNES）。因此可以说DNES是在APUD基础上的进一步发展和扩充，DNES把神经和内分泌两大调节系统统一起来，构成为一个整体，共同完成调节和控制机体生理活动的动态平衡。

本章小结

内分泌系统由内分泌腺和内分泌组织组成，内分泌腺为无管腺，分泌物称为激素。甲状腺实质为滤泡，由滤泡上皮细胞组成，滤泡上皮细胞分泌甲状腺激素；滤泡旁细胞分泌降钙素。甲状旁腺由主细胞和嗜酸性细胞组成，主细胞分泌甲状旁腺激素。肾上腺实质由皮质和髓质组成，皮质据细胞形态和排列特征分为球状带、束状带和网状带，分别分泌盐皮质激素、糖皮质激素和性激素；髓质为嗜铬细胞，分泌肾上腺素和去甲肾上腺素。垂体分为腺垂体和神经垂体两部分。远侧部细胞分嗜酸性细胞、嗜碱性细胞和嫌色细胞，嗜酸性细胞分泌生长激素和催乳素，嗜碱性细胞分泌多种促激素；神经垂体无内分泌功能，贮存和释放下丘脑视上核、室旁核分泌的激素。

一、选择题

1. 分泌降钙素的细胞是
   A．甲状腺滤泡上皮细胞　　B．滤泡旁细胞
   C．间质细胞　　D．甲状旁腺主细胞
   E．嗜酸性细胞
2. 有关肾上腺皮质的描述错误的是
   A．分为球状带、束状带、网状带
   B．球状带分泌盐皮质激素和少量糖皮质激素
   C．束状带分泌糖皮质激素
   D．网状带分泌性激素
   E．束状带最厚

扫码“练一练”

二、思考题

1. 甲状腺实质由哪两种细胞组成？各分泌什么激素？
2. 腺垂体分泌的激素有哪些？

（秦　迎）

第二十五章　人体胚胎发育总论

扫码“学一学”

学习目标

1. **掌握**　受精的概念、意义及条件；胚泡的形成；植入的概念、过程、部位和意义；蜕膜的概念和分部；胎盘的形态、结构和功能。

2. **熟悉**　生殖细胞的成熟过程；卵裂的概念、卵裂的过程和胚泡的形成；三胚层的发生；三胚层的分化；致畸因素及致畸敏感期。

3. **了解**　胚胎分期；绒毛膜；羊膜；双胎、多胎和联体双胎。

4. **学会**　指导优生优育。

案例导入

女性，31 岁。下腹剧痛，伴头晕、恶心 2 小时，于 2016 年 11 月 5 日急诊入院。平素月经规律，4 ~ 5/35 天，量多，无痛经，末次月经 2016.9.17，于 10 月 20 日开始阴道出血，量较少，色暗且淋漓不净，4 天来常感头晕、乏力及下腹痛，2 天前曾到某中医门诊诊治，服中药调经后阴道出血量增多，但仍少于平时月经量。今晨上班和下午 2 时有 2 次突感到下腹剧痛，下坠，头晕，并昏倒，遂来急诊。月经 14 岁初潮，量中等，无痛经。25 岁结婚，孕 2 产 1，末次生产 4 年前，带环 3 年。既往体健，否认心、肝、肾等疾患。

查体：T 36℃，P 102 次 / 分，BP 80/50mmHg，急性病容，面色苍白，出冷汗，可平卧。心肺无异常。外阴有血迹，阴道畅，宫颈光滑，有举痛，子宫前位，正常大小，稍软，可活动，轻压痛，子宫左后方可及 8cm×6cm×6cm 不规则包块，压痛明显，右侧（–），后陷凹不饱满。

化验：尿妊娠（±），Hb 90g/L，WBC 10.8×10^9/L。B 超：可见宫内避孕环，子宫左后 7.8cm×6.6cm 囊性包块，形状欠规则，无包膜反射，后陷凹有液性暗区。

诊断：1. 异位妊娠破裂出血；2. 急性失血性休克

请问： 试从胚胎学的角度分析该疾病的发生原因？

人体由（5 ~ 7）×10^{12}个细胞构成，这些细胞根据结构和功能不同，可分为230多种。这样一个复杂的人体竟然起源于一个细胞，这就是受精卵。胚胎从一个直径约200μm的受精卵发育为足月胎儿的过程，每一部分都在发生复杂的变化。人体的这一胚胎发生过程，称为个体发生。研究人体的胚胎发生及其机制的科学，称人体胚胎学。

人胚胎在母体子宫内发育38周（约266天），可分两个时期：①胚期，自形成受精卵至第8周末的早期发生阶段。胚期质变剧烈，至第8周末胚已初具人形，长约3cm。②胎期，第9周至出生，胚胎体内各组织器官进一步发生、发育，功能逐步建立，直到成熟分娩，新生命诞生。胎期量变剧烈。

人胚的早期发生是指受精卵形成至第8周末，是整个胚胎发育的关键时期。

第一节 受 精

一、生殖细胞

生殖细胞即**配子**，包括精子和卵子，均为单倍体，包括22条常染色体和一条性染色体。

（一）精子的发生、成熟和获能

1. 精子的发生 精子是在睾丸生精小管中发生的，从精原细胞开始，经过细胞增殖、减数分裂和形态变化，历时64天左右，最终形成了蝌蚪形的精子，染色体数目减半，由二倍体变成单倍体（图25-1）。

2. 精子的成熟和获能 由生精小管发生并释放入管腔的精子，虽然形态结构已经成熟，但无定向运动和使卵子受精的能力。当精子转运至附睾管，继续发育并成熟，精子具备了定向运动的能力和使卵子受精的潜力，但无释放顶体酶，穿越卵子周围的放射冠和透明带的能力，这是由于精子头的外表面被一层来自精液的糖蛋白覆盖，阻止顶体酶的释放。精子只有在进入女性生殖管道后，经子宫和输卵管分泌物的作用，该糖蛋白被去除，才获得了使卵子受精的能力，这个过程称**精子获能**。

（二）卵子发生和排卵

卵子发生于卵巢，在受精过程中成熟（图25-1）。卵子的发生过程也要经历两次成熟分裂。排卵后，排出的卵细胞处于第二次成熟分裂中期，当与精子相遇，受到精子穿入的激发后，完成第二次成熟分裂，变成成熟的卵子。如果未与精子相遇，12 ~ 24小时内退化。

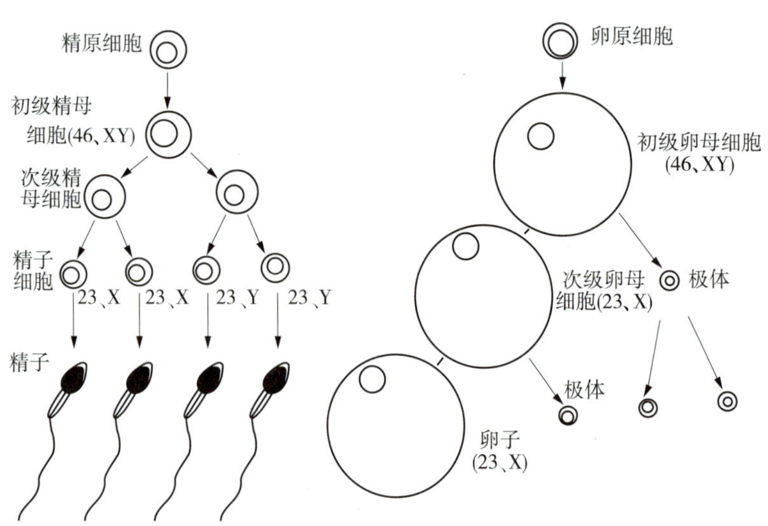

图 25-1 精子与卵子发生过程示意图

二、受精

精子与卵子结合形成受精卵的过程，称**受精**。

（一）受精的条件和部位

正常受精需满足以下条件：①生殖管道必须通畅。②必须有足够数量、发育成熟并已获能的精子。如果每毫升精液所含的精子少于500万个，受精的可能几乎为零。如果畸形精子的数量超过20%或者活动力太弱，受精的可能性亦很小，并且容易出现胚胎畸形。③卵细胞处于第二次成熟分裂的中期是受精的基本条件。④两性生殖细胞在一定时间内相遇。排卵后12 ~ 24小时，卵细胞便失去受精能力，精子进入女性生殖管道24小时内未与卵细胞相遇，也会丧失受精能力。⑤生殖管道具有适宜的内环境，女性的性激素水平正常。⑥受精的部位在输卵管壶腹部。

考点提示

受精的概念、意义及条件。

（二）受精的过程

当精子接触到卵细胞周围的放射冠时，其顶体发生一系列变化并释放顶体酶，这一过程称为**顶体反应**。在顶体酶作用下，精子穿过放射冠而接触到透明带，并与透明带上的糖蛋白分子相作用，精子进一步释放顶体酶，穿过透明带进入卵周隙，并以头部外侧与卵细胞膜相贴。两膜相互融合，精子核及胞质进入卵细胞的胞质，精子的细胞膜与卵膜融为一体。此时，卵膜下方外层胞质中的皮质颗粒释放其内容物进入卵周隙，引起透明带结构发生变化，阻止其他精子的穿越，这一过程称**透明带反应**。这一反应保证了人类单精子受精的生物学特性。在精子穿入的激发下，卵细胞很快完成第二次成熟分裂，生成了成熟的卵子，此时精子和卵子的核分别称为雄原核和雌原核。两性原核向细胞中部靠拢并相互融会，核膜消失，染色体混合，各提供23条染色体，恢复二倍体的受精卵，又称**合子**（图25–2），至此受精过程完成。

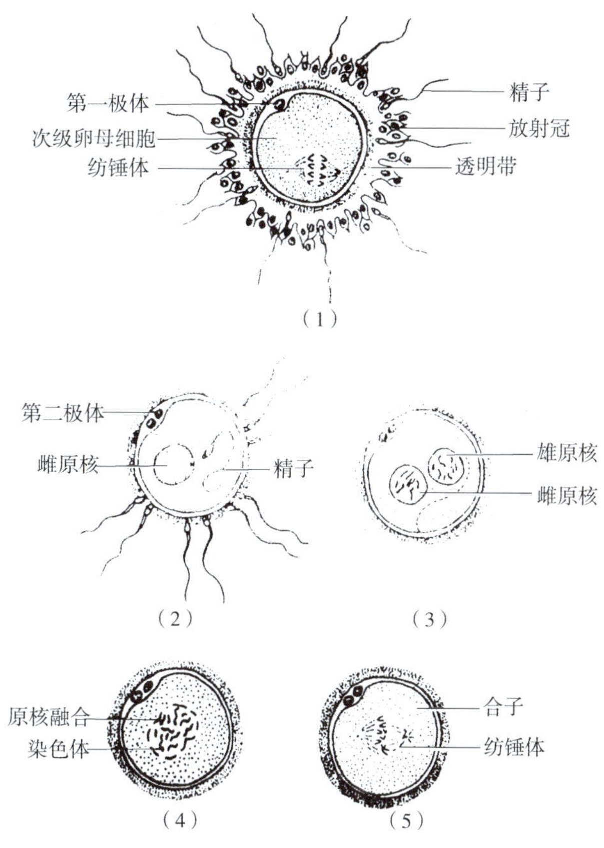

图25–2　受精过程示意图

（三）受精的意义

1. 受精决定性别 如果含X染色体的精子与卵子结合，受精卵的核型为46，XX，新个体为女性；如果含Y染色体的精子与卵子结合，受精卵的核型为46，XY，新个体为男性。

2. 受精标志着新生命的开始 双亲遗传基因随即组合，雄性原核和雌性原核各提供23条染色体，因此新个体既保持双亲的遗传特征，又有着比双亲更丰富多样的遗传特征和更强的生命力。

3. 受精启动胚胎发育 精子进入卵子，使原本相对静止的卵子转入旺盛的能量代谢与生化合成过程，受精卵开始细胞分裂，启动了胚胎发育的进程。

第二节 植入前的发育

一、卵裂

受精卵进行的细胞分裂，称**卵裂**（图25–3）。卵裂形成的细胞，称**卵裂球**。受精卵进行卵裂的同时，逐渐向子宫方向移动。在受精后72小时，受精卵分裂成12 ~ 16个细胞时，成为一实心的细胞团，形似桑椹，称**桑椹胚**。第四天，桑椹胚进入子宫腔。

二、胚泡形成

桑椹胚进入子宫腔，继续进行细胞分裂，当卵裂球的数目增至100个左右时，细胞之间出现一些小腔隙，然后互相融合成大腔，腔内充满液体，此时透明带溶解，胚呈囊泡状，称**胚泡**（图25–4）。胚泡中间的腔，称胚泡腔；胚泡的壁由单层细胞构成，可吸收营养，称**滋养层**；在胚泡腔的一端有一团大而不规则形的细胞，称**内细胞群**，将来发育为胚体和部分胎膜。覆盖在内细胞群外面的滋养层，称为极端滋养层。随着胚泡的增大，胚泡与子宫内膜相贴，开始植入。

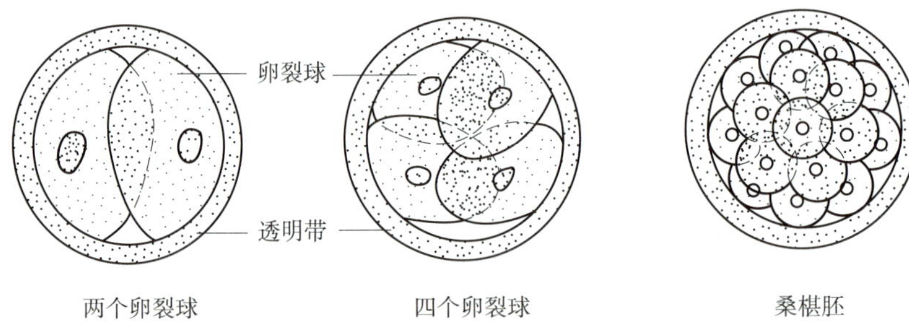

图25–3 卵裂

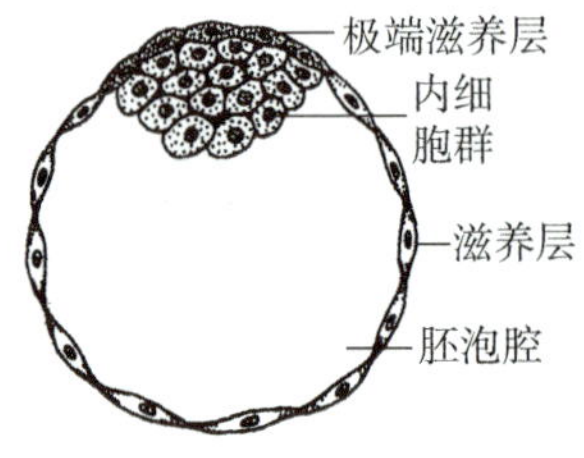

图25–4 胚泡模式图

第三节 植入与蜕膜

一、植入

（一）植入的时间

胚泡侵入子宫内膜的过程称**植入**，又称**着床**。植入始于受精后第5～6天，完成于第11天左右。

考点提示

植入的概念、过程、部位和意义。

（二）植入的过程

植入时，极端滋养层最先与子宫内膜接触，并分泌溶组织酶，溶解子宫内膜形成一个缺口，胚泡由缺口处侵入子宫内膜中。当胚泡完全埋入子宫内膜后，缺口由附近上皮细胞增殖修复（图25-5）。

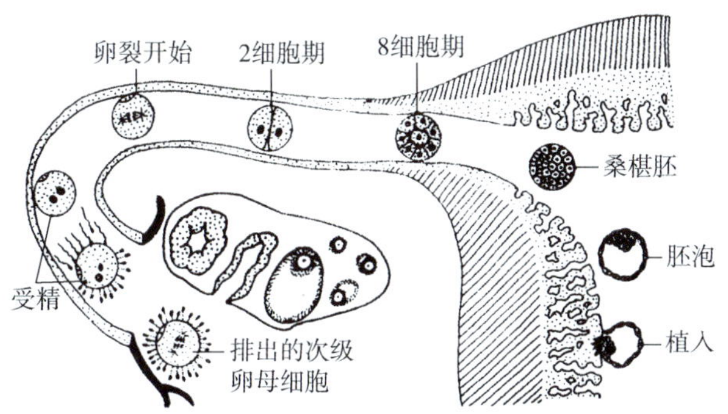

图25-5 排卵、受精、卵裂和植入的过程

胚泡植入过程中，滋养层细胞增生分化成两层细胞，外层细胞较厚，细胞互相融合，称合体滋养层；内层细胞的细胞膜完整，细胞界限清楚，呈立方形，单层排列，称细胞滋养层。细胞滋养层细胞分裂增殖，不断补充、融入合体滋养层（图25-6）。

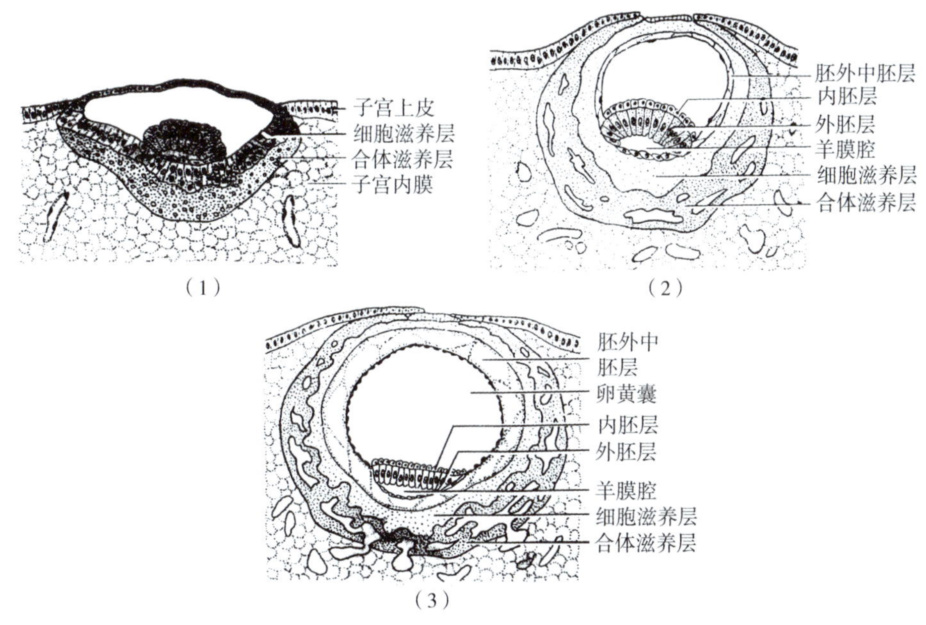

图25-6 胚泡植入过程

胚泡全部埋入子宫内膜后，合体滋养层和细胞滋养层迅速增厚。在合体滋养层内出现一些小的腔隙，称滋养层陷窝，因与子宫内膜的小血管相通，其内充满母体血液。

（三）植入的部位

胚泡植入的部位，通常发生在子宫底或子宫体。如果植入部位在邻近子宫颈处，将形成前置胎盘，可致胎儿娩出时阻塞产道或出现胎盘早期剥离引起大出血。若植入在子宫腔以外的部分，称异位妊娠。异位妊娠常发生在输卵管，偶见于肠系膜、卵巢、子宫阔韧带等处。异位妊娠的胚胎因营养供应不足，大都早期死亡并被吸收，少数胚胎发育到较大，引起植入处血管破裂而发生大出血。

（四）植入条件

胚泡和母体是遗传构成截然不同的个体，植入是胚泡和母体的子宫内膜相互识别、相互黏附、相互容纳的过程，受多种因素的调控和影响，植入的复杂机制至今未能完全阐明。受精卵必须发育到胚泡期，透明带及时消失；植入时子宫内膜必须处于分泌期；子宫腔内环境正常。具备以上条件，才能保证植入成功。如果人为的干扰植入条件，如口服避孕药使母体激素分泌紊乱，导致胚的发育与月经周期变化不同步；在子宫腔内放入宫内节育器，干扰植入过程，都可以达到避孕目的。

知识拓展

人类医学史的奇迹——试管婴儿

试管婴儿是“体外受精－胚胎移植技术”的俗称，是分别把卵子和精子取出后，置于培养液内使其受精，经人工培养发育到早胚一定阶段，再移植到母体子宫内发育直到分娩，是一种辅助生殖技术（assisted reproductive technology，ART）。1978 年，第一例试管婴儿 Louise Brown 在英国诞生了，是英国产科医生 Steptoe 和生理学家 Edwards 共同研究的成果，被称为人类医学史上的奇迹，是生殖医学领域的重要里程碑，Edwards 教授也因此获得了 2010 年的诺贝尔医学奖。

随着生殖医学及相关学科研究的不断深入，ART 应用日渐广泛，并从经典的体外受精－胚胎移植技术衍生出单精子卵细胞浆内注射、辅助孵育、囊胚培养、胚胎冷冻（玻璃化冷冻）、卵细胞冷冻、未成熟卵体外成熟、植入前遗传学诊断和胚胎干细胞技术等。许多不可能为人父母的患者，如今借助 ART 而梦想成真，ART 的理念体现了医生对不孕不育患者及其家人的人文关怀。

二、蜕膜

胚泡植入时子宫内膜处于分泌期，植入后子宫内膜进一步增厚，血液供应丰富，腺体分泌旺盛，结缔组织的基质细胞变肥大，胞质中富含糖原颗粒和脂滴，子宫内膜这一系列变化，称**蜕膜反应**。胚泡植入后的子宫内膜称**蜕膜**。

考点提示

蜕膜的概念和分部。

根据蜕膜与胚泡的位置关系，通常将蜕膜分为三部分：①位于胚泡深层的称**底蜕膜**；②覆于胚胎子宫腔面的，称**包蜕膜**；③其余部分的蜕膜称**壁蜕膜**。包蜕膜与壁蜕膜之间为子宫腔，随胚胎的发育，包蜕膜逐渐向子宫腔凸起，子宫腔逐渐变窄，至第三个月末包蜕膜和壁蜕膜相贴，子宫腔消失。底蜕膜参与胎盘的形成（图25-7）。

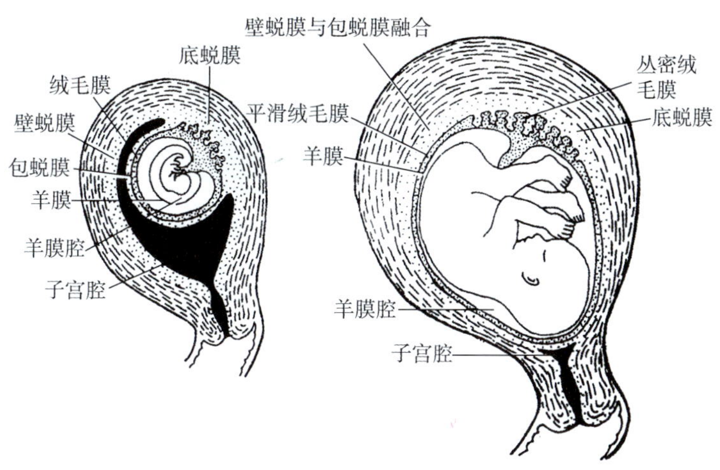

图25-7　胎膜和蜕膜

第四节　三胚层的发生和分化

受精后第2周至第8周，内细胞群逐渐分化成由内、中、外三个胚层构成的胚盘，并卷曲形成胚体。滋养层也分化形成胚体以外的结构。

一、二胚层胚盘及相关结构的发生

（一）二胚层胚盘的发生

大约在受精后的第7天，胚泡未进入子宫内膜之前，内细胞群就已分化为两层细胞，下方的一层立方细胞称**下胚层**，又称初级内胚层；上方的一层柱状细胞称**上胚层**，又称初级外胚层；中间有基膜相隔。上胚层和下胚层构成的椭圆形细胞盘，称二胚层胚盘，它是人体发生的原基。

（二）相关结构的发生

1. 羊膜腔和卵黄囊的形成　受精后第8天，上胚层细胞之间出现了一个充满液体的小腔，称**羊膜腔**，腔内的液体，称羊水。随着小腔的扩大，一层上胚层细胞被推向胚端的细胞滋养层，贴在细胞滋养层内面上，这就是最早的羊膜。形成羊膜的细胞，即羊膜细胞。羊膜和外胚层其余部分共同包裹羊膜腔，形成羊膜囊。上胚层构成羊膜囊的底。下胚层周缘的细胞增生并向腹侧延伸，形成一个由单层扁平细胞围成的、位于下胚层下方的囊，称**卵黄囊**。下胚层构成卵黄囊的顶。

2. 胚外中胚层的形成　受精后第10 ~ 11天，细胞滋养层细胞分裂增生，充填于细胞滋养层、卵黄囊和羊膜囊之间，形成**胚外中胚层**。受精后第12 ~ 13天，胚外中胚层内出现一些小腔隙，又逐渐融合为一个大腔隙，称**胚外体腔**。随着胚外体腔的出现，胚外中胚层被分隔为内、外两层，分别衬贴在细胞滋养层的内表面、羊膜腔和卵黄囊的外表面。受精后第14天左右，随着胚外体腔的扩大，仅有少部分胚外中胚层连接于胚盘尾端与滋养层之间，这一束胚外中胚层组织称**体蒂**，将来发育为脐带的主要部分。（图25-8）。

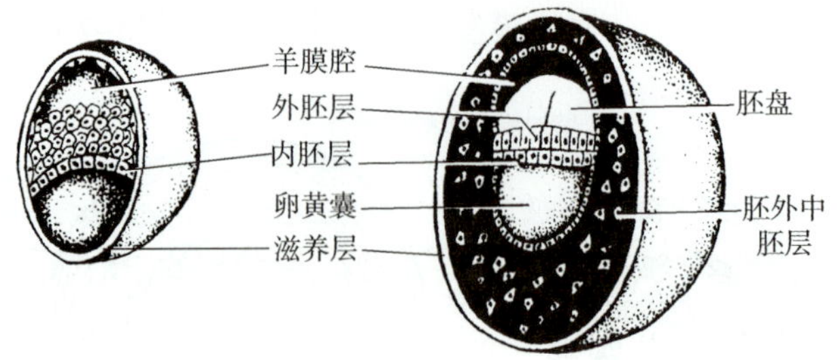

图 25-8　内、外胚层的形成

二、中胚层的形成

（一）原条的形成

胚胎发育至第3周，二胚层胚盘尾端中线处的上胚层细胞增生，形成一条纵行的细胞索，称**原条**（图25-9）。出现原条的一端为胚体的尾端，相对的一端为胚体的头端。原条头端膨大呈结节状，称**原结**。原结的背面凹陷，称**原凹**。原条背面中线也出现一纵行的浅沟，称**原沟**。

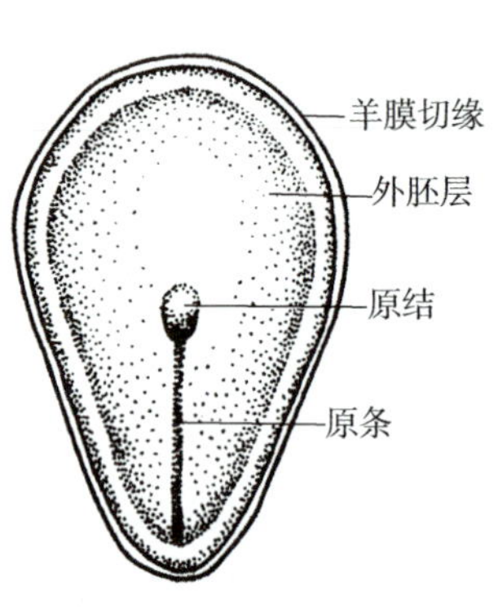

图 25-9　胚盘（背面）

（二）中胚层和脊索的形成

原条是胚盘进一步分化的组织中心。上胚层细胞增殖并通过原条在上、下胚层之间向周边迁移。从上胚层迁出的部分细胞进入下胚层并逐渐全部置换了下胚层细胞，称**内胚层**；从上胚层迁出的另一部分细胞则形成上、下胚层之间的夹层，称胚内中胚层，简称**中胚层**；原上胚层改称**外胚层**。此时，胚盘由内、中、外三个胚层组成，三个胚层均起源于上胚层。在胚盘的头尾两端各有一区域没有中胚层，内外胚层直接相贴，头端的称口咽膜，尾端的称泄殖腔膜（图25-10、图25-11）。与此同时，原结细胞增生内陷于内、外胚层之间，并向前延伸形成一条细胞索，称**脊索**。原条和脊索为胚胎早期的中轴结构。原条随着中胚层的形成而逐渐消失，至受精后26天，原条全部消失。若原条细胞残留，可形成畸胎瘤。畸胎瘤内可见三个胚层的组织同时出现。脊索生长快，向头端生长，最后退化为椎间盘中央的髓核。

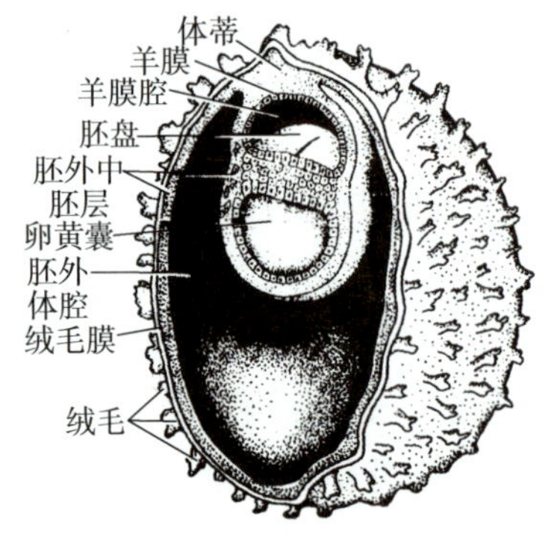

图 25-10　胚外体腔

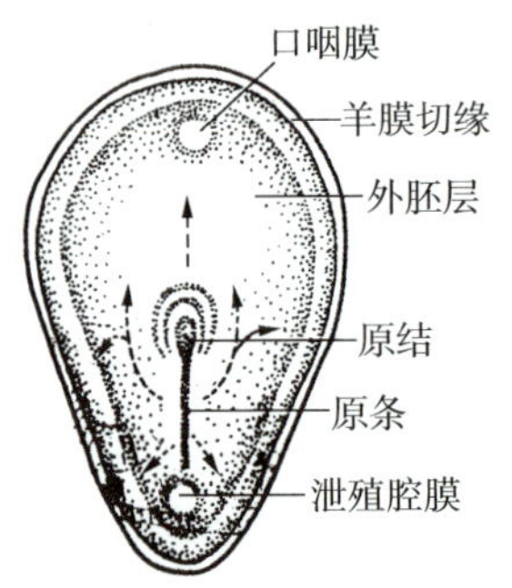

图 25-11　胚盘外胚层细胞的迁移示意图

三、三胚层的分化和胚体形成

在胚胎发育过程中，结构和功能相同的细胞分裂增殖，形成结构和功能不同的细胞，称为分化。胚胎发育至第3周，内、中、外三胚层已先后发生。从第4周至第8周，三个胚层分化并形成各种组织和器官原基。

（一）外胚层的分化

胚胎发育至18 ~ 19天，在脊索的诱导下，两侧的外胚层增厚呈板状，称**神经板**。神经板的两侧缘高起形成**神经褶**，中央凹陷，形成神经沟。神经沟闭合形成**神经管**。神经管是中枢神经系统的原基，分化为脑和脊髓。

在神经沟闭合为神经管时，神经板外侧缘的神经上皮细胞，形成一条位于神经管背侧的细胞索，该细胞索很快分为左右两条，称**神经嵴**，是周围神经系统的原基。

其余外胚层将分化为皮肤的表皮及其衍生物、内耳原基、晶状体原基等结构。

1. 轴旁中胚层　受精后第17天左右，脊索两侧的中胚层细胞增厚，称轴旁中胚层。胚胎发育至第20天左右，轴旁中胚层呈节段性增生，形成**体节**。体节将来分化成骨、骨骼肌、真皮和皮下结缔组织。

2. 间介中胚层　位于体节外侧，为一条狭长的细胞索，称间介中胚层。间介中胚层分化成泌尿系统和生殖系统的大部分器官。

3. 侧中胚层　侧中胚层位于间介中胚层外侧。侧中胚层内先出现一些小腔隙，后融合为一个大腔隙，称**胚内体腔**。胚内体腔将来形成心包腔、胸膜腔和腹膜腔。胚内体腔将侧中胚层分成两层：与内胚层相贴的称脏壁中胚层，它与内胚层共同形成消化器官、呼吸器官的壁；与外胚层相贴的称体壁中胚层，它们共同参与胸腹部前外侧壁的形成。

4. 间充质　三个胚层之间散在的中胚层细胞，称间充质细胞，可进一步分化为心、血管、平滑肌、结缔组织、软骨与骨等。

（二）内胚层的分化

在三胚层胚盘期，内胚层为卵黄囊的顶。随着胚盘的周缘部向腹侧卷折，使平盘状的胚盘变成圆桶状的胚体，内胚层包入胚体内，形成原始消化管；原始消化管主要形成消化管、消化腺、气管和主支气管、肺、膀胱及尿道等处的上皮。

（三）胚体形成

胚胎发育至第4周初，胚盘中央部生长速度快，周缘慢，使扁平的胚盘向羊膜腔内隆起。胚盘周缘出现卷折，头、尾端分别出现头褶和尾褶，两侧出现侧褶。随着胚的生长，头褶、尾褶和侧褶逐渐加深，胚盘变为圆柱状的胚体（图25-12、图25-13）。第5 ~ 8周胚体外形变化显著，至第8周初具人形，胚体的眼、耳、鼻及四肢都已可见（图25-14、图25-15）。

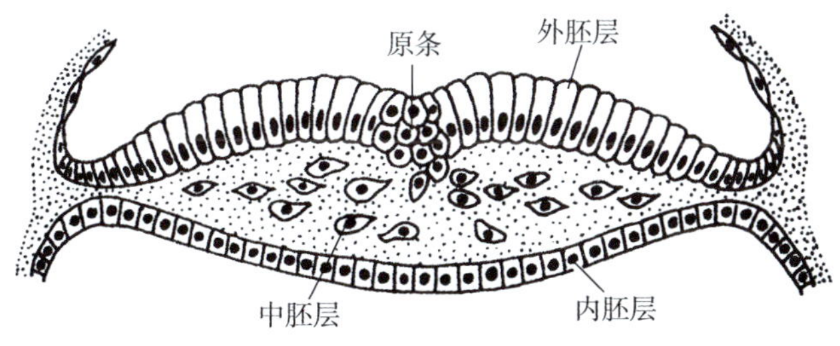

图 25-12　胚盘横切（示中胚层形成）

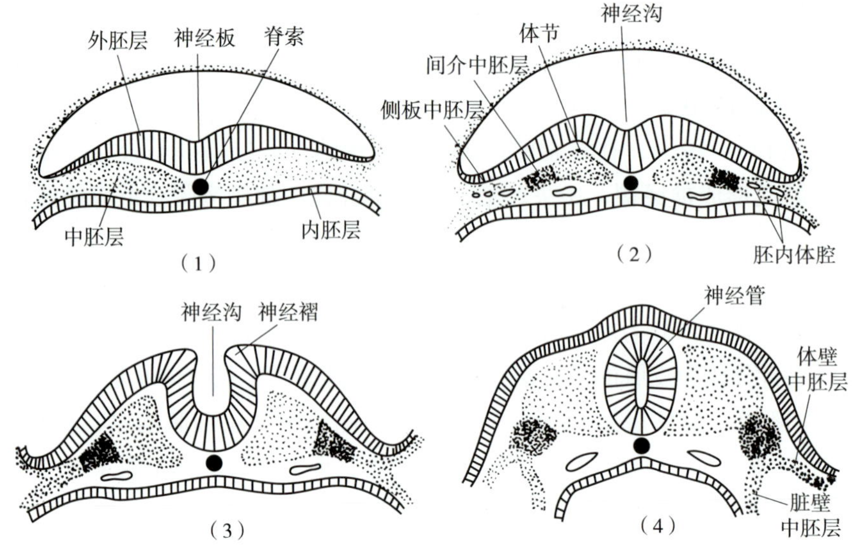

图 25-13　胚盘横切（示神经管形成）

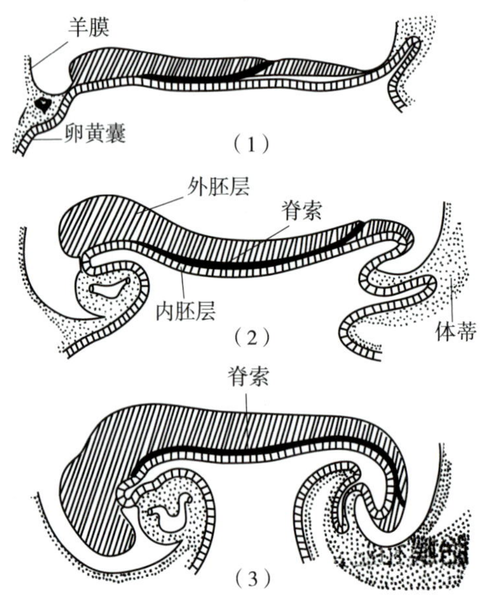

图 25-14　人胚矢状面（示胚体头、尾两端的反褶和肠管的发生）

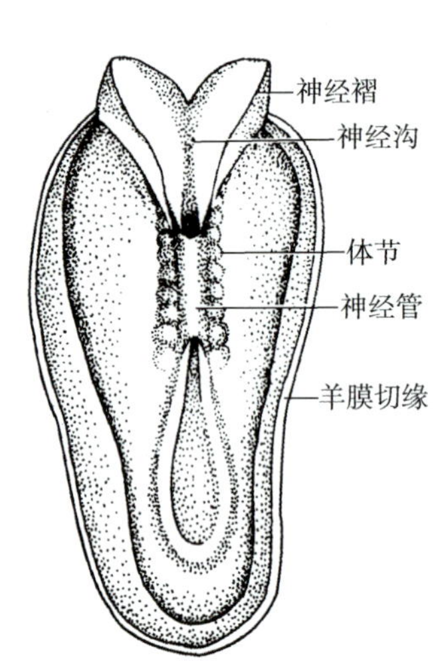

图 25-15　人胚背面观（示体节和神经管的形成）

第五节　胎膜与胎盘

> **考点提示**
> 胎盘的形态、结构和功能。

胎膜和胎盘是胚胎的附属结构，起保护、营养、呼吸和排泄等作用，不参与胚胎的形成。

一、胎膜

胎膜是受精卵分裂、分化所形成的胚体以外的附属结构，包括绒毛膜、羊膜、卵黄囊、尿囊和脐带（图25-16）。

（一）绒毛膜

绒毛膜是由滋养层和胚外中胚层发育而成。胚胎发育至第2周，滋养层的细胞迅速增生为两层，即内面的细胞滋养层和外面的合体滋养层。两层滋养层细胞在胚泡表面形成一些绒毛状突起，突起的表面为合体滋养层，中央为细胞滋养层，称初级绒毛干。胚胎发育至第3周时，胚外中胚层长入初级绒毛干内，称次级绒毛干。当滋养层内面形成胚外中胚层后，滋养层改名为绒毛膜。以后，次级绒毛干中形成血管，称三级绒毛干。在三级绒毛干末端，细胞滋养层增生穿出合体滋养层伸达蜕膜，并在蜕膜表面形成一层细胞滋养层壳，将绒毛干固定于蜕膜上，从周围的蜕膜中吸取营养。

胚胎早期，整个绒毛膜表面的绒毛分布均匀。以后，由于包蜕膜侧的绒毛血供不足，且绒毛受挤而退化，形成平滑绒毛膜。基蜕膜侧的绒毛因血供丰富、反复分支、生长繁茂，称丛密绒毛膜。

（二）羊膜

羊膜薄而透明，在胚胎的发育过程中，伴随着胚体凸向羊膜腔，羊膜腔逐渐扩大，羊膜和平滑绒毛膜逐渐接近，最后融合，胚外体腔消失。胚体陷入了羊膜腔，整个胚胎被羊膜包绕，游离于羊水之中。

羊膜腔内充满羊水，胎儿在羊水中生长发育。羊水是由羊膜上皮分泌及胚体排泄物所组成。胎儿能吞饮羊水，羊水经消化管吸收后，部分废物通过胎儿的血液循环运输至胎盘，由母体排泄。

羊水具有保护胎儿免受外界冲击和损害、防止与周围组织粘连的功能。分娩时，羊水可促进宫颈扩张、冲洗软产道。

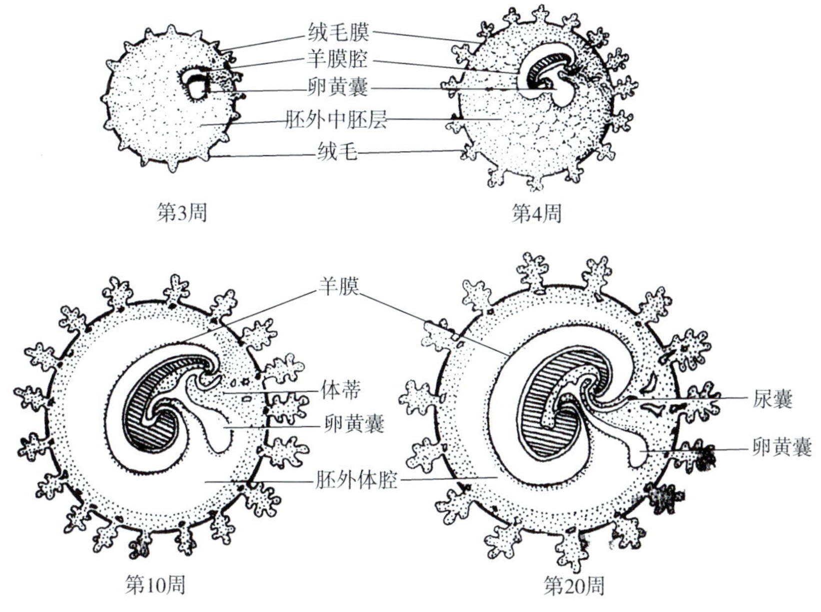

图 25-16　胎膜的形成与演变

（三）卵黄囊

胚胎第2周，随着内外、胚层的形成，在内胚层腹侧出现卵黄囊，第3周，卵黄囊壁的胚外中胚层是胚胎最早造血场所，称血岛，也是造血干细胞发生的地点。第6周末，卵黄囊被包入脐带，并逐渐退化。人的卵黄囊内无卵黄，是人类进化中的一个遗迹器官。

（四）尿囊

原始消化管尾段向体蒂内伸出一个盲管，称**尿囊**。人的尿囊仅为遗迹性器官，没有功能。但其壁上的血管演变成脐血管，尿囊根部参与膀胱的形成。

（五）脐带

羊膜包绕体蒂、尿囊、卵黄囊等结构所形成的一条圆索状结构，称**脐带**。其内有两条脐动脉、一条脐静脉。脐带是连接胎儿与胎盘之间的血管通道。脐动脉、脐静脉是供给胎儿营养和排出代谢产物的血管。

二、胎盘

（一）胎盘的形态结构

胎盘是由胎儿的丛密绒毛膜和母体子宫的底蜕膜紧密结合而构成的一个圆盘状结构，胎儿娩出后，胎盘和胎膜、蜕膜一起从子宫排出。

足月胎儿的胎盘直径为15 ~ 20cm，厚约2.3cm，重量为500g左右。胎盘的胎儿面，有羊膜覆盖，表面光滑，其中央有脐带相连。胎盘的母体面粗糙，凹凸不平，是剥离后的底蜕膜。胎盘的母体面可见浅沟将胎盘分割为15 ~ 30个胎盘小叶。

从密绒毛膜上发出40 ~ 60个绒毛干，绒毛干又发出许多游离的绒毛。绒毛干之间的空隙是合体滋养层细胞溶解邻近蜕膜组织形成的间隙，称绒毛间隙。子宫底蜕膜内螺旋动脉血液流入间隙内，绒毛浸浴在绒毛间隙的母体血液之中。绒毛内有丰富的毛细血管，它们与脐动脉、脐静脉相连。各小叶之间有未被溶解的蜕膜组织形成不完全的间隔，称胎盘隔。

（二）胎盘的血液循环和胎盘屏障

在胎盘内，母体与胎儿的血液循环是两个独立的系统。母体血循环起自子宫动脉的分支，经子宫螺旋动脉、绒毛间隙的血池回流至母体的子宫静脉。胎儿血循环起自脐动脉，经绒毛内毛细血管，胎儿的血液借绒毛与绒毛间隙内的母体血液进行物质交换后，经胎盘的小静脉汇入脐静脉，流回胎儿体内（图25–17）。

胎儿和母体的血液不混合，其间隔着数层结构，称**胎盘屏障**，包括：①合体滋养层；②细胞滋养层及其基膜；③绒毛内薄层结缔组织；④绒毛内毛细血管的内皮细胞及其基膜。胎盘屏障可以阻挡母体内大分子物质进入胎儿血液循环，对胎儿有一定的保护作用。母体的抗体可借助于合体滋养层的吞饮作用经胎盘屏障进入胎儿体内，发挥免疫作用。有些病毒如风疹病毒、艾滋病病毒也能通过胎盘屏障感染胎儿，导致先天性畸形（图25–18）。

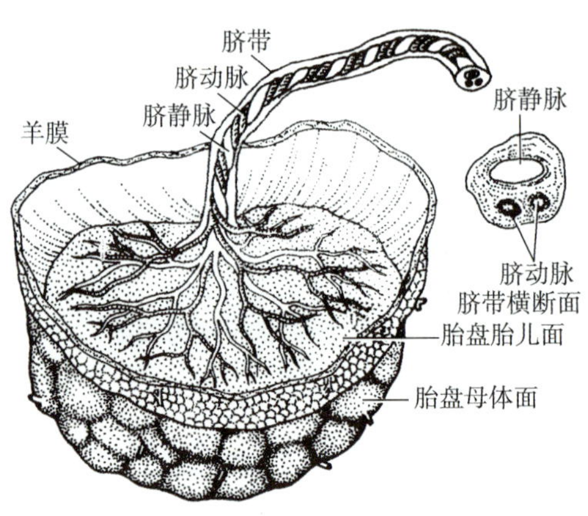

图 25–17　胎盘的形态

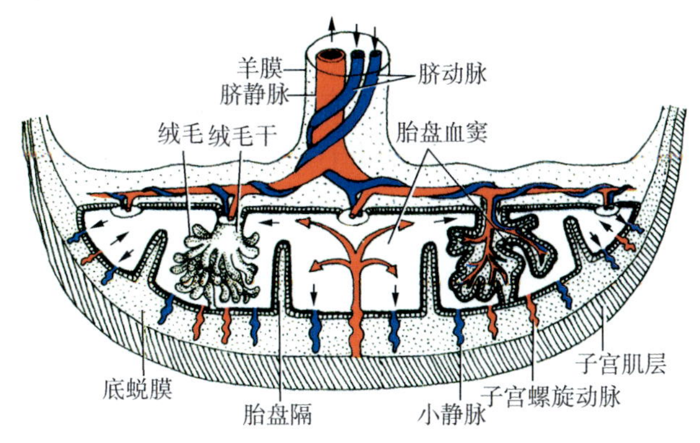

图 25-18　胎盘结构模式图

（三）胎盘的功能

1. **物质交换**　物质交换是胎盘的主要功能。胎儿的血液流经胎盘时，通过渗透、扩散等各种方式，使胎儿从母体的血液中获得营养物质和氧，并以同样的方式使胎儿血液中的二氧化碳及其代谢产物排入母体血液内，再由母体排到体外。

2. **内分泌功能**　胎盘分泌多种激素，对维持妊娠起重要作用。胎盘分泌的激素有：①人绒毛膜促性腺激素，受精后2周末开始出现于母体血液中，9 ~ 11周达到高峰，近20周降至最低，直到分娩。妊娠初期，能促进母体卵巢内的黄体继续存在以维持妊娠。临床常检查孕妇尿中有无此激素作为早期妊娠的辅助诊断。②人胎盘雌激素和人胎盘孕激素，妊娠第4个月开始分泌，有维持妊娠的作用。③人胎盘催乳素，妊娠初期出现于母体血液中，36 ~ 37周达到高峰。能促进母体的乳腺生长发育，并能促进胎儿的代谢和生长发育。

第六节　双胎、多胎和联胎

一、双胎

双胎，又称孪生。双胎发生率占新生儿的百分之一，双胎分为以下两类。

1. **双卵双胎**　卵巢一次排出两个卵细胞，各自受精后发育成两个胎儿，称**双卵双胎**。双卵双胎是两个受精卵同时发育的结果，有各自独立的胎膜和胎盘，两个胎儿的性别相同或不同，出生后的相貌、体态等遗传特征如同一般兄弟姐妹。

2. **单卵双胎**　由一个受精卵发育成两个胚胎，称**单卵双胎**。单卵双胎的两个胎儿由于来自一个受精卵，因而其遗传基因完全一致，性别一致，且出生后的相貌和生理特征也极为相似，血型和组织相容性抗原均相同，其组织器官可相互移植而不被排异。

单卵双胎的发生原因可能有：①形成两个卵裂球。卵裂期分离，两个卵裂球各自发育成一个胎儿，两个孪生儿有各自独立的绒毛膜、羊膜和胎盘，与双卵双胎者相同。②形成两个内细胞群。如果在胚泡期的内细胞群分离，各自发育成一个胎儿，两个孪生儿就会共用一个绒毛膜和一个胎盘，但各自有自己的羊膜腔。③形成两个原条。如果在胚胎期原条分离，两个孪生儿就会共有一个羊膜腔、绒毛膜和胎盘。

二、多胎

一次娩出两个以上的新生儿，称**多胎**。发生原因可为单卵性、多卵性和混合性。多胎发生率很低，三胎约占新生儿的万分之一，四胎约占百万分之一。四胎以上者，新生儿死亡率高。

三、联胎

联胎即**联体双胎**，来自两个未完全分离的单卵双胎。当一个胚泡出现两个内细胞群或一个胚盘出现两个原条，分别发育为两个胚胎时，若胚胎分离不完全，发生局部连接，称联体双胎。

第七节　先天性畸形

先天性畸形是由于胚胎发育紊乱而出现的形态结构异常。胎儿畸形是死胎、流产和早产的主要原因。随着现代工业的发展和环境污染的加重，先天性畸形发生率逐渐上升。

一、引起先天性畸形的主要因素

（一）遗传因素

常由染色体畸变和基因突变引起各种先天畸形。例如先天愚型，多指（趾）、多囊肾等。

（二）环境因素

1. **生物因素**　如风疹病毒、巨细胞病毒、单纯疱疹病毒、梅毒螺旋体等，可破坏胎盘屏障，影响胚胎发育。
2. **化学因素**　工业三废、农药、食品添加剂、防腐剂中均含有致畸因子。
3. **物理因素**　大剂量射线可引起染色体畸形或基因突变而导致畸形。
4. **致畸性药物**　如药物反应停（沙利度胺）可引起残肢畸形。
5. **其他**　酗酒、吸毒、吸烟、严重营养不良等。

二、致畸敏感期

各种致畸因素的作用与细胞的分裂速度和分化程度有密切关系。受精后2周内，即胚前期，细胞分化程度低，受到致畸因素的作用时，若致畸作用强，则导致胚死亡，若致畸作用弱，可由邻近的未分化细胞补偿，故不出现畸形。胚期，即受精后第3 ~ 8周，细胞增殖分化活跃，多数器官原基在此期内形成，对致畸因素高度敏感，称**致畸敏感期**或临界期。若受到致畸因子的作用后，最易发生先天畸形。因此，这一时期的孕期保健最为重要。在胎期，胎儿生长发育快，各器官进行组织分化和功能分化，受致畸因子作用后也会发生畸形，但多属于组织结构和功能缺陷，一般不出现器官畸形。

本章小结

精子的发生、成熟和获能；卵子发生和排卵；受精的条件、部位和意义；胚泡的形成和植入；蜕膜的分部；三胚层的发生和分化；胎盘与胎膜。

一、选择题

1. 下列哪项不属于胚胎学的研究内容
   A．胚前期　　B．胚期　　C．胎期　　D．新生儿期　E．先天性畸形
2. 胚期是指
   A．受精卵形成到2周末　　B．第1周到第8周末
   C．第3周到第8周末　　D．第5周到第8周末
   E．第9周到出生
3. 胚泡植入后子宫内膜改称为
   A．蜕膜　　B．胎膜　　C．绒毛膜　　D．滋养层　　E．胎盘膜

二、思考题

1. 植入后子宫内膜发生哪些变化？
2. 何为胎膜？包括哪些结构？

（秦　迎）

扫码“练一练”

参考答案

第一篇　人体解剖学

绪论

1. E　2. A　3. D

第一章

1. D　2. C　3. E　4. C　5. E　6. C　7. C　8. E　9. D　10. D　11. C　12. D
13. D　14. D　15. C　16. B　17. C　18. B

第二章

1. C　2. E　3. C　4. A　5. B　6. B　7. E　8. A　9. D　10. A　11. D　12. A
13. B　14. C　15. C　16. C　17. D　18. A

第三章

1. B　2. B　3. D　4. C　5. C　6. C　7. E　8. A　9. C　10. C　11. D　12. E
13. B　14. A　15. D　16. B　17. D　18. A　19. E

第四章

1. B　2. A　3. C　4. A　5. A　6. A　7. D　8. B　9. B　10. D　11. E　12. B
13. E　14. A

第五章

1. A　2. B　3. B　4. D　5. B　6. D　7. D　8. A　9. C　10. B　11. C　12. C
13. C　14. D　15. A　16. B　17. E　18. E

第六章

1. D　2. B　3. B　4. A　5. B　6. C　7. C　8. D　9. D　10. B

第七章

1. C　2. A　3. B　4. A　5. D　6. B　7. A　8. D　9. B　10. A　11. B　12. A
13. A　14. E　15. A　16. A　17. D

第八章

1. C　2. D　3. B　4. A　5. A　6. C　7. A　8. B　9. A　10. B

第九章

1. B　2. C　3. D　4. D　5. B　6. D　7. B　8. C　9. D　10. B　11. C　12. B
13. E　14. D　15. E

第十章

1. B　2. C　3. C　4. E　5. A

第二篇　组织胚胎学

绪论

1. A　2. A　3. A　4. E　5. D

第十一章

1. C　2. D　3. D　4. B　5. A　6. E　7. E　8. E　9. B　10. E　11. C　12. A　13. E

第十二章

1. E　2. D　3. B　4. C　5. B　6. A　7. A　8. E　9. D　10. E　11. C　12. A　13. B

第十三章

1. B　2. D　3. A　4. A　5. D　6. D　7. A　8. B　9. A　10. E　11. E　12. B　13. A　14. E

第十四章

1. C　2. A　3. A　4. C　5. B　6. B　7. D　8. C　9. B　10. B

第十五章

1. C　2. A　3. E　4. C　5. A　6. B　7. C　8. B　9. B　10. C　11. D　12. D

第十六章

1. C　2. C　3. D　4. C　5. D

第十七章

1. B　2. A　3. D　4. D　5. C　6. A　7. B　8. D

第十八章

1. C　2. D　3. C　4. C　5. A

第十九章

1. C　2. C　3. D　4. B

第二十章

1. C　2. A　3. C　4. C　5. C

第二十一章

1. B　2. E　3. B　4. D

第二十二章

1. E　2. E

第二十三章

1. D　2. A　3. D

第二十四章

1. B　2. B

第二十五章

1. D　2. C　3. A

参考文献

[1] 付升旗，游言文，汪永锋．系统解剖学［M］．北京：中国医药科技出版社，2017.

[2] 段斐，任明姬．组织学与胚胎学［M］．北京：中国医药科技出版社，2017.

[3] 徐旭东，邹智荣．人体解剖学［M］．北京：中国医药科技出版社，2016

[4] 盖一峰．人体结构学［M］．北京：中国医药科技出版社，2009.

[5] 王效杰，徐国成．人体解剖学［M］．北京：中国医药科技出版社，2015.

[6] 柏树令，应大君．系统解剖学(8版）［M］．北京：人民卫生出版社，2013.